工 程 热 力 学

陈贵堂　编著

上海交通大学出版社

内容提要

本书运用外界分析法的基本思路及逻辑结构来组织内容,以实现"起点提高,重点后移"的改革目标。全书共十三章,包括基本概念、基本定律、工质性质及工程应用等四个部分。

本书从六个非限定定义及六个非限定概念出发,通过推理及论证,逐步形成由一系列可运算定义及概念所组成的、能反映学科全貌的网络体系;又从系统发生变化的根本原因出发,通过对作用量的性质及效果的分析,建立热力学基本定律的普遍表达式。作用量(功量、热量、质量流)始终是热力学模型中最活跃的因素,外界分析法详尽地阐明了系统的状态变化、作用量的贡献以及过程的不可逆性这三者之间的区别及联系,充实了基本定律的内容,有效地消除了熵及㶲的神秘感。由于外界分析法的概念具有唯一的确定性,表达式具有巨大的包容性,物理意义明确,因果关系清楚,因而有较好的教学适用性和工程实用性,对培养和提高学生热力分析的能力有显著效果。

工程热力学应用范围极为广泛,为了适应拓宽学生专业面的需要,本书提供的内容可使不同专业及不同层次的学生都有充分选择的余地。同时,详实的内容,足够的例题、习题、思考题及各种必要的图表便于学生自学,也可供有关专业技术人员参考。

图书在版编目(CIP)数据

工程热力学/陈贵堂编著.—上海:上海交通大学出版社,2020
ISBN 978 - 7 - 313 - 23889 - 4

Ⅰ.①工…　Ⅱ.①陈…　Ⅲ.①工程热力学　Ⅳ.①TK123

中国版本图书馆 CIP 数据核字(2020)第 197517 号

工程热力学
GONGCHENG RELIXUE

编　　著:陈贵堂			
出版发行:上海交通大学出版社		地　　址:上海市番禺路 951 号
邮政编码:200030		电　　话:021 - 64071208
印　　制:江苏凤凰数码印务有限公司		经　　销:全国新华书店
开　　本:787 mm×1092 mm　1/16		印　　张:29.5
字　　数:712 千字		
版　　次:2020 年 11 月第 1 版		印　　次:2020 年 11 月第 1 次印刷
书　　号:ISBN 978 - 7 - 313 - 23889 - 4		
定　　价:88.00 元		

序　言

我与本书作者陈贵堂教授是在 1992 年筹建吉林省工程热物理学会时认识的。在其后的工作中，我两逐渐成了书虫知己。对他这本按外界分析法（surrounding analysis method，SAM）理论体系的逻辑思维编著的教材《工程热力学》的审稿任务，我开始以外行为由而婉拒。但在研读了书稿的绪论和作者最近写的一些短文，进一步了解了有关这本教材的"前前后后"以及"抢救"SAM 理论体系的前因后果之后，我几经考量，觉得这一任务于公责无旁贷，于私义不容辞。及至近日我回顾整个过程，深感对我而言，这次审稿确确实实是一次很好的学习过程。十分感谢作者和出版社对我的信任！

我重点研读了该书的绪论和第 2、3、5 章。这些章节集中表述了 SAM 理论体系大部分理论性创新成果：新概念、新定义、新公式和基本定律、用 SAM 理论体系新导出的表达式，以及它们之间的内在联系和因果关系。就笔者所知，这些成果中，特别是在推动学科发展方面的理论性创新成果，择其要者有三。

其一，理论体系的创新。此前出版的所有热力学教材，其理论体系都不出下述四种理论体系之一：CJKCP[卡诺（Carnot）-焦耳（Joule）-凯尔文（Kelvin）-克劳修斯（Clausius）-普朗克（Planck）]体系、CBBZK（喀喇式）体系、单一公理法体系和 MIT 体系。本教材则是采用作者自创的独立于上述四种体系的外界分析法体系。

其二，基本概念的创新。将热力学系统与外界之间的相互作用采用分析力学中最基本的概念之一作用量来定量描述，于是作用量很自然地成为热力系统状态变化的根本原因，也能具体体现热力过程的目的和效果。功量、热量这些过程量通过将"作用量""热力学能（取代内能）"当作"非限定定义"处理。与具有唯一确定性、可测性的时间、长度、质量、热力学温度等时空和物质基本属性参数一样，其合理性、可信性是无须证明的，进而可以独立地、直接给出功量和热量的可运算定义。再者，将质量交换当作一个独立的作用量来处理，并引出质量流及相关的一系列新概念，从而可借以简洁地研究开口系统。不仅如此，将具有独立性、互联性和针对性的作用量和能流、熵流及㶲流相联系，分别给出作用量的能流、熵流、㶲流的定义，并阐明其物理意义，导出其计算公式，进而可准确地确定系统状态变化的原因以及计算各种因素的定量影响。

将作用量引入热力学的潜在理论意义还在于为用分析力学方法处理热力学指出了一条新途径。鉴于分析力学方法的普适性，此前已被证明它可适用于理论力学、电磁学、量子力学。笔者大胆猜测：分析力学的最基本概念——作用量既然已由 SAM 体系引入热力学，且将热力学的功量、热量和质量流等作为独立的作用量，因此有理由相信引入分析力学的分析方法处理热力学问题是很有可能的。若此猜想被证实,则 SAM 体系将为物理学统一做出的贡献会永载史册,何须"抢救"!

其三,热力学模型创新。SAM 体系的热力学模型中几个最原始的非限定概念,如作用量、功量、热量、能流、熵流等彼此独立,具有唯一确定性和可测性(包括软测量或智能测量)。尤其是"作用量"的引入,可以依据作用量引入能流、熵流、㶲流等新概念,使得清楚地了解系统发生状态变化的原因及各因素的精确定量影响都成为可能。因而这些章节既是本书的重点,也是作者匠心独具的地方,值得读者反复咀嚼、掩卷深思。

作为教材,本书也有三大优势:

其一,按照 SAM 理论体系的逻辑结构,极其自然地安排外界分析法的诸项内容,让读者感到一切都是那么顺理成章,浑然不觉地融为一体。不经意间就完成了"起点提高,重点后移"的课程改革任务。

其二,浏览全书后我发现除了绪论外,竟然全无四大传统理论体系的踪迹!与 1998 年面向 21 世纪教学内容和课程体系改革推荐教材《工程热力学》相比,这本按 SAM 理论体系编著的《工程热力学》删除了对传统理论体系的评述,增加了"扩大 SAM 理论体系应用范围",使得 SAM 理论体系成为《工程热力学》的唯一主线。因此全书的知识结构更加合理,消除了当年东北地区 SAM 理论体系研讨会上部分年轻教师反映的"线索多,主线的纲领性作用不足,教、学都有难度"的顾虑。

其三,使用过该教材的部分教师和学生反映,这本按照外界分析法理论体系编著的教材,逻辑结构完全按理论发展过程本身而自然形成,因而好教、好学;用概念性的公式及实用性口诀来淡化长公式,因而好记;教材的叙述脉络清晰,紧扣解题应用思路,既通过习题、思考题的精心设计来加深读者对新概念、新理论的理解,又通过解题过程来训练读者的应用能力,还使读者体会到不经意间"轻舟已过万重山"之快感,因而好用!

第 12 章至第 14 章都是属于"扩大 SAM 理论体系应用范围"的内容,显示了"SAM 理论体系"优越性。增加这些内容从知识结构的合理性和 SAM 理论体系的完整性来看是必要的,作为研究生教材更为合适,有些内容还可保存作为后续研究工作的起点。

全书文字表述简明易懂,朴实无华,图表设计精妙。写过书的人都知道,只有经过长期呕心沥血、深思熟虑、反复推敲才能写出来这种作品。

陈贵堂教授从 1998 年起曾先后出版了面向 21 世纪教学内容和课程体系改革推荐教材《工程热力学》(1998),按照 SAM 理论体系的逻辑思维编著的教材《工程热力学》(2004),"十一五"国家级规划教材《工程热力学》(第二版)和《工程热力学学习指导》(2008),《高等工程热力学》(2013)。

2000 年,"面向 21 世纪教学内容和课程体系改革"课题,有多位院士组成的高教部评审专家组对此课题的总评语为"国内领先,国际先进",充分肯定了课题组的成果。后来该课题荣获了"国家级优秀教学成果一等奖"。其中陈贵堂对经典热力学理论体系进行的全面、彻底、深入到学科内部的改革方案也得到充分肯定。因此,面向 21 世纪教学内容和课程体系改革推荐教材《工程热力学》,也获得了"国家级优秀教学成果二等奖"。

2001 年,陈贵堂教授在武汉召开的国际会议上发表一篇里程碑式的文章,受到与会的王补宣、杜先之、陶文铨等同行的好评。接下来的三年中,陈贵堂教授趁热打铁地开始了一个新征程——完全按照 SAM 理论体系编写一本本科和研究生都适用的新教材。但因某些原因未能按时出版。

去年初，陈贵堂教授得知 2008 年出版的"十一五"国家级规划教材《工程热力学》（第二版）尚有库存。这激起耄耋之年的陈贵堂老师"抢救"SAM 理论体系的激情。他重新打开在电脑中沉睡了 15 年的书稿。本书即由此稿精心修改而成。与 1998 年面向 21 世纪教学内容和课程体系改革推荐教材《工程热力学》相比，这本书稿实用性更好。

绪论的内容更丰富，史料更详实。它将各种理论体系的逻辑结构及研究范畴集于一表，将 SAM 理论体系的内在逻辑联系及因果关系集于一图，两者作为全书总纲，一目了然，令人印象深刻！这既为广大读者提供了本课程的基本轮廓，又给读者留下深入研究、创新的余地，具有重要的资料保存价值。其余修改，已于前述。

内容和表述的上述诸优势，使得本书从古老的经典热力学向现代热物理（理论热力学）的推进迈出了关键性的一步！

综上，笔者认为内容新颖、应用面广的此书在这能源转型期内可作为能源类、机械类等专业本科生、硕士生、博士生教材和科学研究人员、应用工程技术人员的参考书，具有较高的出版价值。

东北电力大学教授、博士生导师
曾任吉林省工程热物理学会理事长
2019.11.30

前　言

　　1982—1984 年我在美国密歇根大学当访问学者时，在 John A. Clark 教授和 Richard E. Sonniag 教授的指导和帮助下就确立了"经典热力学"的研究方向。回国后我在无名分、无经费、无助手、无结果保障的条件下长期进行基础研究，坚持不懈，顽强拼搏，艰难地完成了外界分析法（surrounding analysis method，SAM）理论体系的研究，实现了"起点提高，重点后移"的教改目标。

　　李谦六先生是我的领路人，他对我不断"委以重任"；我总能享受"成功的喜悦"。李先生理解我的选择，力排众议，让我主攻热力学。特别是从他退休（1988 年）到去世（1992 年）的这一段时期，我们更成了忘年之交。有时在我家，有时在他家，一包好烟，两杯浓茶，我们可以畅谈半天。没有预定议题，但总有确定收获。李先生精通经典热力学，我却是要实施彻底的、全面的、深入到学科内部的教学改革，这似乎非常矛盾，但却又非常协调。我想起了与李先生探讨"质量流"的定义和"焓的物理意义"的情景，我们在足球场兜圈子，等我们达成共识时，不知已经走了多少圈。SAM 理论体系中不少重要成果就是在这段时期内取得的。他淡泊名利，痛恨学术腐败。他常说"探讨学问权当消遣了"。受他影响，我把"与世无争，问心无愧"当成座右铭。

　　1984 年 12 月机械部热工协作组成立大会在上海机械学院召开。这个协作组在 1995 年的武汉会议上才结束其使命。我在教改过程中有什么新发现、新概念、新定义、新公式，例如焓的物理本质、熵的定义、㶲及炂的概念等，都会在第一时间拿到协作组去。这个协作组有一群思想很活跃的同仁，大家认真探讨辩论，积极地发表意见。我将在协作组中的收获及时地写成文章，发表在吉林工业大学的学报上。

　　1986 年 10 月全国热工教学指导委员会扩大会议在成都西南交大召开，这次会议对我来说具有重要意义！沈维道先生因病辞职，我被破格增补为委员，并在热工课程指导委员会中一直工作到 1996 年。

　　"热工协作组"及"指委会"就像我在校外的一个"热工教研室"，是我"事业有成"的重要条件，他们对我都有"知遇之恩"！

　　SAM 理论体系的创立是在我担任热工课程指导委员会委员期间完成的。指导委员会中的老先生们如同李谦六先生一样代表着我国热工界的最高水平，是对经典热力学理论体系最了解、最熟悉、最有感情的群体。长期以来，我就在他们的"眼皮底下"进行全面的、彻底的、深入到学科内部的改革，我不仅没有受到任何阻力，相反，得到了他们的理解、支持和鼓励。

　　1983—1992 年,我完成了对经典热力学各种理论体系逻辑结构及范畴的研究,外界分析法体系也取得了一些成果。因此,1992 年在同济大学举办的全国会议上,我发表了 4 篇文章,提出了"起点提高,重点后移"的课程改革方针。我把所有理论体系的终点作为起点(起点提高);把外界分析法作为重点后移的内容。对我而言这是水到渠成的,很自然的事。但是,当时全国上下都在创收、搞钱。显然,我的发言是不合时宜的。

　　1995 年,我完成了 SAM 理论体系逻辑结构及范畴的研究。我很清楚这个成果的重要意义。它的逻辑结构是严密的,范畴是最一般的。它包含了其他的理论体系,而其他的理论体系都是这个理论体系在它们各自范畴下的特例。我完成了"起点提高,重点后移"的课程改革任务,提出了一系列的新概念和新公式,它们都具有更大的包容性。外界分析法是解决工程实际问题的有力武器,彻底解决了教学与工程实际问题脱节的问题。此时,我是多么激动,多么欣喜若狂啊。

　　1996 年我已经 60 岁了,远在美国的朋友李世民寄来的长信;北京理工大学出版社编审余世芳的约稿承诺;面向 21 世纪国家教改课题的成功申报——一连串的事件都发生在我即将退休的时候,来得那么及时! 我下定决心一定要紧紧抓住这个好机会,在 20 世纪的最后几年,把埋头苦干近 20 年取得的研究成果尽可能地总结整理出来! 我觉得浑身是劲,仿佛拥有了毕业分配刚走上工作岗位时的迫切心情,不过现在的我要成熟得多,也清楚地知道要做什么和怎么做!

　　1998 年,我的专著(面向 21 世纪教学内容及课程体系改革推荐教材)《工程热力学》出版。王补宣先生是第一位写信祝贺并提出宝贵意见的人。随后,1998 年 7 月上旬,东北电力大学杨善让教授组织并主持了"东北地区 SAM 体系研讨会"。之后不久,天津大学马一太教授组织并主持了"津京地区 SAM 体系研讨会"。这两次研讨会起到很好的宣传和推动作用。这本书对各种旧的理论体系进行分析比较,SAM 理论体系脱颖而出,标志经典热力学发展历史进程中,一个新的理论体系诞生了。这本书就是 SAM 理论体系的"出生证"。

　　由于旧理论体系范畴上的局限性使其缺乏高度概括性,总有这些理论体系不能覆盖和包容的地方,他们的论证过程及研究方法与解决工程实际问题的思路是脱节的,对基本定律的表述及基本概念的定义也比较狭窄,缺乏普遍的指导作用,显然是不完善的。正是这些不完善因素导致后来种种不可避免的、不必要的、长期的争辩。

　　SAM 理论体系对热力学基本定律的表述是在任意系统、任意过程的范畴内通过对最一般的状态变化过程建立的,因此,不受任何具体条件的限制,其结论具有更大的包容性和普遍适用性。这两个基本定律的表述实现了从局部到整体、从特殊到一般、从现象到本质的飞跃。各种旧理论体系对热力学第一定律及第二定律的表述都可看作是 SAM 体系的普遍表达式在该体系特定范畴内的一个特例。

　　2000 年 9 月,教育部专家组对"面向 21 世纪热工系列课程教学内容及课程体系改革的研究与实践"课题进行评估鉴定,给予很高的评价——其水平和成果在国内处于领先地位,具有国际先进水平。

　　2001 年 5 月,面向 21 世纪热工系列课题获国家级教学成果一等奖;杨世铭、陶文铨的《传热学》和我的《工程热力学》均获国家级教学成果二等奖。

　　2001 年 6 月我出席了在武汉举行的国际会议(ICECA),并发表了一篇重要文章(已经被 ISTP 收录)。这是一篇里程碑式的文章,总结了我的学术成果及教学成果。这可以说是我事业的高光时期。

　　国际会议之后,我放弃了去美国与 Joseph A. Clumpner 教授合作写书的机会,留在国内安心写书。我全力以赴,花费三年多时间精心编著了这样的一本好书,竟然因为"订单事件"而"流产",实在可惜! 如果 2004 年那本书能正常出版,当年热工界中老、中、青三代人都会对它感兴趣,有如此强大的读者队伍,这本书一定能够成为畅销书。

　　2008 年我写的两本书"十一五"国家级规划教材《工程热力学》(第二版)及《工程热力学学习指导》正式出版了,2013 年 8 月出版了《高等工程热力学》,2019 年 12 月出版了《工程热力学》(第三版)。以上几本书有很多内容是来自 2004 年的那本书,但分散之后破坏了原书的完整性。实际上,2004 年那本没有出版成的书,是一本非常有出版价值的书。2019 年我对它进行了修改,并且改名为按照 SAM 理论体系编著的教材《工程热力学》。这本书应该就是 SAM 理论体系的"身份证"了。这本书有以下两个重要特点。

　　1. 突出了 SAM 体系的主线

　　由于 SAM 体系是一种全新的体系,对青年教师及学生来说,不易掌握,在教学上会有一定的难度。本书突出了 SAM 体系的主线,使 SAM 体系好教、好学、好记、好用的特点更好地体现出来,有利于教学。

　　2. 充实了内容,扩大了本教材的适用范围

　　由于高等工程热力学教材的青黄不接,给讲授该课程的教师及听课的学生都带来一些困难。因此,本书中第 12 章、第 13 章及第 14 章的内容与热力学基本原理(第二章及第四章)可组成高等工程热力学的教材,以缓解研究生教材奇缺的燃眉之急。定组成变成分的多元系统(第 13 章)这一章比较完整地介绍了多元系统,使本书的知识结构更加合理,内容更加丰富,能够更好地体现 SAM 理论体系的优越性,不仅有利于本科生及研究生的教学,而且具有作为资料保存的价值,可供以后查用。

　　SAM 体系是在不断总结解题经验和长期教学实践中逐步形成的,其正确性及优越性已在教学实践中得到了证实。SAM 体系的逻辑结构(包括初始条件、物理模型、研究范畴、基本思路、论证方法、内在联系等)及内含的基本思想方法与解决工程实际问题的思路是一致的。这种思想方法贯穿全书,在教学过程中能够潜移默化地起作用,这对培养和提高学生的热力分析能力有显著的效果。SAM 体系中的概念、定义以及相应的计算公式都具有唯一确定的性质,理解了其中的物理意义,也就记住了公式。SAM 体系淡化了长公式,减少了要记的公式数量,具有较好的教学适用性及工程实用性。SAM 体系的热力学基本定律表达式是很容易记住的,应用这些普遍关系式来解决问题比较容易。掌握了简化方法,提高了简化能力,就可以很容易地得出各种具体条件下的特殊表达式。努力去掌握简化方法、提高简化能力,是学好本课程最有效的方法。书中的大量例题强化了应用外界分析法的思路来解题的训练过程,这种内在的保证体系能"逼迫"学生多次重复地进行外界分析法基本思路的实践,能有效地提高学生的能力和素质。

　　出版这本书可以把长期的研究成果发表出来并保护起来,即使在有生之年看不到 21 世纪初的盛况,也能留下一个"火种"。我相信 SAM 理论体系是有前途的,这是由它的优越性所决定的。

　　值得指出,本书出版的时机并不十分适宜,因为 2004 年时基础良好的读者群出现了断层,形成新的读者群需要一个过程。尽管如此,本书还是非出版不可,否则,SAM 理论体系

就很有可能"等死"了！其实，即使出版了本书也不一定能将其"救活"，因为研究焓、熵、㶲、㶲是非常辛苦的，但我希望新的读者群能尽快形成，我相信总会有人"识货"的。

笔者相信 SAM 理论体系的正确性和优越性，总有一天本书会成为畅销书。依据这本书可以编写出很多采用 SAM 体系作为主导理论体系的、具有各种专业特色的工程热力学教材。有志者，事竟成，笔者的希望寄托在"后来人"的身上了。

本书能够在母校的出版社出版，笔者有一种叶落归根的感觉。

上海交通大学杨自奋教授、东北电力大学杨善让教授对本书的出版做出了重要贡献，上海交通大学机车 60 届老同学给予我热情的鼓励。我对这群 80 岁以上的老人们表示衷心感谢！

密歇根大学的 John A. Clark 教授和 Richard E. Sonntag 教授、吉林工业大学的李谦六先生以及清华大学的王补宣先生，他们都是我的恩师，谨以此书告慰于九泉！

编著者

2019 年 12 月 16 日写于三亚

主 要 符 号 表

A，a (availability)	能容量 E 的㶲及比㶲
A，A^*，A_c	截面积、滞止截面积及临界截面积
a，a^*，a_c	气流的当地声速，滞止声速及临界声速
a	活度
A_U，a_U	热力学能的㶲及比㶲
A_H，a_H	焓㶲及焓的比㶲
ΔA	系统的㶲值变化
ΔA^{TR}，ΔA^{WR}，ΔA^{MR}，ΔA^0	热库、功库、质量库及周围环境的㶲值变化
$(\Delta A)_Q$，A_Q	热量的㶲流及㶲值
$(\Delta A)_W$，A_W	功量的㶲流及㶲值
$(\Delta A)_M$，A_{fi}，A_{fe}	质量流的㶲流及进出口的质量流能容量的㶲值
A_n	能容量 E 中的㶲
c，c^*，c_c	气体的流动速度、滞止流速及临界流速
C，c	工质的热容及比热容
c	活塞式压气机的余隙比
c_p，c_v	定压质量比热容及定容质量比热容
c_p'，c_v'	定压容积比热容及定容容积比热容
$\bar{c}_p$，$\bar{c}_v$	定压摩尔比热容及定容摩尔比热容
$c_p\|_0^t$，$c_p\|_{t_1}^{t_2}$	$0\sim t\,℃$ 的平均定压比热容[1]及 $t_1\sim t_2\,℃$ 的平均定压比热容
$c_v\|_0^{t_2}$，$c_v\|_{t_1}^{t_2}$	$0\sim t\,℃$ 的平均定容比热容[1]及 $t_1\sim t_2\,℃$ 的平均定容比热容
c_n	多变比热容
d	湿空气的含湿量

---

[1] 文中出现的定压比热容与定容比热容分别为现在所说的比定压热容与比定容热容。

E，e	系统的能容量及比能容量
E_0	寂态时系统的能容量，$E_0 = E_{0无用} = U_0$
E_k，E_p	宏观动能及宏观位能
E_{fi}，E_{fe}	进口及出口质量流的能容量
ΔE	系统能容量的变化
ΔE^{TR}，ΔE^{WR}，ΔE^{MR}，ΔE^0	热库、功库、质量库及周围环境的能容量变化
$(\Delta E)_Q$，$(\Delta E)_W$，$(\Delta E)_M$	热量的能流，功量的能流，质量流的能流
$E_{有用}$，$E_{无用}$	系统能容量中的有用能及无用能
F，f	亥姆霍兹函数及比亥姆霍兹函数
f	逸度
G，g	吉布斯函数及比吉布斯函数
$\bar{g}_{298}^0$，$\bar{g}_f^0$	标准化学状态（1 atm，25℃）下的标准吉布斯函数及生成吉布斯函数
$\bar{g}_T^0$，$(\bar{g}_T^0)_f$	标准大气压力下任意温度时的标准吉布斯函数及生成吉布斯函数
$\bar{g}_{T,p}$，$(\bar{g}_{T,p})_f$	任意指定状态（T，p）下的标准吉布斯函数及生成吉布斯函数
$\bar{G}_i$	多元系统中组元 i 的分摩尔吉布斯函数
G_P，G_R	生成物（P）及反应物（R）的总吉布斯函数
$(\Delta G_{RP}^0)_T$	标准大气压力下任意温度 T 时的标准反应吉布斯函数
$(\Delta G_{RP})_T$	在温度为 T 的定温条件下的反应吉布斯函数
H，h	焓及比焓
h'，h''，h_x	饱和水、干饱和蒸汽及干度为 x 的湿蒸汽的比焓
$h''_{v(t)}$	湿空气温度（t）下饱和蒸汽的比焓
h^*，h_c	滞止状态及临界状态的比焓
$(\Delta \bar{h}_{0 \to p})_T$	任意温度下的焓的偏差函数
$(\Delta \bar{h}_{0 \to p}^*)_T$	任意温度下假想理想气体的焓的偏差函数
$\bar{h}_r$	焓偏差
H_P^0，H_R^0	生成物（P）及反应物（R）在标准化学状态下的总焓
$\bar{h}_{RP}^0$，h_{RP}^0	1 kmol 及 1 kg 燃料的标准反应焓，又称为燃烧焓
$(\bar{h}_{RP})_T$，$(h_{RP})_T$	在温度 T 时 1 kmol 及 1 kg 燃料的反应焓
HV，HHV，LHV	热值、高热值及低热值
I，i	㶲损及比㶲损；不可逆性损失及比不可逆性损失

I_{in}，I_{out}，I_{tot}	内部㶲损、外部㶲损及总㶲损
I_C，I_T	压气机实际过程的㶲损及气轮机实际过程的㶲损
k	比热容比；等熵指数
K_P	化学反应平衡常数
m	工质的质量
m_v，m_a	湿空气中水蒸气的质量及干空气的质量
M	摩尔质量
Ma，Ma^*，Ma_c	气流的马赫数、滞止马赫数及临界马赫数
M_i	混合气体组元 i 的摩尔质量
n	工质的摩尔数；多变指数
p，p_b，p_g，p_v	绝对压力，大气压力，表压力，真空度
p_0	周围环境的压力
p_r	空气的定熵相对压力
p_v，p_a	湿空气中水蒸气的分压力及干空气的分压力
$p_{s(t)}$	温度 t 时饱和湿空气中水蒸气的分压力，即湿空气温度下的饱和压力
p^*，p_c	滞止压力及临界压力
p_B	背压
$\bar{p}$	循环的平均压力
p_N	转变曲线上的最大转变压力
p_c，p_r	临界状态压力及对比态压力
$(p_c)_{mix}$	混合气体的折合临界压力
Q，q	热量及比热量
Q_1，Q_2	循环中系统与高温热库交换的热量及系统与低温热库交换的热量
Q^{TR}，Q^0	热库交换的热量及与周围环境交换的热量
Q_0，q_0	循环的净热量及比净热量
q_1，q_g	液体热及过热热量
r	汽化潜热
R，$\bar{R}$	气体常数及通用气体常数
S，s	熵及比熵
s'，s''，s_x	饱和水、干饱和蒸汽及干度为 x 的湿蒸汽的比熵
s_0^0，$\bar{s}_T^0$	绝对基准态下的绝对比熵及温度 T 时 1 kmol 的绝对熵

$\overline{s}_f^0$, $\overline{s}_{298}^0$	标准化学状态下 1 kmol 的生成熵及绝对熵
ΔS	系统的熵值变化
ΔS^{TR}, ΔS^{WR}, ΔS^{MR}, ΔS^0	热库、功库、质量库及周围环境的熵值变化
$(\Delta S)_Q$, $(\Delta S)_W$, $(\Delta S)_M$	热量的熵流,功量的熵流,质量流的熵流
S_{Pin}, S_{Pout}, S_{Ptot}	内部熵产、外部熵产及总熵产
S_P, S_R	生成物(P)及反应物(R)的总熵
SSSF	稳态稳流(steady state steady flow)
$(\Delta \overline{s}_{0 \to p})_T$	任意温度下的熵的偏差函数
$(\Delta \overline{s}_{0 \to p}^*)_T$	任意温度下假想理想气体的熵的偏差函数
$\overline{s}_r$	熵偏差
T, t	热力学温度和摄氏温度
T^{TR}	热库的温度
T^0	周围环境的温度
T_{tp}	水的三相点的热力学温度
$\overline{T}_1$, $\overline{T}_2$	平均加热温度及平均放热温度
t_d	湿空气的露点温度
t_D, t_W	干球温度及湿球温度,湿球温度等于绝热饱和温度
T^*, T_c	滞止温度及临界温度
T_U, T_D	分别为转变曲线上对应压力下的上转变温度及下转变温度
T_c, T_r	临界状态温度对比态温度
$(T_c)_{mix}$	混合气体的折合临界温度
U, u	热力学能及比热力学能
$U_{无用}$, U_{Unu}	系统的无用能
USUF	均态均流(uniform state uniform flow)
U_P, U_R	生成物(P)及反应物(R)的总热力学能
$\overline{u}_{RP}^0$, u_{RP}^0	1 kmol 及 1 kg 燃料的标准反应热力学能
$(\overline{u}_{RP})_T$, $(u_{RP})_T$	在温度 T 时 1 kmol 及 1 kg 燃料的反应热力学能
V, v	工质的体积及比容
V_0, v_0	物理标准状态下工质的折合标准容积及比容
v', v'', v_x	饱和水、干饱和蒸汽及干度为 x 的湿蒸汽的比容
v^*, v_c	滞止状态及临界状态下气流的比容
v_c, v_r	临界状态比容及对比态比容
ΔV, ΔV^0	系统的体积变化及周围环境的体积变化,$\Delta V = -\Delta V^0$

V_c，V_h	活塞式压气机的余隙容积及工作容积
W，w	功量及比功
W_0，w_0	循环的净功及比净功
W_v，W_t，W_s	容积变化功、技术功及轴功
W_f，W_{fi}，W_{fe}	流动功、进口流动功及出口流动功
$W_{ad} = W_{绝热}$	绝热（adiabatic）功
$W_u = W_{有用}$	有用（useful）功
$W_{rev} = W_{可逆}$	可逆（reversible）功
$(W_{可逆})_{max}$，$(W_{有用})_{max}$	最大可逆功和最大有用功
w_L，$w_{L,C}$，$w_{L,T}$	实际过程的功损、压气机的功损及气轮机的功损
x	湿蒸汽的干度 x
x_i	混合气体组元 i 的质量成分
y_i	混合气体组元 i 的摩尔成分，摩尔成分等于容积成分
Z，Z_c	压缩因子及临界压缩因子
α_p，α_v	绝热膨胀系数
α_p，α_v	绝热膨胀系数及压力的温度系数
α	化学反应的离解度
β_c	气流的临界压力比
β_s，β_T	定熵压缩系数及定温压缩系数
γ	活度系数
$\varepsilon_{HP,C}$	卡诺热泵的供热性能系数
$\varepsilon_{R,C}$	卡诺制冷循环的制冷系数
ε_{HP}	热泵供热系数
ε_R	制冷性能系数
ε	压缩比，湿空气的焓湿变化比，化学反应的反应度
ξ，ξ_{max}	制冷循环的热量利用系数和最大的热量利用系数
η_t	循环的热效率
$\eta_{t,C}$	卡诺循环的热效率
η_N	喷管效率
$\eta_{s,C}$，$\eta_{s,T}$	压气机的绝热效率和气轮机的绝热效率
η_V	活塞式压气机的容积效率
$\eta_{T,C}$	活塞式压气机的定温效率

K	热电联产的热量利用系数
λ	升压比
μ_{JT}	焦耳-汤姆孙系数,又称为绝热节流系数
μ_i	多元系统中组元 i 的化学势
π	活塞式压气机的增压比
ρ,ρ_0	密度和物理标准状态下的密度
ρ_a,ρ_v	湿空气中干空气的密度和水蒸气的密度(即湿空气的绝对湿度)
ρ_s	饱和湿空气的绝对湿度
ρ	预胀比
ρ^*,ρ_c	滞止状态和临界状态下的气流密度
τ	时刻,勃雷顿循环的升温比
ϕ	湿空气的相对湿度,喷管的速度系数
ϕ	逸度系数
Φ,Φ_0	热力学能的㶲函数及寂态时热力学能的㶲函数
ψ_0,ψ_i,ψ_e	寂态时焓的㶲函数,在入口状态及出口状态下焓的㶲函数
ω	热电联产的电热比

目　录

第1章 绪 论

1.1 热力学的研究对象及研究方法

人类对自然界能源的利用促进了社会的进步和发展。随着社会生产力和科学技术的发展,人类对能源的需求不断地增长,合理用能的水平也在不断提高。如今,能源开发利用的程度及水平已经成为衡量社会物质文明和科技进步的重要标志。

热力学是研究能量属性及其转换规律以及物质热力性质及其变化规律的科学,研究的目的是掌握和应用这些规律,充分合理地利用能量。

对热力学的研究有宏观的方法和微观的方法,分别称为经典热力学及统计热力学。

经典热力学把物质看作是连续体,它以宏观的物理量来描述大量粒子的群体行为,并用宏观的唯象方法进行研究,通过对大量的热力现象进行观察和实验,从中总结归纳出热力学的基本定律,并用严密的逻辑推理及数学论证进一步演绎出热力学的一系列重要结论。热力学基本定律不能从其他的基本定律来导得,它是直接从长期大量的实践经验中总结出来的,本身就是最基本的定律。热力学基本定律的正确性已经被证实。建立在这些基本定律基础上的热力学重要结论同样具有高度的可靠性和普遍性。

统计热力学则从物质的微观结构出发,根据有关物质内部微观结构的基本假设,利用量子力学关于微粒运动规律的有关结论以及统计力学的分析方法,来研究物质的热力性质及能量转换的客观规律。由于统计热力学深入到物质内部的微观结构,它可以说明宏观物理量的微观机理,也能够说明热力学基本定律及宏观热力现象的物理本质。但是,由于微观结构假设条件的近似性使统计热力学的结果有时与实际不尽相符。

经典热力学与统计热力学是关系非常密切而又各自独立的两门学科,它们之间不能互相替代,都有独立存在的价值。在对热力现象的研究上,它们能起到相辅相成、殊途同归的作用。实际上,在一定宏观条件下大量粒子的群体行为(如压力、温度、能量及熵等宏观参数),就是物质内部粒子微观运动状态的统计平均值。因此,如果将这两种不同的研究方法应用于同一个系统,应当得出相同的结论。经典热力学得出的普遍而可靠的结果可以用来检验微观理论的正确性;统计热力学的分析则可以深入热现象的本质,使宏观的理论获得更为深刻的物理意义。

工程热力学是将经典热力学的基本原理与工程的实际应用密切结合起来而形成的一门基础性的应用学科。热现象的普遍性及能量对社会发展的重要性使热力学理论的应用领域日益广阔,并已经在许多科技领域中发挥着积极的作用。长期以来,工程热力学作为一门重要的基础技术课程,在各类专业人才的培养中发挥了重要的作用。

工程热力学的基本内容按照其性质可分为四个部分:①基本概念;②基本定律;③工质性质;④工程应用。这些内容都是有机地结合在一起的:前三个部分是从大量的工程应用实践中总结出来的基础理论;第四部分则是这些基础理论在解决实际工程问题时的综合应用。应当联系工程实例来理解基础理论,在解决工程实际问题时体现基础理论的指导作用。加强工程观念,理论联系实际,这是学习工程热力学的基本方法。

1.2　热科学早期发展概况

客观规律的表现形式和程度、人们对自然法则及事物属性的认识能力和水平都受到一定历史条件的影响和制约,是随着生产力提高、科技进步及社会发展而发展的。经典热力学的形成和发展过程是人们对热的本质及能量转换规律的认识过程,实质上也就是人们对温度、热量、内能、焓、熵及㶲等一系列热力学概念的认识过程。了解一些发展史对理解热力学的基本定律、基本概念以及理论体系的逻辑结构是有帮助的。

人们对热的本质及热现象的认识经历了一个漫长的、曲折的探索过程。在古代人们就知道热与冷的差别,能够利用摩擦生热、燃烧、传热、爆炸等热现象来达到一定的目的。例如,中国古代的钻木取火,炼丹术和炼金术,火药的发明,以及早期的爆竹、走马灯等。人类对热现象的重视由来已久。但因当时科技不发达,不可能对这些热现象有任何实质性的解释。

热科学的历史可以追溯到17世纪。在1592—1600年间,伽利略(Galileo,1564—1642)制作了人类第一个空气温度计,开始了对物体的冷热程度(温度)进行定量测定的研究,可作为测温学的开端。

1620年培根(Bacon,1561—1626)首先注意到两个物体之间的摩擦所产生的热效应与物体的冷热程度(温度)是有区别的,他认为热是运动。这可看作是人们对热量的本质进行科学研究的开端。

热的运动学说在17世纪是一种比较流行的、被很多著名科学家所接受的学说。例如,玻意耳(Boyle,1627—1691)、牛顿(Newton,1643—1727)、胡克(Hooke,1635—1703)、惠更斯(Huygens,1629—1695)及洛克(Locke,1632—1704)等著名学者都持这种观点。1747年,罗蒙诺索夫(Lomonosov,1711—1765)在“论热和冷的原因”的论文中比较详细地阐明了热的运动学说。他指出“热是由于物质内部的运动”“这一运动愈快它的作用也愈大,因此,当热运动加快时,热量增加,而当热运动变慢时,热量减少”“当热的物体与冷的物体接触时,热的物体被冷却,因为冷的物体减缓了质点的热运动速度;反之,由于运动的加快,冷的物体变热”。

温度的定量测定对热现象的研究是至关重要的。17世纪时虽然有些科学家对温度的测定及温标的建立作出不同程度的贡献,提供了有益的经验和教训。但是,由于没有共同的测温基准,没有一致的分度规则,缺乏测温物质的测温特性资料,以及没有正确的理论指导,因此,在整个17世纪,并没有制作出复现性好、可供正确测量的温度计及温标。18世纪时,测温学有较大的突破。其中最有价值的是 1714 年法伦海特(Fahrenheit,1686—1736)所建立的华氏温标以及 1742 年摄尔修斯(Celsius,1701—1744)所建立的摄氏温标(百分温标)。华氏温标是以盐水和冰的混合物作为基准点(0℉),而以水的冰点(32℉)及水的沸点(212℉)作为固定参考点。摄氏温标是以水的冰点(0℃)及水的沸点(100℃)作为固定参考点及基准点,并把他们分为 100 等分,每个间隔定义为一度,故称之为百分温标。或称为摄氏温标。

零压气体温标的研究促进了人们对气体热力性质的研究。人们发现,当压力足够低时,压力与比容的乘积仅与温度有关,即当压力趋近于零时,所有实际气体具有相同的热力性质,并在此基础上建立了理想气体状态方程。许多科学家对理想气体状态方程的建立作出了重要贡献。1662 年玻意耳指出定量理想气体在温度一定时,压力与容积的乘积为一常数,这就是著名的玻意耳定律。1679 年,马里奥特(Mariotte,1620—1684)也独立地得出相同结论,因此这一定律也称为玻马定律。1786 年查理(Charles,1746—1823)、1801 年道耳顿(Dalton,1766—1844)、1802 年盖·吕萨克(Gay-Lussac,1778—1850)先后发现,等压下理想气体的容积与温度成正比,等容下理想气体的压力与温度成正比。理想气体的上述性质称为查理定律或称为盖·吕萨克定律。1811 年阿伏伽德罗(Avogadro,1776—1856)指出,理想气体在等温等压条件下,相同容积的各种气体含有相同数目的分子,这一数目就是阿伏伽德罗常数。1834 年克拉佩龙(Clapeyron,1799—1864)、1874 年门捷列夫(Mendeleev,1834—1907)分别在上述理想气体定律的基础上给出了理想气体状态方程及通用气体常数的值。因此,现在常用的理想气体状态方程称为克拉佩龙-门捷列夫状态方程。

测温学的成就为燃烧学及量热学的研究创造了条件。但是,最初人们对这些热现象本质的认识是错误的。

1697—1700 年间,斯塔尔(Stahl,1660—1734)提出了"燃素说",认为一切可燃物质中都存在"燃素"。这种错误观点持续了将近一个世纪。1760—1770 年间,布莱克(Black,1728—1799),通过对比热容及潜热的实验研究,提出了"热质说",认为"热质是一种到处弥漫的、细微的、不可见的流体",它是"既不能被创造也不会被消灭的"。他通过比热容与潜热的对比明确地指出"热质"是可以传递的而且是守恒的;而温度则不一定是守恒的也不一定是可传递的。作为量热学"理论基础"的"热质说",可以被用来似是而非地解释一些热现象,例如,物体的热胀冷缩、比热容、潜热等,因此,这种错误观点也延续了将近 80 年。

1.3 经典热力学理论体系的逻辑结构

热力学基本定律的表述是人们对客观规律认识程度的反映。概念是科学的最高成果。热力学第零定律的建立证实了"温度"这个状态参数的存在,形成了"热平衡"的概念。热力学第一定律揭示了能量转换过程中能量在数量上守恒的客观规律,证实了状态参数"内能"的存在,建立了"热量"的正确概念。热力学第二定律揭示了能量转换过程中能量贬值的客观规律,证实了状态参数"熵"的存在,建立了"㶲"的概念,并可应用"熵"和"㶲"来判断宏观过程的方向、条件及限度。热力学第三定律揭示了在温度趋近绝对零度时物质的极限性质,建立了"绝对熵"的概念。按一定的逻辑结构,把热力学中一系列互相联系、互相隶属包容的基本概念和范畴有机地联系起来,就构建成一种理论体系。同一门学科可以同时并存几种理论体系,特别是对热力学这门古老学科而言。

经典热力学可粗略地归纳为四种特色明显的、有代表性的理论体系(见表 1-1):①建

表 1-1 经典热力学理论体系的逻辑结构

理 论 体 系	逻 辑 结 构	范 畴
最早的理论体系 CJKCP[①] 1824—1897 年	热力学第一定律: $$功量 \rightarrow 热功当量 \rightarrow 热量 \rightarrow 内能$$ $$\oint \delta Q = \oint \delta W \rightarrow \oint (\delta Q - \delta W) = 0 \rightarrow dU = \delta Q - \delta W$$ 热力学第二定律: 卡诺原理 $\rightarrow$ 热力学温度 $\rightarrow$ 克劳修斯不等式 $\rightarrow$ 熵变定义 $\rightarrow$ 熵增原理 $$\eta_t = 1 - \frac{T_2}{T_1} \rightarrow \oint \frac{\delta q}{T} = 0 \rightarrow$$ $$ds = \left(\frac{\delta q}{T}\right)_{rev} \rightarrow \oint \frac{\delta q}{T} \leqslant 0 \rightarrow ds^{isol} \geqslant 0$$	闭口系统 热力循环 功量 $\rightarrow$ 热量
喀喇氏体系 CBBZK[②] 1909—1979 年	热力学第一定律: $$功量 \rightarrow 绝热功 \rightarrow 内能变化 \rightarrow 热量$$ $$W \rightarrow dU = -\delta W_{ad} \rightarrow \delta Q = dU + \delta W$$ 热力学第二定律: Pfffian 方程可积因子 $\rightarrow F \cdot \text{curl } F = 0$ $\rightarrow$ 热力学温度 $\rightarrow$ 定熵线(定熵面)的存在 $\rightarrow ds = \left(\frac{\delta q}{T}\right)_{rev} \rightarrow$ 熵增原理(不可达原理)	闭口系统 绝热过程 内能变化 $\rightarrow$ 功量
单一公理法 (Single-axiom approach, SAA)体系 H-K-H[③] 1965—1980 年	热力学第一定律:LSE $\rightarrow$ 内能 $\rightarrow dU = -\delta W_{ad}$ $\rightarrow Q = (\Delta U)_{纯热} \rightarrow \Delta U = Q - W$ 热力学第二定律: LSE $\rightarrow$ PMM2 $\rightarrow$ 可逆功原理 $\rightarrow$ 热力学温度 $\rightarrow ds = \left(\frac{\delta q}{T}\right)_{rev} \rightarrow$ 熵增原理 $\rightarrow$ 㶲 $\rightarrow$ 熵变新定义 $\rightarrow$ 热力学谱系树	孤立系统 趋向平衡的过程 $\Delta U^{isol} = 0$ $\Delta S^{isol} \geqslant 0$
MIT[④] 体系 1981 年	非耦合系统及耦合系统	独立作用原理
外界分析法 (surrounding analysis method, SAM)体系 陈贵堂 1998 年	见 SAM 体系的逻辑结构图(见图 1-1)	任意系统 任何过程

---

① CJKCP:Carnot(1824)—Joule(1840's)—Kelvin(1848)—Clausius(1850)—Planck(1897)。

② CBBZK:Caratheodory(1909)—Born(1949)—Baehr(1962)—Zemansky(1968)—Kestin(1979)。

③ H-K-H:Hatsopoulos-Keenan(1965)—Haywood(1980)。

④ MIT:Massachusetts Institute of Technology Cravalho — Smith(1981)。

立在热力循环基础上的 CJKCP 体系;②建立在绝热过程基础上的喀喇氏(Caratheodory)体系;③以稳定平衡态定律(the law of stable equilibrium,LSE)为基础的单一公理法体系(the single-axiom approach,SAA);④从分析非耦合系统(the uncoupled systems)着手的 MIT 体系。热力学第零定律及热力学第三定律有相对的独立性,并不受理论体系不同的影响。不同理论体系在逻辑结构上的差别主要体现在对热力学第一定律及热力学第二定律的表述上。他们分别在不同的范畴内、按不同的逻辑结构、用不同的论证方法论证了"内能"及"熵"的存在,并用它们的定义表达式作为基本定律的表述式。这些体系的逻辑结构及论证方法都不相同,但每个体系所形成的概念及范畴的总和都能概括地反映本学科的面貌,它们的正确性是毋庸置疑的。

1.3.1 CJKCP 体系

1824 年的卡诺(Carnot)原理是个重要的里程碑,标志着热科学进入一个新的历史时期。1840 年焦耳(Joule)等人提出的热功当量彻底摆脱了"热质说"的束缚。1848 年开尔文(Kelvin)根据卡诺原理建立了与工质性质无关的热力学温标。1850 年克劳修斯(Clausius)首先阐明了卡诺原理与焦耳原理的差别,指出它们是两条互相独立的定律。1865 年克劳修斯在分析循环的基础上命名状态参数"内能"及"熵"。1897 年普朗克(Planck)的《热力学专论》(*Treatise on Thermodynamics*)一书代表了 CJKCP 经典热力学体系的形成。

CJKCP 体系是在研究热力循环的基础上形成的,它只是从热量与功量相互转换这样一个侧面来揭示热功转换规律的,其逻辑结构如下。

$$功 \rightarrow 热功当量 \rightarrow 热量 \rightarrow \oint \partial Q = \oint \partial W \rightarrow du = \delta q - \delta w \rightarrow 内能$$

$$卡诺原理 \rightarrow 热力学温度 \rightarrow \oint \frac{\partial q}{T} = 0 \rightarrow ds = \left(\frac{\partial q}{T}\right)_{rev} \rightarrow 熵$$

CJKCP 理论体系的逻辑结构是最早形成的,它与客观实物发展的历史顺序是一致的,其正确性毋容置疑。CJKCP 体系的建立不仅推动了热机理论的发展,也为热力学本身的发展奠定了基础。在教学上 CJKCP 理论体系一直处于主导地位。

1.3.2 喀喇氏体系

1909 年,喀喇氏(Caratheodory)首先突破了热力循环的框框,在绝热过程的基础上论证了状态参数"内能"及"熵"的存在,使热力学原理建立在更为普遍的"过程"基础上。喀喇氏体系的热力学第一定律可表述为"系统存在一个容度参数,它的增量等于系统在绝热(被绝热墙围起来)的条件下所接受的功量"。这里的容度参数是指内能,因此这种表述也称为内能定理。喀喇氏体系的热力学第二定律可表述为"在一个任意给定的初始状态附近,总是存在一些经绝热过程不能达到的状态"。

喀喇氏体系是在绝热过程的基础上建立的,两个基本定律的表述完全排除"热量"的影响。因此,喀喇氏体系是从另一个侧面,即从功量与内能之间的相互转换来揭示热力学基本定律。喀喇氏体系的逻辑结构如下。

功量 → 绝热墙 → 绝热功 → $\Delta E = -W_{ad}$ → 内能 → 热量

喀喇氏数学公理 → 普法夫微分方程(Pfaff equation) → 存在可积因子的充要条件

→ 可逆绝热($F \cdot \text{curl } F = 0$) → 热力学温度 → 熵 → 熵增原理

这个体系是在喀喇氏数学公理的基础上用比较抽象的数学方法来论证的,虽然比较严谨,但用来解释物理现象并不方便,因此,不太适合于教学和工程应用。尽管如此,这一体系仍不失为对经典热力学体系的一次成功改革。

1.3.3 单一公理法体系

以稳定平衡态定律为基础的单一公理法是哈特索普洛斯-基南(Hatsopoulos - Keenan)在 1965 年首先提出来的。1980 年海伍德(Haywood)在此基础上对经典热力学体系进行了全面的改造。他详尽地演释了稳定平衡态定律,提出了一系列的新的概念、范畴,并用热力学谱系树形象地、完整地表达了单一公理法理论体系的逻辑结构。这个体系将稳定平衡态定律作为最基本定律,而把状态公理、热力学第一定律及热力学第二定律作为稳定平衡态定律的三个推论,对热力学可用性的概念也做了详尽的论述。㶲概念的建立成为稳定平衡态定律很自然的逻辑结果。单一公理法体系结构严密、逻辑性强,在热力学概念及原理的提出和应用上都以"趋向平衡"这样一个普遍的、典型的不可逆过程为基础,因此,更符合实际,具有更普遍的意义。这次改造使经典热力学焕然一新,对学科的发展有促进作用。

约束系统可以从一个初始的允许状态,经过一系列的中间允许状态,变化到最终唯一确定的稳定平衡状态,而不对外界产生任何影响。这就是稳定平衡态定律的内涵及实质。这类"趋向平衡"的自发过程是典型的不可逆过程。过程总是朝着单一的方向进行(单向性),每个中间允许状态只能经历一次(演进性),过程的终态是唯一确定的,当系统达到稳定平衡态时过程就结束(局限性)。过程中系统的能量保持不变(常住性),但是,系统能量的做功能力(能质)是下降的(衰贬性)。过程中不对外界产生任何影响(孤立性)。由此可见,这类"趋向平衡"的自发过程不仅满足稳定平衡态定律,而且还必须同时遵循热力学第零、第一和第二定律及状态公理,是这些规律同时起作用的结果。

值得指出,单一公理法体系以普遍的"趋向平衡"的自发过程为基础来演释热力学的基本概念及原理,使其结论更具有普遍性,这是值得肯定的。但是,把热力学第一、第二定律及状态公理都看作是稳定平衡态的推论,这是欠妥的。人们的实践活动是多方面的,可以从不同的角度来总结客观规律。因此,热力学基本定律可以有多种说法,这些说法都是等效的,违反任何一种说法,必定违反其他说法。如果以某一种说法作为最基本的公设,则其他说法都可看作是它的推论,但被选作原始公设的说法,不可能从任何其他定律导出。"趋向平衡"的过程是多种规律同时起作用的结果,过程的性质包含了这些规律各自的特定内涵,这是可以把其他几个定律同时看作是稳定平衡态定律推论的根本原因。这种从属关系正是等效性的一种体现,如果过分强调在这种条件下的从属关系,而忽略了基本定律各种说法的等效性,这样,从理论上讲是不妥当的,从应用上讲是不方便的。实际上,对各种不同的热现象都从稳定平衡态定律出发来加以处理,往往是很烦琐的,不如直接应用相应的基本定律来解决问题,更加确切,更直截了当。从教学及工程应用的角度来看,单一公理法体系也是不太适用的。

1.3.4　MIT 体系

MIT 体系是 1981 年由 Cravalho - Smith 建立的。MIT 体系从分析一种作用量单独作用的各种非耦合系统着手,然后再研究几种作用量同时作用的耦合系统。MIT 体系也是颇有特色的,它对每种作用量的分析比较细致,有一定的参考价值。从教学及工程应用的角度来看,MIT 体系也是不太适用的。

1.4　SAM 体系的逻辑结构及其主要特点

上述几种理论体系分别在不同的范畴(热力循环、绝热过程、趋向平衡的过程)内解释了热力学基本定律的实质,它们的正确性、可靠性及等效性早已被实践所证明。但由于范畴上的局限性,这些体系都缺乏高度概括的功能,总有不能覆盖和包容的地方。对基本定律的表述及基本概念的定义也比较狭窄,缺乏普遍的指导作用。

随着时间的推延,认识运动是无止境的,也是不断提高的。任何理论体系总有一定的历史标记,当时认为是特别重要的问题,在认识水平提高之后,这些问题就显得不那么重要了,而新的特别重要的问题又提了出来,就这样推动着学科的发展。提高学科的起点、充实学科的内容、学科的重点向后转移是学科发展的必然趋势。教学过程是传授"已知的""成熟的"知识的过程,可以不必完全重复前人对"未知"的思辨探索过程,应当在现代认识水平的基础上,重新组织教学内容,使课程体系更全面地反映学科的全貌。学时数是有限的,新的课程体系必须建立在新的教学起点上,把重点后移才有可能把学科近期发展的新成果充实到教学内容中去。

起初,在讲授高等工程热力学课程时,外界分析法(the surrounding analysis method, SAM)是作为一种教学方法提出来的,用以强调"外界"的作用。后来,随着教改不断深入,一系列有关外界分析法的文章陆续发表,外界分析法这个名称也就被沿用下来了。

外界分析法建立在对事物属性及能量转换规律的现代认识基础上,从系统发生状态变化的根本原因(内因和外因)出发来研究系统的平衡性质及状态变化过程。即通过对系统本身的特性及对各种作用量的性质及效果的分析,从整体上、从系统与外界之间的相互联系上对系统所发生的状态变化过程进行全面的研究,并在此基础上建立热力学基本定律的普遍表达式。运用外界分析法的基本思路所构筑成的理论体系称为 SAM 体系。SAM 体系的逻辑结构如图 1 - 1 所示。

1.4.1　SAM 体系的主要特点

1. 起点提高,重点后移

1) 将"热力学能"作为最原始的非限定定义

非限定定义是指人们已经普遍接受的、无须加以证明的但又是难以用简单扼要的语言来说明的并不完全确定的定义。从首选的若干个非限定定义出发,通过观察、实践或论证,可以形成一套由一系列可运算定义及概念所组成的、能反映学科全貌的网络系统,这样就可构筑成有一定逻辑结构的理论体系。

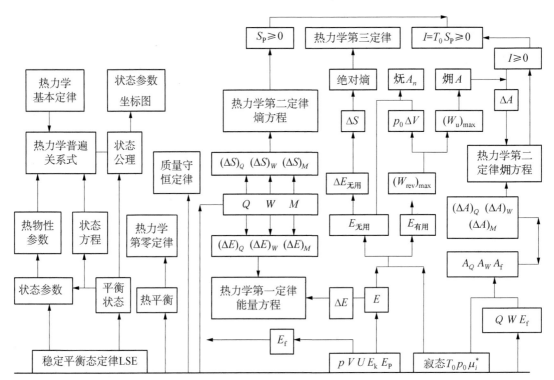

非限定定义：时间、长度、质量、物质的量、温度及比热力学能（比内能）。
非限定概念：热力学系统、边界、外界、热力学状态、热力过程、作用量。

图 1-1　SAM 体系的逻辑结构图

　　SAM 体系选用时间、长度、质量、物质的量、温度及热力学能（内能）等六个物理量作为热力学最原始的非限定定义。这些非限定定义的绝对值都是不可测的，只有在"共同约定"的基准基础上才能定量计算。目前，这些有关时间、空间及物质基本属性的非限定定义的基准都已经有非常精确的"共同约定"。因此，热力学建立在这些非常精确的初始条件的基础上，保证了热力计算的精确度。

　　时间、长度、质量、物质的量、热力学温度及比热力学能（比内能）等非限定定义是国际单位制中的基本单位和导出单位，有高度的科学性及精确度。在此基础上，不仅可以引导出热力学中一系列概念、定义、公式以及基本定律表达式，而且可以通过一系列的物理方程式与分析力学、光学、声学、化学、电磁学、量子力学、热科学的各个分支等学科领域建立联系。

　　把热力学能作为一个原始的非限定定义是 SAM 体系的一个特点。有物质就有能量，内能是物质的一种基本属性，这是辩证唯物论的基本观点。正因为存在内能，克劳修斯才能通过热力循环的研究首先证实了它的存在；喀喇氏才能通过对绝热功的研究，提出内能定理；单一公理法体系才能通过纯热量交换的研究证实内能的存在；爱因斯坦的相对论则进一步揭示了质量也是能量的一种存在形式。热科学的发展进程充分地反映了人们从不同的角度及深度发现和认识了内能。现今在课堂上再从证实内能的存在讲起，显然是太落后了。

　　1994 年公布的国标 GB3102.4 明确规定用热力学能来代替内能。这个规定的意义是深远的，标志着对内能的认识又提高到了一个新的高度。根据目前的认识水平，内能是否存在以及如何论证内能的存在都已经不是什么重要的问题了。现在完全有理由把热力学能作为一个最原始的非限定定义来处理,使热力学的起点从探索内能的存在,提高到承认它的定义的基点上来;把重点从如何论证内能的存在,后移到如何建立和应用能量方程上来。

　　2) 妥善地处理熵和㶲

　　论证熵的存在曾经是热力学发展中的一个关键问题。目前,熵的概念已经被广泛地应用,熵的存在也被人们普遍接受。因此,熵的存在以及如何证实熵的存在已经不是很重要的问题了。当下应当在认识熵的物理意义的基础上,把重点后移到如何建立和应用熵方程上来。

　　各个学派都在闭口可逆的条件下论证熵的存在,尽管证明的方法各不相同,其结论必然是相同的,即有 $\mathrm{d}s \equiv \left(\dfrac{\delta q}{T}\right)_{\mathrm{rev}}$。因为在闭口可逆的条件下,使系统发生熵值变化的唯一原因就是热量交换。实质上,各个学派都是用闭口可逆条件下的热熵流来定义熵变的。

　　采用闭口可逆这样一个简单的热力学模型来论证熵的存在在方法论上是正确的、合理的。在闭口可逆的条件下,热熵流 $\left(\dfrac{\delta q}{T}\right)_{\mathrm{rev}}$ 具有全微分的性质,因此,将 $\mathrm{d}s \equiv \left(\dfrac{\delta q}{T}\right)_{\mathrm{rev}}$ 作为计算熵变的可运算定义也是正确的、合理的。但是,热熵流(过程量)与熵变(状态量)毕竟是两个不同的概念,将特定条件下(闭口可逆)两者相等的特殊结论作为含义更为普遍的"熵变"的定义表达式,不仅容易混淆这两个概念,而且必然会掩盖熵参数的某些物理本质。长期以来,人们感到熵概念抽象、神秘、难以理解,甚至种种模糊认识和错误观点至今仍在广泛流传,这与熵变在定义上的缺陷是有关系的。

　　如果在克劳修斯熵变定义的基础上再引申一步,就不难得出以下公式:

$$\mathrm{d}s = \frac{\mathrm{d}u_{\mathrm{Unu}}}{T_0}, \quad (\mathrm{d}s)_Q = \frac{\delta Q}{T}$$

　　SAM 体系将以上两式分别作为熵变及热熵流的定义表达式,把这两个概念明确地区分开来,前者是状态量,后者是过程量。不论可逆与否,也不论开口与闭口,$\dfrac{\delta Q}{T}$ 就是热熵流,只有在闭口可逆的特殊条件下,它才等于系统的熵变。同时,熵变用状态量来定义更为合理,它说明熵变与系统的无用能变化成正比,比例常数 T_0 就是系统在寂态时的温度。熵本身不是能量,它是系统无用能的函数,可以表征系统无用能的大小。这个定义比较明确地说明了熵的宏观物理意义,并与对熵的微观解释较为一致。

　　㶲的概念及㶲方程的工程应用是热力学现代发展的重要标志之一。在稳定平衡态定律基础上建立起来的寂态的概念在能质分析中起着重要的作用。不能脱离寂态来定义㶲,也不能脱离周围环境来进行能质分析。在寂态概念及熵变定义的基础上正确地理解㶲的有关概念也就不难了。

　　熵和㶲都是表征能质高低的参数,是同一事物的两个方面。SAM 体系用能质衰贬原理作为热力学第二定律的普遍说法,同时提出了熵方程及㶲方程。这样,不仅有利于理解熵与㶲之间的区别和联系,也有利于加深对热力学第二定律本质的全面认识。

　　3) 在现代认识的基础上表述基本定律

　　基本定律的表述是人们对客观规律的正确概括和本质描述,也是人们对客观规律认识程度的反映。因此,表述的内容既是客观的,又是主观的。基本定律的表述具有相对的稳定性,但不是唯一的,也不是不能改变的。

质量守恒定律、热力学第零定律、热力学第三定律、稳定平衡态定律及状态公理,这些有关系统平衡性质及工质基本属性的基本定律都具有各自独立的物理内涵,并在学科的特定位置上起着特殊的作用,对整体结构的影响较小。因此,这些概念比较容易安排,可在最需要的时候把它们表述出来。它们在 SAM 体系中的逻辑联系如图 1-1 所示。不同理论体系在逻辑结构上的差别主要体现在对热力学第一定律及热力学第二定律的表述上。

热力学是研究能量的属性及能量转换规律的科学,它不仅局限于热量与功量之间的转换规律,它的任务也不仅局限于论证内能及熵的存在。在目前认识水平的基础上,应当刻不容缓地把学科的起点从探索这些参数是否存在提高到直接给出这些参数的定义上来;同时,把学科的中心及重点从论证这些参数的存在转移到探讨这些参数发生变化的根本原因上来,转移到每种作用量与参数变化之间的关系上来;使在这两个基本定律的表述上能够实现从局部到整体、从特殊到一般、从现象到实质的飞跃。

2. 充分发挥作用量的纽带作用

系统与外界之间的作用量不仅是系统发生状态变化的重要原因,而且也是过程目的及效果的具体体现。作用量始终是热力学模型中最活跃的因素,在 SAM 体系的逻辑结构中起着重要的纽带作用。强调作用量的独立性、相互性及针对性是 SAM 体系的又一特点。

1) 独立地定义功量及热量

功量及热量都是过程中通过边界所传递的能量,具有过程量的共性。但是,它们是两种性质截然不同的独立作用量,都有自身特定的物理内涵,没有直接的关系。功量与热量只能通过系统的状态变化过程才能建立起相互之间的间接联系。

早期热量的定义都含有对功量的依赖关系,而且,不同学派的定义并不一致,也不相悖,这是不同理论体系的逻辑结构所决定的。在各自的理论体系中,这些定义都是正确的,显然,也都是不太完善的。在认清了热量的能量属性之后,这种从属关系及先后次序已经不是什么重要的问题了。特别是将温度及热力学能作为非限定定义之后,现在完全有条件独立地、直接地给出功量及热量的可运算定义。

独立地定义功量及热量不仅使它们的物理意义更加明确,定义的唯一确定性及包容性明显地改善,而且可以使学科的逻辑结构更加简单合理。摆脱了旧体系中那种依赖关系及先后次序的约束之后,可以在需要的时候引出这些概念,而不会犯本末倒置的逻辑错误。

2) 质量交换是一种独立的作用量

从原有理论体系的范畴可以看出,热力学基本定律的表达式都是建立在闭口系统的基础上的。因此,对开口系统的传统分析方法(雷诺转换原理或控制容积与控制质量的比较法)都是间接的方法。SAM 体系把质量交换当作一个独立的作用量来处理,引出了质量流及其有关的一系列新概念,使跨越边界的质量具有完全确定的热力性质,物理概念更加明确。同时,SAM 体系直接抓住质量跨越边界这个根本特征来研究开口系统,从根本上改变了传统的、对开口系统的间接分析方法。有关质量流的一系列概念为开口系统的分析计算带来很大的方便,有重要的理论意义和实用价值。

3) 作用量的能流、熵流及㶲流

外界分析法特别注重对具体作用量的具体分析,除了强调作用量的独立作用原理外,还强调作用量的相互性及针对性。在分清各种作用量特殊性质的基础上,还应当把作用量对系统内部变化所做的贡献与作用量在外界所产生的影响严格地区分开来。每种作用量对内所做的贡献以及对外所产生的影响也都是各自独立的,与其他作用量无关。

作用量总是相互的,每种作用量都会对发生相互作用的两个系统带来完全确定的、独立的影响。因为相互作用的两个系统的性质往往是不同的,所以同一个作用量在作用双方所产生的效果也往往不同。因此,只有针对确定的系统才能正确地计算出该作用量对这个系统所做贡献的大小及方向。

对功量、热量及质量流这三种独立的作用量,SAM 体系分别给出了作用量的能流、熵流及㶲流的定义,阐明了它们的物理意义,导出了它们的计算公式。这些概念的含义及公式的形式都是唯一确定的,理解了概念,也就记住了公式。运用这些概念就能清楚地了解系统发生状态变化的原因以及各种因素的影响大小。同时,SAM 体系还严格地区分了作用量的㶲流与作用量的㶲值之间的差别,这对避免和纠正目前常见的正负号错误有积极的意义。

1.4.2 SAM 体系的范畴及方法

"一种理论,其前提越简单,所涉及的事物越多,其适应范围越广泛,它给人们的印象就越深刻。"这是著名科学家爱因斯坦对经典热力学的高度评价,我们对经典热力学的改革也应继承和发扬这个优点。

SAM 体系的热力学模型是由几个最原始的非限定概念构成的,具有普遍的代表性。SAM 体系的概念网络是在几个非限定定义的基础上逐步建立起来的。这些概念的含义具有唯一确定性,并对过去的同名概念有较大的包容性。包括外界分析法所特有的一些新概念在内,它们都是经过论证的可运算定义。SAM 体系对热力学基本定律的表述是在任意系统、任意过程的范畴内,通过对最一般的状态变化过程来建立的,因此,不受任何具体条件的限制,其结论具有更大的包容性和普遍适用性。上述几种理论体系对热力学第一定律及第二定律的表述都可看作是 SAM 体系的普遍表达式在该体系特定范畴内的一个特例。

"外因是变化的条件,内因是变化的根据,外因通过内因而起作用",这是 SAM 体系分析热力系统性质及其变化过程的基本思想方法。SAM 体系在建立能量方程、熵方程及㶲方程的过程中,都是从系统发生变化的根本原因(内因及外因)出发来分析的,对每种作用量的性质及其对系统变化所做的特殊贡献都逐个地、仔细地进行分析。SAM 体系是从整体上、从系统与外界之间的相互联系上、对系统所发生的变化过程进行全面分析的基础上来建立这些普遍表达式的。

外界分析法更突出了对主系统的分析,以便能够清楚地了解主系统发生变化的原因以及各种因素的影响。外界分析法严格地分清了系统的状态变化(ΔE、ΔS、ΔA)、作用量所做的贡献[作用量的能流$(\Delta E)_Q$、$(\Delta E)_W$、$(\Delta E)_M$;作用量的熵流$(\Delta S)_Q$、$(\Delta S)_W$、$(\Delta S)_M$;作用量的㶲流$(\Delta A)_Q$、$(\Delta A)_W$、$(\Delta A)_M$]以及过程的不可逆性(熵产 S_P 及㶲损,$I = T_0 S_P$)这三者之间的区别及联系,物理意义明确。这不仅有效地消除了对熵及㶲的神秘感,而且,对澄清一些模糊认识有一定的现实意义和积极作用。

1.4.3 SAM 体系的基本公式

有关 SAM 体系的基本公式如表 1-2 至表 1-6 所示。

表 1-2　热力学基本定律的普遍表达式

能量方程	$\Delta E = (\Delta E)_Q + (\Delta E)_W + (\Delta E)_M$ $\Delta E^{isol} = \Delta E + \Delta E^{TR} + \Delta E^{WR} + \Delta E^{MR} + \Delta E^0 = 0$
熵方程	$\Delta S = (\Delta S)_Q + (\Delta S)_W + (\Delta S)_M + S_{Pin}$ $\Delta S^{isol} = \Delta S + \Delta S^{TR} + \Delta S^{WR} + \Delta S^{MR} + \Delta S^0 = S_{Ptot} \geqslant 0$
㶲方程	$\Delta A = (\Delta A)_Q + (\Delta A)_W + (\Delta A)_M - I_{in}$ $\Delta A^{isol} = \Delta A + \Delta A^{TR} + \Delta A^{WR} + \Delta A^{MR} + \Delta A^0 = -I_{tot} \leqslant 0$

表 1-3　控制质量及质量流的能量和能质

	能容量 E	$E = U + \dfrac{1}{2}mc^2 + mgZ$	
控制质量 m	有用能 E_U	$E_U = (E - T_0 S) - (E_0 - T_0 S_0)$	相互关系 $E = E_U + E_{Unu}$ $\quad = (W_{rev})_{max} + E_{Unu}$ $\quad = (W_U)_{max} + p_0(V_0 - V) + E_{Unu}$ $\quad = A + A_n$
	无用能 E_{Unu}	$E_{Unu} = T_0 S + (E_0 - T_0 S_0)$	
	㶲 A	$A = (E + p_0 V - T_0 S_0) - (E_0 + p_0 V_0 - T_0 S_0)$	
	炻 A_n	$A_n = p_0(V_0 - V) + T_0 S + (E_0 - T_0 S_0)$	
质量流 m_i m_e	能容量 E_f	$E_{fi} = H_i + \dfrac{1}{2}m_i c_i^2 + m_i g Z_i$	$E_{fi} = E_{Ufi} + E_{Unufi}$ $\quad = A_{fi} + A_{nfi}$
	㶲 A_f	$A_{fi} = (E_{fi} - T_0 S_i) - (E_{f0} - T_0 S_0)$	
	炻 A_{nf}	$A_{nfi} = T_0 S_i + (E_{f0} - T_0 S_0)$	

表 1-4　有关作用量的基本公式

名称	作　用　量		
	热量 Q	功量 W	质量流 m_i 或 m_e
作用量的能流	$(\Delta E)_Q = Q$	$(\Delta E)_W = -W$	$(\Delta E)_M = \sum E_{fi} - \sum E_{fe}$
作用量的熵流	$(\Delta S)_Q = \sum \dfrac{Q_j}{T_j}$	$(\Delta S)_W = 0$	$(\Delta S)_M = \sum S_i - \sum S_e$
作用量的㶲流	$(\Delta A)_Q = \sum Q_j\left(1 - \dfrac{T_0}{T_j}\right)$	$(\Delta A)_W = -(W - p_0 \Delta V)$	$(\Delta A)_M = \sum A_{fi} - \sum A_{fe}$
作用量的㶲值	$A_Q = \sum Q_j\left(\dfrac{T_0}{T_j} - 1\right)$	$A_W = W - p_0 \Delta V$	A_{fi} 及 A_{fe}

表 1-5 外界各个组成的基本公式

热库 (TR)	能容量变化	$\Delta E^{\mathrm{TR}} = (\Delta E)_Q = Q^{\mathrm{TR}}$
	有用能变化	$\Delta E_{\mathrm{U}}^{\mathrm{TR}} = \Delta A^{\mathrm{TR}} = (\Delta A)_Q = Q^{\mathrm{TR}}\left(1 - \dfrac{T_0}{T_R}\right)$
	无用能变化	$\Delta E_{\mathrm{Unu}}^{\mathrm{TR}} = \Delta A_n^{\mathrm{TR}} = \Delta E - \Delta E_{\mathrm{U}} = T_0\left(\dfrac{Q^{\mathrm{TR}}}{T_R}\right)$
	熵的变化	$\Delta S^{\mathrm{TR}} = \dfrac{\Delta E_{\mathrm{Unu}}^{\mathrm{TR}}}{T_R} = \dfrac{Q^{\mathrm{TR}}}{T_R}$；$\Delta S^{\mathrm{TR}} = (\Delta S)_Q = \dfrac{Q^{\mathrm{TR}}}{T_R}$
功库 (WR)	能容量变化	$\Delta E^{\mathrm{WR}} = (\Delta E)_W = -W^{\mathrm{WR}}$
	有用能变化	$\Delta E_{\mathrm{U}}^{\mathrm{WR}} = \Delta A^{\mathrm{WR}} = (\Delta A)_W = -(W^{\mathrm{WR}} - p_0 \Delta V^{\mathrm{WR}}) = -W^{\mathrm{WR}}$
	无用能变化	$\Delta E_{\mathrm{Unu}}^{\mathrm{WR}} = \Delta E^{\mathrm{WR}} - \Delta E_{\mathrm{U}}^{\mathrm{WR}} = 0$
	熵的变化	$\Delta S^{\mathrm{WR}} = \dfrac{\Delta E_{\mathrm{Unu}}^{\mathrm{WR}}}{T_0} = 0$；$\Delta S^{\mathrm{WR}} = (\Delta S)_W = 0$
质量库 (MR)	能容量变化	$\Delta E^{\mathrm{MR}} = (\Delta E)_M = \sum E_{\mathrm{fi}}^{\mathrm{MR}} - \sum E_{\mathrm{fe}}^{\mathrm{MR}}$
	有用能变化	$\Delta E_{\mathrm{U}}^{\mathrm{MR}} = \Delta A^{\mathrm{MR}} = (\Delta A)_M = A_{\mathrm{fi}}^{\mathrm{MR}} - A_{\mathrm{fe}}^{\mathrm{MR}}$
	无用能变化	$\Delta E_{\mathrm{Unu}}^{\mathrm{MR}} = T_0 \Delta S^{\mathrm{MR}} = T_0 (\Delta S)_M = T_0 (S_i^{\mathrm{MR}} - S_e^{\mathrm{MR}})$
	熵的变化	$\Delta S^{\mathrm{MR}} = (\Delta S)_M = S_i^{\mathrm{MR}} - S_e^{\mathrm{MR}}$
周围环境 (Env)	能容量变化	$\Delta E^0 = (\Delta E)_Q + (\Delta E)_W = Q^0 - p_0 \Delta V^0$
	有用能变化	$\Delta E_{\mathrm{U}}^0 = (\Delta E_{\mathrm{U}})_Q + (\Delta E_{\mathrm{U}})_W = Q^0\left(1 - \dfrac{T_0}{T_0}\right) - p_0 \Delta V^0 = -p_0 \Delta V^0$
	无用能变化	$\Delta E_{\mathrm{Unu}}^0 = \Delta E^0 - \Delta E_{\mathrm{U}}^0 = Q^0$
	熵的变化	$\Delta S^0 = \dfrac{\Delta E_{\mathrm{Unu}}^0}{T_0} = \dfrac{Q^0}{T_0}$；$\Delta S^0 = (\Delta S)_Q = \dfrac{Q^0}{T_0}$
	㶲的变化	$\Delta A^0 = (\Delta A)_Q + (\Delta A)_W = Q^0\left(1 - \dfrac{T_0}{T_0}\right) - (p_0 \Delta V^0 - p_0 \Delta V^0) = 0$
	炕的变化	$\Delta A_n^0 = \Delta E^0 - \Delta A^0 = \Delta E^0$

表 1-6 可逆功、有用功、㶲损及熵产的计算公式

最大可逆功 $(W_{\mathrm{rev}})_{\max}$	普遍表达式： $$(W_{\mathrm{rev}})_{\max} = E_{\mathrm{U1}} - E_{\mathrm{U2}} + \sum A_{\mathrm{fi}} - \sum A_{\mathrm{fe}} + \sum Q_j^{\mathrm{TR}}\left(\frac{T_0}{T_j} - 1\right)$$ 除周围环境外无其他热库时，有 USUF 过程：$(W_{\mathrm{rev}})_{\max} = E_{\mathrm{U1}} - E_{\mathrm{U2}} + \sum A_{\mathrm{fi}} - \sum A_{\mathrm{fe}}$ SSSF 过程：$(W_{\mathrm{rev}})_{\max} = \sum A_{\mathrm{fi}} - \sum A_{\mathrm{fe}}$

（续表）

	闭口系统：$(W_{\mathrm{rev}})_{\max} = E_{\mathrm{U1}} - E_{\mathrm{U2}}$
最大有用功 $(W_{\mathrm{U}})_{\max}$	普遍表达式 $$(W_{\mathrm{U}})_{\max} = A_1 - A_2 + \sum A_{\mathrm{fi}} - \sum A_{\mathrm{fe}} + \sum Q_{\mathrm{j}}^{\mathrm{TR}}\left(\frac{T_0}{T_{\mathrm{j}}} - 1\right)$$ 除周围环境外无其他热库时，有 USUF 过程：$(W_{\mathrm{U}})_{\max} = A_1 - A_2 + \sum A_{\mathrm{fi}} - \sum A_{\mathrm{fe}}$ SSSF 过程：$(W_{\mathrm{U}})_{\max} = \sum A_{\mathrm{fi}} - \sum A_{\mathrm{fe}}$ 闭口系统：$(W_{\mathrm{U}})_{\max} = A_1 - A_2$
互关系	$W_{\mathrm{U}} = W - p_o \Delta V$；$(W_{\mathrm{U}})_{\max} = (W_{\mathrm{rev}})_{\max} - p_0 \Delta V$
熵产与㶲损 $I = T_0 S_{\mathrm{P}}$	$I_{\mathrm{tot}} = (W_{\mathrm{rev}})_{\max} - W_{\mathrm{act}}$ $= \left[(W_{\mathrm{U}})_{\max} + p_0 \Delta V\right] - \left[(W_{\mathrm{U}})_{\mathrm{act}} + p_0 \Delta V\right] = (W_{\mathrm{U}})_{\max} - (W_{\mathrm{U}})_{\mathrm{act}}$ $= T_0 S_{\mathrm{Ptot}} = T_0(S_{\mathrm{Pin}} + S_{\mathrm{Pout}}) = I_{\mathrm{in}} + I_{\mathrm{out}}$

 思考题

1. 试说明工程热力学、经典热力学及统计热力学三者之间的主要区别与联系。

2. CJKCP 体系是在怎样的范畴内建立起来的？说出 CJKCP 理论体系的主要代表人物及其主要贡献。

3. 喀喇氏体系是在怎样的范畴内建立起来的？除了喀喇氏外，还有哪些著名学者为完善喀喇氏理论体系做出了贡献？

4. 单一公理法最早是由谁提出来的？哪位学者在此基础上系统地、完整地表述了单一公理法理论体系？这个体系是在怎样的范畴内建立起来的？

5. 什么是外界分析法？外界分析法体系是在怎样的范畴内建立起来的？

6. 外界分析法体系在逻辑结构上的主要特点是什么？"起点提高，重点后移"的含义是什么？

7. 什么是非限定定义？外界分析法所选用的六个非限定定义具有什么共同的特征？

8. 什么是非限定概念？外界分析法选用哪六个非限定概念作为本学科最初始的基本概念？

第2章 基本概念及定义

一切科学的抽象都更深刻、更正确、更完全地反映着自然。概念是科学的最高成果，一门学科是否成熟的一个重要标志就是看它有没有形成自己的，由一系列互相联系、互相渗透、互相隶属的基本概念所构成的理论体系。正确理解热力学中的基本概念及定义，并运用它们作为判断和推理的工具，在反复应用中加深对概念及定义的理解，这对于掌握一门科学是至关重要的。本章只是介绍一些最基本的概念及定义，在后续章节中还将陆续介绍许多新的概念。对于这些概念，只有在学习过程中反复体会才能深入理解。

2.1 热力学模型

在热力学中，总是用一定的边界将研究对象与周围的物体分割开来，这种由一定的边界围起来作为研究对象的物质的总和称为热力学系统，简称系统，用 SYS(system) 表示。边界以外的物质世界统称外界。系统与外界的分界面称为边界，或称为控制表面。系统、边界及外界是构成热力学模型必不可少的三个基本组成部分。系统通过边界可与外界发生各种相互作用，如热量交换、功量交换及质量交换等。相互作用必然会使系统发生相应的变化，应用热力学的基本方程来研究系统的变化过程与各种相互作用量之间的关系是热力学的基本内容。系统的状态变化过程、系统与外界之间的相互作用以及两者之间的内在联系是构成热力学模型必不可少的三个基本要素。

2.1.1 热力学系统

根据系统与外界之间作用情况的不同，可以将热力学系统分为闭口系统与开口系统，简单系统与复杂系统，绝热系统及孤立系统。

若系统与外界之间没有质量交换，则该系统称为闭口系统。闭口系统中工质的质量是恒定的，故又称为控制质量，用 CM(control mass) 表示。如果系统与外界之间有质量交换，即有质量流进或流出，则该系统称为开口系统。开口系统中质量的数量可以是变化的，也可以是不变的。如稳定流动工况，流进的质量等于流出的质量，系统内部的质量不断更替，但质量的数量保持不变。可见，区分闭口系统还是开口系统的依据是有没有质量跨越系统边界，而不是系统中质量的数量是否变化。如果开口系统所占据的空间是确定不变的，就称这种开口系统为控制容积，用 CV(control volume) 表示。开口系统的容积也可以是变化的，例如气球的充气及放气过程，既有质量跨越边界又有容积的变化。

系统与外界之间进行功量交换时,如果只有一种准静态功的模式,则称为简单系统。根据准静态功模式的不同,可以有简单可压缩系统、简单弹性系统、简单电解系统、简单磁系统等。如果存在两种以上准静态功的模式,则称为复杂系统。若无特殊说明,本书所讨论的系统都是指只有一种准静态功(容积变化功)模式的简单可压缩系统。

绝热系统是指与外界没有热量交换的热力学系统,绝热系统的边界称为绝热墙。"绝热"在热力学中是一个理想化的概念,实际上即使采用很好的绝热材料,也难免有热量交换。当交换的热量与其他形式能量相比为足够小时,可以认为是绝热的,它代表边界热阻无限大的极限情况。透热系统是指与外界极易发生热量交换并与外界随时都能趋向热平衡的系统。"透热"是指边界热阻无限小的极限情况,它也是一个理想化的概念。通常,热力学系统的实际工况都介于两者之间。

孤立系统是指与外界不发生任何相互作用的系统,既没有任何形式的能量交换,也没有质量交换。显然,孤立系统也是一个理想化的概念。有时为了研究问题的方便,可以用一个假想的边界把进行能量转换的一切有关物体都包括进来构成一个孤立系统。孤立系统内部各个子系统之间可以有各种相互作用,而孤立系统与外界之间则无任何相互作用。

另一方面,根据系统内部状况的不同,还可以将热力学系统分为单元系(由一种化学成分的物质所组成的系统)与多元系(包含两种以上化学成分的物质),均匀系(各部分具有相同的热力性质,如均匀的单相系)与非均匀系(如复相系)等。

2.1.2　边界

当边界确定之后,系统及外界也就完全确定了。边界可用 B(boundary)或 CS(control surface)来表示。边界可以是实际的,也可以是假想的;可以是固定的,也可以是移动的。边界是对系统的范围及系统与外界相互作用的约束。系统必须通过边界才能与外界发生各种相互作用,相互作用的性质(热量交换、功量交换及质量交换)也应当从边界上去考察。要有意识地提高从边界上识别作用量性质的能力。

2.1.3　外界

我们的主要研究对象是热力学系统,但是,系统的状态及其变化过程都是系统与外界发生相互作用的结果。研究一个系统所发生的变化时,必不可少地要对外界与系统之间的种种相互作用加以仔细分析。要考察系统内部的变化会在外界产生怎样的结果;或者为了使外界产生预期的结果,而要对系统加以控制,使其发生相应的变化。有时系统内部的复杂变化过程不是只研究系统内部的情况所能解决的,而要同时分析外界的情况才能得以解决。由此可见,对外界情况的分析也应当引起足够的重视。

系统边界以外的物质世界统称为外界,用 Sur(surroundings)表示。包罗万象的外界是非常复杂的,我们不可能也没有必要对外界中的一切事物都加以分析,热力学上感兴趣的只是外界中与系统发生相互作用的有关物体。系统与外界可能发生的相互作用有热量交换、功量交换及质量交换。在进行热力分析时,可以把与系统发生上述作用的物体抽象成几种特殊的热力学系统,分别称为热库、功库及质量库。同时,任何系统总是处在一定的周围环境之中,系统与周围环境之间也可以发生热量交换及功量交换,因此,周围环境也是外界的一个组成部分。一般情况下,外界由热库、功库、质量库及周围环境这四部分所组成,分别用

TR(thermal reservoir)、WR(work reservoir)、MR(mass reservoir)及 Env(environment)来表示。

热库是一种假想的、能容量无限大的、定质量定容积的热力系统,它与外界之间唯一可能发生的相互作用是热量交换。在交换热量的过程中,热库的温度保持不变,即认为热库内部经历的都是可逆的等温过程。可以想象,在我们所研究的主系统之外,存在着无穷多个不同温度下的热库,它们可以分别与主系统发生热量交换。

功库是一种假想的、定质量定容积的绝热系统,它与外界之间唯一可能发生的相互作用是功量(有用功)交换。假定功库内的一切运动都是无摩擦的,则以功的形式输入到功库的能量可以全部地再以功的形式从功库输出,即认为功库内部的过程都是可逆的。可以想象,在我们所研究的主系统之外,存在着许多不同形式功量的功库,它们可以分别与主系统发生功量交换。

质量库是一种假想的、绝热的、容积不变的热力系统,它与外界之间唯一可能发生的相互作用是质量交换。显然,质量交换必定伴随着相应的能量交换。可以想象,在我们所研究的主系统之外,存在着许多不同状态下的、贮有与主系统相同工质的质量库,它们可以分别与主系统发生相同工质及相同状态的质量交换。可以假定质量库内部的过程都是可逆的。

周围环境是外界的一个重要组成部分。一般情况下,我们所研究的各种热力学系统都处于一个共同的周围环境之中,因此,它在系统的热力分析及环境保护问题的探讨中都是必须考虑的一个重要因素。系统与周围环境之间可以发生热量交换、功量交换及质量交换。为了便于分析,除非特殊说明,可以认为系统与周围环境之间只有热量交换及功量交换,而质量交换仅与质量库之间进行。由于周围环境的热容量无限大,无论系统与周围环境之间发生怎样的相互作用,都可以看作是足够小的量,都不会改变周围环境的强度参数。所以可以认为周围环境中的温度及压力都是常数,在周围环境中发生的过程都是可逆过程。

由上述定义可知,热库、功库、质量库及周围环境都是主系统外界的一个组成部分,同时,它们又都分别为一个特殊的热力系统。所以,系统与外界的概念是相对的,所有相互作用的热力系统,都可以互相看作是对方外界中的一个组成部分。根据上述定义,热库、功库及质量库这三者之间是不能发生相互作用的。它们与周围环境之间虽然可以发生相互作用,但可以证明,这种相互作用对主系统不会产生任何影响,因此可以不予考虑。我们分析主系统的性质及其变化过程时,只需分析主系统与其外界各个组成部分之间的相互作用就可以了。

2.1.4 热力学模型及外界分析法

如图 2-1 所示,系统、边界及外界是热力学模型的三个基本组成部分,而外界则包括热库、功库、质量库及周围环境四个部分。系统可以通过边界与外界发生热量、功量及质量交换等相互作用。作用量是把主系统与各个子系统联系起来的纽带,是热力学模型中最活跃的因素。作用量不仅是系统发生变化的原因,也是实现热功转换目的和结果的具体体现。系统内部的变化过程、各种作用量以及它们与系统中的状态变化之间的内在联系(热力学基本定律)是热力学模型的三个基本要素。

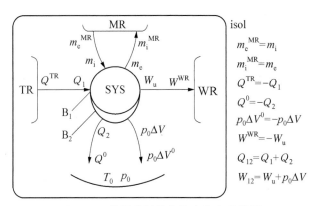

图 2-1 外界分析法的基本热力学模型

对于作用量必须要注意它的独立性、针对性及相互性。根据作用量的独立作用原理,热量、功量及质量交换这三种性质不同的作用量是相互独立的,每种作用量都与是否存在其他作用量无关,而且每种作用量都会对系统产生与该作用量的大小及方向有关的完全确定的影响,这种影响也与其他作用量所产生的影响无关。作用量的独立性与各个作用量之间又有内在的联系,两者并无矛盾。作用量对系统状态的变化都有各自独立的贡献,而系统状态的变化是各种作用量的贡献的代数和,只有通过系统状态的变化才能建立各个独立作用量之间的相互联系,而且这种内在联系正是热力学基本定律的反映。作用量的作用都是相互的,必定会对相互作用的两个系统同时产生相应的确定影响。对于作用量还应注意它的针对性,只有明确该作用量是针对哪个系统而言的,才能正确地确定该作用量的正负号。

热力学系统的外界分析法是建立在对能量的属性及能量转换规律的现代认识基础上,从系统发生状态变化的根本原因(包括内因及外因)出发,来研究系统的平衡状态及状态变化的过程。即通过对系统本身特性的分析以及对系统与外界之间的各种相互作用量的性质及效果分析,从整体上、从系统与外界之间的相互联系上全面地研究系统所发生的状态变化过程。运用外界分析法的基本思路来进行热力分析,根据外界分析法的基本观点来建立热力学基本定律的表达式,按照外界分析法的逻辑结构把热力学中一系列基本概念及定义有机地联系起来,这样构建成的学科体系称为外界分析法体系(SAM 体系)。这种体系是建立在对最一般的状态变化过程分析的基础上,不受任何条件的限制,因此,分析结果具有普遍意义和广泛的适用性。

2.1.5 热力学模型实例

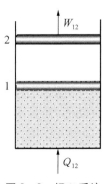

图 2-2 闭口系统

例 2-1 活塞-气缸装置内贮有定量气体,如图 2-2 所示,气体受热膨胀后,活塞从位置 1 变化到位置 2。热力学模型以活塞-气缸的内表面为边界,缸壁是固定边界,活塞是移动边界,它们都是实际边界;以气缸内的气体为系统;边界以外的物体(未画出)为外界。系统通过边界与外界发生的相互作用有热量交换,用 Q 表示交换的热量;功量交换,用 W 表示交换的功量;忽略通过活塞环的漏气损失,可认为无质量跨越边界,这是一个典型的闭口系统。热力学模型的三个要素：系统的状态发生了变化，由态 1 变化到态 2；系统与外界之间有能量交换，即 Q 及 W；系统状态变化情况与作用量之间有确定的关系，即必须遵循热力学的基本定律。

例 2-2　换热器(见图 2-3)在稳定工况下工作，热流体从 1 流进从 2 流出，冷流体从 1′流进从 2′流出，整个换热器是绝热的，在换热器内完成热量从热流体传给冷流体的换热过程。根据不同的目的要求，本例可有两种建立模型的方法，即以换热器整体为对象及以单一流体(热流体或冷流体)为对象。

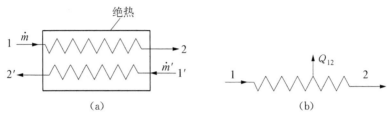

图 2-3　换热器示意图

以整体为对象时，如图 2-3(a)所示，换热器的壳体表面为边界，壳体内部空间的所有物质为系统，壳体以外的物体为外界。在系统边界上无热量交换及功量交换，只有在进出口处的假想边界上有质量交换。这是一个典型的开口系统，因系统的容积固定不变，又可称为控制容积。根据热力学的基本规律，可以建立热流体与冷流体之间参数变化的内在联系。

以热流体为研究对象时，如图 2-3(b)所示，选热流体的管壁表面为系统的边界，壁内的热流体为系统，壁外的冷流体为外界。在系统的边界上有热量交换，以 Q_{12} 表示热流体与外界交换的热量，有质量交换，但无功量交换。根据热力学的基本规律可以建立 Q_{12} 与热流体参数变化之间的关系。

例 2-3　在电热高压锅内贮有定量的水和食品(见图 2-4)，通电以后水和食品被加热而温度升高，随着水蒸发量的增加，锅内压力也升高，当压力超过限定压力后，水蒸气顶开限压阀而排出，当压力降到低于限定压力时，限压阀关闭。这种断续排气过程直到停止加热后才结束。

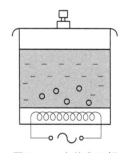

图 2-4　电热高压锅示意图

在本例中，若以整个高压锅为系统，即把电热丝包括在系统内部，这时边界上的作用量是电功，当压力超过限定压力时还有质量交换；若以水和食品为系统，这时边界上作用量的性质是热量交换，当压力超过限定压力时也有质量交换。另一方面，如果研究整个加热过程，这显然是个开口系统；如果只讨论从开始加热到第一次排气之前这一阶段的加热过程，则为闭口系统。可见系统的类别及作用量的性质必须根据实际问题的目的要求，并对边界上的作用情况认真考察之后才能正确识别。

例 2-4　充气过程与放气过程都属于开口系统的均态均流(USUF)过程(见图 2-5)，其特点是系统中工质的质量及状态是随时间而变的，但在每一瞬间系统中的状态可看作是均匀一致

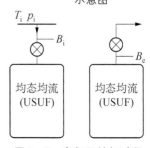

图 2-5　充气及放气过程

的。这类问题都以刚性容器为系统,但系统进出口处的边界怎样选取是有技巧的。为了便于求解,在选取进出口处的边界时,应尽可能利用已知条件。对于充气过程,系统进口处的边界应把阀门包括在系统内。这样,进口截面上工质的状态始终与输气总管中工质的状态相同,而后者一般是已知的常数。对于放气过程,系统出口处的边界应不包括阀门。这样,出口截面上工质的状态虽然是随时间而变化的,但每一瞬间出口处的状态与系统内工质的状态相同,有了这种关系,就有利于求解。

2.2 热力系统的状态

2.2.1 状态的描述

热力系统在某一瞬间所呈现的宏观物理状况称为系统的状态。系统的状态可以用一些表征系统宏观性质的物理量来表示,描述系统状态的物理量统称为状态参数。有些状态参数是可以直接测量的,如压力、温度和比容,这三个可测参数称为基本状态参数。有些状态参数是通过热力学的方法导出来的,如热力学能、焓及熵等,它们是不可测参数。有些状态参数是由上述参数组合而成的,如吉布斯函数及亥姆霍兹函数等,它们也是不可测的复合参数。本节先介绍基本状态参数,其他状态参数将在后续章节中逐步引出。

1. 基本状态参数

1) 比容

单位质量物质所占有的体积称为比容,它是描述系统内部物质分布状况的状态参数。若以 V 表示系统内工质所占有的体积, m 表示系统内工质的质量,则比容 $v(\mathrm{m^3/kg})$ 可表示为

$$v = \frac{V}{m} \tag{2-1}$$

单位体积所具有的工质质量称为密度,以 ρ 表示,单位为 $\mathrm{kg/m^3}$。显然,密度与比容互为倒数,即

$$\rho = \frac{m}{V} = \frac{1}{v} \tag{2-2}$$

式(2-2)说明,密度与比容是相互关联而不独立的两个状态参数。值得指出,对于均匀系统,系统内部物质分布是均匀的, v 或 ρ 处处相等,才能用它们来描述整个系统的状态。对于非均匀系统,用式(2-1)及(2-2)计算出来的比容及密度仅代表平均值,并不能说明系统内部物质的真实分布情况,因此不能用来描述整个系统的状态。

2) 压力

单位面积上的垂直作用力称为压力,它是表征系统宏观力平衡性质的状态参数。只有当系统内部压力处处相等满足力平衡条件时,才能用一个确定的压力数值来描述系统的状态。压力是一个强度参数。

压力的国际单位为帕斯卡(Pascal),简称帕,用 Pa 表示。国际制单位中力的单位是牛顿(N),面积的单位是平方米(m²),按照压力的定义,帕(Pa)可表示为

$$p = \frac{F}{A}, \ 1 \ \text{Pa} = 1 \ \text{N/m}^2 \tag{2-3}$$

因为帕的单位量太小,工程计算时常采用千帕(kPa)或兆帕(MPa)作为压力的单位。此外,曾经得到广泛应用,目前仍能遇到的其他压力单位还有巴(bar)、标准大气压(atm)、工程大气压(at)、毫米汞柱(mmHg 0℃)及毫米水柱(mmH$_2$O 4℃)等。各种压力单位之间的换算关系可以从本书附录表 1 中查到,计算时应采用国际制单位。

压力是一个可测的状态参数,工程上常用的测压计有两种(见图 2-6):弹簧管压力计和 U 形管压力计。由于测压计都是以周围环境压力(通常是大气压力)为基准的,因此,用压力计测得的读数并不是被测工质的绝对压力,而是相对于环境压力的相对值,即绝对压力与环境压力之差。

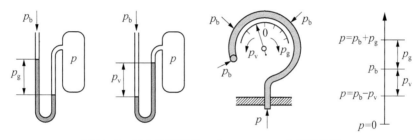

图 2-6　压力的测量及 p 与 p_g、p_v、p_b 之间的关系

大气压力用 p_b 表示,可以用气压计测得。当绝对压力高于大气压力时,压力计测得的数值称为表压力,用 p_g 表示,显然有

$$p_g = p - p_b \quad 或 \quad p = p_g + p_b \tag{2-4}$$

当绝对压力低于大气压力时,测压计(真空表)指示的读数称为真空度,用 p_v 表示,它表示绝对压力比大气压力低的数值,即

$$p_v = p_b - p \quad 或 \quad p = p_b - p_v \tag{2-5}$$

当采用 U 形管测压时,测得的液柱高度代表表压力或真空度,其数值可按该液柱作用在底面积上的压力来计算,即

$$p_g = \rho g h / 1\,000 \quad 或 \quad p_v = \rho g h / 1\,000 \tag{2-6}$$

式(2-6)中的 h(单位为 mm)为液柱高度,g 为重力加速度 9.806 65 m/s^2,ρ 为液体的密度。由于液体的密度随温度稍有变化,故作为标准的压力单位,必须规定液柱的标准温度,并采用标准温度下的密度数值,即

$$\rho_{\text{H}_2\text{O}} = 1\,000 \ \text{kg/m}^3 (4℃)$$
$$\rho_{\text{Hg}} = 13\,595 \ \text{kg/m}^3 (0℃)$$

由式(2-6)不难得出

$$1 \ \text{mmHg} \ 0℃ = 133.322 \ \text{Pa}$$
$$1 \ \text{mmH}_2\text{O} \ 4℃ = 9.806\,65 \ \text{Pa}$$

常用的 U 形管测压计都是以水银作为测压物质,若测压时的环境温度为 t,则应对水银柱读数按下面的公式换算成 0℃时的读数

$$h_0 = h_t(1 - 0.000\ 172t) \tag{2-7}$$

值得指出,表压力及真空度都是绝对压力与环境压力之间的差值,即使系统中的绝对压力保持不变,它们的值也会随环境压力变化而变化,所以它们并不是系统的状态参数。如无特殊说明,本书中的压力均指绝对压力。

例 2-5 有一个高为 30 m 的烟囱,其内部烟气的平均密度为 0.735 kg/m³,若已知烟囱外部空气的平均密度为 1.19 kg/m³,地面大气压力为 0.1 MPa,试求该烟囱底部的真空度 p_v(见图 2-7)。

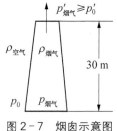

图 2-7　烟囱示意图

解 烟囱在正常工作情况下,其出口压力必须大于高度为 30 m 处的大气压力,即

$$p'_{烟气} \geqslant p'_0$$

因此有

$$(p_{烟气} - \rho_{烟气}\ gh) \geqslant (p_0 - \rho_{空气}\ gh)$$
$$(p_0 - p_{烟气}) \leqslant (\rho_{空气} - \rho_{烟气})gh$$
$$= (1.19 - 0.735)\text{kg/m}^3 \times 9.81\ \text{m/s}^2 \times 30\ \text{m}$$
$$= 134\ \text{Pa}$$

烟囱底部的真空度为

$$p_{v烟气} = (p_0 - p_{烟气}) \leqslant 134\ \text{Pa}$$

3）温度

（1）热力学第零定律。经验表明,各自处在热平衡的两个系统通过刚性透热边界相互接触,若两个系统的状态都发生了变化,则这种变化必将持续到建立新的热平衡时才停止,这说明这两个系统原先各自处在不同的热平衡状态。如果接触后两个系统仍能保持原先的状态,则说明这两个系统原先各自处在相同的热平衡状态,接触后并不发生相互作用,相互之间仍保持热平衡。

热平衡现象是一种常见的现象,热力学第零定律就是从无数的热平衡过程的实践经验中总结出来的一条客观规律,它是一条有关热平衡的经验定律,不是通过任何其他的定律导出来的。热力学第零定律可表述如下:两个系统分别与第三个系统处于热平衡,则这两个系统彼此也必然处于热平衡。

根据热力学第零定律,一切系统必定存在一个共同的、表征系统微观热运动强度及宏观热平衡性质的状态参数,这个状态参数就称为温度。当系统处于热平衡时,温度就有完全确定的数值;当系统尚未达到热平衡时,就不能用一个确定的温度来描述系统的状态。第零定律还指出,一切互为热平衡的系统必定具有相同的热平衡性质,即具有相同的温度。热力学第零定律不仅证实了温度是系统的一个状态参数,而且建立了温度相等的概念,为各种温度计的测温原理提供了最基本的理论依据。根据热平衡的概念,只要温度计与被测物体处于热平衡,就可按温度计中测温物质的平衡温度来表示被测物体的温度。

按照气体分子运动学说,气体的温度是气体分子平均移动动能的度量。因此,只要气体

的状态一定,其分子的平均移动动能就一定,相应地气体的温度也就有确定的数值。这说明温度是系统的状态参数,与热力学第零定律的结论是一致的。

(2) 温标及温度的换算。温度数值的表示方法称为温标。开尔文根据卡诺原理建立了与工质性质无关的热力学温标。开尔文温标只有一个定义点,把水的三相点(在不存在空气及其他物质的情况下,水的固态、液态、气态三相同时并存的三相平衡状态)的温度数值定义为 273.16 K,并规定三相点绝对温度的 $\frac{1}{273.16}$ 作为 1 开尔文度的计量标准。

若以 T_{tp} 表示水的三相点的绝对温度,K 表示开尔文度,则有

$$T_{tp} \equiv 273.16(\text{K})(\text{精确值}) \tag{2-8}$$

$$1 \text{ K} \equiv \frac{T_{tp}}{273.16} = \frac{273.16 \text{ K}}{273.16} = 1 \text{ K} \tag{2-9}$$

为满足科技上一般应用的需要,建立一个国际上一致采用的实用温标是十分必要的。国际计量大会先后通过了国际实用温标(the international practical temperature scale, IPTS),即 IPTS1927、IPTS1948、IPTS1968 及 IPTS1990,它们都与测温物质的性质有关。国际实用温标的建立及修订标志着科技水平及测温手段的不断提高,温度数值的表示方法越来越完善,测温精度越来越高,并与热力学温标越来越接近。详细研究各种温标是测温学的任务,这里仅介绍几种温标之间温度单位的换算关系(见图 2-8)。

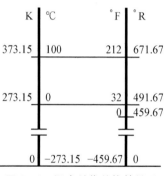

图 2-8 温度单位的换算关系

华氏温标是以盐水和冰的混合物作为基准点(0℉),而以水的冰点(32℉)及水的沸点(212℉)作为固定参考点。与华氏温度相对应的绝对温度称为朗肯(Rankine)温度,单位为℉R。摄氏温标是以水的冰点及水的沸点作为固定参考点及基准点,并把它们分作 100 等分,每个间隔定义为 1 度,故称之为百分温标。虽然国际实用温标已经废除了上述这些温标,但允许摄氏温度作为热力学温标中的一种表示方法。华氏温度用符号 F 表示,单位为℉。摄氏温度用符号 t 表示,单位为℃,摄氏温度的定义表达式为

$$1℃ \equiv 1 \text{ K} \quad (\text{精确}) \tag{2-10}$$

$$t = T - 273.15 \text{ K} \quad (\text{精确}) \tag{2-11}$$

由此不难得出
$$1℃ = 1.8℉ \quad 1 \text{ K} = 1.8℉R \quad 1℉R = 1℉$$
$$F = 1.8t + 32℉ \quad T = F + 459.67℉R = t + 273.15 \text{ K}$$

例如:水的冰点为
$$t = 0℃ \quad F = 0 \times 1.8℉ + 32℉ = 32℉$$
$$T = 273.15 \text{ K} = 273.15 \times 1.8℉R = 491.67℉R = 32℉R + 459.67℉R$$

又如:水的沸点为
$$t = 100℃ \quad F = 100 \times 1.8℉ + 32℉ = 212℉$$
$$T = 373.15 \text{ K} = 373.15 \times 1.8℉R = 671.67℉R = 212℉R + 459.67℉R$$

2. 状态参数的性质

1) 强度参数和容度参数

状态参数可分为强度参数和容度参数（也称为广延参数）两大类，下面先介绍它们的定义。

一个处于平衡状态的系统（见图 2-9），记作 λB，若把它分成 λ 个完全相同的子系统，则每个子系统 B 也必定处于平衡状态。若同名参数满足整个系统（λB）的值等于各子系统的值，则该状态参数称为强度参数。例如，平衡状态下压力及温度处处相等，满足

$$p(\lambda B) = p(B); \quad T(\lambda B) = T(B) \tag{2-12}$$

式（2-12）说明压力及温度都是强度参数。

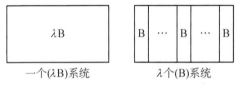

一个（λB）系统　　　λ 个（B）系统

图 2-9　强度参数与容度参数示意图

若同名参数满足整个系统（λB）的值等于各个子系统（B）的值的总和，则该状态参数称为容度参数。质量（m）、体积（容积，V）、热力学能（内能，U）、焓（H）及熵（S）均满足上述条件，它们都是容度参数。若以热力学能为例，则

$$U(\lambda B) = \lambda U(B) \tag{2-13}$$

单位质量的容度参数，即容度参数除以整个系统的质量，称为比容度参数，它们都是强度参数。按传统表示方法，容度参数用大写字母，而比容度参数用小写字母，如比容为 v、比热力学能（比内能）为 u、比焓为 h、比熵为 s 等。再以比热力学能为例，则

$$u(\lambda B) = \frac{U(\lambda B)}{m(\lambda B)} = \frac{\lambda U(B)}{\lambda m(B)} = \frac{U(B)}{m(B)} = u(B) \tag{2-14}$$

式（2-14）说明比热力学能满足强度参数的定义表达式（2-12），它是强度参数。

从定义可知，强度参数与系统的质量无关，没有可加性；容度参数与系统的质量有关，具有可加性。

值得指出：容度参数仅表示系统的容度性质，即表征系统的容量及范围的大小；强度参数是势函数，是系统平衡条件及能量和物质逸出倾向的度量。例如，温度是表征系统热平衡性质的状态参数，温度越高则热运动强度越高，系统向外逸出热能的倾向就越大。又如，压力是表征系统力平衡性质的状态参数，压力越高表示系统向外输出功量的倾向越大。再如，密度是表征系统内物质分布的状态参数，密度越大其扩散物质的倾向就越大。可见，系统的热力性质主要取决于系统的强度参数。

2) 状态参数是点函数

系统处于非平衡状态时，各处的宏观状况并不相同，不能用一组各自确定的状态参数来描述系统的状态。系统达到平衡状态后，各处的宏观状况都相同，才可以用一组确定的状态参数来描述。

对于一个完全确定的平衡状态,所有的状态都有各自确定的唯一的数值。当其中任何一个状态参数的数值发生变化时,就表示状态发生了变化。可见,在平衡状态下,所有状态参数的数值都唯一确定,它们都是状态的单值函数。状态参数是点函数,仅与该点(平衡状态)有关,而与达到该点所经历的过程无关,这是状态参数的一个重要的基本特性。

根据点函数的数学特征,状态参数的微增量具有全微分的性质,它的封闭积分为零;任意两态之间状态参数的增量仅与初终两态有关,而与所经历的过程无关。若以压力 p 为例,点函数的特征可表示为

$$\oint \mathrm{d}p = 0;\quad \int_1^2 \mathrm{d}p = p_2 - p_1 = \Delta p_{12} \qquad (2-15)$$

其他状态参数都有上述特性。

2.2.2　状态的性质

1. 平衡状态及非平衡状态

热力学的平衡状态简称平衡状态,是热力学中最重要的基本概念,它在热力学理论体系的形成及发展中起着重要的作用。

平衡状态是指除系统与外界之间发生相互作用并在外界引起变化外,系统的宏观性质不会发生任何变化的状态。换句话说,平衡状态是指在外界不产生任何影响的条件下可以长久保持下去的状态。系统达到平衡状态后,系统本身所具有的一切宏观性质都完全确定,即各个状态参数都有各自确定的数值。在平衡状态下,系统内部不存在势差,如温差、压差等,系统完全丧失了促使自身变化的能力,除非改变外界条件,对系统发生作用,并在外界留下一定的影响,否则系统将保持平衡状态稳定不变。

热力学平衡的条件应包括系统内部所有宏观性质的平衡条件,如力的平衡(压力相等)、热的平衡(温度相等)、相的平衡及化学平衡(化学势相等)等。只有当系统内部所有宏观性质的平衡条件都得到满足时,才不会发生任何宏观性质的变化过程。热力学平衡在宏观上是静态的平衡,但从本质上看,是属于正反两个方向上微观作用相互抵消而达到的动态平衡。

显然,只要系统内部任何一种宏观性质未达到平衡条件,即为非平衡状态。系统处于非平衡状态其内部必定存在势差,即使在不变的外界条件下,也具有促使系统发生变化的趋势,使系统朝着平衡的方向变化。在达到平衡状态之前,这种趋势不会消失,变化过程也不会停止。系统内部存在势差是非平衡状态的特征,也是系统发生状态变化的内因。

经验证明,在外界不产生任何影响的条件下,系统从任何一个非平衡状态出发,经过足够长的时间,总能达到一个而且只有一个稳定的热力学平衡状态,这是一条自然规律,称为稳定平衡态定律(the law of stable equilibrium, LSE)。经典热力学的单一公理法体系就是建立在这条基本定律的基础上的。

2. 稳定状态与非稳定状态

工程上许多热工设备都在稳定工况下工作,例如蒸汽轮机、换热器等在设计工况下工作时,系统内各点的状态都不随时间而变,又如内燃机、活塞式压气机等在稳定工况下工作时,工质状态的周期性变化规律不随时间而变。热工设备在上述的稳定工况下工作时,系统的

状态称为稳定状态。稳定状态的特征是各点状态不随时间而变,或各点状态的周期性变化规律不随时间而变,但是,各点的状态并不相同,即系统内部的状态并不是均匀一致的。

必须指出,系统的稳定状态与平衡状态是两个不同的概念。稳定状态是靠稳定的连续不断的外界作用在外界引起确定的变化来维持的,稳定状态下系统内部不是均匀一致的。一旦外界作用停止,系统的稳定状态就要发生变化。平衡状态是在外界不产生任何影响的条件下保持稳定不变的状态,平衡状态下系统内部是均匀一致的。一旦系统与外界发生相互作用,平衡即被破坏,状态就会发生变化。同时,还必须指出,稳定状态与平衡状态又是有密切联系的两个概念。处于确定稳定状态的系统一旦停止与外界之间的相互作用,系统的状态就会发生变化,而且最终必定能达到一个而且只有一个完全确定的平衡状态。由此可见,一个确定的稳定状态是与一个完全确定的平衡状态相联系的。不同的稳定状态与不同的、相应的平衡状态相联系。改变外界条件可以改变稳定状态,也可改变平衡状态。正是由于这种内在联系,对于闭口系统我们讨论的是平衡状态及非平衡状态,对于开口系统我们讨论的是稳定状态及非稳定状态。进一步学习还可发现,开口系统中的无摩擦稳定流动过程与闭口系统中的可逆过程的热力学基本方程之间也有相应的内在联系。

3. 均匀状态及非均匀状态

值得注意,均匀状态与平衡状态是两个容易混淆的概念。一般情况下,均匀状态可以当作平衡状态或者非稳定的平衡状态来处理。例如,刚性容器的充放气过程是个非稳定过程,但在每一瞬间,系统中的工质状态可看作是均匀一致的,可以用平衡状态的性质来计算。非平衡状态一定是非均匀状态,但平衡状态不一定都是均匀状态。例如,当水在气、液两相达到相平衡时,它们的压力及温度相等,但密度并不相等,液态水的密度大于水蒸气的密度,因此不是均匀状态。多相共存时的平衡状态都有这个特点。

2.2.3 状态的确定

1. 状态公理及状态参数坐标图

1) 状态公理

如前所述,描写系统宏观性质的状态参数有很多,在平衡状态下这些状态参数都有完全确定的值。进一步学习可以发现,状态参数之间是有确定关系的,只要其中几个独立的状态参数确定之后,其他的参数都可以通过一定的函数关系求出来,系统的平衡状态也就完全确定了。确定系统平衡状态的独立状态参数究竟有多少呢? 这正是状态公理要回答的问题。

状态公理指出当 $(n+1)$ 个独立的状态参数确定之后,一个给定系统的平衡状态就完全确定,其中 n 是指系统的准静态功的模式数。

系统的热力学性质包括系统的热学性质及力学性质两大类,各种力学性质又与热学性质有关联。热力学平衡是指系统内部所有热力性质的平衡,热力学平衡的条件应当包括系统内部各种宏观性质的平衡条件。由此可见,确定系统平衡状态的独立变量数取决于系统本身的性质,越是复杂的系统包含的性质越多,确定状态的独立变量就越多。

另一方面,系统与外界之间的相互作用是破坏系统平衡并导致系统状态发生变化的外因。外因通过内因起作用,任何一种独立的相互作用量(外因)必然会在系统内部引起相应的势差(内因),从而对系统状态变化做出相应的独立贡献。可以发现,系统越复杂可能发生的独立作用量也越多,每一种独立的作用量都是与系统的相应性质相联系的。例如,温度是表征系统热平衡的势函数,代表系统的热学性质,当系统与外界之间存在温差时,就会发生热量交换,系统的状态就会因交换热量而变化。又如,压力是表征系统机械平衡的力学参数,当系统与外界之间存在压差时,就会发生功量交换,系统的状态也会因功量交换而发生变化。系统其他的宏观性质也与一定形式的相互作用量相联系,如化学功、弹性变形功、电场功、磁化功等,即每一种准静态功的模式代表一种独立的宏观性质。

由此可见,确定系统平衡状态的独立变量数等于系统内部独立的热力性质数,也等于系统与外界之间独立的相互作用数,即等于热作用量与 n 种准静态功模式数之和,即 $(n+1)$。

本书所讨论的系统除非特殊指明外是指简单可压缩系统,系统与外界之间除了热交换外只有一种准静态功模式。根据状态公理,对于简单系统只要两个独立的状态参数确定之后,其他状态参数也都完全确定,系统的平衡状态也就确定了。

进行参数分析来确定状态,即根据独立的(或已知的)状态参数来确定其他的状态参数是热力分析中最重要的基础工作,在本课程的学习过程中要有意识地提高自己进行参数分析确定状态的能力。

2)状态参数坐标图

用状态参数作为坐标的图称为状态参数坐标图。根据状态公理可知,简单可压缩系统只需两个独立的状态参数确定之后,系统的平衡状态就完全确定了。因此,确定简单系统的平衡状态用二维的平面坐标图就足够了。用任意两个独立的状态参数作为坐标可以构成各种不同的状态参数坐标图,例如常用的压容图(p-v 图)、温熵图(T-s 图)、焓熵图(h-s 图)等(见图 2-10)。这些平面坐标图上的任意一点代表系统的一个平衡状态,与该点相应的两个坐标代表该平衡状态下的两个独立的状态参数。显然,系统处于非平衡状态时,不能用确定的状态参数来描述,自然也不能用状态参数坐标图上的一个点来表示它的状态了。

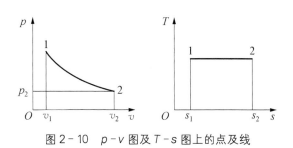

图 2-10　p-v 图及 T-s 图上的点及线

状态参数坐标图不仅能用点来表示系统的平衡状态,而且还能用曲线或面积形象地表示系统所经历的变化过程以及过程中相应的功量和热量。在热力分析中,状态参数坐标图将起重要的作用。在学习过程中,要有意识地培养和提高应用状态参数坐标图来分析问题的能力。

2. 热力学函数及状态方程

1)热力学函数

根据状态公理可知,对于简单系统,只要知道任意两个独立的状态参数,系统的状态就完全确定了。状态完全确定的含义是所有状态参数的数值完全确定。为什么根据两个独立的状态参数(可测参数)就可以确定其他的状态参数呢?这是因为状态参数之间存在着一定的函数关系,如 $u=u(T,v)$,$s=s(T,v)$,$h=h(T,p)$ 等,所有不可测参数都可以通过这些函数关系求出来。状态参数之间的各种函数关系统称为热力学函数。

热力学函数是在热力学基本定律及基本定义的基础上,根据状态参数是点函数的特性,运用数学推导的方法来建立的。热力学函数在研究实际工质的热力性质、热力学的自身发展以及工程应用中都起重要作用,本书将在热力学微分方程这一章中详细讨论,这里先简单介绍理想气体的状态方程以满足解题的需要。

2) 状态方程式

温度、压力及比容这三个基本状态参数之间的函数关系是最基本的热力学函数关系,称为状态方程式。它可表示为

$$f(p, v, T) = 0$$

或写成某一状态参数的显函数形式

$$p = p(T, v), \quad v = v(T, p), \quad T = T(p, v)$$

(1) 理想气体状态方程式。状态方程式的具体函数形式取决于气体的种类及所处的状态。实际气体的状态方程式是比较复杂的,它是气体性质的反映,必须通过实验来确定,而且只适用于实验的状态变化范围。理想气体的状态方程式则具有最简单的函数形式,而且与气体的种类及所处的平衡状态无关。理想气体状态方程式又称为克拉佩龙方程,它可由玻意耳-马略特定律及查理-盖·吕萨克等实验定律导得。根据理想气体的量的不同,其状态方程式可表达为

$$
\begin{cases}
1 \text{ kmol 气体} & p\bar{v} = \bar{R}T & \text{(a)} \\
n \text{ kmol 气体} & pV = n\bar{R}T & \text{(b)} \\
1 \text{ kg 气体} & pv = RT & \text{(c)} \\
m \text{ kg 气体} & pV = mRT & \text{(d)}
\end{cases}
\qquad (2-16)
$$

其中,p 为绝对压力,单位为 kPa;T 为绝对温度,单位为 K;V 为总容积,单位为 m^3;$\bar{v}$ 为千摩尔容积,单位为 $m^3/kmol$;v 为比容,单位为 m^3/kg;n 为气体的千摩尔数,单位为 kmol;m 为气体的质量,单位为 kg;$\bar{R}$ 为通用气体常数,单位为 $kJ/(kmol \cdot K)$,它与气体的种类无关;R 为气体常数,单位为 $kJ/(kg \cdot K)$,它与气体的种类有关。

(2) 摩尔质量及气体常数。以上这四个公式实际上是一个公式,差别仅仅是气体的量不同而已。如果引进千摩尔质量 $M(kg/kmol)$ 的概念,就可以建立起它们之间的内在联系。显然,摩尔量与质量之间有如下关系:

$$m = nM, \quad \bar{R} = MR, \quad \bar{v} = Mv, \quad V = mv = n\bar{v}$$

由经验可知,在应用状态方程进行计算时,经常因单位不一致而出错。因此建议采用上述单位来计算,若给定的量不是上面所示的单位,则应化成上述单位后再代入公式计算。各种气体的气体常数 R 及千摩尔质量 M(数值与气体的相对分子质量相等)可从书后附录表 3 中查得。

为什么气体常数 R 随气体的种类不同而不同,而通用气体常数 $\bar{R}$ 与气体的种类无关

呢？要理解这个问题，必须搞清摩尔量与质量之间的区别及联系。摩尔是物质的量的单位，它是国际单位制中 7 个基本单位之一。当物质的结构粒子数(可以是原子、离子、分子及其他特定组合体的粒子数)与 0.012 kg 碳-12 的原子数相等时，即等于阿伏伽德罗常数 6.0228×10^{23} 时，该物质的量就定义为一摩尔，用 mol 来表示。因为摩尔的单位较小，工程计算中常用千摩尔为单位，用 kmol 表示，1 kmol 的物质包含 6.0228×10^{26} 个结构粒子数。根据阿伏伽德罗定律可知，在同温同压下相同分子数的任何理想气体所占的体积都相等。1 kmol 任何气体所含的分子数是相同的，因此在同温同压下任何理想气体的千摩尔容积都相同。千克(kg)是物质的质量单位，它也是国际单位制中 7 个基本单位之一。1 kg 不同的气体所含的分子数是不同的，分子质量 M 越大则分子数就越小。根据阿伏伽德罗定律可知，在同温同压下不同分子数的理想气体所占的体积是不同的，即在同温同压下 1 kg 不同的理想气体的比容是不同的。由以上分析可得出

$$1\ \text{kmol 气体} \qquad \bar{R} = \frac{p\bar{v}}{T} = \text{常数(与气体种类无关)}$$

$$1\ \text{kg 气体} \qquad R = \frac{pv}{T} = \text{常数(随气体种类而变的常数)}$$

理想气体状态方程只适用于平衡状态，与理想气体处在什么样的平衡状态无关(除非在该状态下已不能满足理想气体的条件)，因此，通用气体常数的值可根据物理标准状态的定义求得。

当 $p_0 = 1\ \text{atm} = 101.325\ \text{kPa}$、$T_0 = 0\text{℃} = 273.15\ \text{K}$ 时，气体所处的状态称为物理标准状态。在物理标准状态下，任何理想气体的千摩尔容积都相等，即 $v_0 = 22.41383\ \text{Nm}^3/\text{kmol}$，它是国际单位制中的一个基本物理常数。把上述数据代入状态方程式可算出通用气体常数的值。

$$\bar{R} = \frac{p\bar{v}}{T} = \frac{101.325\ \text{kPa} \times 22.41383\ \text{Nm}^3/\text{kmol}}{273.15\ \text{K}} = 8.31441\ \text{kJ}/(\text{kmol}\cdot\text{K})$$

通用气体常数 R 的值是国际单位制中的一个导出物理常数。

(3) 标准立方米。必须注意标准立方米(Nm^3)与立方米(m^3)之间的区别及联系：前者表示在物理标准状态下气体所占的体积，它也代表一定量的气体；后着仅代表气体所占的体积，但在该体积中所包容的气体的量是不确定的，而且随气体状态不同而不同。两者相同之处是它们都是体积的单位，而且 $1\ \text{Nm}^3 = 1\ \text{m}^3$。

例如，根据理想气体状态方程可以算得 $2\ \text{Nm}^3$ 空气的质量为

$$m_0 = \frac{p_0 v}{RT_0} = \frac{101.325\ \text{kPa} \times 2\ \text{Nm}^3}{0.287\ \text{kJ}/(\text{kg}\cdot\text{K}) \times 273.15\ \text{K}} = 2.585\ \text{kg}$$

同样是 $2\ \text{m}^3$ 的空气，当 $p_1 = 200\ \text{kPa}$，$T_1 = 300\ \text{K}$ 时，空气质量为

$$m_1 = \frac{p_1 v}{RT_1} = \frac{200\ \text{kPa} \times 2\ \text{m}^3}{0.287\ \text{kJ}/(\text{kg}\cdot\text{K}) \times 300\ \text{K}} = 4.646\ \text{kg}$$

当 $p_2 = 300\ \text{kPa}$，$T_2 = 400\ \text{K}$ 时，空气质量为

$$m_2 = \frac{p_2 v}{RT_2} = \frac{300 \text{ kPa} \times 2 \text{ m}^3}{0.287 \text{ kJ/(kg} \cdot \text{K)} \times 400 \text{ K}} = 5.226 \text{ kg}$$

实验证明，在密度足够小的条件下，即压力足够低或温度足够高时，任何实际气体都可当作理想气体来处理，并可用理想气体状态方程式来进行计算。热能工程中常用的氧、氮及空气等多种气体在通常的温度及压力下均可当作理想气体。甚至像燃气、压缩空气及空气中包含的水蒸气也可看作是理想气体。当气体密度较大不符合理想气体条件时，虽然不能直接用理想气体的状态方程式，但也可以通过研究实际气体与理想气体之间的偏差程度来研究实际气体的性质。由此可见，研究理想气体的性质有重要的理论意义和工程实用价值。熟练掌握并应用理想气体的各种性质是本书的基本要求之一，也是本书要培养的一种基本能力。本节只介绍理想气体的状态方程，理想气体的其他重要性质将在后续有关章节中介绍。

例 2-6 刚性透热贮气筒的容积为 9.5 m^3，筒内原有空气的压力为 0.1 MPa，温度为 17℃。现利用压气机向贮气筒充气，若压气机每分钟吸入 0.2 m^3，压力为 0.1 MPa、温度为 17℃的空气，试求使筒内空气压力升高到 0.7 MPa 时所需的时间（见图 2-11）。

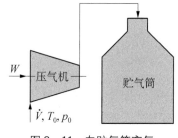

图 2-11　向贮气筒充气

解 充气前贮气筒内原有空气的质量为 m_1，根据理想气体状态方程，则

$$m_1 = \frac{p_1 v}{RT_1} = \frac{100 \text{ kPa} \times 9.5 \text{ m}^3}{0.287 \text{ kJ/(kg} \cdot \text{K)} \times 290 \text{ K}} = 11.4 \text{ kg}$$

贮气筒是透热的，因此，在充气过程中筒内空气的温度保持不变，即 $T_2 = T_1 = 290 \text{ K}$。

充气结束时筒内空气的质量为 m_2，则

$$m_2 = \frac{p_2 v}{RT_2} = \frac{700 \text{ kPa} \times 9.5 \text{ m}^3}{0.287 \text{ kJ/(kg} \cdot \text{K)} \times 290 \text{ K}} = 79.9 \text{ kg}$$

充气过程中贮气筒内空气的质量增量为 Δm，则

$$\Delta m = m_2 - m_1 = 79.9 \text{ kg} - 11.4 \text{ kg} = 68.5 \text{ kg}$$

压气机在稳定工况下工作时，吸入的质量流率必定等于输出的质量流率，并等于充入贮气筒的质量流率。根据压气机的入口状态，可求得

$$\dot{m}_i = \frac{p_0 \dot{v}}{RT_0} = \frac{100 \text{ kPa} \times 0.2 \text{ m}^3/\text{min}}{0.287 \text{ kJ/(kg} \cdot \text{K)} \times 290 \text{ K}} = 0.24 \text{ kg} \cdot \text{min}^{-1}$$

使筒内压力达到 0.7 MPa 所需的充气时间为

$$t = \frac{\Delta m}{\dot{m}_i} = \frac{68.5 \text{ kg}}{0.24 \text{ kg} \cdot \text{min}^{-1}} = 285.4 \text{ min}$$

例 2-7 设计一个稳压箱来贮存压缩空气，要求在工作条件下（温度为 40～60℃，压力为 0.5～0.6 MPa）至少能贮存 15 kg 空气，试确定稳压箱的体积。

解　由理想气体状态方程

$$m = \frac{pV}{RT} \geqslant 15 \text{ kg}$$

可以看出,在 V 及 R 不变的条件下,压力降低或者温度升高都能使质量下降。为了使贮存的质量不低于 15 kg,应当按最高的工作温度及最低的工作压力来计算稳压箱的体积,即

$$V = \frac{mRT_{max}}{p_{min}} = \frac{15 \text{ kg} \times 0.287 \text{ kJ/(kg · K)} \times 333 \text{ K}}{500 \text{ kPa}} = 2.87 \text{ m}^3$$

该稳压箱的最大容量为

$$m_{max} = \frac{p_{max}V}{RT_{max}} = \frac{600 \text{ kPa} \times 2.87 \text{ m}^3}{0.287 \text{ kJ/(kg · K)} \times 313 \text{ K}} = 19 \text{ kg}$$

2.3　热力过程及热力循环

2.3.1　系统发生状态变化的原因

系统的状态变化过程称为热力过程。无论是系统内部的或者是系统与外界之间存在势差,如温差、压差、密度差等是系统发生状态变化的根本原因。

如果系统内部存在势差,即使在不变的外界条件下,系统的状态也会发生变化。这种变化总是朝着趋向平衡的方向进行,直至达到唯一确定的平衡状态时,这种变化过程才结束,整个变化过程对外界不产生任何影响。系统内部存在势差是系统发生状态变化的内因。系统趋于平衡的过程称为弛豫过程,弛豫过程所经历的时间称为弛豫时间。本课程虽然不研究弛豫过程,也不讨论弛豫时间,但这两个概念对理解准静态过程会有帮助的。

在平衡状态下,系统内部不存在势差,完全丧失了促使自身变化的能力,若不改变外界条件,系统将保持平衡状态稳定不变。可见,要使系统偏离平衡状态,必然存在外因。

处于平衡状态的系统如果改变外界的条件,如温度或压力等,或者改变边界的约束条件,如解除活动边界的约束允许它移动、去掉绝热层允许边界传热、打开阀门允许质量交换等,则系统与外界之间会产生势差并发生相互作用。这样,系统的平衡状态就遭到破坏,系统内部会形成新的势差而使系统状态发生变化。这种变化总是朝着消除系统与外界之间势差的方向进行,当系统与外界建立新的平衡时,系统就保持新的平衡状态稳定不变,整个变化过程必定会对外界留下一定的影响。可见,要使系统从一个平衡状态变化到另一个平衡状态,必须依靠外因,即依靠改变外界条件并在外界产生一定的影响才能实现。外因通过内因才起作用,即这种外因必须通过边界对系统发生相互作用,使系统内部产生新的势差,才能使系统发生状态变化。与此同时,各种不同的作用量之间也建立起与该过程性质相应的确定联系,即在外界留下确定的影响。

值得指出,系统的非平衡稳定状态,如热工设备在稳定工况下工作是靠外界对系统的不变的作用量及势差来维持的,并对外界产生稳定不变的效果。当系统与外界之间的任何一种作用量发生变化并维持在一个新的数值时,系统的稳定状态就会遭到破坏,并变化到另一

种相应的非平衡稳定状态,同时对外界也会产生一种新的稳定不变的效果。热工设备也就完成了从一种稳定工况到另一种稳定工况的转变。当系统与外界之间的作用量全部停止时,系统的非平衡稳定状态将最终变化到唯一确定的平衡状态。

本书不仅要讨论在不变的外界条件下系统的平衡状态及稳定状态的性质,更重要的是要研究当外界条件改变时系统怎样从一个平衡状态或稳定状态到另一个平衡状态或稳定状态的变化过程,以及这种变化过程与各种作用量之间的关系。

2.3.2 自发过程及非自发过程

由于势差而引发的状态变化过程称为自发过程。存在势差是产生自发过程的根本原因和必要条件;自发过程总是单向进行,总是自动地朝着消除势差的方向进行;自发过程的单向性决定了它的不可逆性,即不可能自动地朝着恢复并增大势差的方向进行;自发过程的进展有确定的限度,当势差消除时过程就结束。自发过程的上述性质是人们从大量实际过程的观察中总结出来的,体现了一种自然规律。例如存在温差就会发生热量传递过程,热量总是从高温物体传向低温物体,待温差消除时,这种传热过程就结束。没有势差,就没有变化过程。因此,从广义上讲,一切宏观过程都是自发过程。

要区分自发过程与非自发过程,必须针对我们所研究的热力系统来定义。在不变的外界条件下系统所经历的变化过程称为自发过程。例如,在外界条件不变时,闭口系统所经历的只能是从非平衡状态向平衡状态变化的自发过程。又如,在外界作用量不变的条件下,开口系统能自动地达到唯一确定的稳定状态,这种趋向稳定的过程是自发过程。即使在达到稳定状态之后,也是要靠外界对系统不变的作用量及势差(靠人为的因素)来维持的,在外界所产生的不变的效果,必定也是一种自发性质的过程。因此,可以把外界作用条件不变时的稳定流动过程看作是一种恒定势差作用下的自发过程。

所谓非自发过程也必须针对系统来定义。人们利用自发过程的性质(自然规律)按照一定的目的来改变外界条件,使系统从一个平衡状态(或稳定状态)变化到另一个平衡状态(或稳定状态),这类过程称为非自发过程。换句话说,非自发过程是人们为了达到一定的目的,利用自然规律来加以控制的自发过程。非自发过程不能独立地进行,一种非自发过程必定伴随着另一种自发过程同时进行。如果把系统与外界都包括在内构成孤立系统,则孤立系统内所经历的过程都是自发过程。

值得指出,在热力学中所研究的过程主要是非自发过程,即运用热力学的基本定律来加以控制的热力过程,使之达到一定的目的。例如,为了使工质达到某一种需要的状态,怎样来控制外界对系统作用量的性质及大小,使工质变化到这个预期的状态。例如,用锅炉来产生高温高压的蒸气;用压气机来产生压缩空气;用喷管来获得高速气流等。又如,为了在外界产生一定的预期的效果,怎样来控制系统的状态,使其发生相应的状态变化来达到这个预期的效果。例如,利用各种动力装置来实现热能向机械能的转换;利用各种制冷装置来实现热量从低温区向高温区的传递等。

2.3.3 准静态过程及可逆过程

如前所述,存在势差是系统发生状态变化的根本原因。人为地改变外界条件,使系统发生相应的状态变化以达到一定的目的,是一切非自发过程的特征。可见,在热力过程中,除了初终两态是平衡状态外,系统所经历的中间状态都是存在势差的非平衡状态。对于非平衡状态,既不能用确定数值的状态参数来描述,又不能用热力学函数及状态方程来表示参数之间的关系,因此,对过程中所经历的状态很难进行仔细的分析。为此,热力学中引入准静态过程及可逆过程这两个重要的基本概念,使得应用数学工具及热力学的分析方法对实际过程进行理论分析成为可能。

1. 准静态过程

所谓准静态过程是指状态变化过程中的每个中间状态都是平衡状态的过程。这种既发生状态变化,且每个中间状态又都是平衡状态的过程如何实现的呢? 如果系统与外界之间的势差足够小,而且外界条件的变化速度又足够慢时,就可实现准静态过程。系统与外界之间的势差足够小,使系统在每次状态变化时仅足够小地偏离平衡状态;外界条件的变化速度足够慢,在每次变化中都能使系统有足够的时间(大于弛豫时间)来恢复平衡,即每次变化都能等系统恢复平衡后再承受下一次的变化。由于准静态过程中系统所经历的都是平衡状态,因而可以用状态参数来描述过程中的每个状态,也可以用状态方程来表示参数之间的关系,并能在各种状态参数坐标图上,用一条过程曲线形象地把该过程表示出来。这样,我们就可以运用数学工具对系统的准静态过程进行详尽的分析。

值得指出,虽然准静态过程是理想化的过程,但对于气体作为工质的系统来说,系统所经历的实际过程是非常接近准静态过程的。因为气体分子热运动的平均速度可达每秒数百米以上,气体压力波的传播速度也达每秒数百米,所以气体趋向均匀一致的速度非常快,恢复平衡所需的时间,即弛豫时间非常短。一般情况下,气体恢复平衡的速度高于外界作用量变化的速度,即在外界再一次变化之前系统已恢复了平衡。例如,一台高速运转的内燃机,若转速为 4 000 r/min,活塞行程为 100 mm,则活塞的平均速度仅为 14 m/s,气缸内火焰的传播速度约为 10～30 m/min,而燃气压力波的传播速度高达每秒数百米。所以气缸内工质的状态变化过程完全可以看作是准静态过程。

2. 可逆过程

可逆过程的定义:系统经历了一个热力过程之后,如果可以沿原过程的途径逆向进行,并使系统和外界都回复到初态而不产生任何影响,则称系统原先经历的过程为可逆过程。定义中提到的逆向过程仅是判断正向过程是否可逆的一种手段,并不是说可逆过程必须逆向进行,但是存在这样一个逆向过程是可逆过程的基本性质。可逆过程必定能逆向进行,不仅能使系统及外界都回复到初态,而且不留下任何痕迹。显然,若正向过程是可逆过程,则其逆向过程也必定是可逆过程。

可逆过程必须满足下列条件:①可逆过程必须是准静态过程,即必须在势差足够小、变化足够慢的条件下进行。这样,每个中间状态都可看作是平衡状态,而且,一旦改变势差的方向,即可改变过程的方向。②可逆过程中不存在任何耗散效应,如摩擦、扰动、电阻、永久变形等,耗散效应必定导致无法消除的影响。因此,可逆过程也可定义为无耗散效应的准静态过程。显然,不满足可逆过程的定义或条件的过程,称为不可逆过程。

实际上,不可逆过程是很容易识别的,只要过程中包含下列因素之一即为不可逆过程。例如温差传热、自由膨胀、混合过程、节流过程、摩擦生热、黏性流体、阻尼振动、电阻热效应、燃烧过程、非弹性变形、磁滞损耗等。但是,要严格证明一个实际过程是不可逆过程,并且要定量计算过程的不可逆程度不是一件容易的事,必须具备热力学的知识才能做到。

值得指出,一切实际过程都是不可逆的,可逆过程仅是热力学所特有的、纯理想化的概念,它的存在是无法用实验来证实的。实际上,有势差才能有过程,摩擦等耗散效应是不可避免的。如果否定摩擦的存在,就等于肯定"动则恒动"的第三类永动机的存在。可逆过程中不能存在摩擦的条件与第三类永动机不能实现的论断直接抵触的。实际过程都是与可逆过程的理想条件相偏离的,其偏离程度可用过程的不可逆性来度量。

可逆过程是热力学中一个极为重要的基本概念,这个纯理想化概念的建立是人类智慧的结晶,也是科学的抽象思维方法的范例。它不仅给出了评价实际过程完善程度的最高理论限度和客观标准,而且使应用数学工具及热力学分析方法对实际过程进行理论分析成为可能,其分析结果加以适当的修正即可适用于工程实践。可见,热力学中引入可逆过程的概念具有重要的理论指导意义和工程实用价值。

2.3.4　热力循环

系统从初始状态出发,经历一系列中间状态后,又重新回到初态,这种封闭的热力过程称为热力循环,简称循环。

循环按各组成过程的性质可分为可逆循环及不可逆循环两种。可逆循环中每个中间状态都是平衡状态,可以在状态参数坐标图上用一个封闭曲线来表示。若组成循环的各个过程中含有不可逆过程,则为不可逆循环,不能用状态参数坐标图来表示不可逆循环。

循环按过程先后次序在状态参数坐标图上的绕向不同可分为正循环和逆循环两种。按顺时针方向进行的是正循环,其目的是利用热能来产生机械功,所有的动力循环都是按正循环来工作的。按逆时针方向进行的是逆循环,其目的是付出一定的代价使热量从低温区传向高温区,所有的制冷循环及热泵装置都是按逆循环来工作的。

 思考题

1. 什么是热力学模型的三个基本组成部分及三个基本要素? 试举例说明。
2. 外界与周围环境有何区别?
3. 外界由哪几个部分所组成? 热库、功库、质量库及周围环境各有什么特征?
4. 试说明在建立热力学模型时,正确确定边界的重要意义。请描述下列热力学系统的边界特征:开口系统与闭口系统;绝热系统与透热系统;孤立系统。
5. 试举例说明作用量的独立性、针对性及相互性。强调作用量的"三性"有何现实意义?
6. 试以孤立系统内两个子系统之间的温差传热为例说明趋向平衡的过程具有哪些基本特征。
7. 稳定平衡态定律的基本内容是什么? 它与平衡状态的概念有什么联系?
8. 热力学第零定律的基本内容是什么? 试用它来说明温度的概念以及温度计的测温原理。
9. 什么叫温标? 试说明 1990 年通过的国际实用温标(IPTS1990)中的若干重要结论。
10. 试说明平衡状态与稳定状态之间的区别及联系。
11. 强度参数及容度参数有何区别? 为什么在平衡状态下,它们都具有点函数的性质?

12. 状态公理的基本内容是什么？简单热力系统的独立变量数是多少？

13. 试从基本概念的层次上来分析以下三个概念之间的区别及联系：热力学函数、状态方程和理想气体状态方程。

14. 试说明通用气体常数与气体常数、标准立方米与立方米之间的区别及联系。

15. 试举例说明自发过程及非自发过程的区别及联系。

16. 何谓准静态过程？何谓可逆过程？它们之间有何联系？

17. 热力循环的基本特征是什么？说明正循环与逆循环以及可逆循环与不可逆循环之间的区别。

18. 在状态参数坐标图上可确定平衡状态的依据是什么？试在 p-v 图上表示平衡状态、准静态过程、可逆正循环及不可逆的逆向循环。

习　题

2-1　如果气压计读数为 750 mmHg，环境温度为 30℃，试求：

(1) 表压力为 50 kPa 时的绝对压力；

(2) 绝对压力为 80 kPa 时的真空度；

(3) 绝对压力为 0.3 MPa 时表压力。

2-2　设一容器被刚性壁面分为 A 和 B 两部分，在容器不同部位装有压力表（见图习题 2-2）。若压力表 1 及压力表 2 的读数分别为 0.15 MPa 及 0.14 MPa，大气压力为 0.1 MPa，试确定容器两部分内气体的绝对压力各为多少？假定两部分中各装有表 3 及表 4，则它们是压力表还是真空表，读数各为多少？

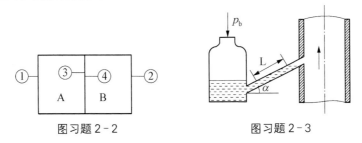

图习题 2-2　　　　　　　　　图习题 2-3

2-3　测量锅炉烟道中真空度时常用斜管压力计（见图习题 2-3）。若 α 角为 30°，液柱长度为 200 mm，压力计中所用液体为煤油，其密度为 800 kg/m³，试求烟道中烟气的真空度为多少 mmH_2O(4℃)。

2-4　测得内燃机的进气温度为 30℃，排气温度为 500℃，若分别采用开尔文温标（K）、华氏温标（℉）及朗肯温标（°R）表示，试确定进排气的温度差及进排气的温度比。

2-5　正式比赛所用的足球应符合如下的标准：在大气压力为 101 kPa 的条件下，$p_表=90$ kPa，$V=2\,650$ cm³。假定比赛是在 25℃、0℃ 和 35℃ 三种气温条件下进行，如果在室温为 25℃ 的条件下对足球进行充气，试计算上述三种气温下的比赛用球的充气压力（表压力）及球内的空气量各为多少？

2-6　氧气输气总管向刚性透热氧气瓶充气，已知输气总管中氧气的状态为 $T_i=$

298 K，$p_i = 0.3$ MPa，氧气瓶的体积为 0.8 m³，周围环境温度为 298 K，并测得充气前后氧气瓶的质量差为 2 kg，试计算充气前后氧气瓶中氧气的质量及绝对压力。

2-7 两个刚性透热容器 A 和 B 通过阀门可以连通。已知 $V_B = 2V_A$，连通前两个容器中的绝对压力分别为 $p_A = 0.3$ MPa，$p_B = 0.2$ MPa。 现将阀门打开，试计算连通后该理想气体的绝对压力是多少。

2-8 某容器中贮有氮气，其压力为 0.6 MPa，温度为 40℃。若实验过程中用去 1 kg 氮气，且温度降至 30℃，压力降至 0.4 MPa，试求该容器的体积。

2-9 气缸 A 和 B 共用一个两端直径不同的活塞（见图习题 2-9），已知活塞的质量为 10 kg，活塞直径 $D_A = 100$ mm，$D_B = 25$ mm，气缸 A 中气体的绝对压力为 200 kPa，大气压力 $p_0 = 100$ kPa，试计算气缸 B 中气体的压力 p_B。

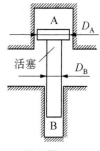

图习题 2-9

第**3**章　热力学第一定律

热力学第一定律是热力学的基本定律之一，它给出了系统与外界相互作用过程中，系统能量变化与其他形式能量之间的数量关系。根据这条定律建立起来的能量方程是对热力学系统进行能量分析和计算的基础。通过学习本章应着重培养以下能力：

(1) 正确识别各种不同形式能量的能力；

(2) 根据实际问题建立具体能量方程的能力；

(3) 应用基本概念及能量方程进行分析计算的能力。

3.1　热力学第一定律的实质

自然界在无休止地运动转化着，转化中的守恒和守恒中的转化是自然界的基本法则之一。能量转换及守恒定律是 19 世纪自然科学的三大发现之一，是自然界中的一条重要的基本规律。它指出自然界一切物质都具有能量，能量既不能被创造，也不能被消灭，而只能从一种形式转换为另一种形式。在转换中，能量的总量恒定不变。这是人类在长期生产实践和大量科学实验的基础上逐步认识到的客观规律，而不是从任何其他的定律导出的。这条基本定律不仅对生产实践和科学发展起了巨大的推动作用，而且在生产和科研的实践中还在不断地得到证实和丰富。

早在热力学第一定律建立之前，人们已经认识了能量守恒原理。例如，在力学中人们认识了功量、动能、重力势能及弹性势能等机械能，相应地建立了保守力场中的功能原理，后来又扩展到包括非保守力场在内的各种功量作用下的功能原理；在流体力学中人们认识了压力势能，出现了伯努利方程；在电磁学中人们认识了电能及磁能，相应地建立了电磁守恒原理等。人们在认识了各种个别的、特殊的能量形式基础上，通过对大量的能量转换的物理现象进行观察和总结，逐步认识了能量守恒原理。

在热力学第一定律建立之前的能量守恒原理实质上还是机械能、电能、磁能等有序能的守恒原理。这些守恒原理都没有涉及热能，而热能与所有能量形式都有联系。热现象不是一个独立的现象，其他形式的能量最终都能转换成热能。所以，在热力学第一定律建立之前的能量守恒原理是不完整的，但它仍然是建立热力学第一定律的主要理论依据。

热力学第一定律的建立过程实质上就是人们正确认识温度、热量及内能的过程。人们在长期探索未知的过程中，逐步地认识了热强度与热数量之间的区别，建立了温度和热量的概念；进而又发现了热量与功量之间的当量关系，彻底摆脱了"热质说"的束缚，正确地认识了热量的本质;后来又证实了内能的存在,并认识到它是一个状态参数。热力学第一定律正是在上述一系列科学研究成果上建立的。

热力学第一定律可表述为"热能作为一种能量形式,可以和其他形式能量相互转换,转换中能量的总量不变"。在各种形式能量之间的相互转换中,热能和机械能的转换尤为人们所关注,那种企图制造不消耗能量而获取机械动力的"第一类永动机"都不可避免地归于失败。因而热力学第一定律也常表述为"第一类永动机是不可能制成的"。

热力学第一定律的建立进一步证实和丰富了能量转换及守恒定律。热力学第一定律把普遍存在的热能包括进来,而且侧重研究热能与机械能之间的相互转换。虽然热力学第一定律的范围窄了一些,但它却是能量转换及守恒定律的核心,其实质就是能量转换及守恒定律。

要深刻地理解能量转换及守恒定律首先必须认识各种形式能量的性质。下面在分别讨论系统的能量、功量、热量、质量流的能量及焓的基础上介绍热力学第一定律的普遍表达式。

3.2　系统的能量

3.2.1　系统的热力学能及比热力学能

系统内部各种形式能量的总和称为系统的热力学能,简称内能,用 U 表示。单位质量的热力学能称为比热力学能,简称比内能,用 u 表示。把热力学能作为一个原始的非限定定义是 SAM 体系的一个特点。把 SAM 理论体系建立在时间、长度、质量、物质的量、热力学温度及比热力学能(比内能)等非限定定义的基础上,由此导出一系列热力学的重要定义、概念、公式以及基本定律表达式,使古老的经典热力学沾上一点近代学科的气息,彻底改变了"内能的存在必须证明"的旧思想。这是改革旧体系的重要一步,把经典热力学的历史推进至少 100 年。

1. 孤立系统中的热力学能是个常数

质量与能量都是物质的属性,有物质就有其相应的质量和能量。在热力学的研究范围内,质量守恒及能量守恒是两个彼此独立的基本定律。孤立系统是指与外界不发生任何相互作用的系统。因为它与外界既无能量交换也无质量交换,所以可以直接从能量守恒及转换定律得出"孤立系统中能量是个常数"的结论,这个结论可以当作热力学第一定律的一种表述。同理,可以得出"孤立系统中质量是个常数"的结论,这可作为质量守恒定律的一种表述。显然,质量与能量都与物质的量成正比,它们都具有可加性。因此,孤立系统的总能量(总质量)等于孤立系统中各个子系统的能量(质量)的总和。

2. 平衡状态下系统的热力学能是个常数

平衡状态是指在外界不产生任何影响的条件下可以长久保持下去的状态。显然,系统若能保持平衡状态,则表明它与外界没有发生任何相互作用。因此,平衡状态下系统的能量必定是个常数,这是能量守恒定律的必然结果。

在平衡状态下系统的热力学能及质量都是常数,即 $U=$ 常数及 $m=$ 常数。因为平衡状态下(单相)系统内部的状态是均匀一致的,不存在任何势差,所以平衡状态下系统的比热力学能处处相等,即 $u = \dfrac{U}{m} =$ 常数。

3. 非平衡状态下系统的热力学能

在非平衡状态下,系统内部存在势差,如温差、压差等,能够进行由不平衡向平衡方向变化的自发过程。这种趋向平衡的自发过程可以在系统与外界之间不发生任何相互作用的条件下进行,即可以在孤立的条件下进行。根据能量守恒定律,在系统趋向平衡的过程中,系统的热力学能始终不变。因此,在趋向平衡的过程中,每个中间的非平衡状态都具有相同的热力学能,它们之间的差别仅在于系统中比热力学能的分布情况不同而已。

根据稳定平衡态定律,在外界不产生任何影响的条件下,系统从一个给定的允许状态(非平衡状态)出发,总能达到一个而且只有一个稳定的平衡状态。我们已知,系统在平衡状态时热力学能是个常数,又知在趋向平衡的过程中,每个中间的非平衡状态的总能量都相同。因此,对于非平衡状态下系统的热力学能可定义为"系统在任何一个非平衡状态时的能量等于在孤立条件下该系统达到最终稳定平衡状态时所具有的能量"。在非平衡状态下,系统内部的能量分布是不均匀的,系统的比热力学能仅是一种平均值,不能代表系统内部能量的实际分布情况。

4. 稳定状态下开口系统的热力学能

如前所述,开口系统的稳定状态是靠外界与系统之间稳定不变的相互作用来维持的,即靠稳定不变的热量、功量及质量交换来维持。因此,开口系统在稳定工况下必定在外界产生持续不变的影响。一旦外界条件发生改变,即任何一种相互作用量发生变化时,都会破坏开口系统的稳定状态。在稳定状态下,开口系统内部是不平衡的,如果突然停止外界与系统之间的一切作用量,即突然把在稳定工况下工作的开口系统孤立起来,则开口系统的稳定状态就被破坏,并且能自动地从原先的不平衡稳定状态变化到唯一确定的最终平衡状态。

根据能量守恒定律和稳定状态的性质不难得出如下的结论:稳定状态下开口系统的热力学能是一个常数,数值上等于在该系统被突然孤立起来的条件下最终达到平衡状态时系统所具有的能量。很显然,稳定状态下开口系统的比热力学能也仅是一种平均值,虽然在数值上等于最终达到平衡状态时系统的比热力学能,但它不能代表稳定状态下开口系统中能量的实际分布情况。

由此可见,根据物质的属性以及能量守恒定律和质量守恒定律等客观规律可以断定,在平衡状态下闭口系统的热力学能、总质量及比热力学能都是常数,它们都是平衡状态下状态的单值函数。也就是说,系统存在热力学能这样一个状态参数,这是热力学第一定律的必然结果。孤立系统的热力学能等于各个子系统热力学能的总和;非平衡状态及开口系统稳定状态的热力学能等于它们达到最终平衡状态时系统所具有的热力学能。孤立系统、闭口系统的非平衡状态以及开口系统的稳定状态的比热力学能仅是一种平均值,不能用来描述系统内部能量的实际分布情况。

3.2.2　热力学能的性质

1. 热力学能是系统的一个状态参数,具有状态参数的所有通性

热力学能 U(单位为 kJ)是个容度参数,具有可加性,非均匀系的热力学能等于各部分

热力学能的总和;比热力学能 $u = \dfrac{U}{m}$(单位为 kJ/kg)是强度参数,具有点函数的性质:du 是比热力学能的全微分;du 的封闭积分等于零,即系统经历一个循环其热力学能变化为零;du 的线积分等于比热力学能的增量,两态之间所经历的任何过程的热力学能变化都相同,与途径无关。比热力学能是平衡状态的单值函数:不同的平衡状态可以有相同数值的比热力学能;但比热力学能的数值不同,则代表不同的平衡状态。

2. 热力学能是个不可测的状态参数,它的绝对值是无法确定的

热力学能是指系统内部工质所具有的各种形式能量的总和。实际上,人们对工质热力学能的认识是随着科学的发展和对物质微观粒子结构的新发现而不断深入的。对气体分子来说,热力学能包括气体分子直线运动和旋转运动的动能,原子等微粒在分子结构内振动动能,以及分子之间相互吸斥作用的势能等。如果系统发生化学反应,则初终两态的热力学能还应包括物质的化学能,即要考虑电子重新分布、原子重新组合时所具有的能量。如果系统发生核辐射、核聚变、核裂变等过程,则初终两态的热力学能还应包括核能。如果发现更细微的粒子,则热力学能还可能包括目前尚未发现的相应的新能量形式。所以热力学能是一个非限定的定义。我们没有必要也不可能区分清楚热力学能中有多少是热能,多少是机械能或其他形式的能量,而只能断定在平衡状态下系统热力学能(内部能量的总和)是个常数。

由此可见,根据能量守恒定律可以断定,在平衡状态下系统的热力学能是一个常数,但这个常数的数值是无法计算的。热力学能包括很多形式的能量,如果在所研究的热力学过程中某些形式的能量不发生变化,那么在热力学中可以不考虑这些形式的能量。因此,在一般情况下,系统的热力学能是指内部分子动能和位能的总和。即使这样,大量分子的动能及位能的绝对值还是无法确定的,所以热力学能是一个非运算定义。

3. 只有借助外因,才能使系统热力学能发生变化

在不变的外界条件下,系统的平衡状态可以长久保持下去,系统的热力学能也维持不变。只有当外界条件发生变化,系统与外界之间发生相互作用时,例如有热量、功量及质量交换时,系统的能量才可以发生变化。根据能量守恒与转换定律可知,如果系统热力学能增加或减少,则外界的能量必定减少或增加相等的数值,能量的总量保持不变。

4. 系统的热力学能变化是可以计算的

热力学主要研究各种热力过程,因此,我们感兴趣的是系统状态变化过程中热力学能的变化,而不是系统在某一状态下的热力学能值。系统的热力学能变化可以运用热力学的方法计算。例如,利用热力学函数关系可根据可测参数(p,v,T)的变化计算热力学能的变化。又如,根据热力学第一定律,利用系统与外界之间各种作用量的计算结果计算系统热力学能的变化。系统热力学能变化的计算方法将在后继章节中详细讨论,在现阶段应当牢固地建立这样的观念。

能量是物质的属性,有物质就有能量。因此,不可能找出系统工质的热力学能为零(除非绝对真空)的状态。通常,可以选择某一个确定的平衡状态作为基准状态,并把该基准状态下的比热力学能人为地定义为零。因为从基准状态到任何一个指定状态之间的比热力学能的变化是可以计算出来的,而基准状态的比热力学能又等于零,所以计算出来的比热力学能变化的数值就可以看作是这个指定状态的比热力学能数值。在热工计算中常用的工质热力性质表中,比热力学能这一栏中的数值都是针对某个基准状态的相对值。在使用工质热力性质表时,应当有意识地去了解该表的基准状态是什么状态。

由此可见,热力学能的变化是可以计算的;热力学能变化作为系统所特有的一种能量存在形式是可以与热量、功量等其他形式的能量加以区分的。因此,热力学中热力学能变化是有明确的、可辨别的和可运算的定义的。

3.2.3　系统的能容量

如图 3 - 1 所示,有一个质量为 m(单位为 kg)的工质所组成的系统,它相对于基准坐标系的整体运动速度为 c(单位为 m/s),其质心 O 在重力场中相对于基准坐标系的高度为 Z(单位为 m)。假定系统的热力学能为 U(单位为 kJ),则系统在该瞬间的能容量 E(单位为 kJ)可表示为

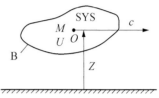

图 3 - 1　系统能容量的示意图

$$E = U + E_k + E_p = m(u + e_k + e_p)$$
$$= m\left(u + \frac{c^2}{2 \times 10^3} + \frac{gZ}{10^3}\right) = me \tag{3-1}$$

式中,U、E_k、E_p 分别表示系统的热力学能、外部动能及外部位能,单位为 kJ;u、e_k、e_p 分别表示系统的比热力学能、比外部动能及比外部位能,单位为 kJ/kg;E 及 e 分别表示系统的能容量及比能容量;Z 为系统的压缩因子。式(3 - 1)表示,系统的能容量包括系统的热力学能、外部动能及外部位能。

值得指出,系统能容量中包含的三种不同形式的能量是各自独立的。其中热力学能 U 是系统热力学状态的单值函数;而外部动能 E_k 及外部位能 E_p 则与系统内部的热力学状态无关。外部动能 E_k 及外部位能 E_p 是与系统整体的运动状况及系统在空间的位置有关的宏观能量。速度 c、高度 Z、动能 E_k 及位能 E_p 都是系统的物理参数。我们称这些物理参数为外参数,以区别像热力学能这样的热力学状态参数。如前所述,在选定了基准状态之后,才能计算出系统热力学能 U 的数值。同样,动能和位能的值也会随所选的基准坐标系的不同而不同,所以,它们的值也都是相对于基准坐标系的相对值。坐标系确定之后,系统能容量 E 是系统状态的单值函数,具有状态参数的性质。系统能容量中这三种不同形式的能量并不都是必须考虑的。在所研究的热力过程中,如果某种形式的能量不发生变化,或者变化量相对于其他形式的能量要小很多,这时就不必考虑这种能量。例如,在力学中并不考虑系统热力学能的变化;又如,在一般热力学问题中,E_k 及 E_p 相对于 U 要小得多,或者基准坐标系就选在系统边界上,这时就可以不考虑外部的动能及位能,即系统的能容量就等于系统的热力学能。

3.3　功量与热量

3.3.1　功量

1. 热力学中功量的定义

在力学中,外力对物体所做的功定义为合力与合力方向上位移的乘积,可表示为

$$W_{外} = \int_{x_1}^{x_2} F \,\mathrm{d}x \qquad (3-2)$$

根据功的定义,可得出动能的表达式为

$$W_{外} = \int_{x_0}^{x} m\frac{\mathrm{d}c}{\mathrm{d}t}\mathrm{d}x = \int_{c_0}^{c} mc\,\mathrm{d}c = \frac{1}{2}mc^2 - \frac{1}{2}mc_0^2 = \frac{1}{2}mc^2 \qquad (3-3)$$

式(3-3)说明,外力的合力对物体所做的功在数值上等于物体动能的增量,而与途径无关。同时它还说明,物体的动能在数值上等于物体从静止状态加速到速度 c 的过程中外力的合力对物体所做的功,而且也与途径无关。显然,物体(系统)克服外力所做的功与外力所做的功的大小相等,但正负号相反。

从功的定义也可得出重力场中位能的表达式,即

$$W_{外} = \int_{Z_0}^{Z} mg\,\mathrm{d}Z = mgZ - mgZ_0 = mgZ \qquad (3-4)$$

式(3-4)说明,在重力场中外力的合力对物体所做的功在数值上等于物体位能的增量,而与途径无关。同时它还说明,物体的位能在数值上等于把物体从基准面提升到高度 Z 的过程中外力对物体所做的功,而且也与途径无关。显然,物体(系统)的重力所做的功与外力所做的功大小相等,而正负号相反。

再举一个热力学能与功量之间转换的例子。如图 3-2(a)所示,有一刚性绝热容器,其中储有定量工质。用搅拌器叶轮搅动,外界输入轴功 W 外使工质温度从 T_1 升高到 T_2,即热力学能从 $U_1(T_1V)$ 增加到 $U_2(T_2V)$。容器是固定不动的,$E_p = E_k = 0$,因此热力学能变化等于系统能容量的变化,即 $\Delta U_{12} = \Delta E_{12}$。根据实验结果或能量守恒与转换定律,可得出

$$W_{外} = U_2 - U_1 = E_2 - E_1 = -W_s \qquad (3-5)$$

式中,$W_外$ 及 W_s 分别表示外界对系统和系统对外界所做的轴功,它们大小相等,正负号相反。式(3-5)说明外界输入的轴功使系统热力学能增加。

上述三个例子足以说明功量的能量属性。功量是系统能量变化的一种度量,它是能量转换过程中的一种能量形式,仅存在于过程进行的始终,一旦过程结束,功量这种能量形式就不复存在,它完全转换成对系统能量变化的贡献。

值得指出,若系统与外界之间除了功量交换之外,没有任何其他的相互作用,如热量交换及质量交换,则称为纯功量交换。上述三例都是纯功量交换。可见,纯功量交换的功量可以用确定数量的能量变化来度量,而与过程所经历的途径以及初终两态都无关;如果初态的能量已确定,则可以根据纯功量的数值来确定终态的能量,而与途径无关。如果功量不具备上述性质,则说明必有其他性质的作用量同时作用,不是纯功量交换。

由于系统的复杂程度不同,功量交换的形式是多种多样的,而且各种功量中的力和位移并不是容易识别的。因此,建立一个对各种功量都能适用的、具有普遍意义的功的定义是必要的。

热力学中功的定义:两个系统之间的相互作用如果对每个系统的外部净效应都可以用改变重物的水平位置来替代,则这两个系统之间的相互作用称为功量交换,而相互作用过程中所传递的能量称为功量。

正确识别系统边界上作用量的性质是进行热力分析所必须具备的基本能力。热力学中关于功量的定义对任何形式的功量都普遍适用,也是判断系统之间相互作用的性质是否是功量的依据。

如图 3-2(a)所示,有一台电动机(系统 B)驱动一个叶轮,对系统 A 中的工质进行搅拌。凭经验可知,使系统 A 能量增加的外界作用可用重物下降的外部效应来替代,如图 3-2(b)所示;而系统 B 的外界作用可用举起重物的外部效应来替代,如图 3-2(c)所示,相互作用的两个系统的外部效应都可用改变重物的水平位置来替代。因此,原先这两个系统之间的相互作用是纯功量交换,并称系统 B 对系统 A 做了功。本例所示的功为轴功。

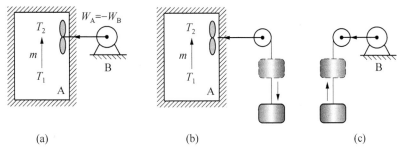

(a) (b) (c)

图 3-2　热力学中功的定义的示意图

2. 准静态过程的容积变化功

如图 3-3 所示,由气缸中 1 kg 气体所组成的系统从初态 1 经历一个准静态过程变化到终态 2。如果已知过程中工质的状态变化规律,即已知 $p=p(v)$ 的函数关系,则该准静态过程可在 $p-v$ 图上用一条曲线表示出来。值得注意,容积变化功不一定是绝热功。现在来推导系统在 1—2 过程中所做的容积变化功的计算公式。

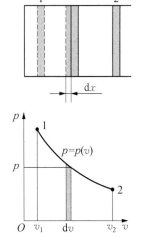

假定系统在膨胀过程中某一中间状态的压力为 p(单位是 kPa)、比容为 v(单位是 m^3/kg),现讨论从该状态出发所经历的一个微元过程。在微元过程中压力可视为常数,若以 F(单位是 kN) 代表气体作用在活塞上的力,A(单位为 m^2)代表活塞的面积,dx 代表活塞在力的方向上的位移,dv 代表相应的比容变化,δw_v(单位为 kJ/kg)表示 1 kg 气体在这个微元过程中所做的容积变化功,则根据力学中功的定义可得

图 3-3　容积变化功示意图

$$\delta w_v = F dx = pA dx = p dv \qquad (3-6)$$

系统从初态 1 变化到终态 2 所做的容积变化功用 w_{12}(单位为 kJ/kg)表示,则可以沿过程曲线 1→2 的途径积分求得,即

$$w_{12} = \int_1^2 \delta w = \int_1^2 p dv \qquad (3-7)$$

若气缸中工质的质量为 m(单位是 kg),则系统在整个过程中所作的容积变化功 W_{12}(单位是

kJ)可表示为

$$W_{12} = m w_{12} = m \int_1^2 p \, dv = \int_1^2 p \, dV \tag{3-8}$$

应用功量公式应注意以下几点。

（1）功量正负号规定。由公式可知：$dv = 0$ 时，$\delta w = 0$，无功量交换；$dv > 0$ 时，$\delta w > 0$，系统对外做功为正；$dv < 0$ 时，$\delta w < 0$，外界对系统做功为负。应当注意作用量的针对性及相互性，正确表示功量的正负号。

（2）功量的大小可以用 p-v 图上过程线与横坐标所围的面积来表示，按过程的方向顺时针绕向为正，逆时针方向为负。

（3）功量是个过程量，δw 不是全微分，当初终两态一定而过程经历的途径不同时，功量大小也各不相同。前面提到的绝热功与路径无关，而只与初终两态的能量变化量有关。进一步学习可以发现两者是不矛盾的，如果功量不等于初终两态的能量变化量，则说明过程中并非纯功量交换，即在功量交换的同时还有热量交换。

（4）容积变化功的计算公式只适用于准静态过程或可逆过程，若过程中存在摩擦、扰动等耗散因素时，过程中必定存在非平衡的中间状态，使做功能力下降，这时，不仅不能用上述公式来计算，也不能用 p-v 图表示该过程。对于不可逆过程的功量，必须用其他方法来计算。

例 3-1 如图 3-4 所示，有一个静止的闭口系统，在温度不变的条件下从初态（p_1，v_1）变化到终态（p_2，v_2）。若已知工质是 1 kg 理想气体，试计算该过程的功量。如果在相同的初终态之间经历一个不同的变化过程，即先在容积不变的条件下，从初态变化到终态压力；再在压力不变的条件下，从中间状态 a（v_1，p_2）变化到终态。试计算第二种情况的功量，并在 p-v 图上加以比较。

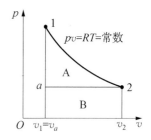

图 3-4 功量计算及图示

解 按题意，在 1→2 过程中有 $T_1 = T_2 = T =$ 常数。根据理想气体状态方程，可得出

$$p_1 v_1 = p_2 v_2 = pv = RT = 常数$$

上式说明，定温过程中参数之间符合等边双曲线的关系可以在 p-v 图上用过程线 1→2 来表示。根据准静态过程功量的计算公式，则

$$w_{12} = \int_1^2 p \, dv = \int_1^2 RT \frac{dv}{v} = RT \ln \frac{v_2}{v_1} = 面积(A+B)$$

现在讨论第二种情况。按题意，在 1→a 过程中，比容保持不变，则

$$w_{1a} = \int_1^a p \, dv = 0$$

在 a→2 过程中，压力保持不变，$p_a = p_2 =$ 常数，则

$$w_{a2} = \int_a^2 p \, dv = p_2 (v_2 - v_1)$$

在 $1 \rightarrow a \rightarrow 2$ 过程中所做的功为

$$w_{1a2} = w_{1a} + w_{a2} = w_{a2} = p_2(v_2 - v_1) = 面积 B$$

可见,功是过程量,虽然这两种情况的初终两态相同,但经历的途径不同,过程中所交换的功量就不同。过程中的功量大小可以用 $p - v$ 图上过程线下的面积来表示,比较面积的大小能直观地做出判断:

$$w_{12} = 面积(A + B) > 面积(B) = w_{1a2}$$

3. 无摩擦稳定流动过程中的技术功及轴功

如前所述,开口系统的稳定状态与闭口系统的平衡状态有密切的内在联系。同样,开口系统中的无摩擦稳定流动过程与闭口系统中的无摩擦准静态过程都可看作是可逆过程,它们之间也有密切关系。简单可压缩系统的准静态功模式在闭口系统中表现为容积变化功,在开口系统中则表现为技术功及轴功,它们之间也有密切的内在联系。

1) 均态均流(uniform state uniform flow,USUF)条件及 USUF 过程

开口系统的特征是在边界上有质量交换,跨越边界的质量称为质量流。在质量跨越边界的过程中,由于存在摩擦阻力、温差传热等实际因素,质量流的状态(压力分布、温度分布)及流速(速度分布)都是不均匀的。研究这些实际因素是流体力学及传热学的任务。为了简化并抓住问题的本质来进行热力分析,在热力学中都假定质量在跨越边界的过程中,质量流的状态及速度都符合下列均态均流的条件。

(1) 在任何瞬间,通过边界的流体状态及流速都是均匀一致的。

(2) 系统进出口边界都是静止的,即流体的牵连速度 c_B 为零,$c_{Bi} = c_{Be} = c_B = 0$。

(3) 流体的流动方向与边界垂直,即流体的相对速度 c_r 等于它的法向速度 c_m,即 $c_r = c_m$。因此流体的绝对速度 c 可表示为 $c = c_r + c_B = c_m$。

根据上述假定,通过边界的质量流率 $\dot{m}$ 可以用如下的简单公式来计算,即

$$\dot{m} = \rho A c = \frac{Ac}{v} \tag{3-9}$$

进出口边界上质量流均态均流的假定条件适用于开口系统中任何问题,即认为,所有通过进出口边界的质量流都满足这个假定。这是一个重要的概念,必须理解掌握。

充气过程与放气过程都是均态均流(USUF)过程的典型实例,其特点是除了进出口边界上的质量流都要满足均态均流的假定条件外,系统中工质的质量及状态都是随时间而变化的,但在每一瞬间系统中的状态可看作是均匀一致的。

2) 稳态稳流(steady state steady flow,SSSF)过程

开口系统中的非稳定工况是千变万化的,很难用理论分析的方法来建立系统状态变化与外界相互作用之间的关系。但是,对于稳定工况,可以在一些合理的假定条件下,通过理论分析来得出一些有普遍意义的重要结论。这些结论不仅具有普遍的工程实用价值,而且对开口系统非稳定工况的研究也有重要的指导作用。稳态稳流过程(见图 3-5)应满足下列条件。

(1) 系统与外界之间的各种作用量,如质量流率、功率、热交换率等都不随时间而变。显然

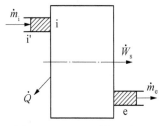

图 3-5　SSSF 过程示意图

$$m_i = m_e = 常数,\ Q = 常数,\ W_s = 常数$$

（2）流体在流经边界进出口截面时，在截面的每一点上，流体的状态及流速都不随时间而变，但并不要求相同（在热力学中还必须满足均态均流的条件，即在进出口边界上，同一个截面中各点的状态及流速都相同）。

（3）流入系统的质量流率等于流出系统的质量流率，即系统内部总的质量不随时间而变。

（4）系统内部每一个点上的状态及流速不随时间而变，或者周期性的变化规律不随时间而变。显然，各点上的状态及流速并不相同。

值得指出，条件（1）、（2）及（3）是稳态稳流过程的边界特征，条件（4）是稳态稳流过程的系统内部性质，如果满足条件（1）、（2）及（3），则条件（4）是它们的必然结果。可见，要判断开口系统是不是稳态稳流过程，只需考察系统边界上的特征就可以了。工程上常见的热工设备一般都在稳定工况下工作，其特征就是在边界上测得的流体的状态参数（压力、温度、流速等）及作用量（功率、热交换率等）都不随时间而变。据此就可断定该系统处于稳定状态，即满足条件（4）。在热力学中进行热力分析时，只要知道开口系统是否达到稳定状态就足够了，至于稳定状态下系统内部的压力、温度及速度等分布情况，均不必考虑。

3）轴功 W_s 及技术功 W_t

轴功是一种常见的功量交换形式，在力学中，把扭矩与转角的乘积定义为轴功。在热力学中，对轴功的计算应当与系统、过程、状态参数等热力学的概念相关联。

对于无摩擦的稳定流动过程，比轴功的表达式可以用力学的方法来导得，不难证明

$$w_s = -\int v\mathrm{d}p - g\Delta Z - \Delta\left(\frac{c^2}{2}\right) \tag{3-10}$$

技术功是纯热力学的概念，若以 w_t 表示系统对外界所作的比技术功，它的定义表达式为

$$w_t = w_s + g\Delta Z + \Delta\left(\frac{c^2}{2}\right) \tag{3-11}$$

式（3-11）说明，技术功在数值上等于轴功、位能变化及动能变化的代数和。其中，位能变化和动能变化是容易测量的，技术功可根据测得的值来计算。式（3-11）所揭示的技术功与轴功的关系不论过程是否可逆，都是成立的。

由比较式（3-10）及式（3-11）可知，在无摩擦稳定流动（可逆）的条件下，$w_t = -\int v\mathrm{d}p$。在不可逆的条件下，技术功必定小于 $-\int v\mathrm{d}p$，因此可以得出

$$-\int v\mathrm{d}p \geqslant w_t = w_s + g\Delta Z + \Delta\left(\frac{c^2}{2}\right) \tag{3-12}$$

无摩擦稳定流动过程中技术功的表达式 $w_t = -\int v\mathrm{d}p$，与闭口系统中容积变化功的表达式 $w_v = \int p\mathrm{d}v$，它们都是简单可压缩系统的准静态功的模式，具有相同的性质，这里不再

复述了。当位能变化和动能变化可以忽略不计时时,技术功可看作等于轴功。

4) 广义准静态功

热力学中还能遇到一些其他的简单系统,按系统的性质的不同,它们的准静态功模式也各不相同,例如电场功、磁化功、弹性功、液面张力功及化学功等。本书只讨论简单可压缩系统,这里罗列一下其他一些简单系统的准静态功模式是为了从中找出一些规律性的东西。

简单可压缩系统　$\delta W = p\,\mathrm{d}V$

简单电系统　$\delta W = -\varepsilon\,\mathrm{d}Z$

简单磁系统　$\delta W = -\mu_0 H\,\mathrm{d}M$

简单弹性系统　$\delta W = -\sigma\,\mathrm{d}\varepsilon$

简单液面薄膜系统　$\delta W = -\gamma\,\mathrm{d}A$

化学功　$\delta W_i = -\mu_i\,\mathrm{d}n_i$

在上述各个功量表达式中,压力 p、电势 ε、磁场密度(磁感)$\mu_0 H$(μ_0 表示自由空间的磁导率,是常数;H 表示磁场强度)、应力 σ、表面张力 γ 以及化学势 μ_i 等都是系统的强度参数,表征功量交换的驱动力;而容积变化 $\mathrm{d}V$、电荷变化量 $\mathrm{d}Z$、磁偶极矩变化量 $\mathrm{d}M$、应变变化量 $\mathrm{d}\varepsilon$、液膜表面积变化量 $\mathrm{d}A$ 以及摩尔数变化量 $\mathrm{d}n_i$ 等都是系统容度参数的变化量,它们是确定有无功量交换以及功量正负号的标志。根据系统对外做功为正,外界对系统做功为负的功量正负号的规定,上述公式中的负号表示当这个系统容度参数变化为正时,需要外界对系统做功。值得指出,上述各种功量都符合热力学关于功量的一般定义,即它们的外部净效应都可以用改变重物的水平位置来替代。

由此可见,任何一种准静态功的模式,都是由一个强度参数与相应容度参数的变化量的乘积来表示。若以 F 代表广义的强度参数(广义力),而以 L 表示广义的容度参数(或广义位移),则简单系统对外界所作的广义功可表示为

$$\delta W = F\,\mathrm{d}L$$

对于具有两种以上准静态功模式的复杂系统,其准静态广义功的一般表达式为

$$\delta w = \sum_{i=1}^{n} F_i\,\mathrm{d}L_i \qquad\qquad (3-13)$$

3.3.2　热量

1. 热量的定义及其能量属性

热量的定义与人们对热量本质的认识以及构建学科理论体系的逻辑结构都有密切的关系,正确建立热量的概念一直是热力学形成和发展中的一个重要问题。

值得指出,不同的理论体系对热量的定义并不相同,若从各个理论体系的逻辑结构来看其热量的定义都是正确的,而且在建立热力学第一定律表达式中起过重要的作用。但是,这些定义并不一致,显然是不完善的,有明显的历史局限性,而且受相应理论体系逻辑结构的制约。随着学科的发展,人们对热力学能、热力学能的变化、功量及热量的认识已有很大的提高。因此,对热量也可以像对热力学能变化、功量一样独立地给出它的定义。

两个系统之间由于温度不同而发生的相互作用称为热量交换,由于热量交换而通过边界传递的能量称为热量。若两个系统之间除了热量交换外没有任何其他相互作用,则该过

程为纯热量交换;纯热量交换的热量可以用任一系统的能量变化量来度量。在同时有其他作用量的情况下,即非纯热量交换时,热量的数值取决于过程的途径,可以大于或小于系统初终两态的能量变化量。

热量和功量都是系统与外界之间通过边界传递的能量,但两者又有着本质的差别。热量是系统间通过紊乱的分子运动而发生的相互作用,所传递的是无序能;而功量则是系统间通过宏观运动或有规则的微观粒子的定向运动而发生的相互作用,所传递的是有序能。也正是由于这个差别,交换热量的两个系统的外部净效应不可能都能用改变重物的水平位置来替代,如果其中一个系统可以替代,则另一个系统必定不能替代。

例如,两个温度不同的系统(A 和 B)发生相互作用,最终在温度 $T(T_A > T > T_B)$ 下达到平衡。凭经验可知,使系统 B 能量增加的外界作用可用重物下降的外部效应来替代;而使系统 A 能量减少的外界作用则不能用改变重物水平位置的外部效应来替代。可见,由于温度不同而发生的相互作用是热量交换,而不是功量交换。

值得指出,热量交换有明确的方向性,热量总是从高温物体传向低温物体。热量交换的驱动势是两个系统之间的温差,而不是两个系统之间的能量差。例如,一杯开水能自动地向周围环境放热而逐渐冷却,尽管周围环境中的能量远大于一杯开水的能量。热量交换的标志是两个系统的能量变化,而不是温度的变化。例如,相变过程中发生热量交换,而温度保持不变。

还应指出,热量与热能是两个不同的概念。热能是指分子紊乱运动,即分子热运动所具有的能量,它既可以储存于系统之中作为一种储存能,也可以通过边界由热运动强的系统传向热运动弱的系统。在系统之间进行热量交换的过程中,热能作为一种转移能,即热量的形式出现,热量就是系统之间传递的热能的数量。可见,热能是更广泛的概念,热量仅是热能在传递过程中的一种存在形式。热量是个过程量,一旦过程终止,热量也就不复存在。我们不能说系统中含有多少热量,也不宜说过程中传递了多少热能,应当严格区分状态量及过程量的应用场合。

2. 准静态过程中热量的计算公式

热量与功量是系统与外界之间两种性质不同、机理各异、各自独立的相互作用量,但是,它们又都是相互作用过程中的转移能,因此有不少类似的特点。

准静态过程中热量的计算公式与状态参数熵有关,熵的定义及物理意义将在热力学第二定律中深入讨论。为了讨论问题方便,本节先采用热量与功量类比的方法将热量的计算公式表示出来。

根据广义功的概念,准静态过程中的功量可以用一个强度参数乘以相应的容度参数变化量来表示。热量也是一种转移能,因此,准静态过程中的热量也可以用类似的方法表达。热量是由于存在温差而通过边界所传递的能量,所以温度就是推动热量传递的强度参数。可以推想,必定存在一种容度参数可以用它的变化量来确定准静态过程中是否有热量交换以及热量传递的方向。由热力学第二定律可知,确实存在这样的状态参数,即熵,用大写 S (单位为 kJ/K)表示,它是一个容度参数。单位工质的熵称为比熵,用小写 s [单位为 kJ/(kg·K)]表示,比熵是强度参数。这样,准静态过程中的热量 Q (单位为 kJ)可以用与功量类比的方法直接表示出来。

对于一个微元过程有

$$\delta Q = T \mathrm{d}s \qquad (3-14)$$

对于一个有限过程,可从初态到终态的积分求得,即

$$Q_{12} = \int_1^2 T \mathrm{d}s \qquad (3-15)$$

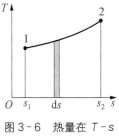

图 3-6　热量在 $T\text{-}s$ 图上的表示

对于 1 kg 工质,热量可用小写 q 来表示(见图 3-6),则

$$\delta q = \frac{\delta Q}{m} = T \mathrm{d}s \qquad (3-16)$$

$$q_{12} = \frac{Q_{12}}{m} = \int_1^2 T \mathrm{d}s \qquad (3-17)$$

应用热量的计算公式应注意以下几点。

(1) 热量的正负号规定。系统吸热为正,放热为负。由式(3-16)可知,$\mathrm{d}s = 0$ 时,$\delta q = 0$,系统为绝热过程;$\mathrm{d}s > 0$ 时,$\delta q > 0$,系统吸热;$\mathrm{d}s < 0$ 时,$\delta q < 0$,系统放热。应注意作用量的针对性及相互性,来正确确定热量的正负号。

(2) 在 $T\text{-}s$ 图上,可以用过程线与横坐标所包围的面积来表示热量。顺时针方向的面积为正,表示系统吸热;逆时针方向则为负,表示系统放热。要注意过程线的方向(见图 3-6),1→2 过程与 2→1 过程热量的正负号是不同的,即

$$q_{12} = \int_1^2 T \mathrm{d}s = \text{面积 } 12s_2s_11 > 0 \quad (\text{顺时针})$$

$$q_{21} = \int_2^1 T \mathrm{d}s = \text{面积 } 21s_1s_22 < 0 \quad (\text{逆时针})$$

(3) 热量是个过程量,当初终两态一定而过程经历的途径不同时,热量也就不同。如果热量不等于初终两态的能量变化量,则说明该过程并非纯热量交换。

(4) 对于非准静态过程,不能用 $T\text{-}s$ 图来表示过程,也不能用上述公式计算热量。非准静态过程的热量必须用其他方法来计算。

3.4　作用量的能流

在外界条件不变的情况下,系统的平衡状态可以长久地保持下去,系统的能量也就维持不变。要使系统从一个初始的平衡状态变化到另一个平衡状态,只有改变外界条件,使系统通过边界与外界发生相互作用,才能得以实现。系统与外界之间可能发生的相互作用量有三种,即热量、功量及质量的交换。这是三种性质各不相同、各自独立的作用量,每种作用量都能对系统状态及能量变化做出各自独立的贡献。所谓作用量的能流是指该作用量对系统能量变化的贡献。按作用量性质的不同,作用量的能流可分为热量的能流、功量的能流及质量流的能流。如果系统的初终两态一定,则系统能量的变化也就一定,与经历的过程性质无关。但是,在相同的初终态之间可以经由许多不同的途径来实现,经历的过程不同,作用量

的作用情况以及它们的贡献也不相同。可见系统的能量是平衡状态的单值函数，而作用量及作用量的能流都是过程量。

3.4.1　功量的能流

若以 W 表示系统与外界交换的功量，$(\Delta E)_W$ 表示功量的能流，即该功量交换对系统能量变化的贡献，根据功量正负号的规定，不难得出

$$(\Delta E)_W = -W \tag{3-18}$$

式(3-18)说明，功量与功量的能流总是大小相等，符号相反。系统对外做功，W 为正；它对系统能量变化的贡献必定为负，即系统能量要减少相等的数值。反之亦然。

在纯功量交换的条件下，系统的能量变化完全是由功量交换引起的，所以系统能量的变化就等于功量的能流，即

$$\Delta E = (\Delta E)_W = -W_{ad} \tag{3-19}$$

式中，W_{ad} 表示绝热功(闭口系)，或称纯功量交换的功量。式(3-19)说明纯功量可用初终两态的能量变化来度量，而与途径无关，甚至与初终两态也无关。任意选定一个初态，则终态随之而定，因为纯功量仅与初终两态的能量变化有关。

值得指出，从一个初态出发，有些状态是不能用纯功量交换来达到的。在同时有其他作用量的情况下，即非纯功量交换时，系统的能量变化是由几种作用量同时做出贡献的结果。这时，系统能量的变化就不一定等于功量的能流了，但功量与功量的能流之间的关系仍然成立。

$$\Delta E > (\Delta E)_W = -W \quad \Delta E = (\Delta E)_W = -W \quad \Delta E < (\Delta E)_W = -W \tag{3-20}$$

式中，ΔE 与 $(\Delta E)_W$ 之间的关系取决于其他作用量的作用情况，在这里是不确定的。

3.4.2　热量的能流

若以 Q 表示系统与外界交换的热量，$(\Delta E)_Q$ 表示热量的能流，即该热量交换对系统能量变化的贡献，则根据热量正负号的规定，不难得出

$$(\Delta E)_Q = Q \tag{3-21}$$

式(3-21)说明，若系统吸热，Q 为正值；由于吸热会使系统能量增加相同的数值，即对系统能量变化做出正的贡献，则热量的能流也为正值。反之亦然。所以，热量与热量的能流之间的关系总是数值相等，正负号相同。

同理，对于纯热量交换，则

$$\Delta E = (\Delta E)_Q = Q_{heat\ only} \tag{3-22}$$

对于非纯热量交换，即同时还有其他相互作用量的情况下，则

$$\Delta E > (\Delta E)_Q = Q; \quad \Delta E = (\Delta E)_Q = Q; \quad \Delta E < (\Delta E)_Q = Q \tag{3-23}$$

式(3-23)说明,在多种作用量同时存在的情况下,系统能量变化不一定等于热量的能流,尚取决于其他作用量的作用情况;但是,热量与热量的能流之间的关系在任何情况下都是成立的,这是能量守恒定律的必然结果。

3.4.3 质量流的能流

1. 流动功

如图3-7所示,有一种流体在管道中无摩擦稳定地流动,现在讨论定量流体通过截面 $I—I$ 的过程中,上游介质对该流体所做的流动功,用 W_f 表示。假定跨越截面 $I—I$ 的流体符合均态均流条件,即在流动质量(m)中状态参数是均匀一致的。若压力为 p,垂直于流动方向上的截面积为 A,上游介质沿流动方向作用在该流动质量上的力为 F,该流体在跨越截面 $I—I$ 的过程中所移动的距离为 L,则上游介质所做的流动功 W_f 可表示为

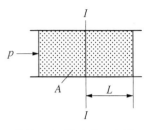

图3-7 流动功示意图

$$W_f = F \cdot L = pAL = pV = mpv \qquad (3-24)$$

式(3-24)说明,在流动工质跨越边界的过程中,其上游介质必须对该流动工质做功,它的大小取决于跨越界面的质量及其状态(根据均态均流的条件,流动质量的状态即为截面上的状态)。值得指出,式(3-24)虽然是在稳定条件下得出的,但对于非稳定流动,流动功的计算公式仍可适用。这是因为非稳定流动中,流动质量的状态虽然随时间而变化,但根据 USUF 的条件,每个瞬间流动质量的状态是均匀一致的。

现在讨论流动功的正负号问题。流动质量在跨越界面的过程中,其上游介质必须对该流动质量做功,使其克服界面阻力而跨越界面。上游介质作用在流动质量上的力总是与流动方向同向,因此,上游介质所做的流动功总是正的。在定义系统的功量时,明确规定系统对外做功为正,而外界对系统做功为负。把流动功的概念应用于热力系统时也必须遵循功量正负号的规定。如果 $I—I$ 截面是系统的进口界面,流动质量是流入系统,这时上游介质(在系统外部)对流动质量所做的功就是外界对系统(注意,已把流动质量包括在系统之内)所做的功,应当为负,即

$$W_{fi} = -m_i p_i v_i \qquad (3-25)$$

如果截面是系统的出口界面,流动质量是流出系统,这时上游介质(在系统内部)对流动质量所做的功就是系统对外界所做的功,应当为正,即

$$W_{fe} = m_e p_e v_e \qquad (3-26)$$

式中,下标 i 及 e 分别表示系统进口及出口。进口与出口的流动功是相互独立的。

2. 边界上作用量的性质及质量流的定义

工程上常用的热工设备很多是开口系统,在系统的边界上有质量交换。怎样分析开口系统有着重要的理论意义和实用价值。本书的特点之一是把质量交换看作是系统与外界之间的一种独立的相互作用量,相应地提出了质量流这个新概念,并且像对待功量和热量一样,详细地分析了质量流的一系列热力性质。这样,物理概念明确对开口系统的分析计算将带来很大的方便。读者应按进度循序渐进地掌握有关质量流的各个概念,还应当在适当的

时候系统地复习，以便融会贯通地、完整地掌握这些新概念。

图3-8表示一台汽轮机从 t 时刻到 $(t+\Delta t)$ 时刻的变化过程。W_s 及 Q 表示在 Δt 时间内系统与外界之间所交换的轴功及热量；m_i 及 m_e 分别表示在 Δt 时间内流入及流出系统的质量。在 Δt 时间内，在系统的进出口界面（i 及 e 截面）上，分别有质量 m_i 及 m_e 跨越边界，显然，这是一个开口系统。

由于热力学学科发展的历史局限性，热力学基本定律的表达式都是建立在对闭口系统分析的基础上的。对于开口系统，必须先把它转化成一个扩大了的闭口系统，即把在 Δt 时间内要流入系统的质量 m_i 包括在系统之内[见图3-8(a)中把界面扩大到 i′，在图3-8(b)中把界面扩大到 e′ 截面]，然后针对这个闭口系统才能运用热力学基本定律的基本公式。再根据闭口系统与开口系统之间的内在联系，来建立开口系统的能量方程。可见，对于开口系统的传统分析方法是个间接的方法。

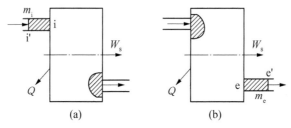

图3-8　质量流能流示意图
(a)t 时刻；(b)$t+\Delta t$ 时刻

不难看出，对于这个扩大了的闭口系统，在 Δt 时间内，我们能观察到的是边界的移动，即边界 i′ 移动到 i，边界 e 移动到 e′，在这些边界上能看到的作用量是推动边界移动的流动功，而看不到质量跨越边界，即没有质量交换。这个扩大了的闭口系统与外界只有功量（轴功及流动功）及热量交换。

现在要对开口系统采用直接的分析方法，即以汽轮机壳体为边界，在汽轮机的进出口界面上（即进口 i 及出口 e），可以观察到质量 m_i 及 m_e 跨越边界，而看不到边界的移动。因此，在边界 i 及 e 上，系统与外界之间相互作用量的性质是质量交换，而不是功量（流动功）的交换。这个开口系统除了热量及功量（只有轴功）交换外，还有质量交换。这种直接的分析方法把质量交换当作一种独立的作用量来处理，这就必须先搞清楚质量交换的一些热力性质。为此，引出"质量流"这样一个新概念。

跨越边界后的质量称为质量流，这是为了研究开口系统方便而特意引出的新概念。按照"流"是指作用量对系统参数变化的一种贡献的基本思路，质量流也可理解为质量交换对系统质量变化的贡献。显然，流入系统的质量流为正，流出系统的质量流为负，系统的质量变化可表示为

$$\Delta m=\sum_{i=0}^{n} m_i-\sum_{e=0}^{m} m_e \qquad (3-27)$$

式(3-27)是开口系统质量守恒定律的表达式。

3. 质量流的能容量及焓

质量交换必定伴随着能量交换,由质量交换引起的对系统能量变化的贡献称为质量流的能流。因为流动质量本身具有能量,且流动质量在跨越边界的过程中,其上游介质必须对该流动质量做流动功。所以质量流的能流总是由两部分组成,即包括流动质量本身的能量以及流动功的能流。

如前所述,在开口系统的进出口界面上,作用量的性质是质量交换,因此是观察不到推动界面移动的流动功的。但是,在流动质量跨越边界的过程中,存在流动功这种能量形式,这是客观事实。流动功是个过程量,一旦质量跨越了界面,对已经跨越边界的这部分质量来说,流动功这种能量形式就不复存在,上游介质推动质量跨越截面所作的流动功转化为流动功的能流,即对系统能量变化做了相应的贡献。所以在质量流的能流中必定包括流动功的能流。

先讨论进口界面上质量流的能流,用 $(\Delta E)_{Mi}$ 表示。设进口界面上工质的状态一定,即 p_i、v_i、e_i 均为常数,流入的质量为 m_i,则进口质量的能流可表示为

$$(\Delta E)_{Mi} = E_i + (\Delta E)_{Wfi} \tag{3-28}$$

其中,$E_i = m_i e_i$,表示流入质量 m_i 本身所具有的能容量;$(\Delta E)_{Wfi}$ 表示进口处流动功的能流。根据流动功的性质及功量的能流的定义,不难得出

$$(\Delta E)_{Wfi} = -W_{fi} = -(-m_i p_i v_i) = m_i p_i v_i \tag{3-29}$$

把式(3-29)代入式(3-28),可以得出

$$
\begin{aligned}
(\Delta E)_{Mi} &= E_i + (\Delta E)_{Wfi} = m_i(e_i + p_i v_i) \\
&= m_i\left(u_i + \frac{c_i^2}{2} + gZ_i + p_i v_i\right) \\
&= m_i\left(h_i + \frac{c_i^2}{2} + gZ_i\right) = m_i e_{fi} = E_{fi}
\end{aligned}
\tag{3-30}
$$

式(3-30)引出了焓及质量流的能容量这两个新概念,它们的定义表达式为

$$H_i = U_i + p_i V_i; \quad h_i = u_i + p_i v_i \tag{3-31}$$

$$E_{fi} = H_i + \frac{m_i c_i^2}{2} + m_i g Z_i = m_i\left(h_i + \frac{c_i^2}{2} + gZ_i\right) = m_i e_{fi} \tag{3-32}$$

式中大写表示容度参数,小写表示强度参数(比参数)。

同理,对于出口界面上质量流的能流 $(\Delta E)_{Me}$,可表示为

$$(\Delta E)_{Me} = -E_e + (\Delta E)_{Wfe} \tag{3-33}$$

式中,E_e 表示流出质量 m_e 的能容量,能容量无负值,这部分质量流出系统,使系统能量减小,它的贡献为负值,所以前面加负号。$(\Delta E)_{Wfe}$ 表示出口处流动功的能流,它是一个代数值,其正负号取决于功量的正负号,这里作为质量流能流的一个组成部分,所以必须用正号,表示两种因素的代数和。根据流动功的性质及功量的能流定义不难得出

$$(\Delta E)_{Wfe} = -W_{fe} = -(m_e p_e v_e) = -m_e p_e v_e \tag{3-34}$$

把式(3-34)代入式(3-33),可以得出

$$(\Delta E)_{Me} = -E_e + (\Delta E)_{Wfe} = -m_e(e_e + p_e v_e)$$

$$= -m_e\left(u_e + \frac{c_e^2}{2} + gZ_e + p_e v_e\right) \tag{3-35}$$

$$= -m_e\left(h_e + \frac{c_e^2}{2} + gZ_e\right) = -m_e e_{fe} = -E_{fe}$$

其中焓及质量流的能容量分别为

$$H_e = U_e + p_e V_e; \quad h_e = u_e + p_e v_e \tag{3-36}$$

$$E_{fe} = H_e + \frac{m_e c_e^2}{2} + m_e g Z_e = m_e\left(h_e + \frac{c_e^2}{2} + gZ_e\right) = m_e e_{fe} \tag{3-37}$$

式中大写表示容度参数,小写表示强度参数(比参数)。

我们在讨论质量流的过程中又引出了质量流的能容量及焓这两个概念,现在来分析一下它们的物理意义。

如前所述,质量流对系统能量变化的贡献总是由流动质量本身的能量以及流动功的能流这两部分的总和所组成,这种贡献是可以计算的。虽然这部分贡献是对整个系统而言的,当它成了系统能量变化中的一部分之后,就无法再区分了。但是,这部分贡献总是伴随着质量跨越边界这一过程而产生。因此可以认为这部分贡献是质量流固有的属性,这部分能量可以看作是质量流所拥有的能量。为此,引出质量流的能容量 E_f 这样一个概念来表示随质量交换而交换的这部分能量。这是一种不同于热量及功量的新能量形式,它兼有热能和机械能两种性质。把质量流的能容量 E_f 看作是跨越边界的质量所具有的能量属性,即质量流所固有的能量属性,这是符合实际情况的合理假设。这一概念的建立对开口系统的研究带来了很大的方便。

建立了质量流能容量 E_f 的概念之后,质量流能流的一般表达式可写成

$$(\Delta E)_M = \sum_{i=0}^{n} E_{fi} - \sum_{e=0}^{m} E_{fe} \tag{3-38}$$

式中,n 及 m 分别表示进口及出口界面的数目,它们不一定相等,但都可能为零。当 $n=m=0$ 时,即为闭口系统。

必须注意 E 与 E_f 以及 U 与 H 之间的区别和联系。控制质量 m 的能容量为

$$E = me = m\left(u + \frac{c^2}{2} + gZ\right)$$

质量流(跨越界面的质量)的能容量为

$$E_{fi} = m_i e_{fi} = m_i\left(h_i + \frac{c_i^2}{2} + gZ_i\right)$$

$$E_{fe} = m_e e_{fe} = m_e\left(h_e + \frac{c_e^2}{2} + gZ_e\right)$$

它们之间的关系为

$$E_f = E + pV; \quad e_f = e + pv$$
$$H = U + pV; \quad h = u + pv$$

外界分析法的一个明显特色是把质量交换当作一种独立的作用量,提出质量流这个新概念,进而论证了它的能量属性,即证实了存在质量流的能容量及焓这样的状态参数,使焓的能量属性明显地表现出来了。显然,焓是一个复合的状态参数,它是质量流能容量 E_f 中的一个组成部分,焓在 E_f 中的作用及地位与热力学能在 E 中的作用及地位完全相同。E_f 及焓的物理意义在开口系统的分析计算中将起极为重要的作用。引出质量流以及质量流的能容量的概念不仅可以对开口系统采用直接分析法,对研究开口系统带来了很大的方便,而且焓的物理意义也能非常明显地表露出来。这是 SAM 理论体系第一次真正说明了焓的物理意义,并且说明了长期以来无法说明焓的物理意义的原因。这使一百多年以来只能应用焓而不能说清楚焓的物理意义的尴尬局面终于结束了。

例 3-2 试应用作用量能流的概念写出热库、功库、质量库及周围环境能量变化的表达式。

解 作用量(热量、功量或质量流)对系统能量变化的贡献称为该作用量的能流。作用量及其能流都是过程量,分析计算时必须注意它们的独立性、针对性及相互性。

根据热库的性质,它与外界只有热量交换。热量交换是使热库发生能量变化的唯一原因,对热库而言,其交换的热量必定是纯热量交换,因此有

$$\Delta E^{TR} = (\Delta E)_Q = Q^{TR}$$

第一个等式是纯热量交换的性质;第二个等式是热量的能流的定义表达式。Q^{TR} 的正负号必须针对热库来确定:热库吸热 Q^{TR} 为正;热库放热 Q^{TR} 为负。

同理,根据功库及质量库的性质可以得出

$$\Delta E^{WR} = (\Delta E)_W = -W^{WR}$$
$$\Delta E^{MR} = (\Delta E)_M = E_{fi}^{MR} - E_{fe}^{MR}$$

系统与外界的概念是相对的。各种热力系统都处在共同的周围环境之中,所以周围环境是各种热力系统所共有的外界的一个重要组成部分。同时,可以把周围环境看作是一个特殊的热力系统,它可以与其他的热力系统发生相互作用。可以证明,周围环境与其他系统所发生的相互作用对我们所研究的主系统不会产生任何影响,因此可以不必考虑。这样,分析周围环境中的能量变化时,只需考虑它与主系统之间的热量交换及功量交换就可以了。周围环境的能量变化可表示为

$$\Delta E^0 = (\Delta E)_Q + (\Delta E)_W = Q^0 - p_0 \Delta V^0$$

根据作用量的针对性及相互性,显然有

$$Q^0 = -Q; \quad p_0 \Delta V^0 = -p_0 \Delta V$$

3.5 热力学第一定律的普遍表达式

3.5.1 外界分析法建立热力学普遍表达式的基本思路

热力学第一定律实质上就是把热能也包括在内的能量守恒及转换定律。热力学第一定律的表达式是人们对这条客观规律认识程度的反映。根据外界分析法的思路建立起来的热力学第一定律表达式具有更为普遍的意义,故称为普遍表达式。它普遍地适用于各种工程实际问题,针对具体的工程问题,可以把它简化成相应的具体能量方程,即热力学第一定律的特殊表达式。

外界分析法是从研究系统发生能量变化的根本原因着手来建立热力学第一定律表达式的。如前所述,只有改变外界条件,使系统与外界之间发生相互作用,才能使系统的能量发生变化(仅靠外因)。根据作用量独立作用原理,每种作用量都能对系统的能量变化做出与该作用量的大小、方向相应的独立贡献。我们又知,系统能量是个容度参数,具有可加性,因此,系统的能量变化必定等于各个作用量的能流代数和。所以,热力学第一定律的普遍表达式可以写成

$$\Delta E = (\Delta E)_Q + (\Delta E)_W + (\Delta E)_M \tag{3-39}$$

式中,$\Delta E = E_2 - E_1$,表示系统的能量变化,它仅与初终两态有关,而与过程的性质及途径无关。$(\Delta E)_Q = Q$,$(\Delta E)_W = -W$,$(\Delta E)_M = E_{fi} - E_{fe}$,它们分别表示热量、功量及质量流等不同作用量的能流。它们都与具体的过程有关,不同的过程可以有各自不同的数值。这个普遍表达式适用于任何系统及任何过程,但各种作用量的能流必须都是针对同一个系统的同一个过程而言的。不论针对哪一种系统,作用量能流的符号不变,即都用 $(\Delta E)_Q$、$(\Delta E)_W$ 及 $(\Delta E)_M$ 来表示。

值得指出,用外界分析法基本思路建立起来的热力学第一定律普遍表达式,即式(3-39)不仅给出了目前已发现的各种不同形式的能量在相互转换过程中数量守恒的关系。而且,这种基本思路还为学科的进一步发展留有充分余地。如果将来发现了新的作用量及新的能量形式,只需再加上新作用量的能流就可以了。

根据孤立系统的定义,显然有

$$(\Delta E)_Q = (\Delta E)_W = (\Delta E)_M = 0, \text{及 } \Delta E_k = \Delta E_p = 0,$$

因此,
$$\Delta E^{isol} = \Delta U^{isol} = 0。$$

同时,根据系统能量的容度性质可以推断,孤立系统的能量变化必定等于孤立系统中各个子系统能量变化的代数和,即

$$\Delta E^{isol} = \sum (\Delta E)_i$$

其中,$(\Delta E)_i$ 表示孤立系统中第 i 个子系统的能量变化。把上述两层意思综合起来,就可以得出适用于任何孤立系统的热力学第一定律普遍表达式,即

$$\Delta E^{\mathrm{isol}} = \sum_{i=1}^{n}(\Delta E)_i = 0 \tag{3-40}$$

对于外界分析法的热力学模型(见图 2-1),式(3-40)可表示为

$$\Delta E^{\mathrm{isol}} = \Delta E + \Delta E^{\mathrm{TR}} + \Delta E^{\mathrm{WR}} + \Delta E^{\mathrm{MR}} + \Delta E^{0} = 0 \tag{3-41}$$

式中,ΔE、ΔE^{TR}、ΔE^{WR}、ΔE^{MR} 及 ΔE^{0} 分别表示孤立系统中所包含的主系统、热库、功库、质量库及周围环境等子系统的能量变化。可见,在使用式(3-40)时,必须把孤立系统中所包含的各个子系统一个不少地都包括进去,不同的孤立系统所包含的子系统是不一定相同的。

必须指出,上述两种普遍表达式(3-40)和式(3-41)不是相互独立的。根据作用量的独立性、针对性及相互性,可以从一种表达式得出另一种表达式。请读者根据图 2-1 所示的热力学模型来加以证明。

3.5.2　热力学第一定律的特殊表达式

热力学第一定律的普遍表达式应用于一个指定系统的具体过程就可以得出一个特殊的表达式,因此,可以有许许多多的特殊表达式。我们没有必要,也不可能去记着那么多的特殊表达式。但是,我们必须具备根据给定条件把普遍表达式简化成特殊表达式的能力。这种能力只能通过对大量实际问题的简化实践才能逐步地得到提高。

下面所举的例子都是热力学中的一些重要结论。本书没有采用传统的方法来论证这些结论,而是把它们当作应用热力学第一定律普遍表达式的一些特例,只要知道具体条件,就能轻松地得出相应的结论。记住普遍表达式是很容易的,关键在于提高简化能力。

1. 闭口系统经历了一个热力循环

$$\Delta E = (\Delta E)_Q + (\Delta E)_W + (\Delta E)_M$$

对于闭口系统,$(\Delta E)_M = 0$；对于热力循环,$\Delta E = 0$,$(\Delta E)_Q = Q_0 = \oint \delta Q$,$(\Delta E)_W = -W_0 = -\oint \delta W$。

其中,Q_0 及 W_0 分别表示循环的净热及循环的净功,因此,普遍表达式可以简化为

$$Q_0 - W_0 = 0 \quad \text{或} \quad \oint \delta Q - \oint \delta W = 0 \tag{3-42}$$

式(3-42)是在统一了单位制之后热功当量在循环条件下的表达式,实质上就是焦耳原理,是最早的热力学第一定律表达式。

式(3-42)可写成 $\oint(\delta Q - \delta W) = 0$,显然,被积函数具有状态参数全微分的性质。克劳修斯把这个状态参数命名为内能,用 U 表示,因此

$$\mathrm{d}U = \delta Q - \delta W \quad \text{或} \quad \Delta U = Q - W \tag{3-43}$$

式(3-43)就是早期的、目前仍被广泛采用的热力学第一定律的普遍表达式。显然,式(3-43)适用于闭口系统的任何过程,在闭口条件下,它才是"普遍"的。实际上,在静止的闭口系统中经历一个任意过程,式(3-43)就是普遍表达式(3-39)在这个具体条件下的特殊表

达式,读者可自己简化一下。

2. 闭口系统经历一个绝热过程

对于闭口系统有 $(\Delta E)_M = 0$；对于绝热过程有 $(\Delta E)_Q = 0$，因此普遍表达式可写成

$$\Delta E = (\Delta E)_W = -W_{ad} \tag{3-44}$$

式中，W_{ad} 表示纯功量交换时的功量,即绝热功。式(3-44)就是喀喇氏体系及单一公理法体系中热力学第一定律的表达式。

如果系统的热力学能及动能不变，$\Delta U = 0$，$\Delta E_k = 0$，则有

$$\Delta E_p = mg(Z_2 - Z_1) = -W_{ad} = W_{外} \tag{3-45}$$

如果系统的热力学能及位能保持不变，$\Delta U = 0$，$\Delta E_p = 0$，则有

$$\Delta E_k = \frac{m}{2}(c_2^2 - c_1^2) = -W_{ad} = W_{外} \tag{3-46}$$

式(3-45)及式(3-46)就是大家熟知的功能原理。如果系统的热力学能不变，$\Delta U = 0$，外力的合力为零：$-W_{ad} = W_{外} = 0$，则

$$\Delta E_k + \Delta E_p = 0; \quad \frac{mc_2^2}{2} + mgZ_2 = \frac{mc_1^2}{2} + mgZ_1 \tag{3-47}$$

式(3-47)就是重力场中机械能守恒的表达式。

3. 开口系统经历一个稳定流动过程

根据稳定状态的概念及 SSSF 过程的条件,有 $\Delta E = 0$，$\Delta m = m_i - m_e = 0$。所以,对于每千克流动工质,普遍表达式可以简化成

$$q - w_s + e_{fi} - e_{fe} = 0$$

或写成

$$q = (h_e - h_i) + \frac{1}{2}(c_e^2 - c_i^2) + g(Z_e - Z_i) + w_s \tag{3-48}$$

式(3-48)就是目前广泛采用的稳定流动能量方程。根据实际工况,还可以对式(3-48)进行简化。

由此可见,深刻理解外界分析法的基本思路以及各个作用量能流的概念,就可以很容易地记住热力学第一定律的普遍表达式。掌握了简化方法,提高了简化能力,就可以很容易地得出各种具体条件下的热力学第一定律的特殊表达式,因此,也就没有必要去死记这些具体结论。努力去掌握简化方法、提高简化能力是学好本课程的最有效的方法。

3.6　热力学第一定律应用实例

本节以例题为主,通过这些例题加深对基本概念及定义的理解,提高识别和计算不同形式能量的能力,提高建立热力学模型和简化能量方程的能力。本节的重点包括以下两个

方面。

　1) 提高建立热力学模型的能力

　在理解题意的基础上,明确热力学模型的三个组成部分(系统、边界、外界);通过边界识别作用量的性质(功、热量、质量流);仔细分析热力学模型的三个基本要素(系统状态的变化情况,系统与外界的相互作用、两者之间的内在联系)。

　2) 提高对热力学第一定律普遍表达式的简化能力

　进行能量分析时,可以先写出普遍表达式 $\Delta E = (\Delta E)_Q + (\Delta E)_W + (\Delta E)_M$,然后再根据题意加以简化,最后得出针对具体问题的能量方程。要重视对简化条件合理性的分析,借以积累解题经验,提高解题能力。

例 3-3　根据外界分析法的热力学第一定律普遍表达式试写出:

(1) 无摩擦稳定流动的能量方程;

(2) 在静止的闭口系统中,1 kg 工质经历一个可逆过程的能量方程;

(3) 根据上述两种过程的内在联系建立容积变化功 w_v、轴功 w_s 流动功 w_f 以及技术功 w_t 之间的关系式。

解　外界分析法的热力学第一定律普遍表达式为

$$\Delta E = (\Delta E)_Q + (\Delta E)_W + (\Delta E)_M \tag{3-49}$$

(1) 根据式(3-12),无摩擦的稳定流动过程是内部可逆的过程,因此,对于每千克流动工质有

$$-\int v\,\mathrm{d}p = w_t = w_s + \Delta e_k + \Delta e_p \quad (\text{可逆})$$

$$\Delta E = 0; \quad \Delta m = 0, \quad m_i = m_e = 1\ \mathrm{kg};$$

$$(\Delta E)_Q = q; \quad (\Delta E)_W = -w_s; \quad (\Delta E)_M = e_{fi} - e_{fe}$$

把上述各式代入能量方程(3-49),可以得出

$$q - w_s + e_{fi} - e_{fe} = 0$$

或

$$q = (h_e - h_i) + \Delta e_k + \Delta e_p + w_s \tag{3-50}$$

$$= (h_e - h_i) + w_t = (h_e - h_i) - \int v\,\mathrm{d}p$$

(2) 在静止的闭口系统中,对于 1 kg 工质所经历的可逆过程,可以写出

$$(\Delta E)_M = 0; \quad \Delta E = \Delta u;$$

$$(\Delta E)_Q = q; \quad (\Delta E)_W = -w_v = -\int p\,\mathrm{d}v$$

把上述各式代入能量方程(3-49),可以得出

$$\Delta u = q - w_v = q - \int p\,\mathrm{d}v$$

或写成

$$q = \Delta u + w_v = \Delta u + \int p \, dv \tag{3-51}$$

（3）功量之间的关系。根据控制体积（CV）与控制质量（CM）之间的内在联系以及状态参数是点函数的性质,在无摩擦的稳定流动过程中,流动质量从入口状态可逆变化到出口状态,可以看作是在静止的闭口系统中工质从初态（等于入口状态）可逆地变化到终态（等于出口状态）。在 $q^{CV} = q^{CM}$ 的条件下,可以得出

$$\begin{aligned}
w_v &= q^{CM} - \Delta u_{12} = q^{CV} - \Delta u_{ie} \\
&= \Delta h_{ie} + \Delta e_p + \Delta e_p + w_s - \Delta u_{ie} \\
&= (p_e v_e - p_i v_i) + \Delta e_k + \Delta e_p + w_s \\
&= (p_e v_e - p_i v_i) + w_t
\end{aligned} \tag{3-52}$$

或写成

$$\begin{aligned}
\int p \, dv &= (p_e v_e - p_i v_i) + \Delta e_k + \Delta e_p + w_s \\
&= (p_e v_e - p_i v_i) - \int v \, dp
\end{aligned} \tag{3-53}$$

式（3-52）是容积变化功 w_v、流动功 w_f、动能变化 Δe_k、位能变化 Δe_p、轴功 w_s 及技术功 w_t 之间的关系式。式（3-52）说明,在简单可压缩系统中,准静态功的模式是容积变化功,它可以转换成其他形式的功及机械能。在开口系统中,为了维持工质的流动必须消耗一部分流动功。容积变化功扣除流动功才是技术功。因此,在开口系统中,简单可压缩物质的准静态功的模式是技术功。

例3-4 试说明焓及焓中所含 pv 项的物理意义。

说明 要深刻地理解热力学第一定律,必须正确地认识各种形态的能量。在热力学中,必须严格区分状态量与过程量,能与功,热能与机械能,贮存能与转移能等基本概念。由于对开口系统研究方法上的不同,人们至今对焓的物理意义以及焓中所含 pv 项的能量属性等问题仍存在着不同观点,甚至产生一些混淆和困惑。为此,有必要通过本例阐明外界分析法对这些问题的基本观点。

解 （1）焓是一个复合的状态参数,它的定义表达式为 $h = u + pv$。不论是控制质量还是流动质量,当状态一定时,u 及 pv 都有确定的数值,焓的数值也就完全确定了。焓及 pv 项都是状态量,具有状态参数所有的通性。

（2）热力学能是贮藏在工质内部的贮存能,不论是控制质量还是流动质量,工质内部所拥有的能量就是热力学能。热力学能的数值仅取决于工质的状态,它是一个状态量。pv 项不是工质本身所具有的能量,只有在特定的条件下才可作为一种能量形式。pv 项究竟是功还是能也要根据具体情况而定。在定压场中,pv 项代表压力势能,是个状态量。在质量跨越边界的过程中,pv 项代表上游介质对流动工质所做的流动功,符合功的定义。流动功的大小取决于流动质量的状态,所以流动功既是过程量又是状态量（应严格区分过程量和状态量,但也不要将它们绝对地对立起来）。当流动质量跨越边界之后,作为过程量的流动功就不复存在,这时,pv 项就代表流动功的能流,是随质量交换而交换的一种转移能,成为焓的一个组成部分。

　　(3) 焓是质量流能容量中的一个组成部分，$E_f = H + E_k + E_p$，当动能及位能可以忽略不计时，焓就代表质量流的能容量。在质量跨越系统边界之后，随质量交换而交换的能量总是由流动质量本身所具有的能量以及上游介质对流动质量所做流动功的能流两部分组成。因此，为了研究方便，完全有理由把它们看作是跨越系统边界后的质量所固有的能量属性，定义为质量流的能容量。焓在质量流能容量中的地位与热力学能在系统能容量中的地位是一样的，都是具有能量属性的状态参数。焓是兼有热能和机械能双重性质的能量形式，它可以作为一种独立的能量形式与其他形式的能量发生相互转换。但是，焓是随质量交换而交换的一种转移能，只有在质量跨越边界的前提下，焓的物理意义及其能量属性才体现出来。

　　(4) 在闭口系统中也存在状态参数焓，它有什么物理意义呢？系统中工质的能量就是热力学能，焓的能量属性又是怎样体现的呢？

　　图 3-9 是说明闭口系统中焓的物理意义的示意图。绝热气缸的一端通过阀门与稳定气源（T_i、p_i、h_i）相连，气缸内有一活塞重块，以维持气缸内压力为固定值。

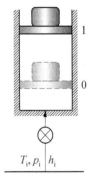

图 3-9　焓的物理意义

　　初态时活塞在气缸的底部，假定阀门调节到一定开度使活塞在等压下缓慢地匀速上升，当活塞上升到终态 1 时关闭阀门。现在对 0—1 过程进行能量分析。

　　根据能量方程

$$\Delta E = (\Delta E)_Q + (\Delta E)_W + (\Delta E)_M$$

按题意有

$$\Delta E = \Delta U = U_1 - U_0 = U_1 ;$$
$$(\Delta E)_Q = Q = 0 ;$$
$$(\Delta E)_W = -W_{01} = -p(V_1 - V_0) = -pV_1 ;$$
$$(\Delta E)_M = E_{fi} = m_i h_i$$

将上述关系式代入能量方程，即可得出

$$U_1 = -PV_1 + m_i h_i ; \quad U_1 + PV_1 = m_i h_1$$
$$H_1 = H_i ; \quad m_1 = m_i ; \quad h_1 = h_i$$

　　能量分析的结果表明，闭口系统在指定状态（如状态 1）时的焓值 H_1（或比焓 h_1）在数值上等于入口质量流的焓值 H_i（或比焓 h_i）。闭口系统在指定状态 1 时，工质所具有的能量是 U_1，而不是 H_1；但是，在状态不变的条件下，系统中的质量跨越边界时所需交换的能量是 H_1，而不是 U_1。

　　可见，不论开口系统或闭口系统，焓的物理意义是唯一确定的，都是指随质量跨越边界而交换的能量，即质量流的能量。

　　例 3-5　如图 3-10 所示，在刚性绝热容器中贮有定量工质：(a)为输入轴功 W_s；(b)为输入电功 W_e；(c)为输入一定配比的轴功 W_s' 和电功 W_e' 使系统从初态 1 变化到终态 2。试证明纯功量交换的功量（绝热功）与途径无关。

　　解　根据热力学第一定律的普遍表达式

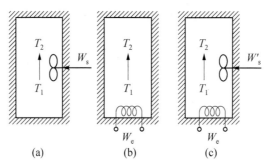

图 3 - 10   绝热功与途径无关（定容绝热）

$$\Delta E = (\Delta E)_Q + (\Delta E)_W + (\Delta E)_M$$

按题意有 $(\Delta E)_Q = 0$；$(\Delta E)_M = 0$，因此，

$$\Delta E = \Delta U = (\Delta E)_W = -W_{\mathrm{ad}}$$

上式说明，在纯功量交换的情况下，系统的变化完全是由于功量交换引起的，数值上等于功量的能流，$\Delta E = \Delta U = -W_{\mathrm{ad}}$。系统的能量变化仅与初终两态有关，而与途径无关。上述三种情况都满足这个条件，因此

$$\Delta U = -W_{\mathrm{ad}} = -W_{\mathrm{s}} = -W_{\mathrm{e}} = -(W'_{\mathrm{s}} + W'_{\mathrm{e}})$$

提示   上述过程都是功量转变成热力学能增加的过程，它们都不可逆。在定容、绝热的条件下，使系统热力学能减小而转换成功量输出的过程是不可能实现的。这将在热力学第二定律这一章中加以证明。基于过程的性质，本题必须满足如下的条件：

$$W_{\mathrm{ad}} = W_{\mathrm{s}} = W_{\mathrm{e}} = W'_{\mathrm{s}} + W'_{\mathrm{e}} \leqslant 0$$

例3-6   如图 3-11 所示，在绝热气缸中贮有定量的工质，活塞重块使系统内维持压力不变：(a) 为输入轴功 W_{s}；(b) 为输入电功 W_{e}；(c) 为输入一定配比的轴功 W'_{s} 和电功 W'_{e} 使系统从初态 1 变化到终态 2。试证明纯功量交换的功量（绝热功）与途径无关。

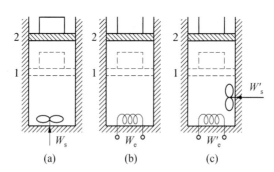

图 3 - 11   绝热功与途径无关（定压绝热）

解   根据热力学第一定律的普遍表达式

$$\Delta E = (\Delta E)_Q + (\Delta E)_W + (\Delta E)_M$$

在闭口、静止、绝热的条件下,有

$$(\Delta E)_M = 0; \quad (\Delta E)_Q = 0,$$
$$\Delta E = \Delta U = (\Delta E)_W = -W_{ad}$$

上式对于本题的三种情况都是适用的,在定压绝热的条件下,绝热功 W_{ad} 中还应包括容积变化功 $p\Delta V$。

对于情况(a),有

$$\Delta U = -W_{ad} = -[W_s + p(V_2 - V_1)]$$
$$\Delta U + p\Delta V = m(h_2 - h_1) = -W_s$$

对于情况(b),有

$$\Delta U = -W_{ad} = -(W_e + p\Delta V)$$
$$\Delta U + p\Delta V = m(h_2 - h_1) = -W_e$$

对于情况(c),有

$$\Delta U = -W_{ad} = -(W'_s + W'_e + p\Delta V)$$
$$\Delta U + p\Delta V = m(h_2 - h_1) = -(W'_s + W'_e)$$

不难看出,在定压绝热的条件下,输入的功量等于系统热力学能的增量和输出的容积变化功 $p\Delta V$ 之和,即等于系统焓值的增量,从而证实了绝热功仅与初终两态有关,而与途径无关。本例一方面说明了焓是一种独立的能量形式,可以与其他形式的能量发生相互转换;另一方面指出了系统的能量及能量变化是指热力学能及热力学能变化,系统中工质的焓值代表系统中的工质在状态不变的条件下跨越边界后所转移的能量。

提示 上述三个过程都是不可逆过程;在定压绝热的条件下,使系统工质焓值下降而输出功量的过程是不可能发生的。基于过程的性质,本题必定满足如下条件:

$$W_{ad} = W_s = W_e = W'_s + W'_e \leqslant 0$$

例3-7 有一个换热器,利用烟气的余热来加热空气。若已经测得烟气进出口温度为 T_1 及 T_2;空气进出口的温度为 T'_1 及 T'_2(见图3-12)。试计算加热每千克空气所需烟气的质量,即写出 m/m' 的表达式。假定焓与温度之间的关系为 $h = c_p T$ 及 $h' = c'_p T'$,其中 c_p 及 c'_p 均为常数。

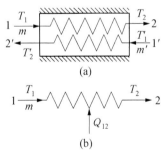

图3-12 换热器示意图

解 本题可以取换热器整体为系统,也可选择热(或冷)流体为研究对象。

(1)以换热器整体为系统[见图3-12(a)]

先写出热力学第一定律的普遍表达式

$$\Delta E = (\Delta E)_Q + (\Delta E)_W + (\Delta E)_M$$

再按题意对普遍表达式进行简化:换热器进出口的温度均已测定,说明换热器是在稳定工况下工作,因此有 $\Delta E = 0$;换热器的设计及运行均要求减小壳体散热损失,实际散热量相对于换热量来说可以忽略不计,所以有 $(\Delta E)_Q = Q = 0$;换热器与外界无功量交换,因此有 $(\Delta E)_W = -W = 0$。

工作流体进出口的动位能变化均可忽略不计,所以

$$(\Delta E)_M = \sum E_{\mathrm{fi}} - \sum E_{\mathrm{fe}} = \sum H_{\mathrm{i}} - \sum H_{\mathrm{e}}$$

将上述关系代入普遍表达式,即可得出

$$(\Delta E)_M = \sum H_{\mathrm{i}} - \sum H_{\mathrm{e}} = 0$$
$$m(h_1 - h_2) + m'(h'_1 - h'_2) = 0$$

可写成

$$\frac{m}{m'} = \frac{h'_2 - h'_1}{h_1 - h_2} = \frac{c'_p(T'_2 - T'_1)}{c_p(T_1 - T_2)}$$

(2) 若以热流体(烟气)为研究对象[见图 3-12(b)]

按题意有

$$\Delta E = 0; \quad (\Delta E)_Q = Q_{12};$$
$$(\Delta E)_W = 0; \quad (\Delta E)_M = E_{\mathrm{fi}} - E_{\mathrm{fe}} = H_1 - H_2$$

普遍表达式可简化成

$$(\Delta E)_Q = -(\Delta E)_M$$
$$Q_{12} = H_2 - H_1 = m c_p (T_2 - T_1) < 0 \quad (放热)$$

再以冷流体(空气)为系统,同理可得出

$$Q'_{12} = H'_2 - H'_1 = m' c'_p (T'_2 - T'_1) > 0 \quad (吸热)$$

根据作用量的针对性及相互性,有

$$Q'_{12} = -Q_{12}$$
$$m' c'_p (T'_2 - T'_1) = m c_p (T_1 - T_2)$$

即

$$\frac{m}{m'} = \frac{c'_p(T'_2 - T'_1)}{c_p(T_1 - T_2)}$$

所得结论与第一种方法相同。

例 3-8 试证明绝热节流过程中节流前后工质的焓值不变。

解 图 3-13 表示孔板节流装置在稳定工况下工作。工质流经孔板时,由于截面突然缩小,流动受阻,产生扰动、涡流等流阻损失,使压力下降,这种现象称为节流。显然,在孔板附近是非平衡态,因此,在离孔板一定距离处,取截面 1 及 2 为边界,并以这两个截面之间的管道为系统。

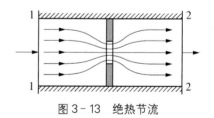

图 3-13 绝热节流

先写出热力学第一定律的普遍表达式

$$\Delta E = (\Delta E)_Q + (\Delta E)_W + (\Delta E)_M$$

再按题意对普遍表达式加以简化：

节流装置在稳定工况下工作，　$\Delta E = 0$；

绝热节流过程，　　　　　　　$(\Delta E)_Q = Q = 0$；

无功量交换，　　　　　　　　$(\Delta E)_W = -W = 0$；

动能、位能变化忽略不计，

$$(\Delta E)_M = E_{fi} - E_{fe} = H_i - H_e$$

把上述关系代入普遍表达式，可得出

$$(\Delta E)_M = H_i - H_e = 0,\quad H_i = H_e,\quad m_i h_i = m_e h_e$$

根据质量守恒定律，有

$$\Delta m = m_i - m_e = 0,\ m_i = m_e$$

代入能量方程后，可得出　　　　　　$h_1 = h_2$

提示　(1) 绝热节流前后的焓值不变，并不是说绝热节流过程是定焓过程。

(2) 如果节流时有热量交换，则节流后的焓值还与热量有关，不能用上述结论。

(3) 绝热节流是不可逆过程，能量在数量上并无损失，但能量在质上是有损失的。

例 3-9　由稳定气源 (T_i, p_i) 向体积为 V 的刚性真空容器绝热充气，直到容器内压力达到 $\dfrac{p_i}{2}$ 时关闭阀门。若已知该气体的比热力学能及比焓与温度的关系分别为 $u = c_v T$，$h = c_p T$，$k = \dfrac{c_p}{c_v}$，试计算充气终了时，容器内气体的温度 T_2 及充入气体的质量 m_2。

解　划分系统时应尽可能应用已知条件，所以取 i 截面为系统的进口边界（见图 3-14）。先写出热力学第一定律的普遍表达式

$$\Delta E = (\Delta E)_Q + (\Delta E)_W + (\Delta E)_M$$

再按题意对普遍表达式进行简化：

刚性容器是静止不动的，有

$$\Delta E = \Delta U = m_2 u_2 - m_1 u_1 = m_2 u_2；$$

绝热充气，　　　　　　　$(\Delta E)_Q = Q = 0$；

无功量交换，　　　　　　$(\Delta E)_W = -W = 0$；

只有充气，没有放气，并忽略动能、位能变化，有

$$(\Delta E)_M = E_{fi} - E_{fe} = E_{fi} = m_i h_i$$

把这些关系式代入普遍表达式，可以得出

$$m_2 u_2 = m_i h_i$$

根据质量守恒定律，有

$$\Delta m = m_i - m_e = m_i；\ \Delta m = m_2 - m_1 = m_2；\ m_i = m_2$$

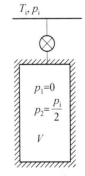

图 3-14　绝热充气过程

能量方程可简化成

$$u_2 = h_i;\quad c_v T_2 = c_p T_i;\quad T_2 = kT_i$$

根据理想气体状态方程,有

$$m_2 = \frac{p_2 V}{RT_2} = \frac{p_i V}{2RkT_i}$$

提示 (1) 状态一定时,工质的热力学能及焓都有唯一确定的数值。本例中气源中气体的状态 i 及气缸中的终态 2 都是一定的,h_i、u_i 及 h_2、u_2 都有唯一确定的数值,且

$$h_2 \neq u_2 = h_i \neq u_i$$

在气源中气体的比热力学能是 u_i,但随质量交换而交换的能量是比焓 h_i,即质量流的能容量是 h_i 而不是 u_i。绝热充气过程中,系统增加的能量为 $m_2 u_2 - 0 = m_i h_i$,既不是 $m_i u_i$,也不是 $m_2 h_2$。终态时系统的比焓为 $h_2 = u_2 + p_2 v_2$,$m_2 h_2$ 表示在状态不变的条件下,m_2 跨越边界所需交换的能量,而终态时系统的能量则为 $m_2 u_2$。

(2) 在绝热充气过程中,焓转变成热力学能,$h_i = u_2$,这是个不可逆过程。

例3-10 有一台叶轮式压气机(见图3-15),已知空气在进出口处的状态分别为 $T_1 p_1$ 及 $T_2 p_2$,压气机的散热量为 q。试写出该压气机所需轴功的表达式。

解 先写出热力学第一定律普遍表达式

$$\Delta E = (\Delta E)_Q + (\Delta E)_W + (\Delta E)_M$$

再按题意对普遍表达式进行简化:

进出口上空气的状态不随时间而变,说明压气机已在稳定工况下工作,有

$$\Delta E = 0;\quad \Delta m = m_i - m_e = 0,\quad m_i = m_e = \text{常数}$$

又知

$$(\Delta E)_Q = Q;\quad (\Delta E)_W = -W_s$$

动能、位能变化可忽略不计,有

$$(\Delta E)_M = E_{fi} - E_{fe} = H_i - H_e = H_1 - H_2$$

将上述关系代入普遍表达式,可得出

$$m_i(q - w_s + h_1 - h_2) = 0$$
$$w_s = q + h_1 - h_2$$

如果散热量也可以忽略不计,则

$$w_s = h_1 - h_2$$

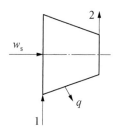

图 3-15 压气机

提示 汽轮机的能量分析与压气机完全相同,计算公式的形式也完全一样。如果严格按公式来计算,它们的功量正负号正好相反。压气机 $w_s < 0$,表示耗功;汽轮机 $w_s > 0$,表示输出轴功。

思考题

1. 工质的质量为 m，流速为 c，离基准面的高度为 Z，请写出该质量的能容量 E 的表达式。当这部分质量跨越边界后，随质量交换而交换的能量是多少？请写出该质量流的能容量 E_f 的表达式。

2. 在热力学中，对通过进出口边界的质量流都采用均态均流（USUF）的假定条件有什么简便之处？USUF 过程的基本特征是什么？

3. 试说明稳态稳流（SSSF）过程的边界特征及系统内部性质上的特点。怎样判断一个系统已经满足 SSSF 的条件？

4. 请写出容积变化功的计算公式，并说明该公式的适用条件以及由公式可得出的基本结论。

5. 请写出技术功的定义表达式以及在无摩擦的稳定流动过程中技术功的计算公式，并分别说明它们的适用条件及相互关系。

6. 请写出流动功的计算公式，将流动功的概念应用于热力系统时怎样确定它的正负号？

7. 试说明容积变化功、技术功、流动功之间的内在联系，在什么条件下技术功等于轴功。

8. 在平衡状态下，系统的比热力学能 u 及比焓 h 都有唯一确定的数值，都代表一定的能量属性，试说明它们之间的区别及联系。

9. 热量及功量都是过程量，它们有哪些共同的特征？热量及功量又有着本质的差别，主要表现在什么地方？

10. 何谓作用量的能流？有哪几种作用量的能流？试写出它们的名称及符号。

11. 热量及功量的正负号是怎样规定的？如何根据正负号的规定来写出"热量的能流"及"功量的能流"的表达式？

12. 何谓质量流及质量流的能流？质量交换对系统能容量变化的贡献总是由两部分组成，试写出这两个组成部分的名称及符号。

13. 系统发生状态变化的原因是什么？系统发生能量变化的原因是什么？系统发生变化时其状态必然变化，但系统状态变化时，系统的能量是否一定发生变化？

14. 热力学第一定律普遍表达式的两种形式是

$$\Delta E = (\Delta E)_Q + (\Delta E)_W + (\Delta E)_M \tag{a}$$

$$\Delta E^{\text{isol}} = \Delta E + \Delta E^{\text{TR}} + \Delta E^{\text{WR}} + \Delta E^{\text{MR}} + \Delta E^{0} = 0 \tag{b}$$

试说明建立这两个表达式的基本思路以及式中各项的物理意义。

15. 题 14 中式（a）与式（b）是描述同一条基本规律的两种表达形式，试根据图 2-1 所示的热力学模型利用作用量的独立性、针对性及相互性的性质，从式（b）出发导出式（a）来。

16. 例 3-8（定容绝热）及例 3-9（定压绝热）证实了绝热功与途径无关，是否可以说绝热功不是过程量而是状态量呢？为什么？

习 题

3-1 容积为 $0.4\ m^3$ 的绝热封闭气缸中贮有不可压缩的液体,通过活塞加压使液体的压力从 1 MPa 提高到 4 MPa。试求:

(1) 外界对液体所做的功量;

(2) 液体热力学能的变化;

(3) 液体焓值的变化。

3-2 一汽车在 1.1 h 内消耗汽油 37.5 L,已知输出的功率为 64 kW,汽油的发热量为 44 000 kJ/kg,汽油的密度为 $0.75\ g/cm^3$,试求汽车通过排气、水箱及机件的散热所放出的热量。

3-3 人体在静止情况下每小时散发的热量为 418.68 kJ。某会场共容纳 500 人,会场的空间为 $4\ 000\ m^3$。已知空气的密度为 $1.2\ kg/m^3$,空气的比热容为 1.004 kJ/kg·K,若会场空气的最大温升不得超过 15℃,试求会场所用空调设备的最长停机时间是多少分钟?

3-4 气缸中贮有定量的 CO_2,初态时 $p_1=300\ kPa$,$T_1=200℃$,$V_1=0.2\ m^3$,其他条件不变,试计算在该过程中空气所做的功量及比功。

3-5 如果上题中的气体改为空气,初温为 $T_1=100℃$,终温为 $T_2=200℃$,其他条件不变,试计算在该过程中空气所做的功量及比功。

3-6 一个直径为 0.3 m 的气球,球内气体为理想气体,初始压力为 150 kPa。由于受热使气球直径增大到 0.4 m,假定过程中气体绝对压力与直径成正比,试计算:

(1) 气球吸热过程中压力与容积之间的函数关系;

(2) 球内气体所作的容积变化功。

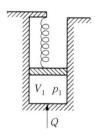

图习题 3-7

3-7 在图习题 3-7 所示的气缸中贮有定量的理想气体,初态时 $V_1=0.1\ m^3$,$p_1=100\ kPa$,这时弹簧不受力,气体压力正好与大气压力及活塞弹簧的重力相平衡。在加入一定的热量后,气缸内气体的体积增加了一倍,压力达到 $p_2=400\ kPa$。假定弹簧弹力与活塞位移成正比,试计算加热过程中气体所做的功及克服弹簧力所做的功,并将该过程表示在 p-v 图上。

3-8 由高压气罐向一个大型气球充气,使气球的容积变化了 $3\ m^3$,充气时大气压力为 95 kPa,若以气罐、连通器及气球为热力系统,则充气过程中系统所做的功为多少?若以气球为系统,试写出充气过程中的能量方程。

3-9 一辆质量为 5 000 kg 的汽车,以 40 km/h 的速度行驶,现因故紧急制动而停车,试说明制动过程中的能量转换关系及最终散出的热量。

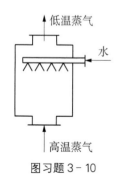

图习题 3-10

3-10 工程上有时采用对高温高压的蒸气喷水的方法来使蒸气降温降压(见图习题 3-10)。若已知高温高压蒸气的状态参数为 500 kPa,300℃,其焓值为 3 062 kJ/kg;水的状态参数为 10 bar,40℃,其焓值为 168.3 kJ/kg;降温后蒸气的状态参数为 5 bar,152℃,其焓值为

2 749 kJ/kg;该装置向环境的散热损失率为 3 kJ/s。试求使 1 kg/s 的高温高压蒸气降温所需的水量(单位为 kg/s)。

3-11　一个热力循环由三个过程所组成。已知 $Q_{12}=10$ kJ,$Q_{23}=30$ kJ,$Q_{31}=-25$ kJ;$\Delta U_{12}=20$ kJ,$\Delta U_{31}=-20$ kJ,试求 2—3 过程中的功量 W_{23} 及循环净功 W_0。

3-12　有一台锅炉每小时能生产 40 t 水蒸气。已知锅炉给水的焓值为 417.4 kJ/kg,而锅炉输出水蒸气的焓值为 2 874 kJ/kg,又知锅炉所用煤的热值为 30 000 kJ/kg,煤的发热量中仅有 85％用于产生水蒸气,若忽略工质的动位能变化,试求锅炉每小时的耗煤量。

3-13　输气总管通过阀门向气缸绝热充气(见图习题 3-13)。已知充气前气缸内气体的质量为 m_1,状态为 p_1、v_1 及 u_1;充气后,气缸内气体的质量为 m_2,状态为 v_2 及 u_2;输气总管内的状态保持不变,焓值为 h_i。试写出此充气过程的能量方程并说明其物理意义。

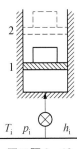

图习题 3-13

3-14　一燃气涡轮带动一压缩氮气的压气机,各部件进出口处的参数如图习题 3-14 所示。假定涡轮机和压气机的散热损失及工质的动位能变化都可忽略不计,试计算:

(1) 涡轮机输给发电机的功率;

(2) 压气机出口的焓值;

(3) 氮气在散热器中每秒钟散走的热量。

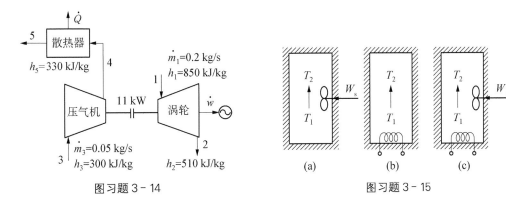

图习题 3-14　　　　　　　　　　　　图习题 3-15

3-15　在刚性绝热容器中贮有 0.5 kg 空气,通过搅拌器输入 50 kJ 轴功后,空气的温度由 T_1 上升到 T_2(见图习题 3-15)。假定空气的比热容 $c_v=0.716$ kJ/(kg·K),若空气的初始温度分别为 300 K 及 400 K,试确定:

(1) 两种工况下空气的终温分别是多少;

(2) 两种工况下初终两态的比热力学能及热力学能的变化是否相同;

(3) 说明在本例中为什么不能用功量及热量的计算公式。

3-16　在图习题 3-16 所示的绝热气缸中贮有 0.5 kg 空气,通过搅拌器输入 50 kJ 轴功后,空气的温度由 T_1 上升到 T_2。假定空气的比热容

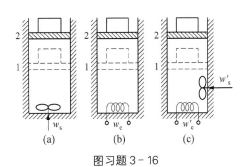

图习题 3-16

$c_p = 1.004$ kJ/(kg·K)，若空气的初始温度分别为 300 K 及 400 K，试确定：

（1）两种工况下空气的终温分别是多少；

（2）两种工况下初终两态的比热力学能及热力学能的变化是否相同；

（3）与上题相比，本题中热力学能的变化较小，请说明其原因。

3-17　空气在加热器中吸热后流入喷管进行绝热膨胀（见图习题 3-17）。若已知进入加热器时空气的焓值 $h_1 = 280$ kJ/kg，流速 $c_1 = 50$ m/s，在加热器中吸收的热量 $q_{12} = 360$ kJ/kg，在喷管出口处空气的焓值 $h_3 = 560$ kJ/kg，试求喷管出口处空气的流速。

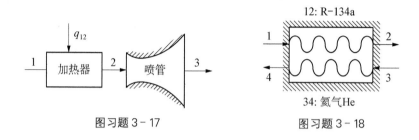

图习题 3-17　　　　　　　　图习题 3-18

3-18　有一个换热器在稳定工况下工作，如图习题 3-18 所示。冷流体为制冷剂 R-134a；热流体为氦气，可视为理想气体，有

$$h = c_p T \quad c_p = 5.234 \text{ kJ/(kg·K)} \quad R = 2.077 \text{ kJ/(kg·K)}$$

换热器进出口的参数分别为

$$p_1 = 250 \text{ kPa}, \quad T_1 = 20℃, \quad h_1 = 417.2 \text{ kJ/kg};$$

$$p_2 = 100 \text{ kPa}, \quad T_2 = 90℃, \quad h_2 = 482.8 \text{ kJ/kg};$$

$$p_3 = 700 \text{ kPa}, \quad T_3 = 525℃, \quad A_3 = 0.2 \text{ m}^2, \quad c_3 = 100 \text{ m/s}$$

$$p_4 = 400 \text{ kPa}, \quad T_4 = 225℃, \quad A_4 = 0.3 \text{ m}^2$$

试求：（1）氦气的出口流速 c_4；

（2）R-134a 的质量流率。

第4章 理想气体的性质及理想气体的热力过程

能量及质量是物质的基本属性,均不能脱离物质而单独存在。能量转换及传递过程必须借助工质才能实现。任何热力过程的实现除了必须遵循热力学基本定律外,还必须符合工质的客观属性。研究各种工质的热力性质是工程热力学的重要组成部分。工程上常用的工质是气态物质,在工作条件下,大部分气体可以看作是理想气体,对于非理想气体,也可根据它们偏离理想气体的程度来进行计算。本章介绍理想气体的性质及理想气体的热力过程,这些内容不仅有重要的工程实用价值,而且也为实际气体的计算打下必要的基础。

4.1　理想气体的性质

4.1.1　理想气体的定义及状态方程

关于理想气体微观结构的假设,其基本要点是:理想气体分子是本身不占体积的弹性质点;分子之间除弹性碰撞外无其他相互作用;理想气体中大量分子处于无规则的紊乱运动状态。这些假设条件是建立气体分子运动论的基础,了解理想气体的微观物理模型对理解理想气体的热力性质是有帮助的。

实际上,完全符合这些微观假设条件的理想气体是不存在的。在工程热力学中,理想气体的定义是建立在玻意耳-马略特及查理-盖·吕萨克等实验定律的基础上的。凡是状态方程(p,v,T 之间函数的关系)满足克拉佩龙方程式(2-16)的气体,称为理想气体。

实验已经证明,当压力足够低,温度足够高时,气体的比容就足够大。这时,气体分子本身所占的体积相对于气体总体积来说足够小,可忽略不计;分子之间的吸斥力随分子间平均距离的增大而变得足够小,也可忽略。因此,气体的性质就越接近于理想气体。已经证实,一切实际气体当压力趋近于零时都可以看作是理想气体。

在工程计算中,一种气体能否当作理想气体处理完全取决于气体的状态及所要求的计算精确度,而与过程的性质无关。所谓气体的压力足够低、比容足够大是指气体处于该状态时,如果用理想气体状态方程来计算,能完全满足工程计算的精确度要求。这样,处于该状态下的气体就可认为是理想气体。例如,氧气、氮气、氢气、一氧化碳、二氧化碳等气体以及空气、烟气及燃气等混合气体,在通常的温度、压力下都可看作是理想气体。又如,水蒸气、氨、氟利昂等工质,在它们的工作状态下离液态较近,都不能当作理想气体,因此,也不能用理想气体状态方程来计算。甚至,同一种气体在初态可以当作理想气体,但随着过程的进展,其状态逐渐偏离理想气体,达到终态时已不符合克拉佩龙方程了。可见,理想气体状态方程是理想气体最重要的基本性质,是否足够精确地满足该方程是判别一种气体能否当作理想气体的依据。在第2章中已介绍了理想气体状态方程的有关内容,下面再继续讨论理想气体的其他热力性质。

4.1.2　理想气体的热力学能及焓

一般来说,系统的热力学能是指内部动能及内部位能的总和。内部动能 u_k 与分子热运动强度有关,它是系统温度的函数;内部位能 u_p 与分子间的平均距离有关,它是系统比容的函数。因此,系统的热力学能可表示为系统温度与比容的函数,即

$$u = u_k + u_p = u(T, v) \tag{4-1}$$

对于理想气体,分子间没有相互作用,不存在内部位能($u_p = 0$),因此,理想气体的热力学能仅是温度的函数,即

$$u = u_k + u_p = u_k = u(T) \tag{4-2}$$

根据焓的定义 $h = u + pv$,以及理想气体的性质 $u = u(T)$、$pv = RT$,可以得出

$$h = u + pv = u(T) + RT = h(T) \tag{4-3}$$

上式说明,理想气体的焓仅是温度的函数。

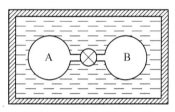

图4-1　焦耳实验示意图

理想气体热力学能的性质可以通过著名的焦耳实验来证实。图4-1是焦耳实验装置的示意图。两个金属容器(透热)由阀门相连,A中充以一定压力的空气,B抽成真空。将两容器置于有绝热壁的水浴中,待稳定后测出实验前的水温。实验时打开阀门,使空气自由膨胀充满两容器,达到稳定时再测出水的终温。可以在不同的初始压力及水温的条件下重复上述实验。焦耳实验的测量结果表明空气自由膨胀过程中温度不变。现以空气为研究对象进行能量分析,不难看出,空气向真空膨胀时无功量交换,水及空气的温度都不变,无热量交换。根据热力学第一定律可以得出空气自由膨胀过程中热力学能不变。实验中空气的压力及比容是变化的,而温度保持不变。这说明在实验的状态变化范围内,空气的热力学能仅与温度有关,而与压力及比容无关。值得指出,当初始压力高于22 atm时,用高精度的温度计才能发现温度稍有变化。可见,在相当大的压力范围内,可以足够精确地把空气当作理想气体。焦耳实验证明了理想气体的热力学能仅是温度的函数。

理想气体热力学能及焓的上述性质还可以根据热力学微分方程及状态方程用数学分析的方法直接推得。可见,其结论的正确性是毋庸置疑的。

4.1.3　气体的比热容

1. 比热容的定义及影响因素

1) 比热容的定义

比热容简称比热,以下均用比热表示。比热的概念最初是在量热学中提出来的,是表征工质热物性的一个量热系数,可用它来计算热量。单位量工质温度变化1 K所交换的热量

称为该工质的比热。这是比热的一般概念,作为定义还是不准确的。因为热量是个过程量,相同的温度变化若经历的途径不同,所交换的热量是不同的。另外,即使经历相同的途径,若存在耗散结构,由此产生的热效应也会影响热量的数值。所以,对比热的定义应指定途径,对比热的测定应在内部可逆的条件下进行。最常用的量热方法是在容积不变或在压力不变的条件下来测定的,与此对应的比热称为定容比热及定压比热,分别用 c_v 及 c_p 来表示。

它们的定义表达式可写成
$$c_v = \frac{\delta q_v}{\mathrm{d}T}; \quad c_p = \frac{\delta q_p}{\mathrm{d}T} \tag{4-4}$$

相应的热量计算公式分别为
$$q_{v1} = \int_{T_1}^{T_2} c_{v1}(T, v_1)\mathrm{d}T; \quad q_{p1} = \int_{T_1}^{T_2} c_{p1}(T, p_1)\mathrm{d}T \tag{4-5}$$

式(4-5)说明,从相同的初态 (v_1, p_1) 出发,分别经历不同的途径达到相同的终态温度 T_2 时,所交换的热量是不同的。同时还说明,只有知道了 $c_{v1}(T, v_1)$ 及 $c_{p1}(T, p_1)$ 的函数关系,即在可逆的条件下才能用式(4-5)来计算热量。

比热的热力学定义是在量热学比热定义的基础上,根据热力学第一定律来建立的。在可逆、定容的条件下,有
$$c_v = \frac{\delta q_v}{\mathrm{d}T} = \left(\frac{\mathrm{d}u + p\,\mathrm{d}v}{\mathrm{d}T}\right)_v = \left(\frac{\partial u}{\partial T}\right)_v = c_v(T, v) \tag{4-6}$$

式(4-6)是热力学中定容比热的定义表达式,说明定容比热 c_v 是用定容下比热力学能对温度的偏导数来定义的。当状态一定时,该偏导数有确定的值,所以 c_v 是系统状态的单值函数,具有状态参数的性质,表示在比容不变的条件下,气体温度变化 1 K 时比热力学能变化的数值。定容比热是个强度参数,它不仅是温度的函数,还与比容有关,即 $c_v = c_v(T, v)$。

同理,在可逆、定压的条件下,有
$$c_p = \frac{\delta q_p}{\mathrm{d}T} = \left(\frac{\mathrm{d}h - v\,\mathrm{d}p}{\mathrm{d}T}\right)_p = \left(\frac{\partial h}{\partial T}\right)_p = c_p(T, p) \tag{4-7}$$

式(4-7)是定压比热的热力学定义表达式,它是用定压下比焓对温度的偏导数来定义的,表示在压力不变的条件下,气体温度变化 1 K 时比焓变化的数值。定压比热与定容比热是同一状态下具有不同含义的两个状态参数,都是强度参数。定压比热不仅是温度的函数,还取决于压力,即 $c_p = c_p(T, p)$。

由此可见,比热的热力学定义具有更普遍的意义。它不仅包容了量热学定义中关于比热的物理内涵,即比热具有计算热量的基本功能,而且在计算热量时具有过程量的性质,更重要的是它明确地指出了比热具有状态参数的性质。比热的状态参数性质在建立热力学微分关系中起了重要的作用。同时,根据比热的状态参数性质所建立起来的比热与其他状态参数之间的函数关系有重要的工程实用价值,使量热学中的某些实验可用数学分析的方法来替代。

2) 比热容的影响因素

通过对比热定义的分析,不难看出以下几点。

(1) 比热与工质所处的状态有关。

（2）比热与量热过程的性质有关，c_p 与 c_v 是两个不同的状态参数。

（3）比热是热物性参数，与工质的种类有关。

（4）比热与单位量有关。

按照定义比热时所选用的单位量的不同，比热可分为质量比热 c、摩尔比热 $\bar{c}$ 及容积比热 c'。它们的单位分别为 kJ/(kg·K)、kJ/(kmol·K) 及 kJ/(Nm³·K)，从不同的单位就可看出它们的物理意义。这三种比热之间的换算关系可写成

$$\bar{c} = 22.4c' = Mc \qquad (4-8)$$

式（4-8）与工质的种类、所处的状态及经历的过程都无关，实际上只是一种单位换算关系。式（4-8）是很实用的基本公式。

（5）比热容与热容的关系。

比热容是强度参数，用小写 c 表示；热容是容度参数，用大写 C 表示。比热容与热容的关系就是比容度参数与容度参数之间的关系，显然有

$$C = mc = n\bar{c} = V_0 c' \qquad (4-9)$$

式（4-9）中，m、n 及 V_0 分别表示工质的质量（单位为 kg）、摩尔数（单位为 kmol）及折合标准容积（单位为 Nm³），它们之间有如下的关系：

$$M = \frac{m}{n}, \ \frac{V_0}{n} = 22.4 \text{ Nm}^3/\text{kmol}, \ n = \frac{m}{M} = \frac{V_0}{22.4 \text{ Nm}^3/\text{kmol}}$$

2. 理想气体比热容的性质

比热的热力学定义对任何工质都是普遍适用的。对于理想气体，热力学能及焓仅是温度的函数，而与压力及比容无关，即 $u = u(T)$ 及 $h = h(T)$。因此，根据比热的一般定义，理想气体的比热可以表示为

$$c_v = \left(\frac{\partial u}{\partial T}\right)_v = \frac{\mathrm{d}u}{\mathrm{d}T} = c_v(T) \qquad (4-10)$$

$$c_p = \left(\frac{\partial h}{\partial T}\right)_p = \frac{\mathrm{d}h}{\mathrm{d}T} = c_p(T) \qquad (4-11)$$

从式（4-10）及式（4-11）可以看出理想气体比热有如下基本性质。

（1）气体种类一定时，理想气体的比热仅是温度的函数，当温度一定时，比热的数值就完全确定，与该温度下气体所处的状态无关；在一定的温度下，理想气体比热的数值随气体种类的不同而不同。

（2）在任何温度下，理想气体定容比热 c_v 均表示要使该温度发生 1 K 的变化时气体比热力学能变化的数值；理想气体定压比热 c_p 则表示要使该温度发生 1 K 的变化时气体比焓变化的数值。它们仅代表该温度时的状态性质，而与过程的性质及途径无关。

（3）理想气体在一定温度范围内的平均定容（定压）比热表示在该温度范围内，平均每发生 1 K 的温度变化所引起的比热力学能（比焓）变化的数值，或者平均每度温度所具有的比热力学能（比焓）的数值，可表示为

$$c_v \big|_{T_1}^{T_2} = \frac{u_2 - u_1}{T_2 - T_1} \tag{4-12}$$

$$c_p \big|_{T_1}^{T_2} = \frac{h_2 - h_1}{T_2 - T_1} \tag{4-13}$$

平均比热仅与初终两态的温度有关,而与过程的性质及途径无关。

(4) 只有在可逆的定容及定压过程中,c_v 及 c_p 才表示温度变化 1 K 时气体所交换的热量。值得指出,这仅是确定比热数值的一种方法及途径,并不影响比热是状态参数的性质。对于非理想气体的可逆过程这个结论同样适用。

3. 比热差和比热比

根据焓的定义 $h = u + pv$ 及理想气体状态方程 $pv = RT$,不难得出

$$\mathrm{d}h = \mathrm{d}u + \mathrm{d}(pv) = \mathrm{d}u + R\mathrm{d}T$$

根据理想气体比热的性质式(4-10)及式(4-11),有

$$c_p\mathrm{d}T = c_v\mathrm{d}T + R\mathrm{d}T, \quad c_p - c_v = R \tag{4-14}$$

对于 1 kmol 理想气体,则

$$\bar{c}_p - \bar{c}_v = MR = \bar{R} = 8.314 \text{ kJ/(kmol·K)} \tag{4-15}$$

式(4-14)及式(4-15)就是著名的梅耶公式,说明理想气体的定压比热与定容比热之差是一个常数。

定压比热和定容比热之比称为比热比,用 r 表示。对于理想气体,比热比 r 等于定熵指数 k,因此可写成

$$r = \frac{c_p}{c_v} = k \tag{4-16}$$

利用梅耶公式,不难得出

$$c_v = \frac{1}{k-1}R \tag{4-17}$$

$$c_p = \frac{k}{k-1}R \tag{4-18}$$

根据摩尔质量的定义表达式,有

$$M = \frac{m}{n} = \frac{\bar{R}}{R} = \frac{\bar{c}}{c} \quad \bar{c} = Mc = 22.4c'$$

以上这些公式建立了 c_p、c_v、k、R 及 M 这五个参数之间的关系,只要知道其中任意两个参数,就可求出其他三个参数,进而还可确定相应的摩尔比热及容积比热。因此,应当牢记这些常用的基本公式。

例4-1 已知氮气(N_2)的 $k = 1.4$,$M = 28.016$ kg/kmol;氧气(O_2)的 $M = 32$ kg/kmol。试计算:

(1) N_2 的常值质量比热 c_p 及 c_v;

(2) 物理标准状态下 N_2 的比容 v_0 及密度 ρ_0；

(3) O_2 的气体常数，$1\,Nm^3$ O_2 的质量及 $3\,kg$ O_2 折合多少标准立方米。

解 （1）根据"质量"量与"摩尔"量之间的关系，对于 N_2：

$$R = \frac{\bar{R}}{M} = \frac{8.314}{28.016} = 0.296\,8\,[kJ/(kg \cdot K)]$$

由比热比及梅耶公式，可得出：

$$c_v = \frac{R}{k-1} = \frac{0.296\,8}{1.4-1} = 0.742\,[kJ/(kg \cdot K)]$$

$$c_p = kc_v = 1.4 \times 0.741\,9 = 1.039\,[kJ/(kg \cdot K)]$$

（2）对于 N_2：

$$v_0 = \frac{22.4}{M} = \frac{22.4}{28.016} = 0.80\,(Nm^3/kg)$$

$$\rho_0 = \frac{1}{v_0} = \frac{1}{0.80} = 1.25\,(kg/Nm^3)$$

（3）对于 O_2：

$$R = \frac{\bar{R}}{M} = \frac{8.314}{32} = 0.259\,8\,[kJ/(kg \cdot K)]$$

$$\rho_0 = \frac{M}{22.4} = \frac{32}{22.4} = 1.429\,(kg/Nm^3)$$

$$V_0 = \frac{m}{\rho_0} = \frac{3}{1.429} = 2.10\,(Nm^3)$$

4. 定值比热、真实比热及平均比热

1）定值比热

定值比热的数值可以直接从气体分子运动学说的比热理论导出。气体分子运动论的比热理论是在理想气体物理模型的基础上，按照能量均分定理，即理想气体热力学能按气体分子运动的自由度平均分配，并在不考虑分子内部原子振动动能及微粒能态改变的前提下，根据经典力学的基本定律推导出来的。

理想气体的定值比热与温度无关，仅取决于气体的种类及分子运动自由度总数。根据能量均分定理，分子运动自由度总数大，说明气体内部运动形式多，需要更多的能量才足以分配到更多的运动形式中去，因此温度升高 $1\,K$ 所需的热量就越多，即摩尔比热随自由度总数增大而增大。

值得指出，上述的定值比热是在不考虑原子振动动能及微粒能态改变的前提下得出的，对单原子气体是符合的，对多原子气体则误差较大，不宜采用。气体分子运动学说的比热理论所得出的结论虽然实用价值不大，但对深入理解比热的概念还是有帮助的。

实际计算中，常把 $25\,℃$ 时各种气体比热的实验数据作为定值比热的值。附表 3 列有常用气体的定值比热数值。只有在一般的定性分析中，或对计算精确度要求不高的情况下才采用定值比热。

2）真实比热

实际上，分子内部原子振动及状态改变的影响是必须考虑的，特别是在高温下，这种影响更大。实践证明，理想气体的热力学能变化与温度变化并不成正比，它们的比例不是常数，因此，理想气体的比热不是常数，而是随温度的升高而增大的。图4-2表示几种理想气体的定压比热随温度变化的曲线。

图4-2中的曲线是当压力足够低时把压力外推到零压时得出的（p_0称为零压，$\bar{c}_{p_0}$表示零压下的定压摩尔比热）。比热的量子理论考虑了微态下各种能量模式的能级及能态改变的影响，其结论与图4-2是一致的。从图4-2可以看出以下几点。

（1）单原子气体的比热与温度无关，而双原子气体及多原子气体的比热随温度变化比较明显。

（2）相同温度下气体分子的原子数越多，气体的比热越大。

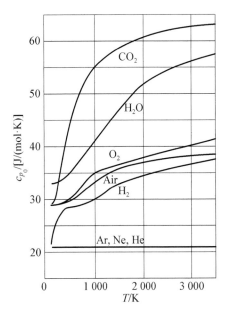

图4-2　定压比热与温度的关系

（3）气体分子的原子数相同，气体的比热随温度变化的曲线比较接近。

通常根据实验数据，可以把理想气体比热与温度的关系整理成经验公式，如下所示。

$$c_{p_0} = a_0 + a_1 T + a_2 T^2 + a_3 T^3 \tag{4-19}$$

$$c_{v_0} = a_0' + a_1 T + a_2 T^2 + a_3 T^3 \tag{4-20}$$

式中的各个参数与气体的种类有关，对于一定的气体都有确定的值。按照梅耶公式，显然有$a_0 - a_0' = R$。附表4列出了各种常用气体定压摩尔比热的经验公式以及相应系数的数值。如果已知定压摩尔比热，可用梅耶公式求得定容摩尔比热；有了摩尔比热的数值，质量比热及容积比热即可根据三者之间的关系算出来。按照经验公式计算出来的任意温度下理想气体比热的数值称为真实比热。

3）平均比热

应用真实比热公式只能计算在任意温度下理想气体的比热。在热工计算中经常遇到的是对热力过程的计算，需要知道状态变化过程中的平均比热。平均比热的计算公式可以通过可逆的热交换过程导得。

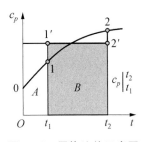

图4-3　平均比热示意图

图4-3是平均比热的示意图。曲线$c_p(t)$表定压比热随温度（t）变化的关系；曲线上的每一点代表该温度下的真实比热；任何一段曲线下的面积代表该过程中所交换的热量。如果过程线下的面积用一个相等的等宽度的矩形面积来替代，则该面积的高度为该过程的平均比热。$c_p|_0^t$表示0到t的平均定压比热；$c_p|_{t_1}^{t_2}$表示t_1到t_2的平均定压比热。根据比热的概念以及热力学第一定律，对定压过程0—1，0—2及1—2，可以建立如下的

关系。

$$(q_p)_0^1 = \int_0^{t_1} c_p(t)dt = c_p\big|_0^{t_1}(t_1 - 0) = h_1 - h_0 = \text{面积}A$$

$$(q_p)_0^2 = \int_0^{t_2} c_p(t)dt = c_p\big|_0^{t_2}(t_2 - 0) = h_2 - h_0 = \text{面积}(A+B)$$

$$(q_p)_1^2 = \int_{t_1}^{t_2} c_p(t)dt = c_p\big|_{t_1}^{t_2}(t_2 - t_1) = h_2 - h_1 = \text{面积}B$$

由上述关系可得出理想气体定压平均比热的计算公式:

$$c_p\big|_{t_1}^{t_2} = \frac{h_2 - h_1}{t_2 - t_1} = \frac{(q_p)_{12}}{t_2 - t_1} = \frac{c_p\big|_0^{t_2} \times t_2 - c_p\big|_0^{t_1} \times t_1}{t_2 - t_1} \qquad (4-21)$$

同理,可以得出定容平均比热的计算公式:

$$c_v\big|_{t_1}^{t_2} = \frac{u_2 - u_1}{t_2 - t_1} = \frac{(q_v)_{12}}{t_2 - t_1} = \frac{c_v\big|_0^{t_2} \times t_2 - c_v\big|_0^{t_1} \times t_1}{t_2 - t_1} \qquad (4-22)$$

附表 5 及附表 6 分别列出了各种理想气体从 0 到 t 的定压及定容平均比热的数值。式(4-21)及式(4-22)中的平均比热 $c_p\big|_0^t$ 及 $c_v\big|_0^t$ 均可从表 5 及表 6 中查到。可见,只需知道初终两态的温度,利用平均比热的计算公式就可算出该过程的 $c_p\big|_{t_1}^{t_2}$ 及 $c_v\big|_{t_1}^{t_2}$。

值得指出,尽管平均比热 $c_p\big|_{t_1}^{t_2}$ 及 $c_v\big|_{t_1}^{t_2}$ 的计算公式是分别通过可逆的(性质)定压及定容过程(途径)导出来的,但从公式(4-21)及(4-22)可知,平均比热只与初终两态的温度有关,而与过程的性质(是否可逆)及途径(定压或定容)无关,与初终温度下所处的状态也无关。

从式(4-21)及式(4-22)还可看出平均比热的物理意义。理想气体定压(定容)平均比热表示在其温度范围内温度变化 1 K 所引起的比焓变化(比热力学能变化)的平均数值,或在该温度变化范围内,平均每摄氏度所具有的比焓(比热力学能)的数值。它们是与过程性质及所处状态都无关的物理量。只有在热交换过程中,定压(定容)平均比热才表示定压过程(定容过程)温度变化 1 K 所交换的热量,是与过程的性质及途径有关的物理量。如前所述,这仅是确定比热数值的一种方法和途径。

例 4-2 由附表 6 查得氧气在 1 000℃时的平均定容比热 $c_v\big|_0^{1\,000}$ 为 0.775 kJ/(kg·K),试确定 1 000℃时下列比热的数值:

(1) 平均定容摩尔比热及平均定容容积比热;

(2) 平均定压质量比热、平均定压摩尔比热及平均定压容积比热。

解 已知 $t = 1\,000℃$,$c_v\big|_0^{1\,000} = 0.775 \text{ kJ/(kg·K)}$

根据三种比热的换算关系

$$\bar{c} = 22.4c' = Mc$$

可以求得

$$\bar{c}_v\big|_0^t = Mc_0^t = 32 \times 0.775 = 24.8[\text{kJ/(kmol·K)}]$$

$$c_v'\big|_0^t = \frac{\bar{c}_v\big|_0^t}{22.4} = \frac{24.8}{22.4} = 1.107[\text{kJ/(Nm}^3\text{·K)}]$$

根据梅耶公式,有

$$\bar{c}_p|_0^t = \bar{c}_v|_0^t + \bar{R} = 24.8 + 8.314 = 33.114[\mathrm{kJ/(kmol \cdot K)}]$$

再根据三种比热的换算关系,可以求得

$$c_p|_0^t = \frac{\bar{c}_p|_0^t}{M} = \frac{33.114}{32} = 1.035[\mathrm{kJ/(kg \cdot K)}]$$

这个结果与附表 5 中氧气在 1 000℃时的平均定压比热数值是一致的。

$$c_p'|_0^t = \frac{\bar{c}_p|_0^t}{22.4} = \frac{33.114}{22.4} = 1.478[\mathrm{kJ/(Nm^3 \cdot K)}]$$

$$R = c_p|_0^t - c_v|_0^t = 1.035 - 0.775 = 0.26[\mathrm{kJ/(kg \cdot K)}]$$

这个结果与附表 3 中氧气的气体常数值(0.259 8)也是很接近的。

4.1.4 理想气体 Δu、Δh 及 Δs 的计算

1. 理想气体热力学能变化及焓变化的计算

热力学能及焓都是状态参数,它们的变化仅与初终两态有关,而与经历的变化过程无关。理想气体的热力学能及焓仅是温度的函数,所以它们的变化仅与初终两态的温度有关,而与经历的过程及所处的状态都无关。

在图 4-4 所示的 $p-v$ 图上,有两条温度分别为 T_1 和 T_2 的等温线。根据理想气体热力学能的性质,有

$$u(T_1) = u_1 = u_1'$$
$$u(T_2) = u_2 = u_{2_v} = u_{2_p} = u_2' = u_{2_{v'}} = u_{2_{p'}}$$

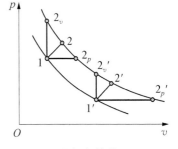

图 4-4 理想气体的 Δu 及 Δh

在同一条等温线上,理想气体的热力学能与所处的状态无关。因此,在两这条等温线之间所经历的任何过程的热力学能变化都相等,可表示为

$$\Delta u_{12} = \Delta u_{12v} = \Delta u_{12p} = \Delta u_{1'2'}$$
$$= \Delta u_{12_v'} = \Delta u_{12_p'} = u(T_2) - u(T_1)$$

同理,它们的焓变化也均相等,有

$$\Delta h_{12} = \Delta h_{12v} = \Delta h_{12p} = \Delta h_{1'2'}$$
$$= \Delta h_{12_{v'}} = \Delta h_{12_{p'}} = h(T_2) - h(T_1)$$

理想气体的比热仅是温度的函数,有

$$c_v = \frac{\mathrm{d}u}{\mathrm{d}T} = c_v(T), \quad c_p = \frac{\mathrm{d}h}{\mathrm{d}T} = c_p(T)$$

因此,对于一个微元过程,有

$$\mathrm{d}u = c_v(T)\mathrm{d}T \qquad\qquad (4-23)$$

$$\mathrm{d}h = c_p(T)\mathrm{d}T \tag{4-24}$$

如果知道过程中比热与温度之间的函数关系,就可以通过积分运算求出初终两态的热力学能变化及焓变化。

理想气体的热力学能变化及焓变化与过程的性质无关,可以选择最简便的途径来建立它们的计算公式,由此得出的结论可适用于具有相同初态温度及终态温度的任何过程。对于可逆的定容过程及定压过程,由大量的量热实验已经建立了比热随温度而变化的函数关系,即 $c_v = c_v(T)$ 及 $c_p = c_p(T)$。根据热力学第一定律,对于上述两个过程,可以得出

$$q_v = \int_{T_1}^{T_2} c_v(T)\mathrm{d}T = u_2 - u_1 \tag{4-25}$$

$$q_p = \int_{T_1}^{T_2} c_p(T)\mathrm{d}T = h_2 - h_1 \tag{4-26}$$

式(4-25)及(4-26)是计算理想气体热力学能变化及焓变化的普适公式,其中的 $c_v(T)$ 及 $c_p(T)$ 与气体的种类及温度有关。当气体种类一定时,只要初终两态的温度确定,不论是怎样的初终状态,也不论经历的是怎样的变化过程,理想气体的热力学能变化及焓变化都可用它们计算。值得指出,对于非理想气体,式(4-25)只能用来计算定容过程的热力学能变化,式(4-26)只能用来计算定压过程的焓值变化,对于其他过程这些公式都是不适用的。

理想气体热力学能变化及焓变化的计算可根据对计算精确度的要求来选用相应的比热。

1) 定值比热

若对计算精确度要求不高,则采用定值比热最为简便,由式(4-25)及(4-26)可以得出:

$$\Delta u_{12} = \int_{T_1}^{T_2} c_v \mathrm{d}T = c_v(T_2 - T_1) \tag{4-27}$$

$$\Delta h_{12} = \int_{T_1}^{T_2} c_p \mathrm{d}T = c_p(T_2 - T_1) \tag{4-28}$$

式中 c_v 及 c_p 的数值可以根据气体的种类从附录表3中查得。如果对精确度要求较高,则应采用其他的比热。

2) 平均比热

若采用平均比热来计算,温度用 t(单位为℃)表示,则

$$\Delta u_{12} = c_v \big|_{t_1}^{t_2} (t_2 - t_1) = c_v \big|_0^{t_2} t_2 - c_v \big|_0^{t_1} t_1 \tag{4-29}$$

$$\Delta h_{12} = c_p \big|_{t_1}^{t_2} (t_2 - t_1) = c_p \big|_0^{t_2} t_2 - c_p \big|_0^{t_1} t_1 \tag{4-30}$$

式中 $c_p \big|_0^t$ 及 $c_v \big|_0^t$ 的数值可以根据气体的种类及温度分别从附录表5及附录表6中查得。

3) 气体热力性质表

若采用气体热力性质表来计算,式(4-25)及(4-26)可分别写成

$$\Delta u_{12} = \int_0^{T_2} c_v(T)\mathrm{d}T - \int_0^{T_1} c_v(T)\mathrm{d}T = u(T_2) - u(T_1) \qquad (4-31)$$

$$\Delta h_{12} = \int_0^{T_2} c_p(T)\mathrm{d}T - \int_0^{T_1} c_p(T)\mathrm{d}T = h(T_2) - h(T_1) \qquad (4-32)$$

其中

$$u(T) = \int_0^T c_v(T)\mathrm{d}T \qquad (4-33)$$

$$h(T) = \int_0^T c_p(T)\mathrm{d}T \qquad (4-34)$$

常用气体在任意温度时的比热力学能 $u(T)$ 及比焓 $h(T)$ 可以从附录表 7 及表 8 中查得。实际上，$u(T)$ 及 $h(T)$ 的数值是由 0 到 T（单位为 K）的平均真实比热计算出来的，它与平均比热的计算方法，即式（4-29）和式（4-30）实质上是一致的，仅是初始温度不同而已。

4）真实比热的经验公式

若采用真实比热的经验公式来计算，则式（4-28）可写成

$$\Delta \bar{h}_{12} = \int_{T_1}^{T_2} (a_0 + a_1 T + a_2 T^2 + a_3 T^3)\mathrm{d}T \qquad (4-35)$$

式（4-35）是对 1 kmol 气体而言的，因为附录表 4 中只给出了定压摩尔比热的经验公式，可以根据气体的种类查得公式中的各个系数，然后再计算焓值的变化。热力学能的变化可根据焓的变化式求取，即

$$\Delta u_{12} = \Delta h_{12} - R(T_2 - T_1) \qquad (4-36)$$

不难看出，用经验公式计算实质上是直接用从 T_1 到 T_2 的平均真实比热来计算 Δh 及 Δu 的，从而排除了从 0 到 T_2 及 T_1 这一段温度范围内的变化对计算误差的影响，因此，这种计算方法精度较高。

2. 理想气体熵变化的计算

应用热力学第二定律可以证明，在闭口、可逆的条件下，存在如下的关系式

$$\mathrm{d}s = \left(\frac{\delta q}{T}\right)_{\mathrm{rev}} \qquad (4-37)$$

在第 3 章中曾应用过这个结论，并用热量和功量类比的方法得出可逆过程的热量计算公式，即式（3-25），现在再利用式（4-37）的关系，来导得理想气体熵变的计算公式。

值得指出，熵的性质与热力学能及焓不同，理想气体的熵不仅仅是温度的函数，它还与压力或比容有关，但熵也是一个状态参数，具有点函数的特征。当初终两态确定时，系统的熵变就完全确定了，与过程性质及途径无关。因此，熵变的计算也可以脱离实际过程独立地进行。在建立熵变计算公式时，可以暂且不考虑影响熵变的种种实际因素，而选择最简单的热力学模型（闭口、可逆）来推导，由此得出的结论仍可适用于具有相同初终态的任何过程。式（4-37）为建立熵变的计算公式指出了一个最简便的方法。

根据热力学第一定律及理想气体的性质，可以把熵的全微分表达式，即式（4-37）写成如下的形式

$$ds = \left(\frac{\delta q}{T}\right)_{rev} = \left(\frac{du + p\,dv}{T}\right)_{rev} = c_v\,\frac{dT}{T} + R\left(\frac{dv}{v}\right) \tag{4-38}$$

$$ds = \left(\frac{\delta q}{T}\right)_{rev} = \left(\frac{dh - v\,dp}{T}\right)_{rev} = c_p\,\frac{dT}{T} - R\left(\frac{dp}{p}\right) \tag{4-39}$$

$$ds = c_v\,\frac{dp}{p} + c_p\,\frac{dv}{v} \tag{4-40}$$

以上三式都是熵变的微分形式。不难发现,这些式子已经应用了"闭口、可逆"的条件、能量方程、理想气体状态方程及其微分形式,以及理想气体热力学能、焓及比热的性质。请注意这些式子中每个等号的依据,以加深印象。

当闭口系统经历一个可逆过程从初态 1 变化到终态 2 时,可以用积分的方法求得熵变的计算公式。采用常值比热,则

$$\Delta s_{12} = s_2 - s_1 = c_v\ln\frac{T_2}{T_1} + R\ln\frac{v_2}{v_1} \tag{4-41}$$

$$\Delta s_{12} = s_2 - s_1 = c_p\ln\frac{T_2}{T_1} - R\ln\frac{p_2}{p_1} \tag{4-42}$$

$$\Delta s_{12} = s_2 - s_1 = c_v\ln\frac{p_2}{p_1} + c_p\ln\frac{v_2}{v_1} \tag{4-43}$$

上述三个熵变公式是等效的,可以根据已知条件来选用。式中的 c_p、c_v 及 R 可根据气体的种类从附表 3 中查得。在一般性的分析计算中,这一组公式是最常用的基本公式。

在对计算精确度要求较高的情况下,可利用气体热力性质表来计算熵变,即通过对式 (4-39) 的积分来求得:

$$\begin{aligned}
\Delta s_{12} &= \int_{T_1}^{T_2} c_p\,\frac{dT}{T} - R\ln\frac{p_2}{p_1} \\
&= \int_0^{T_2} c_p\,\frac{dT}{T} - \int_0^{T_1} c_p\,\frac{dT}{T} - R\ln\frac{p_2}{p_1} \\
&= s_{T_2}^0 - s_{T_1}^0 - R\ln\frac{p_2}{p_1}
\end{aligned} \tag{4-44}$$

$$\int_{T_0}^{T} c_p\,\frac{dT}{T} = s_T^0 - s_{T_0}^0 = s_T^0 \tag{4-45}$$

式(4-44)及(4-45)中,$s_{T_0}^0$ 表示假想理想气体标准基准态(0.1 MPa,T_0)时的熵值,T_0 是基准温度,一般选用 $T_0 = 0$ K,并有 $s_{T_0}^0 = s_0^0 = 0$。s_T^0 表示温度为 T 时假想理想气体标准状态 (0.1 MPa,T)的熵值,上标"0"表示标准压力 $p_0 = 0.1$ MPa。s_T^0 仅是温度的函数,它的数值可以根据气体的种类及温度从附表 7 或附表 8 中查得。

例 4-3　　氧气被加热后温度从 1 000 K 升高到 1 400 K,试分别用常值比热、平均比热、热力性质表及真实比热的经验公式计算每公斤氧气的焓变化及热力学能变化。

解　(1) 用常值比热计算：

由附表 3 查得氧气的参数值为

$$c_p = 0.917 \text{ kJ/(kg·K)}; \quad R = 0.259\ 8 \text{ kJ/(kg·K)}; \quad M = 32 \text{ kg/kmol}$$

根据焓变化的计算公式及焓的定义式，有

$$\Delta h_{12} = c_p(T_2 - T_1) = 0.917(1\ 400 - 1\ 000) = 366.8\,(\text{kJ/kg})$$

$$\Delta u_{12} = \Delta h_{12} - R(T_2 - T_1) = 366.8 - 0.259\ 8 \times 400 = 262.9\,(\text{kJ/kg})$$

(2) 用平均比热计算：

$$T_1 = 1\ 000 \text{ K} = 727\text{℃}; \quad T_2 = 1\ 400 \text{ K} = 1\ 127\text{℃}$$

由附表 5 查得 O_2 平均等压比热的数值：

$$c_p\big|_0^{800} = 1.106\,[\text{kJ/(kg·K)}]; \quad c_p\big|_0^{700} = 1.005\,[\text{kJ/(kg·K)}]$$

$$c_p\big|_0^{1\ 200} = 1.051\,[\text{kJ/(kg·K)}]; \quad c_p\big|_0^{1\ 100} = 1.043\,[\text{kJ/(kg·K)}]$$

利用插入法可求得

$$c_p\big|_0^{727} = \frac{1.016 - 1.005}{100} \times 27 + 1.005 = 1.007\ 97\,[\text{kJ/(kg·K)}]$$

$$c_p\big|_0^{1\ 127} = \frac{1.051 - 1.043}{100} \times 27 + 1.043 = 1.045\ 16\,[\text{kJ/(kg·K)}]$$

根据平均比热的公式，有

$$c_p\big|_{727}^{1\ 127} = \frac{1.045\ 16 \times 1\ 127 - 1.007\ 97 \times 727}{1\ 127 - 727} = 1.112\ 75\,[\text{kJ/(kg·K)}]$$

平均摩尔比热为

$$\bar{c}_p\big|_{t_1}^{t_2} = M c_p\big|_{t_1}^{t_2} = 32 \times 1.112\ 75 = 35.61\,[\text{kJ/(kmol·K)}]$$

$$\Delta h_{12} = c_p\big|_{727}^{1\ 127}(t_2 - t_1) = 1.112\ 75 \times 400 = 445.1\,(\text{kJ/kg})$$

$$\Delta u_{12} = \Delta h_{12} - R\Delta T = 445.1 - 0.259\ 8 \times 400 = 341.2\,(\text{kJ/kg})$$

(3) 用气体热力性质表来计算：

由附表 8 查得 O_2 的参数：

$$\bar{u}(1\ 400) = 34\ 008 \text{ kJ/kmol}; \quad \bar{u}(1\ 000) = 23\ 075 \text{ kJ/kmol}$$

$$\bar{h}(1\ 400) = 45\ 648 \text{ kJ/kmol}; \quad \bar{h}(1\ 000) = 31\ 389 \text{ kJ/kmol}$$

可以直接算得焓变化及热力学能变化

$$\Delta\bar{h}_{12} = 45\ 648 - 31\ 389 = 14\ 259\,(\text{kJ/kmol})$$

$$\Delta h_{12} = \frac{\Delta\bar{h}_{12}}{M} = \frac{14\ 259}{32} = 455.59\,(\text{kJ/kg})$$

$$\Delta\bar{u}_{12} = 34\ 008 - 23\ 075 = 10\ 933\,(\text{kJ/kmol})$$

$$\Delta u_{12} = \frac{\Delta\bar{u}_{12}}{M} = \frac{109\ 33}{32} = 341.66\,(\text{kJ/kg})$$

或 $\quad \Delta u_{12} = \Delta h_{12} - R\Delta T = 445.59 - 0.259\,8 \times 400 = 341.67(\text{kJ/kg})$

（4）用真实比热的经验公式来计算：

不论采用哪种计算方法，应先由附表 4 查得 O_2 的真实比热系数：

$$a_0 = 25.48;\ a_1 = 15.20 \times 10^{-3};\ a_2 = -5.062 \times 10^{-6};\ a_3 = 1.312 \times 10^{-9}$$

① 根据焓变化的计算公式，有

$$\Delta h_{12} = \int_{T_1}^{T_2} (a_0 + a_1 T + a_2 T^2 + a_3 T^3)\mathrm{d}T$$

$$= a_0(T_2 - T_1) + \frac{a_1}{2}(T_2^2 - T_1^2) + \frac{a_2}{3}(T_2^3 - T_1^3) + \frac{a_3}{4}(T_2^4 - T_1^4)$$

$$= 25.48 \times 400 + \frac{15.2}{2} \times 10^{-3}(1\,400^2 - 1\,000^2) -$$

$$\frac{5.062}{3} \times 10^{-6}(1\,400^3 - 1\,000^3) + \frac{1.312}{4} \times 10^{-9}(1\,400^4 - 1\,000^4)$$

$$= 10\,192 + 7\,296 - 2\,942.7 + 932.04$$

$$= 15\,477.3(\text{kJ/kmol})$$

平均真实摩尔比热为

$$\bar{c}_p\big|_{1\,000}^{1\,400} = \frac{\Delta \bar{h}_{12}}{T_2 - T_1} = \frac{15\,477.3}{400} = 38.693[\text{kJ/(kmol·K)}]$$

$$\Delta h_{12} = \frac{\Delta \bar{h}_{12}}{M} = \frac{15\,477.3}{32} = 483.7(\text{kJ/kg})$$

$$\Delta u_{12} = \Delta h_{12} - R\Delta T = 483.7 - 0.259\,8 \times 400 = 379.8(\text{kJ/kg})$$

② 利用平均温度下的真实比热来计算，有

$$\bar{T} = \frac{1\,400 + 1\,000}{2} = 1\,200(\text{K})$$

$$\bar{c}_{p,1\,200} = a_0 + a_1 \bar{T} + a_2 \bar{T}^2 + a_3 \bar{T}^3$$

$$= 25.48 + 15.20 \times 10^{-3} \times 1\,200 - 5.062 \times 10^{-6} \times 1\,200^2 +$$

$$1.312 \times 10^{-9} \times 1\,200^3$$

$$= 38.698[\text{kJ/(kmol·K)}]$$

$$\Delta \bar{h}_{12} = \bar{c}_{p,1\,200}(T_2 - T_1) = 38.698 \times 400$$

$$= 15\,479.1[\text{kJ/(kmol·K)}]$$

$$\Delta h_{12} = \frac{\Delta \bar{h}_{12}}{M} = \frac{15\,479.1}{32} = 483.7(\text{kJ/kg})$$

$$\Delta u_{12} = \Delta h_{12} - R\Delta T = 483.7 - 0.259\,8 \times 400$$

$$= 379.78(\text{kJ/kg})$$

③ 用初终两态真实比热的平均值来计算，有

$$\bar{c}_{p,1\,000} = a_0 + a_1 T + a_2 T^2 + a_3 T^3$$
$$= 25.48 + 15.20 \times 10^{-3} \times 1\,000 - 5.062 \times 10^{-6} \times 1\,000^2 + 1.312 \times 10^{-9} \times 1\,000^3$$
$$= 25.48 + 15.20 - 5.062 + 1.312 = 36.93[\text{kJ}/(\text{kmol} \cdot \text{K})]$$

$$\bar{c}_{p,1\,400} = a_0 + a_1 T + a_2 T^2 + a_3 T^3$$
$$= 25.48 + 15.20 \times 10^{-3} \times 1\,400 - 5.062 \times 10^{-6} \times 1\,400^2 + 1.312 \times 10^{-9} \times 1\,400^3$$
$$= 25.48 + 21.28 - 9.921\,5 + 3.60 = 40.44[\text{kJ}/(\text{kmol} \cdot \text{K})]$$

$$\bar{c}_p\big|_{1\,000}^{1\,400} = \frac{36.93 + 40.44}{2} = 38.69[\text{kJ}/(\text{kmol} \cdot \text{K})]$$

$$\Delta \bar{h}_{12} = \bar{c}_p\big|_{1\,000}^{1\,400}(1\,400 - 1\,000) = 15\,474(\text{kJ}/\text{kmol})$$

$$\Delta h_{12} = \frac{\Delta \bar{h}_{12}}{M} = \frac{15\,474}{32} = 483.6(\text{kJ}/\text{kg})$$

$$\Delta u_{12} = 483.6 - 0.259\,8 \times 400 = 379.6(\text{kJ}/\text{kg})$$

提示　（1）用真实比热的经验公式来计算焓变化时,可按温度范围直接积分,也可用平均温度下的真实比热或者用初终两态真实比热的平均值来计算,这三种方法计算的结果是完全相同的。实质上,它们都是直接用从 T_1 到 T_2 的平均真实比热来计算焓的变化量。

（2）用平均比热表与用气体热力性质表来计算焓变化时,所得结果是非常接近的。实质上,它们是分别用 0 到 t 及 0 到 T 的平均真实比热来计算焓的变化量。

（3）从计算结果可以看出,在温度较高时,用定值比热来计算时误差较大,不宜采用;用真实比热公式计算时精度虽高,但不太方便;采用平均比热表及气体热力性质表计算不仅方便,而且有足够高的精确度。

例 4-4　环境空气状态 $T_1 = 290$ K, $p_1 = 0.1$ MPa,现将 0.2 m³ 环境空气压缩到 $p_2 = 0.5$ MPa, $T_2 = 600$ K,试分别按定值比热和空气热力性质表计算该压缩过程中空气熵的变化。

解　熵是状态参数,如果初终两态已知,则熵的变化完全确定,与过程的性质及途径无关,可以脱离实际过程独立地进行计算。空气是理想气体,可以应用如下的熵变公式来计算,即

$$S_2 - S_1 = m\left(\int_1^2 c_p \frac{\mathrm{d}T}{T} - R\ln\frac{p_2}{p_1}\right)$$

（1）按定值比热计算时,可由附表 3 查得

$$R = 0.287\,1\,\text{kJ}/(\text{kg} \cdot \text{K}), \quad c_p = 1.004\,\text{kJ}/\text{kg}$$

用理想气体状态方程可算得空气的质量为

$$m = \frac{p_1 v_1}{RT_1} = \frac{100 \times 0.2}{0.287\,1 \times 290} = 0.24(\text{kg})$$

代入熵变计算公式,可求得

$$S_2 - S_1 = m \left[c_p \ln\left(\frac{T_2}{T_1}\right) - R\ln\left(\frac{p_2}{p_1}\right) \right]$$

$$= 0.24\left(1.004\ln\frac{600}{290} - 0.287\ 1\ln\frac{0.5}{0.1}\right)$$

$$= 0.24 \times 0.267\ 9 = 0.064\ 3(\text{kJ/K})$$

（2）按空气的热力性质表计算时，熵变公式可写成

$$S_2 - S_1 = m\left(s_{T_2}^0 - s_{T_1}^0 - R\ln\frac{p_2}{p_1}\right)$$

其中 s_T^0 可由附录表 7 查得：

$$s_{600}^0 = 2.409\ 02\ \text{kJ/(kg} \cdot \text{K)}; \quad s_{290}^0 = 1.668\ 02\ \text{kJ/(kg} \cdot \text{K)}$$

代入熵变计算公式，可求得

$$S_2 - S_1 = 0.24\left(2.409\ 02 - 1.668\ 02 - 0.287\ 1\ln\frac{0.5}{0.1}\right)$$

$$= 0.24 \times 0.278\ 9 = 0.066\ 9(\text{kJ/K})$$

4.1.5　理想气体混合物

在热力工程中经常遇到混合气体，如空气、燃气、烟气等。进行混合气体的热力计算首先要知道它的热力性质。混合气体的热力性质取决于组成气体（组元）的种类及组成成分。因此，研究定组成、定成分混合气体的基本方法是先根据组成气体的热力性质以及组成成分计算出混合气体的热力性质，然后再把混合气体当作单一气体来进行各种热力计算。如果各组成气体均具有理想气体的性质，则它们的混合物必定满足理想气体的条件；反之亦然。本节所讨论的混合气体都是定组成、定成分的理想气体混合物。

1. 理想气体混合物的基本定律

1）吉布斯等温等容混合定律

理想气体混合物中各组元的状态可以用该组元在混合气体的温度及容积下单独存在时所处的状态来表示，这称为吉布斯等温定容混合定律，简称吉布斯定律（Gibbs rule）。应用这条定律可以识别在平衡状态下混合气体中各组分所处的实际状态。

如图 4-5 所示，有 r 种气体组成的理想气体混合物处在平衡状态，T、p、V 分别表示在该状态下混合气体的温度、压力及容积。根据热平衡的条件，各组成气体的温度必定相等，都等于混合气体的温度，则

$$T_1 = \cdots = T_i = \cdots = T_r = T$$

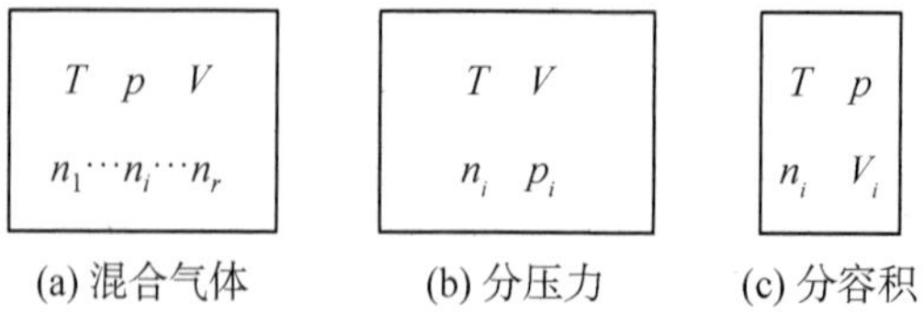

　　(a) 混合气体　　　　　(b) 分压力　　　　　(c) 分容积

图 4-5　吉布斯定律及分压力和分容积

　　根据理想气体的性质可知,分子本身不占体积以及分子之间没有作用力,各组成气体的分子之间互不影响,如同各自单独存在时一样。因而,混合气体中各组成气体所占的容积都相等,都等于混合气体的容积,如同不存在其他组成气体一样。又因混合气体处在平衡状态,其中各组成气体的质量 m_i 或摩尔数 n_i 是完全确定的,即比容 v_i 或 $\overline{v_i}$ 是确定的。根据状态公理,两个独立状态参数 (T, v_i) 或 $(T, \overline{v_i})$ 确定之后,该组成气体的实际状态就完全确定了。利用理想气体状态方程,组成气体 i 的实际压力 p_i 即可表示为

$$p_i = \frac{RT}{v_i} = \frac{m_i RT}{V} = \frac{\overline{R}T}{\overline{v_i}} = \frac{n_i \overline{R}T}{V} \tag{4-46}$$

式(4-46)中的 p_i 为组成气体 i 的分压力,表示在混合气体的温度下,该组成气体单独占有混合气体容积时所具有的压力,代表混合气体平衡状态下组成气体所具有的实际压力。值得指出,在混合过程的熵变计算中,正确识别混合物中组成气体的实际状态起着关键的作用。

　　2) 道耳顿定律

　　理想气体混合物的压力等于各组成气体分压力的总和,这就是道耳顿定律(Dalton rule)。

　　根据质量守恒定律,混合气体的总摩尔数 n 必定等于各组成气体摩尔数的总和,即

$$n = \sum_{i=1}^{r} n_i \tag{4-47}$$

根据分压力的定义及理想气体状态方程,由式(4-47)可得出

$$\frac{pV}{\overline{R}T} = \sum_{i=1}^{r} \frac{p_i V}{\overline{R}T} = \frac{V}{\overline{R}T} \sum_{i=1}^{r} p_i$$

即

$$p = \sum_{i=1}^{r} p_i \tag{4-48}$$

式(4-48)是道耳顿定律的表达式。

　　3) 亚美格定律

　　理想气体混合物的容积等于各组成气体分容积的总和,这就是亚美格定律(Amagat rule)。

　　根据理想气体状态方程及质量守恒定律,有

$$V = \frac{n\overline{R}T}{p} = \frac{\overline{R}T}{p} \sum_{i=1}^{r} n_i = \sum_{i=1}^{r} \frac{n_i \overline{R}T}{p} = \sum_{i=1}^{r} V_i \tag{4-49}$$

式(4-49)是亚美格定律的表达式,其中 V_i 称为第 i 种组成气体的分容积,有

$$v_i = \frac{n_i \overline{R}T}{p} \tag{4-50}$$

式(4-50)是组成气体 i 分容积的定义表达式,它表示在混合气体的温度及压力下,组成气体单独存在时所占有的容积。值得注意,组成气体的分容积 V_i 并不代表在混合状态下组成

气体的实际容积;定义分容积的状态(T,p)并不是在混合状态下组成气体的实际状态(T,p_i),两者的区别如图 4-5 所示。

2. 混合气体的成分

组成气体的含量与混合气体总量的比值统称为混合气体的成分。根据物质的量的不同,混合气体的成分可分为质量成分及摩尔成分,也称为质量分数及摩尔分数;若以 m 及 n 分别表示混合气体的质量及摩尔数,m_i 及 n_i 表示第 i 种组元的质量及摩尔数,则组元 i 的质量成分可表示为

$$x_i = \frac{m_i}{m} = \frac{m_i}{\sum m_i} \tag{4-51}$$

上式中的 $\sum m_i$ 表示各组成气体质量的总和,为了简便起见,以下的各式均不加上下标。组元 i 的摩尔成分可表示为

$$y_i = \frac{n_i}{n} = \frac{n_i}{\sum n_i} \tag{4-52}$$

显然有

$$\sum x_i = 1, \quad \sum y_i = 1 \tag{4-53}$$

根据"质量"与"摩尔"量之间的关系,

$$M = \frac{m}{n} = \frac{\bar{R}}{R} = \frac{\bar{v}}{v} \tag{4-54}$$

可以建立质量成分与摩尔成分之间的关系,有

$$x_i = \frac{m_i}{m} = \frac{n_i M_i}{n M} = y_i \frac{M_i}{M} = y_i \frac{R}{R_i} \tag{4-55}$$

式中,M 及 R 表示混合气体的折合摩尔质量及折合气体常数,它们的计算公式在下面介绍;M_i 及 R_i 表示第 i 种组元的摩尔质量及气体常数,它们的数值可根据气体种类从附表 3 中查得。

根据分压力及分容积的定义,对于第 i 种组元写出状态方程,有

$$pV_i = n_i \bar{R} T = p_i V \quad \frac{p_i}{p} = \frac{V_i}{V} \tag{4-56}$$

式(4-56)说明,组成气体的分容积与混合气体总容积的比值(称为容积成分或容积分数)等于其分压力与混合气体总压力的比值。利用分压力的定义,摩尔成分可表示为

$$y_i = \frac{n_i}{n} = \frac{p_i V / \bar{R} T}{p V / \bar{R} T} = \frac{p_i}{p} = \frac{V_i}{V} \tag{4-57}$$

式(4-57)说明,组成气体的摩尔成分等于它的容积成分,也等于其分压力与混合气体总压力的比值。

3. 混合气体的摩尔质量及气体常数

混合气体的摩尔质量及气体常数是随组成气体的种类及成分的不同而变化的,它们仅代表在一定配比的条件下各组成气体相应热力性质按配比加权的一种平均值,通常又称为

折合摩尔质量及折合气体常数。根据质量守恒定律,有

$$m = \sum m_i, \quad nM = \sum n_i M_i$$

$$M = \sum \frac{n_i M_i}{n} = \sum y_i M_i \tag{4-58}$$

$$R = \frac{\bar{R}}{M} = \frac{\bar{R}}{\sum y_i M_i} \tag{4-59}$$

由式(4-58)及式(4-59)可知,可以根据各组元的摩尔质量 M_i 及摩尔成分 y_i 计算出混合气体的折合摩尔质量 M 及折合气体常数 R。

根据摩尔成分与质量成分的关系式(4-55),即

$$y_i = \frac{x_i R_i}{R}$$

可以得出

$$\sum y_i = \sum \frac{x_i R_i}{R} = 1$$

$$R = \sum x_i R_i \tag{4-60}$$

$$M = \frac{\bar{R}}{R} = \frac{\bar{R}}{\sum x_i R_i} \tag{4-61}$$

由式(4-60)及式(4-61)可知,可根据各组元的质量成分 x_i 及气体常数 R_i 计算出混合气体的折合气体常数 R 及折合摩尔质量 M。

4. 混合气体的比热

理想气体的比热力学能、比焓及比热仅是温度的函数,它们的变化仅与初终两态的温度有关,而与过程的性质及途径无关。对于混合气体及组成气体,热力学能变化的计算公式分别为

$$dU = mc_v(T)dT = n\bar{c}_v(T)dT$$

$$dU_i = m_i c_{vi}(T)dT = n_i \bar{c}_{vi}(T)dT$$

混合气体的温度及温度变化总是与各组成气体的温度及温度变化相同,混合气体的热力学能变化总是等于各组元热力学能变化的总和,可写成

$$dU = \sum dU_i$$

$$mc_v(T)dT = \sum m_i c_{vi}(T)dT$$

$$c_v(T) = \sum x_i c_{vi}(T) \tag{4-62}$$

$$n\bar{c}_v(T)dT = \sum n_i \bar{c}_{vi}(T)dT$$

$$\bar{c}_v(T) = \sum y_i \bar{c}_{vi}(T) \tag{4-63}$$

式(4-62)及式(4-63)说明,混合气体的定容比热(c_v或$\bar{c}_v$)等于各组成气体相应的定容比热与相应成分乘积的总和。

同理,混合气体的定压比热(c_p或$\bar{c}_p$)等于各组成气体相应的定压比热与相应成分乘积的总和,可以表示为

$$dH = mc_p dT = n\bar{c}_p dT = \sum dH_i$$

$$c_p = \sum x_i c_{pi} \tag{4-64}$$

$$\bar{c}_p = \sum y_i \bar{c}_{pi} \tag{4-65}$$

值得指出,上述的混合气体比热公式对定值比热、平均比热及真实比热都是适用的。实际上,利用混合气体比热公式求出任何一种比热之后,其他的比热可以根据梅耶公式及三种比热之间的关系来求取,即

$$c_p - c_v = R \qquad \bar{c}_p - \bar{c}_v = \bar{R}$$

$$\bar{c}_p = 22.4 c'_p = Mc_p \qquad \bar{c}_v = 22.4 c'_v = Mc_v$$

5. 混合气体的热力学能、焓及熵

U、H及S都是容度参数,具有可加性,因此有

$$U = \sum n_i \bar{u}_i = \sum m_i u_i \qquad \bar{u} = \sum y_i \bar{u}_i \qquad u = \sum x_i u_i \tag{4-66}$$

$$H = \sum n_i \bar{h}_i = \sum m_i h_i \qquad \bar{h} = \sum y_i \bar{h}_i \qquad h = \sum x_i h_i \tag{4-67}$$

$$S = \sum n_i \bar{s}_i = \sum m_i s_i \qquad \bar{s} = \sum y_i \bar{s}_i \qquad s = \sum x_i s_i \tag{4-68}$$

$$d\bar{u} = \sum y_i \bar{c}_{vi} dT \qquad du = \sum x_i c_{vi} dT \tag{4-69}$$

$$d\bar{h} = \sum y_i \bar{c}_{pi} dT \qquad dh = \sum x_i c_{pi} dT \tag{4-70}$$

$$d\bar{s} = \sum y_i (\bar{c}_{pi} d\ln T - \bar{R} d\ln p_i) \qquad ds = \sum x_i (c_{pi} d\ln T - R_i d\ln p_i) \tag{4-71}$$

上述公式说明,混合气体的容度参数等于各组成气体同名容度参数的总和;混合气体的比参数等于各组成气体同名比参数与相应成分的乘积的总和;混合气体容度参数的变化可通过各组成气体同名容度参数的变化来计算。在应用式(4-71)计算熵的变化时,一定要正确识别组成气体的实际状态。

混合气体的计算公式很多,记不胜记。实际上,如果知道了混合气体热力性质(c_P、c_v、R、k及M)中的任意两个独立参数,就可求出其他三个参数,进而还可求出相应的摩尔比热及容积比热。因此,不必去死记混合气体中的每个公式,只要记住任意两个独立参数(如c_P及R)的公式,就可把定组成、定成分的混合气体当作单一气体,直接应用理想气体的计算公式来进行计算。

4.2　理想气体的热力过程

4.2.1　概述

1. 研究热力过程的任务与方法

对于工程上广泛应用的各种热工设备,尽管它们的工作原理各不相同,但都是为了完成某种特定的任务而进行着相应的热力过程。用热力学观点来进行热力分析时,这些热工设备可以无一例外地看作是一种具体的热力学模型。它们都包括系统、边界及外界三个基本组成部分,具备"系统状态变化""系统与外界的相互作用"以及"两者之间的内在联系"这三个基本要素。

系统内工质状态的连续变化过程称为热力过程。工质状态变化是与各种作用量密切联系的,这种联系就是热力学基本定律及工质基本属性的具体体现,而各种热工设备正是实现这种联系的具体手段。实施热力过程的目的可归纳为两类:控制系统内部工质状态变化的规律,使之在外界产生预期的效果如各种动力循环及制冷循环;或者为了使工质维持或达到某种预期的状态,控制外部条件使之给予系统相应的作用量如锅炉、炉窑、压气机、换热器等。实际上,任何热力过程都包含工质的状态变化和外界作用量,这是同一事物的两个方面,仅是目的不同而已。研究热力过程的目的就在于运用热力学的基本定律及工质的基本属性揭示热力过程中工质状态变化的规律与各种作用量之间的内在联系,并从能量的量和质两个方面进行定性分析及定量计算。

在热工设备中不可避免地存在摩擦、温差传热等不可逆因素,因此,实际热力过程都是不可逆过程。热力学的基本分析方法是把实际过程近似地、合理地理想化成可逆的热力过程,即暂且不考虑次要因素,抓着问题的本质及主要因素来进行分析。这样,不仅可以应用热力学的关系及数学工具进行分析计算,而且所得的结果用经验系数加以修正后可应用于实际过程,因此具有普遍的指导意义。

2. 本章的研究范围及前提

本章限于研究理想气体的热力过程。因此,一方面要熟练地掌握并运用理想气体的各种基本属性,另一方面也要防止不加分析地把理想气体的有关结论应用到非理想气体中去。对于理想气体,下列公式适用于任何过程。如无特殊说明,本章公式中的比热均为常值比热。

$$pV = mRT = n\bar{R}T$$

$$u = u(T), \quad h = h(T)$$

$$c_v = \frac{du}{dT} = c_v(T), \quad c_p = \frac{dh}{dT} = c_p(T), \quad c_p - c_v = R$$

$$du = c_v dT, \quad dh = c_p dT;$$

$$ds = c_v\left(\frac{dT}{T}\right) + R\left(\frac{dv}{v}\right) = c_p\left(\frac{dT}{T}\right) - R\left(\frac{dp}{p}\right) = c_p\left(\frac{dv}{v}\right) + c_v\left(\frac{dp}{p}\right)$$

本章主要讨论理想气体的可逆过程。因此,一方面要熟练掌握并运用可逆过程的概念及性质。例如：可逆过程可以用状态参数坐标图上的曲线来表示；可逆过程中的功量及热量可以用下列公式来计算。另一方面，也要防止不加分析地把可逆过程的结论及公式应用到不可逆过程中去。

$$w_v = \int p\,\mathrm{d}v, \quad w_t = -\int v\,\mathrm{d}p, \quad \int p\,\mathrm{d}v = \int \mathrm{d}(pv) - \int v\,\mathrm{d}p$$

$$q_v = \int c_v\,\mathrm{d}T, \quad q_p = \int c_p\,\mathrm{d}T, \quad q = \int T\,\mathrm{d}s$$

本章主要讨论闭口系统的可逆过程，但是，有关的结论可以应用于开口系统的无摩擦稳定流动过程。如前所述，开口系统的稳定状态与相应的平衡状态是一一对应的；闭口系统的可逆过程与无摩擦稳定流动过程也是一一对应的；闭口系统从初态可逆地变化到终态相当于开口系统无摩擦稳定流动过程中从入口状态变化到出口状态；闭口系统的准静态功模式是 $\int p\,\mathrm{d}v$，开口系统的准静态功的模式是 $-\int v\,\mathrm{d}p$，它们也是密切相关的，这种对应关系明显地表现在热力学第一定律表达式之间的关系上。不难理解有

$$\delta q = \mathrm{d}u + p\,\mathrm{d}v = \mathrm{d}h - v\,\mathrm{d}p$$

此式适用于任何工质的任何可逆过程。其中第一个等式是在闭口可逆的条件下对能量方程式（3-47）的简化结果；第二个等式是在开口系统稳定可逆的条件下对能量方程式（3-47）的简化结果。如果工质是理想气体，则可进一步写成

$$\delta q = c_v\,\mathrm{d}T + p\,\mathrm{d}v = c_p\,\mathrm{d}T - v\,\mathrm{d}p$$

上式适用于理想气体的任何可逆过程。

3. 分析理想气体热力过程的一般步骤

（1）根据过程的特征建立过程方程。

（2）根据过程方程及理想气体状态方程确定过程中基本状态参数间的关系。

（3）在 $p-v$ 图及 $T-s$ 图上画出过程曲线，并写出过程曲线的斜率表达式。

（4）对过程进行能量分析，包括 Δu，Δh，Δs 的计算以及功量及热量的计算。

（5）对过程进行能质分析。对于可逆过程这一步骤可以省去。

4.2.2 基本热力过程

根据状态公理，对于简单可压缩系统，如果有两个独立的状态参数保持不变，则系统的状态不会发生变化。一般来说，气体发生状态变化过程时，所有的状态参数都可能发生变化，但也可以允许一个（最多只能一个）状态参数保持不变，而让其他状态参数发生变化。如果在状态变化过程中，分别保持系统的比容、压力、温度或比熵为定值，则分别称为定容过程、定压过程、定温过程及定熵过程。这些有一个状态参数保持不变的过程统称为基本热力过程。

1. 定容过程

比容保持不变的过程称为定容过程。

1）定容过程的方程

根据定容过程的特征，其过程方程为

$$v = 定值$$

2）定容过程的参数关系

根据定容过程的过程方程 $v =$ 定值，以及理想气体状态方程 $pv = RT$，可得出定容过程中的参数关系，即

$$\frac{p_1}{T_1} = \frac{p}{T} = \frac{p_2}{T_2} = \frac{R}{v} = 定值 \tag{4-72}$$

式（4-72）说明，在定容过程中气体的压力与温度成正比。例如，定容吸热时，气体的温度及压力均升高；定容放热时，两者均下降。

3）定容过程的图示

定容过程在 p-v 图上的斜率可表示为

$$\left(\frac{\partial p}{\partial v} \right)_v = \pm \infty \tag{4-73}$$

如图 4-6 所示，定容线在 p-v 图上是一条与横坐标 v 轴相垂直的直线，若以 1 表示初态，则 $1-2_v$ 表示定容放热；$1-2_v'$ 表示定容吸热，它们是两个过程。

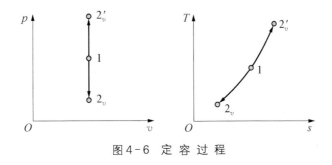

图 4-6　定　容　过　程

定容过程在 T-S 图上的斜率表达式可以根据熵变公式及定容过程的特征导得，即

$$\left(\frac{\partial T}{\partial s} \right)_v = \frac{T}{c_v} \qquad \Delta s_v = c_v \ln \frac{T_2}{T_1} \tag{4-74}$$

在 T-s 图上，定容线是一条指数曲线，其斜率随温度升高而增大，即曲线随温度升高而变陡。图 4-6 中，$1-2_v$ 表示定容放热线；$1-2_v'$ 表示定容吸热线，它们是与 p-v 图上同名过程相对应的两个过程，过程线下的面积代表所交换的热量。

4）定容过程的能量分析

根据理想气体的性质，假定比热为常数，有

$$\Delta u_{12} = c_v (T_2 - T_1)$$

$$\Delta h_{12} = c_p (T_2 - T_1)$$

$$\Delta s_{12} = c_v \ln \frac{T_2}{T_1}$$

根据定容过程的特征 $\mathrm{d}v = 0$，可以得出

$$w_v = \int_1^2 p\,\mathrm{d}v = 0$$

$$w_t = -\int_1^2 v\,\mathrm{d}p = v(p_1 - p_2)$$

定容过程中的热量可以利用比热的概念来计算,也可以利用热力学第一定律表达式来计算。即

$$q_v = c_v(T_2 - T_1) = u_2 - u_1 \tag{4-75}$$

系统的热力学能变化等于系统与外界交换的热量,这是定容过程中能量转换的特点。

2. 定压过程

压力保持不变的过程称为定压过程。

1) 定压过程方程

$$p = 定值$$

2) 定压过程的参数关系

根据过程方程及状态方程,可得出

$$\frac{v_1}{T_1} = \frac{v}{T} = \frac{v_2}{T_2} = \frac{R}{p} = 定值 \tag{4-76}$$

式(4-76)说明在定压过程中气体的比容与温度成正比。因此,定压加热过程中气体温度升高必为膨胀过程;定压压缩过程中气体比容减小必为温度下降的放热过程。

3) 定压过程的图示

定压过程在 $p\text{-}v$ 图上的斜率可表示为

$$\left(\frac{\partial p}{\partial v}\right)_p = 0 \tag{4-77}$$

如图4-7所示,定压过程在 $p\text{-}v$ 图上是一条与纵坐标 p 相垂直的水平直线。其中 $1—2_p$ 表示定压膨胀过程;$1—2_p'$ 表示定压压缩过程,它们分别表示两个过程,过程线下的面积表示功量。

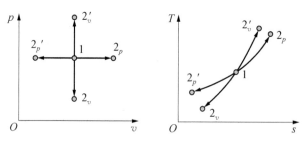

图4-7 定压过程与定容过程

定压过程在 $T\text{-}s$ 图上的斜率表达式可以根据熵变公式及定压过程的特征导得,即

$$\left(\frac{\partial T}{\partial s}\right)_p = \frac{T}{c_p} \qquad \Delta s_p = c_p \ln \frac{T_2}{T_1} \tag{4-78}$$

可见在 $T\text{-}s$ 图上,定压线也是一条指数曲线,但因 $c_p > c_v$,所以通过同一状态的定压线总比定容线平坦。为了便于比较,在图 4-7 中同时画出了通过初态的定压线及定容线,其中 $1\text{—}2_p$ 是定压吸热过程;$1\text{—}2'_p$ 是定压放热过程,它们是与 $p\text{-}v$ 图上同名过程相对应的两个过程,过程线下的面积代表相应的热量。

4) 定压过程的能量分析

定压过程中 Δu_{12}、Δh_{12} 及 Δs_{12},可表示为

$$\Delta u_{12} = c_v(T_2 - T_1) \quad \Delta h_{12} = c_p(T_2 - T_1) \quad \Delta s_{12} = c_p \ln \frac{T_2}{T_1}$$

定压过程的功量及热量,可以表示为

$$w_v = \int_1^2 p\,\mathrm{d}v = p(v_2 - v_1) \quad w_t = \int_1^2 -v\,\mathrm{d}p = 0$$

$$q_p = h_2 - h_1 = c_p(T_2 - T_1) \tag{4-79}$$

式(4-79)表达了定压过程中能量转换的特征,即系统在定压下所交换的热量等于工质焓值的变化。

3. 定温过程

温度保持不变的状态变化过程称为定温过程。按照分析热力过程的一般步骤,可以依次得出以下结论。

1) 定温过程的方程

$$T = 定值$$

2) 定温过程的参数关系

$$p_1 v_1 = pv = p_2 v_2 = RT = 定值 \tag{4-80}$$

定温过程中压力与比容成反比。

3) 定温过程的图示

对式(4-80)全微分可得出

$$p\,\mathrm{d}v + v\,\mathrm{d}p = 0$$

因此定温过程在 $p\text{-}v$ 图上的斜率可表示为

$$\left(\frac{\partial p}{\partial v}\right)_T = -\frac{p}{v}$$

或

$$\ln p = -\mathrm{d}\ln v \tag{4-81}$$

如图 4-8 所示,在 $p\text{-}v$ 图上定温过程是一条等边双曲线,过程线的斜率为负值。其中 $1\text{—}2_T$ 是等温膨胀过程;$1\text{—}2'_T$ 是等温压缩过程。过程线下的面积代表容积变化功 w_v;过程线与纵坐标所围面积代表技术功 w_t。在定温过程中,两者是相等的。

定温过程在 $T\text{-}s$ 图上的斜率可表示为

$$\left(\frac{\partial T}{\partial s}\right)_T = 0 \tag{4-82}$$

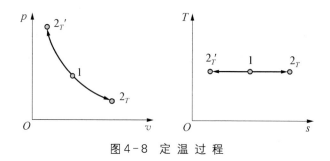

图 4-8　定　温　过　程

定温过程在 $T\text{-}s$ 图上是一条与纵坐标 T 轴相垂直的水平直线,其中 $1\text{—}2_T$ 及 $1\text{—}2_T'$ 是与 $p\text{-}v$ 图上同名过程线相对应的两个过程。过程线 $1\text{—}2_T$ 下面的面积为正,表示吸热; $1\text{—}2_T'$ 下面的面积为负,表示放热。

4) 定温过程的能量分析

理想气体的热力学能及焓仅是温度的函数,在定温过程中,显然有

$$\Delta u_{12} = 0; \quad \Delta h_{12} = 0$$

定温过程中的熵变可按下式计算,即

$$\Delta s_{12} = R \ln \frac{v_2}{v_1} = -R \ln \frac{p_2}{p_1}$$

定温过程中的功量及热量可表示为

$$w_v = \int_1^2 p \, \mathrm{d}v = -\int_1^2 v \mathrm{d}p = w_t$$

$$q_T = w_v = w_t = RT \ln \frac{v_2}{v_1} = -RT \ln \frac{p_2}{p_1} \tag{4-83}$$

式(4-83)表达了定温过程中能量转换的特征,即定温过程中热力学能及焓都不变,系统在定温过程中所交换的热量等于功量($q_T = w_v = w_t$)。

4. 定熵过程

比熵保持不变的过程称为定熵过程。影响系统熵值变化的内因及外因在热力学第二定律中仔细讨论,在这里必须强调一下保持比熵不变的充要条件。

已经证明,在闭口、可逆的条件下有

$$\mathrm{d}s = \left(\frac{\partial q}{T} \right)_{\mathrm{rev}}$$

显然,在闭口、可逆、绝热的条件下有 $\mathrm{d}s = 0$。 根据闭口系统与开口系统之间的内在联系,可以得出在开口系统稳定、可逆、绝热的条件下有 $\mathrm{d}s = 0$。 总而言之,可逆、绝热是保持比熵不变的充分条件。

值得指出,可逆、绝热过程一定是定熵过程,但定熵过程不一定是可逆、绝热过程。本节讨论的定熵过程仅限于可逆的绝热过程。不可逆的绝热过程不是定熵过程。定熵过程与绝热过程是两个不同的概念。对于绝热过程,首先应考察该过程是否可逆,然后才能确定是否可以应用定熵过程的有关结论。

1) 定熵过程的方程

根据定熵的条件及熵变的计算公式(4-40),可以得出

$$\mathrm{d}s = c_p \frac{\mathrm{d}v}{v} + c_v \frac{\mathrm{d}p}{p} = 0 \tag{a}$$

假定比热为常数,则比热比也是常数,有

$$k = \frac{c_p}{c_v} = 定值 \tag{b}$$

由式(a)及(b),可得出

$$\frac{\mathrm{d}p}{p} = -k \frac{\mathrm{d}v}{v} \quad 或\ \mathrm{d}\ln p = -\mathrm{d}\ln v^k \tag{c}$$

对式(c)积分,从初态1到终态2的积分结果为

$$\ln \frac{p_2}{p_1} = -\ln\left(\frac{v_2}{v_1}\right)^k = \ln\left(\frac{v_1}{v_2}\right)^k \tag{d}$$

由式(d)可得出

$$\frac{p_2}{p_1} = \left(\frac{v_1}{v_2}\right)^k \tag{e}$$

或写成

$$p_2 v_2^k = p_1 v_1^k = pv^k = 定值 \tag{4-84}$$

式(4-84)是理想气体定熵过程的过程方程,其中比热比 k 是过程方程的指数,通常称 k 为定熵指数。

2) 定熵过程的参数关系

根据定熵过程及理想气体状态方程,不难得出定熵过程中的参数关系,即

$$pv^k = pv \times v^{k-1} = RTv^{k-1} = 定值 \tag{f}$$

式(f)除以气体常数,可得出

$$Tv^{k-1} = T_1 v_1^{k-1} = T_2 v_2^{k-1} = 常数 \tag{4-85}$$

由式(4-84)及式(4-85),可得出

$$\frac{v_1}{v_2} = \left(\frac{p_2}{p_1}\right)^{\frac{1}{k}} = \left(\frac{T_2}{T_1}\right)^{\frac{1}{k-1}} \tag{g}$$

式(g)可写成

$$\frac{T_2}{T_1} = \left(\frac{p_2}{p_1}\right)^{\frac{k-1}{k}} \tag{4-86}$$

3) 定熵过程的图示

在 p-v 图上定熵过程线的斜率表达式可以由式(c)得出:

$$\left(\frac{\partial p}{\partial v}\right)_s = -k \frac{p}{v} \tag{4-87}$$

式(4-87)说明定熵线是一条高次双曲线。图4-9中同时画出了通过同一初态的定温线及定熵线。因为 $k > 1$，所以定熵线比定温线陡，它们的斜率都是负的。1—2_s 表示可逆绝热膨胀过程；1—$2_s'$ 是定熵压缩过程。过程线下的面积表示容积变化功；过程线与纵坐标所围的面积表示技术功。

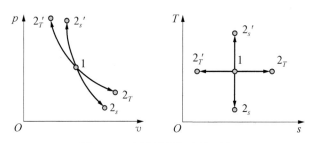

图4-9 定熵过程与定温过程

T-s 图上定熵线的斜率表达式为

$$\left(\frac{\partial T}{\partial s}\right)_s = \pm \infty \tag{4-88}$$

在 T-s 图上定熵线是一条与横坐标 s 轴相垂直的直线。1—2_s 及 1—$2_s'$ 分别表示与 p-v 图上同名过程线相对应的两个过程。过程线下面的面积均为零，表示没有热量交换。

4) 定熵过程的能量分析

定熵过程中的 Δu_{12}、Δh_{12} 及 Δs_{12} 可分别表示为

$$\Delta u_{12} = c_v(T_2 - T_1); \quad \Delta h_{12} = c_p(T_2 - T_1); \quad \Delta s_{12} = 0$$

定熵过程是可逆绝热过程，显然有

$$\delta q = 0; \quad q = \int T \mathrm{d}s = 0$$

闭口系统的容积变化功可以根据热力学第一定律计算：

$$
\begin{aligned}
w_v &= -\Delta u_{12} = c_v(T_1 - T_2) \\
&= \frac{R}{k-1}(T_2 - T_1) = \frac{RT_1}{k-1}\left(1 - \frac{T_2}{T_1}\right) \\
&= \frac{p_1 v_1}{k-1}\left[1 - \left(\frac{p_2}{p_1}\right)^{\frac{k-1}{k}}\right]
\end{aligned}
\tag{4-89}
$$

式(4-89)说明，在定熵过程中，系统的热力学能变化完全是由功量交换引起，系统对外做功时热力学能减小，外界对系统做功时，系统的热力学能增加，这是定熵过程中能量转换的特征。显然，式(4-89)的容积变化功公式也可应用积分的方法求得。

对于稳定无摩擦流动的开口系统，若忽略动能、位能的变化，则轴功 w_s 等于技术功 w_t，因此轴功 w_s 可根据热力学第一定律来算得，即

$$w_s = w_t = -\Delta h_{12} = c_p(T_1 - T_2)$$

$$= \frac{k}{k-1}R(T_1 - T_2) = \frac{kRT_1}{k-1}\left(1 - \frac{T_2}{T_1}\right) \qquad (4-90)$$

$$= \frac{kp_1 v_1}{k-1}\left[1 - \left(\frac{p_2}{p_1}\right)^{\frac{k-1}{k}}\right] = kw_v$$

在稳定工况下系统的状态是不变的,式中 1 及 2 分别表示进出口质量流的状态。式(4-90)建立了稳定、定熵流动过程中系统交换的功量与质量流焓值变化之间的转换关系。

由式(4-87)或者比较式(4-89)及式(4-90)可以得出:

$$-v\,dp = kp\,dv \qquad (4-91)$$

$$w_t = kw_v \qquad (4-91a)$$

式(4-91)说明在定熵过程中技术功等于容积变化功的 k 倍。有了这一层关系,在用积分法计算功量时,只需按 $\int p\,dv$ 或 $-\int v\,dp$ 进行一次积分,求出其中一个功量,另一个功量可按式(4-91a)求得。

例 4-5 在活塞式气缸中有 0.1 kg 空气,初态的压力为 0.5 MPa,温度为 600 K。假定空气经历一个可逆绝热过程膨胀到终态压力为 0.1 MPa。试分别用定值比热及热力性质表求终态温度和容积以及膨胀过程的容积变化功。

解 (1) 按定值比热计算:

由附表 3 查得空气的有关参数为

$$R = 0.287\,1[\text{kJ}/(\text{kg} \cdot \text{K})], \quad K = 1.4, \quad c_v = 0.716[\text{kJ}/(\text{kg} \cdot \text{K})]$$

根据理想气体状态方程,可以求得

$$v_1 = \frac{RT_1}{p_1} = \frac{0.287\,1 \times 600}{500} = 0.344\,5\,(\text{m}^3/\text{kg})$$

$$V_1 = mv_1 = 0.1 \times 0.344\,5 = 0.034\,45\,(\text{m}^3)$$

按定熵过程的参数关系可以求得

$$T_2 = T_1\left(\frac{p_2}{p_1}\right)^{\frac{k-1}{k}} = 600\left(\frac{0.1}{0.5}\right)^{\frac{0.4}{1.4}} = 378.8\,(\text{K})$$

$$v_2 = v_1\left(\frac{p_1}{p_2}\right)^{\frac{1}{k}} = 0.344\,5\left(\frac{0.5}{0.1}\right)^{\frac{1}{1.4}} = 1.088\,(\text{m}^3/\text{kg})$$

$$V_2 = mv_2 = 0.1 \times 1.088 = 0.108\,8\,(\text{m}^3)$$

在闭口、绝热及动能、位能不计的条件下,热力学第一定律的普遍表达式(3-47)可简化成

$$W_v = -\Delta U = mc_v(T_1 - T_2)$$

$$= 0.1 \times 0.716(600 - 378.8) = 15.84\,(\text{kJ})$$

（2）利用热力性质表计算：

由附表 7，根据 $T_1 = 600\ \text{K}$ 可以查得

$$u_1 = 434.78(\text{kJ/kg});\quad s_1^0 = 2.409[\text{kJ/(kg} \cdot \text{K)}]$$
$$p_{r1} = 16.28;\quad v_{r1} = 105.8$$

根据定熵过程的参数关系，有

$$s_2^0 = s_1^0 + R\ln\frac{p_2}{p_1} = 2.409 + 0.287\ 1\ln\frac{0.1}{0.5} = 0.194\ 7[\text{kJ/(kg} \cdot \text{K)}]$$

再由附表 7，根据 $s_2^0 = 1.947$，用插入法算得

$$T_2 = 383\ \text{K};\quad u_2 = 273.86(\text{kJ/kg})$$
$$p_{r2} = 3.256;\quad v_{r2} = 336.8$$

用定熵相对压力的概念进行校核：

$$p_{x2} = p_{x1}\frac{p_2}{p_1} = 16.28\frac{0.1}{0.5} = 3.256$$

根据定熵相对比容的概念，可以算得

$$v_2 = v_1\frac{v_{x2}}{v_{x1}} = 0.344\ 5\ \frac{336.8}{105.8} = 1.097(\text{m}^3/\text{kg})$$
$$V_2 = mv_2 = 0.109\ 7(\text{m}^3)$$
$$W_v = -\Delta U = m(u_1 - u_2) = 0.1(434.78 - 273.86) = 16.09(\text{kJ})$$

例 4 - 6 一台压气机在绝热条件下稳定工作，吸入的空气状态为 290 K、0.1 MPa，出口的空气压力为 0.9 MPa，假定进出口的动能、位能变化及摩擦都忽略不计，试分别用定值比热和空气热力性质表求每压缩 1 kg 空气压气机所需的轴功。

解 （1）按定值比热计算：

由附表 3 查得空气的热性参数为

$$c_p = 1.004\ \text{kJ/(kg} \cdot \text{K)};\quad k = 1.40$$

工质在开口系统中稳定无摩擦的绝热流动过程是定熵过程，利用定熵过程的参数关系，可算得

$$T_2 = T_1\left(\frac{p_2}{p_1}\right)^{\frac{k-1}{k}} = 290\left(\frac{0.9}{0.1}\right)^{\frac{0.4}{1.4}} = 543.3(\text{K})$$

在稳定、绝热及忽略动位能变化的条件下，热力学第一定律普遍表达式（3 - 47）可以简化成

$$w_s = h_i - h_e = c_p(T_1 - T_2)$$
$$= 1.004(290 - 543.3) = -254.3(\text{kJ/kg})$$

负值表示外界向压气机输入的轴功。

（2）按空气热力性质表计算：

由附表 7，当 $T_1 = 290\ \text{K}$ 时，可查得

$$p_{r1} = 1.231\ 1;\quad h_1 = 290.16\ \text{kJ/kg}$$

根据定熵相对压力的性质，即定熵过程中相对压力的比值等于初终两态的压力比，有

$$p_{x2} = p_{x1}\frac{p_2}{p_1} = 1.231\ 1\ \frac{0.9}{0.1} = 11.08$$

由附表 7，根据 $p_{r2} = 11.08$，可查得

$$T_2 = 539.8\ \text{K};\quad h_2 = 544.14\ \text{kJ/kg}$$

根据热力学第一定律，即可算出

$$w_s = h_1 - h_2 = 290.16 - 544.14 = -253.98(\text{kJ/kg})$$

可以看出，在温度不太高、温度变化范围不太大的情况下，用常值比热来计算轴功有足够的精确度。

4.2.3 多变过程

四个基本热力过程在热力分析及计算中起着重要的作用。基本热力过程的共同特征是有一个状态参数在过程中保持不变。实际过程是多种多样的，在许多热力过程中，气体的所有状态参数都在发生变化。对于这些过程，是不能把它们简化成基本热力过程的。因此，要进一步研究一种理想的热力过程，其状态参数的变化规律能高度概括地描述更多的实际过程。这种理想过程就是多变过程。

1. 多变过程的方程

多变过程的方程为

$$pv^n = 定值 \tag{4-92}$$

式中 n 称为多变指数。满足多变过程方程且多变指数保持常数的过程统称为多变过程。对于不同的多变过程，n 有不同的值。n 可以是负无穷（$-\infty$）到正无穷（$+\infty$）之间的任何一个实数，因而相应的多变过程也可以有无限多种。

根据过程方程（4-92）可以得出多变过程方程的微分形式，即

$$n\frac{\mathrm{d}v}{v} + \frac{\mathrm{d}p}{p} = 0 \tag{4-92a}$$

实际过程中气体状态参数的变化规律并不符合多变过程方程，即很难保持 n 为定值。但是，任何实际过程总能看作是由若干段过程组成，每一段中 n 接近某一常数，而各段中的 n 值并不相同。这样，就可用多变过程的分析方法来研究各种实际过程。

值得指出，四个基本热力过程都是多变过程的特例。根据 $pv^n = 定值$，不难看出：

当 $n=0$ 时， $pv^0 = p = 定值$，   定压过程；

当 $n=1$ 时， $pv^1 = RT = 定值$，   定温过程；

当 $n=k$ 时， $pv^k = 定值$，   定熵过程；

当 $n = \pm \infty$ 时，$pv^{\infty} = $ 定值，$p^{\frac{1}{\infty}}v = $ 定值，　　定容过程。

多变过程方程与定熵过程方程具有相同的函数形式，仅是指数不同而已。在分析多变过程时应充分利用这个特点，以便直接引用定熵过程中的有关结论。

2. 多变过程的参数关系

根据过程方程 $pv^n = $ 常数以及状态方程 $pv = RT$，可以得出

$$\frac{p_2}{p_1} = \left(\frac{v_1}{v_2}\right)^n \tag{4-93a}$$

$$\frac{T_2}{T_1} = \left(\frac{v_1}{v_2}\right)^{n-1} \tag{4-93b}$$

$$\frac{T_2}{T_1} = \left(\frac{p_2}{p_1}\right)^{\frac{n-1}{n}} \tag{4-93c}$$

可见，多变过程中的参数关系与定熵过程中的参数关系具有相同的形式，仅用多变指数 n 替代定熵指数。当 $n = k$ 时，该多变过程就是定熵过程。

根据多变过程的参数关系不难得出多变指数 n 的计算公式，即

$$n = \frac{\ln\left(\frac{p_2}{p_1}\right)}{\ln\left(\frac{v_1}{v_2}\right)} \tag{4-93d}$$

$$(n-1) = \frac{\ln\left(\frac{T_2}{T_1}\right)}{\ln\left(\frac{v_1}{v_2}\right)} \tag{4-93e}$$

$$\frac{n-1}{n} = \frac{\ln\left(\frac{T_2}{T_1}\right)}{\ln\left(\frac{p_2}{p_1}\right)} \tag{4-93f}$$

3. 多变过程的图示

状态参数坐标图是进行热力分析及热力计算的重要工具，熟练应用各种状态参数坐标图是本课程的教学基本要求之一，也是衡量热力分析能力的一个重要指标。对多变过程图示的分析不仅起到小结的作用，还能在提高图示能力方面起积极的作用。

1）多变过程线的斜率表达式

根据式（4-92a），可以得出在 $p - v$ 图上多变过程线的斜率表达式为

$$\left(\frac{\partial p}{\partial v}\right)_n = -n\frac{p}{v} \tag{4-94}$$

当多变指数 n 的数值确定时，过程曲线的斜率就完全确定。从式（4-94）可知，当 n 为下列数值时，该式就变成相应的基本热力过程线的斜率表达式。

当 $n=0$ 时，　　$\left(\dfrac{\partial p}{\partial v}\right)_{n=0}=0=\left(\dfrac{\partial p}{\partial v}\right)_p$　　定压过程；

当 $n=1$ 时，　　$\left(\dfrac{\partial p}{\partial v}\right)_{n=1}=-\dfrac{p}{v}=\left(\dfrac{\partial p}{\partial v}\right)_T$　　定温过程；

当 $n=k$ 时，　　$\left(\dfrac{\partial p}{\partial v}\right)_{n=k}=-k\dfrac{p}{v}=\left(\dfrac{\partial p}{\partial v}\right)_s$　　定熵过程；

当 $n=\pm\infty$ 时，$\left(\dfrac{\partial p}{\partial v}\right)_{n=\pm\infty}=\pm\infty=\left(\dfrac{\partial p}{\partial v}\right)_v$　　定容过程。

现在讨论 $T\text{-}s$ 图上多变过程线的斜率表达式。根据理想气体状态方程 $pv=RT$ 可以得出它的微分形式，即

$$\frac{\mathrm{d}v}{v}+\frac{\mathrm{d}p}{p}=\frac{\mathrm{d}T}{T} \tag{4-94a}$$

再由多变过程方程的微分形式(4-92a)，有

$$\frac{\mathrm{d}p}{p}=-n\frac{\mathrm{d}v}{v} \tag{4-94b}$$

式(4-94a)及(4-94b)，可以得出

$$\frac{\mathrm{d}T}{T}=(1-n)\frac{\mathrm{d}v}{v} \tag{4-94c}$$

式(4-94c)也可直接根据多变过程参数关系 $Tv^{(n-1)}=$ 常数对其微分后得出。

根据理想气体熵变公式及式(4-94c)，有

$$\mathrm{d}s=c_v\frac{\mathrm{d}T}{T}+R\frac{\mathrm{d}v}{v}=c_v\frac{\mathrm{d}T}{T}+\frac{R}{1-n}\frac{\mathrm{d}T}{T}$$
$$=\left[c_v+\frac{R}{1-n}\right]\frac{\mathrm{d}T}{T}=c_v\frac{n-k}{n-1}\frac{\mathrm{d}T}{T}=c_n\frac{\mathrm{d}T}{T} \tag{4-95}$$

式(4-95)是多变过程的熵变计算公式，其中的 c_n 称为多变比热(它与变值比热是两个不同的概念)，可表示为

$$c_n=\frac{c_v(n-k)}{n-1} \tag{4-96}$$

由式(4-95)可以得出 $T\text{-}s$ 图上多变过程线的斜率表达式，即

$$\left(\frac{\partial T}{\partial s}\right)_n=\frac{T}{c_n} \tag{4-97}$$

可以看出，对于一定的多变过程，多变指数 n 为定值，相应的多变比热 c_n 以及在 $T\text{-}s$ 图上多变过程线的斜率就完全确定。根据式(4-96)及式(4-97)，对于四个基本热力过程可得

定压过程：$n=0$，$c_n=c_p$，$\left(\dfrac{\partial T}{\partial s}\right)_{n=0}=\dfrac{T}{c_p}=\left(\dfrac{\partial T}{\partial s}\right)_p$；

定温过程：$n=1$，$c_n=\pm\infty$，$\left(\dfrac{\partial T}{\partial s}\right)_{n=\pm\infty}=0=\left(\dfrac{\partial T}{\partial s}\right)_T$；

定熵过程：$n=k$，$c_n=0$，$\left(\dfrac{\partial T}{\partial s}\right)_{n=k}=\pm\infty=\left(\dfrac{\partial T}{\partial s}\right)_s$；

定容过程：$n=\pm\infty$，$c_n=c_v$，$\left(\dfrac{\partial T}{\partial s}\right)_{n=\pm\infty}=\dfrac{T}{c_v}=\left(\dfrac{\partial T}{\partial s}\right)_v$。

2）多变过程图线的分布规律

根据多变过程在 p-v 图及 T-s 图上的斜率表达式，可以按 n 的数值在图上画出相应的多变过程曲线。

在图 4-10 中分别画出了四种基本热力过程的过程图线，它们都是多变过程的特例。从同一个初态出发，向两个不同方向的同名过程线分别代表多变指数相同的两个过程；p-v 图及 T-s 图上同一个同名过程线的方向、符号及相对位置必须一一对应，它们代表同一个过程。

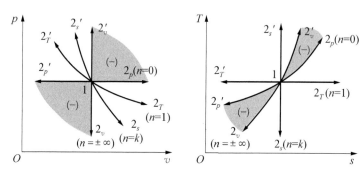

图 4-10 多变过程图线的分布规律

从图 4-10 可以看出，同名多变过程曲线在 p-v 图及 T-s 图上的形状虽然各不相同，但是，多变过程曲线随 n 变化而变化的分布规律，即通过同一初态的各条多变过程曲线的相对位置在 p-v 图及 T-s 图上是相同的。不难发现，从任何一条过程线（例如定压过程，$n=0$，$c_n=c_p$）出发，多变指数 n 的数值是沿顺时针方向递增的，在定容线上 n 为 $\pm\infty$，从定容线按顺时针方向变化到定压线的区间内 n 为负值。多变比热 c_n 的数值也是沿顺时针方向递增的，在定温线上 c_n 为 $\pm\infty$，从定温线按顺时针方向变化到定熵线的区间内 c_n 为负值。

根据多变过程线的上述分布规律，借助四种基本热力过程线的相对位置，可以在 p-v 图及 T-s 图上确定 n 为任意值时多变过程线的大致方位；如果再给出过程的一个特征，例如吸热或放热、膨胀或压缩、升温或降温等，就可进一步确定该多变过程的方向。正确地画出多变过程在图上的相对位置是对过程进行热力分析的基础和先决条件。

3）多变过程基本性质的判据

如图 4-10 所示，从同一初态出发的四种基本热力过程线把 p-v 图及 T-s 图分成八个区域。任何多变过程的终态必定落在这四条基本热力过程线上，或者落在这八个区域之中。落在同一条线上或同一个区域内就有相同的过程性质；落在不同的线上或不同的区域之中，就有不同的过程性质。

多变过程都是可逆过程，因此有

$$\delta w_v = p \, \mathrm{d}v; \quad w_v = \int p \, \mathrm{d}v$$

$$\delta w_t = -v \, \mathrm{d}p; \quad w_t = -\int v \, \mathrm{d}p$$

$$\delta q_n = T \, \mathrm{d}s = c_n \, \mathrm{d}T; \quad q_n = \int T \, \mathrm{d}s = c_n (T_2 - T_1)$$

对于理想气体,有

$$\mathrm{d}u = c_v \, \mathrm{d}T, \quad \Delta u_{12} = cv(T_2 - T_1)$$
$$\mathrm{d}h = c_p \, \mathrm{d}T, \quad \Delta h_{12} = c_p(T_2 - T_1)$$

从这些基本公式可得

定温过程:　　　　　　$\mathrm{d}T = 0, \quad \mathrm{d}u = 0, \quad \mathrm{d}h = 0;$

定熵过程:　　　　　　$\mathrm{d}s = 0, \quad \delta q = 0;$

定容过程:　　　　　　$\mathrm{d}v = 0, \quad \delta w_v = 0;$

定压过程:　　　　　　$\mathrm{d}p = 0, \quad \delta w_t = 0$。

所以上述四种基本热力过程可以作为判断任意多变过程性质的依据。如果被研究的过程线在 $p\text{-}v$ 图及 $T\text{-}s$ 图上的位置确定之后,可以根据下面的判定依据对该过程进行定性分析。

(1) 过程线的位置在通过初态的定温线的上方,则 $\Delta u > 0$, $\Delta h > 0$;若在下方则 $\Delta u < 0$, $\Delta h < 0$。

(2) 过程线的位置在通过初态的定熵线的右方,则 $\mathrm{d}s > 0$, $\delta q > 0$;若在左方则 $\mathrm{d}s < 0$, $\delta q < 0$。

(3) 过程线的位置在通过初态的定容线的右方,则 $\mathrm{d}v > 0$, $\delta w_v > 0$;若在左方则 $\mathrm{d}v < 0$, $\delta w_v < 0$。

(4) 过程线的位置在通过初态的定压线的上方,则 $\mathrm{d}p > 0$, $\delta w_t < 0$;若在下方则 $\mathrm{d}p < 0$, $\delta w_t > 0$。

不难发现,判据(1)及(2)在 $T\text{-}s$ 图上是显而易见的,但在 $p\text{-}v$ 图上则不易识别;判据(3)及(4)在 $p\text{-}v$ 图上是显而易见的,但在 $T\text{-}s$ 图上则不易识别。值得指出,上述判据是根据多变过程图线在坐标图的分布规律总结出来的,对于 $p\text{-}v$ 图及 $T\text{-}s$ 图以及其他状态参数坐标图都是普遍适用的。因此,通过 $T\text{-}s$ 图来记住判据(1)及(2);通过 $p\text{-}v$ 图来理解判据(3)及(4),这样就可对任何状态参数坐标上的过程线进行定性分析。

4. 多变过程的能量分析

1) Δu、Δh 及 Δs 的计算

按定值比热来计算时,有

$$\Delta u = c_v(T_2 - T_1) \quad \Delta h = c_p(T_2 - T_1)$$

$$\Delta s_{12} = c_n \ln \frac{T_2}{T_1} = c_v \ln \frac{T_2}{T_1} + R \ln \frac{v_2}{v_1}$$

$$= c_p \ln \frac{T_2}{T_1} - R \ln \frac{p_2}{p_1} = c_p \ln \frac{v_2}{v_1} + c_v \ln \frac{p_2}{p_1}$$

按变值比热来计算时,有

$$\Delta u = \int_1^2 c_{v0} \mathrm{d}T = u(T_2) - u(T_1)$$

$$\Delta h = \int_1^2 c_{p0} \mathrm{d}T = h(T_2) - h(T_1)$$

2）多变过程的功量

计算功量时切忌盲目地死代公式。必须清楚地知道每个功量公式的适用条件以及它们之间的内在联系。

四个基本热力过程的功量计算公式应该记住，即

$$n = \pm \infty, \quad \mathrm{d}v = 0, \quad w_v = 0, \quad w_t = v(p_1 - p_2), \quad w_t \neq n w_v$$

$$n = 0, \quad \mathrm{d}p = 0, \quad w_v = p(v_2 - v_1), \quad w_t = 0, \quad w_t \neq n w_v$$

$$n = 1, \quad \mathrm{d}T = 0, \quad w_v = RT \ln \frac{v_2}{v_1} = RT \ln \frac{p_1}{p_2} = w_t, \quad w_t = n w_v = w_v$$

$$n = k, \quad \mathrm{d}s = 0, \quad w_v = -\Delta u_{12}, \quad w_t = -\Delta h_{12}, \quad w_t = n w_v = k w_v$$

其他多变过程的功量计算公式与定熵过程具有相同的形式，只是用多变指数 n 替代了定熵指数 k。因此有

$$w_v = \frac{R}{n-1}(T_1 - T_2) = \frac{p_1 v_1}{n-1} \left[1 - \left(\frac{p_2}{p_1} \right)^{\frac{n-1}{n}} \right] \tag{4-98}$$

$$w_t = \frac{nR}{n-1}(T_1 - T_2) = \frac{n p_1 v_1}{n-1} \left[1 - \left(\frac{p_2}{p_1} \right)^{\frac{n-1}{n}} \right] = n w_v \tag{4-99}$$

3）多变过程的热量

多变过程的热量可以根据热力学第一定律来计算：

$$q_n = \Delta u_{12} + w_v = \Delta h_{12} + w_t$$

也可以根据多变比热来计算：

$$q_n = \int_1^2 T \mathrm{d}s = \int_1^2 c_n \mathrm{d}T = \frac{n-k}{n-1} c_v (T_2 - T_1) \tag{4-100}$$

由以上公式可以看出，多变过程中的参数关系、能量转换的特点以及过程线的斜率都与多变指数 n 有关，当 n 的数值确定以后，这些关系就完全确定。

例 4-7 有一台在稳定工况下工作的空气压缩机，压缩过程的平均多变指数为 1.30。试确定该过程的 Δh、q 及 w_t 的正负号。若改变冷却条件，增强散热，多变指数 n 将如何变化？在 $p\text{-}v$ 图及 $T\text{-}s$ 图上表示压缩过程的大致方位。

解 通过初态 1 可以画出四种热力过程线。已知空气的 k 值为 1.4，则 $n=1.30$ 的多变压缩过程可以按 n 的分布规律表示在 $p\text{-}v$ 图及 $T\text{-}s$ 图上，如图 4-11 所示。

根据多变过程性质的判据，可得出如下结论：

$$\Delta T > 0, \quad \Delta h > 0$$
$$\Delta p > 0, \quad w_t < 0$$
$$\Delta s < 0, \quad q < 0$$

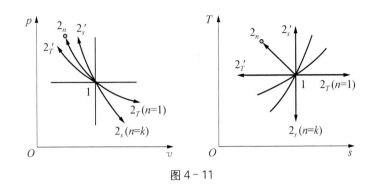

图 4-11

增强散热,过程线 1—2 将离定熵线更远,趋近定温线,所以 n 值将减小。

例 4-8　绝热指数 $k=1.667$ 的理想气体,从相同的初态 1 出发,先后经历 $n=0.8$ 及 $n=1.4$ 的多变过程 1-a 及 1-b,膨胀到相同的终态比容,即 $v_a=v_b=2v_1$。试将这两个过程表示在 $p-v$ 图及 $T-s$ 图上,并确定它们的 q、w_v 及 Δu 的正负号。

解　通过初态 1 可以画出四种基本热力过程线作为分析判断的基准线。1-a 为 $n=0.8<1$ 的膨胀过程线;1-b 为 $n=1.4<1.667=k$ 的膨胀过程线,按 n 的分布规律以及膨胀的条件,可以把它们表示在 $p-v$ 图及 $T-s$ 图上,如图 4-12 所示。根据过程线的位置及多变过程性质的判据,可得出如下结论:

1-a 过程:$\Delta u_{1a}>0$,$w_{v1a}>0$,$q_{1a}>0$

1-b 过程:$\Delta u_{1b}<0$,$w_{v1b}>0$,$q_{1b}>0$

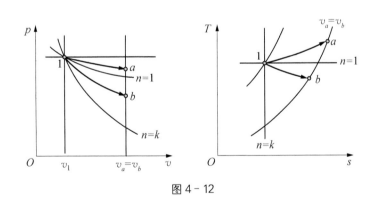

图 4-12

例 4-9　1 kg 氧气初态压力为 0.12 MPa,温度为 300 K,压缩终了时的压力为 0.5 MPa,温度为 600 K。假定该过程是可逆的,试计算

(1)多变指数 n;

(2)多变比热 c_n;

(3)过程中的 Δu_{12},q_{12} 及 w_{v12}。把该过程表示在 $P-v$ 图及 $T-s$ 图上,并用过程性质的判据校核 Δu,q 及 w_v 的正负号。

解　由附表 3 查得 O_2 的参数为

$$k=1.395;\quad c_v=0.657\ kg/K$$

根据多变过程的参数关系 $\dfrac{T_2}{T_1}=\left(\dfrac{p_2}{p_1}\right)^{\frac{n-1}{n}}$，有

$$\frac{n-1}{n}=\frac{\ln\left(\dfrac{T_2}{T_1}\right)}{\ln\left(\dfrac{p_2}{p_1}\right)}=\frac{\ln\left(\dfrac{600}{300}\right)}{\ln\left(\dfrac{0.5}{0.12}\right)}=0.486$$

$$n(1-0.486)=1,\quad n=1.944$$

按多变过程线的分布规律，可以把 $n=1.944$ 的压缩过程表示在 $p\text{-}v$ 图及 $T\text{-}s$ 图上，如图 4-13 所示。

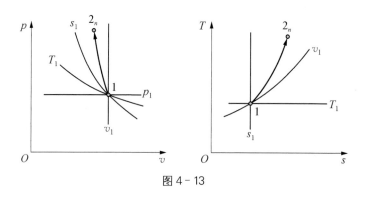

图 4-13

根据多变比热的计算公式，可得出

$$c_n=\frac{n-k}{n-1}c_v=\frac{1.944-1.395}{0.944}0.657=0.382[\text{kJ}/(\text{kg}\cdot\text{K})]$$

$$\Delta u_{12}=c_v(T_2-T_1)=0.657(600-300)=197.1(\text{kJ/kg})>0$$

$$Q_{12}=c_n(T_2-T_1)=0.382(600-300)=114.6(\text{kJ/kg})>0$$

$$W_{12}=q_{12}-\Delta u_{12}=114.6-197.1=-82.5<0$$

计算结果与图示规律是一致的。

例 4-10　　有一个容积为 V 的刚性绝热容器，其中贮有质量为 m_1、状态为 p_1 及 T_1 的理想气体，k 为定值。阀门开启后，一部分气体排向大气，待容器中压力下降到 p_2 时关闭阀门（见图 4-14）。

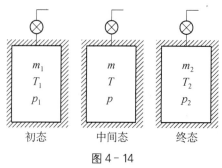

图 4-14

(1) 试证明刚性容器绝热放气时,容器内剩余气体经历了一个可逆的绝热膨胀过程。

(2) 试写出终态温度 T_2 及排出质量 m_e 的表达式。

解　系统不包括阀门,出口处质量流的状态与容器内工质的状态始终相同。在放气过程中,容器内气体的质量及状态是随时间而变化的,但在每个瞬间的状态都可看作是均匀一致的,因此,放气过程符合 USUF 过程的条件。

现在分析放气过程中从某一中间态开始的一个微元放气过程。

对于中间态写出状态方程

$$pv = mRT$$

在微元过程中的变化,可用微分形式表示,即

$$p\,\mathrm{d}v + v\,\mathrm{d}p = mR\,\mathrm{d}T + RT\mathrm{d}m$$

或写成

$$\frac{\mathrm{d}v}{v} + \frac{\mathrm{d}p}{p} = \frac{\mathrm{d}T}{T} + \frac{\mathrm{d}m}{m}$$

对于刚性容器,$\mathrm{d}v = 0$,因此有

$$\frac{\mathrm{d}m}{m} = \frac{\mathrm{d}p}{p} - \frac{\mathrm{d}T}{T} \tag{a}$$

根据能量方程 $\Delta E = (\Delta E)_Q + (\Delta E)_W + (\Delta E)_M$

按题意:　　$(\Delta E)_Q = 0$,　$(\Delta E)_W = 0$,　$\Delta E_k = \Delta E_p = 0$,　$E_{fi} = 0$

因此有

$$\mathrm{d}(mu) = -\delta m_e h_e$$

$$m\,\mathrm{d}u + u\,\mathrm{d}m = -\delta m_e h_e$$

根据质量守恒定律,$\mathrm{d}m = -\delta m_e$,代入上式有

$$m\,\mathrm{d}u = (h - u)\,\mathrm{d}m$$

$$\frac{\mathrm{d}m}{m} = \frac{\mathrm{d}u}{h - u} = \frac{c_v\mathrm{d}T}{(c_p - c_v)T} = \frac{1}{k-1}\frac{\mathrm{d}T}{T} \tag{b}$$

由式(a)及式(b),可得出

$$\frac{\mathrm{d}p}{p} = \left(\frac{1}{k-1} + 1\right)\frac{\mathrm{d}T}{T} = \frac{k}{k-1}\frac{\mathrm{d}T}{T} \tag{c}$$

对式(c)积分后,有

$$\ln\frac{p_2}{p_1} = \frac{k}{k-1}\ln\frac{T_2}{T_1} \quad \frac{p_2}{p_1} = \left(\frac{T_2}{T_1}\right)^{\frac{k}{k-1}} \tag{d}$$

由式(d)可见,刚性容器绝热放气过程中,剩余气体的参数关系符合定熵过程的规律,即剩余气体经历一个定熵过程。

由式(d)即可写出终态温度 T_2 的表达式,即

$$T_2 = T_1\left(\frac{p_2}{p_1}\right)^{\frac{k-1}{k}}$$

过程中放出的质量 m_e 可表示为

$$m_e = m_1 - m_2 = \left(\frac{p_1}{T_1} - \frac{p_2}{T_2}\right)\frac{v}{R}$$

例4-11 一封闭的气缸如图4-15所示,有一无摩擦的绝热活塞位于中间,两边分别充以氮气和氧气,初态均为 $p_1 = 2\,\mathrm{MPa}$,$T_1 = 27\,^\circ\mathrm{C}$。若气缸总容积为 $1\,000\,\mathrm{cm}^3$,活塞体积忽略不计,缸壁是绝热的,仅在氧气一端面上可以交换热量。现向氧气加热使其压力升高到 $4\,\mathrm{MPa}$,试求所需热量及终态温度,并将过程表示在 p-v 图及 T-s 图上。

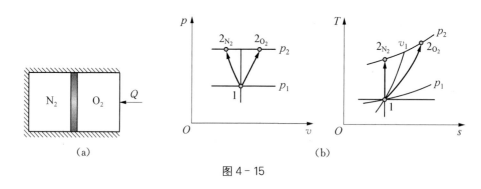

图4-15

解 从附表3查得:

对于 O_2,$R' = 0.259\,8\,\mathrm{kJ/(kg \cdot K)}$

$c'_v = 0.657\,\mathrm{kJ/(kg \cdot K)}$

对于 N_2,$R = 0.296\,8\,\mathrm{kJ/(kg \cdot K)}$

$c_v = 0.741\,\mathrm{kJ/(kg \cdot K)}$

利用理想气体状态方程,可算出 O_2 及 N_2 的质量,即

$$m' = \frac{p'_1 v'_1}{R' T_1} = \frac{2\,000 \times 500 \times 10^{-6}}{0.259\,8 \times 300} = 0.012\,8(\mathrm{kg})$$

$$m = \frac{p_1 v_1}{R T_1} = \frac{2\,000 \times 500 \times 10^{-6}}{0.296\,8 \times 300} = 0.011\,2(\mathrm{kg})$$

氧气受热膨胀推动活塞压缩氮气以维持两边压力相等。氮气四周是绝热的,可以认为经历一个定熵压缩过程,绝热指数 $k = 1.4$,其参数关系为

$$T_2 = T_1 \left(\frac{p_2}{p_1}\right)^{\frac{k-1}{k}} = 300\left(\frac{4}{2}\right)^{\frac{0.4}{1.4}} = 366(\mathrm{K})$$

$$V_2 = \frac{mRT_2}{p_2} = \frac{0.011\,2 \times 0.296\,8 \times 366}{4\,000} = 304.9 \times 10^{-6}(\mathrm{m}^3)$$

对于氧气,有

$$v'_2 = v - v_2 = (1\,000 - 304.9) \times 10^{-6} = 695.1 \times 10^{-6}(\mathrm{m}^3)$$

$$T'_2 = \frac{p'_2 v'_2}{m' R'} = \frac{4\,000 \times 695.1 \times 10^{-6}}{0.012\,8 \times 0.259\,8} = 836.1(\mathrm{K})$$

对整体写出能量方程,

$$Q = \Delta U' + \Delta U$$
$$= m'c_v'(T_2' - T_1) + mc_v(T_2 - T_1)$$
$$= 0.012\ 8 \times 0.657(836.1 - 300) + 0.011\ 2 \times 0.741(366 - 300)$$
$$= 5.057(\text{kJ})$$

氧气经历一个多变膨胀过程,多变指数为 n' 为

$$n' = \frac{\ln\left(\dfrac{p_2}{p_1}\right)}{\ln\left(\dfrac{v_1}{v_2'}\right)} = \frac{\ln\left(\dfrac{4}{2}\right)}{\ln\left(\dfrac{500}{695}\right)} = -2.11$$

氮气经历一个定熵压缩过程, $n = k = 1.4$. 又知这两种气体的压力始终相等,因此,可以在 $p - v$ 图及 $T - s$ 图上将这两个过程表示出来,如图 4-15 所示。图中 1-2 表示氮气的定熵压缩过程;1-2′表示氧气的多变膨胀过程。

 思考题

1. 工程上判断一种工质是否符合理想气体的条件与分子运动论对理想气体微观结构的假设有何不同之处?

2. 为什么可以采用定值比热 $\Delta u = c_v \Delta T$ 及 $\Delta h = c_p \Delta T$ 来计算任意过程中理想气体的热力学能变化及焓变化? 对于非理想气体,这两个公式的适用范围如何?

3. 热力学中对 c_p 及 c_v 的定义与量热学中对它们的定义有什么区别和联系?

4. 比热容作为量热系数必须指明途径, c_p 及 c_v 分别代表测量热量时两种不同的途径,它们都是过程量;但 c_p 及 c_v 的热力学定义明确地指出了它们都是状态参数。它们究竟是过程量还是状态量? 对这个问题,你是怎样理解的?

5. 为什么气体常数与气体的种类有关,而通用气体常数与气体的种类无关?

6. 试写出计算理想气体(常值比热)熵值变化的三个基本公式,它们是在闭口系统、可逆过程的条件下导得的,为什么可以适用于理想气体的任何过程?

7. 试写出在 t_1 与 t_2 之间平均比热 $c_p|_{t_1}^{t_2}$ 的表达式,并用 $c_p - t$ 图说明公式的物理意义。

8. 在理想气体热力性质表中, u、h 及 s^0 的基准是什么?

9. 定压比热与定容比热并非相互独立的状态参数。如果已知 c_p 及 M,试写出计算 $\bar{c}_v$、$\bar{c}_p$、c_p'、c_v' 及 c_v 的表达式。

10. 计算定组成、定成分理想气体混合物的基本方法是什么? 试写出理想混合气体的折合气体常数及折合定压比热的表达式,知道了 R 及 c_p 怎样计算混合气体的 M、k、c_v'、$\bar{c}_v$、c_p' 及 $\bar{c}_p$ 等热力参数?

11. 怎样识别混合气体中任何一种组成气体所处的实际状态? 依据是什么?

12. 什么是基本热力过程? 试以定容过程为例,说明分析理想气体热力过程的一般方法和步骤。

13. 试说明下列偏导数的物理意义。

$$\left(\frac{\partial p}{\partial v}\right)_T \quad \left(\frac{\partial p}{\partial v}\right)_s \quad \left(\frac{\partial T}{\partial s}\right)_v \quad \left(\frac{\partial T}{\partial s}\right)_p$$

并进一步写出它们的表达式。

14. 确定多变过程的位置及识别多变过程基本性质的四条判据是什么？得出这四条判据的依据是什么？试写出与这些判据有关的基本公式。

15. 试写出多变指数 n 及多变比热 c_n 的计算公式，为什么说它们是与过程性质有关的常数，而不是状态参数？

16. 试说明下列各式的应用条件。

$$w_v = u_1 - u_2$$

$$w_v = c_v(T_1 - T_2) = \frac{R(T_1 - T_2)}{k-1}$$

$$w_v = \frac{1}{k-1}RT_1\left[1 - \left(\frac{p_2}{p_1}\right)^{\frac{k-1}{k}}\right]$$

17. 试说明下列常见过程的基本特征。

① 绝热节流过程；

② 由稳定气源向刚性真空容器的绝热充气过程；

③ 刚性容器绝热放气过程中，容器内剩余气体所经历的过程；

④ 热交换器的边界特征。

 习 题

4-1 已知氧气的比热比 $k=1.395$，摩尔质量 $M=32\ \text{kg/kmol}$，试求：

(1) 氧气的气体常数、定压比热及定容比热；

(2) 物理标准状态下氧气的比容；

(3) 氧气的定压摩尔比热及定压容积比热；

(4) $1\ \text{Nm}^3$ 氧气的质量；

(5) 在 $p=0.1\ \text{MPa}$、$T=500℃$ 时氧气的摩尔容积。

4-2 某锅炉的空气预热器在定压下将空气从 25℃ 加热 250℃。空气流量为 $3\ 500\ \text{Nm}^3/\text{h}$，试按下列要求求每小时加给空气的热量：

(1) 按定值比热计算；

(2) 按平均比热计算；

(3) 按空气的热力性质表计算。

4-3 $1\ \text{kg}$ 氮气受热后温度从 100℃ 上升到 $1\ 500℃$，试按照下列条件分别计算氮气的热力学能变化及焓值变化：

(1) 按定值比热计算；

(2) 按平均比热计算；

(3) 按氮气的热力性质表计算；

（4）按真实比热的函数关系用积分法来计算。

从计算结果可得到什么启示？

4-4　若分别采用定容加热及定压加热使 1 kg 氮气从 100℃上升到 1 500℃，试按定值比热来计算这两个过程中的加热量各为多少？不同的加热方法对 Δu 及 Δh 有何影响？

4-5　一个门窗开着的房间，若室内空气的压力不变而温度升高了，则室内空气的总热力学能发生了怎样的变化？假设空气为理想气体，定容比热为常数。

4-6　容积为 V 的透热真空罐（$p_1 = 0$）由于漏气而使容器的真空度降低。若漏进容器的质量流与容器中的真空度成比例，比例常数为 a，环境的压力 $p_0 =$ 常数，试确定当容器内的压力达到环境压力的一半（$p_2 = 0.5 p_0$）时需经多长时间？

4-7　由气体分析的结果可知，某废气中各组成气体的容积成分为

$$y_{N_2} = 70\%, \quad y_{CO_2} = 15\%; \quad y_{O_2} = 11\%; \quad y_{\infty} = 4\%$$

试求：（1）各组成气体的质量成分；

（2）在 $p = 0.101$ MPa、$T = 420$ K 时废气的比容；

（3）定压冷却到 298 K 时的热量 q_{12}、Δu_{12} 及 Δh_{12}。

4-8　已经测得烟气的压力为 0.097 MPa，温度为 127℃，其质量成分为

$$x_{CO_2} = 16\%; \quad x_{O_2} = 6\%; \quad x_{H_2O} = 6.2\%; \quad \text{其余为氮气。}$$

试求：（1）烟气的折合气体常数及折合摩尔质量；

（2）各组成气体的容积成分及分压力；

（3）在 10 kg 烟气中各组成气体的质量及摩尔数各为多少？

（4）当烟气在定压下冷却到 27℃时，每千克烟气放出的热量 q_{12}、Δu_{12} 及 Δh_{12} 的数值。

4-9　气缸中 1 kg 氮气初态为 0.15 MPa、300 K，现经下列两种不同的途径达到相同的终态为 0.15 MPa、450 K：①在定压下达到 450 K；②先定温膨胀到 v_2，再定容吸热达到终态。试求：

（1）在第二种途径中，应当定温膨胀到多大的压力？

（2）氮气的 Δu、Δh 及 Δs；

（3）氮气与外界交换的热量及功量；

（4）将这两种不同的途径表示在 p-v 图及 T-s 图上。

4-10　有一台活塞式氮气压缩机，能使压力由 0.1 MPa 提高到 0.4 MPa。假定氮气的比热为定值，且进气温度为 300 K。由于冷却条件的不同，压缩过程分别为：①可逆绝热压缩过程；②可逆定温压缩过程。试求压缩过程中消耗的容积变化功以及压缩机消耗的轴功，并在 p-v 图上将上述的功量表示出来。

4-11　在一个空气液化装置中，流经膨胀机的空气质量流率为 0.075 kg/s。在膨胀机进口的空气压力及温度分别为 1.5 MPa、−60℃，而出口处的空气压力为 170 kPa，温度为 −110 ℃。已知空气流经膨胀机时的传热率等于膨胀机输出功率的 10%，试求该膨胀机输出的功率及传热率。

4-12　试在 p-v 图及 T-s 图上画出通过同一个初态的四种基本热力过程线；并在图上画出从同一个初态出发的下列各种多变过程：

(1) 工质膨胀做功并向外放热；

(2) 工质吸热、膨胀做功并且压力升高；

(3) 工质被压缩、向外放热并且温度升高；

(4) 工质吸热、膨胀并且温度降低。

4－13　如图习题 4－13 所示，对于比热为常数的理想气体，试证明：

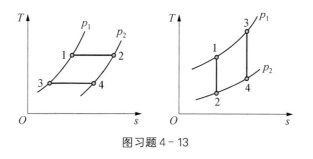

图习题 4－13

(1) 在 T-s 图上任意两条定压线（或定容线）之间的水平距离处处相等，则

$$\Delta s_{12} = \Delta s_{34}$$

(2) 在 T-s 图上任意两条定压线（或定容线）之间的纵坐标之比保持不变，则

$$\frac{T_2}{T_1} = \frac{T_4}{T_3}$$

4－14　如图习题 4－14 所示，对于比热为常数的理想气体，试证明：

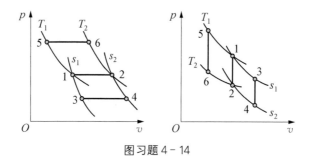

图习题 4－14

(1) 在 p-v 图上任意两条定温线（或定熵线）之间的任何定压线的熵变均相等，且横坐标之比保持不变，有

$$\frac{v_2}{v_1} = \frac{v_6}{v_5} \qquad \frac{v_2}{v_1} = \frac{v_4}{v_3}$$

(2) 在 p-v 图上任意两条定温线（或定熵线）之间的任何定容线的熵变均相等，且纵坐标之比保持不变，有

$$\frac{p_2}{p_1} = \frac{p_6}{p_5}, \qquad \frac{p_2}{p_1} = \frac{p_4}{p_3}。$$

4-15 如图习题 4-15 所示的封闭绝热气缸,有一无摩擦的绝热活塞把气缸分成 A、B 两部分,在其中充以压缩空气。已知:

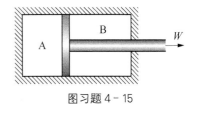

图习题 4-15

$$p_{A1} = 4 \text{ bar} \quad t_{A1} = 127℃ \quad V_{A1} = 0.3 \text{ m}^3$$
$$p_{B1} = 2 \text{ bar} \quad t_{B1} = 27℃ \quad V_{B1} = 0.6 \text{ m}^3$$

假定活塞两边气体的压力差正好能准静态地推动活塞杆传递功量。若活塞杆的截面积及体积均可忽略不计,试求活塞移动而达到 $p_{A2} = p_{B2}$ 时,A、B 两部分中气体的温度及压力的数值和通过活塞杆输出的功。

4-16 上题中若把活塞杆去掉,活塞可在两部分气体的作用下自由移动,试求两边达到力平衡时气体的压力(读者可自行分析为什么不能确定力平衡时 A 和 B 中的状态)。

4-17 有一绝热活塞将绝热刚性容器分成 A 和 B 两部分,如图习题 4-17 所示。已知:

$$V_{A1} = V_{B1}, \quad p_{A1} = p_{B1} = 100 \text{ kPa}, \quad T_{A1} = T_{B1} = 293 \text{ K}$$

若分别向 A 及 B 输入电功 $W_A = -5 \text{ kJ}$,$W_B = -30 \text{ kJ}$,试求达到力平衡时 A 及 B 的容积 V_{A2} 和 V_{B2} 各为多少?

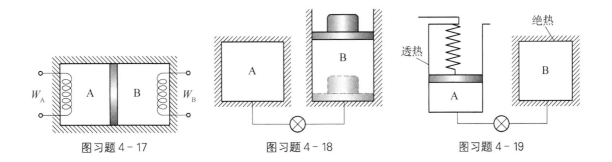

图习题 4-17   图习题 4-18   图习题 4-19

4-18 贮存氮气的绝热刚性容器与绝热气缸通过阀门相连接,如图习题 4-18 所示。已知:

$$m_{A1} = 1 \text{ kg}, \quad p_{A1} = 2 \text{ MPa}, \quad T_{A1} = 388 \text{ K}$$

若举起活塞重物所需的压力为 $p_B = 800 \text{ kPa}$,现打开阀门向气缸内充气,直到容器 A 中的压力降至 $p_{A2} = p_B$ 时才关闭阀门。试求容器 A 的终温及气缸 B 的终态比容和终温。

4-19 有一透热气缸 A 通过阀门与绝热刚性真空容器 B 相连接,如图习题 4-19 所示。已知:

$$V_B = 0.3 \text{ m}^3, \quad p_{B1} = 0;$$
$$V_{A1} = 0.15 \text{ m}^3, \quad p_{A1} = 3.5 \text{ MPa}, \quad t_{A1} = 20℃;$$
$$活塞面积为 \quad A = 0.03 \text{ m}^2;$$
$$弹簧力与位移成正比,a = \frac{\Delta F}{\Delta S} = 40 \text{ kN/m}。$$

现将阀门打开,空气由 A 流向 B,直到容器 B 中的压力 p_{B2} 达到 1.5 MPa 时才将阀门关闭。试求:

　　(1) 充入容器 B 中的质量及终温 t_{B2};

　　(2) 透热气缸 A 的终态参数 p_{A2} 及 V_{A2};

　　(3) 充气过程中气缸 A 所交换的热量 Q_A。

　　4-20　两个容积相同的绝热容器通过阀门相连接,如图习题 4-20 所示。初态时容器 B 为真空,并已知:

$$T_{A1} = 303 \text{ K}, \quad p_{A1} = 400 \text{ kPa}, \quad m_{A1} = 2 \text{ kg}$$

现将阀门打开,使空气由 A 流入 B,直到 A 与 B 中的压力相等时才关闭阀门。试求:

　　(1) 终态时 A 及 B 中空气的状态参数;

　　(2) 流入容器 B 的质量。

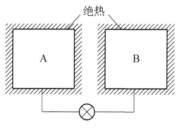

图习题 4-20 及 4-21

　　4-21　如果上题中容器 A 为绝热,而容器 B 为透热,周围环境温度 $T_0 = 298$ K,当容器 A 中的空气压力降到 $p_{A2} = 200$ kPa 时才将阀门关闭。若其他条件不变,试求:

　　(1) 终态时容器 B 中的质量及压力;

　　(2) 容器 B 在充气过程中所交换的热量。

第5章 热力学第二定律

热力学第一定律说明了热能和其他形式能量相互转换时能量在数量上守恒的客观规律,从而揭示了热能具有和其他形式能量相同的能的普遍属性。但是,它并没有讨论不同形式的能量存在着质的差别。热力学第二定律正是从能量的品位上揭示了不同形式的能量在相互转换的过程中,能量总量在质上必然降低(能量贬质)的客观规律,从而揭示了在转换为功的能力上,或者说在能的品质上,热能和其他形式的能量相比品位较低的特点。正是由于热能具有与其他形式能量所不同的特殊属性,涉及热现象的过程就明显地呈现出具有一定的方向、条件及限度的特点。根据这个客观规律建立起来的热力学第二定律普遍关系式是对系统进行能质分析和计算的基础。通过本章的学习要着重培养以下几方面的能力:(1)正确理解有关能质的各种基本概念,培养应用这些概念分析实际问题的能力;(2)正确识别和计算不同形式能量的"能质"的能力;(3)理解热力学第二定律的实质,培养应用热力学第二定律普遍关系式对实际问题进行分析和计算的能力。

5.1 热力学第二定律的实质及说法

5.1.1 热力学第二定律的实质

1. 能质衰贬原理

热力学第一定律的实质就是能量转换及守恒定律。实践证明,任何一个已经完成的过程或者正在进行中的过程,无一例外地遵循这条基本定律。然而,大量的事实证明,满足热力学第一定律的过程并不一定能够实现。这些过程之所以不能实现是因为违背了能量在品位(质)上必然下降的普遍规律。

热力学第二定律的实质就是能质衰贬原理(the principle of degradation of energy),它揭示了不同形式的能量在转换成功量的能力上是有质的差别的,即使同一种形式的能量,其存在状态不同时,它的转换能力也是不同的。正是因为各种不同存在形式或不同存在状态的能量在传递及转换能力上存在着质的差别,所以,在能量传递及转换过程中呈现出一定的方向、条件及限度的特征。

实践证明,一切实际过程总是朝着能质下降的方向进行。高质能可以全部转换成低质能;能量的传递总是自动地朝着品位下降的方向进行。能质提高的过程不可能自动地单独进行。一个能质提高的过程必定与另一个能质下降的过程同时发生,这个能质下降的过程就是实现能质升高过程的必要补偿条件,即以能质下降作为代价、作为补偿来推动能质升高过程的实现。在实际过程中,作为代价的能质下降过程必须足以补偿能质升高的过程,以满足总的能质必定下降的普遍规律。因此,在一定能质下降的补偿条件下,能质升高的过程必定有一个最高的理论限度。只有在完全可逆的理想条件下,才能达到这个理论限度,这时,能质升高值正好等于能质下降的补偿值,使总的能质保持不变。可见,可逆过程是纯理想化的能质守恒过程;在不可逆过程中总的能质必然下降;在任何情况下都不可能实现使孤立系统总的能质升高的过程。这就是能质衰贬原理的物理内涵,也就是热力学第二定律的实质,它揭示了一切宏观过程必须遵循的、有关过程进行方向、条件及限度的客观规律。

2. 影响能量品位的因素

要深刻地理解热力学第二定律的本质首先必须正确地识别各种不同形式的能量在不同存在状态时能量品位的高低,这样才能正确地判断一个实际过程究竟能否实现以及过程进行的方向、条件及限度。哪些因素影响着能量品位的高低呢?

首先,能量的品位与能量的存在形式有关。例如,动能是物体整体以一定的速度定向运动时所具有的能量;位能是物体整体在重力场中保持一定水平位置时所具有的能量;各种功量都是系统通过边界传递的有规则运动的能量形式;电能是电子在电场力作用下定向运动所具有的能量;化学能是化学元素之间在确定的化学结构下所具有的能量。显然,这些能量的存在形式都是有序的。有序能具有较高的转换能力,所以有序能都是高品位的能量(高质能)。又如,热力学能是系统内部大量粒子紊乱运动的动能及位能的总和;热量则是系统之间由于分子紊乱运动强度不同而传递的能量。显然,热力学能及热量都是无序能,转换成其他形式能量的能力较低,都是低品位的能量(低质能)。质量流能容量中的焓 $h = u + pv$,其中 pv 项具有机械能的性质,所以焓的品位高于热力学能。

其次,要定量地进行能质计算,必须有一个定义能质高低的共同基准。周围环境中拥有无穷多的能量,但都是没有转换能力的能量,其能质为零。一般情况下,各种热工设备都处于相同的周围环境中,任何系统与周围环境达到热力学平衡时,系统中的能量也就完全失去了做功能力,其能质也为零。可见,周围环境很自然地成为计算各种不同形式能量在不同存在状态时能质的共同基准,不能脱离周围环境条件来进行能质分析。

最后,能量的品位还与能量的存在状态有关。例如,系统的状态偏离周围环境状态越远,系统能量的做功能力越大,其能质越高;系统能量的品位随其状态趋近环境状态而降低;与环境达到热力学平衡时,系统能量的品位为零。再如,各种势差(如温差、压差、电位差、化学势差等)决定着能量及物质的传递方向。强度参数的值越大,能量及物质的逸出倾向越大,传递的能力越强。因此,能量及物质的传递过程总是自动地朝着势函数小的方向进行,也就是自动地朝着能质下降的方向进行。

3. 两类典型实例

下面我们通过两类常见的例子进一步说明热力学第一定律的局限性及热力学第二定律的实质。

1) 能量转换过程的方向、条件及限度

实践证明,在各种耗散结构中,如摩擦、电阻、扰动、黏性液体等,各种形式的能量最终都自动地转变成热能。例如,汽车制动时,高速行驶的动能以摩擦功的形式全部转变成散向环境的热量;在电加热器中,消耗在电阻上的电功可以全部转变成加热用的热量;在绝热容器中,通过搅拌器所输入的轴功可以全部转变成工质热力学能。耗散结构中的能量转换是典型的不可逆过程,只能朝着能质下降的方向进行,而且,不论采用什么方法都不可能使其反向转换。虽然它们的反向过程并不违背热力学第一定律,但都是不可能实现的。

机械能和电能都是高质能,可以全部转换成其他形式的能量。例如,在发电机中,由于存在摩擦、内电阻等耗散结构,输入的机械能除了极大部分转变成电能外,总有一部分机械能要转变成热量,使总的能质下降。只有在完全可逆的理想条件下,才能使机械能全部转变成电能,总的能质保持不变。电动机中的能量转换特点与此相同。

实践还证明,热能转换成机械能或电能是有条件的,即使在理想的完全可逆的条件下也不可能连续不断地把热能全部转换成机械能,总有一部分热量不可避免地要传向低温热库而无法做功。必须以部分热量从高温传向低温作为补偿条件,才能实现热量转换成功的能质升高过程。在完全可逆的理想条件下,可算出热量转变成功的最高理论限度。在实际转换过程中,热能转变成功的部分必定低于这个理论限度,两者差距的大小可以用来度量实际转换过程的不可逆损失及可以改进提高的潜力。

2) 能量传递过程的方向、条件及限度

存在势差是发生自发过程的根本原因和必要条件,自发过程总是朝着消除势差的方向进行,当势差消除时自发过程就终止(过程的限度)。例如,当物体之间存在温差时就会发生热量的传递过程;热量总是自动地从高温物体传向低温物体;当两个物体温度相等时,热量的传递过程就结束。当热量从高温物体传向低温物体时,能量在数量上是守恒的,但能质却下降了。又如,水总是自动地从高处流向低处;电流总是自动地由高电势流向低电势;气体总是自动地由高压膨胀到低压;气体分子总是自由地从高浓度向低浓度扩散;不同的气体可以自动地混合;相变过程及化学反应过程能自动地向一定的方向进行等,这些都是司空见惯的自发过程。这些过程都是不可逆的,只能自动地向单一方向进行,直到势差消除时才停止,消除势差的方向也就是能质下降的方向。虽然,它们的反向过程并不违反热力学第一定律,但都是不可能自动进行的。

实践证明,在付出一定代价的条件下,自发过程的反向过程也是可以实现的。例如,通过制冷装置(热泵)以功量转换成热量的过程为代价,或者以热量从高温传向低温的过程作为补偿条件,可以实现把热量从低温区传向高温区。再如,利用压气机,以消耗一定的功量为代价,可以实现对气体的压缩;应用水泵,以消耗功量为代价,可以把水输向高处;通过气体分离装置,以消耗功量为代价,可以把混合气体中的组成气体分离出来。可见,这些非自发过程(能质升高的过程)不可能自动地单独进行。一种能质升高的非自发过程必定有一个能质下降的自发过程作补偿,在一定的补偿条件下,非自发过程进行的程度不能超过一定的最大理论限度。

值得指出,热力学第一定律与热力学第二定律是两条相互独立的基本定律,前者揭示了在能量传递及转换过程中,能量在数量上必定守恒;而后者则指出在能量传递及转换过程中,能量在品位上必然贬质。一切实际过程必须同时遵循这两条基本定律,违背其中任何一条定律的过程都是不可能实现的。

5.1.2　热力学第二定律的说法

1. 热力学第二定律说法的等效性

热力学第二定律是人们通过对大量现象的观察和实验,从长期的实践经验中总结归纳出来的客观规律。客观事实无一例外地遵循这条基本定律以及该定律的各种推论。人们的实践活动是多方面的,可以从不同的角度来总结客观规律。因此,热力学第二定律可以有各种不同的说法。凡是能够正确地阐明热力学第二定律本质的论述都可作为热力学第二定律的说法。不论何种说法,它们都是等效的,违背一种说法必定违背其他说法。如果以某一种说法作为最基本的原始公设,则其他说法都可看作是它的推论,但被选作原始公设的说法则不能由任何其他定律推导出来。

2. 热力学第二定律的典型说法

下面先介绍几种比较典型的说法。

(1) 克劳修斯说法,即"不可能把热量从低温物体传到高温物体而不引起其他变化"。它指出了热量传递过程的单向性。

(2) 开尔文说法,即"不可能从单一热库吸取热量使之完全转变为功而不产生其他影响"。这个说法也可用普朗克说法来表示,即第二类永动机是不可能制成的。这两种说法的性质是相同的,都是说明热功转换的方向性,一般称为开尔文-普朗克说法。

(3) 喀喇氏说法,即"在系统的任一平衡态附近,总存在着从该状态出发经绝热过程所不可能达到的状态"。喀喇氏说法不如前两种说法那样直观,引入下列论断也许有助于对喀喇氏说法的理解。"在绝热、定容的条件下,闭口系统的热力学能只能增加,不能减少"。喀喇氏说法揭示了在绝热条件下,系统热力学能与功量之间相互转换的不可逆性。

(4) 哈特索普洛斯-基南的稳定平衡态定律,即"在外界不产生任何影响的条件下,系统从任何一个非平衡态出发,经过足够长的时间,总能达到一个而且只有一个稳定的热力学平衡状态"。这条定律指出了"趋向平衡过程"的单向性、条件及限度,可以看作是热力学第二定律的一种说法。

(5) 热力学第二定律还可概括为更一般的说法,即"一切自发过程都是不可逆的"。自发过程的单向性决定了它的不可逆性。另一方面,非自发过程必须以另一个自发过程作补偿,也必定是不可逆的。因此,热力学第二定律可进一步表述为"一切实际过程都是不可逆的"。可逆过程(势差无限小,无耗散效应)只是一种纯理想化的能质守恒过程。

(6) 能质衰贬原理及熵增原理,即能质衰贬原理可以说明并概括以上各种说法,它可表述为"一切实际过程总是朝着使总的能质下降的方向进行;只有在完全可逆的理想条件下总的能质保持不变;不可能发生使孤立系统总的能质提高的过程"。

熵增原理实际上就是能质衰贬原理的另一种表述方式,它可表述为"孤立系统的熵可以增大,在完全可逆的条件下可以保持不变,但不可能减少"。

对本节所罗列的各种说法,应先有一个初步认识,在后续章节的学习过程中再逐步加深理解。

5.2　有关能质的基本概念

本节要介绍一些与能质有关的基本定义,它们都是能质分析中带有普遍意义的基本概念。这些基本概念不是学了本节就能掌握的,必须在后续章节的学习过程中反复体会才能逐步加深理解。本节既可看作是引言,也可看作是小结。

5.2.1　寂态及㶲库

参与能量传递及转换过程的各个系统总是处在一个共同的周围环境之中。当系统与周围环境达到热力学平衡时,系统的状态称为死态或寂态。任何系统达到寂态时,该系统中的能量就完全丧失了转换的能力,其能质为零。任何系统在寂态时的能质均为零,因此,寂态可以作为度量任何系统能量品位高低的统一基准。系统的状态偏离寂态越远,系统能量的品位越高。

众所周知,周围环境中能量的数量为无限大,任何系统与周围环境所交换的能量相对于周围环境中的能量来说总是无限小量,因此都不会改变周围环境的平衡状态,即周围环境的温度及压力始终保持不变。周围环境中的能量都是没有转换能力的能量,因此,可以把周围环境作为能质分析时的基准库,称为㶲库。周围环境中的能量变化全是㶲的变化。各种不同形式能量的能质都是相对于周围环境这个共同基准而言的,因此能质分析必须建立在对周围环境状态有明确定义的基础上,不能脱离周围环境进行能质分析。

5.2.2　有用能及无用能

在一定的环境条件下,一定形态的能量中可以转换成可逆功的最大理论限度称为该种形态能量中的有用能,而不可能转换成功的部分称为无用能。若以系统能容量 E 为例,则有

$$E = E_U + E_{Unu} \tag{5-1}$$

式中,E_U 及 E_{Unu} 分别表示能容量 E 中的有用能及无用能。

5.2.3　有用功及无用功

系统在相同的初终两态之间可以经历许多不同的过程,若以 W_{12} 表示系统在 1—2 过程中与外界交换的功量,则该过程的有用功 W_{U12} 可表示为

$$W_{U12} = W_{12} - p_0(V_2 - V_1) \tag{5-2}$$

若经历一个内部可逆的任意过程,则有

$$W_{U12} = \int_1^2 p\,dV - p_0(V_2 - V_1) \tag{5-3}$$

若经历一个内外均可逆的任意过程,则有

$$(W_U)_{max12} = (W_{rev})_{max12} - p_0(V_2 - V_1) \tag{5-4}$$

上述式子中 W_{U12} 及 W_{12} 与过程经历的途径有关,都是过程量;但最大有用功 $(W_U)_{max12}$、最大可逆功 $(W_{rev})_{max12}$ 及无用功 $p_0(V_2-V_1)$ 与过程的途径无关,初终两态一定时它们就完全确定,都是状态变化量。显然,当系统交换功量时容积不变,即无用功 $p_0(V_2-V_1)$ 为零,则该功量为有用功。

5.2.4 㶲及炕

在一定的环境条件下,一定形态的能量中可以转换成有用功的最大理论限度称为该种形态能量中的㶲,而不能转换成有用功的部分则称为炕。若以系统能容量 E 为例,则有

$$E = A + An \tag{5-5}$$

式中,A（availability）及 An（anergy）分别表示系统能容量 E 的㶲及炕。

这个定义是在仔细分析各种㶲的表达式的基础上,把它们中共同的东西集中在一起而形成的。所以,这个定义包容了所有㶲的定义,本身又不代表任何一种㶲的定义。它包含了㶲的定义所必备的四个必要条件,可以用来检验别人对㶲的定义是否正确。

值得指出,㶲与有用能是密切相关而又有区别的两个不同概念。有用能是用最大可逆功来定义的,而㶲则是用最大有用功来定义的。两者含义相近,在一定条件下又相等,所以是比较容易混淆的两个概念,要注意加以区分。

再以系统在状态 1 时的能容量 E_1 为例,其有用能 E_{1U} 可表示为

$$E_{1U} = (W_{rev})_{max10} \tag{5-6}$$

其㶲值 A_1 则可表示为

$$A_1 = (W_U)_{max10} \tag{5-7}$$

式（5-6）及（5-7）说明,系统在状态 1 时的有用能（或㶲）可以用从状态 1 完全可逆地变化到寂态 0 的理想过程中,所能做出的最大可逆功 $(W_{rev})_{max10}$[或最大有用功 $(W_U)_{max10}$]来度量。

综合以上各个基本定义,对于系统在指定状态 1 时的能容量 E_1,可以建立如下的关系:

$$\begin{aligned}
E_1 &= E_{1U} + E_{1Unu} \\
&= (W_{rev})_{max10} + E_{1Unu} \\
&= (W_U)_{max10} + p_0(V_0 - V_1) + E_{1Unu} \\
&= A_1 + An_1
\end{aligned} \tag{5-8}$$

其中

$$An_1 = p_0(V_0 - V_1) + E_{1Unu} \tag{5-9}$$

式（5-9）说明,炕等于无用功与无用能的代数和。在一定的环境条件下,式（5-8）中的每一项都仅是状态 1 的单值函数。

值得指出,有用能与无用能、有用功与无用功、㶲与炕都是描述能量品位的基本概念。对于这些基本概念,应着重理解以下几点。

(1) 这些定义都是针对确定的周围环境而言的,不能脱离环境条件来评价能量的品位。

(2) 上述定义对于不同存在形式及不同存在状态的能量都是普遍适用的。只有针对一

定形态的能量,才有其相应的"能质",所以,如常见的压力㶲、温度㶲、流动㶲、开口系统㶲及闭口系统㶲等名称都是不太确切的。下一节能量的可用性分析将分析几种不同形态能量的能质,并建立它们的表达式。只有针对一定形态的能量,才能具体地计算它的能质。

(3) 上述定义中的最大理论限度是指超越这个限度就违背了热力学第二定律。这个理论限度只有在完全可逆的理想条件下才能实现,实际过程都是不可逆过程,能量的实际做功能力必定低于这个理论限度,两者的差距可作为实际过程不可逆损失的一种度量。

(4) 无用能只是指能量的做功能力为零,并非绝对无用,在非做功场合仍有使用价值。

5.2.5　熵与无用能

熵是一个重要的状态参数,熵的概念已在很多领域中广泛应用。深入探讨熵的物理意义超出了本书的范围,现在仅从工程应用的角度出发,用"有序"和"无序"的观点,粗浅地解释一下熵的含义。

$$E_{1Unu} - E_{0Unu} = T_0(S_1 - S_0)$$

根据寂态的性质,$E_0 = E_{0Unu} = U_0$,可以得出

$$E_{1Unu} = E_0 + T_0(S_1 - S_0) = T_0 S_1 + (U_0 - T_0 S_0) \tag{5-10}$$

熵与系统无用能之间有密切的联系。熵是系统无序程度(又称混乱度)的度量,熵值越大,则无序度越大。另一方面,从能量的"质"的观点来看,系统无序度越大,系统能量的能质越低,无用能也越大。由此可见,熵是表征系统无用能大小的状态参数。熵本身并不代表能量,但熵与系统无用能中的可变部分成正比,熵值越大,则系统的无用能越大。不难证明,系统的熵变与系统的无用能变化成正比,可以表示为

$$dS = \frac{dE_{Unu}}{T_0} \tag{5-11}$$

式中,T_0 是周围环境温度。如前所述,不能脱离周围环境来讨论能质问题。在一定的环境条件下,系统的无用能仅与系统所处的状态有关,具有状态参数的性质。系统无用能的表达式中必定包含环境温度 T_0,恰好与式(5-11)分母中的 T_0 相抵消,所以熵及熵变均与 T_0 无关。

值得指出,哈特索普洛斯-基南在论述可逆功原理的基础上,于 1965 年提出了新的熵变定义表达式

$$dS = c\,d(E - \Omega)$$

其中,Ω 代表有用能,$(E - \Omega)$ 表示无用能;c 是与基准库有关的恒为正的常数。上述定义表达式的物理意义与式(5-11)是完全一致的。实践证明,用式(5-11)作为熵变的定义表达式不仅更符合熵是状态参数的性质,而且使熵的物理意义更为明确,有利于消除对熵的神秘感。

必须指出,1865 年,克劳修斯在研究热力循环的基础上,提出了著名的克劳修斯不等式,即

$$\oint\left(\frac{\delta Q}{T}\right) \leqslant 0$$

后来,克劳修斯正式命名了熵,他的熵变定义表达式为

$$\oint\left(\frac{\delta q}{T}\right)_{\text{rev}} = 0; \quad \mathrm{d}s = \left(\frac{\delta q}{T}\right)_{\text{rev}}$$

这个表达式的最大贡献是可以用来计算熵变。但是,这个定义表达式也带来了"大麻烦",成了本学科中"最伤脑筋"的事。关于"熵是什么?"这个问题,人们争论了很多年,时而清楚,时而糊涂。我国在 20 世纪 50—70 年代的 30 年中,不知召开了多少次有关熵的讨论会,也不知有多少篇有关熵的论文。现在知道了,克劳修斯是用闭口、可逆循环条件下的热熵流(过程量)来定义熵变(状态量),所以引起的争论是永远不会有结果的。实际上在闭口、可逆的条件下,能够引起系统发生熵变的唯一原因就是热量交换。这个表达式就是热熵流的计算公式,在闭口、可逆的条件下,它也可以用来计算熵变。虽然表达式是在闭口、可逆的条件下推导出来的,但它是热量的一种性质,在任何过程中都是适用的。

SAM 理论体系是用无用能变化(状态量)来定义熵变(状态量)的,"最伤脑筋"的争论就自然而然地结束了。

5.2.6 㶲损及熵产

一切实际过程都是不可逆的,能量的实际做功能力必定小于最大可逆功,两者的差值表示实际过程的不可逆程度,即表示由于存在不可逆因素,而使本来具有做功能力的有用能转换为不能做功的无用能,虽然能量的总量不变,但能质下降了,这种不可逆性造成的损失称为㶲损。若以 I 表示㶲损,则有

$$
\begin{aligned}
I &= (W_{\text{rev}})_{\text{max}} - W_{\text{act}} \\
&= \left[(W_{\text{rev}})_{\text{max}} - p_0 \Delta V\right] - \left[W_{\text{act}} - p_0 \Delta V\right] \\
&= (W_{\text{U}})_{\text{max}} - (W_{\text{U}})_{\text{act}} \\
&= T_0 S_{\text{P}} \geqslant 0
\end{aligned}
\tag{5-12}
$$

式中 S_{P} 表示实际过程的熵产。实际过程中存在的不可逆因素使本来可以做功的有用能转化为无用能,因这部分无用能的增加而引起的熵的增大值称为熵产。㶲损的计算公式 $I = T_0 S_{\text{P}} \geqslant 0$ 称为高乌-史多台拉(Gouy-Stodola)公式,它说明㶲损等于环境温度与不可逆过程中熵产的乘积。不难发现,㶲损与熵产之间的关系($I = T_0 S_{\text{P}} \geqslant 0$)以及无用能变化与熵变之间的关系($\Delta E_{\text{Unu}} = T_0 \Delta S$)都能从本质上说明无用能与熵之间的内在联系,但它们所代表的物理意义是不同的。前者是过程量,揭示了过程中不可逆因素引起的㶲损(无用能的增加)与熵产之间的关系,它体现了热力学第二定律的实质;后者是与过程性质无关的状态量。

㶲损及熵产都是过程量,不能脱离具体过程来讨论㶲损及熵产,而且内部及外部的不可逆性也是相互独立的,因此有

$$(S_{\text{P}})_{\text{tot}} = (S_{\text{P}})_{\text{in}} + (S_{\text{P}})_{\text{out}} \tag{5-13}$$

$$
\begin{aligned}
I_{\text{tot}} &= T_0 (S_{\text{P}})_{\text{tot}} \\
&= T_0 (S_{\text{P}})_{\text{in}} + T_0 (S_{\text{P}})_{\text{out}} \\
&= I_{\text{in}} + I_{\text{out}}
\end{aligned}
\tag{5-14}
$$

5.3　能量的可用性分析

5.3.1　系统能量(E)的可用性

1. 寂态时系统能量(E_0)的可用性

寂态时系统与周围环境达到了热力学平衡,相对环境而言,系统的能量(E_0)已经完全丧失了做功能力。若用 E_{0U} 及 E_{0Unu} 分别表示系统在寂态时的有用能及无用能,则 $E_{0U}=0$ 及 $E_0=E_{0Unu}$。 显然,寂态时系统的外部动能及外部位能均为零,即 $E_{k0}=E_{p0}=0$。 因此,对于寂态有:

$$E_{0U}=0; \quad E_0=E_{0Unu}=U_0 \tag{5-15}$$

式(5-15)表明,任何系统处于寂态时,其有用能均为零。因此,寂态可作为度量任何系统能量品位高低的共同基准。必须指出,当工质热力学能的基准态(不一定是环境状态)确定之后,系统在寂态时的能量($E_0=U_0$)是有确定数值的。

2. 任意指定状态下系统能量(E)的可用性

根据熵与无用能之间的关系以及熵变的定义表达式(5-11),对于任意指定的状态1,不难得出

$$E_{1Unu}-E_{0Unu}=T_0(S_1-S_0)$$

根据寂态的性质,$E_0=E_{0Unu}=U_0$,可以得出

$$E_{1Unu}=U_0+T_0(S_1-S_0)=T_0 S_1+(U_0-T_0 S_0) \tag{5-16}$$

式(5-16)是任意指定状态(如状态1)下系统无用能的表达式。它表明在一定的环境条件(T_0, p_0)下,系统的无用能仅是系统状态的单值函数,可以当作状态参数来处理。熵是表征系统无用能大小的状态参数,熵与系统无用能中的可变部分成正比,熵值越大,系统的无用能也越大。但熵并不代表能量,它是状态参数,与 T_0 无关。

根据式(5-1)及式(5-16)不难得出任意状态(如状态1)下系统有用能的表达式,即

$$E_{1U}=(E_1-E_0)-T_0(S_1-S_0) \tag{5-17}$$

显然,系统初终态之间有用能变化的表达式可写成

$$(\Delta E_U)_{12}=E_{2U}-E_{1U}=(E_2-E_1)-T_0(S_2-S_1) \tag{5-18}$$

值得指出,根据可逆功原理可以证明,在一定的环境条件(T_0, p_0)下,从系统的初态完全可逆地变化到终态时,所能转换成的最大可逆功是完全确定的,并且只与初终两态有关,而与所经历的可逆途径无关。可逆功原理的结论可表述为

$$(W_{rev})_{max12}=(E_1-E_2)-T_0(S_1-S_2)=-(\Delta E_U)_{12} \tag{5-19}$$

不难看出,当终态为寂态时,有

$$(W_{rev})_{max10}=(E_1-E_0)-T_0(S_1-S_0)=-(\Delta E_U)_{10}=E_{1U} \tag{5-20}$$

式(5-20)说明,任意指定状态下系统的有用能可以用从该状态完全可逆地变化到寂态时,所能转换成的最大可逆功来度量。系统状态偏离寂态越远,能转换成的最大可逆功越大,系统的有用能越大。系统的有用能除了在寂态时为零($E_{0U}=0$)外,其他状态均为正值。式(5-19)说明任意两态之间的有用能变化是可正可负的。当最大可逆功$(W_{rev})_{max12}$为正时,系统的有用能减小,所减少的有用能完全转换成对外所做的最大可逆功。若系统的有用能增加,则最大可逆功为负值,外界所做的最大可逆功转换成系统有用能。在完全可逆的理想条件下,这种转换是没有任何损失的,因此,最大可逆功代表了系统能量可以转换成功量的最大理论限度。系统㶲值变化与最大有用功之间的转换关系,与系统有用能变化与最大可逆功之间的转换关系是相同的,也有$(\Delta A)_{12}=A_2-A_1=-(W_U)_{max12}$。

根据最大有用功与最大可逆功之间的关系可以得出任意指定状态(如状态1)下系统能量㶲值的表达式,即

$$
\begin{aligned}
A_1 &\equiv (W_U)_{max10} = (W_{rev})_{max10} - p_0(V_0 - V_1) \\
&= (E_1 - E_0) + p_0(V_1 - V_0) - T_0(S_1 - S_0) \\
&= (E_1 + p_0 V_1 - T_0 S_1) - (E_0 + p_0 V_0 - T_0 S_0) \\
&= (U_1 + p_0 V_1 - T_0 S_1) - (U_0 + p_0 V_0 - T_0 S_0) + E_{k1} + E_{p1} \\
&= A_{U1} + E_{k1} + E_{p1}
\end{aligned}
\tag{5-21}
$$

式(5-21)中包含了任意状态(如状态1)下系统能量㶲值的几种表达形式,它们都是等价的。式(5-21)说明,在指定状态下系统能量的㶲值可以用从该状态完全可逆地变化到寂态时所能转换成的最大有用功来度量。在一定的环境条件下,系统能量的有用能、无用能、无用功及㶲值都是系统状态的单值函数,可以当作状态参数来处理。系统能量的㶲值,除寂态时为零($A_0=0$)外,恒为正值。系统状态偏离寂态越远,其㶲值越大。式中A_U表示系统热力学能的㶲值,E_k及E_p都是机械能,它们的数值均为㶲值。所以系统能量的㶲值等于热力学能㶲、外部动能及外部位能的总和。

系统两态之间热力学能的㶲值变化可以表示为

$$
\begin{aligned}
(\Delta A)_{12} &= A_{U2} - A_{U1} = (U_2 - U_1) + p_0(V_2 - V_1) - T_0(S_2 - S_1) \\
&= (U_2 + p_0 V_2 - T_0 S_2) - (U_1 + p_0 V_1 - T_0 S_1) = \Phi_2 - \Phi_1
\end{aligned}
\tag{5-22}
$$

式(5-22)中Φ_1及Φ_2分别表示初终两态热力学能的㶲函数。因为寂态时的㶲函数($\Phi_0 = U_0 + p_0 V_0 - T_0 S_0$)是个常数,所以两态之间的㶲值变化等于㶲函数的变化。热力学能的㶲函数($\Phi=U+p_0 V-T_0 S$)与热力学能的㶲($A_U=\Phi-\Phi_0$)是有区别的,㶲函数仅是㶲值A中的可变部分,不能用㶲函数来代表㶲。

在任意状态(如状态1)时,系统能量的㶲值可表示为

$$
An_1 = E_1 - A_1 = p_0(V_0 - V_1) + T_0 S_1 + (E_0 - T_0 S_0)
\tag{5-23}
$$

式(5-23)说明,任意状态下系统的㶲值等于无用功与无用能的总和,是系统能量中完全丧失转换能力的那一部分能量。在一定的环境条件下,㶲也仅是系统状态的单值函数。

系统初终两态的㶲值变化可表示为

$$
\begin{aligned}
(\Delta An)_{12} &= An_2 - An_1 \\
&= T_0(S_2 - S_1) + p_0(V_2 - V_1)
\end{aligned}
\tag{5-24}
$$

式(5-24)说明,系统的㶲值变化等于系统无用能变化与无用功的总和。

例5-1 在容积为 V 的刚性透热容器中,贮有质量为 m、压力为 p 的氧气。若周围环境状态为 T_0、p_0,试写出容器中氧气㶲值的表达式及容器内抽成真空时的㶲值(见图5-1)。

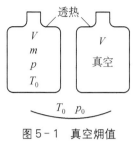

图5-1 真空㶲值

解 置于环境中的透热容器,其中氧气的温度为 T_0。假定在 T_0、p 的状态下,氧气可当作理想气体。

根据系统能量的㶲值公式,有

$$
\begin{aligned}
A &= m\left[(u-u_0)+p_0(v-v_0)-T_0(s-s_0)\right] \\
&= m\left[p_0\left(\frac{RT_0}{p}-\frac{RT_0}{p_0}\right)+RT_0\ln\left(\frac{p}{p_0}\right)\right] \\
&= mRT_0\left[\frac{p_0}{p}-1+\ln\frac{p}{p_0}\right] \\
&= pV\left[\frac{p_0}{p}-1+\ln\frac{p}{p_0}\right]
\end{aligned}
$$

当 p 趋近于零时,真空容器中㶲值可表示为

$$
A_{真空}=V\left[p_0-p+p\ln\frac{p}{p_0}\right]_{p_0\to0}=p_0V
$$

提示 (1)刚性压力容器($T=T_0$)中理想气体的㶲值只与容积 V 及压力 p 有关,而与气体的种类无关。

(2)真空容器中既无质量又无能量,但㶲值并不为零。真空的㶲值在数值上等于抽成真空时所需付出的代价。$A_{真空}=P_0V$,$An_{真空}=-P_0V$。

例5-2 在容积为 V 的刚性绝热容器中贮有 2 kg 温度为 300 K 的空气,$c_v=0.718$ kJ/(kg·K)。若由搅拌器输入 1 000 kJ 的轴功,试计算空气的热力学能变化、熵变化、㶲变化以及过程的㶲损及熵产各为多少。环境温度 T_0 为 300 K(见图5-2)。

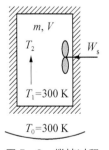

图5-2 搅拌过程

解 $\Delta E=(\Delta E)_Q+(\Delta E)_W+(\Delta E)_M$

按题意有
$$(\Delta E)_Q=(\Delta E)_M=0$$
$$(\Delta E)_W=-W_s,\quad E_k=E_p=0,\quad \Delta E=\Delta U,$$

因此有
$$\Delta U_{12}=-W_s=1\,000\text{ kJ}$$
$$\Delta U_{12}=mc_v(T_2-T_1)$$
$$T_2=T_1+\frac{\Delta U_{12}}{mc_v}=300+\frac{1\,000}{2\times0.718}=996.4\text{(K)}$$
$$\Delta S_{12}=mc_v\ln\frac{T_2}{T_1}=2\times0.718\ln\frac{996.4}{300}=1.724\text{(kJ/K)}$$

对于刚性容器,$\Delta V_{12}=0$,因此有

$$\Delta A_{12} = -(W_U)_{\max 12} = (W_{rev})_{\max 12} = (\Delta E_U)_{12}$$
$$= \Delta U_{12} - T_0 \Delta S_{12}$$
$$= 1\,000 - 300 \times 1.724 = 482.8 (\text{kJ})$$

根据㶲损的定义有 $I_{12} = (W_{rev})_{\max 12} - W_s = T_0 S_{P12}$
$$= -482.8 - (-1\,000) = 517.2 (\text{kJ})$$

$$S_{P12} = \frac{I_{12}}{T_0} = \frac{517.2}{300} = 1.724 (\text{kJ/K}) = \Delta S_{12}$$

提示　（1）ΔU、ΔS、ΔA 及 ΔE_U 仅是初终两态的函数，与过程的性质无关；I 及 S_P 是过程量。

（2）当系统容积不变时，有 $\Delta A = \Delta E_U$。 热库、功库、质量库均有这个性质。

（3）能量在数量上守恒，不论初温的高低，$\Delta U_{12} = mc_v(T_2 - T_1) = -W_s$ 总是成立的，即输入的功量总等于热力学能增量。但功量转换成热力学能增量后，能质是下降的，当 $T_1 = 300$ K 时，下降了 517.2 kJ。若 T_1 增大，热力学能增量虽然不变，但热力学能的能质提高了，相应的不可逆性损失就下降了。

（4）本题计算结果表明 $S_{P12} = \Delta S_{12}$，说明系统熵的变化完全是由系统内部的不可逆性损失引起的。熵产与熵变是不同的概念，并不总是相等的。

（5）对于不可逆过程，公式 $W_v = \int p \, dV$、$W_t = -\int V \, dp$ 及 $Q_v = mc_v(T_2 - T_1)$ 都不适用。本题是个很好的实例。

5.3.2　热量的可用性

在一定的环境条件下，系统与外界交换的热量可以转换成有用功的最大理论限度，称为该热量的㶲值，用 A_Q 来表示；系统所交换的热量对系统自身㶲值变化的贡献称为该热量的㶲流，用 $(\Delta A)_Q$ 表示。它们都是表征热量能质的物理量。显然，热量的㶲值是指它的外部效应；而热量的㶲流是指它的对内影响。它们大小相等，符号相反，即 $(\Delta A)_Q = -A_Q$。

现以热库为研究对象，分析热库所交换的热量的做功能力。推导热量㶲值计算公式的理论依据是卡诺定理。推导的前提条件是：①热库温度 T_R 及热量 Q_R 一定；②周围环境条件 (T_0, p_0) 一定；③完全可逆；④除了热库通过可逆机与周围环境发生可逆的热交换外，没有其他的热量交换。在上述条件下，才能排除其他形态的能量可能产生的影响，所获得的最大有用功才可表示纯热量 Q_R 的最大转换能力，而且是一个不能超越的最大理论限度。

图 5-3 是推导热量㶲值的热力学模型，其 T_R 及 T_0 分别表示热库及周围环境（基准库）的温度，它们均为常数。Q_1 及 Q_2 分别表示循环中可逆机（热机 RE、热泵 HP 或制冷机 RR）与高温热库及低温热库所交换的热量。Q_R 及 Q_0 分别表示热库及基准库与可逆机所交换的热量。Q_1、Q_2、Q_R 及 Q_0 都是代数值，吸热为正，放热为负。W_0 表示循环净功，也是代数值，正循环为正，逆循环为负。

根据 $T_R > T_0$ 或 $T_R < T_0$ 以及 $Q_R > 0$ 或 $Q_R < 0$ 将推导热量㶲值的热力学模型分为如图 5-3 所示的四种不同工况。不论哪种工况，都可推得相同的结论。现仅以工况（a）为例来推导热量㶲值的计算公式，其他三种工况供读者自证。

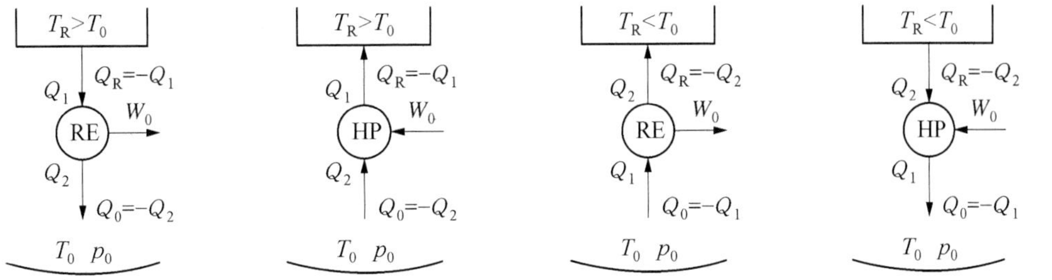

(a) $T_R>T_0$, $Q_R<0$　(b) $T_R>T_0$, $Q_R>0$　(c) $T_R<T_0$, $Q_R>0$　(d) $T_R<T_0$, $Q_R<0$

图 5-3　推导热量㶲值的四种不同的热力学模型

如图 5-3(a)所示，在闭口系统、可逆循环的条件下，对于热机有

$$\Delta E=(\Delta E)_Q+(\Delta E)_W+(\Delta E)_M$$

$$\Delta E=0,\quad (\Delta E)_M=0,\quad W_{\mathrm{RE}}=Q_1+Q_2$$

$$\Delta S=(\Delta S)_Q+(\Delta S)_W+(\Delta S)_M+S_{\mathrm{Pin}}$$

$$\Delta S=0,\quad (\Delta S)_W=0,\quad (\Delta S)_M=0,\quad S_{\mathrm{Pin}}=0$$

$$\frac{Q_1}{T_R}+\frac{Q_2}{T_0}=0,\quad Q_2=-Q_1\frac{T_0}{T_R}$$

$$(W_{\mathrm{rev}})_{\max}=W_{\mathrm{RE}}=Q_1+Q_2=Q_1\left(1-\frac{T_0}{T_R}\right)=Q_R\left(\frac{T_0}{T_R}-1\right)$$

根据作用量(热量)的针对性及相互性，有 $Q_R=-Q_1$ 及 $Q_0=-Q_2$。把这个关系式代入上式，可得出针对热库的热量㶲值的计算公式，即

$$A_Q\equiv W_{\max}=Q_R\left(\frac{T_0}{T_R}-1\right)\tag{5-25}$$

式(5-25)中热量㶲值 A_Q 的物理意义是在一定的环境条件下，温度为 T_R 的热库所交换的热量 Q_R 可以转换成有用功的最大理论限度。显然，超过这个限度就违背热力学第二定律。根据热量的㶲值与㶲流之间的关系，热量㶲流的计算公式可表示为

$$(\Delta A)_Q=-A_Q=Q_R\left(1-\frac{T_0}{T_R}\right)\tag{5-26}$$

现在以热库为研究对象，进一步讨论热量交换对热库能量变化及能质变化的影响。根据热库的定义及其性质，热力学第一定律可表达为

$$\Delta E^{\mathrm{TR}}=(\Delta E)_Q=Q_R\tag{5-27}$$

因为热库的容积不变，热库的有用能变化等于其㶲值的变化。热库的㶲值变化是纯热量交换所引起的，即热库的㶲值变化等于热量的㶲流，因此有

$$\Delta E_U^{\mathrm{TR}}=\Delta A^{\mathrm{TR}}=(\Delta A)_Q=Q_R\left(1-\frac{T_0}{T_R}\right)\tag{5-28}$$

由式(5-27)及式(5-28)可得出热库中无用能变化的表达式为

$$\Delta E_{\text{Unu}}^{\text{TR}} = \Delta E^{\text{TR}} - \Delta E_{\text{U}}^{\text{TR}} = T_0 \frac{Q_{\text{R}}}{T_{\text{R}}} = T_0 \Delta S^{\text{TR}} \qquad (5-29)$$

根据热库的性质,热库的熵变完全是由纯热量交换引起的,排除了任何其他可能对热库熵变产生影响的因素。因此,热库的熵变等于热熵流,可以表达为

$$\Delta S^{\text{TR}} = (\Delta S)_{\text{Q}} = \frac{Q_{\text{R}}}{T_{\text{R}}} \qquad (5-30)$$

式(5-30)不仅是热库熵变的表达式,而且还是热熵流的表达式。热熵流是指热量交换对系统本身熵值变化的贡献。从公式可知,系统吸热,热熵流为正;系统放热,热熵流为负。若交换相同的热量,系统的温度越高,则热熵流越小;反之亦然。所以热量交换时的温度越高,热量的能质越高。将式(5-30)及式(5-27)代入式(5-28)可得出

$$\Delta E_{\text{U}}^{\text{TR}} = \Delta A^{\text{TR}} = \Delta E^{\text{TR}} - T_0 \Delta S^{\text{TR}} \qquad (5-31)$$

可见,式(5-31)与(5-18)及式(5-22)(热库容积不变,$\Delta V^{\text{TR}} = 0$)是完全一致的,说明系统㶲值变化的计算公式同样适用于热库。

值得指出,热量的㶲值、㶲流以及热熵流的计算公式虽然是以热库为研究对象在一系列前提条件下推导出来的,但这些公式都是表征纯热量交换时热量的性质,具有普遍意义。根据作用量的独立作用原理,其他作用量及不可逆因素的存在不会影响热量交换所做的贡献。因此,只要知道换热过程中系统内部(或换热边界上)温度的变化规律,这些公式就可以适用于任何系统,而且不受前提条件的限制。因为热量的㶲值、㶲流以及热熵流都是过程量,所以也只有在知道过程函数的条件下才能计算出来。

现在来分析热量㶲值及㶲流的正负号以及它们所代表的物理意义。

如图5-4所示,刚性容器中贮有1 kg理想气体,经历一个等容吸热过程。

第一种情况 $T_a < T_b < T_0$,系统吸收热量为 q_{ab},使系统从 T_a 升高到 T_b。

第二种情况 $T_2 > T_1 > T_0$,系统吸收热量为 q_{12},使系统从 T_1 升高到 T_2。

在 p-v 图及 T-s 图上,这两个吸热过程分别用 a—b 及 1—2 来表示。

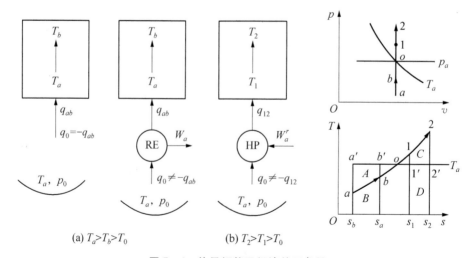

(a) $T_a > T_b > T_0$　　　　　　(b) $T_2 > T_1 > T_0$

图5-4　热量㶲值及㶲流的正负号

在低于环境温度的条件下,系统能自动地从环境吸收热量 q_{ab},使系统温度从 T_a 升高到 T_b。 不难发现,这样就会有温差传热的不可逆性损失。如果有一台可逆热机工作于系统与环境之间,在系统吸收热量 q_{ab} 的过程中,就可以输出功量 W_0。 这个功量就是热量 q_{ab} 的㶲值,也是直接从环境吸热时的不可逆性损失。根据热量㶲值的计算公式,可得出

$$
\begin{aligned}
A_Q = \int_a^b \delta q\left(\frac{T_0}{T}-1\right) &= T_0(s_b - s_a) - q_{ab}\\
&= 面积(A+B) - 面积 B\\
&= 面积 A = 面积\ a'b'baa' > 0
\end{aligned}
\tag{5-32}
$$

根据热量㶲流的计算公式,可得出

$$
(\Delta A)_Q = \int_a^b \delta q\left(1-\frac{T_0}{T}\right) = 面积\ abb'a'a < 0 \tag{5-33}
$$

在高于环境温度的条件下,系统不可能自动地从环境吸收热量 q_{12}。 要使系统温度从 T_1 升高到 T_2,在没有其他高温热库($T_R > T_2$)供热的条件下,可以通过一台可逆热泵来供热。根据热量㶲值的计算式,可得出

$$
\begin{aligned}
A_Q = \int_1^2 \delta q\left(\frac{T_0}{T}-1\right) &= T_0(s_2 - s_1) - q_{12}\\
&= 面积 D - 面积(C+D)\\
&= -面积 C = 面积\ 1'2'211' < 0
\end{aligned}
\tag{5-34}
$$

根据热量㶲流的计算公式,可得出

$$
(\Delta A)_Q = \int_1^2 \delta q\left(1-\frac{T_0}{T}\right) = 面积\ 122'1'1 > 0 \tag{5-35}
$$

从本例可以看出,这两种情况都是系统的吸热过程,q_{ab} 及 q_{12} 都为正。但是,由于热量㶲值及㶲流的正负号不仅与热量(吸热或放热)有关,而且还与热交换时的温度条件($T > T_0$ 或 $T < T_0$)有关,因此不能简单地按热量的正负号来确定。热量㶲值的正负号是以热量交换时的外部效果来确定的,即根据最大有用功的正负号来确定:对外做功,㶲值为正;外界耗功,㶲值为负。热量㶲流的正负号是以热量交换时的对内影响来确定的:使系统㶲值增加,㶲流为正;使系统㶲值减少,㶲流为负。在 $T-s$ 图上很容易地判断热量㶲流的正负号。如过程 $a—b$ 是趋近寂态的过程,使系统㶲值减小,因此有 $(\Delta A)_Q < 0$。 又如过程 $1—2$ 是偏离寂态的过程,使系统㶲值增加,因此有 $(\Delta A)_Q > 0$。

必须强调指出,当我们对热量进行可用性分析时,一定要注意作用量的针对性及相互性。不仅要明确该作用量是针对哪一个系统,而且要分清它的外部效应和对内影响。必须严格区分热量㶲值和㶲流这两个不同的概念,不论温度状况如何,热量㶲值和㶲流的计算公式是确定不变的,不受 $T > T_0$ 或 $T < T_0$ 的影响。而且,热量的㶲值和㶲流总是大小相等,正负号相反。这充分说明上述概念及定义的唯一确定性。

必须严格按照各自的计算公式来计算㶲值和㶲流,如果不注意这一点,就会重犯目前常见的正负号错误,甚至得出荒谬的结论。例如,用热量的㶲流的公式 $\delta q\left(1-\frac{T_0}{T}\right)$ 来计算热

量的㶲值时,会得出热量从低温传向高温还能对外做正功,而热量从高温传向低温却需付出
代价的荒谬结论。

例 5-3 已知热库的温度为 200 K,周围环境温度为 300 K(见图 5-5)。若两者之间
传递了 1 000 kJ 的热量,试对这个温差传热过程进行热力学分析,即计算:

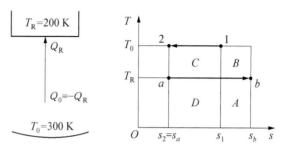

图 5-5 温 差 传 热

(1) 热量的㶲值;

(2) 由于热量交换而引起的能量变化、㶲值变化及熵值变化;

(3) 温差传热所造成的熵产及㶲损,并表示在 T-s 图上。

解 热量总是自动地从高温传向低温,因此有

$$Q_R = 1\ 000\ \text{kJ} = \text{面积}(D+A)$$
$$Q_0 = -Q_R = -1\ 000\ \text{kJ} = -\text{面积}(C+D)$$

(1) 热量的㶲值:

对于热库有

$$A_Q = Q_R\left(\frac{T_0}{T_R}-1\right) = 1\ 000\left(\frac{300}{200}-1\right) = 500(\text{kJ}) = \text{面积}(C+B)$$

对于周围环境有
$$A_Q = Q_0\left(\frac{T_0}{T_0}-1\right) = 0$$

(2) 由于热量交换而引起的能量变化、㶲值变化及熵值变化:

对于热库有
$$(\Delta E)_Q = Q_R = 1\ 000(\text{kJ})$$

$$(\Delta A)_Q = Q_R\left(1-\frac{T_0}{T_R}\right) = -A_Q = -500\ \text{kJ} = -\text{面积}(C+B)$$

$$(\Delta S)_Q = \frac{Q_R}{T_R} = \frac{1\ 000}{200} = 5(\text{kJ/K})$$

对于周围环境有

$$(\Delta E)_Q = Q_0 = -1\ 000(\text{kJ})$$

$$(\Delta A)_Q = Q_0\left(1-\frac{T_0}{T_0}\right) = -A_Q = 0$$

$$(\Delta S)_Q = \frac{Q_0}{T_0} = \frac{-1\ 000}{200} = -3.33(\text{kJ/K})$$

（3）熵产及㶲损的计算：

热库及周围环境的能容量无穷大，交换的热量相对于它们的能容量来说总是足够小，因此热库及周围环境内部都是可逆的，熵产及㶲损都发生在它们的外部。在纯热量交换的条件下，热库及周围环境的能量、熵及㶲的变化都是由纯热量交换引起的。因此，对于热库有

$$\Delta E^{TR} = (\Delta E)_Q = Q_R = 1\,000(\text{kJ})$$

$$\Delta E_U^{TR} = \Delta A^{TR} = (\Delta A)_Q = -500\ \text{kJ} = -\text{面积}(C+B)$$

$$\Delta E_{Unu}^{TR} = \Delta E^{TR} - \Delta E_U^{TR} = 1\,000 - (-500) = 1\,500(\text{kJ}) = \text{面积}(A+B+C+D)$$

$$\Delta S^{TR} = \frac{\Delta E_{Unu}^{TR}}{T_0} = \frac{1\,500}{300} = 5\ \text{kJ/K} = s_b - s_2$$

$$\Delta S^{TR} = (\Delta S)_Q = \frac{Q_R}{T_R} = \frac{1\,000}{200} = 5(\text{kJ/K})$$

对于周围环境有

$$\Delta E^0 = (\Delta E)_Q = Q_0 = -1\,000(\text{kJ})$$

$$\Delta E_U^0 = \Delta A_0 = 0$$

$$\Delta E_{Unu}^0 = \Delta E^0 - \Delta E_U^0 = -1\,000\ \text{kJ} = -\text{面积}(C+D)$$

$$\Delta S_0 = \frac{\Delta E_{Unu}^0}{T_0} = \frac{-1\,000}{300} = -3.33(\text{kJ/K})$$

$$\Delta S_0 = (\Delta S)_{Q_0} = \frac{Q_0}{T_0} = \frac{1\,000}{300} = -3.33(\text{kJ/K})$$

值得指出，熵变与热熵流是两个不同的概念，熵变是状态量的变化，热熵流则是过程量，都应按各自的定义来计算。一般情况下，两者是不一定相等的。本例中按各自的定义所计算的结果正好相等，这是由纯热量交换以及热库和周围环境的特性所造成的，仅是一种特殊情况。

熵产可以用参与温差传热的两个系统的熵变的代数和来计算，即

$$S_P = \Delta S^{TR} + \Delta S_0 = (s_b - s_2) + (s_2 - s_1) = 5 - 3.33 = 1.67(\text{kJ/K})$$

㶲损可根据熵产计算出来，即

$$I = T_0 S_P = 300 \times 1.67 = 500(\text{kJ}) = \text{面积}(B+A) = \text{面积}(B+C)$$

或者先求出㶲损，再由两者的关系求熵产。

根据㶲损的定义：

$$I = (W_U)_{\text{max}} - (W_U)_{\text{act}} = (A_{Q_R} - A_{Q_0}) - (W_U)_{\text{act}}$$

其中 $A_{Q_0} = 0$，$(W_U)_{\text{act}} = 0$，因为实际上并未做功。因此有

$$I = A_{Q_R} + 0 - 0 = 500(\text{kJ}), \quad S_P = \frac{I}{T_0} = 1.67(\text{kJ/K})$$

提示　（1）必须严格区分熵变、熵流和熵产以及㶲变、㶲流及㶲损等概念，这些概念的定义及计算公式都是唯一确定的，应按各自的定义表达式进行计算，必须具备识别与应用这

些概念来分析计算的基本能力。

（2）必须加强基准的观念，不能脱离周围环境来进行能质分析。从计算结果来看，有

$$\Delta E^{TR} = 1\,000 \text{ kJ}, \quad \Delta E_U^{TR} = -500 \text{ kJ}, \quad \Delta E_{Unu}^{TR} = 1\,500 \text{ kJ}$$

没有基准的观念是难以理解这些数据的。

5.3.3 功量的可用性

1. 功量的能流及熵流

功量是系统与外界之间的一种相互作用量，是能量转换过程中的一种能量形式，是过程量。我们已知，功量交换对系统能量变化的贡献称为功量的能流，可表示为 $(\Delta E)_W = -W$。我们又知，有用能是用功量来度量的，所以功量本身全是有用能。系统与外界之间的功量交换是有用能的交换，功量交换时对系统能量变化的贡献也就是对系统有用能变化的贡献。因此有

$$(\Delta E)_W = (\Delta E_U)_W = -W \tag{5-36}$$

$$(\Delta E_{Unu})_W = (\Delta E)_W - (\Delta E_U)_W = 0 \tag{5-37}$$

$$(\Delta S)_W = \frac{(\Delta E_{Unu})_W}{T_0} = 0 \tag{5-38}$$

式中，$(\Delta E_U)_W$、$(\Delta E_{Unu})_W$ 及 $(\Delta S)_W$ 分别表示功量交换对系统有用能变化、无用能变化以及熵值变化的贡献。公式表明，功量是有用能，功量交换是有用能的交换，不会引起系统无用能的变化，因此，也不会对系统的熵变做出贡献，功熵流恒等于零，即 $(\Delta S)_W = 0$。

必须指出，系统有用能变化与功量的能流是两个不同的概念，有

$$(\Delta E_U)_{12} = -(W_{rev})_{max12}; \quad (\Delta E)_{W12} = (\Delta E_U)_{W12} = -W_{12}$$

在一定的环境条件下，系统有用能的变化仅是系统初终两态的单值函数，与过程的性质无关，但与周围环境条件有关。相同的初终两态之间可以经过许多不同的过程使系统有用能发生变化的原因（影响因素）也是多种多样的。功量的能流是功量交换时对系统有用能变化的贡献，它仅是众多影响因素中的一种。功量是个过程量，功量的能流也是过程量，而且与周围环境条件无关。

2. 功量的㶲值及㶲流

在一定的环境条件下，系统与外界所交换的功量可以转换成有用功的最大理论限度称为该功量的㶲值，用 A_W 表示；系统所交换的功量对系统自身㶲值变化的贡献称为该功量的㶲流，用 $(\Delta A)_W$ 表示。它们大小相等，正负号相反，即 $(\Delta A)_W = -A_W$。

虽然功量全是有用能，但并不是所有的功量都能转换成其他形式的能量。如果功量交换时系统容积发生了变化，系统所交换的功量中必然有一部分是克服周围环境压力所做的无用功，$p_0(V_2 - V_1)$ 不能转换成其他形式能量的无用功。有用功具有无限的转换能力，它可以全部地转换成任何其他形式的能量。各种㶲值都是用有用功来度量的，功量的㶲值可表示为

$$A_W = W_U = W - p_0 \Delta V \tag{5-39}$$

功量的㶲流则可表示为

$$(\Delta A)_W = -A_W = -(W - p_0 \Delta V) \qquad (5-40)$$

值得指出,功量㶲值及㶲流的正负号规定与功量的正负号规定是不同的。功量正负号的规定:系统对外做功为正;外界对系统做功为负。功量的㶲值及㶲流的正负号不仅与功量有关,而且还与功量交换时系统的压力状况($p > p_0$ 或 $p < p_0$)以及 ΔV 的正负号有关。

现在来讨论功量㶲值及㶲流的正负号以及它们所代表的物理意义。

如图 5-6 所示,过程 $1-2$($p_1 > p_2 > p_0$)及过程 $a-b$($p_0 > p_a > p_b$)都是可逆绝热膨胀过程,它们的功量都为正,$W_{12} =$ 面积$(A+B) > 0$;$W_{ab} =$ 面积 $D > 0$。

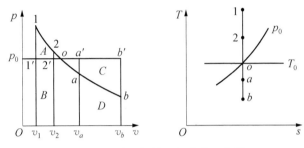

图 5-6　功量㶲值及㶲流的正负号

根据功量㶲值及㶲流的计算公式,对于过程 $1-2$ 有

$$A_{W12} = W_{12} - p_0(V_2 - V_1)$$
$$= 面积(A+B) - 面积 B = 面积 A > 0$$
$$(\Delta A)_{W12} = -A_{W12} = -面积 A < 0$$

对于过程 $a-b$ 有

$$A_{Wab} = W_{ab} - p_0(V_b - V_a)$$
$$= 面积 D - 面积(C+D) = -面积 C < 0$$
$$(\Delta A)_{Wab} = -A_{Wab} = 面积 C > 0$$

不难看出,功量㶲值的正负号是以功量交换的外部效果来确定的,有用功为正时(对外做功),功量的㶲值为正;有用功为负时(外界耗功),功量的㶲值为负。功量㶲流的正负号是以功量交换的对内影响来确定的,功量交换使系统㶲值增加,功量㶲流为正,使系统㶲值减少,功量㶲流为负。在 $p-v$ 图上可以很容易地判断功量㶲流的正负号。如过程 $1-2$ 的方向是趋近寂态,使系统㶲值减小,因此,$(\Delta A)_{W12} < 0$。又如过程 $a-b$ 的方向是偏离寂态,使系统㶲值增大,因此 $(\Delta A)_{Wab} > 0$。必须指出,功量的㶲值及㶲流是两个不同的概念,应该严格按照各自的公式来计算。只有这样,计算的结果及其正负号才有明确的物理意义。

显然,如果功量交换时系统的容积不发生变化,不会有无用功。例如,轴功及电功都是有用功,因此有:$A_{W_s} = W_s$;$(\Delta A)_{W_s} = -W_s$。根据功库的性质(等容)不难得出

$$\Delta A^{WR} = \Delta E_U^{WR} = \Delta E^{WR} = (\Delta E)_W = -W^{WR} \qquad (5-41)$$

$$\Delta E_{\mathrm{Unu}}^{\mathrm{WR}} = \Delta E^{\mathrm{WR}} - \Delta E_{\mathrm{U}}^{\mathrm{WR}} = 0 \tag{5-42}$$

$$\Delta S^{\mathrm{WR}} = \frac{\Delta E_{\mathrm{Unu}}^{\mathrm{WR}}}{T_0} = 0 \quad \Delta S^{\mathrm{WR}} = (\Delta S)_W = 0 \tag{5-43}$$

因为功库中的一切变化都是由于有用功的交换引起,所以功库是个㶲库,功库的熵变以及功熵流恒为零值。

从功量的㶲值及㶲流的计算公式还可以看出,即使功量为零,只要系统的容积发生了变化,功量的㶲值及㶲流并不等于零。例如,工质向真空自由膨胀时,$W_{12} = 0$,$V_2 - V_1 = V_{真空} \neq 0$,因此有

$$(\Delta A)_{W12} = -[W_{12} - p_0(V_2 - V_1)] = p_0(V_2 - V_1) = p_0 V_{真空} = -A_{W12} > 0$$

自由膨胀时功量的㶲流为正,㶲值为负,数值上等于真空㶲,这是由真空㶲转化而来的。值得注意,功量的㶲流与系统的㶲值变化是两个不同的概念。自由膨胀是典型的不可逆过程,能质必然下降,系统的㶲值变化是负的,但功量的㶲流却是正的。可见,系统㶲值变化是由多种原因引起的,功量的㶲流是功量对系统㶲值变化的贡献,仅是其中一种影响因素而已,而且在自由膨胀过程中它还是一种次要因素(参阅例5-7)。

5.3.4 质量流能量的可用性

如前所述,在开口系统进出口的界面上,作用量的性质是质量交换。跨越边界的质量称为质量流。质量交换必定伴随能量交换,由于质量交换而对系统能量变化的贡献称为质量流的能流。质量流的能流总是由两部分组成,包括流动质量本身的能量以及流动功的能流两部分。随质量交换而交换的这两部分能量总是同时出现的,可看作是质量流固有的能量属性,称为质量流的能量,用 E_f 表示。本节要在上述基础上,进一步分析质量流能量 E_f 的可用性。

1. 质量流的㶲流 $(\Delta A)_M$ 及㶲值 A_{fi} 和 A_{fe}

质量交换对系统㶲值变化的贡献称为质量流的㶲流,用 $(\Delta A)_M$ 表示。假定一个开口系统在 Δt 时间内的变化过程如图5-7所示。根据作用量的独立作用原理,分析质量交换的性质时,可暂且不考虑热量及功量的作用。m_i 及 V_i 表示进口界面上在 Δt 时间内要流入的质量及流入前所占的体积;m_e 及 V_e 表示出口界面上在 Δt 时间内流出的质量及流出后所占的体积。进口与出口质量流的作用也是独立的,下面分别讨论它们的㶲流。

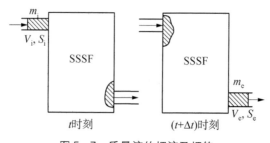

图5-7 质量流的㶲流及㶲值

质量交换时对系统㶲值变化的贡献总是由流动质量本身的㶲值以及上游介质所做的流动功的㶲流两部分组成。对于进口界面的质量流,可写成

$$
\begin{aligned}
(\Delta A)_{Mi} &= A_i + (\Delta A)_{Wfi} \\
&= A_i - [W_{fi} - p_0(0 - V_i)] \\
&= A_i - [-p_i V_i + p_0 V_i] \\
&= A_i + (p_i - p_0)V_i \\
&= [(E_i + p_0 V_i - T_0 S_i) - (E_0 + p_0 V_0 - T_0 S_0)] + (p_i - p_0)V_i \\
&= (E_i + p_i V_i - T_0 S_i) - (E_0 + p_0 V_0 - T_0 S_0) \\
&= (E_{fi} - T_0 S_i) - (E_{f0} - T_0 S_0) = A_{fi}
\end{aligned}
\tag{5-44}
$$

式(5-44)用到的概念:

(1) 功量(流动功)的㶲流 $(\Delta A)_{Wfi} = -[W_{fi} - p_0 \Delta V]$,其中 $\Delta V = 0 - V_i$;

(2) 上游介质对流动工质所做的流动功 $W_{fi} = -p_i V_i$;

(3) 质量 m_i 的㶲值 $A_i = (E_i + p_0 V_i - T_0 S_i) - (E_0 + p_0 V_0 - T_0 S_0)$;

(4) 质量流的能量 $E_{fi} = E_i + p_i V_i$。

因为质量交换对系统㶲值变化的贡献总是由流动质量本身的㶲值及流动功的㶲流两部分组成,而且它们总是同时出现,所以可以把它们的总和看作是质量流本身所固有的能质属性,定义为质量流的㶲值,用 A_f 来表示。进口界面质量流的㶲值 A_{fi} 可写成

$$
A_{fi} = (H_i - T_0 S_i) - (H_0 - T_0 S_0) + E_{ki} + E_{pi} = A_h + E_{ki} + E_{pi}
\tag{5-45}
$$

式(5-45)说明,质量流的㶲值包括焓㶲、动能及位能三部分,动能及位能全部都是㶲。其中焓的㶲值可以进一步写成

$$
A_{hi} = (H_i - T_0 S_i) - (H_0 - T_0 S_0) = \Psi_i - \Psi_0
\tag{5-46}
$$

式中,Ψ_i 及 Ψ_0 分别表示质量流在入口状态及寂态时焓的㶲函数,Ψ_i 仅是焓㶲中的可变部分。

必须注意,质量流的㶲值 A_f 是指质量流能容量 E_f 所具有的㶲值,也是随质量交换所交换的㶲值,它与指定质量(并非跨越边界的质量)的㶲值 A 是两个不同的概念。㶲值 A 是由热力学能㶲、动能及位能三部分组成。

同理,出口界面的质量流可写成

$$
\begin{aligned}
(\Delta A)_{Me} &= -A_e + (\Delta A)_{Wfe} \\
&= -A_e - [W_{fe} - p_0(V_e - 0)] \\
&= -A_e - [p_e V_e - p_0 V_e] \\
&= -[A_e + (p_e - p_0)V_e] \\
&= -[(E_e + p_e V_e - T_0 S_e) - (E_0 + p_0 V_0 - T_0 S_0)] \\
&= -[(E_{fe} - T_0 S_e) - (E_{f0} - T_0 S_0)] = -A_{fe}
\end{aligned}
\tag{5-47}
$$

如果开口系统有 n 个进口及 m 个出口,根据式(5-47),可以写出质量流㶲流的一般表达式:

$$(\Delta A)_M = \sum_{i=0}^{n} A_{\mathrm{fi}} - \sum_{e=0}^{m} A_{\mathrm{fe}}$$

2. 质量流的熵流 $(\Delta S)_M$ 及熵值 (S_i 和 S_e)

质量交换对系统熵值变化的贡献称为质量流的熵流,简称质熵流,用 $(\Delta S)_M$ 表示。质熵流总是由流动质量本身的熵值以及上游介质所做的流动功的熵流两部分组成。因为功熵流等于零,所以进口界面的质量流可写成

$$(\Delta S)_{Mi} = S_i + (\Delta S)_{W\mathrm{fi}} = S_i \tag{5-48}$$

对于出口界面有

$$(\Delta S)_{Me} = -S_e + (\Delta S)_{W\mathrm{fe}} = -S_e \tag{5-49}$$

如果开口系统有 n 个进口及 m 个出口,则不难写出质熵流的一般表达式:

$$(\Delta S)_M = \sum_{i=0}^{n} S_i - \sum_{e=0}^{m} S_e \tag{5-50}$$

式中, S_i 及 S_e 分别表示进出口界面上的质量流的熵值,是进出口处工质的状态参数。

根据质量库的性质以及作用量的针对性及相互性,不难得出

$$\Delta E^{\mathrm{MR}} = (\Delta E)_M = E_{\mathrm{fi}}^{\mathrm{MR}} - E_{\mathrm{fe}}^{\mathrm{MR}} = E_{\mathrm{fe}} - E_{\mathrm{fi}} \tag{5-51}$$

$$\Delta A^{\mathrm{MR}} = (\Delta A)_M = A_{\mathrm{fi}}^{\mathrm{MR}} - A_{\mathrm{fe}}^{\mathrm{MR}} = A_{\mathrm{fe}} - A_{\mathrm{fi}} \tag{5-52}$$

$$\Delta S^{\mathrm{MR}} = (\Delta S)_M = S_i^{\mathrm{MR}} - S_e^{\mathrm{MR}} = S_e - S_i \tag{5-53}$$

5.3.5 周围环境中能量的可用性

由外界分析法的热力学模型(图2-1)可知,周围环境与主系统之间可能发生的相互作用有热量交换 Q_0 及功量交换 $W_0 = p_0 \Delta V_0$。 根据热量流及功量流的计算公式,对于周围环境可得出

$$(\Delta A)_Q = Q_0 \left(1 - \frac{T_0}{T_0}\right) = -A_Q = 0 \tag{5-54}$$

$$(\Delta A)_W = -\left[p_0 \Delta V_0 - p_0 \Delta V_0\right] = A_W = 0 \tag{5-55}$$

因为周围环境内部是可逆的,因此有

$$\Delta A_0 = (\Delta A)_Q + (\Delta A)_W = 0 \tag{5-56}$$

式(5-56)说明周围环境的㶲值变化恒为零值。周围环境交换的热量全是无用能,周围环境交换的功量全是无用功,它们都不会引起周围环境㶲值的变化。对于周围环境可以进一步写出

$$\Delta E_U^0 = (\Delta E)_W = -W_0 = -p_0 \Delta V_0 \tag{5-57}$$

$$\Delta E^0_{\mathrm{Unu}} = (\Delta E)_Q = Q_0 \tag{5-58}$$

$$\Delta S_0 = \frac{\Delta E^0_{\mathrm{Unu}}}{T_0} = (\Delta S)_Q = \frac{Q_0}{T_0} \tag{5-59}$$

$$\Delta E^0 = \Delta E^0_{\mathrm{Unu}} + \Delta E^0_{\mathrm{U}} = Q_0 - p_0 \Delta V_0 = \Delta A n_0 \tag{5-60}$$

式(5-60)说明周围环境的能量变化等于烑值变化。由此可见,周围环境是个烑库。

例 5-4　已知寂态的状态参数为 T_0、p_0 及 V_0,试写出 1 kg 理想气体在下列过程中从寂态变化到指定状态时热量的烟流、功量的烟流,以及在该指定状态时的热力学能烟及焓烟的表达式。

(1) 在 $V = V_0$ 的条件下,从寂态变化到状态 $a(V_0, T_1)$;

(2) 在 $p = p_0$ 的条件下,从寂态变化到状态 $b(p_0, T_1)$;

(3) 在 $T = T_0$ 的条件下,从寂态变化到状态 $c(T_0, p_1)$;

(4) 并把这些过程表示在 p-v 图及 T-s 图上。

解　如图 5-8 所示,0 为寂态,$a(V_0, T_1)$、$b(p_0, T_1)$ 及 $c(T_0, p_1)$ 为三个指定状态,0—a,0—b 及 0—c 为三个指定的过程。

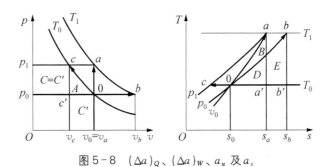

图 5-8　$(\Delta a)_Q$、$(\Delta a)_W$、a_u 及 a_s

(1) 等容过程 0—a,状态 $a(V_0, T_1)$:

$$(\Delta a)_W = -[w_{0a} - p_0(v_a - v_0)] = 0$$

$$(\Delta a)_Q = \int_0^a \delta q \left(1 - \frac{T_0}{T}\right)$$

$$= q_{0a} - T_0(s_a - s_0) = \text{面积}(B+D) > 0$$

$$\Delta a_{0a} = a_a - a_0 = a_a = a_{ua}$$

$$= (u_a - u_0) + p_0(v_a - v_0) - T_0(s_a - s_0)$$

$$= c_v(T_1 - T_0) - T_0\left(c_v \ln \frac{T_1}{T_0}\right)$$

$$= c_v T_0\left(\frac{T_1}{T_0} - 1 + \ln \frac{T_0}{T_1}\right)$$

$$= (\Delta a)_Q = \text{面积}(B+D) > 0$$

$$\Delta a_{f0a} = a_{fa} - a_{f0} = a_{fa} = a_{ha}$$
$$= (h_a - h_0) - T_0(s_a - s_0)$$
$$= (c_v + R)(T_1 - T_0) - T_0(s_a - s_0)$$
$$= R(T_1 - T_0) + a_{ua}$$
$$= R(T_1 - T_0) + c_v T_0\left(\frac{T_1}{T_0} - 1 + \ln\frac{T_0}{T_1}\right) > 0$$

（2）等压过程 $0 — b$，状态 $b(p_0, T_1)$：

$$(\Delta a)_W = -[w_{0b} - p_0(v_b - v_0)] = 0$$

$$(\Delta a)_Q = \int_0^b \delta q\left(1 - \frac{T_0}{T}\right)$$
$$= q_{0b} - T_0(s_b - s_0) = \text{面积}(D + E) > 0$$

$$\Delta a_{0b} = a_b - a_0 = a_b = a_{ub}$$
$$= (u_b - u_0) + p_0(v_b - v_0) - T_0(s_b - s_0)$$
$$= c_v(T_1 - T_0) + R(T_1 - T_0) - T_0\left(c_p\ln\frac{T_1}{T_0}\right)$$
$$= c_p T_0\left(\frac{T_1}{T_0} - 1 + \ln\frac{T_0}{T_1}\right) = a_{hb}$$

（3）等温过程 $0 — c$，状态 $c(T_0, p_1)$：

$$(\Delta a)_W = -[w_{0c} - p_0(v_c - v_0)]$$
$$= -w_{0c} + p_0(v_c - v_0) = \text{面积}(A) > 0$$

$$(\Delta a)_Q = \int_0^c \delta q\left(1 - \frac{T_0}{T_0}\right) = 0$$

$$\Delta a_{0c} = a_c - a_0 = a_c = a_{uc}$$
$$= (u_c - u_0) + p_0(v_c - v_0) - T_0(s_c - s_0)$$
$$= p_0\left(\frac{RT_0}{p_1} - \frac{RT_0}{p_0}\right) - T_0\left(-R\ln\frac{p_1}{p_0}\right)$$
$$= RT_0\left(\frac{p_0}{p_1} - 1 + \ln\frac{p_1}{p_0}\right) = \text{面积}(A) > 0$$

$$\Delta a_{f0c} = a_{fc} - a_{f0} = a_{fc} = a_{hc}$$
$$= (h_c - h_0) - T_0(s_c - s_0)$$
$$= RT_0\ln\frac{p_1}{p_0} = \text{面积}(A + C) > 0$$

提示 （1）㶲值变化 Δa_u 及 Δa_h 仅是初终两态的函数，与过程的性质无关。作用量的㶲流是过程量，必须针对具体过程来计算。㶲流仅是发生㶲变的原因之一，只有在单一作用量作用时，两者才相等。

（2）㶲值变化及各种作用量㶲值和㶲流的基本概念及定义都是唯一确定的，应当按各自的公式来计算，否则容易犯正负号的错误，甚至混淆概念。

5.4　热力学第二定律的普遍表达式

如前所述,不同形态的能量存在质的差别,因此,在能量传递及转换过程中就呈现出一定的方向、条件及限度。能质衰贬原理高度概括了热力学第二定律的各种说法,充分揭示了热力学第二定律的实质。热力学第二定律的普遍表达式建立了能量传递及转换过程中各种不同形态能量之间在能质上的普遍关系,是能质衰贬原理的具体体现。

外界分析法是从研究系统发生能质变化的根本原因着手来建立热力学第二定律普遍表达式的。因为系统能量的品位可以用熵或㶲来表述,所以热力学第二定律的普遍表达式也可分为熵方程及㶲方程这两种形式。熵方程及㶲方程从不同的角度来表述热力学第二定律,它们的实质是一致的,两个方程是相互关联而不是互相独立的。

5.4.1　熵方程

熵与系统无用能中的可变部分成正比,它是表征系统无用能大小的状态参数。熵方程是从无用能的角度来表达热力学第二定律的普遍关系式。如果系统经历一个任意过程,则熵方程可写成

$$\Delta S = (\Delta S)_Q + (\Delta S)_W + (\Delta S)_M + S_{Pin} \tag{5-61}$$

熵方程指出,系统发生熵的变化是由外因及内因引起的。式中 $(\Delta S)_Q$、$(\Delta S)_W$ 及 $(\Delta S)_M$ 分别表示过程中的热熵流、功熵流及质熵流,统称为作用量的熵流,其物理意义是作用量对系统熵变的贡献。各种作用量的熵流是系统发生熵值变化的外因。此外,如果系统内部存在势差或者各种耗散结构,就会使系统能质下降,导致熵值增大。这种由内部不可逆因素所引起的熵值增大称为内部熵产,用 S_{Pin} 表示。内部熵产可理解为内部不可逆因素对系统熵变的贡献,这是系统发生熵值变化的内因。值得指出,系统外部的不可逆因素对系统的熵变没有影响。

式(5-61)中等号的左边是系统的熵变 ΔS,它仅是系统初终两态的函数,与过程的性质无关,可以独立地根据熵变的计算公式来计算。式(5-61)中等号的右边是熵流及熵产的代数和,它们都是过程量。相同的初终两态之间可以经历不同的过程,对于不同的过程,熵流及熵产是不同的,必须具体过程具体计算。但是,不论经历怎样的过程,熵流及熵产的代数和必定等于熵变,这个等式就是客观规律的具体体现。式(5-61)也可写成

$$S_{Pin} = \Delta S - \left[(\Delta S)_Q + (\Delta S)_W + (\Delta S)_M \right] \geqslant 0 \tag{5-62}$$

一个过程是否能够实现以及是否可逆,可以用式(5-62)来判断。当内部可逆时,$S_{Pin}=0$,熵变正好等于作用量熵流的代数和;内部不可逆,$S_{Pin}>0$,熵变的数值必定大于作用量熵流的代数和;任何情况下都不可能发生 $S_{Pin}<0$ 的过程。

对于孤立系统,熵方程可以表达为

$$\Delta S^{isol} = \sum_{i=1}^{n} (\Delta S)_i = S_{Ptot} \geqslant 0 \tag{5-63}$$

式(5-63)包含下列物理意义：

(1) 熵是容度参数，具有可加性，孤立系统的熵变等于孤立系统中各个子系统熵变的代数和。若有 n 个子系统，$(\Delta S)_i$ 表示子系统 i 的熵变，则孤立系统的熵变必定满足第一个等式。

(2) 孤立系统与外界不发生任何作用，作用量的熵流均为零值，由式(5-61)就可得出第二个等式。孤立系统的熵产等于主系统内部及外部熵产的总和，即 $S_{Ptot} = S_{Pin} + S_{Pout}$。

(3) 第三个等式是孤立系统熵增原理的表达式，说明在孤立系统中经历的过程总是朝着总熵增大的方向进行，只有在完全可逆的条件下才能维持总熵不变，但在任何情况下都不可能发生使总熵减小的过程。

5.4.2　㶲方程

各种不同形态能量的最大转换能力是用㶲值来度量的。因此可以从㶲的角度来表达热力学第二定律的普遍关系式。㶲方程实际上就是能质平衡方程，建立了系统㶲值变化与作用量的㶲流以及㶲损之间的平衡关系。若系统经历一个任意过程，则㶲方程可表达为

$$\Delta A = (\Delta A)_Q + (\Delta A)_W + (\Delta A)_M - I_{in} \tag{5-64}$$

式中 $(\Delta A)_Q$、$(\Delta A)_W$ 及 $(\Delta A)_M$ 分别表示热量的㶲流、功量的㶲流及质量流的㶲流。各种作用量的㶲流是系统发生㶲值变化的外因。式中 I_{in} 表示系统内部不可逆因素所引起的㶲损，I_{in} 恒为正值，因为㶲损必然使系统能质下降，所以在 I_{in} 之前用负号。系统内部存在不可逆因素是系统发生㶲值变化的内因。显然，外部的不可逆因素对系统的㶲值变化是没有影响的。㶲变、㶲流及㶲损之间的内在联系与熵方程中熵变、熵流及熵产之间的内在联系是相似的。

式(5-64)也可写成

$$I_{in} = [(\Delta A)_Q + (\Delta A)_W + (\Delta A)_M] - \Delta A \geqslant 0 \tag{5-65}$$

对于孤立系统，㶲方程可表达为

$$\Delta A^{isol} = \sum_{i=1}^{n} (\Delta A)_i = -I_{tot} \leqslant 0 \tag{5-66}$$

显然，式(5-66)也包括三层意义：

(1) 孤立系统的㶲值变化等于组成孤立系统的各个子系统㶲值变化的代数和。

(2) 孤立系统与外界不发生任何相互作用，作用量的㶲流均为零值，即孤立系统的㶲值变化完全是由孤立系统内部的㶲损（$I_{in}^{isol} = I_{tot}$）引起的。

(3) 式(5-66)就是能质衰贬原理的表达式，指出孤立系统中所发生的过程总是朝着总㶲减少的方向进行，只有在完全可逆的条件下才能维持总㶲不变，但在任何情况下都不可能发生使总㶲增大的过程。

5.4.3　有关热力学第二定律的几个重要结论

热力学第二定律的普遍表达式是在仔细分析系统发生能质变化的各种原因的基础上建立起来的，无论是熵方程还是㶲方程，都已经把各种影响因素包括进去了。因此，这些表达

式具有普遍的适用性。在应用这些方程时,必须根据给定条件加以简化,才能得出适合具体问题的特殊表达式。可见,把普遍表达式简化成特殊表达式的简化能力是非常重要的。对实际问题的每一次简化过程,都是具体应用热力学分析方法的实践过程,只有通过大量的分析实践,才能逐步地提高简化能力。

下面所举的例子都是热力学中的一些重要结论。我们不仅要了解这些结论,更重要的是了解这些结论的具体条件,并能根据这些具体条件,通过简化普遍表达式来得出这些结论。

1. 克劳修斯的熵变定义

1865 年克劳修斯首先命名状态参数熵,并给出了熵变的定义表达式:

$$ds = \left(\frac{\delta q}{T}\right)_{rev} \tag{5-67}$$

克劳修斯的熵变定义是在闭口、可逆条件下得出的。在闭口、可逆的条件下,根据外界分析法的熵方程,有

$$ds = (ds)_Q + (ds)_W + (ds)_M + S_{Pin} = (ds)_Q = \left(\frac{\delta q}{T}\right)_{rev}$$

可见,在闭口、可逆的条件下,由熵方程所得的结论与克劳修斯的熵变定义是一致的。值得指出,喀喇氏体系及单一公理法体系在论证熵的存在时,虽然所采用的论证方法不同,但都是在闭口可逆的条件下论证的,因而所得结论也与克劳修斯相同。这是因为在闭口、可逆的条件下,热量交换是系统发生熵值变化的唯一原因,熵变必定等于热熵流,所以不论采用什么方法,所得结论完全相同。

实际上,熵变 $dS = \frac{dE_{Unu}}{T_0}$ 与热熵流 $(dS)_Q = \frac{\delta Q}{T}$ 是两个不同的概念,前者是状态的函数,与过程性质无关;后者是过程量,表示热量交换对系统熵值变化的贡献,它仅是系统发生熵变的原因之一。只有在闭口可逆的条件下,两者才相等,即

$$dS = \frac{dE_{Unu}}{T_0} = \frac{(dE_{Unu})_Q}{T_0} = \frac{T_0\left(\frac{\delta Q}{T}\right)_{rev}}{T_0} = \left(\frac{\delta Q}{T}\right)_{rev}$$

现在看来,克劳修斯的熵变定义是有不足之处的,容易混淆熵变与热熵流。但是,这个结论的正确性是不容置疑的,它为熵变的计算提供了一个方便的途径(闭口、可逆)。这个定义的重要性以及它在热力学发展史上的重要地位及作用都是不可低估的。

2. 克劳修斯不等式

1865 年,克劳修斯在研究热力循环的基础上,提出了著名的克劳修斯不等式,即

$$\oint\left(\frac{\delta Q}{T}\right) \leqslant 0 \tag{5-68}$$

克劳修斯不等式是在研究闭口系统热力循环的基础上得出来的。

根据外界分析法的熵方程

$$\Delta S = (\Delta S)_Q + (\Delta S)_W + (\Delta S)_M + S_{Pin}$$

在闭口循环的条件下，显然有 $\Delta S = 0$；$(\Delta S)_W = 0$；$(\Delta S)_M = 0$。

因此有
$$(\Delta S)_Q = \oint \left(\frac{\delta Q}{T} \right) = -S_{\text{Pin}} \leqslant 0$$

如果应用孤立系统的熵方程：
$$\Delta S^{\text{isol}} = \Delta S + \Delta S^{\text{TR}} + \Delta S^{\text{WR}} + \Delta S^{\text{MR}} + \Delta S^0 = S_{\text{Ptot}} \geqslant 0$$

在闭口循环的条件下，显然有
$$\Delta S = 0；\quad \Delta S^{\text{WR}} = 0；\quad \Delta S^{\text{MR}} = 0；\quad \delta Q^{\text{R}} = -\delta Q$$

因为循环中系统仅与高温热库及低温热库有热量交换，而与环境没有热量交换，所以 $\Delta S_0 = 0$。因此有
$$\Delta S^{\text{TR}} = \oint \frac{\delta Q^{\text{R}}}{T_{\text{R}}} = S_{\text{Ptot}} \geqslant 0 \quad 或 \quad \oint \frac{\delta Q}{T_{\text{R}}} = -S_{\text{Ptot}} \leqslant 0$$

可见，在闭口循环的条件下，由熵方程所得的结论与克劳修斯不等式是一致的。

值得指出，关于克劳修斯不等式 $\left[\oint \left(\frac{\delta Q}{T} \right) \leqslant 0 \right]$ 中的温度究竟是热库温度还是系统温度的争论已久，实际上这种争论是没有意义的。从外界分析法熵方程的结论来看，这两种温度都是正确的，并不存在谁对谁错的问题。问题的实质在于，应用不同的温度代表不同的物理意义。用系统的温度时，表示不考虑系统外部的不可逆性，因为 S_{Pout} 对系统内部所经历的循环没有影响，不考虑 S_{Pout} 是正确的，而且积分值也仅表示系统内部的不可逆性。若用热库的温度，表示考虑了外部的不可逆性，其积分值代表了总的不可逆性，这当然也是正确的。不难看出，两式的差别仅在于是否计及 S_{Pout}。它们的转换关系可表示如下：
$$\oint \frac{\delta Q}{T_{\text{R}}} = \oint \left[\left(\frac{\delta Q}{T_{\text{R}}} - \frac{\delta Q}{T} \right) + \frac{\delta Q}{T} \right] = \oint \frac{\delta Q}{T} - S_{\text{Pout}} = -S_{\text{Ptot}} \leqslant 0$$

即有
$$\oint \frac{\delta Q}{T} = -(S_{\text{Ptot}} - S_{\text{Pout}}) = -S_{\text{Pin}} \leqslant 0$$

还应指出，表达式 $\oint \frac{\delta Q}{T_{\text{R}}} \leqslant 0$ 虽然是正确的，但在 $\frac{\delta Q}{T_{\text{R}}}$ 中的热量 δQ 是针对系统的热量，而温度 T_{R} 却是热库的温度，$\frac{\delta Q}{T_{\text{R}}}$ 就没有确切的物理意义。因此用热库温度时，写成 $\oint \frac{\delta Q^{\text{R}}}{T_{\text{R}}} = S_{\text{Ptot}} \geqslant 0$ 更为恰当，其中 $\frac{\delta Q^{\text{R}}}{T_{\text{R}}}$ 就有明确的含义，它是针对热库而言的热熵流。可见，用外界分析法的熵方程将上述物理意义分得很清楚了。

3. 喀喇氏说法

喀喇氏说法是在闭口、绝热的条件下提出来的，可表述为"在一个任意给定的初始状态附近，总是存在一些经绝热过程不能达到的状态"。

根据外界分析法的熵方程，在闭口绝热的条件下可以得出
$$\Delta S = (\Delta S)_Q + (\Delta S)_W + (\Delta S)_M + S_{\text{Pin}} = S_{\text{Pin}} \geqslant 0$$

式中，$(\Delta S)_M = 0$（闭口）；$(\Delta S)_Q = 0$（绝热）；$(\Delta S)_W = 0$。上式说明，在闭口绝热的条件下是不可能到达比初态熵值更小的那些状态的，即在闭口系所经历的绝热过程中，初态的熵值为最小。这与喀喇氏说法是一致的。

4. 熵增原理

孤立系统的熵方程实质上就是熵增原理的表达式，有

$$\Delta S^{\text{isol}} = \sum_{i=1}^{n} (\Delta S)_i = S_{\text{Ptot}} \geqslant 0$$

5.4.4　能量方程、熵方程及㶲方程之间的内在联系

1. 建立这些方程的基本思路是相同的

外界分析法建立能量方程、熵方程及㶲方程的基本思路是从系统发生能量变化及能质变化的根本原因（包括内因及外因）出发，依据热力学基本定律（能量守恒、能质衰贬），运用热力学的基本概念及定义，来建立各种不同形态的能量在相互转换过程中的能量守恒及能质衰贬的普遍表达式。这种分析方法不受具体条件的限制，因而所得的表达式具有普遍意义及广泛的适用性。

根据上述基本思路及基本热力学模型（见图 2-1），不难写出下列普遍表达式：

$$\Delta E = (\Delta E)_Q + (\Delta E)_W + (\Delta E)_M \tag{a}$$

$$\Delta E^{\text{isol}} = \Delta E + \Delta E^{\text{TR}} + \Delta E^{\text{WR}} + \Delta E^{\text{MR}} + \Delta E^0 = 0 \tag{b}$$

$$\Delta S = (\Delta S)_Q + (\Delta S)_W + (\Delta S)_M + S_{\text{Pin}} \tag{c}$$

$$\Delta S^{\text{isol}} = \Delta S + \Delta S^{\text{TR}} + \Delta S^{\text{WR}} + \Delta S^{\text{MR}} + \Delta S^0 = S_{\text{Ptot}} \geqslant 0 \tag{d}$$

$$\Delta A = (\Delta A)_Q + (\Delta A)_W + (\Delta A)_M - I_{\text{in}} \tag{e}$$

$$\Delta A^{\text{isol}} = \Delta A + \Delta A^{\text{TR}} + \Delta A^{\text{WR}} + \Delta A^{\text{MR}} + \Delta A^0 = -I_{\text{tot}} \leqslant 0 \tag{f}$$

2. 这些方程都是相互关联的

如果注意作用量的独立性、针对性、相互性以及基本概念与定义的唯一确定性，就不难证明这些基本公式之间的联系。以下的结论可作为练习，请读者选而证之。

（1）由式（b）导出式（a）；由式（d）导出式（c）；由式（f）导出式（e）。

（2）熵方程即式（c）乘以 T_0 为无用能方程，有

$$\Delta E_{\text{Unu}} = (\Delta E_{\text{Unu}})_Q + (\Delta E_{\text{Unu}})_W + (\Delta E_{\text{Unu}})_M + I_{\text{in}} \tag{5-69}$$

（3）㶲方程即式（e）的等号两边减去无用功可得出有用能方程，有

$$\Delta E_U = (\Delta E_U)_Q + (\Delta E_U)_W + (\Delta E_U)_M - I_{\text{in}} \tag{5-70}$$

（4）有用能方程与无用能方程之和为能量方程即式（a）。

（5）由㶲方程（f）可导出最大有用功及最大可逆功的普遍表达式，有

$$(W_U)_{\max} = A_1 - A_2 + \sum_{i=0}^{n} A_{\text{fi}} - \sum_{e=0}^{m} A_{\text{fe}} + \sum_{r=0}^{r} A_Q^{\text{TR}} \tag{5-71}$$

式(5-71)就是最大有用功的一般表达式。根据有用功与可逆功之间的关系,不难得出

$$(W_{rev})_{max} = E_{U1} - E_{U2} + \sum_{i=0}^{n} A_{fi} - \sum_{e=0}^{m} A_{fe} + \sum_{r=0}^{r} A_Q^{TR} \tag{5-72}$$

式(5-72)是最大可逆功的一般表达式。根据式(5-72)不难得出各种不同前提下最大可逆功的特殊表达式。

5.5 热力学第二定律的应用

本节将通过一些实际算例来说明热力学第二定律的具体应用。

例5-5 有一个绝热的刚性容器,中间有隔板把容器分为两室(见图5-9)。一室中充有空气 0.3 kg,其压力为 0.5 MPa,温度为 17℃,另一室为真空。如果抽去隔板后容器内压力为 0.4 MPa,试确定:

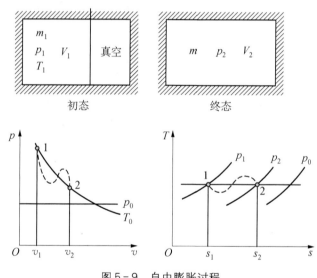

图5-9 自由膨胀过程

(1) 真空室的容积;

(2) 若环境温度为 17℃,试求自由膨胀过程的不可逆性损失。

解 以整个容器为研究对象,有

$$\Delta E = (\Delta E)_Q + (\Delta E)_W + (\Delta E)_M$$

按题意:
$$(\Delta E)_Q = 0; \quad (\Delta E)_W = 0;$$
$$(\Delta E)_M = 0; \quad \Delta E_K = \Delta E_P = 0$$

因此有

$$\Delta E = \Delta U = U_2 - U_1 = 0$$
$$m_2 = m_1 = m = 0.3 \text{ kg},$$

$$u_2 = u_1, \quad T_2 = T_1 = 17℃$$

根据理想气体状态方程,有

$$V_1 = \frac{m_1 R T_1}{p_1} = \frac{0.3 \times 0.287\,1 \times 290}{500} = 0.05\,(\mathrm{m}^3)$$

$$V_2 = \frac{m_2 R T_2}{p_2} = \frac{0.3 \times 0.287\,1 \times 290}{400} = 0.06\,(\mathrm{m}^3)$$

真空室的容积为

$$V_{真空} = V_2 - V_1 = 0.01\,(\mathrm{m}^3)$$

利用熵方程可写成

$$\Delta S = (\Delta S)_Q + (\Delta S)_W + (\Delta S)_M + S_{\mathrm{Pin}}$$

按题意:$(\Delta S)_Q = 0$;　$(\Delta S)_W = 0$;　$(\Delta S)_M = 0$

因此有

$$S_{\mathrm{Pin}} = \Delta S = m \left(c_p \ln \frac{T_2}{T_1} - R \ln \frac{p_2}{p_1} \right)$$

$$= 0.3 \left(-0.287\,1 \ln \frac{0.4}{0.5} \right) = 0.019\,2\,(\mathrm{kJ/K})$$

$$I_{\mathrm{in}} = T_0 S_{\mathrm{Pin}} = 290 \times 0.019\,2 = 5.57\,(\mathrm{kJ})$$

如果用㶲方程来解此题,不仅能得出相同的结论,而且能清楚地表示出产生不可逆损失的原因。

(1) 以整个容器为研究对象,可对控制容积(CV)写出㶲方程

$$\Delta A^{\mathrm{CV}} = (\Delta A)_Q + (\Delta A)_W + (\Delta A)_M - I_{\mathrm{in}}$$

按题意有:$(\Delta A)_Q = 0$;$(\Delta A)_W = 0$;$(\Delta A)_M = 0$;$A_2^{\mathrm{CV}} = A_2^{\mathrm{CM}}$。 因此有

$$I_{\mathrm{in}} = -\Delta A^{\mathrm{CV}} = A_1^{\mathrm{CV}} - A_2^{\mathrm{CV}} = (A_1^{\mathrm{CM}} + A_{真空}) - A_2^{\mathrm{CV}}$$

$$= (A_1^{\mathrm{CM}} - A_2^{\mathrm{CM}}) + A_{真空}$$

$$= (U_1 - U_2) + p_0 (V_1 - V_2) - T_0 (S_1 - S_2) + p_0 V_{真空}$$

$$= T_0 (S_2 - S_1) = 5.57\,(\mathrm{kJ})$$

(2) 以容器中的工质为研究对象,可对控制质量(CM)写出㶲方程

$$\Delta A^{\mathrm{CM}} = (\Delta A)_Q + (\Delta A)_W + (\Delta A)_M - I_{\mathrm{in}}$$

按题意有:$(\Delta A)_Q = 0$;$(\Delta A)_W = -[W - p_0 \Delta V] = p_0 V_{真空}$;$(\Delta A)_M = 0$

因此有

$$I_{\mathrm{in}} = (\Delta A)_W - \Delta A^{\mathrm{CV}} = p_0 V_{真空} + (A_1^{\mathrm{CM}} - A_2^{\mathrm{CM}})$$

$$= T_0 (S_2 - S_1) = 5.57\,(\mathrm{kJ})$$

(3) 直接用㶲损的概念来求解

$$I_{12} = (W_{rev})_{max} - W_{act} \quad (W_{act} = 0)$$
$$= E_{U1} - E_{U2}$$
$$= (U_1 - U_2) - T_0(S_1 - S_2) = T_0(S_2 - S_1)$$
$$I_{12} = (W_U)_{max} - (W_U)_{act}$$
$$= A_1 - A_2 - (W_{act} - p_0 \Delta V)$$
$$= A_1 - A_2 + p_0 \Delta V = T_0(S_2 - S_1)$$

提示 (1) 由熵分析可知,系统的熵变完全是由内部熵产引起的,有

$$I = T_0 S_{Pin} = T_0(S_2 - S_1)$$

㶲分析则进一步说明,㶲损在数值上等于工质㶲值下降及真空㶲这两部分之和,向真空自由膨胀是不做功的,所以这两部分㶲全部损失掉了。因此有

$$I = (A_1 - A_2) + A_{真空} = T_0(S_2 - S_1)$$

熵分析与㶲分析所得的结论是一致的。

(2) 以 CV 或以 CM 为研究对象,㶲分析的结论是一致的。这不仅说明基本公式的普遍适用性,同时也说明在应用这些公式时必须注意针对性,应根据具体条件灵活应用。例如,针对 CV 有

$$A_1^{CV} = A_1^{CM} + A_{真空}; \quad A_2^{CV} = A_2^{CM}; \quad (\Delta A)_W = -[W - p_0 \Delta V^{CV}] = 0$$

针对 CM 有

$$(\Delta A)_W = -[W - p_0(V_2 - V_1) = p_0(V_2 - V_1) = p_0 V_{真空} = A_{真空}$$

例 5-6 如图 5-10 所示的逆流式换热器,热空气状态为从 540 K、400 kPa,冷却到 360 K。冷却水的入口状态为 20℃、200 kPa,质量流量 $m_水 = 0.5$ kg/s。若空气的质量流率 $m_{空气} = 0.5$ kg/s,空气管道的直径 $D = 0.1$ m,试计算空气进出口的流速及冷却水的出口温度。如果环境温度 T_0 为 20℃,试计算换热器的熵产及㶲损。

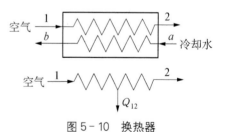

图 5-10 换热器

解 根据理想气体状态方程,有

$$v_1 = \frac{RT_1}{p_1} = \frac{0.287\ 1 \times 540}{400} = 0.387\ 6 (\text{m}^3/\text{kg})$$

空气管道的截面积为

$$A = \frac{\pi D^2}{4} = \frac{3.14 \times 0.1^2}{4} = 0.007\ 85 (\text{m}^2)$$

空气流入时的流速 c_1 为

$$c_1 = \frac{m_{空气}}{\rho_1 A} = \frac{m_{空气} v_1}{A} = \frac{0.5 \times 0.387\ 6}{0.007\ 85} = 24.7 (\text{m/s})$$

忽略空气管道的流动阻力,假定 $p_2 = p_1$,则有

$$v_2 = \frac{RT_2}{p_2} = \frac{0.287\ 1 \times 360}{400} = 0.258\ 4 (\text{m}^3/\text{kg})$$

空气流出时的流出 c_2 为

$$c_2 = \frac{m_{空气}}{\rho_2 A} = \frac{m_{空气}\ v_2}{A} = \frac{0.5 \times 0.258\ 4}{0.007\ 85} = 16.5 (\text{m/s})$$

空气进出口的动能变化为

$$\Delta E_{\text{k}} = \frac{1}{2} m_{空气} (c_2^2 - c_1^2)$$

$$= \frac{1}{2} \times 0.5 (16.5^2 - 24.7^2) = -84.5 (\text{J/s}) = -0.084\ 5 (\text{kJ/s})$$

以空气管道为研究对象,有

$$\Delta E = (\Delta E)_Q + (\Delta E)_W + (\Delta E)_M$$

按题意有

$$\Delta E = 0 (\text{SSSF}); \quad (\Delta E)_W = 0;$$

$$(\Delta E)_Q = Q_{12}; \quad (\Delta E)_M = E_{\text{f1}} - E_{\text{f2}}, \Delta E_{\text{p}} = 0$$

因此有

$$Q_{12} = E_{\text{f2}} - E_{\text{f1}} = m_{空气} c_p (T_2 - T_1) + \Delta E_{\text{k}}$$

$$= 0.5 \times 1.004 (360 - 540) - 0.084\ 5$$

$$= -90.36 - 0.084\ 5 = -90.44 (\text{kJ/s})$$

可见,动能变化相对焓值变化是足够小的,一般都可忽略不计。

现以冷却水为研究对象来计算水的出口温度。

$$Q_{ab} = m_{水} c_p (T_b - T_a) = -Q_{12}$$

$$T_b = T_a + \frac{Q_{ab}}{m_{水} c_p} = 20 + \frac{9\ 044}{0.5 \times 4.186\ 8} = 63.2 (℃)$$

以整个换热器为研究对象来进行熵分析,有

$$\Delta S = (\Delta S)_Q + (\Delta S)_W + (\Delta S)_M + S_{\text{Pin}}$$

换热器的散热损失可忽略不计,$(\Delta S)_Q = 0$;在稳定工况下(SSSF),$\Delta S = 0$;功熵流恒等于零,$(\Delta S)_W = 0$,因此有

$$S_{\text{Pin}} = -(\Delta S)_M = \sum S_{\text{e}} - \sum S_{\text{i}} = \sum m c_p \ln \frac{T_{\text{e}}}{T_{\text{i}}}$$

$$= 0.5 \times 1.004 \ln \frac{360}{540} + 0.5 \times 4.186\ 8 \ln \frac{336.2}{293}$$

$$= -0.204 + 0.287\ 9 = 0.084 (\text{kJ/ks})$$

$$I_{\text{in}} = T_0 S_{\text{Pin}} = 290 \times 0.084 = 24.47 (\text{kJ/s})$$

例 5-7　刚性容器内贮有 4 kg 空气,现分别采用由温度为 200℃ 的热库来供热以及绝热条件下输入功量的方法使空气的温度从 50℃ 升高到 100℃(见图 5-11)。试计算:

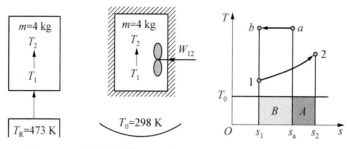

图 5-11　比较温差传热及功能转换这两种方法的㶲损大小

(1) 空气的热力学能变化、熵值变化及㶲值变化;

(2) 热量及功量;

(3) 若环境温度为 25℃,试比较这两种方法㶲损的大小,并表示在 T-s 图上。

解　(1) 初终两态之间的状态参数变化量与过程的性质及途径无关,只要初终两态相同,不论采用怎样的方法都不会影响其数值。因此,ΔU、ΔS 及 ΔA 的计算都可以独立地进行。

$$\Delta U = mc_v(T_2 - T_1) = 4 \times 0.716(100 - 50) = 143.2 \, (\text{kJ})$$

$$\Delta S = mc_v \ln \frac{T_2}{T_1} = 4 \times 0.716 \ln \frac{373}{323} = 0.412 \, (\text{kJ/K})$$

$$\Delta A = \Delta U + p_0 \Delta V - T_0 \Delta S = \Delta U - T_0 \Delta S$$
$$= 143.2 - 298 \times 0.412 = 20.363 \, (\text{kJ})$$

(2) 根据热力学第一定律的普遍表达式

$$\Delta E = (\Delta E)_Q + (\Delta E)_W + (\Delta E)_M$$

第一种情况:

$$\Delta E_k = \Delta E_p = 0, \ \Delta E = \Delta U$$
$$(\Delta E)_Q = Q_{12}; \ (\Delta E)_W = 0; \ (\Delta E)_M = 0$$

因此有

$$Q_{12} = \Delta U = 143.2 \, (\text{kJ})$$

第二种情况:

$$\Delta E_k = \Delta E_p = 0, \ \Delta E = \Delta U$$
$$(\Delta E)_Q = 0; \ (\Delta E)_W = -W_{12}; \ (\Delta E)_M = 0$$

因此有

$$W_{12} = -\Delta U = -143.2 \, (\text{kJ})$$

（3）计算㶲损时，可以先用熵方程求出熵产，然后再乘以环境温度 T_0。 根据熵方程

$$\Delta S = (\Delta S)_Q + (\Delta S)_W + (\Delta S)_M + S_{Pin}$$

对于第一种情况，$(\Delta S)_W = 0$，$(\Delta S)_M = 0$，有

$$S_{Pin} = \Delta S - (\Delta S)_Q = \Delta S - \int_1^2 \frac{mc_v \, dT}{T} = 0$$

$$\Delta S^{isol} = \Delta S + \Delta S^{TR} = S_{Ptot} = \Delta S + \frac{Q_R}{T_R} = \Delta S - \frac{Q_{12}}{T_R}$$

$$= 0.412 - \frac{143.2}{473} = 0.412 - 0.303 = 0.109 (kJ/K)$$

$$I_{tot} = T_0 S_{Ptot} = 298 \times 0.109 = 32.56 (kJ)$$

$$= T_0 S_{Pout} = 面积 A$$

计算结果表明，用加热的方法，系统内部是可逆的，不可逆性损失完全是由于系统与热库之间的温差传热造成的，是系统外部的㶲损。

对于第二种情况：

$$(\Delta S)_Q = (\Delta S)_W = (\Delta S)_M = 0$$

因此有

$$S_{Pin} = \Delta S = 0.412 (kJ/K)$$
$$I_{in} = T_0 S_{Pin}$$
$$= 298 \times 0.412 = 122.78 (kJ)$$
$$= 面积 (A + B)$$

计算结果表明，输入的功量（$W_{12} = 143.2 \, kJ$）完全转换成系统热力学能的增加，能量在数量上是守恒的，看不出其中的损失。但是，功量是高质能，热力学能是低质能，功量转换成热力学能增加的过程中，能质下降了。㶲损的大小就代表过程中能质下降的数值。

试判断下列情况下㶲损是增加还是减小？ 为什么？

① 其他条件不变，空气温度从 100℃ 升高到 150℃。

② 其他条件不变，热库温度增加到 300℃。

提示　供需双方的能质匹配是合理用能的重要原则之一。为了使系统热力学能增加，采用供热方式显然优于输入功量的方式，计算结果已证实了这一点。

例 5-8　假定有一台理想的透热气轮机在稳定工况下工作，其进出口截面上空气的压力分别为 0.3 MPa 及 0.1 MPa，如果周围环境的状态为 0.1 MPa、298 K，试对每千克空气流过气轮机的工作情况进行热力学分析（见图 5-12）。

解　理想的透热气轮机满足以下假定条件：

（1）完全可逆，熵产及㶲损均为零；

（2）稳定工况满足 SSSF 过程的条件，即 $\Delta E = \Delta S = \Delta A = \Delta m = \Delta V = 0$；

（3）透热是指边界的热阻无限小，有 $T_1 = T_2 = T_0$；

（4）工质是理想气体，具有理想气体的通性。

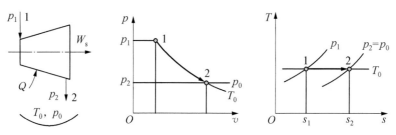

图 5 - 12　透热气轮机的热力分析

根据能量方程 $$\Delta E = (\Delta E)_Q + (\Delta E)_W + (\Delta E)_M$$

按题意有 $$\Delta E = 0;\ (\Delta E)_Q = Q;\ (\Delta E)_W = -W_s;$$
$$(\Delta E)_M = E_{f1} - E_{f2} = H_1 - H_2 = 0$$

能量方程可简化成

$$Q = W_s \tag{a}$$

式(a)说明,气轮机输出的轴功在数值上正好等于气轮机从周围环境中吸收的热量。

气轮机的吸热量可通过熵方程来求得:

$$\Delta S = (\Delta S)_Q + (\Delta S)_W + (\Delta S)_M + S_{Pin}$$

按题意有 $$\Delta S = 0;\ (\Delta S)_Q = \frac{Q}{T} = \frac{Q}{T_0};\ (\Delta S)_W = 0;\ S_{Pin} = 0$$

$$(\Delta S)_M = m(s_1 - s_2) = -mR\ln\frac{p_1}{p_2}$$

代入熵方程后可以得出

$$Q = -T_0(\Delta S)_M = mRT_0\ln\frac{p_1}{p_2} = W_s \tag{b}$$

式(b)就是热量及功量的计算公式,对于每千克空气,可得出

$$w_s = q = 0.287\,1 \times 298\ln\frac{0.3}{0.1} = 94(\text{kJ/kg})$$

根据㶲方程

$$\Delta A = (\Delta A)_Q + (\Delta A)_W + (\Delta A)_M - I_{in}$$

按题意有 $$\Delta A = 0;\quad I_{in} = 0;$$

$$(\Delta A)_Q = Q\left(1 - \frac{T_0}{T}\right) = 0$$

$$(\Delta A)_W = -[W_s - p_0\Delta V] = -W_s$$

$$(\Delta A)_M = A_{f1} - A_{f2}$$

因此有

$$W_s = -(\Delta A)_W = (\Delta A)_M = A_{f1} - A_{f2} \tag{c}$$

值得指出,式(a) $Q = W_s$ 仅说明两者在数值上相等,不要理解为气轮机输出的轴功是由吸收的热量转换而来的。实际上,从环境中吸收的热量 Q 全是无用能, $A_Q = -(\Delta A)_Q = 0$;由式(c)可知,气轮机输出的轴功是由进出口质量流的㶲值下降转换而来的,㶲分析明确地指明了问题的本质。

由式(c)也可以得出式(b):

$$\begin{aligned}
W_s &= A_{f1} - A_{f2} \quad (\Delta E_k = \Delta E_p = 0) \\
&= (H_1 - H_2) - T_0(S_1 - S_2) = T_0(S_1 - S_2) \\
&= mRT_0 \ln \frac{p_1}{p_2} = Q
\end{aligned}$$

对于每千克空气,也可得出

$$w_s = q = 94 (\text{kJ/kg})$$

例 5-9　如图 3-13 所示的孔板节流装置在稳定工况下工作。若已知 $p_e = 0.5 p_i$,试计算每千摩尔理想气体在节流过程中的熵产及㶲损,假定环境温度为 298 K。

解　在例 3-8 中已经证明,绝热节流前后工质的焓值不变,即有 $H_i = H_e$, $h_i = h_e$ 。对于理想气体,则有 $T_i = T_e$,节流前后温度不变。

根据熵方程:

$$\Delta S = (\Delta S)_Q + (\Delta S)_W + (\Delta S)_M + S_{Pin}$$

按题意有

$$\Delta S = 0 (\text{SSSF 过程});$$
$$(\Delta S)_Q = 0 (\text{绝热节流});$$
$$(\Delta S)_W = 0 (\text{功熵流恒等于零});$$

可以得出

$$\begin{aligned}
S_{Pin} &= -(\Delta S)_M = S_e - S_i = n(s_e - s_i) \\
&= n \left[c_p \ln \frac{T_e}{T_i} - R \ln \frac{p_e}{p_i} \right] = nR \ln \frac{p_i}{p_e} \\
&= n \times 8.314\,3 \ln 2 = 5.673 n (\text{kJ/K})
\end{aligned}$$

对于每千摩尔理想气体有

$$S_{Pin} = nR \ln \frac{p_i}{p_e} = 5.673 [\text{kJ/(kmol · K)}]$$
$$I_{in} = T_0 S_{Pin} = 1\,717.38 (\text{kJ/kmol})$$

如果用㶲方程,则有

$$\Delta A = (\Delta A)_Q + (\Delta A)_W + (\Delta A)_M - I_{in}$$

按题意有

$$\Delta A = 0; \quad (\Delta A)_Q = 0; \quad (\Delta A)_W = 0$$

因此有

$$\begin{aligned}
I_{in} &= (\Delta A)_M = A_{fi} - A_{fe} \\
&= (H_i - H_e) - T_0(S_i - S_e)
\end{aligned}$$

$$= nT_0(s_e - s_i) = nT_0 R \ln \frac{p_i}{p_e}$$

$$i_{in} = T_0 R \ln \frac{p_i}{p_e} = 1\,717.38(\text{kJ/kmol})$$

可见,用畑分析可以得出相同的结论,也说明由于绝热节流的不可逆性损失使节流前后质量流的畑值下降了,其下降的数值正好等于畑损。

例 5 - 10 如图 3 - 14 所示,由稳定的压缩空气源（$p_i = 0.4\,\text{MPa}$，$T_i = 300\,\text{K}$）向体积 V 为 $0.5\,\text{m}^3$ 的刚性真空容器绝热充气,直到容器内压力 p_2 达到 $0.2\,\text{MPa}$ 时才关闭阀门。若周围环境状态为 $p_0 = 0.1\,\text{MPa}$、$T_0 = 300\,\text{K}$,试计算充气过程的畑损。

解 本例是例 3 - 9 的继续。在例 3 - 9 中,已经应用能量方程及理想气体的性质导得充气终了的温度 T_2 及充气量 m_2 的表达式,将本例给出的数据代入后,即有

$$u_2 = h_1, \quad T_2 = kT_i = 1.4 \times 300 = 420(\text{K})$$

$$m_i = m_2 = \frac{p_2 V}{RkT_i} = \frac{200 \times 0.5}{0.287\,1 \times 1.4 \times 300} = 0.83(\text{kg})$$

充气过程的畑损可以用熵方程来计算,也可以用畑方程来计算。根据熵方程:

$$\Delta S = (\Delta S)_Q + (\Delta S)_W + (\Delta S)_M + S_{Pin}$$

按题意有 $(\Delta S)_Q = 0$，$(\Delta S)_W = 0$,因此有

$$S_{Pin} = \Delta S - (\Delta S)_M = m_2 s_2 - m_i s_i$$
$$= m_2 \left(c_p \ln \frac{T_2}{T_i} - R \ln \frac{p_2}{p_i} \right)$$
$$= 0.83(1.004\ln 1.4 - 0.287\,1\ln 0.5)$$
$$= 0.83 \times 0.536\,8 = 0.445\,6(\text{kJ/K})$$
$$I_{in} = T_0 S_{Pin} = 300 \times 0.445\,6 = 133.67(\text{kJ})$$

根据畑方程:

$$\Delta A = (\Delta A)_Q + (\Delta A)_W + (\Delta A)_M - I_{in}$$

按题意有
$$(\Delta A)_Q = 0; \quad (\Delta A)_W = 0;$$
$$(\Delta A)_M = A_{fi} - A_{fe} = A_{fi};$$
$$\Delta A = A_2 - A_1 = A_e - A_{真空}$$

因此有

$$I_{in} = (\Delta A)_M - \Delta A = A_{fi} - (A - A_{真空})$$
$$= [(H_i - T_0 S_i) - (H_0 - T_0 S_0)]$$
$$- [(U_2 + p_0 V_2 - T_0 S_2) - (U_0 + p_0 V_0 - T_0 S_0) - p_0 V_{真空}]$$
$$= T_0(S_2 - S_i) = m_2 T_0(s_2 - s_i) = 133.67(\text{kJ})$$

值得指出,在应用畑方程求解时,必须考虑真空容器的畑值,否则就会出错,不能得出与用熵方程解相同的结论。

例 5 - 11　　如图 5 - 13 所示的两个容器通过阀门可以连通。初态时,在容积为 3 m³ 的容器 A 中,空气的压力为 0.8 MPa,温度为 17℃,而容积为 1 m³ 的容器 B 则为真空。打开阀门后,空气由 A 流入 B,当两容器内压力相等时关闭阀门。若整个过程中两容器均为绝热,试计算连通过程中的熵产。

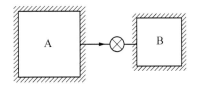

图 5 - 13　连通过程中的熵产

解　连通前容器 A 中的质量为

$$m = \frac{p_{A1} V_A}{R T_{A1}} = \frac{800 \times 3}{0.2871 \times 290} = 28.83 (\text{kg})$$

根据能量方程(以整体为研究对象)

$$\Delta E = (\Delta E)_Q + (\Delta E)_W + (\Delta E)_M$$

按题意有

$$(\Delta E)_Q = (\Delta E)_W = (\Delta E)_M = 0;$$
$$\Delta E_k = \Delta E_p = 0, \quad \Delta E = \Delta U = 0$$

因此有

$$m c_v T_{A1} = m_{A2} c_v T_{A2} + m_B c_v T_{B2}$$

等号左右乘以 $\dfrac{R}{CV}$,并根据理想气体状态方程可得出

$$p_{A1} V_A = p_2 (V_A + V_B)$$

$$p_2 = \frac{V_A}{V_A + V_B} p_{A1} = \frac{3}{4} \times 0.8 = 0.6 (\text{MPa})$$

在连通过程中,容器 A 的剩余气体经历了一个可逆绝热(定熵)过程,因此有

$$T_{A2} = T_{A1} \left(\frac{p_2}{p_{A1}} \right)^{\frac{k-1}{k}} = 290 \left(\frac{0.6}{0.8} \right)^{\frac{0.4}{1.4}} = 267.1 (\text{K})$$

$$m_{A2} = \frac{p_2 V_A}{R T_{A2}} = \frac{600 \times 3}{0.2871 \times 267.1} = 23.47 (\text{kg})$$

$$m_B = m - m_{A2} = 28.83 - 23.47 = 5.36 (\text{kg})$$

$$T_{B2} = \frac{p_2 V_B}{m_B R} = \frac{600 \times 1}{0.2871 \times 5.36} = 390 (\text{K})$$

对整体(A+B)写出熵方程:

$$\Delta S = (\Delta S)_Q + (\Delta S)_W + (\Delta S)_M + S_{Pin}$$

按题意有 $(\Delta S)_Q = (\Delta S)_W = (\Delta S)_M = 0$,因此有

$$A_{Pin} = \Delta S = m_A \left[c_p \ln \frac{T_{A2}}{T_{A1}} - R \ln \frac{p_{A2}}{p_{A1}} \right] + m_B \left[c_p \ln \frac{T_{B2}}{T_{A1}} - R \ln \frac{p_{B2}}{p_{A1}} \right]$$

$$= 5.36 \left(1.004 \ln \frac{390}{290} - 0.2871 \ln \frac{0.6}{0.8} \right)$$

$$= 5.36 \times 0.38 = 2.04 (\text{kJ/K})$$

例 5－12　　有报告宣称设计了一种设备，它可以在环境温度为 15℃时把 65℃热水中的 35％变成 100℃的沸水，而把其余部分冷却为 15℃的水。试用热力学第二定律的基本原理判断该报告的正确性。

　　解　该方案的论证如图 5－14 所示。通过调节阀门可以把来自水源的水分配成两股，其中 35％的水被加热，而其余部分则被冷却。一个可逆热机工作于冷却器与环境之间，而另一个可逆热泵则工作于加热器与环境之间。现根据热力学第二定律的基本原理来判断该方案的正确性。

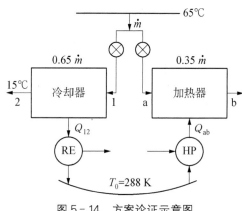

图 5－14　方案论证示意图

　　直接应用热量㶲值的概念来比较冷却器及加热器热量㶲值的大小是一种最简捷的判断方法。对于冷却器的放热量 Q_{12}，其㶲值为

$$W_0 = A_{Q_{12}} = \int_{T_1}^{T_2} \delta Q \left(\frac{T_0}{T} - 1 \right)$$

$$= \int_{338}^{288} 0.65 \dot{m} c_{\text{水}} \left(\frac{T_0}{T} - 1 \right) \mathrm{d}T$$

$$\Rightarrow \dot{m} \left[0.65 \times 4.186\,8 \times 288 \ln \frac{288}{338} - 0.65 \times 4.186\,8(288 - 338) \right]$$

$$\Rightarrow \dot{m} \left[-125.47 + 136.07 \right] = 10.6 \dot{m}$$

对于每千克 65℃的水，则有

$$w_0 = \frac{W_0}{\dot{m}} = 10.6 \, (\text{kJ/kg})$$

同理，对于加热器的吸热量 Q_{ab}，其㶲值为

$$W_0' = A_{Q_{ab}} = \int_{T_a}^{T_b} \delta Q \left(\frac{T_0}{T} - 1 \right)$$

$$= \int_{338}^{373} 0.35 \dot{m} c_{\text{水}} \left(\frac{T_0}{T} - 1 \right) \mathrm{d}T$$

$$\Rightarrow \dot{m} \left[0.35 \times 4.186\,8 \times 288 \ln \frac{373}{338} - 0.35 \times 4.186\,8(373 - 338) \right]$$

$$\Rightarrow \dot{m} \left[41.584 - 51.288 \right] = -9.7 \dot{m}$$

对于每千克 $65\,^\circ\!\mathrm{C}$ 的水,则有

$$w'_0 = \frac{W'_0}{\dot{m}} = -9.7(\mathrm{kJ/kg})$$

计算结果表明,可逆热机输出的有用功足以带动可逆热泵,因此,此方案在理论上是可行的。

 思考题

1. 热力学第二定律的各种说法都是等效的,试证明:

(1) 违反了克劳修斯说法则必定违反开尔文-普朗克说法;

(2) 如果违反卡诺原理则必定违反克劳修斯说法。

2. 能质衰贬原理不仅包容了热力学第二定律的各种说法,并能说明这些说法的实质。试举例说明。

3. 一切宏观过程都是不可逆的,试举出几个不可逆过程的实际例子。

4. 试以动力循环或制冷循环为例,说明实现这些循环的条件、方向及限度,要明确地指出怎样用"能质下降的过程"来推动"能质升高过程"的实现,并指出"总的能质必然下降"的物理本质。

5. 为什么不能脱离周围环境来定义㶲和进行㶲分析? 寂态是指系统的状态还是指周围环境的状态?

6. 为什么说周围环境是个㶲库? 为什么任何系统在寂态时的㶲值均为零,㶲无负值?

7. 何谓作用量的熵流及作用量的㶲流? 它们的定义与作用量的能流有何相似之处?

8. 试写出与不同形态能量 E、E_f、Q 及 W 相应的㶲表达式,它们之中哪些是状态量,哪些是过程量? 它们是否都符合㶲的一般定义?

9. 无用能、无用功及㶲,它们之间有何区别和联系? 无用功是状态量还是过程量?

10. 㶲损公式为 $I = T_0 S_P$,无用能变化的公式为 $\Delta U_{\text{无用}} = T_0 \Delta S$,试说明这两个公式的异同点,其中 I 和 $\Delta U_{\text{无用}}$ 以及 S_P 与 ΔS 各有什么区别和联系?

11. 质量流的熵流及㶲流与质量流的能流一样,它们的贡献总是由两个固有部分组成,这两个固有部分是什么?

12. 试写出热量的㶲值及热量的㶲流表达式,并说明它们的物理意义及正负号的含义。

13. 两个系统之间传递了热量,则对每个系统来说,热量的大小相等正负号相反。热量的㶲值是否也是大小相等正负号相反呢?

14. 外界分析法在建立熵方程及㶲方程方面与建立能量方程有何相似之处?

15. 在下列特定的条件下,利用外界分析法的熵方程可以得出什么重要结论。

(1) 闭口系统、可逆过程;(克劳修斯熵变定义)

(2) 闭口系统、热力循环;(克劳修斯不等式)

(3) 闭口系统、绝热等容(或绝热等压)过程;(绝热功与途径无关的喀喇氏说法)

(4) 孤立系统的任意过程。(熵增原理)

16. 请指出下列几种说法的不妥之处。

(1) 不可逆过程中系统的熵只能增大不能减少;

(2) 系统经历一个不可逆循环后,系统的熵必定增大;

(3) 初终两态之间经历一个不可逆过程后的熵变必定大于可逆过程中的熵变;

(4) 如果初终两态的熵值相等,则必定是绝热过程;如果熵值增加,则必定是吸热过程。

17. 不论可逆与否,$\dfrac{\delta q}{T}$ 都代表热熵流,只有在什么特定的条件下,它可以代表熵变 $\mathrm{d}s$？外界分析法对熵变的定义与克劳修斯的熵变定义有何不同之处？

 习 题

5-1 一卡诺热机的热效率为 60%,若它从高温热库吸热为 $4\,000\ \mathrm{kJ/h}$,向 $25\,℃$ 的低温热库放热,试求高温热库的温度及卡诺热机的功率。

5-2 有一台柴油机,在稳定工况下工作时工质的最高温度为 $1\,500\ \mathrm{K}$,最低温度为 $360\ \mathrm{K}$。如果规定该柴油机做功为 $500\ \mathrm{kW \cdot h}$ 的耗油量分别为 $40\ \mathrm{kg}$、$50\ \mathrm{kg}$、$70\ \mathrm{kg}$ 和 $100\ \mathrm{kg}$,请判断上述耗油指标能否实现？ 如果可以实现,则在该耗油量下,柴油机的实际热效率是多少？ 已知柴油的热值为 $42\,705\ \mathrm{kJ/kg}$。

5-3 有质量相同的两个物体,温度分别为 T_A 及 T_B。现将这两个物体分别作为高温热库及低温热库,一卡诺热机在它们之间做功。因这两个物体的热力学能都是有限的,在热交换过程中温度会发生变化。假定物体的比热是常数,试证明两物体的终温及热机输出的功量分别为

$$T_2 = \sqrt{T_A T_B}$$
$$W_0 = mc_p(T_A + T_B - 2\sqrt{T_A T_B})$$

5-4 某热泵按逆向卡诺循环工作,从室外 $0\,℃$ 的环境吸热而向室内供热使室内气温从 $10\,℃$ 上升到 $25\,℃$。假定在升温期间房间的散热损失可忽略不计,试求对应 $1\ \mathrm{kg}$ 空气热泵所消耗的功,并将其和直接用电加热器供热时所消耗的功进行比较。

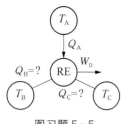

图习题 5-5

5-5 某可逆热机与三个恒温热库交换热量并输出 $800\ \mathrm{kJ}$ 的功量,如图习题 5-5 所示。其中热库 A 的温度为 $500\ \mathrm{K}$,并向热机供热 $3\,000\ \mathrm{kJ}$,而热库 B 和 C 的温度分别为 $400\ \mathrm{K}$ 与 $300\ \mathrm{K}$。试计算热机分别与热库 B 和 C 交换热量的数值和方向。

5-6 空气由初态($p_1 = 0.23\ \mathrm{MPa}$,$T_1 = 62\,℃$)膨胀到终态($p_2 = 0.14\ \mathrm{MPa}$,$T_2 = 22\,℃$)。 试利用熵方程进行分析:

(1) 如果是可逆膨胀,则这一过程是吸热过程还是放热过程？

(2) 如果是绝热膨胀,则这一过程是可逆过程还是不可逆过程？

5-7 已知三个刚性物体 A、B、C 的温度和热容量分别为

$$T_A = 200\ \mathrm{K},\quad (mc)_A = 8\ \mathrm{kJ/K};$$
$$T_B = 400\ \mathrm{K},\quad (mc)_B = 2\ \mathrm{kJ/K};$$
$$T_C = 600\ \mathrm{K},\quad (mc)_C = 5\ \mathrm{kJ/K}.$$

（1）如果三物体通过直接接触而达到热平衡，试求平衡时的温度及达到平衡过程中的熵产；

（2）如果三物体通过可逆机可逆地变化到热平衡，试求平衡时的温度及可逆机输出的功量。

5-8　有一活塞式压气机和贮气筒所组成的系统如图习题 5-8 所示。已知：

$$T_1 = T_0 = 298 \text{ K}, \quad p_1 = p_0 = 100 \text{ kPa},$$
$$p_2 = 800 \text{ kPa}, \quad V = 2 \text{ m}^3$$

假定压缩空气的过程是可逆的，空气并能迅速地充满贮气筒。如果压气过程分别为定熵压缩和定温压缩，试在这两种情况下进行下列比较：

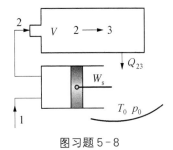

图习题 5-8

（1）压缩每千克空气的耗功量及放热量；

（2）筒内压力达到 800 kPa 时的充气量；

（3）充气之后贮气筒的放热量；

（4）贮气筒内压缩空气最终的工作压力 p_2；

（5）系统总的不可逆性损失。

将变化过程表示在 p-v 图及 T-s 图上，并说明从比较结果可得出些什么结论。

5-9　刚性贮气筒内有 10 kg 压缩空气，其压力为 800 kPa，温度为 500 K。周围环境温度为 298 K，压力为 0.1 MPa。筒内空气在定容下冷却到环境温度，试求：

（1）贮气筒的容积及空气的放热量；

（2）热量的㶲值及㶲流；

（3）过程中的内部㶲损及外部㶲损；

将这一过程在 T-s 图上表示出来。

5-10　有一热机循环由四个过程组成：1—2 为定熵压缩过程，温度由 80℃ 升高到 140℃；2—3 为定压加热过程，温度升高到 440℃；3—4 为不可逆绝热膨胀过程，温度下降至 80℃，而熵产为 0.01 kJ/K；4—1 为定温放热过程。又知，高温热库的温度为 440℃，低温热库的温度为 80℃。如果工质为空气，将该循环过程表示在 T-s 图上，并试求：

（1）循环中系统熵的变化及克劳修斯积分值；

（2）若用热库温度，求克劳修斯积分值；

试用外界分析法的熵方程说明上述两种克劳修斯积分值的物理意义。

5-11　刚性容器中贮有 2 kg 空气，其比热 $c_v = 0.716$ kJ/kg·K，若加入 50 kJ 热量，则空气的温度变化了多少？若周围环境温度为 300 K，容器内空气的初始温度分别为 -30℃ 及 30℃，试在 T-s 图上将这两个吸热过程表示出来，计算过程中热量的㶲值及㶲流，并说明它们正负号的物理意义。

5-12　容积为 V 的刚性贮气筒内储有温度为 T 的理想气体（见图习题 5-12）。现将贮气筒置于周围环境（T_0，p_0）中，使其最终与环境达到热平衡。试分析：

（1）在平衡过程中理想气体的能量在数量及品位上有何变化？

（2）在平衡过程中的不可逆损失情况。

分别按 $T > T_0$ 及 $T < T_0$ 两种情况来加以分析，并将这一过程表示在 T-s 图上。

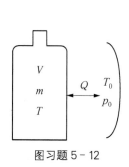

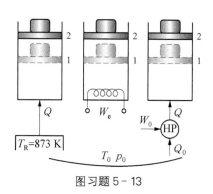

图习题 5-12 　　　　　　　　图习题 5-13

5-13　2 kg 空气在压力 $p=2$ atm 条件下定压加热,温度从 450℃升高到 600℃。若周围环境温度为 35℃,压力为 1 atm,试计算:

(1) 加入的热量及对外所做的功量;

(2) 空气的 ΔU、ΔS 及 ΔA;

(3) 热量的熵流 $(\Delta S)_Q$、㶲流 $(\Delta A)_Q$ 及㶲值 A_Q;

(4) 功量的熵流 $(\Delta S)_W$、㶲流 $(\Delta A)_W$ 及㶲值 A_W。

如果采取不同的加热方式(见图习题 5-13),即①利用 $T_R=600$℃ 的废气余热加热;②输入电功 W_e 加热;③采用可逆热泵供热。试分别计算它们的不可逆性损失,并在 $T-s$ 图上分析其能耗情况。

5-14　假定一台压气机具备完善的冷却装置,实现了对气体的定温压缩,并已知压气机从周围环境吸入空气,由 (T_0, p_0) 压缩到 (T_0, p),试对该压气过程进行能量分析及能质分析,写出能量平衡及㶲平衡的关系式,进而说明㶲分析的意义。

5-15　容积为 2 m³ 的刚性透热容器中贮有压力为 300 kPa 的空气。若周围环境状态为 (100 kPa, 298 K),试计算该气体的㶲值及比㶲各为多少? 当抽成真空时,㶲值又为多少? 如果把容器中的空气改为氧气,则结果又将如何?

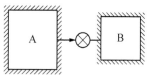

图习题 5-16

5-16　有两个刚性绝热容器通过阀门可以连通(见图习题 5-16)。已知:

$$V_A=3 \text{ m}^3, \quad p_{A1}=0.8 \text{ MPa}, \quad T_{A1}=17℃;$$

$$V_B=1 \text{ m}^3, \quad p_{B1}=0。$$

现将阀门打开使空气从 A 流向 B,当两容器压力相等时将阀门关闭,试计算过程中空气熵的变化及熵产。

5-17　有一个容积为 2m³ 的真空容器,由于密封不严使环境空气慢慢地渗入容器,经过一定的时间后,容器内的压力 $p_2=p_0=100$ kPa。 由于渗入过程很慢,容器内空气的最终温度 $T_2=T_0=293$ K。 试对上述过程进行以下热力学分析:

(1) 根据能量方程求过程中交换的热量;

(2) 根据熵方程计算过程中的熵产及㶲损;

(3) 利用㶲方程来校验熵方程的计算结果。

5-18　在刚性绝热容器中贮有质量为 m、比热 c_v 为定值的理想气体。现通过搅拌器

输入轴功 W_s，试证明当 W_s 一定时，搅拌过程的不可逆性损失如下式所示。

$$I = mc_v T_0 \ln \frac{-W_s}{mc_v T_1}$$

其中 T_0 为环境温度。请解释为什么在上述条件下，不可逆性损失与初态温度 T_1 成反比。

5-19　有效容积为 $1\ \text{m}^3$ 的两个刚性容器通过阀门可相互连通（见图习题 5-19），其中容器 A 绝热，而容器 B 透热。已知初态时 B 为真空，容器 A 中空气的状态参数为 $p_{A1} = 800\ \text{kPa}$，$T_{A1} = 293\ \text{K}$，容器 B 的压力 $p_{B1} = 0$。容器 B 中安装了叶轮，当阀门打开时，来自容器 A 的高压气流能推动叶轮输出功量。周围环境温度为 293 K，如果容器 A 中的压力降低到 $p_{A2} = 360\ \text{kPa}$ 时将阀门关闭，试求：

(1) 终态时容器 A 及 B 中的质量及状态；

(2) 过程中可能输出的最大功量以及系统的热力学能变化和交换的热量。

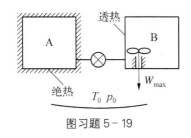
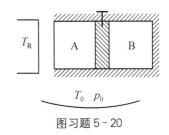

图习题 5-19　　　　　　　　　　　图习题 5-20

5-20　如图习题 5-20 所示，绝热气缸的一端是透热的，周围环境温度 T_0 为 293 K。开始时，绝热活塞被销钉固定在气缸中间，并已知两边空气的初态参数如下：

$$V_{A1} = V_{B1} = 0.1\ \text{m}^3, \quad T_{A1} = T_{B1} = 293\ \text{K},$$
$$p_{A1} = 100\ \text{kPa}, \quad p_{B1} = 500\ \text{kPa}$$

现将温度为 T_R 的热库与透热端接触，并将销钉去掉，活塞在压差作用下移动，直到两边压力达到平衡。假定最终的平衡压力分别为：① $P_2 = 300\ \text{kPa}$；② $P_2 = 240\ \text{kPa}$；③ $P_2 = 200\ \text{kPa}$。试用热力学基本定律来判断这些平衡压力是否可能，并计算：

(1) 在平衡压力下，V_{A2} 及 V_{B2} 各为多少？

(2) 平衡过程中的放热量；

(3) 平衡过程中的熵产及㶲损。

5-21　有两个贮存空气的刚性容器通过阀门可以连通（见图习题 5-21）。已知：

$$T_{A1} = 366\ \text{K}, \quad p_{A1} = 2\ 800\ \text{kPa}, \quad V_A = 0.08\ \text{m}^3$$
$$T_{B1} = 277\ \text{K}, \quad p_{B1} = 70\ \text{kPa}$$

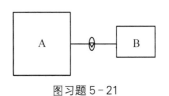

图习题 5-21

将阀门打开后，空气由 A 流入 B，两容器中的空气最终达到平衡时的状态参数如下：

$$T_{A2} = T_{B2} = T_2 = 316\ \text{K}, \quad p_{A2} = p_{B2} = p_2 = 1\ 400\ \text{kPa}$$

如果周围环境状态为 $T_0 = 300$ K，$p_0 = 100$ kPa，试求：

(1) 容器 B 的容积 V_B；

(2) 过程中与环境交换的热量；

(3) 过程中总的熵产和烟损。

(4) 如果 $p_{B1} = 0$，则结果又将如何？

5-22 稳定气源（T_i，p_i）向容积为 V 的刚性真空容器的充气过程如图习题 5-22 所示，试对其进行热力分析并写出下列参数的表达式：

(1) 绝热充气至 $p_2 = p_i$ 时的终温及充气量，绝热充气过程的熵产及烟损；

(2) 定温充气至 $p_2 = p_i$ 时的充气量，定温充气过程的热量、熵产及烟损。

请用能量方程及熵方程推导公式，再用烟方程进行校核。

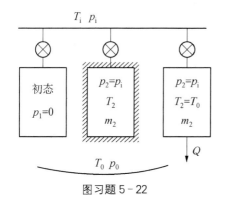

图习题 5-22

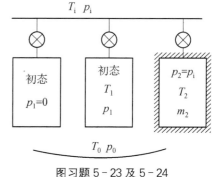

图习题 5-23 及 5-24

5-23 稳定气源（T_i，p_i）向容积为 V 的刚性非真空容器（T_1，p_1）绝热充气（见图习题 5-23），试写出当 $p_2 = p_i$ 时终态温度 T_2 及充气量 m_i 的表达式。

5-24 有一稳定气源，$T_i = 330$ K，$p_i = 3$ bar，向容积 V 为 3 m³ 的容器绝热充气，直到 $p_2 = p_i$ 时为止（见图习题 5-24）。试求：

(1) 当 $p_1 = 0$ 时，T_2、m_i、S_P 及 I 各为多少？

(2) 当 $p_1 = 1$ bar，$T_1 = 293$ K 时，T_2、m_i、S_P 及 I 各为多少？

第一种情况比第二种情况的不可逆性损失更大，这是为什么？

第6章 水 蒸 气

热力工程中常以各种物质的蒸气作为工质，并利用工质的相变来完成能量的贮存、传递及转换等任务。蒸气是与液态比较接近的气体，一般情况下，不能按理想气体处理。由于蒸气的状态方程式、比热的函数关系以及有关热力性质的各种经验公式都比较复杂，不便直接应用于工程计算。为了计算上的需要和方便，人们在大量实验数据的基础上，应用热力学的普遍关系式进行大量计算，并将计算结果编制成蒸气的热力性质图表以供使用。因此，在涉及以蒸气为工质的热工计算中，普遍采用查图查表的方法。这种方法既简便又精确，这是与理想气体的计算方法明显不同的地方。

水蒸气是热力工程中一种极为普遍的工质。由于水蒸气具有比热大、导热性能好、资源丰富、易于获得、价格便宜、无毒无臭、不污染环境等一系列优点，因此，在热力工程上的应用极为广泛。同时，水蒸气又是应用最早的一种工质，通过长期的研究及应用，对水蒸气的热力性质已经积累了丰富的资料及实用经验，这为进一步开发利用水蒸气创造了极为有利的条件。

本章主要介绍水蒸气的性质、水蒸气热力性质图表的结构和使用方法以及确定水蒸气的状态和计算水蒸气热力过程的基本方法。各种不同物质的蒸气在物理性能上虽各不相同，但在热力性质的变化规律上却有很多类似的地方。因此，研究水蒸气的热力性质不仅仅是因为它的重要性，而且还因为它的典型性、示范性和代表性。掌握了水蒸气的热力性质，对了解其他物质蒸气的共性有普遍的指导意义。

6.1 基本概念及定义

6.1.1 纯物质的聚集状态

化学成分均匀不变的物质称为纯物质。纯物质有三种聚集状态，即气态、液态及固态。具有相同物理性质的聚集状态称为纯物质的相。同一种聚集状态可以有几种不同的相，例如水可以有液态水、水蒸气及固态冰三种聚集状态。固态冰可以有几种物理性质上有差别的固相。因此，水的存在状态可以有液相、气相及固相的单相平衡状态，也可以有气—液、液—固及固—气等两相并存的平衡状态，还可以有气—液—固、固—固—液、固—固—气及固—固—固等三相共存的平衡状态，其中第一种三相状态是最稳定的。不论水处于怎样的存在状态，总能保持均匀、不变的化学成分，所以水是典型的纯物质。

化学成分稳定、均匀、不变的混合物也可当作纯物质。例如，在 0.1 MPa 压力下，温度在

90 K 以上条件下的空气呈气态,温度在 77 K 以下条件下的空气呈液态,其中氧气成分 y_{O_2} 为 0.21,氮气成分 y_{N_2} 为 0.79,且均匀不变。单相存在的空气,即气态空气或液态空气都是纯物质。但当空气两相共存时,由于氧和氮的沸点不同,两者在液态空气和气态空气中的比例各不相同,例如,在 0.1 MPa、80 K 时,两者气态成分分别为 $y_{O_2} = 0.104$,$y_{N_2} = 0.896$;两者的液态成分分别为 $y_{O_2} = 0.346$,$y_{N_2} = 0.654$。 这时的空气就不能按纯物质来处理了。

6.1.2　饱和状态

纯物质的状态变化过程可以发生在单相区、两相区及三相区,也可以从一个单相区变化到另一个单相区。纯物质在不同相之间的相互转化过程称为相变。相变过程中,一相的物质逐渐减少,另一相的物质逐渐增多。当达到动态平衡(相平衡)时,各相中的质量不再发生变化,而且各相具有相同的压力及温度。相平衡时,各相所处的平衡状态统称为饱和状态,相应的压力及温度称为饱和压力及饱和温度。饱和压力与饱和温度不是相互独立的,而是一一对应的。两者的对应关系是纯物质的重要热力性质,不同的纯物质及不同的相之间具有不同的对应关系。饱和状态也可以根据纯物质饱和压力及饱和温度的一一对应关系来定义,即当压力达到所处温度下的饱和压力或者当温度达到所处压力下的饱和温度时的状态称为饱和状态。处于饱和状态下的气态、液态及固态纯物质分别称为饱和蒸汽、饱和液体及饱和固体。值得指出,处于相同饱和状态下的各个相,它们的状态并不相同,仅是温度及压力相等而已,而且可以在保持饱和状态不变的条件下连续地发生相变。例如,常见的等压(等温)气化过程,加入的热量使液相不断地向气相转化,气、液两相的质量都在发生变化,但在相变过程中,气、液两相的饱和状态并没有改变。显然,这种相变过程是内部可逆的过程,每个中间状态都满足相平衡的条件。

6.1.3　状态公理与吉布斯相律

由纯物质组成的简单可压缩系统只有一种准静态功的模式。根据状态公理,确定系统平衡状态的独立变量数为 $n+1$。因此,有两个独立的状态参数确定之后,纯物质的平衡状态就完全确定了。当系统达到热力学平衡状态时,纯物质的各个相之间也必定处在相平衡的状态。相平衡时,每个独立相平衡状态的独立变量数为多少呢?

1875 年,吉布斯(Josiah Willard Gibbs, 1839—1903)根据多元复相系统相平衡的条件导出的吉布斯相律揭示了独立变量数与多元系统的组元数及相数之间的内在联系。吉布斯相律可用如下的公式来表示,即

$$F = C - P + 2 \tag{6-1}$$

式中,F 表示确定相平衡的独立变量数,即相平衡时,确定每个独立相的平衡状态的独立变量数;C 代表多元系统中组元的数目;P 代表多元系统中独立相的数目。

根据吉布斯相律,对于单相纯物质有

$$C = 1, \quad P = 1, \quad F = 1 - 1 + 2 = 2$$

对于两相共存的纯物质有

$$C = 1, \quad P = 2, \quad F = 1 - 2 + 2 = 1$$

当纯物质的三相共存时,有

$$C = 1, \quad P = 3, \quad F = 1 - 3 + 2 = 0$$

值得指出,状态公理指出了确定系统平衡状态所需的独立变量数;吉布斯相律揭示了相平衡时决定每个独立相的平衡状态所需的独立变量数。两者是独立的不同的定律,但并不矛盾。

对于单相纯物质,系统的平衡状态就是该相的平衡状态,有 $(n+1) = C - P + 2 = 2$。

对于两相共存的纯物质,$F = 1$,说明只要一个独立变量(温度或压力)给定之后,两个共存的独立相的平衡状态就完全确定了,系统也达到了相平衡。但是,系统是由两个独立相组成的两相混合物,在相同的饱和状态下,可以有许多种不同的配比关系,它们都满足吉布斯相律。因此,要确定系统的状态,必须再给出另一个独立变量,可以是其中任一相的成分或者是混合物的比容。这样,确定两相共存纯物质平衡状态的独立变量数仍然需要两个,符合状态公理。任何纯物质在三相共存时,每个独立相的平衡状态都是完全确定的,没有变动的余地,因此有 $F = 0$,即独立变量数为零。例如,水在三相共存时有液态水、固态冰以及气态水蒸气,它们的平衡状态都是确定的,独立相的所有状态参数都有确定的值。此时每个相的数值分别为

$$p_s = 0.611\,3\ \text{kPa}; \quad T_s = 273.16\ \text{K} = 0.01\,℃$$
$$v_水 = 0.001\ \text{m}^3/\text{kg}; \quad v_冰 = 1.090\,8\ \text{m}^3/\text{kg}; \quad v_气 = 206.153\ \text{m}^3/\text{kg}$$

同理,系统是由这样三个状态完全确定的独立相所组成的混合物,系统的状态将随着各相所占的比例不同而变化。要确定系统的状态,还必须给出任意两相所占的比例。所以,确定三相共存纯物质平衡状态的独立变量数仍然是两个,符合状态公理。

6.1.4 热力学面

纯物质的集态变化情况可以用热力学面比较直观地表示出来。基本状态参数 p、v、T 都是可测参数。根据丰富的测试数据,通过大量的分析计算,可以将纯物质每一个可能存在的平衡状态以及每一种可能发生的相变过程在 $p\text{-}v\text{-}T$ 的坐标空间表示出来。

在状态参数 $p\text{-}v\text{-}T$ 的三维正交坐标系中,由一系列点(平衡状态)及线(相变过程)所构成的空间曲面称为该纯物质的热力学面。

图 6-1 表示在凝固时体积膨胀纯物质的热力学面以及它在 $p\text{-}T$ 平面坐标系上的投影图,$p\text{-}T$ 图又称为相图。水的热力性质属于这一类。

图 6-2 表示在凝固时体积收缩纯物质的热力学面以及相应的 $p\text{-}T$ 相图。大部分纯物质均属于这一类。

1. 单相曲面

固相、液相及气相这三个单相曲面分别被相邻的两相区隔开。对于单相纯物质,在达到饱和状态之前,p 与 T 是互相独立的。由于各相中 $p\text{-}v\text{-}T$ 之间函数关系的不同,这三个曲面在空间坐标系的倾斜程度以及变化曲率都各不相同。单相纯物质的所有平衡状态(点)分别落在相应的单相曲面上。一般认为,当温度高于临界温度 T_c 时,子质比较接近理想气

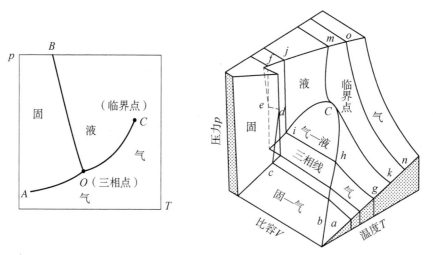

图6-1 凝固时体积膨胀纯物质的热力学面

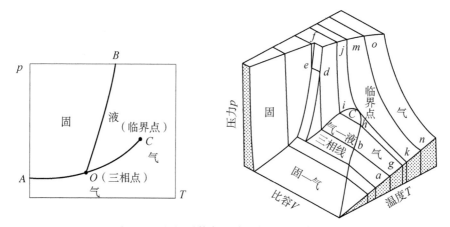

图6-2 凝固时体积收缩纯物质的热力学面

体,从液相到气相以及从理想气态到气态的转化并无明确的分界面。

单相区与两相区的分界线统称为饱和曲线,饱和曲线上的点代表相应的饱和状态。热力学面上共有六条饱和曲线:

饱和液体线是液相区与气—液两相区的分界线;

饱和蒸汽线是气相区与气—液两相区的分界线;

凝固曲线是液相区与液—固两相区的分界线;

溶解曲线是固相区与液—固两相区的分界线;

升华曲线是固相区与固—气两相区的分界线;

凝华曲线是气相区与固—气两相区的分界线。

可以认为,饱和曲线上的任何一点都代表刚达到饱和状态的单相纯物质的平衡状态,也是即将发生相变,并能与将要转变成的相共存的独立相的平衡状态。在饱和曲线上压力与温度遵循一一对应的关系。

2. 两相曲面

热力学中共有三个两相曲面,分别代表气—液、液—固及固—气等两相区。两相区的主要特征是,其中的定压线就是定温线。因此,相变过程线都是与 v 轴相平行的直线;两相曲面都是与 p-T 平面相垂直的曲面。曲面的曲率取决于饱和温度与饱和压力的——对应关系。由于固体与液体的不可压缩性,液—固两相曲面接近平面。相变过程中,两个独立相的饱和状态都没有发生变化,仅是混合物的比容在连续地发生变化,这是由成分的变化引起的。

随着压力及温度的升高,饱和液体线与饱和蒸汽线相交于一点,称为临界点,用 C 表示。临界点上的参数称为临界参数,分别用 p_c、T_c 及 v_c 代表临界压力、临界温度及临界比容。临界状态是表征该纯物质发生相变的极限状态,超过临界状态不再出现明显的相变现象。任何纯物质都有确定的临界参数数值。附录表9给出了几种纯物质的临界参数,以供查取。

3. 三相线(点)的特征

由图6-1及6-2可以看出,固—气与气—液以及气—液与液—固的每两个两相区之间各有一条交界线,两条交界线又落在同一条直线上,这就是三相共存的饱和直线,称为三相线。三相线上的点具有相同的温度及压力,因此三相线既是定温线又是定压线,它在 p-T 平面上的投影为一个点,称为三相点。显然,三相点并不代表某一个三相平衡状态,但可代表三个独立相的饱和状态。在沿三相线的相变过程中,三个独立相的饱和状态并没有发生变化,仅是混合物的比容在连续地发生变化,这也是由成分变化引起的。

三相点参数是纯物质的一个重要热力性质,不同的纯物质具有不同的三相点参数。表6-1给出了几种纯物质的三相点参数。

表6-1 几种纯物质的三相点

物质	分子式	温度/K	压力/kPa
乙炔	C_2H_2	192.4	128.26
氨	NH_3	195.42	6.077
氩	Ar	83.78	68.75
二氧化碳	CO_2	216.55	517.97
一氧化碳	CO	68.14	15.35
乙烷	C_2H_6	89.88	0.000 8
乙烯	C_2H_4	104.00	0.120
氢	H_2	13.84	7.04
硫化氢	H_2S	187.66	23.18
氪	Kr	115.6	71.73
甲烷	CH_4	90.67	11.69
氖	Ne	24.57	43.20
一氧化氮	NO	109.50	21.92
氮	N_2	63.15	12.53

物质	分子式	温度/K	压力/kPa
氧	O_2	54.35	0.152
二氧化硫	SO_2	197.69	0.167
水	H_2O	273.16	0.611 3
氙	Xe	161.3	81.46

6.1.5　纯物质的相图（p-T图）

如图 6-1 及图 6-2 所示，热力学面在 p-T 平面上的投影称为纯物质的相图。相图能更清晰地表示出饱和压力与饱和温度的一一对应关系，独立相的饱和状态以及相间关系用相图来分析更为简便。

如上所述，三个两相曲面以及它们的交界线（三相线）都垂直于 p-T 平面，因此，它们在 p-T 平面上的投影为三条相交于一点的曲线，分别用 AO、BO 及 CO 来表示。三个具有不同变化曲率的单相曲面与三个坐标轴有不同程度的倾斜，因此，它们在 p-T 平面上的投影除了饱和状态外，都是单一平衡状态的投影，即无重合点的投影。同样地，三个单相投影平面也是被三条两相曲线隔离。相图的基本结构是一个点（三相点 O）、三条两相曲线及三个单相平面。在单相平面上没有重合点的投影其压力与温度是互相独立的，因此，单相平面上的任意一点代表一个平衡状态。

AO 称为升华曲线，它是凝华曲线与升华曲线相重合的结果，代表固—气两相区。

BO 称为凝熔曲线，它是凝固曲线与熔解曲线相重合的结果，代表液—固两相区。

CO 称为汽化曲线，它是饱和液体线与饱和蒸汽线相重合的结果，代表气—液两相区。

C 是临界点。

两相区中压力与温度是一一对应的，三条两相曲线代表了这种对应关系。两相曲线上的点仅代表两个独立相的饱和状态及该饱和状态下的相变过程，要确定系统的状态还需知道任一独立相的成分。

同理，三相点 O 仅代表三个独立相的饱和状态及该饱和状态下的相变过程，若要确定三相共存时系统的某一个平衡状态，尚需知道任意两个独立相的成分。

6.2　定压产生水蒸气的过程

6.2.1　定压产生水蒸气的过程

工程上所用的水蒸气是在锅炉中定压加热条件下产生的。水稳定地流过锅炉时的定压吸热过程与水在闭口系统内的定压吸热过程是相当的。为了便于分析，我们讨论活塞式气缸中定压产生水蒸气的过程。

图 6-3 是定压产生水蒸气的过程示意图。假定气缸中贮有 1 kg 初温为 T_a 的水，水所承受的压力可用改变活塞顶上重块的质量加以调节和维持。p_1、p_2、p_3 分别表示不同实验

序号下所维持的恒定压力,每次实验时水的初温均为 T_a。现在先讨论初态为 $a(T_a, p_1)$ 时,水在定压下加热变成水蒸气的过程。

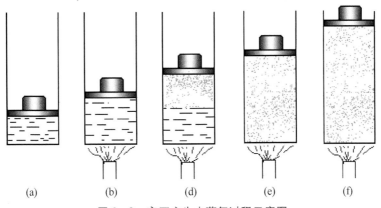

图6-3 定压产生水蒸气过程示意图

图6-4是水的 p-T 图、p-v 图及 T-s 图,可以看出,定压产生水蒸气的过程可以分为三个阶段,即①未饱和水的定压饱和阶段 a-b,发生在液相区;②饱和水的定压汽化阶段 b-e,发生在液—气两相区;③饱和蒸汽的定压过热阶段 e-f,发生在气相区。下面按不同的阶段分析它们的特点。

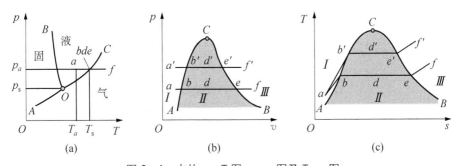

图6-4 水的 p-T 图、p-v 图及 T-s 图

1. 未饱和水的定压饱和阶段

饱和压力与饱和温度是一一对应的。当水的压力高于水温下的饱和压力时,即 $p > p_s(t)$,则称该状态下的水为压缩水;当水的温度低于水压下的饱和温度时,即 $T < T_s(p)$,则称该状态下的水为过冷水,两者的差值称为过冷度;尚未达到饱和状态的水统称为未饱和水。

从相图可以清楚地看出,a-b 过程发生在单相区。初态 $a(T_a, p_1)$ 时的水为未饱和水,有

$$p_1 > p_s(T_a), \quad T_a < T_s(p_1), \quad \Delta T = T_s(p_1) - T_a。$$

在定压下加热,水温逐渐升高,比容略有增大。随着水温的升高,相应的饱和压力也在提高。当水的状态达到 $b(T_b, p_1)$ 时,有 $p_b = p_s(T_b) = p_1$,$T_b = T_s(p_1) = T_s(p_b)$。处于状态 b 的水称为饱和水。a-b 过程中,除了状态 b 以外,其他状态下的水都是过冷度不同的未饱和水。

实际上,将自来水烧成开水的过程就是未饱和水的定压饱和过程,这是定压下使水温升

高到该压力下的饱和温度的加热过程。未饱和水在定压饱和过程中所需的热量称为液体热,用 q_1 示,在 T-s 图上,过程线 a-b 下方的面积代表液体热。

2. 饱和水的定压气化阶段

图中 b-e 表示饱和水的定压汽化过程,b 代表刚达到饱和状态的饱和水在定压下加热,就会发生从液态转化成气态的相变过程,称为定压汽化过程。因为压力恒定不变,相应的饱和温度也不会变化。定压汽化过程中所加入的热量全部用于使饱和水转化成饱和蒸汽。在定压汽化过程中饱和状态并没有变化,仅是饱和水逐渐减少而饱和蒸汽逐渐增多,因而比容有明显的增大。当饱和水全部转变成饱和蒸汽时,定压汽化过程就结束了。在终态 e 时已不含饱和水,这时的饱和蒸汽又称为干饱和蒸汽,它标志着相变已经结束,又进入了单相区。

定压汽化过程也是定温吸热过程,因此,在 p-v 图及 T-s 图上,过程线 b-c 都是水平直线;在相图上仅是汽化曲线 OC 上的一个点,它是汽化过程线的投影,代表气、液两相的饱和状态,该点的两个坐标分别代表饱和压力和饱和温度。在定压汽化过程中所需的热量称为汽化潜热,用 r 表示。在 T-s 图上,过程线 b-e 下方的面积代表汽化潜热。

在定压汽化过程中,除了初态 b 及终态 e 是单相外,其他中间状态都处在饱和水与饱和蒸汽两相共存的混合状态,仅是成分不同而已。气、水两相的混合物统称为湿饱和蒸汽,简称湿蒸汽。不同成分的湿蒸汽通常用干度 x 加以区分。干度的定义表达式为

$$x = \frac{m_v}{m} \tag{6-2}$$

式中,m 表示湿蒸汽的质量,m_v 表示湿蒸汽中饱和蒸汽的质量。显然,初态 b 及终态 e 的干度分别为 0 和 1,汽化过程中随着饱和蒸汽质量的逐渐增加,湿蒸汽的干度逐渐接近于 1。

3. 干饱和蒸汽的定压过热阶段

图中 e-f 表示干饱和蒸汽的定压过热过程,不难看出,e-f 过程是在单相区内进行的。定压下对干饱和蒸汽继续加热,蒸汽的温度就会升高,比容也要增大。

当蒸汽的温度高于所处压力下的饱和温度时,该蒸汽称为过热蒸汽,这两个温度之差称为过热度,可用 ΔT 表示,$\Delta T = T - T_s(p)$。在 e-f 过程中,除了初态 e 为干饱和蒸汽外,其他状态下的蒸汽分别为不同过热度的过热蒸汽。蒸汽定压过热过程所需的热量称为过热热量,用 q_g 表示。在 T-s 图上,过程线 e-f 下方的面积代表过热热量。

综上所述,定压产生水蒸气的过程可分为三个阶段,水共经历了五种不同的状态,即未饱和水(压缩水或过冷水)、饱和水、湿蒸汽、干饱和蒸汽及过热蒸汽。

每千克水转变成过热蒸汽所需的热量为

$$q = q_1 + r + q_g$$

过程中所做的功量为

$$w = p(v_f - v_a)$$

根据热力学第一定律,有

$$q = (u_f - u_a) + p(v_f - v_a) = h_f - h_a$$

上式表明,在水蒸气的定压产生过程中所需的热量等于初终两态焓值的增量。不难发现,这个

结论与稳定工况下锅炉中水蒸气定压产生过程的结论是一致的,即过程中所需的热量等于出口处过热蒸气的焓与进口处压缩水的焓之差值。对于稳定工况下的锅炉,其能量方程为

$$\Delta E = (\Delta E)_Q + (\Delta E)_W + (\Delta E)_M$$

其中,$\Delta E = 0$,$(\Delta E)_W = 0$,$\Delta E_p = \Delta E_k = 0$,因此有

$$q = h_e - h_i = h_f - h_a$$

6.2.2　水蒸气的 p-v 图及 T-s 图

1. 水蒸气 p-v 图及 T-s 图的结构

在不同的压力下定压产生水蒸气的过程同样会出现三个阶段,水也会经历五种状态。如图 6-3 及 6-4 所示,倘若增加重块质量将压力调整到 p_2,并从初态 $a'(T_a, p_2)$ 出发进行定压加热就可得出另一条定压产生水蒸气的过程线 $a'b'd'e'f'$。显然,在各种不同的压力下,可以得出许多这样的过程线。

如果把代表不同压力下饱和水的点连接起来就能形成一条饱和水线(又称下界线)AC;把代表不同压力下干饱和蒸汽的点连接起来就可得出一条干饱和蒸汽线(又称上界线)BC;这两条饱和曲线必定能相交于一点 C,称为临界点。

两条饱和曲线 AC 和 BC 将 p-v 图及 T-s 图划分为如下三个区域。

区域 I 为未饱和水区,是个单相区,未饱和水的定压饱和过程发生在这个区域,饱和水(单相)线 AC 是这个单相区的界线。

区域 II 为湿蒸气区,两条饱和曲线之间的所有状态都是不同干度下的湿饱和蒸汽,是气、水共存的两相区,饱和水的定压汽化过程发生在这个区域。

区域 III 为过热蒸气区,是个单相区,干饱和蒸汽的定压过热过程发生在这个区域,干饱和蒸汽(单相)线是这个单相区的界线。

综上所述,水蒸气 p-v 图及 T-s 图的结构可以概括为一个点(临界点)、两条线(AC 和 BC)和三个区(I、II 及 III)。定压产生水蒸气的过程可概括为三个阶段及五种状态。

2. 水的热力性质与图的结构

水及水蒸气的物理性质决定了水蒸气 p-v 图及 T-s 图的结构形式,或者说根据实验数据绘制出来的水蒸气 p-v 图及 T-s 图揭示了水及水蒸气的热力性质。因此,既可以用水及水蒸气的性质来解释图的结构,也可以根据图的结构来说明水及水蒸气的性质。不难发现,水的性质与图的结构之间有如下的关系。

(1) 液态水几乎是不可压缩的,尤其在低温下。因此,在初态温度 T_a 不变的条件下,随着压力的升高,各个过程的初态均落在同一条定容线上,即温度不变时,不论压力怎样变化,未饱和水的比容不发生变化。

(2) 液态水的热胀系数较小,它的比容随温度的升高而略有增大。随着压力的升高,相应的饱和温度也愈高,饱和水的比容也因饱和温度的升高而增大。所以 p-v 图上的饱和水线 AC 随压力升高而向比容增大的方向略为倾斜。干饱和蒸汽是可压缩的,随着压力的升高,干饱和蒸汽的比容明显减小。因而,在 p-v 图上的干饱和蒸汽线 BC 向比容减小的方向倾斜。由于上述原因,代表汽化过程的线段随压力升高而缩短,即有 $|b''e''| < |b'e'| < |be|$。

（3）水的比热容较大，等压加热时，温差越大所需的热量越多。随着压力的升高，相应的饱和温度也越高，从相同的初温达到饱和温度所需的热量也越多。所以在 $T-s$ 图中的液体热 q_1 随压力增大而增加，使饱和水线 AC 向比熵增大的方向倾斜。同时，随着饱和温度的升高，汽化过程所需的热量也逐渐减小，两相区的线段缩短，使干饱和蒸汽线 BC 向比熵减小的方向倾斜，也有 $|b''e''|<|b'e'|<|be|$。

（4）当压力增加到某一确定值时，饱和水线与干饱和蒸汽线相交。这时，水与气处在相同的状态，即水与气的差别消失，没有汽化阶段，汽化潜热为零。因而临界点可看作是纯物质发生相变的极限状态，超过临界点就不存在明显的相变现象了。

6.3 水蒸气热力性质表和焓熵图

由于水蒸气热力性质的复杂性，直接利用有关的方程进行工程计算是很困难的。为了工程计算的需要和方便，有专门机构把实验数据和各种方程式的计算结果编制成水蒸气的热力性质表和相应的图线，提供了各种状态下水蒸气参数的详尽数据，供计算时查取。理解水蒸气的热力性质并熟练地掌握水蒸气的各种图表是对水蒸气进行热力分析和计算的先决条件。

我们已经详细地讨论了定压产生水蒸气的过程，这仅是从液相经气—液两相到气相的转化过程。类似的定压产生水蒸气过程还可以发生在固相与气相之间，并有类似的三个阶段和五种状态。理解这些转换过程是掌握水蒸气图表的结构和查取方法的基础。

6.3.1 基准状态

如前所述，比热力学能 u、比焓 h 及比熵 s 都是不可测参数，但是，两态之间的变化量 Δu、Δh 及 Δs 是可以用热力学的方法来计算的。因此，定义了基准状态的数值之后，其他任意状态下的数值就可以确定。基准状态的选择以及基准数值的定义并不影响这些参数的变化量，原则上是可以任意选取的。但是，为了工程计算及交流的方便，在编制各种热力性质表时，必须采用统一规定的基准态参数。

对于水蒸气表及焓熵图，根据国际会议的规定，以固—液—气三相共存时饱和水的平衡状态为基准状态，并定义基准状态下的比热力学能及比熵为零。这样，水的基准态参数为

$$p_0=0.611\,2\text{ kPa}, \quad T_0=273.16\text{ K}, \quad v_0=0.001\text{ m}^3/\text{kg}$$
$$u_0\equiv 0\text{ kJ/kg}, \quad s_0\equiv 0\text{ kJ/kg} \tag{6-3}$$
$$h_0=u_0+p_0v_0=0+0.611\,2\times0.001=0.000\,611\,2\approx0(\text{kJ/kg})$$

相对于这个基准，水在任何状态下的参数都可以有确定的数值。水蒸气的各种热力性质表及焓熵图都是建立在上述基准态参数的基础上的。

6.3.2 水蒸气的热力性质表

1. 饱和水及饱和蒸汽的热力性质表

在饱和水线及饱和蒸汽线上以及湿蒸汽区中，液态水和气态水蒸气都处在饱和状态，因

而,只需知道任何一个独立变量,就可以完全确定每个独立相的平衡状态。另一方面,饱和温度与饱和压力是一一对应的,因而,既可以根据饱和温度,也可以按照饱和压力确定每个独立相的平衡状态。

基于上述性质,并为了使用上的方便,饱和水与饱和蒸汽表有两种排列方式,即按温度为序的排列及按压力为序的排列。它们的结构形式如表 6-2 及表 6-3 所示。

表 6-2　饱和水及饱和蒸汽表的结构(按温度排列)

$t/$ ℃	$p/$ MPa	$v'/$ (m³/kg)	$v''/$ (m³/kg)	$h'/$ (kJ/kg)	$h''/$ (kJ/kg)	$r/$ (kJ/kg)	$s'/[\text{kJ}/$ (kg·K)]	$s''/[\text{kJ}/$ (kg·K)]
100	0.101 325	0.001 043 44	1.673 6	419.06	2 675.71	2 256.6	1.306 9	7.354 5
110	0.143 243	0.001 051 56	1.210 6	461.33	2 691.26	2 229.9	1.418 6	7.238 6
120	0.198 483	0.001 060 31	0.892 19	503.76	2 706.18	2 202.4	1.527 7	7.129 7
130	0.270 018	0.001 069 68	0.668 73	546.38	2 720.39	2 174.0	1.634 6	7.027 2
140	0.361 190	0.001 079 72	0.509 00	589.21	2 733.81	2 144.6	1.739 3	6.930 2
150	0.475 71	0.001 090 46	0.392 86	632.28	2 746.35	2 114.1	1.842 0	6.838 1

表 6-2 所列参数的上角标"′"表示饱和水的参数;上角标"″"则表示饱和蒸汽参数。不难发现,只要给定压力或温度,就可以利用饱和蒸汽的热力性质表确定两条饱和线上相应点的平衡状态。表 6-3 绘出了不同压力或温度下的参数值,因此,两条饱和曲线上所有的平衡状态均可以确定。

表 6-3　饱和水及饱和蒸汽表的结构(按压力排列)

$p/$ MPa	$t/$ ℃	$v'/$ (m³/kg)	$v''/$ (m³/kg)	$h'/$ (kJ/kg)	$h''/$ (kJ/kg)	$r/$ (kJ/kg)	$s'/[\text{kJ}/$ (kg·K)]	$s''/[\text{kJ}/$ (kg·K)]
0.60	158.863	0.001 100 6	0.315 63	670.67	2 756.66	2 086.0	1.931 5	6.760 0
0.70	164.983	0.001 107 9	0.272 81	697.32	2 763.29	2 066.0	1.992 5	6.707 9
0.80	170.444	0.001 114 8	0.240 37	721.20	2 768.86	2 047.7	1.046 4	6.662 5
0.90	175.389	0.001 121 2	0.214 91	742.90	2 773.59	2 030.7	1.094 8	6.622 2
1.00	179.916	0.001 127 2	0.194 38	672.84	2 777.67	2 014.8	1.138 8	6.585 9

湿蒸汽区中任何一点的状态都是两相平衡状态,两个独立相的平衡状态可根据压力或温度来确定,如果再给出一个独立变量,则湿蒸汽所处的状态就完全确定了。

如果知道湿蒸汽的干度 x,可按下列公式确定湿蒸汽的状态参数。

$$v_x = xv'' + (1-x)v'$$
$$h_x = xh'' + (1-x)h'$$
$$s_x = xs'' + (1-x)s'$$
$$u_x = h_x - pv_x = xu'' + (1-x)u'$$

如果除了压力或温度外,还知道湿蒸汽的任意一个状态参数,以 v_x 为例,可根据 v_x 以及已经查得的饱和参数,先将湿蒸汽的干度 x 求出来,即

$$x = \frac{v_x - v'}{v'' - v'}$$

然后,再按上述公式求出湿蒸汽其余的状态参数。

附表 10 及附表 11 分别为按温度排列及按压力排列的饱和水及饱和蒸汽的热力性质表。附表中并未给出比热力学能的数值,因此,比热力学能要根据焓的定义式来计算,即

$$u' = h' - pv'; \quad u'' = h'' - pv''$$

综上所述,利用附表 10 及附表 11 可以确定两条饱和线上任何一点的状态;如果再给定一个有关湿蒸汽的独立变量,则可以确定两相区中这个相应点的状态。

2. 饱和冰及饱和蒸汽的热力性质表

附表 12 是按温度排列的未饱和水及过热蒸汽的热力性质表。附表 12 与附表 10 的制表原理及排列结构完全相同,仅仅是所描述的水的状态不同而已。

利用附表 12 可以确定升华曲线及凝华曲线这两条饱和曲线上任意一点的平衡状态,如果再给定一个独立变量,则可确定固—气两相区中这个相应点的平衡状态。

3. 未饱和水及过热蒸汽的热力性质表

未饱和水区及过热蒸汽区是被湿蒸气区隔离开来的两个单相区,在达到饱和状态之前,温度与压力是互相独立的。确定它们的平衡状态需要知道两个独立的状态参数,因而,可以根据温度及压力来确定未饱和水及过热蒸汽的平衡状态。

附录表 12 是未饱和水及过热蒸汽的热力性质表,它是以温度及压力作为两个独立变量来编排的,附表 12 的结构如表 6-4 所示。

表 6-4　未饱和水及过热蒸汽表的结构

p	$0.10\ \mathrm{MPa}(t_s=99.634℃)$			$0.20\ \mathrm{MPa}(t_s=120.24℃)$			$0.50\ \mathrm{MPa}$		
$t/$ ℃	$v/$ $(\mathrm{m^3/kg})$	$h/$ $(\mathrm{kJ/kg})$	$s/[\mathrm{kJ/}$ $(\mathrm{kg\cdot K})]$	$v/$ $(\mathrm{m^3/kg})$	$h/$ $(\mathrm{kJ/kg})$	$s/[\mathrm{kJ/}$ $(\mathrm{kg\cdot K})]$	$v/$ $(\mathrm{m^3/kg})$	$h/$ $(\mathrm{kJ/kg})$	$s/[\mathrm{kJ/}$ $(\mathrm{kg\cdot K})]$
					（黑线以上为		未饱和水）		
100	1.696 1	2 675.9	7.360 9						
110	1.744 8	2 696.2	7.414 6	0.001 051 5		461.37			
120	1.793 1	2 716.3	7.466 5	1.418 5					
				0.001 060 3		503.76			
130				1.527 7					
140				0.910 31	2 727.1	7.178 9	0.001 079 6	589.30	1.739 2
150				0.935 11	2 748.0	7.230 0	0.001 090 4	632.30	1.842 0
160	（黑线以下为			过热蒸汽					
							0.383 58	2 767.2	6.864 7

从表 6-4 可以看出,横向向右排列有序的是独立变量压力 p 的数值,括号中给出了该压力下相应的饱和温度;纵向向下排列有序的是独立变量温度 t 的数值。如果给出了压力及温度的数值,就可以从表中查出该状态下比容 v、比焓 h 及比熵 s 的数值。表中的分界线将表分成上下两部分:界线以上为未饱和水;界线以下为过热蒸气。从表中所列数据不难发现,当 $t < t_s$ 时,v、h 及 s 的数值在界线之上;当 $t > t_s$ 时,表列数据在界线的下方。热力学能仍要用公式 $u = h - pv$ 来计算。

6.3.3　水蒸气的焓熵图

利用水蒸气的各种热力性质表可以精确地确定水蒸气的各种平衡状态,并获得平衡状态下的各个状态参数的数值。但是,水蒸气热力性质表在使用上有一定的不便之处。例如:不同的集态要查不同的表;两相区的状态必须通过计算才能确定;表中数据的不连续,中间态必须采用插入法来计算等。另外,工程上主要是分析计算热力过程。虽然用水蒸气热力性质表能确定状态,为分析热力过程提供了必要的数据,但它毕竟不能用它来描述过程。因此,工程上广泛地采用各种状态参数坐标图用各种过程曲线把热力过程清晰地表示在相应的位置上。

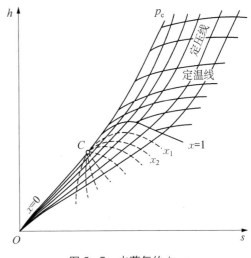

图 6-5　水蒸气的 h-s 图

我们已经介绍了 p-v-T 图、p-T 图、p-v 图及 T-s 图,这些图在描述水的集态变化过程及解释水的热力性质时起了重要的作用。现在再介绍一种具有广泛实用价值的状态参数坐标图,即焓熵(h-s)图。焓熵图又称莫理尔图(Mollier diagram),1904 年,由 Mollier 首先提出。水蒸气 h-s 图的结构如图 6-5 所示。

焓熵图的基本结构也是一个点、两条线及三个区。图中 C 点为临界点,AC 为 $x = 0$ 的饱和水线(下界线),BC 为 $x = 1$ 的干饱和蒸汽线(上界线)。两条饱和曲线将焓熵图分为三个区,即未饱和水区、湿蒸汽区及过热蒸汽区。为了工程实用的需要,焓熵图上除了与坐标轴相垂直的定焓线群及定熵线群外,还给出了定压线群、定温线群、定容线群和定干度线群。这些定值线群都是根据实验数据绘制而成,可供热工计算时查取。

1. 定压线群

根据方程 $T\mathrm{d}s = \mathrm{d}h - v\mathrm{d}p$,在定压下可得出

$$\left(\frac{\partial h}{\partial s}\right)_p = T \tag{6-4}$$

式(6-4)是焓熵图上定压线的斜率表达式,说明定压线的斜率取决于该点的温度。

在湿蒸汽区,定压线就是等温线,因此,每条定压线都是斜率为定值的直线。随着压力的升高,饱和温度也升高,因而,湿蒸汽区内的定压线群是由斜率不等的直线群组成的。在过热蒸汽区,压力与温度是相互独立的,每条定压线的斜率都随温度的升高而增大,即过热

蒸汽区内的定压线是随温度升高而变陡的曲线。定压线群在经过上界线时,由直线平滑地过渡到曲线。

2. 定温线群

根据参数关系 $T\mathrm{d}s = \mathrm{d}h - v\mathrm{d}p$,在定温的条件下有

$$\left(\frac{\partial h}{\partial s}\right)_T = T + v\left(\frac{\partial p}{\partial s}\right)_T \tag{6-5}$$

其中 $\left(\frac{\partial p}{\partial s}\right)_T$ 可根据热力学参数关系转变成基本状态参数的关系,即

$$\left(\frac{\partial p}{\partial s}\right)_T = \frac{1}{\left(\dfrac{\partial s}{\partial p}\right)_T} = \frac{1}{-\left(\dfrac{\partial v}{\partial T}\right)_p} = -\left(\frac{\partial T}{\partial v}\right)_p \tag{6-6}$$

将式(6-6)代入式(6-5)中,有

$$\left(\frac{\partial h}{\partial s}\right)_T = T + v\left(\frac{\partial p}{\partial s}\right)_T = T - v\left(\frac{\partial T}{\partial v}\right)_p \tag{6-7}$$

式(6-7)是焓熵图上定温线的斜率表达式。

在湿蒸汽区,定温线就是定压线,因此有

$$\left(\frac{\partial T}{\partial v}\right)_p = 0; \quad \left(\frac{\partial h}{\partial s}\right)_T = T = \left(\frac{\partial h}{\partial s}\right)_p \tag{6-8}$$

式(6-8)说明,湿蒸汽区的定温线群与定压线群重合,都是由斜率不等的直线群组成。

在过热蒸汽区,温度与压力是相互独立的。因为定压下温度升高时容积必定增大,即 $\left(\frac{\partial T}{\partial v}\right)_p > 0$,因此有

$$\left(\frac{\partial h}{\partial s}\right)_T = T - v\left(\frac{\partial T}{\partial v}\right)_p < T = \left(\frac{\partial h}{\partial s}\right)_p \tag{6-9}$$

式(6-9)说明,在过热蒸汽区,定温线的斜率总是小于定压线的斜率,而且随着压力的下降、过热度的增加,定温线越趋于平坦。可见,定温线经过上界线后就与定压线分开,而且离上界线越远,定温线越平坦,过热蒸汽的性质越接近理想气体。当压力足够低时,其焓仅是温度的单值函数,定温线即为定焓线。

3. 定容线群

根据参数关系, $T\mathrm{d}s = \mathrm{d}h - v\mathrm{d}p$,在定容条件下有

$$\left(\frac{\partial h}{\partial s}\right)_v = T + v\left(\frac{\partial p}{\partial s}\right)_v \tag{6-10}$$

式(6-10)是焓熵图上定容线的斜率表达式。不难发现, $\left(\frac{\partial p}{\partial s}\right)_v$ 恒为正值。因此有

$$\left(\frac{\partial h}{\partial s}\right)_v = T + v\left(\frac{\partial p}{\partial s}\right)_v > T = \left(\frac{\partial h}{\partial s}\right)_p \tag{6-11}$$

式(6-11)说明,同一个点上定容线的斜率大于定压线的斜率。为了避免曲线过密不易分清,h-s 图上的定容线常用红色表示。

4. 定干度线群

定干度线是湿蒸汽区所特有的曲线群。下界线上 $x=0$;上界线上 $x=1$。在每条定压气化过程线上,x 随饱和蒸汽含量的增加而增大。将 x 相同的各点连起来即为定干度线,这是一群以临界点为起点的发散曲线。

焓熵图上的各种定值线群都标有明确数值,只要知道任意两个独立的状态参数,就可迅速地确定状态,并读出该状态下的其他状态参数的数值。在焓熵图上分析热力过程尤为方便,例如锅炉中定压产生水蒸气的过程和刚性容器中的定容加热过程等都可以在 h-s 图上比较清晰地表示出来,过程中的焓值变化、熵值变化、功量及热量均可用线段来表示。利用 h-s 图可以迅速地确定状态、迅速地对过程的性质做出判断,特别适用于在工程现场对过程的分析计算。

工程上常用的水蒸气一般都是过热蒸汽或干度较高的湿蒸汽,所以实际绘出的焓熵图仅是 x 大于 0.6 的部分。h-s 图虽然方便,但精度不如水蒸气表,所以热工计算时,可以图表配合,各取所长。

例6-1 若水蒸气在 150℃时,比熵为 6.088 6 kJ/(kg·K),试确定水蒸气的状态及其他状态参数。

解 根据状态公理,知道温度及比熵这两个独立的状态参数,水蒸气的状态就可以确定。确定状态的具体步骤如下。

(1) 先根据温度 $t=150$℃ 从附表 10 查得该温度下饱和状态的数值。用插入法计算得到当 $t=150$℃ 时有:

$p_s = 0.475\ 71$ MPa, $\quad v' = 0.001\ 090\ 46$ m³/kg $\quad v'' = 0.392\ 86$ m³/kg,

$h' = 632.28$ kJ/kg, $\quad h'' = 2\ 746.35$ kJ/kg,

$s' = 1.842\ 0$ kJ/(kg·K), $\quad s'' = 6.838\ 1$ kJ/(kg·K)

(2) 已知 $s = 6.088\ 6$ kJ/(kg·K),有

$$s' < s < s''$$

因此,可以断定水蒸气处于湿蒸汽状态,$s_x = s = 6.088\ 6$,其干度可用下式求得,即

$$x = \frac{s_x - s'}{s'' - s'} = \frac{6.088\ 6 - 1.842\ 0}{6.838\ 1 - 1.842\ 0} = 0.85$$

(3) 其他的状态参数可以根据干度及饱和状态的数值来计算,即

$$v_x = xv'' + (1-x)v' = 0.85 \times 0.398\ 6 + 0.15 \times 0.001\ 090\ 46 = 0.334\ 1 (\text{m}^3/\text{kg})$$

$$h_x = xh'' + (1-x)h'$$
$$= 0.85 \times 2\ 746.35 + 0.15 \times 632.28 = 2\ 429.24 (\text{kJ/kg})$$

$$u_x = h_x - pv_x$$
$$= 2\ 429.24 - 475.71 \times 0.334\ 1 = 2\ 270.31 (\text{kJ/kg})$$

例6-2 试确定压力为 1 MPa 时,温度分别为 160℃ 及 200℃时水所处的状态。

解 先从附表 11 查出压力为 1 MPa 的饱和温度 t_s 为 179.916℃。

(1) 第一种情况(1 MPa,160℃)

$$t = 160℃ < 179.916℃ = t_s; \quad t = 160 - 179.916 = -19.916(℃)$$

是过冷度为 19.916℃ 的未饱和水。由附表 12 可查得在 1 MPa、160℃ 时水的状态参数为

$$v = 0.001\,101\,7\ \text{m}^3/\text{kg}; \quad h = 675.84\ \text{kJ/kg}; \quad s = 1.942\,4\ \text{kJ/(kg} \cdot \text{K)}$$

(2) 第二种情况(1 MPa、200℃)

$$t = 200℃ > 179.916℃ = t_s; \quad t = 200 - 179.916 = 20.084(℃)$$

是过热度为 20.084℃ 的过热蒸汽。由附表 12 可查得在 1 MPa,200℃ 时的状态参数为

$$v = 0.205\,90\ \text{m}^3/\text{kg}; \quad h = 2\,827.3\ \text{kJ/kg}; \quad s = 6.693\,1\ \text{kJ/(kg} \cdot \text{K)}$$

提示 (1) 知道压力或温度,只能确定该压力或温度下的饱和状态。

(2) 若知道压力和温度,可根据压力查出相应的饱和温度。若给定的温度低于饱和温度,则为未饱和水;若给定的温度高于饱和温度,则为过热蒸汽;若给定的温度等于饱和温度,则必须再给出一个独立变量才能确定状态。

(3) 若知道压力或温度,同时还给出一个独立变量(v, h, s 等),可根据压力或温度查出同名变量的饱和参数值。若给定值为 s,且有 $s > s''$,则为过热蒸汽;若给定值 $s < s'$,则为未饱和水;若有 $s' < s < s''$,则为湿蒸汽,可先算出干度 x,然后再根据干度及饱和参数计算其他的状态参数。

例 6-3 若已知水在三相共存时的比容 v 为 20 m^3/kg,其中冰的比例为 $y_冰 = 0.2$,试确定水在该平衡状态下的状态参数。

解 根据吉布斯相律,纯物质三相平衡时的独立变量数 F 为 0,即三个独立相的饱和状态是完全确定的。由附表 10 及附表 12 可查出三相共存时的饱和参数为

$$t_s = 273.16\ \text{K} = 0.01℃, \quad p_s = 0.611\,3\ \text{kPa}$$

$$v_冰 = 1.090\,8 \times 10^{-3}\ \text{m}^3/\text{kg}; \quad v_水 = 0.001\ \text{m}^3/\text{kg}; \quad v_汽 = 206.153\ \text{m}^3/\text{kg}$$

$$h_冰 = -333.40\ \text{kJ/kg}; \quad h_水 \approx 0; \quad h_汽 = 2\,501.3\ \text{kJ/kg}$$

$$s_冰 = -1.221\,0\ \text{kJ/(kg} \cdot \text{K)}; \quad s_水 \equiv 0; \quad s_汽 = 9.156\,2\ \text{kJ/(kg} \cdot \text{K)}$$

根据状态公理,知道 $v = 20\ \text{m}^3/\text{kg}$ 及 $y_冰 = 0.2$,水在三相共存时的平衡状态就完全可以确定。其他状态参数可按下列步骤来计算:

(1) 利用已知条件算出 $x_水$ 及 $x_汽$

$$y_冰\,mv_冰 + y_水\,mv_水 + y_汽\,mv_汽 = v$$

$$0.2v_冰 + y_水\,v_水 + (0.8 - y_水)v_汽 = v$$

$$y_水 = \frac{v - 0.2v_水 - 0.8v_汽}{v_水 - v_汽}$$

$$= \frac{20 - 0.2 \times 1.090\,8 \times 10^{-3} - 0.8 \times 206.153}{0.001 - 206.153} = 0.703$$

$$y_汽 = 0.8 - y_水 = 0.8 - 0.703 = 0.097$$

(2) 根据成分及饱和参数计算状态参数

$$h = y_冰 h_冰 + y_水 h_水 + y_汽 h_汽$$
$$= 0.2(-333.40) + 0 + 0.097(2\,501.3)$$
$$= -90.747(\text{kJ/kg})$$
$$s = y_冰 s_冰 + y_水 s_水 + y_汽 s_汽$$
$$= 0.2(-1.221\,0) + 0 + 0.097(9.156\,2)$$
$$= 0.644\,\text{kJ/(kg·K)}$$
$$u = h - pv$$
$$= -90.747 - 0.611\,3 \times 20$$
$$= -102.973(\text{kJ/kg})$$

提示 (1) 根据吉布斯相律,三相共存时三个独立相的饱和状态是完全确定的,有

$$F = C - P + 2 = 1 - 3 + 2 = 0$$

(2) 根据状态公理,要确定三相线上某一点的平衡状态,必须再给定两个独立变量($n + 1 = 2$),知道了 v 及 $y_冰$,该状态就完全确定了。

例 6-4 试用 h-s 图求下列状态的水蒸气参数:

(1) 压力为 5 MPa,干度 $x = 90\%$;

(2) 温度为 200℃的干饱和蒸汽;

(3) 压力为 0.1 MPa,温度为 300℃。并将上述三个状态表示在 h-s 图上。

解

(1) $p = 5$ MPa 的定压线与 $x = 0.90$ 的等干度线相交于点 1。由 h-s 图读得

$$h_1 = 2\,632\,\text{kJ/kg}; \quad s_1 = 5.68\,\text{kJ/(kg·K)}; \quad v_1 = 0.036\,\text{m}^3/\text{kg}$$

(2) $T = 200$℃的定温线与 $x = 1$ 的上界线交于点 2。由 h-s 图读得

$$h_2 = 2\,792\,\text{kJ/kg}; \quad s_2 = 6.42\,\text{kJ/(kg·K)}; \quad v_2 = 0.130\,\text{m}^3/\text{kg}$$

(3) $T = 300$℃的定温线与 $p = 0.1$ MPa 的定压线相交于点 3。由 h-s 图读得

$$h_3 = 3\,074\,\text{kJ/kg}; \quad s_3 = 8.21\,\text{kJ/(kg·K)}; \quad v_3 = 2.65\,\text{m}^3/\text{kg}$$

上述三个状态的 h-s 图如图 6-6 所示。

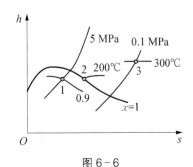

图 6-6

6.4 水蒸气的热力过程

研究水蒸气热力过程的目的和任务与理想气体热力过程的分析是相同的,但因工质性质的不同,在分析方法上有较大的差异。分析计算水蒸气的热力过程主要是采用图表解法。本节通过一些实际算例介绍水蒸气热力过程的分析方法。要注意区分水蒸气与理想气体在分析热力过程方法上的不同特点。

6.4.1 水蒸气热力过程的实际算例

例6-5 国产机组 N12-35 的锅炉给水温度为 150℃,锅炉出口蒸汽参数为 3.5 MPa,435℃(见图 6-7)。试确定锅炉进出口蒸汽的状态,并计算每千克水在锅炉内的吸热量。

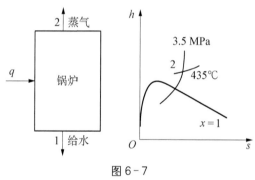

图 6-7

解 水在锅炉中的吸热过程可视为内部可逆的定压过程。由附表 11,根据压力 3.5 MPa可查得相应的饱和温度为 $t_s = 242.597℃$,因此可以判定:

$t_1 = 150℃ < t_s$,入口状态为未饱和水,过冷度为 92.6℃;

$t_2 = 435℃ > t_s$,出口状态为过热蒸汽,过热度为 192.4℃。

(1) 能量方程。

$$\Delta E = (\Delta E)_Q + (\Delta E)_W + (\Delta E)_M$$

按题意,稳定工况下:

$$\Delta E = 0; \quad (\Delta E)_W = 0$$
$$(\Delta E)_Q = q; \quad \Delta E_p = E_k = 0$$
$$(\Delta E)_M = h_{fi} - h_{fe} = h_1 - h_2$$

因此有

$$(\Delta E)_Q = -(\Delta E)_M; \quad q = h_2 - h_1$$

(2) 查表法。

锅炉给水为 $t = 150℃$ 的未饱和水。由于水的不可压缩性,压缩水的焓及熵近似等于相

同温度下饱和水的焓及熵,因此有

$$h_1 = h' = 632.28 \text{ kJ/kg}$$

对于锅炉出口为过热蒸汽(435℃,3.5 MPa),可根据附表 12 的数据,用插入法来确定其状态。由附表 12 查得(430℃,3.0 MPa)条件下蒸汽的焓值为 3 298.0 kJ/kg;(430℃,4.0 MPa)条件下蒸汽的焓值为 3 283.0 kJ/kg。

用插入法可算出(430℃,3.5 MPa)的焓值为

$$h = \frac{3\ 283.0 + 3\ 298.0}{2} = 3\ 290.5 (\text{kJ/kg})$$

由附表 12 还可以查得(440℃,3.0 MPa)条件下蒸汽的焓值为 3 320.5 kJ/kg;(440℃,4.0 MPa)条件下蒸汽的焓值为 3 306.2 kJ/kg。

用插入法可算出(440℃,3.5 MPa)的焓值为

$$h = \frac{3\ 320.5 + 3\ 306.2}{2} = 3\ 313.35 (\text{kJ/kg})$$

再根据(430℃,3.5 MPa)及(440℃,3.5 MPa)的焓值,用插入法可算出(435℃,3.5 MPa)的焓值,即

$$h_2 = \frac{3\ 290.5 + 3\ 313.35}{2} = 3\ 301.93 (\text{kJ/kg})$$

每千克水在锅炉内的吸热量为

$$q = h_2 - h_1 = 3\ 301.93 - 632.28 = 2\ 669.65 (\text{kJ/kg})$$

(3) 图解法。

因 $h-s$ 图的低干度部分已经截去,未饱和水的状态仍需用查表法来确定,有

$$h_1 = 632.28 \text{ kJ/kg}$$

根据(435℃,3.5 MPa)条件下的,在 $h-s$ 图上找到 $t = 435$℃ 的定温线及压力 p 为 3.5 MPa 的定压线的交点,可读出 $h_2 = 3\ 304.0 \text{ kJ/kg}$

根据能量方程可计算热量:

$$q = h_2 - h_1 = 3\ 304.0 - 632.28 = 2\ 671.72 (\text{kJ/kg})$$

计算结果与查表法的结果基本一致。采用图解法更为简便。

例 6-6 一刚性容器中装有 1 kg 气水混合物,其中蒸汽质量占 70%,压力为 0.2 MPa(见图 6-8)。若对容器加热,使水变成干饱和蒸汽,试求:(1)终态压力;(2)加入的热量。

(1) 查表法。

由附表 11,压力为 0.2 MPa 时,有

$$t_s = 120.24℃$$

$$v_1' = 0.001\ 060\ 5 \text{ m}^3/\text{kg}, \quad v_1'' = 0.885\ 85 \text{ m}^3/\text{kg}$$

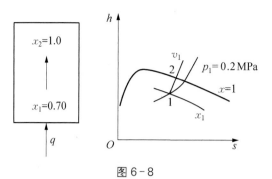

图 6-8

$$h_1' = 504.78 \text{ kJ/kg}, \quad h_1'' = 2\,706.53 \text{ kJ/kg}$$

$$v_1 = x_1 v_1'' + (1 - x_1) v_1'$$

$$= 0.70 \times 0.885\,85 + 0.30 \times 0.001\,060\,5 = 0.620\,4(\text{ m}^3/\text{kg})$$

$$h_1 = x_1 h_1'' + (1 - x_1) h_1'$$

$$= 0.70 \times 2\,706.53 + 0.30 \times 504.78 = 2\,046.0(\text{kJ/kg})$$

$$u_1 = h_1 - p_1 v_1 = 2\,046.0 - 200 \times 0.620\,4 = 1\,921.92(\text{kJ/kg})$$

定容加热过程中比容不变：

$$v_2 = v_1 = v_2'' = 0.620\,4 \text{ m}^3/\text{kg}; \quad x_2 = 1$$

由附表 11 可查得，$p = 0.4 \text{ MPa}$ 时，

$$v'' = 0.462\,5 \text{ m}^3/\text{kg}, \quad h'' = 2\,738.49 \text{ kJ/kg}$$

用插入法可求出终态的压力 p_2 及比焓 h_2：

$$p_2 = 0.2 + (0.4 - 0.2) \frac{0.620\,4 - 0.462\,5}{0.885\,9 - 0.462\,5}$$

$$= 0.2 + 0.2 \times 0.31 = 0.274\,7(\text{MPa})$$

$$h_2 = 2\,706.5 + (2\,738.5 - 2\,706.5) \frac{0.274\,7 - 0.2}{0.4 - 0.2} = 2\,718.5(\text{kJ/kg})$$

$$u_2 = h_2 - p_2 v_2 = 2\,718.5 - 275 \times 0.620\,4 = 2\,535.9(\text{kJ/kg})$$

根据能量方程有 $q = u_2 - u_1 = u_2'' - u_1 = 2\,535.9 - 1\,921.9 = 614(\text{kJ/kg})$

（2）查图法。

在 $h - s$ 图上，压力为 0.2 MPa 的定压线与干度为 0.7 的定干度线相交于一点，该点代表状态 1。可读出下列数据：

$$h_1 = 2\,043.0 \text{ kJ/kg}; \quad v_1 = 0.62 \text{ m}^3/\text{kg}$$

定容加热过程可沿定容线延伸至干度为 1 的干饱和蒸汽线，交点 2 为终态。可读出：

$$v_2 = v_1 = 0.62 \text{ m}^3/\text{kg}; \quad x_2 = 1; \quad p_2 = 0.29 \text{ MPa}; \quad h_2 = 2\,725.0 \text{ kJ/kg}$$

初终两态的热力学能分别为

$$u_1 = h_1 - p_1 v_1 = 2\,043.0 - 200 \times 0.62 = 1\,919.0(\text{kJ/kg})$$

$$u_2 = h_2 - p_2 v_2 = 2\,725.0 - 290 \times 0.62 = 2\,545.2 (\text{kJ/kg})$$

定容过程加入的热量为

$$q = u_2 - u_1 = 2\,545.2 - 1\,919.0 = 626.2 (\text{kJ/kg})$$

可见,查图法与查表法的计算结果比较接近。查图法可避免插入运算,更为简便。

例 6-7 假定从例 6-5 的锅炉中输出的过热蒸汽(3.5 MPa,435℃)在汽轮机中可逆绝热地膨胀到 $p_2 = 0.005$ MPa,试确定汽轮机出口的状态并计算 1 kg 过热蒸汽通过汽轮机能输出多少轴功?

解 (1)能量方程。

$$\Delta E = (\Delta E)_Q + (\Delta E)_W + (\Delta E)_M$$

按题意:稳定工况 $\Delta E = 0$

可逆绝热 $(\Delta E)_Q = 0$

$$(\Delta E)_w = -w_s$$

$$\Delta E_k = \Delta E_p = 0$$

$$(\Delta E)_M = e_{fi} - e_{fe} = h_1 - h_2$$

因此有 $w_s = h_1 - h_2$

(2)查表法。

在例 6-5 中已经用插入法算得过热蒸汽(3.5 MPa,435℃)的焓值:

$$h_1 = 3\,301.93 \text{ kJ/kg}$$

现在再用插入法计算该状态下的熵值。

由附表 13 查得:

(430℃,3.0 MPa)条件下蒸汽的熵值为 7.018 7 kJ/(kg·K)

(440℃,3.0 MPa)条件下蒸汽的熵值为 7.050 5 kJ/(kg·K)

用插入法可算出(435℃,3.0 MPa)的熵值:

$$s = \frac{7.018\,7 + 7.050\,5}{2} = 7.034\,6 [\text{kJ/(kg·K)}]$$

由附表 13 查得:

(430℃,4 MPa)条件下蒸汽的熵值为 6.869 8 kJ/(kg·K)

(440℃,4 MPa)条件下蒸汽的熵值为 6.902 6 kJ/(kg·K)

用插入法可算出(435℃,4 MPa)的熵值:

$$s = \frac{6.869\,8 + 6.902\,6}{2} = 6.886\,2 [\text{kJ/(kg·K)}]$$

再根据(435℃,3 MPa)及(435℃,4 MPa)的熵值,用插入法算出(435℃,3.5 MPa)的熵

值,即

$$s = \frac{7.034\ 6 + 6.886\ 2}{2} = 6.960\ 4[\text{kJ}/(\text{kg} \cdot \text{K})]$$

可逆绝热过程是定熵过程,有

$$s_2 = s_1 = 6.960\ 4\ \text{kJ}/(\text{kg} \cdot \text{K})$$

根据 $p_2 = 0.005\ \text{MPa}$,由附表 11 查得:

$$s_2' = 0.476\ 1, \quad s_2'' = 8.393\ 0, \quad t_s = 32.88\text{℃}$$
$$h_2' = 137.72\ \text{kJ/kg}, \quad h_2'' = 2\ 560.55\ \text{kJ/kg}$$

因为 $s_2' < s_2 < s_2''$,终态为湿蒸汽,其干度 x_2 为

$$x_2 = \frac{s_2 - s_2'}{s_2'' - s_2'} = \frac{6.960\ 4 - 0.476\ 1}{8.393\ 0 - 0.476\ 1} = 0.819$$

终态的焓值 h_2 为

$$h_2 = x_2 h_2'' + (1 - x_2) h_2'$$
$$= 0.819 \times 2\ 560.55 + 0.181 \times 137.72 = 2\ 122.02(\text{kJ/kg})$$

每千克过热蒸汽能输出轴功为

$$w_s = h_1 - h_2$$
$$= 3\ 301.93 - 2\ 212.02 = 1\ 179.91(\text{kJ/kg})$$

(3) 查图法。

$t_1 = 435\text{℃}$ 的定温线与 $p_1 = 3.5\ \text{MPa}$ 的定压线相交于一点,可读出:

$$h_1 = 3\ 304.0\ \text{kJ/kg}, \quad s_1 = 7.0\ \text{kJ}/(\text{kg} \cdot \text{K})$$

$s_2 = s_1$ 的定熵线与 $p_2 = 0.005\ \text{MPa}$ 的定压线相交于一点,可读出:

$$x_2 = 0.82, \quad h_2 = 2\ 135.0\ \text{kJ/kg}$$

汽轮机输出的轴功为

$$w_s = h_1 - h_2 = 3\ 304.0 - 2\ 135.0 = 1\ 169.0(\text{kJ/kg})$$

例 6-8 有一个容积为 $10\ \text{m}^3$ 的汽锅,装有压力为 $2\ \text{MPa}$ 的蒸汽和水各一半,且气体空间无悬浮的液体。若由底部阀门放水 $250\ \text{kg}$,为了保持锅内的压力和温度不变,需加入多少热量?

解 以图 6-9 所示的汽锅为例,该汽锅是变质量的开口系统。按题意有:①放水过程中,系统内的 p、T 不变,工质是湿蒸汽,两独立相的饱和参数均不变;②汽锅的总容积不变;③放掉的 $250\ \text{kg}$ 水原来所占有的空间由系统内一部分饱和水气化为蒸汽来填充。

(1) 放水过程中汽化的质量。

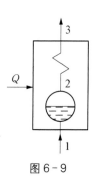

图 6-9

若用 m 表示放水过程中由饱和水转化成饱和蒸汽的质量,则可写出如下的关系式:

$$5-(250v'+mv')+5+mv''=10$$
$$mv''=250v'+mv' \tag{a}$$

式(a)说明饱和蒸汽所增加的体积等于饱和水所减少的体积。由附表 11 可查得压力为 2 MPa时的饱和参数:

$$T_s=212.417℃;\quad v'=0.001\,176\,7\ \mathrm{m^3/kg},\quad v''=0.099\,588\ \mathrm{m^3/kg}$$
$$h'=908.64\ \mathrm{kJ/kg},\quad h''=2\,798.66\ \mathrm{kJ/kg}$$

由式(a)可计算饱和蒸汽的质量 m:

$$m=\frac{250v'}{v''-v'}=\frac{250\times0.001\,176\,7}{0.099\,588-0.001\,176\,7}=2.990(\mathrm{kg})$$

(2) 放水过程中吸收的热量。

根据质量守恒定律,有

$$m_2''-m_1''=m \tag{b}$$
$$m_2'-m_2'=-m_e-m \tag{c}$$

根据能量守恒定律,有

$$\Delta E=(\Delta E)_Q+(\Delta E)_W+(\Delta E)_M$$

按题意:　$\Delta E_k=\Delta E_p=0,\quad \Delta E=\Delta U=m_2u_2-m_1u_1,\quad (\Delta E)_W=0$
$$(\Delta E)_Q=Q,\quad (\Delta E)_M=E_{fi}-E_{fe}=-E_{fe}=-m_eh'$$

可以得出:

$$\begin{aligned}
Q&=m_2u_2-m_1u_1+m_eh'\\
&=m_2'u_2'+m_2''u_2''-m_1'u_1'-m_1''u_1''+m_eh'\\
&=(m_2'-m_1')u'+(m_2''-m_1'')u''+m_eh'\\
&=(-m_e-m)u'+mu''+m_eh'\\
&=m(u''-u')+m_e(h'-u')\\
&=m(h''-h')-m_p(v''-v')+m_epv'\\
&=2.99(2\,798.66-908.64)-2.99\times2\,000(0.099\,588-0.001\,176\,7)+\\
&\quad 250\times2\,000\times0.001\,176\,7\\
&=5\,651.16-588.50+588.35\\
&=5\,651.16-0.15=5\,651.01(\mathrm{kJ})
\end{aligned}$$

可见,放水过程中吸收的热量正是质量为 m 的饱和水汽化时所需要的汽化潜热。

例 6-9　如图 6-10 所示,一台蒸汽轮机的工作负荷可以用调节节流阀的开度来控制。设输气总管中蒸汽的状态为 1.5 MPa、300℃,汽轮机出口压力为 10 kPa,并假定蒸汽在汽轮机中的膨胀过程是可逆绝热的。试计算:

(1) 全负荷工作时,汽轮机的比轴功。

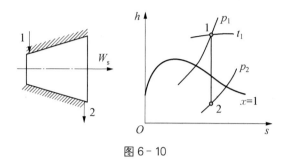

图 6 - 10

（2）若要在 75% 负荷下稳定工作,则控制节流阀应使节流后的蒸汽处于何种状态?

（3）若周围环境温度为 $20℃$,计算节流后水蒸气的㶲值变化、节流过程的熵产及㶲损。

把上述过程表示在 $h-s$ 图及 $T-s$ 图上。

解　（1）查表法。

① 全负荷工况（i—e 过程）。

在全负荷工况下,阀门全开,来自输气总管的蒸汽未经节流直接进入汽轮机。

a. 确定状态 i（1.5 MPa,300℃）的焓及熵:

根据附表 12 的有关数据:

　　　（2.0 MPa,300℃）时, $h=3\,022.6\,\text{kJ/kg}$, $s=6.764\,8\,\text{kJ/(kg·K)}$

　　　（1.0 MPa,300℃）时, $h=3\,050.4\,\text{kJ/kg}$, $s=7.121\,6\,\text{kJ/(kg·K)}$

用插入法计算结果:

$$h_i=\frac{3\,022.6+3\,050.4}{2}=3\,036.5(\text{kJ/kg})$$

$$s_i=\frac{6.764\,8+7.121\,6}{2}=6.943\,2[\text{kJ/(kg·K)}]$$

b. 确定汽轮机出口的状态 e:

定熵过程:　　$s_e=s_i=6.943\,2\,\text{kJ/(kg·K)}$

由附表 11,根据 $p_e=0.010\,\text{MPa}$,查得:

$$t_s=45.798\,8℃,\quad s'_e=0.649\,0\,\text{kJ/(kg·K)},\quad s''_e=8.141\,8$$

$$h'_e=191.76\,\text{kJ/kg},\quad h''_e=2\,583.72\,\text{kJ/kg}$$

可算出状态 e 的干度 x_e 及焓 h_e:

$$x_e=\frac{s_e-s'_e}{s''_e-s'_e}=\frac{6.943\,2-0.649\,0}{8.148\,1-0.649\,0}=0.839$$

$$h_e=x_e h''_e+(1-x_e)h'_e$$
$$=0.839\times2\,583.72+0.161\times191.76=2\,198.62(\text{kJ/kg})$$

c. 以汽轮机为系统,写出能量方程

$$\Delta E=(\Delta E)_Q+(\Delta E)_W+(\Delta E)_M$$

按题意：SSSF 过程，$\Delta E = 0$；定熵过程 $(\Delta E)_Q = 0$

$$(\Delta E)_w = -w_s; \quad \Delta E_p = \Delta E_k = 0, \quad (\Delta E)_M = h_i - h_e$$

因此有

$$w_s = h_i - h_e$$
$$= 3\,036.5 - 2\,198.62 = 837.88(\text{kJ/kg})$$

② 75%负荷工况（1—2 过程）。

将节流阀调整到适当开度，可维持汽轮机在 75% 负荷下稳定工作。蒸汽经节流后为状态 1，在汽轮机中等熵膨胀，出口处为状态 2。

a. 汽轮机在 75% 负荷时输出的比轴功为 w_{12}，有

$$w_{12} = 0.75 w_s = 0.75 \times 837.88 = 628.41(\text{kJ/kg})$$

b. 确定出口状态 2：

绝热节流，节流前后焓值不变，有 $h_1 = h_i = 3\,036.5(\text{kJ/kg})$

根据能量方程 $w_{12} = h_1 - h_2$，有

$$h_2 = h_1 - w_{12} = 3\,036.5 - 628.41 = 2\,408.1(\text{kJ/kg})$$

根据 $p_2 = 0.010\,\text{MPa}$ 的饱和参数可知，$h' < h_2 < h''$，所以状态 2 也是湿蒸汽，其干度 x_2 为

$$x_2 = \frac{h_2 - h_2'}{h_2'' - h_2'} = \frac{2\,408.1 - 191.76}{2\,583.72 - 191.76} = 0.926\,6$$
$$s_2 = x_2 s'' + (1 - x_2) s'$$
$$= 0.926\,6 \times 8.148\,1 + 0.073\,4 \times 0.649\,0 = 7.597\,7[\text{kJ/(kg · K)}]$$

c. 确定入口状态 1：

定熵过程 1—2： $\quad s_1 = s_2 = 7.597\,7\,\text{kJ/(kg · K)}$

节流过程 i—1： $\quad h_1 = h_i = 3\,036.5\,\text{kJ/kg}$

利用附表 12 的有关数据，根据 s_1 及 h_1，经多次插入运算（略），可求得：

$$p_1 = 0.359\,9\,\text{MPa}, \quad t_2 = 286.51℃$$

（2）查图法。

① 全负荷工况（i—e 过程）。

a. 确定输气总管内蒸气的状态 i：

压力为 1.5 MPa 的定压线与温度为 300℃ 的定温线相交于一点，该点即为状态 i，可读得：

$$h_i = 3\,040\,\text{kJ/kg}, \quad s_i = 6.94\,\text{kJ/(kg · K)}$$

b. 确定汽轮机出口状态 e：

定熵过程： $\quad s_e = s_i = 6.94\,\text{kJ/(kg · K)}$

比熵为 6.94 的定熵线与压力为 0.010 MPa 的定压线相交于一点，该点即为状态 e，可读得：

$$x_e = 0.838, \quad h_e = 2\,195\ \text{kJ/kg}$$

c. 全负荷时输出的轴功为

$$w_s = h_i - h_e = 3\,040 - 2\,195 = 845(\text{kJ/kg})$$

② 75%负荷工况(1—2 过程)。

a. 75%负荷时输出的轴功为

$$w_{12} = 0.75w_s = 0.75 \times 845 = 633.75(\text{kJ/kg})$$

b. 确定汽轮机出口状态 2：

根据能量方程及绝热节流的性质，有

$$h_2 = h_1 - w_{12} = h_i - w_{12}$$
$$= 3\,040 - 633.75 = 2\,406.25(\text{kJ/kg})$$

焓值为 $2\,406.25\ \text{kJ/kg}$ 的定焓线与压力为 $0.01\ \text{MPa}$ 的定压线相交于一点,此点即为态 2,可读出：

$$x_2 = 0.926, \quad s_2 = 7.595\ \text{kJ/(kg·K)}$$

c. 确定汽轮机出的入口状态 1：

绝热节流：　　　　　　　　$h_1 = h_i = 3\,040\ \text{kJ/kg}$

定熵膨胀：　　　　　　　　$s_1 = s_2 = 7.595\ \text{kJ/(kg·K)}$

焓值为 $3\,040\ \text{kJ/kg}$ 的定焓线与熵值为 $7.595\ \text{kJ/(kg·K)}$ 的定熵线相交于一点,此点即为态 1,可读出：

$$p_1 = 0.35\ \text{MPa}, \quad t_1 = 286℃$$

计算结果表明,两种方法所得结果是很接近的,用 $h\text{-}s$ 图来计算更为简便。

(3) 能质分析。

因为本题已经假定蒸汽在汽轮机中定熵膨胀,所以只需对节流阀中蒸汽的绝热节流过程进行能质分析就可以了。另外,在全负荷工况下,节流阀全开,没有节流现象。因此,只需对部分(75%)负荷工况下的绝热节流过程进行能质分析即可。

① 利用查表法的结论来分析。

对于绝热节流之前的状态 i(1.5 MPa, 300℃),有

$$h_i = 3\,036.5\ \text{kJ/kg}, \quad s_i = 6.943\,2\ \text{kJ/(kg·K)}$$

对于绝热节流之后的状态 1(0.359 9 MPa, 286.51℃)有

$$h_1 = 3\,036.5\ \text{kJ/kg}, \quad s_1 = 7.597\,7\ \text{kJ/(kg·K)}$$

节流前后蒸汽的㶲值变化为

$$a_{f1} - a_{fi} = (h_1 - h_i) - T_0(s_1 - s_i)$$
$$= -293(7.597\,7 - 6.943\,2) = -191.77(\text{kJ/kg})$$

结果表明,绝热节流后蒸气的㶲值减小了。

对于节流阀,可写出㶲方程:

$$\Delta a = (\Delta a)_Q + (\Delta a)_W + (\Delta a)_M - i_{in}$$

按题意:SSSF 过程,$\Delta a = 0$;绝热节流,$(\Delta a)_Q = 0$;

节流阀不交换功量,$(\Delta a)_W = 0$

因此有　　　　　$i_{in} = (\Delta a)_M = a_{fi} - a_{fe} = a_{fi} - a_{fl} = 191.77(kJ/kg)$

计算结果表明,蒸汽在绝热节流过程中㶲值减小完全是由节流阀内部的不可逆因素造成的。

对于节流阀,可写出熵方程:

$$\Delta s = (\Delta s)_Q + (\Delta s)_W + (\Delta s)_M + s_{Pin}$$

同理有:$\Delta s = 0$, $(\Delta s)_Q = 0$, $(\Delta s)_W = 0$。因此有:

$$s_{Pin} = -(\Delta s)_M = s_e - s_i = s_1 - s_i$$
$$= 7.5977 - 6.9432 = 0.6545[kJ/(kg \cdot K)]$$

显然,利用㶲损计算公式 $I = T_0 S_P$,也可得出上述结论。

② 利用查图法的结论来分析。

已知的结论为

$$h_i = 3040 \text{ kJ/kg}, \quad s_i = 6.94 \text{ kJ/(kg} \cdot \text{K)}$$
$$h_1 = 3040 \text{ kJ/kg}, \quad s_1 = 7.595 \text{ kJ/(kg} \cdot \text{K)}$$

由㶲方程可得出

$$i_{in} = (\Delta a)_M = a_{fi} - a_{fl} = -T_0(s_i - s_1)$$
$$= -293(6.94 - 7.595) = 191.915(kJ/kg)$$
$$s_{Pin} = \frac{i_{in}}{T_0} = \frac{191.95}{293} = 0.655[kJ/(kg \cdot K)]$$

例 6-10　如图 6-11 所示,刚性容器 A 中储有 5 kg 状态为 800 kPa、300℃的水蒸气,通过阀门与一个无摩擦活塞式气缸 B 相连,平衡活塞重量所需压力为 200 kPa。假定整个装置是绝热的,现打开阀门使水蒸气通过阀门流向气缸,直到容器 A 中压力等于 200 kPa 时才关闭阀门。试计算:(1)气缸 B 中蒸汽的最终温度;(2)抬起活塞所做的功;(3)不可逆性引起的熵产。

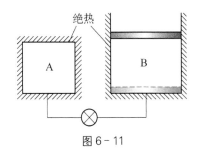

图 6-11

解　(1)确定容器 A 中蒸汽的初始状态。

由附表 12 查得:

蒸汽在(300℃,0.5 MPa)条件下的参数为

$$v = 0.52255 \text{ m}^3/\text{kg}, \quad h = 3063.6 \text{ kJ/kg}, \quad s = 7.4588 \text{ kJ/(kg} \cdot \text{K)}$$

蒸汽在(300℃,1.0 MPa)条件下的参数为

$$v = 0.257\ 93\ \text{m}^3/\text{kg}, \quad h = 3\ 050.4\ \text{kJ/kg}, \quad s = 7.121\ 6\ \text{kJ/(kg} \cdot \text{K)}$$

用插入法计算初始状态为(300℃,0.8 MPa)时蒸汽的参数为

$$v_{A1} = 0.522\ 55 + \frac{0.8 - 0.5}{1.0 - 0.5}(0.257\ 93 - 0.522\ 55) = 0.368\ 7(\text{m}^3/\text{kg})$$

$$h_{A1} = 3\ 063.6 + \frac{0.8 - 0.5}{1.0 - 0.5}(3\ 050.4 - 3\ 063.6) = 3\ 055.68(\text{kJ/kg})$$

$$s_{A1} = 7.458\ 8 + \frac{0.8 - 0.5}{1.0 - 0.5}(7.121\ 6 - 7.458\ 8) = 7.256\ 5[\text{kJ/(kg} \cdot \text{K})]$$

$$u_{A1} = h_{A1} - p_{A1}v_{A1}$$
$$= 3\ 055.68 - 800 \times 0.367\ 8 = 2\ 761.44(\text{kJ/kg})$$

(2) 确定容器 A 中蒸汽的终了状态。

在刚性容器绝热放气过程中,剩余气体经历了一个定熵过程。这个结论对于蒸汽也是适用的。因此有

$$s_{A2} = s_{A1} = 7.256\ 5\ \text{kJ/(kg} \cdot \text{K)}$$

按题意有 $p_{A2} = 0.20\ \text{MPa}$。根据 p_{A2} 及 s_{A2} 这两个独立的状态参数可以确定容器 A 中蒸汽的终了状态。由附表 12 查得:

(0.20 MPa,140℃)条件下蒸汽的参数为

$$v = 0.935\ 11\ \text{m}^3/\text{kg}, \quad h = 2\ 748.0\ \text{kJ/kg}, \quad s = 7.230\ 0\ \text{kJ/(kg} \cdot \text{K)}$$

(0.2 MPa,150℃)条件下蒸汽的参数为

$$v = 0.959\ 68\ \text{m}^3/\text{kg}, \quad h = 2\ 768.6\ \text{kJ/kg}, \quad s = 7.279\ 3\ \text{kJ/(kg} \cdot \text{K)}$$

用插入法计算终了状态(0.20 MPa,7.256 5 kJ/(kg · K))的参数为

$$t_{A2} = 140 + \frac{7.256\ 5 - 7.230}{7.279\ 3 - 7.230}(150 - 140) = 145.38℃$$

$$h_{A2} = 2\ 748.0 + \frac{145.38 - 140}{150 - 140}(2\ 768.6 - 2\ 748.0) = 2\ 759.07(\text{kJ/kg})$$

$$v_{A2} = 0.935\ 11 + \frac{145.38 - 140}{150 - 140}(0.959\ 68 - 0.935\ 11) = 0.948\ 32(\text{m}^3/\text{kg})$$

$$u_{A2} = h_{A2} - p_{A2}v_{A2}$$
$$= 2\ 759.07 - 200 \times 0.948\ 32 = 2\ 569.4(\text{kJ/kg})$$

(3) 过程中的质量变化情况。

已知 $m_{A1} = 5\ \text{kg}$, $v_{A1} = 0.367\ 8\ \text{m}^3/\text{kg}$,因此有

$$V_A = m_{A1}v_{A1} = 5 \times 0.367\ 8 = 1.839(\text{m}^3)$$

$$v_{A2} = 0.948\ 32\ \text{m}^3/\text{kg}$$

则有

$$m_{A2} = \frac{V_A}{v_{A2}} = \frac{1.839}{0.948\,32} = 1.939\,(\text{kg})$$

$$m_{B2} = m_e - m_{A2} = 5 - 1.939 = 3.061\,(\text{kg})$$

（4）过程中的能量变化情况（以整体为对象）。

$$\Delta E = (\Delta E)_Q + (\Delta E)_W + (\Delta E)_M$$

按题意有 $\quad\quad \Delta E_k = \Delta E_p = 0, \quad \Delta E = \Delta U = (m_{A2}u_{A2} + m_{B2}u_{B2}) - m_{A1}u_{A1}$

$$(\Delta E)_Q = 0; \quad (\Delta E)_M = 0$$

$$(\Delta E)_W = -W_{12} = -p_B(V_{B2} - V_{B1}) = -p_B V_{B2}$$

因此有

$$(m_{A2}u_{A2} + m_{B2}u_{B2}) - m_{A1}u_{A1} + m_{B2}p_B v_{B2} = 0$$

$$(m_{A2}u_{A2} - m_{A1}u_{A1}) + m_{B2}h_{B2} = 0$$

$$h_{B2} = \frac{m_{A1}u_{A1} - m_{A2}u_{A2}}{m_{B2}} = \frac{5 \times 2\,761.44 - 1.939 \times 2\,569.40}{3.061} = 2\,883.1\,(\text{kJ/kg})$$

根据 h_{B2} 及 p_{B2} 可确定 B 的终了状态。由附表 12 可查得（0.2 MPa，200℃）条件下蒸汽的参数为

$$v = 1.080\,30\ \text{m}^3/\text{kg}, \quad h = 2\,870.0\ \text{kJ/kg}, \quad s = 7.505\,8\ \text{kJ/(kg·K)}$$

（0.2 MPa，210℃）条件下蒸汽的参数为

$$v = 1.104\,13\ \text{m}^3/\text{kg}, \quad h = 2\,890.1\ \text{kJ/kg}, \quad s = 7.547\,8\ \text{kJ/(kg·K)}$$

用插入法确定（0.2 MPa，2 883.1 kJ/kg）的状态参数为

$$t_{B2} = 200 + \frac{2\,883.1 - 2\,870}{2\,890.1 - 2\,870}(210 - 200) = 206.51\,(℃)$$

$$v_{B2} = 1.083 + \frac{206.51 - 200}{210 - 200}(1.104\,13 - 1.080\,3) = 1.095\,8\,(\text{m}^3/\text{kg})$$

$$s_{B2} = 7.505\,8 + \frac{206.51 - 200}{210 - 200}(7.547\,8 - 7.505\,8) = 7.533\,1\,[\text{kJ/(kg·K)}]$$

$$W_{12} = p_B V_{B2} = m_{B2} p_B v_{B2} = 3.061 \times 200 \times 1.095\,8 = 670.85\,(\text{kJ})$$

（5）过程的不可逆性分析。

刚性绝热容器 A 中经历定熵过程，内部是可逆的。不可逆性损失主要发生在节流阀及抬起活塞时的压差上。节流阀的开度影响节流后的压力：开度小节流损失大，但节流后的压力低，抬起活塞时的压差损失小；开度大则相反。

对整个装置的熵方程为

$$\Delta s = (\Delta s)_Q + (\Delta s)_W + (\Delta s)_M + s_{Pin}$$

按题意有 $\quad\quad (\Delta s)_Q = (\Delta s)_W = (\Delta s)_M = 0$

$$s_{Pin} = \Delta s = m_{A2}(s_{A2} - s_{A1}) + m_{B2}(s_{B2} - s_{A1})$$

$$= 0 + 3.061(7.533\,1 - 7.256\,5)$$

$$= 0.846\,7\,(\text{kJ/K})$$

若给定环境温度 T_0,即可算出不可逆性损失 I_{in}。

6.4.2　关于热力过程的小结

我们已经分析了理想气体的热力过程以及水蒸气的热力过程,可以发现,两种气体的热力过程在分析方法上虽然存在着较大的差异,但是,它们之间也存在着一些与工质性质无关的相同之处。

1. 分析方法上的差异

水蒸气的比热容、热力学能及焓不是温度的单值函数,状态方程、比热容、热力学能、焓及熵的函数关系都比较复杂,不便直接应用于工程计算。对于水蒸气的热力性质以及基本热力过程,已经由专门机构在大量实验及计算的基础上,编制成水蒸气的热力性质表及 $h\text{-}s$ 图。利用这些现成的图表可以确定水蒸气的状态。根据定压、定温、定容、定熵及定焓等基本热力过程的特征,可以直接查得相关参数的数值,过程中的焓变化及熵变化,都不必用公式来计算,甚至功量及热量也可以用 $h\text{-}s$ 图上相应的线段来表示。

对于理想气体,由于状态方程比较简单,理想气体的比热容、热力学能、焓仅是温度的函数。因此,理想气体的热力过程一般都采用直接计算的方法。对于变比热的理想气体也可采用查表的方法。

由于工质性质的不同,不要将理想气体的计算公式应用到水蒸气热力过程的计算中。

2. 与工质性质无关的共同之处

理想气体和水蒸气的分析热力过程其目的和任务是相同的,热力过程所要分析的基本内容及步骤也是相同的,大致包括以下几个方面。

(1)建立热力学模型。选择系统,划分边界,并从边界上识别作用量的性质;画出热力学模型的示意图及状态参数坐标图,把所研究的过程在状态参数坐标图上表示出来。

(2)参数分析。根据过程特点,确定过程中的参数关系及状态参数。

(3)能量分析。按题意简化能量方程,建立不同形态能量之间的内在联系,计算各种不同形态能量的数值。

(4)能质分析。计算各种不同形态能量的能质,按题意简化熵方程及㶲方程,建立不同形态能量的能质之间的内在联系,计算过程中的熵产及㶲损。

热力学第一定律及第二定律与工质的性质无关,它们的普遍表达式对理想气体或水蒸气都是同样适用的。

过程的性质及基本热力过程的特征都与工质的性质无关。例如,绝热节流时,节流前后焓值不变的特性;又如,刚性容器绝热放气过程中,剩余气体经历定熵过程的性质;再如,摩擦等耗散结构、各种势差的存在都会导致过程的不可逆损失。过程的性质并不因工质性质的不同而改变。不同性质的工质同样存在定温、定容、定熵及定焓等基本热力过程,且具有相同的过程特征。

热力学微分关系式与工质的性质无关。例如 $T\mathrm{d}s = \mathrm{d}u + p\mathrm{d}v = \mathrm{d}h - v\mathrm{d}p$ 对于理想气体及水蒸气都是适用的。但应该注意工质性质不同,热力学函数关系(积分关系式)是不同的。

思考题

1. 掌握水蒸气的热力性质有何重要意义?

2. 试举例说明相变过程及相平衡的基本特征。

3. 三相点是一个平衡状态吗? 试用状态公理及吉布斯相律来加以说明。

4. 定压产生水蒸气的过程可分为哪几个阶段、经历哪几种状态,请将它们的名称写出来。

5. 水蒸气的 p-v 图及 T-s 图是怎样形成的,请在这些图上表示出一个点、两条线及三个区的名称及相应位置。

6. 试在 p-t 图(相图)上表示出水及其他纯物质的相变曲线,并说明两相区的基本特征。

7. 试用水蒸气的热力性质说明冰刀滑冰的机理。

8. 请画出水蒸气 h-s 图的结构示意图,并分别在过热蒸汽区及两相区通过任意一点画出定压加热、定容放热、绝热节流、定温压缩及定熵膨胀的过程线。

9. 对于可逆的定压过程,有

$$q_p = \Delta h, \quad q_p = \Delta h = \int c_p \mathrm{d}T, \quad q_p = h'' - h' = \gamma$$

上述各式对于任何工质都是普遍适用的。为什么后两个式子互不通用,你能说明原因吗?

10. 已知吉布斯函数的定义表达式为 $g = h - Ts$,试证明汽化过程中有 $g'' - g' = g_x$。

11. 任何物质的临界状态具有相似的热力学性质,试说明临界状态的基本特征。

12. 水蒸气的热力过程以及理想气体的热力过程在分析方法上有何异同之处?

13. 水蒸气表及焓熵图中的焓、熵及热力学能的基准状态是怎样确定的? 这与理想气体的计算基准有何不同?

 习 题

6-1 试确定在下列条件下,200℃的水所处的状态及状态参数,并表示在 T-s 图上。(1) $x = 0.95$;(2) $p = 2\,\mathrm{MPa}$;(3) $p = 0.2\,\mathrm{MPa}$;(4) $u = 2\,100\,\mathrm{kJ/kg}$;(5) $s = 6.0\,\mathrm{kJ/(kg \cdot K)}$。

6-2 在容积为 $2\,\mathrm{m}^3$ 的容器中水占 $1/10$,其余为蒸汽,温度为 150℃,试确定容器中工质的质量及压力。

6-3 100℃时饱和水的焓及熵各为多少? 在 $0.2\,\mathrm{MPa}$、$1\,\mathrm{MPa}$、$5\,\mathrm{MPa}$ 和 $10\,\mathrm{MPa}$ 压力条件下 100℃时压缩水的焓及熵各为多少? 从这些数据可得出什么结论?

6-4 压力为 $3.5\,\mathrm{MPa}$、温度为 435℃的过热蒸汽在汽轮机中定熵膨胀,如果乏汽恰好是干饱和蒸汽,则汽轮机的做功量及乏汽的温度各为多少? 将该过程表示在 h-s 图上。

6-5 $1\,\mathrm{kg}$ 状态为 $1\,\mathrm{MPa}$、200℃的过热蒸汽在定压下加热到 300℃,试求加热量、容积变化功及热力学能变化。如果工质为 $1\,\mathrm{kg}$ 空气,结果又将如何? 通过本例的计算说明对于蒸汽和空气在处理方法上有何异同之处。

6-6 利用蒸汽与冷水混合来制取开水是常见的方法。现将压力为 0.1 MPa、干度为 0.9 的湿蒸汽与压力为 0.1 MPa、温度为 20℃ 的自来水相混合，如果供应 4 t 开水，则需要蒸汽和水各为多少？混合过程的熵产是多少（见图习题 6-6）？

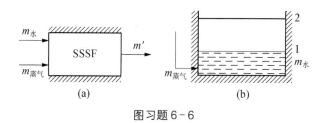

图习题 6-6

6-7 图习题 6-7 是一台锅炉的示意图，该锅炉每小时生产 1 MPa、350℃ 的过热蒸汽 15 t。已知给水温度为 20℃，锅炉效率为 0.75，煤的热值为 29 400 kJ/kg，进入过热器的湿蒸汽干度为 0.95，试求：

（1）耗煤量；

（2）湿蒸汽在过热器中的吸热量。

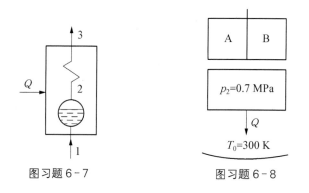

图习题 6-7   图习题 6-8

6-8 一刚性容器被绝热隔板分成 A 和 B 两部分（见图习题 6-8）。已知 A 和 B 中蒸汽的状态分别为

$$m_A = 1 \text{ kg}, \quad x_A = 1, \quad p_A = 0.5 \text{ MPa}$$
$$m_B = 2 \text{ kg}, \quad x_B = 0.8, \quad p_B = 1 \text{ MPa}$$

假定抽去隔板后容器内的最终压力为 0.7 MPa，若环境温度为 300 K，试求：

（1）刚性容器的容积及蒸汽的最终状态；

（2）过程中交换的热量；

（3）过程中总的熵产。

6-9 输气总管中蒸汽的状态参数为 800 kPa、300℃，在容积为 2 m³ 的刚性容器中贮有状态为 100 kPa、200℃ 的蒸汽。现打开阀门从总管向刚性容器充气，直到容器内的压力 p_2 达到 800 kPa 时才关闭阀门。假定充气过程定温的，周围环境温度为 298 K，试求：

（1）充入容器中蒸汽的质量及交换的热量；

（2）刚性容器中蒸汽的熵变；

（3）充气过程中的总的熵产及㶲损。

6-10 一个喷管在设计工况下稳定工作。已知蒸汽的入口状态为 800 kPa、200℃，出口压力为 200 kPa，入口流速可以忽略不计，试计算：

（1）定熵流动时蒸汽的出口流速及出口焓值；

（2）不可逆绝热流动时，如果动能损失了 5%，则出口流速及蒸汽的干度各为多少？

6-11 一刚性容器中装有 1 kg 的湿蒸汽，其压力为 2 bar，干度为 0.4。若对容器加热使水全部汽化，试求：

（1）容器中蒸汽的最终压力；

（2）加热期间工质的热力学能变化；

（3）加热量。

6-12 由输气总管向刚性真空容器绝热充气，如图习题 6-12 所示。

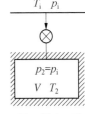

已知：$T_i = 300℃$，$p_i = 0.5$ MPa，$V = 10$ m³。

当容器内蒸汽压力达到 $p_2 = p_i = 0.5$ MPa 时关闭阀门，这时测得的蒸汽温度为 460℃，试求：

（1）充气结束时蒸汽的其他状态参数及充气量，并用能量方程来验证温度测量的正确性；

图习题 6-12

（2）若环境温度为 300 K，计算充气过程的熵产及㶲损。

（3）终态温度高于输气总管内的蒸汽温度，而且还有㶲损，请解释这些能量及能质是从何而来的。

6-13 如果输气总管的蒸汽经汽轮机定熵膨胀做功后再向真空容器绝热充气，当容器内的压力 $p_2 = p_i$ 时汽轮机停止工作，充气过程也随之结束，如图习题 6-13 所示。已知：

$$T_i = 300℃, \quad P_i = 0.5 \text{ MPa}, \quad V = 10 \text{ m}^3,$$
$$P_1 = 0, \quad P_2 = P_i, \quad T_2 = 280℃$$

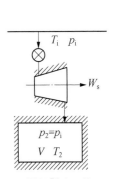

试求：（1）充气终了容器中蒸汽的状态参数及充气量；

（2）充气过程中汽轮机的做功量；

图习题 6-13

（3）请用熵方程证明上述过程是不可能的，并说明终温不能低于 T_i 的原因。

6-14 对于核电厂中的蒸汽锅炉，快速排水泄压是一项重要的安全措施。为了便于操作，必须知道绝热排水过程中汽锅中水量与压力的关系。如果汽锅的容积为 5 m³，在水和蒸汽各占 $\frac{1}{2}$ 体积时压力为 1.4 MPa，如图习题 6-14 所示。现用试凑法已经得出水量与压力的关系如下：

（1）水占汽锅容积的 $\frac{3}{8}$ 时，压力为 1 373 kPa；

(2) 水占汽锅容积的 $\frac{1}{4}$ 时,压力为 1 338 kPa;

(3) 水占汽锅容积的 $\frac{1}{8}$ 时,压力为 1 288 kPa。

试计算在每个压降段中的排水量,并用能量方程证明上述压力与水量之间的关系是正确的。(对于每个压降段,证明方法都是相同的。为了节省时间,可以四人一组,每人只对一个压降段进行证明。)

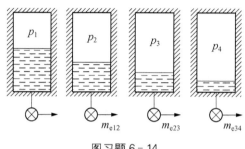

图习题 6-14

6-15 来自管道的蒸汽参数为 $p_i=0.5$ MPa, $T_i=300℃$。有一个装有弹簧活塞的绝热气缸通过阀门与管道相连(见图习题 6-15),连通之前活塞在气缸低部弹簧不受力。阀门打开之后,蒸汽进入气缸,弹簧的阻力与活塞的位移成正比,试求当气缸内压力达到 0.5 MPa 时气缸内蒸汽的温度。

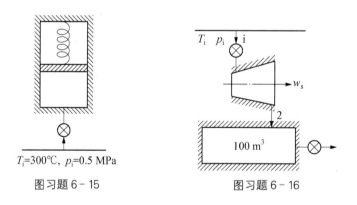

图习题 6-15   图习题 6-16

6-16 由管网输入工厂的蒸汽参数为 $p_i=1$ MPa, $T_i=300℃$。厂内每小时需要使用 5 t 压力为 0.5 MPa 的蒸汽。现采用如图习题 6-16 所示的装置来降压供气并输出功率。工作时节流阀全开,节流损失可忽略不计,当储气筒内压力达到 0.5 MPa 时,节流阀就自动关闭。如果汽轮机的绝热效率为 0.92,试计算汽轮机输出的功率及供气的温度。如果储气筒的体积为 100m³,初态为真空,试计算在充满 0.5 MPa 蒸汽的过程中汽轮机输出的功是多少?

第7章 湿空气

在自然界中,江河湖海及陆地上的水都在不断地蒸发,因而空气中总或多或少地含有水蒸气。含有水蒸气的空气称为湿空气。

湿空气对人类的生存及生活有着重要的影响。湿空气的状态以及湿空气中水蒸气含量的变化在气候调节中起重要作用。水在蒸发时要吸收热量凝结时又会放出热量。在炎热地区,空气能吸收较多的水蒸气,同时也贮存了大量的汽化潜热。借助自然力的作用,当信风(流动的湿空气)刮到寒冷地区时,空气中的水蒸气又会自动地凝结析出,同时也把湿空气所携带的水分及能量又重新释放出来,完成水分及能量的转移。水蒸气能够吸收红外辐射,当"湿空气包"(air parcel)升空降温就会形成云层,产生"温室效应"(greenhouse effect),对地球保温有重要作用。另外,湿空气升空降温也是形成雨、霰、雹、雪的根本原因。

空气是热力工程中常用的重要工质。在一般的工程问题中,由于湿空气中水蒸气的含量较小,或者过程中水蒸气含量变化很小,可以不考虑它的影响,而按干空气(不含水蒸气的空气)来进行计算。通常在热工计算中,假定空气是由氧和氮($y_{O_2}=0.21$,$y_{N_2}=0.79$)所组成的混合气体,其化学成分均匀不变,可当作纯物质的理想气体来处理。然而,在有些工程问题中,过程的性质与湿空气中水蒸气的含量及其变化情况有密切关系,甚至是过程性能好坏的决定因素,例如物料的干燥过程、空气的调节过程、冷却塔中冷却水的蒸发冷却过程以及"空气包"在大气层中的运动变化过程等。在这些场合下,必须仔细考虑湿空气状态变化以及湿空气中水蒸气含量的变化,即必须按湿空气来进行分析计算。

本章介绍湿空气的热力性质及湿空气的热力过程。掌握了湿空气的热力性质,分析计算湿空气热力过程的问题就迎刃而解了。

7.1 未饱和湿空气与饱和湿空气

7.1.1 湿空气是理想气体混合物

湿空气是干空气与水蒸气的混合物。其中干空气整体作为一个组元,其含量在过程中是稳定不变的;水蒸气是另一个组元,但其含量在过程中是变化的。因此,湿空气是定组元变成分的混合气体。

湿空气中水蒸气的含量很小,其分压力很低,比容相当大,因而可以把这种水蒸气看作理想气体。工程上所遇到的湿空气问题,在其状态变化的范围内,把其中的水蒸气当作理想气体来处理是足够精确的。所以,湿空气是由干空气及水蒸气这两个组元所组成的变含量理想气体混合物。

理想气体混合物遵循吉布斯定律及道耳顿定律,因此,对于湿空气有

$$p_v = \frac{m_v R_v T}{V} = \frac{n_v \bar{R} T}{V} \tag{7-1}$$

$$p_a = \frac{m_a R_a T}{V} = \frac{n_a \bar{R} T}{V} \tag{7-2}$$

$$p = p_a + p_v = \frac{mRT}{V} = \frac{n\bar{R}T}{V} \tag{7-3}$$

式中,下标"v"表示水蒸气的状态参数;下标"a"表示干空气的状态参数;不加下标的参数是湿空气的参数。从式(7-1)可知,湿空气中水蒸气的分压力 p_v 与湿空气中水蒸气的含量(m_v 或 n_v)成正比。

7.1.2　湿空气中水蒸气的含量

湿空气中水蒸气的含量及其变化情况是湿空气热力计算中的关键问题。湿空气中水蒸气的分压力是表征湿空气中水蒸气含量的重要参数,也是湿空气热力过程中最活跃的因素。

根据水蒸气的性质(见图7-1),在温度一定的条件下,水蒸气所能达到的最高压力就是该温度下的饱和压力,这时的水蒸气就是该温度下的干饱和蒸汽(状态 b),当水蒸气的压力低于该温度下饱和压力时,该水蒸气就处于过热蒸汽状态(状态 a)。

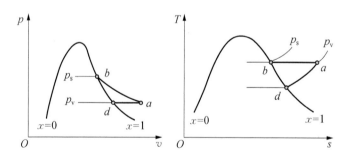

图7-1　湿空气中水蒸气的含量和分压力

由干饱和蒸汽与干空气所组成的混合气体称为饱和湿空气。"饱和"的含义可理解为湿空气中水蒸气的分压力已达到湿空气温度下的饱和压力,即 $p_v = p_{v\,max} = p_s(t)$。水蒸气的分压力达到了最大值,说明湿空气中水蒸气的含量已达到了最大限度。在该温度下,湿空气已经不可能再吸收水分,就其吸收水分的能力而言,湿空气已经"饱和"了。

由过热蒸汽与干空气所组成的混合气体称为未饱和湿空气。"未饱和"的含义可理解为水蒸气的分压力尚未达到湿空气温度下的饱和压力,即 $p_v < p_{v\,max} = p_s(t)$;在该温度下,湿空气中水蒸气的含量尚未达到最大值,湿空气尚未饱和,还具有吸收水分的能力。一般情况下,湿空气均处于未饱和湿空气状态。

可见,湿空气中水蒸气的最大含量完全取决于湿空气的温度,这是水蒸气的性质所决定

的。随着温度的升高,湿空气中可能容纳的水蒸气最大含量增大。在 0～30℃的温度范围内,每升高 10℃,湿空气中水蒸气的最大含量约增加一倍。湿空气中水蒸气的实际含量随具体条件而定,可以在干空气(水蒸气含量为零)与饱和湿空气(水蒸气含量达最大值)的范围内变动。

7.2　湿空气的状态及状态参数

7.2.1　确定湿空气状态的独立变量数

在定组成、定成分的理想气体混合物中,各组元的含量都是常数。混合物的热力性质(M、R、c_v、c_p 等)可以根据各组元的同名参数及成分来确定,它们也都是常数。因此,可以将定组成、定成分的理想气体混合物当作单一的理想气体来处理,在两个独立变量确定之后,混合物的状态就完全确定了。

湿空气是定组成、变含量的理想气体混合物,其中水蒸气的含量在过程中是可变的,因此,不能采用上述方法来确定湿空气的状态。湿空气中水蒸气的状态变化范围都在单相区,即在干饱和蒸汽与不同过热度的过热蒸汽的范围内变化。湿空气是二元单相混合气体,根据吉布斯相律,有

$$F = C - P + 2 = 2 - 1 + 2 = 3$$

上式说明,确定湿空气的平衡状态,需要三个独立的状态参数。在 T、p 一定的条件下,还必须知道表征湿空气中水蒸气含量的第三个变量,才能确定湿空气的状态。

值得指出,确定饱和湿空气的状态只需两个独立变量。因为温度一定时,饱和湿空气中水蒸气的含量已达到最大值,是一个确定的常数。实际上,干饱和蒸汽的平衡状态也就是气液两相平衡时独立相(气相)的饱和状态。对于二元两相平衡时独立相的饱和状态,根据吉布斯相律,有

$$F = C - P + 2 = 2 - 2 + 2 = 2$$

饱和湿空气仅是一定温度下湿空气的一种极限状态,实际湿空气是否已经达到饱和状态,只有知道 p_v 才能断定,即仍需三个独立变量才能做出判断。

湿空气的压力及温度都是容易测定的可测参数。但是,表征湿空气中水蒸气含量大小的状态参数,如水蒸气的分压力 p_v 是无法直接测定的。因此,要判断湿空气是否已经饱和并确定它的状态的关键在于如何确定 p_v。

7.2.2　湿空气的状态参数

1. 绝对湿度和相对湿度

1) 绝对湿度

绝对湿度是指单位体积的湿空气中所含水蒸气的质量。对于理想气体混合物,$V = V_v = V_a$。所以绝对湿度也就是湿空气中水蒸气的密度,可表示为

$$\rho_v = \frac{m_v}{V} = \frac{p_v}{R_v T} \tag{7-4}$$

对于饱和湿空气,有

$$\rho_s = \frac{m_{v\,max}}{V} = \frac{p_s}{R_v T} \tag{7-5}$$

由定义可以看出,绝对湿度是描述湿空气中水蒸气含量大小的状态参数,它与水蒸气的分压力成正比。饱和湿空气的绝对湿度最大,它仅是温度的函数。

2）相对湿度

绝对湿度只能说明湿空气中水蒸气的绝对含量,不能说明湿空气的干燥程度和吸湿能力。因此,尚需引入相对湿度的概念。

相对湿度是指绝对湿度与相同温度下饱和湿空气的绝对湿度的比值,可以表示为

$$\phi = \frac{\rho_v}{\rho_s} = \frac{m_v}{m_{v\,max}} = \frac{p_v}{p_s} \tag{7-6}$$

由定义可知,相对湿度是描述湿空气与相同温度下饱和湿空气偏离程度的状态参数,可以用它来说明湿空气的潮湿程度及吸湿能力,ϕ 值越小,吸湿能力越强。显然,湿空气的相对湿度可在 0~1 的范围内变动。ϕ 为 0 表示干空气;ϕ 为 1 表示饱和湿空气。

从定义还可以看出,在湿空气中水蒸气含量(m_v 或 p_v)一定的条件下,提高湿空气的温度,对应的饱和压力 p_s 也随之提高,可以有效地降低湿空气的相对湿度。因此,在工程上,常用对空气加热的方法来提高它的吸湿能力。

值得指出,当湿空气的温度超过总压力 p 所对应的饱和温度时,相对湿度应定义为

$$\phi = \frac{p_v}{p_{v\,max}} = \frac{p_v}{p} \quad (当\ t > t_{s(p)}, \ p_{s(p)} > p\ 时) \tag{7-7}$$

2. 含湿量

湿空气中水蒸气的质量 m_v 与干空气的质量 m_a 之比值称为含湿量,用 d 表示,有

$$d = \frac{m_v}{m_a} \tag{7-8}$$

定义说明,含湿量是指与 1 kg 干空气相混合的水蒸气的质量。显然,含 1 kg 干空气的湿空气质量 m 为 $(1+d)$ kg。

值得指出,在湿空气的热力过程中,不论加湿或去湿,湿空气中水蒸气含量以及湿空气的质量是变化的,而干空气的质量在过程中是不变的。因此,在计算湿空气单位质量的容度参数时,要以 1 kg 干空气(而不是 1 kg 湿空气)作为单位量。显然,这是既合理又方便的计算方法。

湿空气是理想气体混合物,根据理想气体状态方程,有

$$m_v = \frac{p_v V}{R_v T} = \frac{p_v M_v V}{\bar{R} T}$$

$$m_a = \frac{p_a V}{R_a T} = \frac{p_a M_a V}{\bar{R} T}$$

由附表 3 可查得:

$$R_a = 29.27 \text{ kJ/(kg · K)}, \quad M_a = 28.97 \text{ kg/kmol}$$
$$R_v = 47.06 \text{ kJ/(kg · K)}, \quad M_v = 18.016 \text{ kg/kmol}$$

因此,含湿量的计算公式可写成

$$d = \frac{R_a p_v}{R_v p_a} = \frac{M_v p_v}{M_a p_a} = 0.622 \frac{p_v}{p_a} \text{(kg/kgDA)} \tag{7-9}$$

或写成

$$d = 622 \frac{p_v}{p_a} \text{(g/kgDA)} \tag{7-10}$$

在计算中,要注意 d 的单位。其中 m_v 的单位可用 kg 或 g,其对应的常数是不同的;DA(dry air)表示干空气,m_a 的单位为 kgDA。

根据理想气体混合物的性质及相对湿度的定义,有

$$V = V_a = V_v$$
$$P_a = p - p_v = p - \phi p_s$$

据此可以得出,含湿量 d 与 ρ_v、p_v、p_s 及 ϕ 之间的关系式为

$$d = \frac{m_v}{m_a} = \frac{\dfrac{m_v}{V_v}}{\dfrac{m_a}{V_a}} = \frac{\rho_v}{\rho_a} \tag{7-11}$$

式(7-11)说明,含湿量是湿空气中水蒸气密度(绝对湿度)与干空气密度的比值,含湿量又可称为比湿度,可写成

$$d = 0.622 \frac{p_v}{p_a} = 0.622 \frac{p_v}{p - p_v} \tag{7-12}$$

或写成

$$p_v = \frac{pd}{0.622 + d} \tag{7-13}$$

式(7-12)说明,在总压力 p 一定的情况下,含湿量与水蒸气分压力之间有确定的对应关系。

$$d = 0.622 \frac{p_v}{p - p_v} = 0.622 \frac{\phi p_s}{p - \phi p_s} \tag{7-14}$$

式(7-14)给出了 d 与 p_s(或 t)及 ϕ 之间的关系,在 ϕ 一定的条件下,d 随 p_s(或 t)升高而增大。

3. 湿空气的比焓

焓是容度参数,具有可加性。湿空气的焓等于干空气的焓与水蒸气的焓之总和,有

$$H = m_a h_a + m_v h_v \tag{7-15}$$

如前所述,湿空气的比容度参数是以 1 kg 干空气作为单位量的。因此,湿空气的比焓可表示为

$$h = \frac{H}{m_a} = h_a + d h_v \tag{7-16}$$

熵是不可测参数,指定状态下熵的数值都是相对于基准态而言的。湿空气是理想气体混合物,因此,应当同时给出干空气及水蒸气在基准温度时熵的定义值。湿空气的熵基准定义如下:

0℃时干空气的比熵为零,即 $h_{a0} \equiv 0$;

0℃时饱和水的比熵为零,即 $h'_{v0} \equiv 0$。

值得指出,湿空气中水蒸气的熵基准与水蒸气图表的基准(三相点温度 0.01℃时, $u'_0 \equiv 0$)是不同的,但相差甚小。因此,在湿空气的计算中,仍可使用水蒸气图表。还应注意,湿空气的上述基准并非唯一的。由于行业的不同,或因湿空气应用场合的不同,干空气可选用不同的基准温度。因此,在使用有关湿空气的图表时,应有意识地注意它的基准。

定义了基准之后,湿空气在温度 t 时的比熵,可按式(7-16)来计算得到:

$$h = 1.004t + d(2\,501 + 1.863t) \qquad (7-17)$$

其中,含湿量 d 的单位是 kg/kgDA:

$$h_a = c_{pa}t = 1.004t$$
$$h_v = r_0 + c_{pv}t = 2\,501 + 1.863t$$
$$r_0 = h''_0 - h'_0 = 2\,501,\ r_0\ 是\ 0℃\ 时水的汽化潜热$$

由于湿空气是理想气体混合物,其中水蒸气的比熵仅是温度的函数,而与水蒸气的分压力无关。因此,可以用湿空气温度下饱和蒸汽的比熵表示该温度下过热蒸汽(过热度不大)的比熵。这样,湿空气比熵的计算公式可表示为

$$h = 1.004t + dh''_{v(t)} \qquad (7-18)$$

式中 $h''_{v(t)}$ 表示湿空气在温度为 t 时饱和蒸汽的比熵。

例7-1 若有 100 m^3 湿空气,其状态为 $p = 0.1\,MPa$, $t = 25℃$, $\phi = 70\%$。 试求:(1)湿空气的含湿量 d;(2)湿空气中干空气及水蒸气的质量;(3)湿空气的比熵。

解 已知湿空气的三个独立状态参数(p, t, ϕ),该湿空气的状态已完全确定。

根据 $t = 25℃$,由附表 10 求得对应的饱和压力为

$$p_{s(25℃)} = 3.291\,8\ kPa$$

由相对湿度 ϕ 的定义可求得水蒸气的分压力为

$$p_v = \phi p_s = 0.70(3.291\,8) = 2.304\,3(kPa)$$

根据道耳顿定律,有

$$p_a = p - p_v = 100 - 2.304\,3 = 97.70(kPa)$$

由含湿量的计算公式,可得出

$$d = 0.622\,\frac{p_v}{p_a} = 0.622\,\frac{2.304\,3}{97.70} = 0.014\,7(kg/kgDA)$$

根据理想气体状态方程,有

$$m_a = \frac{p_a V}{R_a T} = \frac{97.70 \times 100}{0.287\,1 \times 298} = 114.19 (\text{kgDA})$$

$$m_v = \frac{p_v V}{R_v T} = \frac{2.304\,3 \times 100}{0.461\,5 \times 298} = 1.68 (\text{kg})$$

或

$$m_v = d m_a = 0.014\,7 \times 114.19 = 1.68 (\text{kg})$$

由比焓计算公式(7-17)可求出

$$h = 1.004t + d(2\,501 + 1.863t)$$
$$= 1.004 \times 25 + 0.014\,7(2\,501 + 1.863 \times 25) = 62.5 (\text{kJ/kgDA})$$

也可用式(7-18)来计算湿空气的比焓,即

$$h = 1.004t + d h''_{v(25℃)}$$
$$= 1.004 \times 25 + 0.014\,7 \times 2\,546.29 = 62.5 (\text{kJ/kgDA})$$

其中,$h''_{v(25℃)}$ 是 25℃时干饱和蒸汽的比焓,可从附表 10 求得。

7.2.3　湿空气状态参数的测定

1. 饱和湿空气状态的确定及判断

湿空气的温度 t 及压力 p 都是容易测定的参数,测出 t 及 p 之后,饱和湿空气的状态就完全确定了。可以得出

$$p_v = p_{s(t)}, \quad \rho_v = \frac{p_{s(t)}}{R_v T}$$

$$\phi = \frac{p_v}{p_s(t)} = 1, \quad d = 0.622 \frac{p_{s(t)}}{p - p_{s(t)}}$$
$$h = 1.004t + d(2\,501 + 1.863t) = 1.004t + d h''_{v(t)}$$

饱和湿空气仅是一定温度下湿空气的一种极限状态,湿空气的实际状态是否已经达到饱和,只知道 t 及 p,还是不能断定的。

绝对湿度 ρ_v、相对湿度 ϕ、含湿量 d 及比焓 h 等都是不可测参数。从它们的定义表达式可以看出,这些参数都与湿空气中水蒸气的含量(m_v 或 p_v)有关,而且都是相互有关的非独立的状态参数。如果知道了 p_v 或 m_v,这些状态参数也就完全确定了,实际湿空气是否已经达到饱和状态也可以断定了。由此可见,怎样测定 p_v 是确定湿空气实际状态的关键所在。

2. 湿空气的露点温度 t_d

湿空气中水蒸气分压力 p_v 所对应的饱和温度 $t_{s(p_v)}$ 是 p_v 下可能达到的最低温度,称为露点温度,用 t_d 表示。显然有

$$t_d = t_{s(p_v)}; \quad p_v = p_{s(t_d)} \tag{7-19}$$

露点温度可用露点计来测定,测出 t_d 后,利用饱和水蒸气表可查出对应的饱和压力 $p_{s(t_d)}$,它就是湿空气中水蒸气的分压力 p_v。

露点计是一个装有易挥发液体乙醚的表面镀铬的金属容器,如图 7-2 所示。由于乙醚

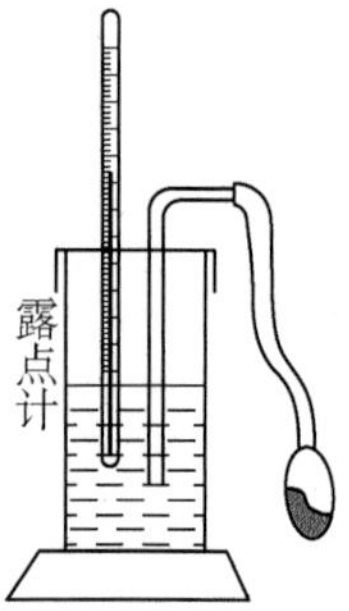

图 7-2

挥发需要吸收热量,从而使整个容器的温度不断下降,当镀铬的金属表面开始失去光泽时温度计所示的温度为露点温度。

在测量露点温度的过程中,湿空气总压力 p 以及分压力 p_v 和 p_a 都保持不变,仅是露点计周围湿空气的局部温度下降到 t_d。所以,金属表面的结露过程是一个等压冷却饱和过程。

在 p-v 及 T-s 图(见图 7-1)上,可用过程线 ad 来表示。虽然 d 点并不是湿空气所处的实际状态,但 d 点的压力等于湿空气中水蒸气的分压力,因此露点温度 t_d 也可看作是相同 p_v 下的湿空气所共有的一个状态参数,表征该 p_v 下的最低温度。

例 7-2 若以例 7-1 中的湿空气为初始状态 1,即 $p=0.1\,\text{MPa}$,$t_1=25\,℃$,$\phi_1=0.70$。试确定:(1)该湿空气达到露点温度时的饱和空气状态;(2)在总压力不变的条件下,冷却到 10℃时的饱和空气状态;(3)计算过程中析出的水分及放出的热量(以每千克干空气计量)。

解 在例 7-1 中已求得的数据:

$$p=0.1\,\text{MPa}, \quad t_1=25\,℃, \quad \phi_1=0.70$$
$$p_{v1}=2.218\,1\,\text{kPa}, \quad p_{a1}=97.78\,\text{kPa}$$
$$d_1=0.014\,1\,\text{kg/kgDA}, \quad h_1=61.01\,\text{kJ/kgDA}$$

(1) 在露点时的饱和空气(状态 2)。

在定压(p,p_{v1},p_{a1})下冷却到 p_{v1} 所对应的饱和温度,即为露点温度 $t_{d1(p_{v1})}$,根据附表 10 的数值,用插入法求得

$$t_{d1(p_{v1})}=19.15\,℃$$

因此有
$$t_2=t_{d1}=19.15\,℃$$

饱和空气的其他状态参数分别为

$$p_{v2}=p_{v1}, \quad p_{a2}=p_{a1}, \quad d_2=d_1, \quad \phi_2=1$$
$$h_2=1.004t_2+0.014\,1h''_{t2}$$
$$=1.004\times19.15+0.014\,1\times2\,535.60=54.98(\text{kJ/kgDA})$$

其中 h''_{t2} 是 19.15℃时饱和蒸汽的比焓,利用附表 10 求得。

冷却过程中放出的比热量为

$$q_{12}=h_2-h_1=54.98-61.01=-6.03(\text{kJ/kgDA})$$

(2) 在 10℃时的饱和空气(状态 3)。

从附表 10 可查得 10℃的饱和压力为 1.227 9 kPa;饱和空气的 $\phi_3=1$,因此有

$$p_{v3}=\phi_3 p_{s3}=1.227\,9(\text{kPa})$$
$$p_{a3}=p-p_{v3}=100-1.227\,9=98.772\,1(\text{kPa})$$

不难看出,在露点以下的定压冷却过程中,p 保持不变,但 p_v 及 p_a 都是变化的。

$$d_3 = 0.622 \frac{p_{v3}}{p_{a3}} = 0.622 \frac{1.227\,9}{98.772\,1} = 0.007\,7 (\text{kg/kgDA})$$

$$h_3 = 1.004 t_3 + d_3 h_3''$$
$$= 1.004 \times 10 + 0.007\,7 \times 2\,518.9 = 29.435 (\text{kJ/kgDA})$$

其中 h_3'' 是 10℃时饱和蒸汽的比焓,从附表 10 查得。

冷却过程 2—3 中放出的比热量为

$$q_{23} = h_3 - h_2 = 29.435 - 54.98 = -25.545 (\text{kJ/kgDA})$$

（3）析出的水分及放出的总比热量。

$$m_水 = d_1 - d_3 = 0.014\,1 - 0.007\,7 = 0.006\,4 (\text{kg/kgDA})$$

$$q_{13} = q_{12} + q_{23} = -6.03 - 25.545 = -31.575 (\text{kJ/kgDA})$$

提示　（1）对于饱和湿空气,知道两个独立变量就可确定其状态（如态 2 及态 3）;对于未饱和湿空气,则必须知道三个独立变量才能确定其状态（如态 1）。

（2）湿空气的比焓 h、含湿量 d、比热量 q 以及析出的水分均以 1 kg 干空气来计算,这样不仅合理而且方便。

3. 湿空气的绝热饱和温度

湿空气经历一个绝热饱和过程所达到的温度称为该湿空气的绝热饱和温度,用 t_W 表示。绝热饱和温度在数值上等于干湿球温度计所测得的湿球温度,因此,它又可称为理论湿球温度或热力学湿球温度。

图 7-3 是一个绝热饱和装置示意图,可以用它来测定湿空气的绝热饱和温度 t_W。待测的未饱和湿空气从进口界面 1 流入该装置。具有吸湿能力的湿空气在流经绝热饱和装置的过程中逐渐吸收水分而达到饱和。与此同时,水分蒸发必须从空气中吸收热量,（因为装置是绝热的）使空气的温度下降。当空气从出口界面 2 流出时,已经达到了饱和状态,这是绝热饱和装置必须达到的技术要求。为了补偿被空气所吸收的水分,相等流率的补充水从界面 3 流入。当进出口界面上的状态参数不再变化时,说明绝热饱和装置已在稳定工况下工作。测出进出口界面上的可测参数 t_1、p_1、t_2、p_2 及 t_3（$t_3 = t_2$）,根据湿空气参数之间的关系,可确定进出口处湿空气的状态。

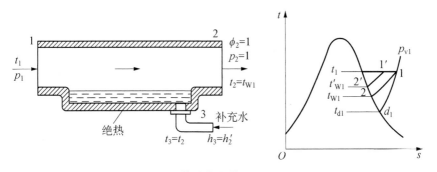

图 7-3　绝热饱和装置及 T-s 图

（1）出口界面 2 上的湿空气是饱和湿空气；出口温度 t_2 就是待测湿空气的绝热饱和温度 t_{w1}。根据 t_2 及 p_2，出口界面上饱和湿空气的状态就完全确定了。可以得出

$$t_{w1} = t_2, \quad \phi_2 = 1, \quad p_{v2} = p_{s(t_2)}$$

$$\rho_{v2} = \rho_{s(t_2)} = \frac{p_{s(t_2)}}{R_v T_2}, \quad d_2 = 0.622 \frac{p_{v2}}{p - p_{v2}}$$

$$h_2 = 1.004 t_2 + d_2 h''_{(t_2)}$$

其中，$p_{s(t_2)}$ 及 $h''_{(t_2)}$ 可根据 t_2 从饱和水蒸气表中查得。

（2）入口湿空气状态的确定。

根据热力学第一定律的普遍表达式，即

$$\Delta E = (\Delta E)_Q + (\Delta E)_W + (\Delta E)_M$$

按照给定条件，有

$$\Delta E = 0(\text{SSSF 过程}), \quad (\Delta E)_Q = 0(\text{绝热})$$
$$(\Delta E)_W = 0(\text{无功量交换})$$

普遍表达式可简化成 $(\Delta E)_M = 0$，即有

$$m_{a1} h_{a1} - m_{v1} h_{v1} + (m_{v2} - m_{v1}) h_3 = m_{a2} h_{a2} + m_{v2} h_{v2}$$

对于每千克干空气，上式可改写成

$$h_{a1} + d_1 h_{v1} + (d_2 - d_1) h_3 = h_{a2} + d_2 h_{v2} \tag{7-20}$$

由上式可解出 d_1，即

$$d_1 = \frac{(h_{a2} - h_{a1}) + d_2 (h_{v2} - h_3)}{h_{v1} - h_3} = \frac{c_{pa}(t_2 - t_1) + d_2 r_2}{h''_1 - h'_2} \tag{7-21}$$

其中，$r_2 = h''_2 - h'_2$，r_2 是 t_2 温度下的汽化潜热；

$h_3 = h'_2$，压缩水的比焓近似于相同温度（$t_3 = t_2$）下饱和水的比焓；

$h_{v2} = h''_2$，$h_{v1} = h''_1$，湿空气中水蒸气的比焓近似于相同温度下饱和蒸汽的比焓。

从式（7-21）可以看出，只要测出 t_1、p_1 及 t_2、p_2，就可以计算出 d_1，入口处的湿空气状态就可以确定了。状态 1 的其他状态参数可按以下公式求得，即

$$p_{v1} = \frac{d_1 p_1}{d_1 + 0.622}$$

$$\phi_1 = \frac{p_{v1}}{p_{s(t_1)}}$$

$$h_1 = 1.004 t_1 + d_1 h''_1$$

其中，$p_{s(t_1)}$ 及 h''_1 可以根据 t_1 从饱和水蒸气表中查得。

湿空气的绝热饱和过程是一个重要的热力过程，应掌握以下几个重要结论：

（1）湿空气的绝热饱和过程可以近似地看作是定焓过程。

由式（7-20）可以看出，补充水的焓 $(d_2 - d_1) h'_2$ 相对于进出口湿空气的焓（$h_1 = h_{a1} +$

$d_1 h_1''$ 及 $h_2 = h_{a2} + d_2 h_2''$）来说是可以忽略不计的。因此有

$$h_{a1} + d_1 h_1'' \approx h_{a2} + d_2 h_2'', \quad h_1 \approx h_2$$

实际上,在绝热饱和过程中,水分蒸发向空气吸收热量,变成水蒸气后又被空气吸收,因而湿空气的焓值不变。补充水的焓 $(d_2 - d_1) h_2'$ 是维持装置稳定工作所必需补充的质量及能量,并不影响绝热饱和过程的定焓性质。

(2) 湿空气的绝热饱和温度可以看作是湿空气的一个状态参数。

在图 7-3 中的 T-s 图上,1—2 及 1'—2' 分别表示两个不同的绝热饱和过程。对这两个过程的分析比较可以看出,在 t_1、p_1 一定的条件下,绝热饱和温度仅与湿空气中水蒸气的含量成正比。如果湿空气中水蒸气的含量大（$pv_1' > pv_1$，$\phi_{1'} > \phi_{1'}$，$d_1 > d_1$),则达到饱和状态所需吸收的蒸汽量就少些,即水分蒸发量减小,从湿空气吸取的热量也减小,因而湿空气降温较小,达到饱和时的温度较高,有 $t_{2'} > t_2$,即 $t_{w1'} > t_{w1}$。

值得指出,$t_{2'}$ 及 t_2 都是出口处的温度,虽然它们并不是入口处的状态参数,但是它们的值是入口湿空气中水蒸气含量的函数。因此,可以把绝热饱和温度看作是入口湿空气的状态参数,用来表征湿空气中含湿量的大小。

4. 干湿球温度计

通常采用干湿球温度计来测定湿空气的相对湿度。图 7-4 是干湿球温度计的示意图以及表示它们与相对湿度之间关系的图线,这些图线是根据计算结果绘制而成的。

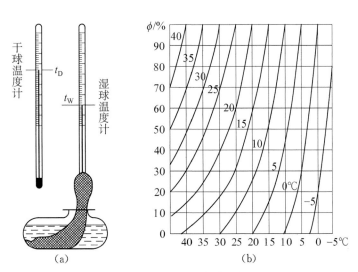

图 7-4　干湿球温度计示意图
(a)干湿球温度计;(b)相对湿度曲线。

干湿球温度计由两个温度计组成,其中一个在水银球上包有湿纱布。它们测得的温度分别称为干球温度 t_D 和湿球温度 t_W。

干球温度为湿空气的温度,$t_D = t$。湿球温度主要取决于相对湿度。当 $\phi = 1$ 时,湿空气已经饱和,湿布中的水分不能蒸发,这时,$t_W = t_D = t$。ϕ 值越小,空气吸湿能力越强,水分越易蒸发,随着蒸发速率的增大,所需的汽化热越多,空气及水银球向水的传热率也增大,它们的温度就越低。当传质及传热的速率达到稳定时,从湿球温度计上读出的温度,即为与 ϕ

值相应的湿球温度。显然，$t_W < t_D = t$，ϕ 值越小，t_W 与 t_D 的差值越大。

　　绝热饱和温度的测定过程是单纯的热力学过程，湿球温度的测定过程与空气的流速、水分蒸发的传质速率以及空气向水的传热速率等多种因素有关，并非单纯的热力学过程。湿球温度是这个复杂过程达到稳定时的温度数值，在该温度下空气仍在吸收水分，并不断向水提供汽化所需的热量。尽管如此，这两种温度都可同样看作是表征未饱和湿空气中水蒸气含量大小的状态参数。

　　值得指出，湿球温度与绝热饱和温度都取决于湿空气的吸湿能力，因此，对于同一个湿空气状态，它们在数值上应当相等。由于测量方法及机理上的不同，测得的数值可能不等，但一定非常接近，所以，可以任选一种方法来测定。

　　由于湿球温度容易测定，而且在数值上等于绝热饱和温度，在湿空气的热力性质图上以及计算公式中都采用湿球温度这个名称。实质上都是指理论湿球温度或热力学湿球温度，即绝热饱和温度。

　　例 7 - 3　有一个绝热饱和装置如图 7 - 3 所示。若已知 $p_1 = p_2 = 0.1\,\text{MPa}$，被测空气流入装置时的温度为 $t_1 = 30℃$，从装置流出的饱和湿空气温度为 $t_2 = 20℃$。试计算被测湿空气的 t_{W1}、d_1、ϕ_1 及 h_1。

　　解　(1) 根据 $t_2 = 20℃$，$p_2 = 0.1\,\text{MPa}$ 及 $\phi_2 = 1$，可得出

$$p_{v2} = p_{s(t_2)} = 2.338\,5\,\text{kPa}（查附表 10）$$

$$d_2 = 0.622\,\frac{2.338\,5}{100 - 2.338\,5} = 0.041\,9\,(\text{kg/kgDA})$$

　　(2) 计算被测湿空气的状态参数。

　　根据公式(7 - 21)及附表 10，有

$$d_1 = \frac{c_{pa}(t_2 - t_1) + d_2 r_2}{h_1'' - h_2'}$$

$$= \frac{1.004(20 - 30) + 0.014\,9 \times 2\,453.3}{2\,555.35 - 83.86} = 0.010\,7\,(\text{kg/kgDA})$$

$$p_{v1} = \frac{pd_1}{d_1 + 0.622} = \frac{100 \times 0.010\,7}{0.010\,7 + 0.622} = 1.691\,(\text{kPa})$$

$$t_{W1} = t_2 = 20℃，\quad p_{s(t_1)} = 4.254\,1\,(\text{kPa})$$

$$\phi_1 = \frac{p_{v1}}{p_{s1}} = \frac{1.691}{4.245} = 0.398$$

$$h_1 = 1.004 t_1 + d_1 h_1''$$

$$= 1.004 \times 30 + 0.010\,7 \times 2\,555.35 = 57.53\,(\text{kJ/kgDA})$$

7.3　湿空气的热力过程

　　湿空气是理想气体混合物，因此，可以根据湿空气的热力性质，采用直接计算的方法来

分析它的热力过程。同时，为了更直接地反映湿空气的状态变化情况，并减少烦琐的数字运算，可以采用查图的方法，从图上能够迅速地确定湿空气的状态，并能形象地表达它的变化过程。相比之下，查图法更为方便。

7.3.1 湿空气的焓湿图

确定湿空气的状态需要三个独立的状态参数。当总压力 p 一定时，只需两个独立变量就可确定状态。因此，在总压力一定的焓湿图上，任何一点都可代表一个确定的平衡状态。工程上，最常采用的是总压力为 0.1 MPa 的焓湿图，图 7-5 表示这种图的结构，较详细的、标有各种数值的 h-d 图可查阅附录中的图 2。

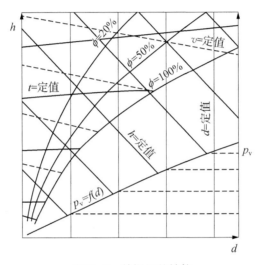

图 7-5　焓湿图的结构

1. 焓湿图的结构

焓湿图以湿空气的比焓 h 为纵坐标，含湿量 d 为横坐标。为使图线更为清晰便于读数，两坐标轴的夹角为 135°。图中给出了湿空气主要状态参数（h、d、t、ϕ）的定值线。在总压力不变的条件下，p_v 与 d 是一一对应的。因此，d 的定值线为 p_v 的定值线，p_1 的数值在图的上方用另一条横坐标表示。或者，在饱和湿空气曲线（$\phi=1$）下面的空白区中给出 $p_v=f(d)$ 的直线，并在右下角的纵坐标上读取相对于 d 的 p_v 数值。

下面对焓湿图上各条定值线的形状及相互关系进行简要说明：

（1）定焓线是与横坐标成 135° 夹角的直线。定焓线就是绝热饱和过程线，从它与 $\phi=1$ 曲线相交的点可以读出绝热饱和的温度（湿球温度 t_W）。每条定焓线只有一个这样的交点，即只与一个 t_W 相对应。因此，定焓线也是定湿球温度线。

（2）定含湿量线是一组与横坐标相垂直的直线。根据 d 与 p_v 的一一对应关系，定 d 线就是定 p_v 线，但要在不同的横坐标上读数。定 d 线代表定压饱和过程线，从它与 $\phi=1$ 曲线的交点可以读出相应的露点温度 t_d。每条定 d 线只有一个对应的 t_d，因此，定 d 线（定 p_v 线）也可看作是定露点温度线。

（3）由公式 $h=1.004t+d(2\,501+1.863t)$ 可知，当 t 不变时，h 与 d 成直线关系。因

此,在 $h-d$ 图上,定温线是一条斜率恒为正值的直线。随着温度的升高,定温线的斜率略有增大,所以定温线群是由斜率不同的直线组成的。

(4) $\phi=1$ 的定相对湿度曲线称为饱和空气曲线。曲线上的各点代表不同温度下的饱和空气;在每个点上都满足 $t_d=t_w=t_D=t$。$\phi=1$ 的饱和空气曲线将焓湿图分成两个区域:$\phi<1$ 区域为未饱和湿空气区;$\phi=1$ 曲线的下方为空白,不存在 $\phi>1$ 的湿空气。

在 p_v 一定(d 一定)的条件下,随着 $p_s(t)$ 增大,ϕ 值下降。因此,定 ϕ 线的位置随 ϕ 值下降而上移。

由 ϕ、d 及 h 的表达式可看出,当 ϕ 不变时,$d(p_v)$ 与 $t(p_s)$ 的变化量之比值是常数,它们的变化量均小于 $h(t_w)$ 的变化量。因此, 定 ϕ 线是一组斜率恒为正值的上凸曲线。

当 $t>t_s(p)=99.634℃$ 时,$\phi=\dfrac{p_v}{p}$。 因此,定 ϕ 线与定温($99.634℃$)相交后,定 ϕ 线向上转折并与定 d 线重合。

2. 焓湿图上过程线的斜率

由湿空气的热力性质可知,应用加热或冷却的方法可以改变湿空气的吸湿能力;采取加湿、去湿或混合等措施可以改变湿空气中水蒸气的含量。通过对这些基本过程的合理组合就可以实现人们所预期的、较复杂的湿空气热力过程。

一般情况下,在湿空气的热力过程中,h 及 d 都会发生变化。过程中 h 与 d 变化量的比值称为焓湿变化比(或热湿变化比),用 ε 表示,有

$$\varepsilon=\frac{\Delta h}{\Delta d} \qquad (7-22)$$

如果过程线是直线,则 ε 为该过程线的斜率。定 h 线与定 d 线是有重要工程实用价值的两种直线群,它们的斜率表达式分别为

$$\varepsilon_h=\left(\frac{\partial h}{\partial d}\right)_h=0 \qquad (7-23)$$

$$\varepsilon_d=\left(\frac{\partial h}{\partial d}\right)_d=\pm\infty \qquad (7-24)$$

沿定 d 线(等压热交换过程)及定 h 线(绝热饱和过程)的变化过程都是容易实现的。

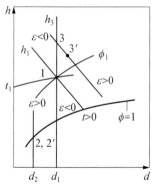

如图 7-6 所示,通过初态 1 的定 h 线与定 d 线将未饱和湿空气区分成四个部分。这两条相交直线的外侧,$\varepsilon>0$。其中右外侧有 $\Delta h>0$ 及 $\Delta d>0$;左外侧有 $\Delta h<0$ 及 $\Delta d<0$。这两条交线的内侧,$\varepsilon<0$。其中内上侧有 $\Delta h>0$ 及 $\Delta d<0$;内下侧有 $\Delta h<0$ 及 $\Delta d>0$。

焓湿变化比 ε 是表示湿空气热力过程的目标特征的重要参数。如果把初态与任意一个预期的终态连接成一条直线,则该直线的斜率就是 ε。一般来说,直接沿这条直线的变化过程有时是不易控制或难于实现的。但是,根据两态的焓湿变化比,总能选择合适的途径来达到预期的终态。

如果预期的终态在通过初态的定 d 线的左侧,可以先用定

图 7-6 $h-d$ 图上过程
线的斜率

压冷却去湿的方法达到终态的 d_2，然后再用定压加热的方法达到终态的焓值，如图 7-6 上的过程线 1—2—2′。如果终态在通过初态的定 d_1 线的右侧，可以先用定压加热的方法达到终态 h_3，然后通过绝热吸湿过程达到终态的 d 值，如过程线 1—3—3′。

7.3.2　湿空气热力过程实例

1. 物料干燥过程

利用未饱和湿空气来吸收物料中的水分必须具备两个基本条件：①湿空气具有较高的吸湿能力，即 ϕ 值较小；②提供足够的能量使物料中的水分能蒸发成水蒸气。

例 7-4　物料烘干装置如图 7-7 所示。已知进入加热器的空气状态为 $t_2 = 20℃$，$\phi_2 = 60\%$，空气被加热到 $t_2 = 60℃$ 后进入烘干室。若从烘干室流出时的空气温度为 $t_3 = 30℃$，试求从物料中吸收 1 kg 水分所需的干空气质量以及在加热器中所需的热量。如果从烘干室流出的空气已达到饱和状态，其结果又将怎样？

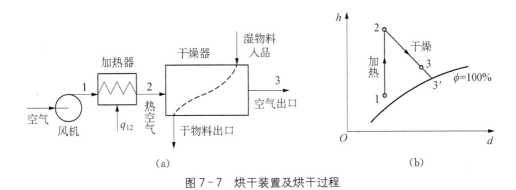

图 7-7　烘干装置及烘干过程

解　(1) 进行参数分析，确定各点的状态。

状态 1：已知 $p = 0.1\,\text{MPa}$，$t_1 = 20℃$，$\phi_1 = 60\%$，利用焓湿图，可以查得

$$d_1 = 9\,\text{g/kgDA}, \quad h_1 = 43\,\text{kJ/kgDA}$$

状态 2：1—2 过程是定压加热过程，$d_2 = d_1 = 9$，并已知 $t_2 = 60℃$。在 h-d 图上从点 1 沿定 d 线向上延伸与 $t = 60℃$ 的定温线相交于一点，该点即代表状态 2。可以查得

$$h_2 = 84\,\text{kJ/kgDA}, \quad \phi_2 = 0.072$$

可见，通过加热器后湿空气的吸湿能力显著提高。

状态 3：已知 $t_3 = 30℃$，2—3 过程是绝热吸湿过程，有 $h_3 = h_2 = 84\,\text{kJ/kgDA}$。从点 2 沿定 h 线向下延伸与 $t = 30℃$ 的定温线相交于一点，该点即为状态 3。可以查得

$$d_3 = 21\,\text{g/kgDA}, \quad \phi_3 = 78\%$$

可见，湿空气的吸湿能力并未被充分利用。

(2) 烘干过程的质量分析及能量分析。

在整个过程中，干空气的质量没有变化。1—2 过程湿空气中水蒸气含量不变，在 2—3 过程由于吸收了水分，水蒸气的含量增加，有

$$\Delta d = d_3 - d_2 = d_3 - d_1 = 21 - 9 = 12 (\text{g/kgDA})$$

在加热器中湿空气吸收的比热量为 q_{12}，烘干室与外界是绝热的，$q_{23} = 0$，因此有

$$q_{1232} = q_{12} + q_{32} = q_{12}$$
$$= h_2 - h_1 = 84 - 43 = 41 (\text{kJ/kgDA})$$

吸收 1 kg 水分所需的干空气质量为

$$m_a = \frac{m_v}{\Delta d} = \frac{1\,000}{12} = 83.33 (\text{kgDA/kg})(\text{水分})$$

从加热器中吸收的热量为

$$Q = m_a q = 83.33 \times 41 = 3\,416.67 (\text{kJ/kg})(\text{水分})$$

（3）若烘干室出口状态为 $\phi_{3'} = 1$，则可沿定 h_2 线继续向下延伸与 $\phi = 1$ 的曲线相交于 $3'$，可以查得

$$t_{3'} = 27\text{℃}, \quad d_{3'} = 22.5 \text{ g/kgDA}$$

可以相应地求出

$$\Delta d = d_{3'} - d_1 = 22.5 - 9 = 13.5 (\text{g/kgDA})$$
$$m_a = \frac{m_v}{\Delta d} = \frac{1\,000}{13.5} = 74.07 (\text{kgDA/kg})(\text{水分})$$
$$Q = m_a q = 74.07 \times 41 = 3\,037.0 (\text{kJ/kg})(\text{水分})$$

提示　物料的烘干过程首先要满足该物料的工艺要求，确保物料的性能不受影响。在符合工艺要求的前提下，应尽可能地提高湿空气的吸湿能力，并充分利用它的吸湿能力。

2. 空气调节过程

为了使特定的小环境（如车间、病房、客房、车厢内、实验室等）维持一定的、新鲜的、不同于环境空气的空气状态，就需要将环境空气调节到相应的状态，定质定量地输送到小环境中去。

例 7－5　为了向室内供给温度为 20℃、相对湿度为 0.6 的空气，需要通过空调设备 [见图 7－8(a)]来交换空气。若室外气温为 30℃，$\phi = 80\%$，试计算每供给 1 kg 干空气所需的放热量和加热量以及析出的水分。

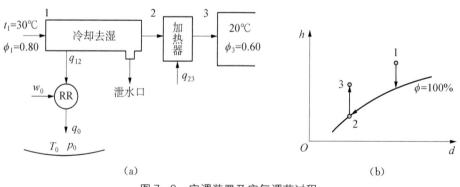

（a）　　　　　　　　　　　　（b）

图 7－8　空调装置及空气调节过程

解 （1）参数及过程分析。

环境空气的状态 1：根据 $t_1 = 30℃$，$\phi = 80\%$，可在 h - d 图上读得

$$h_1 = 86 \text{ kJ/kgDA}, \quad d_1 = 22 \text{ g/kgDA}$$

室内所需空气的状态 3：根据 $t_3 = 20℃$，$\phi_3 = 60\%$，可在 h - d 上读得

$$h_3 = 42.8 \text{ kJ/kgDA}, \quad d_3 = 8.9 \text{ g/kgDA}$$

环境空气与室内所需空气的焓湿变化比为

$$\varepsilon = \frac{h_3 - h_1}{d_3 - d_1} = \frac{42.8 - 86}{8.9 - 22} = 3.298 (\text{kJ/g})$$

沿线段 13 方向的放热去湿过程是难以实现的。

图 7 - 8 是完成上述空调任务的合理方案。先将环境空气在冷却器中放热去湿，使 $d_2 = d_3 = 8.9$；然后在加热器中定压加热，使湿空气达到终态 3。

冷却器出口状态 2：根据 $d_2 = 8.9$，$\phi_2 = 100\%$，可在 h - d 图上读得

$$h_2 = 34.6 \text{ kJ/kgDA}, \quad t_2 = 12℃$$

（2）空调过程中的质量分析及能量分析。

在整个过程中，干空气的质量没有变化，湿空气中水蒸气的含量仅在冷却器中发生变化，析出的水分为

$$\Delta d_{12} = d_2 - d_1 = 8.9 - 22 = -13.1 (\text{g/kgDA})$$

冷却器中放出的热量为

$$q_{12} = h_2 - h_1 = 34.6 - 86 = -51.4 (\text{kJ/kgDA})$$

加热器中湿空气吸收的热量为

$$q_{23} = h_3 - h_2 = 42.8 - 34.6 = 8.2 (\text{kJ/kgDA})$$

提示 在冷却器中湿空气的温度低于环境温度。热量不可能自动地传向环境，因此放热过程是必须付出代价的。根据热量㶲值的概念，必须输入的最小功量为

$$
\begin{aligned}
A_Q &= \int_1^2 \delta q \left(\frac{T_0}{T} - 1 \right) \\
&= T_0 c_p \ln \frac{T_2}{T_1} - q_{12} = 303 \times 4.186\,8 \ln \frac{285}{303} - (-51.4) \\
&= -26.29 (\text{kJ/kgDA})
\end{aligned}
$$

与加热过程相比，冷却过程必须付出更大的代价。

例 7 - 6 某车间由于设备工作而散发的热量 $Q = 170 \text{ kJ/min}$，蒸发出的水分 $m_v = 0.38 \text{ kJ/min}$。室外空气温度 $t_0 = 5℃$，相对湿度 $\phi_0 = 0.8$。若要维持车间空气温度为 $t_1 = 22℃$，相对湿度 $\phi_1 = 70\%$ [见图 7 - 9(a)]，试计算所需的通风量以及对室外空气的加热量。

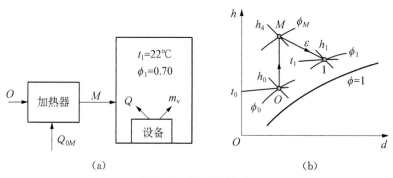

图 7-9　通 风 设 备

(a)装置示意图;(b) h-d 图。

解　室外空气状态 O：根据 $t_0 = 5℃$，$\phi_0 = 80\%$，由 h-d 图可查得

$$h_0 = 6 \text{ kJ/kgDA}, \quad d_0 = 0.004\ 2 \text{ kg/kgDA}$$

室内应维持的空气状态 1：根据，$t_1 = 22℃$，$\phi_1 = 70\%$ 可在图上查得

$$h_1 = 52 \text{ kJ/kgDA}, \quad d_1 = 0.012\ 1 \text{ kg/kgDA}$$

室内空气状态变化的热湿变化比 ε 为

$$\varepsilon = \frac{\Delta h}{\Delta d} = \frac{Q}{m_v} = \frac{170}{0.38} = 447 (\text{kJ/kg})$$

由于设备工作时的散热和水分蒸发，室内空气状态将沿斜率为 ε 的直线变化，因此，供入车间的空气状态应在这条过程线上[见图 7-9(b)]。同时，对室外空气进行定压加热，含湿量不变，因此，供入车间的空气状态应在不变的定 d 线上。所以，供给车间的空气状态必定为上述两条直线的交点 M。

状态 M：　　　　　　　　$d_M = d_O = 0.004\ 2 \text{ kg/kgDA}$

$$h_M = h_1 + 447(d_M - d_1)$$
$$= 52 + 447(0.004\ 2 - 0.012\ 1) = 48.5 (\text{kJ/kgDA})$$

通风量为

$$m_a = \frac{m_v}{d_1 - d_M} = \frac{0.38}{0.012\ 1 - 0.004\ 2} = 48.1 (\text{kgDA/min})$$

或　　　　　　　$m_a = \frac{Q}{h_1 - h_M} = \frac{170}{52 - 48.5} = 48.5 (\text{kgDA/min})$

对室外空气的加热量为

$$Q_{OM} = m_a (h_M - h_O) = 48.5(48.5 - 6) = 2\ 061 (\text{kJ/min})$$

3. 绝热混合过程

为了获得温度及湿度可以在一定的范围内、按照确定的焓湿变化比 ε 变化的湿空气，可以采用两股状态稳定的湿空气在绝热的条件下混合的方法来实现。采用绝热混合的方法，

只需调节不同的配比，就可获得所需状态的湿空气。

例 7-7　一股温度 $t_1=12℃$、相对湿度 $\phi_1=20\%$、流量 $m_{a1}=30\text{ kgDA/min}$ 的湿空气与另一股温度 $t_2=25℃$、相对湿度 $\phi_2=80\%$、流量 $m_{a2}=15\text{ kgDA/min}$ 的湿空气在绝热条件下混合，混合前后的压力均为 0.1 MPa。试求混合后空气的相对湿度、温度和含湿量（见图 7-10）。

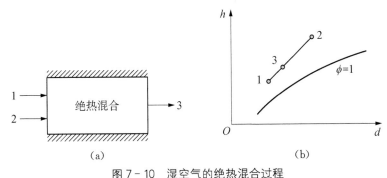

图 7-10　湿空气的绝热混合过程

解　（1）绝热混合过程的分析。

根据质量守恒定律，有

$$m_{a1}+m_{a2}=m_{a3}$$
$$m_{a1}d_1+m_{a2}d_2=m_{a3}d_3$$

可以得出

$$\frac{m_{a1}}{m_{a2}}=\frac{d_3-d_2}{d_1-d_3},\quad d_3=\frac{m_{a1}d_1+m_{a2}d_2}{m_{a1}+m_{a2}} \tag{a}$$

根据热力学第一定律，有

$$m_{a1}h_1+m_{a2}h_2=m_{a3}h_3$$

可以得出

$$\frac{m_{a1}}{m_{a2}}=\frac{h_3-h_2}{h_1-h_3};\quad h_3=\frac{m_{a1}h_1+m_{a2}h_2}{m_{a1}+m_{a2}} \tag{b}$$

根据式（a）及式（b），可以得出

$$\frac{d_3-d_2}{d_1-d_3}=\frac{h_3-h_2}{h_1-h_3},\quad \varepsilon=\frac{h_3-h_2}{d_3-d_2}=\frac{h_1-h_3}{d_1-d_3}=\frac{h_1-h_2}{d_1-d_2} \tag{c}$$

由此可见，绝热混合后的湿空气状态 3 与两股湿空气流的状态均处在焓湿变化比为定值的同一直线上。状态 3 的位置取决于质量比，即遵循杠杆定律。

（2）参数分析。

状态 1：$t_1=12℃$、$\phi_1=20\%$，由 $h-d$ 图查得

$$d_1=1.65\text{ g/kgDA},\quad h_1=16\text{ kJ/kgDA}$$

状态 2：$t_2=25℃$、$\phi_2=80\%$，由 $h-d$ 图查得

$$d_2 = 16.2 \, \text{g/kgDA}, \quad h_2 = 66 \, \text{kJ/kgDA}$$

状态 3：由式(c)可算得

$$d_3 = \frac{30 \times 1.65 + 15 \times 16.2}{30 + 15} = 6.5 (\text{g/kgDA})$$

由式(b)可算得

$$h_3 = \frac{30 \times 16 + 15 \times 66}{30 + 15} = 32.7 (\text{kJ/kgDA})$$

再根据 d_3 及 h_3，由 $h\text{-}d$ 图可读出：

$$t_3 = 16.5\text{℃}, \quad \phi_3 = 55\%$$

由式(c)可求得该过程的焓湿变化比：

$$\varepsilon = \frac{h_1 - h_2}{d_1 - d_2} = \frac{16 - 66}{1.65 - 16.2} = 3.436 (\text{kJ/g})$$

4. 蒸发冷却过程

蒸气动力装置中的冷凝器需要大量的冷却水来带走汽化潜热。为了使冷却水充分降温后再重复使用，一般采用湿空气作为冷却介质在冷却塔中对冷却水进行蒸发冷却。对于缺水地区，蒸发冷却尤为重要。

例 7-8　某电厂的冷却塔如图 7-11 所示。已知湿空气入口状态为 $t_1 = 30\text{℃}$、$\phi_1 = 40\%$；湿空气出口状态为 $t_2 = 38\text{℃}$、$\phi_2 = 98\%$。若冷却水由 $t_3 = 40\text{℃}$ 冷却到 $t_4 = 25\text{℃}$，试求：(1)冷却 1 kg 冷却水所需的干空气质量；(2)冷却 1 kg 冷却水所流失的水量（所需的补充水质量）$\dfrac{m_3 - m_4}{m_3}$。

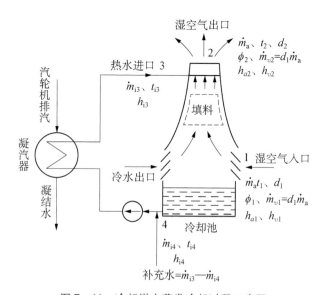

图 7-11　冷却塔中蒸发冷却过程示意图

解 (1) 蒸发冷却过程的分析。

来自冷凝器的热水从冷却塔的顶部向下喷淋形成细滴利于蒸发。未饱和空气在通风机的作用下自塔的底部逆流而上。为了使水与空气有较大的接触面积和较长的接触时间,在塔的中部装有填料。当水与空气接触时,发生能量和质量的传递过程。水与空气之间存在温差传热,水蒸时又向水和空气吸收热量,蒸发后的水蒸气又被空气吸收。当空气到达顶部时已接近饱和状态,空气带着一定的水分及汽化潜热从塔顶排出,冷却后的水从塔的底部流出,并与补充水一起被水泵输送到冷凝器中。

在稳定工况下,根据质量守恒定律有

$$m_{a1} = m_{a2} = m_a$$
$$m_3 - m_4 = m_a(d_2 - d_1) = m_5 \tag{a}$$

根据热力学第一定律,对于冷却塔有

$$\Delta E = (\Delta E)_Q (\Delta E)_W + (\Delta E)_M$$

按题意有

$$\Delta E = 0; \quad (\Delta E)_Q = 0; \quad (\Delta E)_W = 0; \quad \Delta E_k = \Delta E_p = 0$$

因此有

$$(\Delta E)_M = \sum E_{fi} - \sum E_{fe} = \sum H_i - \sum H_e = 0$$
$$m_a h_1 + m_3 h_3 = m_a h_2 + m_4 h_4 \tag{b}$$

由式(a)及(b)可以得出

$$m_a = \frac{m_3(h_3 - h_4)}{(h_2 - h_1) - (d_2 - d_1)h_4} \tag{c}$$

$$\frac{m_a}{m_3} = \frac{(h_3 - h_4)}{(h_2 - h_1) - (d_2 - d_1)h_4} \tag{e}$$

$$\frac{m_3 - m_4}{m_3} = \frac{m_a}{m_3}(d_2 - d_1) \tag{f}$$

其中,d 的单位为 kg/kgDA。

(2) 参数分析。

未饱和水的比焓近似于相同温度下饱和水的比焓,可从附表 10 查得

$$h_3 = h(t_3) = 167.50 \text{ kJ/kg} \quad (t_3 = 40℃)$$
$$h_4 = h'(t_4) = 104.77 \text{ kJ/kg} \quad (t_4 = 25℃)$$

状态 1:$t_1 = 30℃$、$\phi_1 = 40\%$,由 $h - d$ 图查得

$$d_1 = 10.6 \text{ g/kgDA}, \quad h_1 = 57.2 \text{ kJ/kgDA}$$

状态 2:$t_2 = 38℃$、$\phi_2 = 98\%$,由 $h - d$ 图查得

$$d_2 = 42.9 \text{ g/kgDA}, \quad h_2 = 148.6 \text{ kJ/kgDA}$$

（3）计算结果。

$$\frac{m_a}{m_3} = \frac{(h_3 - h_4)}{(h_2 - h_1) - (d_2 - d_1)h_4}$$

$$= \frac{167.50 - 104.77}{(148.6 - 57.2) - (0.042\,9 - 0.010\,6)104.8} = 0.713(\text{kgDA/kg})(\text{热水})$$

$$\frac{m_3 - m_4}{m_3} = \frac{m_a}{m_3}(d_2 - d_1)$$

$$= 0.713(0.042\,9 - 0.010\,6) = 0.023(\text{kg})(\text{补充水})/\text{kg}(\text{热水})$$

提示 ① 蒸发冷却过程中湿空气能带走水分蒸发时的汽化潜热，因此冷却效果好。

② $t_4 = 25\,℃ < t_1 = 30\,℃$，蒸发冷却能使热水冷却到低于空气的温度，这是其他方法所达不到的。

③ 水分流失量较小，这个优点对缺水地区是很重要的。

 **思考题**

1. 湿空气是定组元变含量的理想气混合物，它与第 11 章中介绍的定组元定含量的理想气体混合物相比在分析方法上有何不同之处？

2. 试用吉布斯相律说明确定湿空气平衡状态所需的独立状态参数的数目。

3. 请指出下列说法中的不妥之处，并说明原因：

（1）空气的相对湿度越大，则含湿量越高；

（2）$\phi = 0$ 时，空气中不含水蒸气，$\phi = 100\%$ 时，湿空气中全是水蒸气；

（3）向贮有湿空气的刚性容器定温充入干空气使容器内的含湿量下降，因而可以提高湿空气的吸湿能力；

（4）ϕ 一定时，湿空气温度越高，d 就增大，因此，d 一定时，湿空气温度越高，则 ϕ 也增大。

4. 为何冬季人在室外呼出的气会成白色的雾状？冬季从室外进入温暖的室内时，眼镜片上会出现霜膜，试说明它们的机理。

5. 夏季时，室内自来水管的表面常出现水滴；冬季时，玻璃窗靠近室内的一面也常有水珠出现，试说明其原因。

6. 浴室内供应相同温度的热水，为什么夏天不像冬天那样雾气腾腾？

7. 冬季室内取暖时，为什么要在取暖炉上搁一壶水？夏天室内开空调时，为什么除了降温外还要去湿？

8. 计算湿空气的容度参数时，为什么不采用 1 kg 湿空气而采用 1 kg 干空气作为计算标准？确定湿空气比焓的基准态是什么状态？

9. 测定绝热饱和温度的机理与测定湿球温度的机理并不相同，为什么可以将绝热饱和温度定义为理论湿球温度？

10. 为什么可以将绝热饱和过程看作是一个定焓过程？这在实际应用中有何方便之处？

习 题

7-1 实验前测得大气压力为 0.1 MPa,干湿球温度计的读数分别为 30℃及 25℃,试确定实验室中环境空气的下列参数:ϕ,ρ_v,p_v,t_d,d 及 h。

7-2 室内空气的压力和温度分别为 0.1 MPa 和 25℃,相对湿度为 60%,求水蒸气的分压力、露点温度、湿球温度和含湿量。

7-3 若已知 0.1 MPa、60℃的湿空气中水蒸气的分压力为 9.81 kPa,试求水蒸气的相对湿度、含湿量、绝对湿度及绝热饱和温度。

7-4 已经测得湿空气的压力为 0.1 MPa,温度为 30℃,露点温度为 20℃。求水蒸气的分压力、含湿量、相对湿度、焓及绝热饱和温度,并在焓湿图上表示该状态的相应位置。

7-5 已知空气的压力为 0.1 MPa,温度为 20℃,相对湿度为 60%。先将空气加热到 50℃,然后送进干燥箱去干燥物品。若空气流出干燥箱时的温度为 30℃,试求空气在加热器中吸收的热量和从干燥箱中带走的水分,并将上述过程表示在焓湿图上。

7-6 在闷热的夏天,湿空气的状态为 0.1 MPa, 35℃, $\phi=85\%$。 为了向车间输送温度为 20℃、相对湿度为 60% 的空气,现采用如图 7-8 所示的空调装置来降温去湿。如果要输送 5 t 空气,试求:

(1) 冷却器中的放热量及析出的水量;

(2) 冷却系统所需的最小耗功量。

7-7 某车间由于设备工作而散发的热量 $Q=180$ kJ/min,蒸发出的水分 $m_v=0.40$ kg/min。室外空气温度 $t_0=0℃$、$\phi=60\%$。 若要维持车间温度为 20℃,相对湿度为 70%,试计算:

(1) 所需的通风量;

(2) 对室外输入空气的加热量。

7-8 10℃的干空气和 20℃的饱和空气按干空气质量对半的比例混合,所得湿空气的含湿量和相对湿度各为多少? 假定混合前后空气的总压力保持不变。

7-9 在稳定绝热流动过程中两股空气流混合。一股气流 $t_1=10℃$,$\phi_1=40\%$,$m_{a1}=25$ kg/min;另一股气流 $t_2=25℃$, $\phi_2=80\%$, $m_{a2}=40$ kg/min。 如果在定压 0.1 MPa 下混合,试求混合后空气的相对湿度、含湿量及温度。

7-10 如图 7-11 的蒸发冷却过程,若冷却塔进口的热水流率为 10 000 t/h,试求:

(1) 每小时进入冷却塔的空气量;

(2) 每小时所需的补充水量。

7-11 将压力为 0.1 MPa、温度为 25℃、相对湿度为 80% 的湿空气压缩到 0.2 MPa,温度仍然保持 25℃,试问能除去多少水分?

第8章 气体及蒸气的流动

有关工质流动的工程问题极为普遍,涉及流动过程的理论问题也非常多。流动问题不仅与热力学有关,而且也是传热学、流体力学、气体动力学等学科中的重要内容。尽管不同学科对流动问题在研究范围及重点上、分析方法上不尽相同,但这并不矛盾,而是相辅相成的。

工程上许多热工设备,如喷管、扩压管、压气机及气轮机等,都是利用气流在变截面通道中流速及状态的变化规律来完成预期的能量转换任务的。本章主要讨论气体在变截面管道中的流动问题,即研究流动过程中气体流速及状态的变化规律、通道截面积的变化规律与能量转换规律之间的内在联系。流动问题的热力学分析方法也是暂且不考虑摩擦等不可逆因素,在完全可逆的理想条件下建立具有普遍意义的基本关系式,然后再根据实际工况加以修正。

8.1 变截面管道中稳定定熵流动的基本方程

8.1.1 假定条件

为了建立具有普遍意义的基本方程,热力学中分析气体流动问题时采用了以下的假定条件。

(1) 流动工质是理想气体,具有理想气体的通性。

这不仅是因为理想气体状态方程比较简单,有许多现成的计算公式,而且还因为在实际工况下大多数气流都可看作理想气体,即使不是理想气体,也可根据它偏离理想气体的程度来加以修正。因此,对理想气体的分析结论具有普遍的实用价值。

(2) 流动过程是稳定的,满足 SSSF 条件。

热力设备一般都在稳定工况下工作,所以这个假定条件是符合实际情况的。

(3) 流动过程是可逆的。

实际流动过程都是不可逆的,势差、摩擦等不可逆因素都是不可避免的。因此,"可逆"是纯理想化的假定条件。采用可逆的假定虽然是近似的,但也是合理的。这不仅使应用数学工具来分析流动过程成为可能,而且,其分析结论为比较实际流动过程的完善程度建立了客观的标准,具有重要的理论意义和实用价值。

在可逆的流动过程中,不仅不考虑摩擦、扰动等实际因素,而且通道截面积的变化也必须是连续的。因此可以认为,在可逆流动中,只有在沿着流动的方向上才有工质流速及状态参数的变化;在垂直于流动方向的同一截面上,流速及状态参数的分布是均匀一致的。

(4) 流动过程是绝热的。

一方面,由于流经变截面通道的气流速度比较高,而通道的长度又比较短,气流流过通道时所交换的热量可以忽略不计;另一方面,在绝热条件下排除了热交换的影响,可以揭示出质量流的焓值变化与机械能之间相互转换的规律。因此,绝热流动的假定是合理的,待得出结论后再考虑热交换的影响也是容易的。

8.1.2　基本方程

理想气体在变截面通道中的稳定定熵流动必须满足以下基本方程。

1. 连续方程

图 8-1 表示理想气体在变截面通道中的稳定定熵流动。根据稳定的概念,管道中任一点上气体的状态及流速都不随时间而变。连续的概念是指在流动方向上气体状态及流速的变化是连续的,而且通过任一截面的质量流率都相等。稳定是连续的充分条件,因此,稳定流动必定是连续流动,必须满足连续方程。

连续方程的本质就是质量守恒定律,有

$$\dot{m} = \rho c A = \rho_1 c_1 A_1 = \rho_2 c_2 A_2 = 定值 \tag{8-1}$$

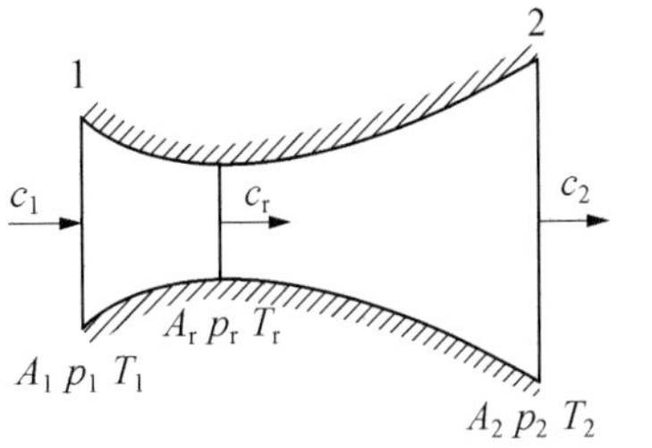

图 8-1　变截面管道中的稳定定熵流动

式中,ρ、c、A 分别表示同一截面上气体的密度、流速及截面积。式(8-1)可以写成

$$\dot{m} = \frac{cA}{v} = \frac{c_1 A_1}{v_1} = \frac{c_2 A_2}{v_2} = 定值 \tag{8-2}$$

或写成连续方程的微分形式:

$$\frac{dA}{A} = \frac{dv}{v} - \frac{dc}{c} \tag{8-3}$$

式(8-3)表明通道截面的相对变化率必须等于比容相对变化率与流速相对变化率之差值,否则就会破坏流动的连续性。例如,当 $\frac{dv}{v} > \frac{dc}{c}$ 时,气体的膨胀速率大于气流速度的增长率,这时截面积必须增大,应当有 $\frac{dA}{A} > 0$,否则就会发生气流堵塞的现象。同理,当 $\frac{dv}{v} < \frac{dc}{c}$ 时,必须有 $\frac{dA}{A} < 0$,否则就会出现断流的现象。显然,如果破坏了流动的连续性,也就破坏了流动的稳定性。所以,稳定流动必须满足连续方程。

2. 能量方程

$$\Delta E = (\Delta E)_Q + (\Delta E)_W + (\Delta E)_M$$

对于图 8-1 所示的流动情况,显然有

$$\Delta E = 0, \quad (\Delta E)_Q = 0, \quad (\Delta E)_W = 0$$

能量方程可简化成 $(\Delta E)_M = 0$,即

$$E_{fe} = E_{fi}, \quad \dot{m}_i = \dot{m}_e, \quad \Delta E_p = 0$$

$$h_1 + \frac{c_1^2}{2} = h_2 + \frac{c_2^2}{2} = h + \frac{c^2}{2} \tag{8-4}$$

式(8-4)表明,在任一通道截面上,气体的焓值与动能之和都相等,且为常数。能量方程的微分形式可表示为

$$dh = -\frac{1}{2} dc^2 = -c\,dc \tag{8-5}$$

式(8-5)说明,在稳定定熵流动中,质量流的焓值变化与动能变化之间的转换关系为:动能增大,则焓值必然下降;反之亦然。

根据技术功的定义,在可逆条件下有

$$-v\,dp = \delta w_t = \delta w_s + \frac{1}{2} dc^2 + g\,dZ$$

其中,$dz = 0$;$\delta w_s = 0$,因此有

$$-v\,dp = c\,dc = -dh \tag{8-6}$$

式(8-6)为在稳定定熵流动中,压力变化、焓值变化及流速变化之间必须满足的关系。流速增大,则压力及焓值必定下降;反之亦然。式(8-6)也可写成

$$dp = -\frac{c\,dc}{v} \tag{8-7}$$

3. 定熵流动的参数关系

定熵流动过程中的参数关系必定满足:

$$pv^k = 常数$$

或写成微分形式,有

$$dp = -kp\frac{dv}{v} = -\frac{c\,dc}{v} \tag{8-8}$$

由式(8-8)可以得出

$$\frac{dv}{v} = \frac{c\,dc}{kpv} = \frac{c^2}{kpv}\frac{dc}{c} \tag{8-9}$$

式(8-9)说明,在稳定定熵流动中,dv 与 dc 的正负号总是相同的,但它们的相对变化率并不一定相等。$\frac{dv}{v}$ 与 $\frac{dc}{c}$ 究竟哪个大呢? 这取决于 $\frac{c^2}{kpv}$ 的数值,其同时也决定了 $\frac{dA}{A}$ 的正负号。可见,在稳定定熵流动中,比值 $\frac{c^2}{kpv}$ 起着非常重要的作用。这个比值又有什么物理意义呢?

4. 声速公式及马赫数

1) 声速公式

声波是由振动引起的一种纵向机械波。我们能听到的声音,音频范围仅在 20 ~ 20 000

周/秒之间,亚音频(如地震等超波长的低频波)及超音频(如石英晶体的高频振动)都超出了人的听觉范围。

声波可以通过各种介质(固体、液体及气体)传播,它在连续介质中的传播速度称为声速。声波在可压缩流体中的传播过程可看作是一个定熵过程,它的传播速度可以根据连续方程及动量方程导得。若用 a 表示声速,则有

$$a = \sqrt{\left(\frac{\partial p}{\partial \rho}\right)_s} = \sqrt{-v^2 \left(\frac{\partial p}{\partial v}\right)_s} \qquad (8-10)$$

式(8-10)表明,声速的大小与传播介质的可压缩性有关,式中 $\left(\frac{\partial p}{\partial \rho}\right)_s$ 是表征介质可压缩性能的物理量。$\left(\frac{\partial p}{\partial \rho}\right)_s$ 的值越大,说明介质的可压缩性越小,声速就越大;反之亦然。对于理想气体,声速公式可表示为

$$a = \sqrt{-v^2 \left(\frac{\partial p}{\partial v}\right)_s} = \sqrt{-v^2 \left(\frac{-kp}{v}\right)_s} = \sqrt{kpv} = \sqrt{kRT} \qquad (8-11)$$

上式说明,理想气体中的声速与气体的种类及状态有关,当气体的种类一定时,声速仅与温度有关。因为声速是随气体温度变化而变化的参数,在气体流动过程中,各点上气体的温度并不相同,所以声速也是不同的。因此,通常所说的声速是指某一个确定点或截面上的声速,称为当地声速。

2) 马赫数

在研究气体流动时,通常采用声速来作为气体流动速度的比较标准。气流中任一点的流速与当地声速的比值称为该点气流的马赫数,用 Ma 表示,有

$$Ma = \frac{c}{a} \qquad (8-12)$$

对于理想气体,则有

$$Ma = \frac{c}{a} = \frac{c}{\sqrt{kRT}} \qquad (8-13)$$

马赫数是表征气流流速特征的一个无量纲准则数,它把气体的流速与气体的状态 $(a = \sqrt{kRT})$ 密切地联系起来。根据马赫数的大小,可以把流动分为亚声速气流 $(Ma < 1)$、声速 $(Ma = 1)$ 以及超声速气流 $(Ma > 1)$。

5. 综合方程

将式(8-13)代入式(8-9),可得出

$$\frac{\mathrm{d}v}{v} = \frac{c^2}{kpv} \frac{\mathrm{d}c}{c} = Ma^2 \frac{\mathrm{d}c}{c}$$

再把上式代入式(8-3)就可得出

$$\frac{\mathrm{d}A}{A} = (Ma^2 - 1) \frac{\mathrm{d}c}{c} \qquad (8-14)$$

式(8-14)就是理想气体在变截面通道中稳定定熵流动的综合方程,它包容了本节所述的各个基本方程。

6. 喷管及扩压管

在图8-2上画有四个变截面管道,其中(a)是两个喷管,(b)是两个扩压管。从图可以看出,不论喷管还是扩压管,都可以有渐缩的(dA < 0)和渐扩的(dA > 0),因此可以得出这样的结论:不能单从变截面管道的外形,即不能单从截面变化规律来判断是喷管还是扩压管。

一个变截面管道究竟是喷管还是扩压管,是根据气流在管道中的流速及状态参数的变化规律来定义的。使流体压力下降、流速提高的管道称为喷管;反之,使流体压力升高、流速降低的管道称为扩压管。不论喷管还是扩压管,它们都必须遵循上节所述的基本方程。因此,对于喷管必定满足下列条件:

$$dc > 0, \quad dp < 0, \quad dv > 0, \quad dh < 0$$

对于扩压管则必定满足:

$$dc < 0, \quad dp > 0, \quad dv < 0, \quad dh > 0$$

因为流速和状态参数的变化规律与它们的截面图积的变化规律都应满足综合方程(8-14),所以根据喷管及扩压管的定义以及它们的实际使用条件(这里是指入口处的马赫数 Ma),就可应用综合方程来判断图8-2中的四个变截面管道哪个是喷管哪个是扩压管了。图中已有明确答案,请读者自行判别。

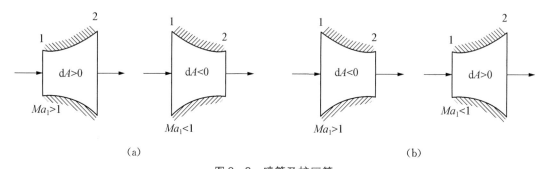

图8-2 喷管及扩压管
(a)喷管;(b)扩压管。

从综合方程可以看出,在单纯渐缩(dA < 0)或单纯渐扩(dA > 0)的变截面管道中,不可能发生从亚声速($M < 1$)到超声速($M > 1$)的转变过程,也不可能有相反的转变过程。转变过程必须经历声速这个阶段。因此,要实现这种转变,管道截面必须是缩放型的,而且只有在缩放型管道的最小截面上才能达到声速。

例8-1 若有两股马赫数均等于2的超声速空气流,已知它们的温度分别为300 K及1 000 K,试计算这两股气流的流速。

解 根据声速公式,这两股气流的声速分别为

$$a_1 = \sqrt{kRT_1} = \sqrt{1.4 \times 0.287\,1 \times 300 \times 1\,000} = 347.2(\text{m/s})$$

$$a_2 = \sqrt{kRT_2} = \sqrt{1.4 \times 0.287\ 1 \times 1\ 000 \times 1\ 000} = 633.9 (\text{m/s})$$

根据马赫数的定义,即可算出实际流速:

$$c_1 = Ma_1 a_1 = 2 \times 347.2 = 694.4 (\text{m/s})$$

$$c_2 = Ma_2 a_2 = 2 \times 633.9 = 1\ 267.8 (\text{m/s})$$

8.2　喷管中气体的流动特性

稳定定熵流动是可逆的流动过程,因此,无论是喷管还是扩压管,它们都可以相互看作是对方的逆向过程。本节只讨论理想气体在喷管中的流动特性,因扩压管中的流动特性仅是喷管的逆向过程,这里就不再细述了。

8.2.1　滞止状态与临界状态

在稳定定熵流动过程中,滞止状态及临界状态是两个重要的基准状态,理解并掌握有关它们的基本概念对分析及计算稳定定熵流动过程将起关键作用。

1. 滞止状态及滞止参数

对于一个确定的稳定定熵流动,必定有一个唯一确定的滞止状态,或者,当滞止状态的状态参数确定之后,一个稳定定熵流动的流动特性就确定了。这就是说,从通道中任一截面的流动状态出发,如果经可逆绝热流动将流速降低到零时的状态,则都是一个相同的状态,这个状态就是定熵滞止状态,简称为滞止状态。滞止状态下的热力参数统称为滞止参数,并用上角标 * 标注。滞止状态的流速为零,这个基准状态显然不在气流通道中。根据滞止状态的特征,滞止参数可表示为

$$c^* = 0, \quad a^* = \sqrt{kRT^*}, \quad Ma^* = \frac{c^*}{a^*} = 0$$

$$p^*, \quad T^*, \quad v^* = \frac{RT^*}{p^*}, \quad h^*, s^*$$

对于喷管中的稳定定熵流动,显然有

$$\Delta \dot{m} = 0, \quad \dot{m}_i = \dot{m}_e = \dot{m} = 常数$$

$$\Delta E = 0, \quad (\Delta E)_Q = 0, \quad (\Delta E)_W = 0, \quad \Delta E_p = 0$$

因此,热力学第一定律的普遍表达式可简化成

$$h^* = h_i + \frac{c_i^2}{2} = h_e + \frac{c_e^2}{2} = h + \frac{c^2}{2} = 定值 \tag{8-15}$$

式(8-15)表明,滞止焓在数值上等于任一通道截面上的各种能量总和。

由式(8-15)可以得出任一截面上的温度与滞止温度之间的关系式为

$$T^* = T + \frac{c^2}{2c_p} = 定值 \tag{8-16}$$

若将 $c^2 = Ma^2 a^2 = kRTMa^2$、$c_p = \dfrac{kR}{k-1}$ 代入式(8-16)，可得出滞止温度比的表达式为

$$\frac{T}{T^*} = \frac{2}{2 + (k-1)Ma^2} \tag{8-17}$$

根据式(8-17)以及定熵过程的参数关系，可进一步得出滞止压力比及滞止密度比的表达式：

$$\frac{p}{p^*} = \left(\frac{T}{T^*}\right)^{\frac{k}{k-1}} = \left[\frac{2}{2 + (k-1)Ma^2}\right]^{\frac{k}{k-1}} \tag{8-18}$$

$$\frac{\rho}{\rho^*} = \frac{v^*}{v} = \left(\frac{T}{T^*}\right)^{\frac{1}{k-1}} = \left[\frac{2}{2 + (k-1)Ma^2}\right]^{\frac{1}{k-1}} \tag{8-19}$$

从以上各式可以看出，滞止温度比$\left(\dfrac{T}{T^*}\right)$、滞止压力比$\left(\dfrac{p}{p^*}\right)$及滞止密度比$\left(\dfrac{\rho}{\rho^*}\right)$仅是马赫数 Ma 及定熵指数 k 的函数。对于滞止状态完全确定的定熵流动，只要知道任一截面上的马赫数，则气体在该截面上的状态参数及流速就完全确定。

对于喷管中的稳定定熵流动，显然有

$$\Delta s = 0, \quad (\Delta s)_Q = 0, \quad (\Delta s)_W = 0, \quad s_{\text{Pin}} = 0$$

因此，热力学第二定律的熵方程可简化成

$$(\Delta s)_M = 0, \quad s_i = s_e = s = s^* = 定值 \tag{8-20}$$

式(8-20)说明，在稳定定熵流动过程中，各截面上的熵值都等于滞止熵，各截面上的状态参数都落在同一条定熵线上。不同数值的滞止熵代表不同的稳定定熵流动过程。显然，对于不可逆的绝热流动过程，必定会造成㶲损及熵产，使熵值增大。因此，不论喷管或扩压管，滞止熵总是绝热流动过程中熵的最小值。

2. 临界状态及临界参数

当气体的流速等于当地声速时，该流速称为临界流速；达到临界流速时的通道截面称为临界截面；临界截面上的参数称为临界参数，采用下角标 c 标注。根据临界状态的特征，临界参数可表示为

$$c_c = a_c = \sqrt{kRT_c}, \quad Ma_c = \frac{c_c}{a_c} = 1,$$

$$p_c, \ T_c, \ v_c = \frac{RT_c}{p_c}, \quad \rho_c = \frac{1}{v_c}, \ A_c, \ \dot{m}_c = \rho_c c_c A_c$$

同理，根据能量方程及定熵过程的参数关系可以得出临界参数与滞止参数之间的关系。实际上，将临界截面上的马赫数等于1($Ma_c = 1$)的特征分别代入式(8-17)、(8-18)及(8-19)，就可得出

$$\frac{T_c}{T^*} = \frac{2}{k+1} \tag{8-21}$$

$$\frac{p_c}{p^*} = \left(\frac{T_c}{T^*}\right)^{\frac{k}{k-1}} = \left(\frac{2}{k+1}\right)^{\frac{k}{k-1}} \tag{8-22}$$

$$\frac{\rho_c}{\rho^*} = \left(\frac{T}{T^*}\right)^{\frac{1}{k-1}} = \left(\frac{2}{k+1}\right)^{\frac{1}{k-1}} \tag{8-23}$$

为了与其他截面上的相应参数相区别,把临界截面上的滞止温度比、滞止压力比及滞止密度比分别称为临界温度比 $\left(\dfrac{T_c}{T^*}\right)$、临界压力比 $\left(\beta_c = \dfrac{p_c}{p^*}\right)$ 及临界密度比 $\dfrac{\rho_c}{\rho^*}$。从以上三式可以看出,临界温度比、临界压力比及临界密度比都仅是 k 值的函数(因为 $Ma_c = 1$),当气体种类一定时,它们都是定值。这是因为这两种基准态的流动状况($c_c = a_c$, $Ma_c = 1$; $c^* = Ma^* = 0$)都已确定的缘故。

利用定熵流动过程中的参数关系,可以导得任意截面上的参数与临界参数之间的关系:

$$\frac{T_c}{T} = \frac{T_c}{T^*}\frac{T^*}{T} = \left(\frac{2}{k+1}\right)\left(\frac{2+(k-1)Ma^2}{2}\right) = \frac{2+(k-1)Ma^2}{k+1} \tag{8-24}$$

$$\frac{p_c}{p} = \left(\frac{T_c}{T}\right)^{\frac{k}{k-1}} = \left(\frac{2+(k-1)Ma^2}{k+1}\right)^{\frac{k}{k-1}} \tag{8-25}$$

$$\frac{\rho_c}{\rho} = \left(\frac{T_c}{T}\right)^{\frac{1}{k-1}} = \left[\frac{2+(k-1)Ma^2}{k+1}\right]^{\frac{1}{k-1}} \tag{8-26}$$

$$\frac{A}{A_c} = \frac{\rho_c c_c}{\rho c} = \frac{\rho_c \sqrt{kRT_c}}{\rho Ma \sqrt{kRT}} = \frac{1}{Ma}\frac{\rho_c}{\rho}\left(\frac{T_c}{T}\right)^{\frac{1}{2}} \tag{8-27}$$

$$= \frac{1}{Ma}\left(\frac{2+(k-1)Ma^2}{k+1}\right)^{\frac{k+1}{2(k-1)}}$$

可见,当滞止状态确定之后,临界状态就可完全确定,所以对于临界状态完全确定的定熵流动,只要知道任一截面上的马赫数,则该截面上气体的状态参数及流速就完全确定了。不难理解,通过喷管的最大流量受最小截面积的制约,当临界截面积 A_c 给定之后,根据连续方程,喷管任一截面的面积可以由式(8-27)计算出来。

8.2.2　背压对喷管气流特性的影响

喷管中的稳定定熵流动是靠稳定不变的外部条件来维持的,并在外部留下稳定不变的影响。当外部条件发生变化时,喷管内的流动状况就会发生变化,甚至不能维持定熵流动。稳定定熵流动的计算并不困难,但是,如何根据外部条件来判断气流的特性并不是一件容易的事。

1. 渐缩喷管的流动特性

1)假定条件

有一个渐缩喷管如图 8-3 所示,满足以下假定条件。

(1)滞止参数作为已知条件。

如图所示,喷管入口与稳定气源相连,入口流速可忽略不计,因此入口状态就是滞止状

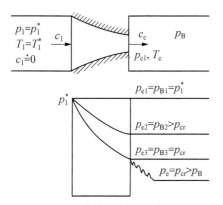

图 8-3 渐缩喷管的流动特性

态（$p_1 = p^*$，$T_1 = T^*$）。如果 c_1 的值不可忽略不计，则根据 c_1 及 T_1、p_1 不难算出滞止参数 T^* 及 p^*。总之，滞止参数可作为一个已知条件。

（2）忽略喷管的摩擦损失及散热损失，流动过程可看作是定熵流动。

（3）与喷管出口相连的空间压力称为背压，喷管出口与压力可调节的空间相连可以使喷管在不同的背压条件下稳定工作。

在上述条件下，可以分析仅是由于背压变化而对喷管流动特性的影响。

2）不同背压下的流动特性

（1）当 $p_{B1} = p_1^*$ 时，喷管内部压力处处相等，显然不会发生流动。根据综合方程，在 $Ma_1^* < 1$ 的条件下，要使渐缩管道按喷管的规律工作，必须降低背压 p_B。因此，背压只能向减低的方向调节。

（2）当 $p_B < p_1^*$ 时，在压差的作用下才有气体的流动。根据喷管的性质，其中气流的变化规律为

$$\mathrm{d}A < 0, \quad \mathrm{d}p < 0, \quad \mathrm{d}c > 0$$

$$\mathrm{d}v > 0, \quad \mathrm{d}h < 0, \quad \mathrm{d}T < 0, \quad \mathrm{d}a < 0$$

当背压范围为 $p_1^* > p_B > p_c$ 时，出口截面上的压力 p_e 也随着背压 p_B 的降低而降低，并始终等于背压，有 $p_e = p_B > p_c$。同时，随着 p_B 的降低，各截面上的流速及流量不断地增大。显然，各截面上的流量都相等；各截面上的压力沿流动方向连续下降，从 p_1^* 下降到 p_e；各截面上的流速沿流动方向连续增大，但都是亚声速。

（3）当 $p_e = p_B = p_c$ 时，出口截面达到了临界状态，显然有

$$T_e = T_c, \quad c_e = c_c = \sqrt{kRT_c}$$

$$Ma_c = \frac{c_c}{a_c} = Ma_c = 1, \quad m_e = m_c = m_{\max}$$

（4）如果背压再继续下降，即 $p_B < p_c$，由于出口截面上的流速早已达到声速，背压的继续下降不可能再影响到喷管的截面，因此，出口压力不再随 p_B 的下降而下降，有 $p_e = p_c > p_B$。喷管内部的流动情况与第三种情况相同，不受背压继续下降的影响，这种现象称为定熵流动的壅塞现象。

可见，采用渐缩喷管是不可能获得超声速气流的，要想获得超声速气流，必须采用缩放喷管。

2. 缩放喷管的流动特性

缩放喷管包括渐缩段、过渡段（喉部）及渐扩段三部分，图 8-4 是分析缩放喷管流动特性的示意图。采用的假定条件与讨论渐缩喷管时的条件相同。现按下列几种背压情况来讨论。

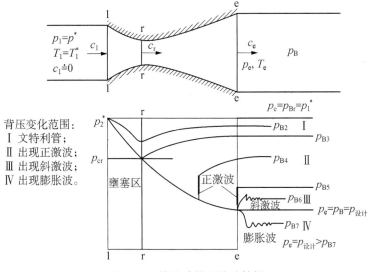

图 8-4　缩放喷管的流动特性

1) 文特利管的背压范围（完全可逆）

背压在 p_1^* 及 p_{B3} 的范围内，即 $p_1^* > p_B \geqslant p_{B3}$，整个缩放管按文特利管的规律工作。这时渐缩段按喷管的规律工作（$\mathrm{d}p < 0$，$\mathrm{d}c > 0$），而渐扩段则按扩压管的规律工作（$\mathrm{d}p > 0$，$\mathrm{d}c < 0$）。全程各截面上的流速均在亚声速的范围内变动，而流量则在零与最大流量的范围内变动。

当 $p_B = p_1^*$ 时，喷管内部压力处处相等，显然不会发生流动，流量为零。当背压降低时，压力差使气体产生流动，流速及流量都会随背压降低而增加。

若以 p_{B3} 表示喉部截面上达到临界状态时所对应的背压，则缩放管在该背压下稳定工作时，喉部截面达到了临界状态，截面上的参数均为临界参数。如果喉部截面上的参数都标以下角标 r，则在 $p_B = p_{B3}$ 的条件下喉部参数可表示为

$$c_{r3} = c_c = a_c \quad p_{r3} = p_c, \quad T_{r3} = T_c, \quad m_c = m_{\max}$$

$p_B = p_{B3}$ 是文特利管的最大流量工况。

显然，当背压在 p_1^* 与 p_{B3} 的范围内，缩放管内的流动特性都按文特利管的规律流动，应用综合方程不难做出判断：在上述背压范围内，渐缩段中都按喷管规律流动，经喉部之后的渐扩段则按扩压管规律流动。如图 8-4 中所示，当 $p_B = p_{B2} > p_{B3}$ 时，由于喉部尚未达到临界状态，因此，最小截面积上相应的压力 p_{r2}、流速 c_{r2} 及流量 m_{r2} 分别为

$$p_{r2} < p_c, \quad c_{r2} < c_c, \quad T_{r2} < T_c, \quad m_{r2} < m_{\max}$$

可见，在文特利管的背压变化范围（$p_1^* \geqslant p_B \geqslant p_{B3}$）内，随着背压 p_B 的下降，流量不断地增大；当 $p_B = p_{B3}$ 时，流量达到最大值，并在最小截面上产生定熵壅塞现象。如果背压再继续下降，即 $p_B < p_{B3}$，就对渐缩段的工况没有影响了，流量也将始终保持不变，但因渐扩段要受背压继续下降的影响，文特利管的流动特性不能维持下去了。因为在文特利管的工作压力范围内，背压与流量、最小截面积与最大流量都有确定的对应关系，所以工程上常利用文特利管的工作特性来制作流量的测定装置。

2) 在设计工况下工作的拉瓦尔喷管(完全可逆)

喷管截面变化规律及几何尺寸是根据确定的设计条件,并按照稳定定熵流动的假定来进行计算的。这些设计条件是指流体的种类、稳定工况下的入口状态及背压、所需的最大流量及出口流速等。必须指出,只有在设计工况下工作时,气流才能获得充分膨胀,喷管中能量转换的性能才能充分发挥出来。这种全程都满足定熵流动规律的缩放喷管称为拉瓦尔喷管。

从图 8-4 可以看出,当缩放喷管在设计工况下稳定工作时,各截面上的压力从 p_1^* 连续变化到出口压力 p_e,且有 $p_e = p_B = p_{设计}$。连续下降的压力曲线表明气流在喷管内得到充分膨胀。根据定熵流动的特性可知,各截面上的流速是一条连续上升的曲线(未画出),从亚声速连续地变化到所需的超声速。在最小截面上达到临界状态,由于喉部的壅塞作用,流量将保持不变,且等于设计所需的最大流量。同时,由于出口压力正好等于背压(它们都等于设计压力),气流流出时既无冲击又无突然膨胀,即无外部损失。因此,在 $p_B = p_{设计}$ 的条件下,气体在拉瓦尔喷管中的流动过程可看作是内外都可逆的定熵流动过程。

3) 非正常工况的背压范围

文特利管和拉瓦尔喷管是为不同的目的而设计的缩放管,前者是为了测量流量,后者是要获得超声速气流。专管专用是应用缩放管的基本原则。在非设计工况下工作,均属于非正常工况,都会降低性能,产生不可逆性损失。详细讨论非正常工况的不可逆性是不合适的,但简单介绍其特征还是必要的。

(1) 出现正激波的背压范围(内部不可逆)。

如前所述,当 $p_B = p_{B3}$ 时,文特利管在最大流量下稳定工作。这时,喉部达到临界状态,并出现壅塞现象,背压继续下降并不影响渐缩段中的流动情况,但背压的下降对渐扩段的流动状况有明显的影响。

如图 8-4 所示,当背压在 $p_{B3} \sim p_{B5}$ 的范围内时,渐扩段中会出现正激波。出现正激波的截面是随背压降低而向出口方向移动的。例如,当背压为 p_{B4} 时正激波出现在截面 4 上,而当背压为 p_{B5} 时,正激波正好出现在出口截面上。正激波是超声速气流受高压波的干扰而发生的一种不可逆现象,只有在 $Ma > 1$ 的超声速气流中才可能出现正激波,正激波又使超声速突变成亚声速。显然,正激波只能发生在渐扩段中。由于 $p_{B3} > p_B > p_{B5}$ 以及 $dA > 0$,气流在喉部之后的一段距离内的流动是超声速的,但由于受背压($p_B > p_{B5} > p_{设计}$)的制约,气体在渐扩段中得不到充分膨胀,在某一截面上就会出现正激波,使气流突变成亚声速,然后再按扩压管的流动规律使压力上升到背压。正激波所造成的不可逆性损失使滞止熵增大,所以正激波前后的气流是两种不同熵值的定熵流动。显然,随着背压的继续下降,出现正激波的截面向出口方向移动,当 $p_B < p_{B5}$ 时不再出现正激波。可见,在出现正激波的背压范围($p_{B3} > p_B \geqslant p_{B5}$)内,缩放管的内部是不可逆的。

(2) 出现斜激波的背压范围(外部不可逆)。

如图 8-4 所示,当背压 p_{B6} 低于 p_{B5} 但大于 $p_{设计}$($p_{B5} > p_{B6} > p_{设计}$)时,在外界高压波(以声速传递)尚未传到出口截面之前,喷管内部的超声速气流已经充分地膨胀到设计压力($p_e = p_{设计}$),外部背压的继续降低已经对管内的流动状况没有影响了。但是,因为 $p_e = p_{设计} < p_{B6} < p_{B5}$,从喷管流出的超声速气流受 p_{B6} 高压波的阻挠会产生一种不规则的斜激波(气流受压缩),所以气流在管外有不可逆性损失。

    在出现斜激波的背压范围($p_{B5} > p_B > p_{设计}$)内,喷管外部显然有不可逆性损失,但管内流动已不受背压影响,还是全程可逆的定熵流动,符合拉瓦尔喷管的流动规律。

    (3) 出现膨胀波的背压范围(外部不可逆)。

    如图 8-4 所示,当背压 p_{B7} 低于设计压力 $p_{设计}$ 时并不会影响喷管内部流动情况,但是,由于出口压力高于背压,即 $p_e > p_{B7}$,因此,当气流从喷管流出后会发生突然的不规则膨胀,膨胀波的产生是一种外部不可逆性损失。所以,在 $p_B < p_{设计}$ 的背压范围内,拉瓦尔喷管内部总是可逆的定熵流,但管外会产生不规则的膨胀波,外部是不可逆的。

3. 结论

    综上所述,对于定熵流动可以得出以下的结论。

    (1) 渐缩喷管不可能产生超声速气流,若要获得 $Ma > 1$ 的气流,必须采用缩放喷管。

    (2) 对于渐缩喷管,当 $p_B > p_c$ 时,有

$$p_e = p_B > p_c, \quad Ma_e = \frac{c_e}{a_e} < 1$$

$$T_e > T_c, \quad m_e < m_c = m_{max}$$

当 $p_B \leqslant p_c$ 时,出口截面达到临界状态,出现定熵壅塞现象,有

$$p_e = p_c \geqslant p_B, \quad T_e = T_c, \quad c_e = c_c = \sqrt{kRT_c}$$

$$M_e = \frac{c_e}{a_e} = \frac{c_c}{a_c} = 1, \quad m_e = m_c = m_{max}$$

    (3) 在设计工况下工作的文特利管及拉瓦尔喷管全程满足定熵条件,可看作是内外均可逆的流动过程;在非设计工况下使用时,不同的使用条件会出现正激波、斜激波或膨胀波等不可逆损失,应当尽量避免。

    例 8-2   定熵指数为常数的理想气体,在喷管中经历一个稳定定熵流动。若已知滞止参数为 T^*、p^*,试证明面积为 A、压力为 p 的截面上,其流速及流量的计算公式为

$$c = \sqrt{2\frac{k}{k-1}RT^*\left[1-\left(\frac{p}{p^*}\right)^{\frac{k-1}{k}}\right]} \tag{8-28}$$

$$m = A\sqrt{2\frac{k}{k-1}\frac{p^*}{v^*}\left[\left(\frac{p}{p^*}\right)^{\frac{2}{k}}-\left(\frac{p}{p^*}\right)^{\frac{k+1}{k}}\right]} \tag{8-29}$$

    解   稳定定熵流动的能量方程为

$$h^* = h + \frac{c^2}{2}$$

利用定熵过程参数关系 $c_p = \frac{kR}{k-1}$ 可得出流速表达式,有

$$c = \sqrt{2(h^*-h)} = \sqrt{2c_p T^*\left(1-\frac{T}{T^*}\right)}$$

$$= \sqrt{2\frac{kR}{k-1}T^*\left[1-\left(\frac{p}{p^*}\right)^{\frac{k-1}{k}}\right]}$$

根据连续方程,任一截面上的流量可表示为

$$m = \frac{Ac}{v} = A\sqrt{\frac{1}{v^2}\frac{2k}{k-1}p^*v^*\left[1-\left(\frac{p}{p^*}\right)^{\frac{k-1}{k}}\right]}$$

$$= A\sqrt{\frac{2k}{k-1}\frac{p^*}{v^*}\left(\frac{v^*}{v}\right)^2\left[1-\left(\frac{p}{p^*}\right)^{\frac{k-1}{k}}\right]}$$

$$= A\sqrt{\frac{2k}{k-1}\frac{p^*}{v^*}\left[\left(\frac{p}{p^*}\right)^{\frac{2}{k}}-\left(\frac{p}{p^*}\right)^{\frac{k+1}{k}}\right]}$$

例8-3 定熵指数 k 为常数的理想气体在喷管中经历一个稳定定熵流动。若已知滞止参数为 T^*、p^*,最小截面积为 $A_{\min}$,试证明临界流速及最大流量的计算公式分别为

$$c_c = a_c = \sqrt{\frac{2k}{k+1}p^*v^*} \tag{8-30}$$

$$m_{\max} = A_{\min}\sqrt{\frac{2k}{k+1}\frac{p^*}{v^*}\left(\frac{2}{k+1}\right)^{\frac{2}{k-1}}} \tag{8-31}$$

解 根据临界状态及声速的概念,有

$$c_c = a_c = \sqrt{kRT_c}$$

$$= \sqrt{kRT^*\frac{T_c}{T^*}} = \sqrt{kRT^*\left(\frac{2}{k+1}\right)} \tag{8-32}$$

$$= \sqrt{\frac{2k}{k+1}RT^*} = \sqrt{\frac{2k}{k+1}p^*v^*}$$

由于定熵壅塞现象发生在最小截面处,讨论流量时只需考虑渐缩段就可以了。通过对喷管流动特性的分析,喷管中的流量变动范围在 $0 \sim m_{\max}$ 之间,最小截面上相应的压力变动范围在 $p^* \sim p_c$ 之间。不难理解,与最大流量相对应的最小截面上的状态就是临界状态。因此,最大流量可以表示为

$$\dot{m}_{\max} = \rho_c c_c A_{\min} = A_{\min}\sqrt{\frac{kRT_c}{v_c^2}}$$

$$= A_{\min}\sqrt{k\frac{p_c}{v_c}} = A_{\min}\sqrt{k\frac{p^*}{v^*}\frac{p_c}{p^*}\frac{v^*}{v_c}}$$

$$= A_{\min}\sqrt{k\frac{p^*}{v^*}\left(\frac{2}{k+1}\right)^{\frac{k}{k-1}}\left(\frac{2}{k+1}\right)^{\frac{1}{k-1}}}$$

$$= A_{\min}\sqrt{k\frac{p^*}{v^*}\frac{2}{k+1}\left(\frac{2}{k+1}\right)^{\frac{2}{k-1}}}$$

例8-4 试根据以上两例的计算公式,利用例8-2中给出的数据,计算缩放喷管的临界流速、出口流速及最大流量,并与查表法所得结果相比较。

解　(1) 用式(8-30)计算临界流速：

$$c_c = \sqrt{\frac{2k}{k+1}p^* v^*} = \sqrt{\frac{2.8}{2.4} \times 400 \times 103 \times 0.339\,5} = 398(\text{m/s})$$

(2) 用式(8-28)计算出口流速：

$$c_2 = \sqrt{\frac{2kR}{k-1}T^*\left[1-\left(\frac{p_2}{p^*}\right)^{\frac{k-1}{k}}\right]}$$

$$= \sqrt{\frac{2 \times 1.4 \times 287.1}{1.4-1} 473\left[1-\left(\frac{10.89}{400}\right)^{\frac{0.4}{1.4}}\right]} = 781.7(\text{m/s})$$

(3) 用式(8-29)计算出口截面上的流量：

$$\dot{m}_2 = A_2 \sqrt{\frac{2k}{k-1}\frac{p^*}{v^*}\left[\left(\frac{p_2}{p^*}\right)^{\frac{2}{k}}-\left(\frac{p_2}{p^*}\right)^{\frac{k+1}{k}}\right]}$$

$$= 0.021\,2 \sqrt{\frac{2 \times 1.4}{0.4}\frac{400 \times 103}{0.339\,5}\left[\left(\frac{10.89}{400}\right)^{\frac{2}{1.4}}-\left(\frac{10.89}{400}\right)^{\frac{2.4}{1.4}}\right]} = 3.72(\text{kg/s})$$

(4) 用式(8-31)计算最大流量：

$$\dot{m}_{max} = A_{min}\sqrt{\frac{p^*}{v^*}\frac{2k}{k+1}\left(\frac{2}{k+1}\right)^{\frac{2}{k-1}}}$$

$$= 0.005\sqrt{\frac{400 \times 103}{0.339\,5}\frac{2 \times 1.4}{1.4+1}\left(\frac{2}{1.4+1}\right)^{\frac{2}{0.4}}} = 3.72(\text{kg/s})$$

以上计算结果,与查表法所得的结果是一致的。

　　值得指出,当滞止参数及最小截面积一定时,最大流量的数值也就确定了,它与喷管中实际流动的情况无关。因此,式(8-31)仅代表喷管(渐缩或缩放)的最大通过能力(流量的最大值),只有在已经达到最大流量的工况下,式(8-31)与(8-29)的计算结果才会相等。如果尚未达到最大流量,两者是不等的,这时,式(8-31)并不代表实际工况。

　　提示　本书将流速、流量、临界流速及最大流量等计算公式都当作应用基本方程的一些例题来处理,而不是在正文中作为重要内容来介绍,目的就是要"淡化"这些公式,并强调理解和掌握基本方程以及喷管流动特性分析的重要性。这样做的理由包括以下几个方面：

　　① 在分析喷管流动特性的基础上,应用基本方程来解题是喷管热力计算的基本方法。这样物理意义明确、难点分散、数据齐全、不易出错。

　　② 直接应用公式,难点集中、丢失数据,不利于对问题的分析;而且公式太长,物理意义不明确,很难记住。

　　③ 这些公式只适用于定熵流动,而且只有在知道公式中所有确实数值的前提下才可应用,否则,往往出错。

　　④ 应当具备推导并应用公式的能力,但不必去死记硬背,更不要随意应用这些公式。

　　例8-5　有一渐缩喷管,其出口截面积为 $20\ \text{cm}^2$。已知喷管入口处空气的状态及流

速分别为 $p_1 = 500\,\text{kPa}$，$T_1 = 500\,\text{K}$，$c_1 = 30\,\text{m/s}$；喷管出口处的背压 p_B 为 $280\,\text{kPa}$。假定是定熵流动，试求：

(1) 喷管出口处的状态及流速；

(2) 质量流率。（空气参数：$k = 1.4$，$c_p = 1.004\,\text{kJ/(kg·K)}$）

解 （1）首先确定滞止状态，根据式（8-15），有

$$T^* = T_1 + \frac{c_1^2}{2c_p} = 500 + \frac{30^2}{2 \times 1\,004} = 500.45\,(\text{K})$$

利用定熵过程的参数关系，则

$$p^* = p_1\left(\frac{T^*}{T_1}\right)^{\frac{k}{k-1}} = 500\left(\frac{500.45}{500}\right)^{\frac{1.4}{0.4}} = 501.58\,(\text{kPa})$$

(2) 根据背压确定出口压力。

根据临界压力比的表达式（8-22）可求出临界压力 p_{cr}，有

$$p_c = p^*\left(\frac{2}{k+1}\right)^{\frac{k}{k-1}} = 0.528p^* = 264.83\,(\text{kPa})$$

实际背压 $p_B = 280\,\text{kPa}$，$p_B > p_c$，因此有

$$p_2 = p_B > p_c, \quad p_2 = p_B = 280\,\text{kPa}$$

显然，空气在出口截面尚未达到临界状态。

(3) 确定出口截面的状态及流速。

根据定熵参数关系，求出出口温度 T_2，有

$$T_2 = T^*\left(\frac{p_2}{p^*}\right)^{\frac{k-1}{k}} = 500.45\left(\frac{280}{501.58}\right)^{\frac{0.4}{1.4}} = 423.67\,(\text{K})$$

出口截面上的流速为

$$c_2 = \sqrt{2c_p(T^* - T_2)} = \sqrt{2 \times 1\,004(500.45 - 423.67)} = 392.66\,(\text{m/s})$$

出口截面上的声速及马赫数分别为

$$a_2 = \sqrt{kRT_2} = \sqrt{1.4 \times 287.1 \times 423.67} = 412.66\,(\text{m/s})$$

$$Ma_2 = \frac{c_2}{a_2} = \frac{392.66}{412.66} = 0.95 < 1$$

(4) 计算流量。

$$v_2 = \frac{RT_2}{p_2} = \frac{0.287\,1 \times 423.67}{280} = 0.434\,4\,(\text{m}^3/\text{kg})$$

$$\dot{m}_2 = \frac{c_2 A}{v_2} = \frac{392.66 \times 0.002}{0.434\,4} = 1.808\,(\text{kg/s})$$

提示 本例中 $c_1 = 30\,\text{m/s}$，与出口流速相比可以忽略不计。如果把入口状态看作是滞止

状态,即 $T_1 = T_1^* = 500\,\text{K}$, $p_1 = p_1^* = 500\,\text{kPa}$,其计算结果误差很小。读者可以试算一下。

例 8-6　空气进入拉瓦尔喷管的压力为 0.4 MPa,温度为 650 K,入口流速可忽略不计。若 $p_B = p_{设计} = 0.1\,\text{MPa}$,喉部截面积为 $6\,\text{cm}^2$。试求:

(1) 喉部的状态及流速;

(2) 出口截面上的流速及流量;

(3) 出口截面积。

解　(1) 喷管工况分析。

入口流速可忽略不计,入口状态为滞止状态。喷管在设计工况下工作,全程满足稳定定熵流动条件,且有 $p_2 = p_B = p_{设计} = 0.1\,\text{MPa}$,喉部截面达到临界状态,流量为最大流量。

(2) 喉部截面上的状态及流速。

因为最小截面上已经达到临界状态,所以有

$$Ma_c = 1,\quad \beta_c = \left(\frac{2}{k+1}\right)^{\frac{k}{k-1}} = 0.528$$

$$p_c = \beta_c p_1^* = 0.528 \times 400 = 211.2\,(\text{kPa})$$

$$Y_c = T_1^* \left(\frac{p_c}{p_1^*}\right)^{\frac{k-1}{k}} = 650\left(\frac{211.2}{400}\right)^{\frac{0.4}{1.4}} = 541.6\,(\text{K})$$

$$v_c = \frac{RT_c}{R_c} = \frac{0.287\,1 \times 541.6}{211.2} = 0.736\,(\text{m}^3/\text{kg})$$

$$c_c = a_c = \sqrt{kRT_c} = \sqrt{1.4 \times 287.1 \times 541.6} = 466.57\,(\text{m/s})$$

根据连续方程,有

$$\dot{m}_2 = \dot{m}_{\max} = \dot{m}_c = \frac{c_c A_{\min}}{v_c} = \frac{466.57 \times 6 \times 10^{-4}}{0.736} = 0.38\,(\text{kg/s})$$

(3) 出口截面上的状态、流速及截面积。

根据定熵流动过程的参数关系,有

$$T_2 = T^* \left(\frac{p_2}{p^*}\right)^{\frac{k-1}{k}} = 650\left(\frac{0.1}{0.4}\right)^{\frac{0.4}{1.4}} = 437.4\,(\text{K})$$

$$c_2 = \sqrt{2c_p(T^* - T_2)} = \sqrt{2 \times 1\,004(650 - 437.4)} = 653.4\,(\text{m/s})$$

$$a_2 = \sqrt{kRT_2} = \sqrt{1.4 \times 287.1 \times 437.4} = 419.3\,(\text{m/s})$$

$$Ma_2 = \frac{c_2}{a_2} = \frac{653.4}{419.3} = 1.56 > 1$$

$$v_2 = \frac{RT_2}{p_2} = \frac{0.287\,1 \times 437.4}{100} = 1.225\,(\text{m}^3/\text{kg})$$

根据连续方程,可算出出口截面积,有

$$A_2 = \frac{\dot{m}_2 v_2}{c_2} = \frac{0.38 \times 1.225}{653.4} = 0.000\,73\,(\text{m})^2 = 7.3\,(\text{cm})^2$$

8.3　喷管的热力计算

前面在不考虑摩擦的理想情况下,建立了具有普遍意义的定熵流动基本关系式,并利用这些关系式解决了喷管定熵流动的热力计算问题。实际上,气体在喷管中流动时,摩擦等不可逆因素总是不可避免的。即使在设计工况下工作(本书不讨论非正常工况下的喷管计算问题),喷管中实际流动过程也是不可逆的,并不是定熵流动。为了考虑摩擦等不可逆因素对流动的影响,定量地计算实际流动与定熵流动的偏离程度,本节要介绍速度系数与喷管效率这两个基本概念。定熵流动的基本方程是喷管热力计算的理论基础,喷管效率(或速度系数)的概念则是理论联系实际的重要纽带,它们都是喷管热力计算中不可缺少的重要工具。

8.3.1　速度系数与喷管效率

将气体在相同的初态、初速以及出口压力下流过喷管时的实际出口流速 c_2 与定熵流动的出口流速 c_{2_s} 的比值定义为喷管的速度系数,用 ϕ 表示。同时,在相同的条件下,可以将喷管出口的实际流动动能与定熵流动的出口动能的比值定义为喷管效率,用 η_N 表示。它们的定义表达式分别为

$$\phi = \frac{c_2}{c_{2_s}} \tag{8-33}$$

$$\eta_N = \frac{c_2^2/2}{c_{2_s}^2/2} = \frac{c_2^2}{c_{2_s}^2} = \phi^2 \tag{8-34}$$

式(8-34)说明喷管效率等于速度系数的平方,两者是一一对应的,而不是互相独立的。在喷管的使用条件下,c_2 可由实验测定,而 c_{2_s} 则可根据定熵流动的基本公式求得,因此,喷管的速度系数是可以确定的。经验表明,ϕ 的数值在 $0.92\sim0.98$ 之间。ϕ 值总小于1,这个结论可以用热力学基本定律来证明。

在设计喷管时,为了达到预期的喷管出口流速 c_2,可以先凭经验选取一个适当的 ϕ 值,并按 ϕ 的定义求出 c_{2_s},然后再将 c_{2_s} 的数值作为定熵流动设计计算的依据。

8.3.2　实际流动过程的熵产及㶲损

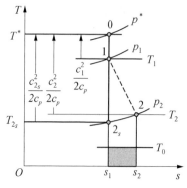

图8-5上 1—2_s 代表定熵流动过程,1—2 代表不可逆的实际流动过程(用虚线表示),它们具有相同的初态(T_1, p_1)、初速(c_1)和出口压力(p_2)。显然,这两个过程具有相同的初始条件,说明它们具有相同的滞止状态,图中的 O 点就代表这个滞止状态(T^*, p^*)。从态1、态2及态 2_s 到滞止温度线的垂直距离分别为 $c_1^2/2c_p$、$c_2^2/2c_p$ 及 $c_{2_s}^2/2c_p$,分别代表它们流速。

图8-5　实际流动过程的熵产及㶲损

气体在喷管中稳定地绝热流动时,不论可逆或不可逆,热力学第一定律的普遍表达式可简化成 $(\Delta E)_M =$

0，即

$$h^* = h_1 + \frac{c_1^2}{2} = h_2 + \frac{c_2^2}{2} = h_{2_s} + \frac{c_{2_s}^2}{2} \qquad (8-35)$$

过程 1—2 与 1—2_s 的工况符合喷管效率的前提条件，所以将能量方程(8-35)的关系代入喷管效率的定义表达式，可以得出

$$\eta_N = \frac{c_2^2/2}{c_{2_s}^2/2} = \frac{h^* - h_2}{h^* - h_{2_s}} = \frac{T^* - T_2}{T^* - T_{2_s}} \qquad (8-36)$$

式(8-36)是喷管实际流动过程的重要计算公式。

根据热力学第二定律的熵方程：

$$\Delta s = (\Delta s)_Q + (\Delta s)_W + (\Delta s)_M + s_{Pin}$$

对于喷管中的稳定绝热流动，显然有

$$\Delta s = 0, \quad (\Delta s)_Q = 0, \quad (\Delta s)_W = 0$$

因此有

$$s_{Pin} = -(\Delta s)_M = s_e - s_i = c_p \ln \frac{T_e}{T_i} - R \ln \frac{p_e}{p_i} \geqslant 0 \qquad (8-37)$$

式(8-37)可写成

$$c_p \ln \frac{T_e}{T_i} \geqslant R \ln \frac{p_e}{p_i} \qquad (8-38)$$

式中"等于号"用于定熵流动过程；"大于号"用于实际流动过程。因为不论流动过程可逆与否，喷管进出口的压力比值总是相同的。因此，式(8-38)可进一步写成

$$c_p \ln \frac{T_e}{T_i} > R \ln \frac{p_e}{p_i} = c_p \ln \frac{p_{2_s}}{p_i} \qquad (8-39)$$

由式(8-39)可以得出 $T_2 > T_{2_s}$，说明在相同的初态、初速以及出口压力的条件下，实际流动的出口温度必定大于定熵流动的出口温度。这也说明，实际流动的出口焓值必定大于定熵流动的出口焓值，即

$$T_2 > T_{2_s}, \quad h_2 > h_{2_s} \qquad (8-40)$$

将式(8-40)代入能量方程(8-35)，可进一步得出

$$\frac{c_2^2}{2} < \frac{c_{2_s}^2}{2}, \quad \phi = \frac{c_2}{c_{2_s}} < 1, \quad \eta_N = \phi^2 < 1 \qquad (8-41)$$

式(8-41)与实验测定的结论是一致的。

实际上，当气流在喷管内流动时，由于气流内部以及气流与管壁之间存在摩擦，总有一部分动能在克服摩擦阻力的过程中转化成热能。因为喷管是绝热的，由动能转化成的热能又全部被气流吸收。所以在有摩擦的实际流动过程中，出口的动能有所下降，而出口温度

(焓值)却升高了,总的能量仍保持不变。从能质的观点来看,动能的减小转化成焓值的提高是能质下降的过程。这种转化过程的熵产就体现在出口熵值的增大上,即

$$s_{\text{Pin}} = s_2 - s_1 = s_2 - s_{2_s} > 0$$

如果周围环境为 T_0,则这种转化过程的㶲损可表示为

$$i_{\text{in}} = T_0 s_{\text{Pin}} = T_0(s_2 - s_{2_s}) > 0$$

图 8-5 上剖面线所示的面积就代表实际流动过程中的㶲损。

例 8-7　已知空气流入渐缩喷管时的状态及流速分别为 $p_1 = 500\ \text{kPa}$、$T_1 = 500\ \text{K}$、$c_1 = 30\ \text{m/s}$,假定喷管的速度系数为 $\phi = 0.96$,试计算在下列背压条件下,喷管出口截面上的流速、马赫数及流动过程的熵产:

(1) 背压等于定熵流动的临界压力;

(2) 背压 p_{B2} 为 240 kPa(见图 8-6)。

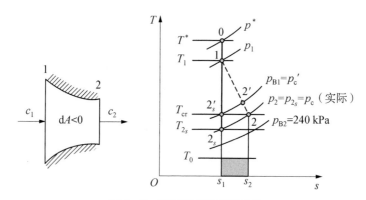

图 8-6　渐缩喷管的实际流动

解　(1) 背压等于定熵流动的临界压力。

首先确定定熵流动的滞止状态及临界状态,根据例 8-6 的计算结果,有

$$T^* = 500.45\ \text{K}, \quad p^* = 501.58\ \text{kPa}$$

$$K = 1.4, \quad \beta_{\text{c}} = \frac{p_{\text{c}}}{p^*} = 0.528$$

$$p_{\text{c}} = \beta_{\text{c}} p^* = 264.83\ \text{kPa}$$

$$T_{\text{c}} = T^* \beta_{\text{c}}^{\frac{k-1}{k}} = 417\ \text{K}$$

当 $p_{\text{B}} = p_{\text{c}}$ 时,喷管出口压力也等于背压,但由于摩擦等不可逆因素,实际的出口温度必定高于定熵流动的出口温度,即

$$p_2 = p_{\text{B}} = p_{\text{c}} = 264.83\ \text{kPa}, \quad T_2 > T_{\text{c}} = 417\ \text{K}$$

实际出口温度可由喷管效率的公式来计算,即

$$T_2 = T^* - \eta_{\text{N}}(T^* - T_{\text{c}})$$
$$= 500.45 - 0.96^2(500.45 - 417) = 423.68(\text{K})$$

出口截面上的实际流速及马赫数为

$$c_2 = \sqrt{2c_p(T^* - T_2)} = \sqrt{2 \times 1\,004 \times (500.45 - 423.68)} = 392.62(\text{m/s})$$

$$a_2 = \sqrt{kRT_2} = \sqrt{1.4 \times 287 \times 423.68} = 412.67(\text{m/s})$$

$$Ma_2 = \frac{c_2}{a_2} = \frac{392.62}{412.67} = 0.95$$

对于喷管中稳定绝热流动的气流，熵方程可以简化成

$$s_{\text{Pin}} = -(\Delta s)_M = s_e - s_i \geqslant 0$$

在 $\eta_N = 0.962$ 的条件下，实际流动过程的熵产为

$$s_{\text{Pin}} = c_p \ln \frac{T_2}{T_1} - R \ln \frac{p_2}{p_1}$$

$$= 1.004 \ln \frac{423.68}{500} - 0.287 \ln \frac{264.83}{500} = 0.016 [\text{kJ/(kg} \cdot \text{K)}]$$

（2）背压 p_{B2} 为 240 kPa。

如前所述，当渐缩喷管出口截面积上的流速达到当地声速时会发生壅塞现象。如果背压继续降低，就不再影响喷管内的流动状况了。当背压足够低时，喷管出口截面上的流速总能达到声速，最小截面上的温度总能达到临界温度。但出口截面上的压力在达到声速之后是不会随背压下降而继续下降的。喷管出口压力能否下降到如题所示的背压（$p_{B2} = 240$ kPa）呢？要做出正确的判断首先应当求出达到声速时的实际出口压力，这个压力称为实际临界压力。

若以 T_2' 代表出口截面上流速达到声速时的出口温度，这样就可以根据流速公式及声速定义将出口温度求出来，即

$$c_2' = \sqrt{2c_p(T^* - T_2')} = a_2' = \sqrt{kRT_2'}$$

可以得出

$$T_2' = T^* \left(\frac{2}{k+1} \right) = 417 \text{ K} = T_c$$

上式说明，当滞止状态一定时，达到声速时的出口温度是完全确定的，而且等于定熵流动的临界温度。因此可以断定，达到声速时出口截面上的实际状态必定落在临界温度 T_c 的定温线上。这个状态可根据喷管效率的概念来确定。

根据喷管效率的计算公式，有

$$\eta_N = \frac{h^* - h_2'}{h^* - h_{2_s}'} = \frac{T^* - T_2'}{T^* - T_{2_s}'}$$

由上式可以计算出（但实际上不能达到）相应的定熵终温 T_{2_s}'，有

$$T_{2_s}' = T^* - \frac{T^* - T_2'}{\eta_N} = 500.45 - \frac{500.45 - 417}{0.92} = 409.74(\text{K})$$

应用定熵过程的参数关系，可以求出实际流动的临界压力，有

$$p'_{2_s} = p^* \left(\frac{T'_{2_s}}{T^*}\right)^{\frac{k}{k-1}} = 501.58\left(\frac{409.74}{500.45}\right)^{\frac{1.4}{0.4}} = 249.1(\text{kPa})$$

根据喷管效率的前提条件，显然有

$$p'_2 = p'_{2_s} = 249.1\ \text{kPa} > p_{\text{B2}} = 240\ \text{kPa}$$

可见，当背压为 249.1 kPa 时，实际出口流速已经达到当地声速，因此在 $p_{\text{B2}} = 240\ \text{kPa}$ 时，喷管的实际出口压力仍为 249.1 kPa，这个实际临界压力是在 $\eta_{\text{N}} = 0.92$ 的条件下出口截面能达到的最低压力。

出口截面的实际流速及马赫数为

$$c'_2 = a'_2 = \sqrt{kRT'_2} = \sqrt{kRT_\text{c}} = \sqrt{1.4 \times 287.1 \times 417} = 409.4(\text{m/s})$$
$$Ma'_2 = 1$$

实际流动过程（$\eta_{\text{N}} = 0.92$，$p_{\text{B2}} = 240\ \text{kPa}$）的熵产为

$$s_{\text{Pin}} = -(\Delta s)_M = s_\text{e} - s_\text{i} = c_p \ln\frac{T'_2}{T_1} - R\ln\frac{p'_2}{p_1}$$

$$= 1.004\ln\frac{417}{500} - 0.287\ 1\ln\frac{249.1}{500} = 0.017\ 8[\text{kJ}/(\text{kg} \cdot \text{K})]$$

提示　① 当滞止状态及气体种类一定时，最小截面上达到声速时的温度是完全确定的。不论可逆与否，只要达到临界温度，就会产生壅塞现象。

② 最小截面上达到定熵临界压力时，实际上不会产生壅塞现象的，定熵壅塞仅仅是一种纯理想化的工况。实际流动过程中，当 $p_2 = p_\text{c}$ 时，$Ma_2 < 1$，尚未达到声速，即实际出口压力还可以随背压下降而降低。当 $T'_2 = T_\text{c}$ 时，实际流速才达到声速，这时的出口压力 p'_2 必定低于定熵临界压力，$p'_2 < p_\text{c}$。对于一定的 η_{N} 来说，实际临界压力 p'_2 才是最低的出口压力，也是真正产生壅塞现象的实际压力。

③ 是否出现壅塞现象的判据是临界温度比或临界温度，而不是定熵临界压力比或定熵临界压力。

8.4　水蒸气的流动

任何一个可能实现的热力过程必须同时遵循客观规律及工质的客观属性。热力学的基本定律、热力过程的性质以及具有普遍意义的基本概念及定义都与工质的性质无关。但是，各种不同的工质都具有不同的、可区别于其他工质的客观属性。当基本定律、基本概念及定义应用于不同的工质时，必须注意工质的特殊属性加以区别。

前面在讨论气体流动时所应用的基本定律、基本概念及定义对水蒸气的流动都是同样适用的，但是有关理想气体的性质及其相应的结论就不能硬搬到水蒸气的流动中来。对于本节所讨论的内容，只要掌握水蒸气的热力性质，其他问题就迎刃而解了。

在前面几节分析的基础上,现将适合水蒸气流动的基本计算公式罗列如下。

(1) 能量方程及流速公式。

$$h^* = h + \frac{c^2}{2}, \quad c = \sqrt{2(h^* - h)}, \quad c_c = \sqrt{2(h^* - h_c)}$$

(2) 临界压力比、声速公式及马赫数。

蒸汽流动的热力计算可以借用理想气体定熵流动的公式形式,其中 k 值为经验数据, $k \neq \dfrac{c_p}{c_v}$,它失去了原有的物理意义。对于过热蒸气 ($k = 1.30$) 有

$$\frac{p_c}{p^*} = \left(\frac{2}{k+1}\right)^{\frac{k}{k-1}} = 0.546 \tag{8-42}$$

对于干饱和蒸汽 ($k = 1.135$) 有

$$\frac{p_c}{p^*} = \left(\frac{2}{k+1}\right)^{\frac{k}{k-1}} = 0.577 \tag{8-43}$$

水蒸气的声速公式为

$$a = \sqrt{kpv} \tag{8-44}$$

式中的 k 值分别用过热蒸汽(1.30)及干饱和蒸汽(1.135)的值代入即可。相应截面上的马赫数可表示为

$$Ma = \frac{c}{a} = \sqrt{\frac{2(h^* - h)}{kpv}} \tag{8-45}$$

(3) 连续方程及流量公式。

$$\dot{m} = \frac{cA}{v} = 定值, \quad \dot{m}_{max} = \frac{c_{cr} A_{min}}{v_{cr}}$$

(4) 喷管效率及速度系数。

$$\eta_N = \frac{h^* - h_2}{h^* - h_{2_s}} = \phi^2$$

(5) 熵产及㶲损

$$s_{Pin} = -(\Delta s)_M = s_e - s_i \geqslant 0$$
$$i_{in} = T_0 s_{Pin} \geqslant 0$$

实际上,以上计算公式都是物理意义非常明确的基本公式,既适用于水蒸气,也适用于理想气体。对于理想气体,除了 k 值不同外,还可利用理想气体的性质,例如:

$$pv = RT, \quad pv^k = 定值$$
$$h^* - h = c_p(T^* - T), \quad c_p = \frac{kR}{k-1}$$

$$\eta_N = \frac{T^* - T_2}{T^* - T_{2_s}} = \phi^2$$

对于水蒸气则必须借助水蒸气表或 $h-s$ 图来确定进出口的状态参数。

例 8-8 已知 $p_1 = 3\,\text{MPa}$、$t_1 = 500\,℃$ 的过热蒸汽经节流阀将压力调节到 $2\,\text{MPa}$,然后再进入喷管。如果初速可以忽略不计,背压 p_B 为 $1\,\text{MPa}$,试问此喷管应为何种喷管?假定喷管的速度系数 $\phi = 0.93$,试计算喷管出口的实际流速、马赫数以及熵产的数值,并将整个过程表示在 $h-s$ 图上。

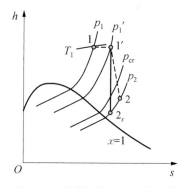

图 8-7　水蒸气流动过程的计算

解 (1)节流过程 1—1′。

态 1:$p_1 = 3\,\text{MPa}$,$t_1 = 500\,℃$,由 $h-s$ 图得

$$h_1 = 3\,455\,\text{kJ/kg}, \quad s_1 = 7.23\,\text{kJ/(kg·K)}$$

态 1′:节流前后焓值不变,有 $h_1' = h_1 = 3\,455\,\text{kJ/kg}$;
已知节流后压力 $p_1' = 2\,\text{MPa}$,由 $h-s$ 图查得

$$s_1' = 7.42\,\text{kJ/(kg·K)},$$

初速忽略不计,因此有

$$h^* = h_1' = 3\,455\,\text{kJ/kg}$$
$$s^* = s_1' = 7.42\,\text{kJ/(kg·K)}$$

(2)定熵流动过程 1′—2_s。

态 2_s:　　　　　$s_{2_s} = s_1' = s^* = 7.42$,　$p_{2_s} = 1\,\text{MPa}$
由 $h-s$ 图查得

$$h_{2_s} = 3\,230\,\text{kJ/kg}$$

(3)实际流动过程 1—2。

态 2:根据喷管效率公式,确定终态 2

$$\eta_N = \frac{h^* - h_2}{h^* - h_{2_s}} = \phi^2$$
$$h_2 = h^* - \eta_N(h^* - h_{2_s})$$
$$= 3\,345 - 0.932(3\,345 - 3\,230) = 3\,260.4(\text{kJ/kg})$$
$$p_2 = p_{2_s} = 1\,\text{MPa}$$

根据 h_2 及 p_2,由 $h-s$ 图查得

$$s_2 = 7.46\,\text{kJ/(kg·K)}, \quad v_2 = 0.30\,\text{m}^3/\text{kg}$$

应用流速及声速的计算公式,可求出

$$c_2 = \sqrt{2(h^* - h_2)} = \sqrt{2 \times (3\,455 - 3\,260.4) \times 10^3} = 623.86(\text{m/s})$$

$$a_2 = \sqrt{kp_2 v_2} = \sqrt{1.30 \times 1 \times 10^6 \times 0.3} = 624.5 (\text{m/s})$$

$$Ma_2 = \frac{c_2}{a_2} = \frac{623.86}{624.5} = 0.999$$

（4）选择喷管形式。

根据经验数据，过热蒸汽的 k 值为 1.30，有

$$\beta_c = \frac{p_c}{p^*} = \left(\frac{2}{k+1}\right)^{\frac{k}{k-1}} = 0.546$$

$$p_c = p^* \beta_c = 0.546 \times 2 = 1.092 (\text{MPa})$$

计算结果表明，当 $p_2 = p_B = 1\,\text{MPa} < p_c$ 时，喷管出口的实际流速仍未达到声速，可以采用渐缩喷管。最小截面上是否发生壅塞现象取决于流速是否达到声速，而不取决于是否达到定熵临界压力。实际上 2_s 这一点的状态是达不到的，而低于定熵临界压力的状态却是可以达到的。

（5）熵产的计算。

节流过程的熵产：

$$s_{\text{Pin1}} = -(\Delta s)_M = s_1' - s_1$$
$$= 7.42 - 7.23 = 0.19 [\text{kJ/(kg · K)}]$$

渐缩喷管中的熵产：

$$s_{\text{Pin2}} = -(\Delta s)_M = s_2 - s_1'$$
$$= 7.46 - 7.42 = 0.04 [\text{kJ/(kg · K)}]$$

可见，绝热节流的㶲损远大于绝热流动的㶲损，总的熵产为

$$s_{\text{Pin1}} + s_{\text{Pin2}} = 0.19 + 0.04 = 0.23 [\text{kJ/(kg · K)}]$$

 思考题

1. 流动过程中摩擦是不可避免的，研究定熵流动有何实际意义和理论价值。
2. 定熵流动应当满足哪些假定条件，必须遵循哪些基本方程？
3. 喷管及扩压管的基本特征是什么？
4. 在变截面管道的定熵流动中，判断 $\dfrac{\mathrm{d}v}{v}$ 与 $\dfrac{\mathrm{d}c}{c}$ 究竟是哪个大的决定因素是什么？
5. 滞止状态与临界状态各有什么特征？滞止截面与临界截面出现在何处？
6. 影响声速的因素是什么？声速只出现在喷管的最小截面上，这句话对吗？
7. 何谓定熵流动的壅塞现象？影响流量大小的因素是什么？
8. 引出流速系数及喷管效率的定义有何实用价值？
9. 临界温度与临界压力是气流在渐缩喷管中定熵流动时可能达到的最低温度及最低压力。在背压足够低的实际流动过程中，出口温度仍不能低于临界温度，但出口的实际压力却可以低于定熵流动的临界压力，这是为什么（参考例 8-8）？

10. 气流在渐缩喷管中定熵流动,如果初压、背压及喷管尺寸均无变化,只是提高初温,试问喷管出口流速及流量有何变化,为什么?

11. 对于理想气体及水蒸气,在分析计算它们的流动问题时,有无异同之处?

习 题

8-1 已知 $p=0.1\,\mathrm{MPa}$,$T=15℃$ 的空气以 $50\,\mathrm{m/s}$ 的速度进入直径为 $0.3\,\mathrm{m}$ 的管道,试求在管道中空气的质量流率是多少?

8-2 有一热力管网输送压力为 $1\,\mathrm{MPa}$,温度为 $300℃$ 的水蒸气。如果流速允许在 $40\sim50\,\mathrm{m/s}$ 的范围内变动,试确定:

(1) 当流量不超过 $4\,\mathrm{kg/s}$ 时管道的直径;

(2) 当流量不低于 $4\,\mathrm{kg/s}$ 时管道的直径。

8-3 空气以 $120\,\mathrm{m/s}$ 的速度在管道内流动,现用水银温度计测量空气的温度。若温度计的读数为 $80℃$,求空气的实际温度。

8-4 $6\,000\,\mathrm{m}$ 高空的空气压力为 $40\,\mathrm{kPa}$,温度为 $-22℃$,一架喷气式飞机以 $2\,000\,\mathrm{km/h}$ 的速度飞行。试求:

(1) 空气相对于飞机的流动速度及马赫数;

(2) 飞机迎风表面上的滞止温度。

8-5 空气在一渐缩喷管中定熵流动,如果已知其中某一截面处的参数为

$$p=343\,\mathrm{kPa}, \quad T=540℃, \quad c=180\,\mathrm{m/s}, \quad A=0.003\,\mathrm{m}^2$$

试求:(1) 滞止温度及滞止压力;

(2) 该截面上的声速及马赫数;

(3) 临界截面上的压力、温度、流速及截面积。

8-6 压力为 $980.7\,\mathrm{kPa}$、温度为 $30℃$ 的空气经绝热节流后压力降低到 $868.5\,\mathrm{kPa}$。试求:

(1) 节流前后温度及热力学能的变化;

(2) 节流前后比容的变化;

(3) 节流过程的熵产。

8-7 过热蒸汽由初态 $10\,\mathrm{MPa}$、$320℃$ 经绝热节流后压力降低到 $3\,\mathrm{MPa}$,试求终态时的状态参数及节流过程的熵产。

8-8 空气在喷管中做定熵流动,已知:

$$p_1=0.5\,\mathrm{MPa}, \quad T_1=500℃, \quad c_1=111.5\,\mathrm{m/s}$$
$$p_2=0.1\,\mathrm{MPa}, \quad \dot{m}=1.5\,\mathrm{kg/s}$$

试求:(1) 滞止参数、临界参数和临界流速;

(2) 出口的状态参数及流速;

(3) 进出口及喉部的截面积;

(4) 进出口截面上的马赫数,将喷管内的流动情况表示在 $T\text{-}s$ 图上。

8-9　试用气体动力函数表来解上题,并将计算结果与上题做比较。

8-10　由节流阀、喷管及汽轮机所组成的热力系统如图习题 8-10 所示。已知：

$$p_1 = 5\,\text{MPa}, \quad T_1 = 450\text{℃};$$

$$p_2 = 4\,\text{MPa}, \quad p_3 = 1\,\text{MPa}, \quad p_4 = 0.1\,\text{MPa}$$

假定整个系统是绝热的,$c_2 \ll c_3$,$c_3 \gg c_4$,而且蒸汽在喷管及汽轮机中的流动过程都是可逆的,试求：(1) 各点上蒸汽的状态参数；

(2) 喷管出口处的流速 c_3；

(3) 汽轮机输出的轴功 w_s。

8-11　如果上题中喷管的绝热效率为 0.94,汽轮机的绝热效率为 0.95,其他条件不变,试求：(1) 喷管出口处蒸汽的实际状态及流速；

(2) 汽轮机出口处蒸汽的实际状态及输出的轴功；

(3) 蒸汽在流经各个设备的过程中熵产各为多少? 并在 T-s 图上把实际过程表示出来。

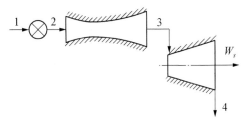

图习题 8-10、8-11 及 8-12

8-12　如果汽轮机的输出功率为 8 000 kW,试求：

(1) 出口截面上的比容及直径；

(2) 临界参数及临界截面的直径。

第9章 压气机及气轮机

压气机是用来压缩气体的耗功设备;而气轮机则是利用气体膨胀来做功的设备,它们在各工业部门中广泛应用。例如,在燃气轮机装置、喷气式发动机、废气涡轮增压发动机中,压气机及气轮机都是重要的组成部分。它们还在不同的场合下独立应用,例如,小型发电设备中的涡轮、制冷装置中的压气机、燃烧设备中的鼓风机、空气调节设备中的通风机以及为提供生产过程用气和各种风动工具用气而设置的压缩空气站等。

压气机的用途很广,由于使用场合及工作压力范围的不同,压气机在结构形式及工作原理上也有很大差别。按结构形式来分,主要有往复活塞式及回转式。按工作原理分,大致有以下两种。如图9-1所示的活塞式(a)及转子式(b)压气机,它们借助输入的功率带动活塞及转子,通过活塞及转子的运动直接改变气体的体积来实现对气体的压缩。又如,径向的离心式压气机(c)及轴向的轴流式压气机(d),它们借助输入的功率带动转轴,利用高速旋转的叶轮推动气体,然后再利用叶片之间空间形成的变截面通道(起扩压管的作用)使高速气流降速增压,实现对气体的压缩。

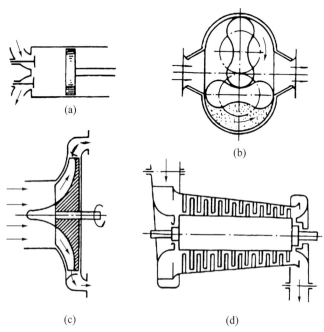

(a)

(b)

(c)

(d)

图9-1 压气机工作原理示意图

(a)活塞式;(b)转子式;(c)径向离心式;(d)轴向轴流式。

气轮机的结构形式都是回转式的,无论是径向的或是轴向的,都是先使高温高压的气流通过变截面通道(起喷管的作用),气流压力下降、流速增大,然后再利用高速气流推动叶轮输出功率。

本章主要讨论压气机及气轮机的整体热力特性,即讨论气体在压缩及膨胀过程中能量转换的规律及状态变化的特点,并建立各种基本关系式。关于压气机及气轮机的具体结构细节和内部工作机理等问题都是有关专业课程的任务。本章除了讨论对整体热力特性有明显影响的结构因素外,其他都不予讨论。

9.1 回转式的压气机及气轮机

9.1.1 回转式轮机的理想过程

1. 理想化条件及热力学模型

从热力学观点来看,回转式的压气机及气轮机在整体的热力特性上有许多相似之处,根据它们的实际工作情况,可采用下列假定条件把它们近似地、合理地看作是可逆的理想过程。

1)稳定工况下的开口系统

回转式轮机除了短暂的起动、停车及改变负荷等工况外,都在稳定连续的情况下工作,满足稳态稳流(SSSF)的条件。

2)工质为理想气体

一般情况下,流经回转式轮机的工质都可当作理想气体来处理。对于非理想气体,可以在对理想气体的分析结论的基础上,根据它与理想气体的偏离程度来加以修正。

3)假定过程是绝热的和可逆的

回转式压气机的转速高、流量大,工质被连续压缩,压缩压力不高,温升也不大,一般都不必采用冷却措施。压缩过程由于散热量相对较小,因此可以看作是绝热压缩。同理,回转式气轮机中的散热量与做功量相比,也可忽略不计,可以看作是绝热膨胀过程。

回转式轮机的实际工作过程都是不可逆的,为了建立比较实际工作过程完善程度的客观标准,可以暂且不考虑种种不可逆因素,假定工质在回转式轮机中的压缩及膨胀过程都是理想的完全可逆的过程。

4)动能、位能变化可忽略不计

回转式轮机进出口界面上的动能、位能变化与相应的焓值变化及轴功相比,都是比较小的,可以忽略不计。

图 9-2 中的(a)及(b)分别表示回转式压气机及气轮机的热力学模型图;1 和 2 及 a 和 b 分别表示通过压气机及气轮机进出口截面时质量流的状态;气体在压缩过程中体积减小,在膨胀过程中体积增大,因此,压气机的模型图是从大逐渐变小,而气轮机的模型图是从小逐渐变大;边界上的剖面线表示无热量交换;W_{12} 及 W_{ab} 分别表示压气机及气轮机的轴功,前者为负,后者为正。图 9-2 还同时给出了回转式轮机理想过程的 $p-v$ 图及 $T-s$ 图。

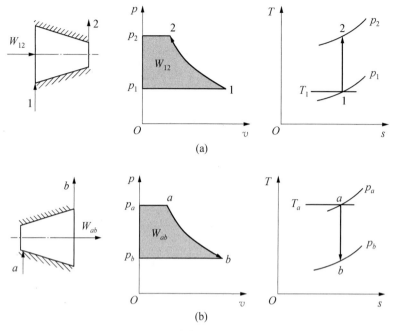

图 9-2　回转式轮机的理想过程

(a)压气机;(b)气轮机。

2. 理想过程的热力分析

1) 能量方程

根据热力学第一定律的普遍表达式

$$\Delta E = (\Delta E)_Q + (\Delta E)_W + (\Delta E)_M \tag{9-1}$$

对于理想化的回转式轮机,显然有

$$\Delta E = 0(\text{SSSF}), \quad (\Delta E)_Q = 0(\text{绝热})$$

$$(\Delta E)_W = -W_s, \quad (\Delta E)_M = E_{fi} - E_{fe} = H_i - H_e \quad (\Delta E_k = \Delta E_p = 0)$$

因此有

$$W_s = H_i - H_e, \quad w_s = h_i - h_e \tag{9-2}$$

根据技术功的定义有

$$-\int V\mathrm{d}p \geqslant W_t \equiv W_s + \Delta E_k + \Delta E_p \tag{9-3}$$

在忽略动能、位能变化($\Delta E_k = \Delta E_p = 0$)及完全可逆的条件$\left(W_t = -\int V\mathrm{d}p\right)$下,由式(9-2)及式(9-3)可得出

$$-\int v\mathrm{d}p = w_t = w_s = h_i - h_e \tag{9-4}$$

对于理想气体,式(9-4)可以进一步写成

$$
\begin{aligned}
w_s = h_i - h_e &= c_p(T_i - T_e) \\
&= \frac{k}{k-1}RT_i\left(1 - \frac{T_e}{T_i}\right) \\
&= \frac{k}{k-1}RT_1\left[1 - \left(\frac{p_e}{p_i}\right)^{\frac{k-1}{k}}\right]
\end{aligned} \tag{9-5}
$$

值得指出,式(9-4)及式(9-5)对于压气机及气轮机都是同样适用的,而且连功量的正负号也都能正确地自动确定。式(9-4)适用于任何工质的绝热过程,不论可逆与否;但式(9-5)只适用于理想气体的定熵过程。

对于压气机,显然有

$$
h_2 = h_e > h_i = h_1, \quad p_2 = p_e > p_i = p_1
$$

因此有

$$
w_s = w_{12} = h_1 - h_2 = -\int_1^2 v\,\mathrm{d}p = \text{面积 } 12p_2p_11 < 0
$$

上式说明,压气机是耗功设备,输入的轴功使质量流的焓值增大。

对于气轮机,显然有

$$
h_b = h_e < h_i = h_a, \quad p_b = p_e < p_i = p_a
$$

因此有

$$
w_s = w_{ab} = h_a - h_b = -\int_a^b v\,\mathrm{d}p = \text{面积 } abp_bp_aa < 0
$$

上式说明,气轮机是做功设备,输出的轴功是由质量流焓值的减小转换而来的。

2) 熵方程

根据热力学第二定律普遍表达式(熵方程)

$$
\Delta S = (\Delta S)_Q + (\Delta S)_W + (\Delta S)_M + S_{\text{Pin}}
$$

对于理想化的回转式轮机,显然有

$$
\Delta S = 0(\text{SSSF}), \quad (\Delta S)_Q = 0(\text{绝热})
$$
$$
(\Delta S)_W = 0(\text{功熵流恒为零}), \quad S_{\text{Pin}} = 0(\text{可逆})
$$

因此有

$$
(\Delta S)_M = 0, \quad S_e = S_i \tag{9-6}
$$

式(9-6)说明,在可逆绝热条件下工作的回转式轮机不论是压气机还是气轮机,进出口截面上的熵值必然相等。值得指出,进出口截面上的熵值相等($S_e = S_i$),不一定满足可逆绝热的条件。

3) 㶲方程

根据热力学第二定律的普遍表达式(㶲方程):

$$\Delta A = (\Delta A)_Q + (\Delta A)_W + (\Delta A)_M - I_{in}$$

对于理想化的回转式轮机,显然有

$$\Delta A = 0 (SSSF), \quad (\Delta A)_Q = 0(绝热), \quad I_{in} = 0(可逆)$$
$$(\Delta A)_W = -[w_s - p_0 \Delta V] = -w_s \quad (SSSF, \Delta V = 0)$$
$$(\Delta A)_M = A_{fi} - A_{fe} = A_{hi} - A_{he} \quad (\Delta E_k = \Delta E_p = 0)$$

因此有

$$W_s = A_{fi} - A_{fe} = A_{hi} - A_{he} \tag{9-7}$$

式(9-7)表明,在可逆绝热的条件下,回转式轮机的轴功等于进出口质量流的焓㶲之差。

对于压气机,有

$$w_s = w_{12} = a_{h1} - a_{h2} < 0$$

上式说明,输入压气机的轴功完全用于提高质量流的焓,即 $a_{h2} > a_{h1}$。

对于气轮机,有

$$w_s = w_{ab} = a_{ha} - a_{hb} > 0$$

上式说明,气轮机输出的轴功完全是由质量流焓的减小转换来的,即 $a_{hb} < a_{ha}$。

如果将式(9-6)代入式(9-7),则有

$$w_s = a_{hi} - a_{he} = h_i - h_e \tag{9-8}$$

式(9-8)说明,在可逆绝热的条件下,进出口截面上的无用能不发生变化,因此,焓的变化等于焓值的变化,完全是由轴功转换来的。

9.1.2 回转式轮机的实际过程

对于理想过程的分析,建立了比较各种实际过程完善程度的客观标准,为进一步研究回转式轮机的实际过程奠定了基础。图9-3的 T-s 图给出了相同的初态及相同终压下实际过程与理想过程的示意图,应用这些图可以比较直观地分析实际过程。

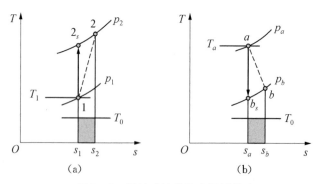

图9-3 回转式轮机的实际过程
(a)压气机;(b)气轮机。

图9-3中的(a)及(b)分别表示压气机及气轮机的 T-s 图。1—2_s 和 1—2 以及 a—b_s

及 a—b 分别表示相应的可逆绝热过程及实际绝热过程。

不论可逆与否,在稳定绝热的条件下,热力学第一定律的普遍表达式都可简化成如下的形式,即

$$w_s = h_i - h_e$$

对于压气机有

$$w_{12_s} = h_1 - h_{2s}, \quad w_{12} = h_1 - h_2$$

对于气轮机有

$$w_{ab_s} = h_a - h_{b_s}, \quad w_{ab} = h_a - h_b$$

在回转式轮机的实际工作过程中,必定有一部分功量要用于克服摩擦等不可逆损失,因此,实际过程的轴功必定小于完全可逆的理想过程的轴功。压气机是耗功设备,轴功恒为负值,因此有

$$w_{12_s} > w_{12} \quad |w_{12_s}| < |w_{12}|$$

气轮机是做功设备,轴功恒为正值,因此有

$$w_{ab_s} > w_{ab} \quad |w_{ab_s}| > |w_{ab}|$$

值得指出,功量是本身就包含着正负号的代数值,而功量的绝对值则仅是指它的数值。在对回转式轮机进行热力分析时,应注意两者之间的区别及联系。

根据热力学第二定律的熵方程:

$$\Delta S = (\Delta S)_Q + (\Delta S)_W + (\Delta S)_M + S_{Pin}$$

对于不可逆的稳定流动过程,显然有

$$S_{Pin} = -(\Delta S)_M = S_e - S_i > 0$$

因此,对于压气机及气轮机的实际过程,有

$$S_2 > S_1, \quad S_b > S_a$$

上式说明,实际过程出口状态的熵值必定大于初态的熵值,两者之差等于熵产。

在实际过程中,做功能力究竟下降多少、熵产有多大、终态落在何处,这些问题完全取决于实际过程的不可逆程度。为了定量地分析计算回转式轮机的实际过程,必须理解和掌握绝热效率(或称为定熵效率及相对内效率)、功损及㶲损这三个重要的基本概念。这些概念都与功量有关,并将实际过程的功量与理想过程的功量密切地联系起来。

1. 回转式轮机的绝热效率

绝热效率是在相同初态及相同终压的条件下定义的,它是表征回转式轮机实际过程的轴功与理想过程的轴功之间偏离程度的物理量。因为绝热效率总是小于或等于 1($\eta_s \leqslant 1$),所以在绝热效率的定义表达式中总是将绝对值大的轴功放在分母上。

1) 回转式压气机的绝热效率

在相同的初态及终态的条件下,可逆绝热压缩过程的轴功与不可逆绝热压缩的轴功之比

称为压气机的绝热效率,用 $\eta_{s,C}$ 来表示。因为 $|w_{12}| < |w_{12_s}|$,所以它的定义表达式可写成

$$\eta_{s,C} \equiv \frac{w_{12_s}}{w_{12}} = \frac{h_1 - h_{2_s}}{h_1 - h_2} = \frac{T_1 - T_{2_s}}{T_1 - T_2} \qquad (9-9)$$

值得指出,在已知初态及终压的条件下,式(9-9)中的 w_{12_s} 是很容易计算的。对于实际运行的压气机,式(9-9)中的 T_2 或 w_{12} 也是很容易测定的。因此,压气机的绝热效率是可以根据实测的数值来计算的。根据长期运行的经验,一般回转式压气机绝热效率的数值在 $0.80 \sim 0.90$ 之间。在设计计算时,可以凭经验选定一个 $\eta_{s,C}$,再根据给定的初态及终压的数值,应用式(9-9)估算出实际压缩过程的终态温度 T_2 及终态焓值 h_2。

2) 回转式气轮机的绝热效率

在相同的初态和终压条件下,实际绝热膨胀过程的轴功与可逆绝热膨胀过程的轴功之比称为气轮机的绝热效率,用 $\eta_{s,T}$ 来表示。它的定义表达式可写成

$$\eta_{s,T} \equiv \frac{w_{ab}}{w_{ab_s}} = \frac{h_a - h_b}{h_a - h_{b_s}} = \frac{T_a - T_b}{T_a - T_{b_s}} \qquad (9-10)$$

根据长期运行的经验,一般气轮机绝热效率的数值在 $0.85 \sim 0.92$ 之间。在设计计算时,可以根据给定的初态及终压的数值,凭经验选定一个 $\eta_{s,T}$,应用式(9-10)估算出气轮机的出口温度 T_b 及实际出口焓值 h_b。

2. 实际过程的功损及㶲损

功损及㶲损都是表示实际过程相对于理想过程做功能力下降程度的物理量,它们的大小都可以作为实际过程与理想过程偏离程度的度量。它们是对同一个实际过程的做功能力的两种不同的度量方法。正因为功损及㶲损是含义相近、容易混淆、关系密切又不相同的两个概念,所以要特别注意从定义及物理意义上把它们严格地区分开来。

1) 实际过程的功损

在相同的初态及终压(终态并不相同)下,定熵过程的轴功与实际绝热过程的轴功之差称为该实际过程的功损,用 w_L 来表示,它是一个过程量。如图 9-3(a)所示,对于压气机的实际过程 1—2,有

$$\begin{aligned} w_{L,C} &\equiv w_{12_s} - w_{12} = |w_{12}| - |w_{12_s}| \\ &= (h_1 - h_{2_s}) - (h_1 - h_2) = h_2 - h_{2_s} \\ &= c_p(T_2 - T_{2_s}) = 面积\ 2_s 2 S_2 S_1 2_s > 0 \end{aligned} \qquad (9-11)$$

如图 9-3(b)所示,对于气轮机的实际过程 a—b,有

$$\begin{aligned} w_{L,T} &\equiv w_{ab_s} - w_{ab} \\ &= (h_a - h_{b_s}) - (h_a - h_b) = h_b - h_{b_s} \\ &= c_p(T_b - T_{b_s}) = 面积\ b_s b S_b S_a b_s > 0 \end{aligned} \qquad (9-12)$$

从功损的表达式可以看出,在相同的工作压力范围内,为了克服摩擦等不可逆因素,压气机需要多消耗一部分功量($w_{L,C}$),而汽轮机则要少输出一部分功量($w_{L,T}$)。这些功损将不可避免地转变成热能,在绝热条件下,这部分热能被工质吸收,使实际出口温度高于定熵过程

的出口温度。又因为出口压力是相同的,所以,功损在数值上等于定压下提高工质出口温度所需的热量。显然,如果加以利用的话,这部分热量在理论上仍有一定的做功能力。可见,功损并非全是无法做功的无用能。

2) 实际过程的㶲损

在初终两态相同的条件下,最大有用功与实际绝热过程的轴功之差称为该过程的㶲损,用 I 来表示,它也是一个过程量。对于压气过程 1—2,有

$$
\begin{aligned}
I_C &\equiv (A_{f1} - A_{f2}) - W_{12} \\
&= [(h_1 - h_2) - T_0(s_1 - s_2)] - (h_1 - h_2) \\
&= T_0(s_2 - s_1) = T_0 S_{PC}
\end{aligned}
\tag{9-13}
$$

同理,对于气轮机的实际过程 a—b,有

$$
\begin{aligned}
I_T &\equiv (A_{fa} - A_{fb}) - W_{ab} \\
&= T_0(s_b - s_a) = T_0 S_{PT}
\end{aligned}
\tag{9-14}
$$

从㶲损的表达式可以看出,其与第5章中有关㶲损的概念是完全一致的。㶲损是在初终两态相同的条件下来定义的,而功损则是在相同初态及终压的条件下定义的。实际上,㶲损就是功损中不可能再做功的那一部分无用能,可用图 9-3 中 $T-s$ 图上剖面线所围的面积来表示。

例 9-1 有一台回转式压气机每分钟生产的压缩空气量为 20 kg。压气机从压力为 0.1 MPa,温度为 17℃ 的周围环境中吸入空气,压气机的出口压力为 0.6 MPa,压缩过程可看作是绝热的。如果压气机的绝热效率为 0.85,试计算驱动该压气机所需的功率以及实际压气过程的功损率及㶲损率(见图 9-4)。

解 (1) 回转式压气机的理想过程 1—2_s。

$$
T_{2_s} = T_1 \left(\frac{p_2}{p_1}\right)^{\frac{k-1}{k}} = 290 \left(\frac{0.6}{0.1}\right)^{\frac{0.4}{1.4}} = 483.87 (\text{K})
$$

压气机理想定熵压缩所需的功率为 w_{12_s},有

$$
\begin{aligned}
\dot{W}_{12_s} &= \dot{m}(h_1 - h_{2_s}) = \dot{m} c_p (T_1 - T_{2_s}) \\
&= \frac{20}{60} \times 1.004(290 - 483.87) = -64.88 (\text{kW})
\end{aligned}
$$

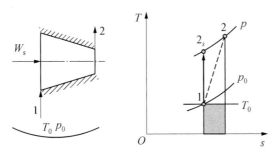

图 9-4 回转式压气机计算示意图

（2）回转式压气机的实际过程 1—2。

根据压气机绝热效率的定义，有

$$\eta_{s,C} \equiv \frac{w_{12_s}}{w_{12}} = \frac{h_1 - h_{2s}}{h_1 - h_2} = \frac{T_1 - T_{2_s}}{T_1 - T_2} = 0.85$$

由上式可求出压气机实际所需的功率 w_{12} 及实际出口温度 T_2，即

$$\dot{W}_{12} = \frac{\dot{W}_{12s}}{\eta_{s,C}} = \frac{-64.88}{0.85} = -76.33(\text{kW})$$

$$T_2 = T_1 - \frac{T_1 - T_{2s}}{\eta_{s,C}} = 290 - \frac{290 - 483.87}{0.85} = 518(\text{K})$$

根据功损的概念，有

$$\dot{W}_{LC} \equiv \dot{W}_{12s} - \dot{W}_{12}$$
$$= -64.88 - (-76.33) = 11.45(\text{kW})$$

根据热力学第二定律普遍表达式（熵方程）：

$$\Delta S = (\Delta S)_Q + (\Delta S)_W + (\Delta S)_M + S_{\text{Pin}}$$

对于压气机的实际过程，有

$$\Delta S = 0(\text{SSSF}), \quad (\Delta S)_Q = 0(\text{绝热}), \quad (\Delta S)_W = 0$$

因此有

$$S_{\text{Pin}} = -(\Delta S)_M = m(S_e - S_i)$$
$$= \dot{m}\left(c_p \ln \frac{T_2}{T_1} - R \ln \frac{p_2}{p_1}\right)$$
$$= \frac{20}{60}\left(1.004\ln\frac{518}{290} - 0.287\,1\ln\frac{0.6}{0.1}\right) = 0.023(\text{kW/K})$$

根据㶲损的定义，有

$$I_{\text{in}} = T_0 S_{\text{Pin}} = 290 \times 0.023 = 6.57(\text{kW})$$

9.2　活塞式压气机

9.2.1　活塞式压气机实际过程的理想化

活塞式压气机是在外部动力的驱动下，依靠活塞的往复运动，经历吸气、压缩及排气三个阶段来完成对气体的一次压缩的。

如图 9-5 所示，当活塞从左止点向右移动时，进气门打开，压力为 p_1 的低压气体被吸入气缸，直到活塞移动到右止点，这时进气门关闭，吸气阶段结束。当活塞在外力推动下从右止点向左止点移动时，进排气门全部关闭，活塞左移对缸内定量的气体进行压缩，

使其比容减小,压力升高,当活塞移动到某一确定位置时,气体压力达到 p_2,这时排气门自动打开,这标志着压缩阶段的结束和排气阶段的开始。活塞继续向左移动,在定压下将压缩气体排出气缸,完成了对气体的一次压缩过程。然后,一个新的气体压缩过程又重新开始了。

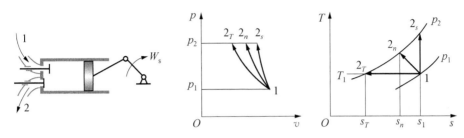

图 9-5　活塞式压气机的理想过程

活塞式压气机的实际工作情况是比较复杂的,在进行热力分析时,可采用以下几个假定条件,把它看成是理想的可逆过程,这时它的性能就可作为比较压气机实际过程完善程度的客观标准。

1. 满足稳态稳流(SSSF)的条件

活塞式压气机是在周期性稳定工况下工作的开口系统。每次压缩过程都包括吸气、压缩及排气三个阶段,在气缸内部气体的数量或状态是随时间而变化的。但是,在稳定工况下,这种周期性的变化规律并不随时间而变,系统与外界之间的相互作用情况也不随时间而变。这时,进出口截面上气体的状态、单位时间内生产的压缩气体的质量、单位时间内交换的功量及热量都不随时间而变。因此,活塞式压气机符合稳态稳流(SSSF)的假定条件。

2. 压缩过程是可逆的多变过程

活塞式压气机中相对运动的零部件较多,如活塞与缸壁、曲柄连杆机构等,它们都需要良好的润滑。活塞式压气机的增压比比较大,压缩后气体的温升也较大。高温不仅会降低活塞式压气机的工作性能,而且对润滑也很不利,会影响压气机工作的可靠性,甚至引发事故。因此,对于活塞式压气机必须采取有效的冷却措施,以维持合理的、正常的工作温度。实践已经证明,改善冷却条件对提高活塞式压气机的工作性能有明显效果。同时,改善冷却条件、降低压缩气体的温度对高压气体的储存及使用也是有利的。压缩气体的使用价值在于它的压力,而不是它的温度,压缩过程中必须采用冷却措施来降温,这部分热量迟早要放出去的。因此,应当在压缩气体的生产过程中尽可能多地把热量散出去,而尽量减少在储存或是使用过程中放的热量。这样不仅是为了安全,也符合合理用能的原则。

显然,活塞式压气机的实际过程是不可逆的,必定存在温差传热、流动阻力及摩擦等不可逆因素。进行热力分析时,可以暂且不考虑这些实际因素,把压气过程近似地、合理地看作是可逆的多变过程。

3. 工质为理想气体

一般情况下,工质在被压缩气体的状态变化范围内,因此都可以当作理想气体。即使在有些状态下其不能当作理想气体时,也可以根据它对理想气体的偏离程度来加以修正。

4. 动能及位能的变化忽略不计

在活塞式压气机进出口截面上的动能及位能相对于其他形态的能量来说变化较小,可以忽略不计。

9.2.2 理想过程的热力分析

图 9-5 给出了活塞式压气机理想过程的 p-v 图及 T-s 图。图中 1—2_T、1—2_n 及 1—2_s 分别表示在相同初态和相同终压条件下的定温、多变及定熵压缩过程。其中定温压缩及定熵压缩都是多变压缩过程的极端情况。如果冷却措施完善,换热情况理想,可以认为边界是透热的,压缩过程在充分冷却的定温条件下进行。如果不采取任何冷却措施,散热量可以忽略不计,认为边界是绝热的,压缩过程在可逆绝热的定熵条件下进行。除了以上两种极端情况外,可以认为压缩过程是多变指数等于常数的多变压缩过程,n 的数值由冷却条件而定,一般在 1.2~1.3 之间。

1. 能量分析

根据热力学第一定律普遍表达式:

$$\Delta E = (\Delta E)_Q + (\Delta E)_W + (\Delta E)_M$$

对于理想的多变压缩过程 1—2_n(见图 9-5),有

$$\Delta E = 0(\text{SSSF}), \quad (\Delta E)_Q = q_{12_n} = c_n(T_{2_n} - T_1)$$

$$(\Delta E)_W = -w_{12_n} = \int_1^{2n} v \, dp \, (\Delta E_k = \Delta E_p = 0, \text{可逆})$$

$$(\Delta E)_M = E_{\text{fi}} - E_{\text{fe}} = h_1 - h_{2_n} \quad (\Delta E_k = \Delta E_p = 0)$$

因此有

$$w_{12_n} = q_{12_n} + h_1 - h_{2_n} = -\int_1^{2n} v \, dp \tag{9-15}$$

对于定比热的理想气体,上式可进一步写成

$$
\begin{aligned}
w_{12_n} &= c_n(T_{2n} - T_1) + c_p(T_1 - T_{2_n}) \\
&= (c_p - c_n)(T_1 - T_{2_n}) \\
&= \left(c_p - c_v \frac{n-k}{n-1}\right)(T_1 - T_{2_n}) \\
&= \frac{n}{n-1} R T_1 \left(1 - \frac{T_{2_n}}{T_1}\right) \\
&= \frac{n}{n-1} R T_1 \left[1 - \left(\frac{p_{2_n}}{p_1}\right)^{\frac{n-1}{n}}\right]
\end{aligned}
\tag{9-16}
$$

在定熵条件下,式(9-15)可写成

$$w_{12_s} = h_1 - h_{2_s} = c_p(T_1 - T_{2_s})$$

$$= \frac{k}{k-1} R T_1 \left(1 - \frac{T_{2_s}}{T_1}\right) \tag{9-17}$$

$$= \frac{k}{k-1} R T_1 \left[1 - \left(\frac{p_{2_s}}{p_1}\right)^{\frac{k-1}{k}}\right]$$

实际上,在初态及终压相同的条件下,式(9-16)与式(9-17)之间的差别只是用 k 代替了 n,可以直接得出。

在定温的条件下,有 $h_1 = h_{2_T}$,式(9-15)可写成

$$w_{12_T} = q_{12_T} = T(s_{2_T} - s_1) = R T \ln\left(\frac{p_1}{p_2}\right) \tag{9-18}$$

从上述公式或 p-v 图可以看出,定温压缩过程的耗功量最小,即

$$\begin{gathered} w_{12_T} > w_{12_n} > w_{12_s} \\ |w_{12_T}| < |w_{12_n}| < |w_{12_s}| \end{gathered} \tag{9-19}$$

要正确理解(9-19)这个不等式,必须分清"功量"及"功量的绝对值"之间的差别。压气机是耗功设备,功量恒为负值。定温压缩耗功量最小,这是对功量的绝对值而言的。负数的绝对值越小,该负数就越大。

2. 熵分析

如前所述,冷却情况对活塞式压气机的工作性能影响很大,而冷却情况的细节又往往不太清楚。在难以把系统内外的不可逆程度区分开来的情况下,采用孤立系统的熵方程进行熵分析是较为方便的,也是合理的。这种方法可以用总熵产来度量过程的不可逆程度。孤立系统的熵方程为

$$\Delta S^{\text{isol}} = \Delta S + \Delta S^{\text{TR}} + \Delta S^{\text{WR}} + \Delta S^{\text{MR}} + \Delta S^0 = S_{\text{Ptot}} \geqslant 0$$

对于任意压缩过程 1—2,有

$$\Delta S = 0(\text{SSSF}), \quad \Delta S^{\text{TR}} = 0(\text{无其他热库})$$

$$\Delta S^{\text{WR}} = 0(\text{功库是㶲库}), \quad \Delta S^{\text{MR}} = S^{\text{MR}_i} - S^{\text{MR}_e} = S_e - S_i$$

因此有

$$S_{\text{Ptot}} = \Delta S^{\text{MR}} + \Delta S^0 = (s_2 - s_1) + \frac{q_{12}^0}{T_0} \geqslant 0 \tag{9-20}$$

对于可逆的多变过程 12n,$S_{\text{Ptot}} = 0$,因此有

$$S_{\text{Ptot}} = (s_{2_n} - s_1) + \frac{q^0}{T_0} = 0 \tag{9-21}$$

式中,q^0 表示周围环境吸收的热量,式(9-21)可写成

$$s_{2_n} - s_1 = -\frac{q^0}{T_0} < 0 \tag{9-22}$$

式(9-21)说明,在可逆的多变压缩过程中,熵产及㶲损都等于零。式中的 q^0 可用图9-6(a)上剖面线所示的面积表示。显然,q^0 并不等于压缩过程中的放热量 q_{12_n},它仅是 q_{12_n} 中的无用部分。式(9-22)则进一步说明,质量流的熵变 $(s_{2_n} - s_1)$ 总是负值,这完全是由热熵流引起的。因为压缩过程总是放热的,q_{12_n} 恒为负值,而 q^0 则恒为正值,所以出口截面上的熵值总是小于入口的熵值,即 $s_{2_n} < s_1$。

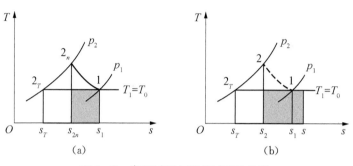

图9-6　实际过程与理想过程的比较

(a)可逆 $q^0 \neq -q_{12n}$;(b)不可逆 $q^0 = -q_{12}$。

9.2.3　活塞式压气机的容积效率

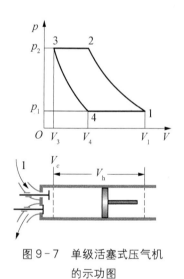

图9-7　单级活塞式压气机
的示功图

图9-7是单级活塞式压气机的示功图,它表征压气过程中气体压力随容积变化的关系。实际上,由于活塞式压气机结构上的需要,当活塞移动到气缸顶端时,总留有一定间隙,这时的气缸容积称为余隙容积,用 V_c 表示,有 $V_3 = V_c$。活塞两个极端位置之间的气缸容积称为工作容积,用 V_h 表示,有 $V_h = (V_1 - V_3)$。

由于存在余隙容积 V_c,在排气过程结束时,气缸内总是剩余一定数量的高压气体。当活塞自左向右移动时,首先要让这部分高压气体膨胀降压,只有当缸内压力下降到吸气压力时,进气门才会自动打开,并开始吸气。剩余气体的膨胀过程如图中的曲线34所示,V_4 代表开始吸气时气缸的容积。在实际吸气过程中由活塞移动扫过的体积称为有效工作容积,用 $(V_1 - V_4)$ 表示。显然,余隙容积的存在使实际吸气的工作容积减小了,减小量为每次压缩的吸气量,因而降低了压气机的生产量。

余隙容积 V_c 与工作容积 V_h 的比值称为余隙比,有 $c = \dfrac{V_c}{V_h}$;有效工作容积 $(V_1 - V_4)$ 与工作容积 V_h 的比值称为容积效率 η_v,它们都是活塞式压气机的结构参数。根据定义,容积效率可表示为

$$\eta_v = \frac{(V_1 - V_4)}{V_h} = \frac{(V_1 - V_3) - (V_4 - V_3)}{V_h} = 1 - \frac{V_3}{V_h}\left(\frac{V_4}{V_3} - 1\right)$$

对于多变压缩过程,上式可进一步写成

$$\eta_v = 1 - \frac{V_c}{V_h}\left[\left(\frac{p_2}{p_1}\right)^{\frac{1}{n}} - 1\right] = 1 - c\left[\pi^{\frac{1}{n}} - 1\right] \tag{9-23}$$

式中, $\pi = \dfrac{p_2}{p_1}$, 表示压缩后与压缩前气体压力的比值,称为增压比。式(9-23)表明,余隙比 c 越大, η_v 越低;在 c 及 π 都一定时, η_v 随多变指数 n 的下降而有所下降。

例9-2　有一台活塞式压气机,其余隙比为 0.05。若进气压力为 0.1 MPa、温度为 17℃,压缩后的压力为 0.6 MPa。假定压缩过程的多变指数为 1.25,试求压气机的容积效率。如果压缩终了的压力为 1.6 MPa,则容积效率又为多少?

解　根据容积效率的计算公式,有

$$\eta_v = 1 - c\left[\left(\frac{p_2}{p_1}\right)^{\frac{1}{n}} - 1\right] = 1 - 0.05(6^{\frac{1}{1.25}} - 1) = 0.84$$

当终压 $p_2 = 1.6$ MPa 时,有

$$\eta_v = 1 - 0.05(16^{\frac{1}{1.25}} - 1) = 0.59$$

计算结果表明,增压比提高后,容积效率明显下降,当 η_v 等于 0.6 左右时,每次压缩的产量很低,大大降低了压气机的使用价值。

9.2.4　实际过程的定温效率及功损与㶲损

1. 活塞式压气机的定温效率

在相同的初态和终压条件下,可逆定温压缩的轴功与实际压缩过程的轴功之比称为活塞式压气的定温效率,用 $\eta_{T,c}$ 来表示。它的定义表达式可写成

$$\eta_{T,c} \equiv \frac{w_{12_T}}{w_{12}} \tag{9-24}$$

如前所述,在生产压缩气体的过程中,要尽可能多地将热量放出去,这是最合理的。在理想的冷却条件下才可能实现可逆定温压缩,此时耗功量是最小的,因此,可以用它作为比较实际压缩过程完善程度的客观标准,并用它来定义活塞式压气机的定温效率。式(9-24)中的 w_{12_T} 是容易计算的,在给定初态及终压的条件下,有

$$w_{12_T} = q_{12_T} = T(s_{2_T} - s_1) = RT\ln\frac{p_1}{p_2} \tag{9-25}$$

式(9-24)中的 w_{12} 可表示为

$$w_{12} = q_{12} + h_1 - h_2 \tag{9-26}$$

在实际运行过程中, T_2 及 w_{12} 是可以测出来的,这样,由式(9-24)可求出该压气机的定温效率;由式(9-26)就可求出实际过程的放热量 q_{12}。实际压缩中所放出的热量最终都被环境吸收,因此有

$$q_{12}^0 = -q_{12}$$

图 9-6(b)中剖面线的面积代表 q_{12}^0，线段 $s_1 s$ 代表熵产 S_{Ptot}，它的数值可用式(9-20)来计算，即

$$
\begin{aligned}
s_{Ptot} &= (s_2 - s_1) + \frac{q_{12}^0}{T_0} \\
&= \left(c_p \ln \frac{T_2}{T_1} - R \ln \frac{p_2}{p_1} \right) + \frac{q_{12}^0}{T_0} \\
&= (s_2 - s_1) + (s - s_2) = s - s_1 = \overline{s_1 s}
\end{aligned}
\tag{9-27}
$$

2. 实际过程的功损及㶲损

在相同的初态及终压(终态并不相同)条件下，可逆定温压缩过程的轴功与实际压缩过程的轴功之差称为该压缩过程的功损，用 w_L 表示，即

$$w_L \equiv w_{12_T} - w_{12} = |w_{12}| - |w_{12_T}| \tag{9-28}$$

由式(9-28)可知，功损的概念是唯一确定的，是理想过程的轴功与实际过程的轴功之差，而且是在相同的初态及终压的条件下来定义的。但是，功损定义中的理想过程及实际过程在不同的应用场合是可以不同的。

在初终两态相同的条件下，最大有用功与实际过程的轴功之差称为该实际过程的㶲损，用 I 来表示，即

$$
\begin{aligned}
I &= (A_{f1} - A_{f2}) - w_{12} \\
&= [(h_1 - h_2) - T_0(s_1 - s_2) - [q_{12} + (h_1 - h_2)] \\
&= T_0 \left[(s_2 - s_1) - \frac{q_{12}}{T_0} \right] \\
&= T_0 \left[(s_2 - s_1) + \frac{q_{12}^0}{T_0} \right] = T_0 s_{Ptot}
\end{aligned}
\tag{9-29}
$$

由式(9-29)可知，㶲损的概念也是唯一确定的，是指相同两态之间的最大有用功与实际过程的有用功(轴功)之差，而且总是等于熵产与环境温度的乘积，即 $I = T_0 S_P$。 㶲损是在初终两态相同的条件下定义的，而功损则是在相同初态及相同终压(终态并不相同)的条件下定义的，这是㶲损与功损之间的主要差别。

例9-3 有一台活塞式空气压缩机，其气缸有水套冷却装置。若把空气由 0.1 MPa、17℃的初态压缩到 0.6 MPa 的终压，并已知压缩过程的多变指数 n 为 1.3，试确定该压缩机生产每千克压缩空气所消耗的功量及放出的热量。如果在相同初态及终压的条件下，空气经历可逆的绝热压缩及可逆的定温压缩过程，则结果又将如何？

解 本题所讨论的三种压缩过程都是可逆的理想过程，其热力学模型及 p-v 图和 T-s 图如图 9-5 所示。

(1) $n=1.3$ 的多变压缩过程。

$$T_{2n} = T_1 \left(\frac{p_2}{p_1} \right)^{\frac{n-1}{n}} = 290 \left(\frac{0.6}{0.1} \right)^{\frac{0.3}{1.3}} = 438.5(K)$$

$$c_n = c_v \frac{n-k}{n-1} = 0.716 \frac{1.3-1.4}{1.3-1} = -0.2387(\text{kJ}/(\text{kg} \cdot \text{K}))$$

$$q_{2_n} = c_n(T_{2_n} - T_1) = -0.2387(438.5 - 290) = -35.44(\text{kJ/kg})$$

根据式(9-15),有

$$w_{12_n} = q_{12_n} + h_1 - h_{2_n}$$
$$= -35.44 + 1.004(290 - 438.5) = -184.5(\text{kJ/kg})$$

(2) 对于定熵压缩过程 $1-2_s$。

$$T_{2_s} = T_1 \left(\frac{p_2}{p_1}\right)^{\frac{k-1}{k}} = 290 \left(\frac{0.6}{0.1}\right)^{\frac{0.4}{1.4}} = 483.87(\text{K})$$

$$w_{12_s} = h_1 - h_{2_s} = c_p(T_1 - T_{2_s})$$
$$= 1.004(290 - 483.87) = -194.6(\text{kJ/kg})$$

(3) 对于定温压缩过程 $1-2_T$。

$$w_{12_T} = q_{12_T} = T(s_{2_T} - s_1) = RT\ln\frac{p_1}{p_2}$$
$$= 0.2871 \times 290 \times \ln\left(\frac{0.1}{0.6}\right) = -149.2(\text{kJ/kg})$$

计算结果表明

$$w_{12T} > w_{12n} > w_{12s}$$
$$|w_{12_T}| < |w_{12_n}| < |w_{12_s}|$$

例9-4　在初态及终压保持不变的情况下,对例9-3中活塞式压气机的冷却条件加以改进。在稳定工况下测得出口温度 $T_2 = 410\text{ K}$,生产每千克压缩空气所需的功率 w_{12} 为 -170 kJ/kg。试计算实际压缩过程的放热量,并确定实际过程的定温效率、功损及㶲损。

解　根据热力学第一定律的普遍表达式:

$$\Delta E = (\Delta E)_Q + (\Delta E)_W + (\Delta E)_M$$

对于实际压缩过程 $1-2$,有

$$\Delta E = 0(\text{SSSF}), \quad (\Delta E)_M = h_i - h_e(\Delta E_k = \Delta E_p = 0)$$
$$(\Delta E)_Q = q_{12}, \quad (\Delta E)_W = -w_{12}$$

因此有

$$q_{12} = w_{12} + h_2 - h_1$$
$$= -170 + 1.004(410 - 290) = -49.52(\text{kJ/kg})$$

对于可逆的定温压缩过程 $1-2_T$,有

$$w_{12_T} = q_{12_T}RT\ln\frac{p_1}{p_2} = 0.2871 \times 290\ln\frac{0.1}{0.6} = -149.2(\text{kJ/kg})$$

根据功损定义,有

$$w_1 = w_{12_T} - w_{12} = |w_{12}| - |w_{12_T}|$$
$$= 170 - 149.2 = 20.8 (\text{kJ/kg})$$

根据孤立系统的熵方程:

$$\Delta S_{\text{isol}} = \Delta S + \Delta S^{\text{TR}} - \Delta S^{\text{WR}} + \Delta s^{\text{MR}} + \Delta S^0 = S_{\text{Ptot}} \geqslant 0$$

对于实际压缩过程 1—2,有

$$\Delta S = 0(\text{SSSF}), \quad \Delta S^{\text{TR}} = 0(\text{无其他热库})$$
$$\Delta s^{\text{MR}} = 0(\text{功库是㶲库})$$
$$\Delta s^{\text{MR}} = S^{\text{MR}_i} - S^{\text{MR}_e} = S_e - S_i$$
$$\Delta s^0 = \frac{q^0}{T_0} = \frac{-q_{12}}{T_0}$$

因此有

$$s_{\text{Ptot}} = \Delta s^{\text{MR}} + \Delta s^0 = s_2 - s_1 + \frac{q^0}{T_0}$$
$$= c_p \ln \frac{T_2}{T_1} - R \ln \frac{p_2}{p_1} + \frac{q^0}{T_0}$$
$$= 1.004 \ln \frac{410}{290} - 0.287 \, 1 \ln \frac{0.6}{0.1} + \frac{49.52}{290} = 0.004 (\text{kJ/(kg • K)})$$
$$I_{\text{tot}} = T_0 S_{\text{Ptot}} = 290 \times 0.004 = 1.2 (\text{kJ/kg})$$

9.2.5 多级压缩中间冷却

单级活塞式压气机的增压比不宜过高,一般不超过 12。如果要制取压力较高的压缩气体,则应采用多级压缩中间冷却的方法把整个压缩过程分成几个压力段,分别在几个气缸中逐级完成,使每级中气体的增压比不会过高。同时,在两级之间采用中间冷却措施,使各级气缸入口的气体温度降低,这样可以有效地降低每一级气缸的耗功量。

现以两级压缩中间冷却的活塞式压气机为例(见图 9-8)说明多级压气机的工作原理以及参数选择的基本原则。

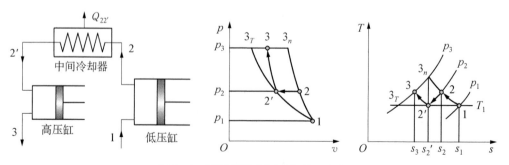

图 9-8 两级压缩中间冷却的示意图

气体首先在低压气缸中进行压缩,当气体压力从 p_1 提高到中间压力 p_2 时被排出低压气缸完成第一级压缩。然后在中间冷却器中对气体进行等压冷却,冷却到一个合适的温度后进入高压缸。在高压缸中完成第二级压缩,使气体压力从中间压力 p_2 提高到所需的终压 p_3。

一般情况下,被压缩气体的初始状态及终了压力都是给定的,可以自由选择的参数主要是中间压力及冷却后的温度。显然,这些参数的选择直接关系到多级压气机的工作性能,因此,应根据一定的原则来确定这些参数。

不难证明,当各级气缸的耗功量相等时,多级压气机总的耗功量最小。这就是参数选择的主要依据。根据功量的计算公式,有

$$w = \frac{n}{n-1} R T_1 \left[1 - \left(\frac{p}{p_1} \right)^{\frac{n-1}{n}} \right]$$

显然,要使各级气缸的功量相等,必须满足下列条件:

(1) 各级气缸中的压缩过程其多变指数都相等。由于各级气缸的冷却条件基本相同,因此,可认为这个条件总是满足的。

(2) 中间冷却器的出口温度都等于初温 T_1。这样不仅使各级气缸都具有相同的较低入口温度,可减少耗功量,而且也决定了中间冷却器的冷却负荷,为冷却器的设计提供了依据。

(3) 各级气缸的增压比相等,即 $\pi_1 = \pi_2 = \pi$。根据这个分配原则,就可确定增压比以及各级气缸的出口压力。对于两级压缩中间冷却的压气机,有

$$\pi^2 = \frac{p_3}{p_2} \frac{p_2}{p_1} = \frac{p_3}{p_1}, \quad \pi = \sqrt{\frac{p_3}{p_1}} \tag{9-30}$$

$$p_2 = p_1 \pi = \sqrt{p_3 p_1} \tag{9-31}$$

同理,对于 m 级压缩中间冷却的压气机,有

$$\pi = \sqrt[m]{\frac{p_{终}}{p_1}} = \sqrt[m]{\pi_{\text{tot}}} \tag{9-32}$$

根据以上公式,只要知道初态及终压,就可计算出各级的增压比,然后可以依次求出各级气缸的出口压力。

值得指出,级数过多会因结构复杂而导致工作不可靠,故一般不超过三级,即 $m \leqslant 3$。

 思考题

1. 试说明压气机与气轮机的主要区别,其在热力分析上有什么共同之处。

2. 什么是绝热效率?什么是定温效率?为什么回转式轮机采用绝热效率,而活塞式压气机采用定温效率?

3. 试在 p-v 图及 T-s 图上表示出压气机多变压缩过程的功量。

4. 实际过程功量与理想过程功量之间的偏离程度可以用功损及㶲损来定量,它们之间的主要差别在什么地方?回转式轮机与活塞式压气机在功损的定义上又有什么区别?

5. 试用 T-s 图说明回转式气轮机实际膨胀过程的功损、㶲损及绝热效率。

6. 什么是余隙容积、余隙比及容积效率？余隙容积中的剩余气体对活塞压气机的工作性能有什么影响？

7. 试说明余隙比、增压比以及多变指数对容积效率的影响。

8. 为什么要采用多级压缩中间冷却措施？确定中间压力及冷却器出口温度的依据是什么？

习 题

9-1 有一台涡轮机在理想的定熵条件下稳定工作。已知燃气进入涡轮机时的状态为 $p_1 = 0.5\,\text{MPa}$、$T_1 = 1\,100\,\text{K}$，离开涡轮机时的压力为 $0.1\,\text{MPa}$。假定燃气的热力性质与定比热的空气完全相同，周围环境状态为 $p_0 = p_2 = 0.1\,\text{MPa}$、$T_0 = 300\,\text{K}$。试确定：

(1) 在涡轮机中燃气的 Δm、ΔE、ΔA、ΔS；

(2) 涡轮机入口质量流的㶲值；

(3) 涡轮机出口温度及质量流的㶲值；

(4) 作用量的能流、熵流及㶲流；

(5) 在 T-s 图上表示该理想过程。

9-2 如果题 9-1 中的涡轮机在绝热条件下稳定地工作，其他条件不变，若测得出口温度为 $735\,\text{K}$，试确定：

(1) 作用量的能流、熵流及㶲流；

(2) 实际膨胀过程中的熵产及㶲损；

(3) 绝热效率及功损；

(4) 把实际过程表示在 T-s 图上。

9-3 有一台气轮机在绝热条件下稳定地工作。已经测得气轮机的入口状态为 $p_1 = 600\,\text{kPa}$、$T_1 = 923\,\text{K}$；出口状态为 $p_2 = 100\,\text{kPa}$、$T_2 = 610\,\text{K}$。假定工质为定值比热的空气，环境状态为 $100\,\text{kPa}$、$290\,\text{K}$。试计算：

(1) 气轮机输出的比轴功；

(2) 气轮机的绝热效率及功损；

(3) 气轮机的熵产及㶲损；

(4) 在 T-s 图上表示该过程。

9-4 有一台内燃机用的涡轮增压器，涡轮机进口状态为 $0.2\,\text{MPa}$、$650\,℃$，出口压力为 $0.1\,\text{MPa}$，涡轮机的绝热效率为 0.90。涡轮机产生的功率全部用于驱动增压器，增压器的进口状态为 $0.1\,\text{MPa}$、$27\,℃$，增压器的绝热效率也是 0.90。假定燃气与空气的热力性质相同，试确定：

(1) 涡轮机及增压器的出口状态；

(2) 当增压器的输气量为 $0.1\,\text{kg/s}$ 时涡轮机的功率；

(3) 增压器及涡轮机的内部熵产；

(4) 画出相应的 T-s 图。

9-5 有一台单级活塞式空气压缩机，从压气机为 $0.1\,\text{MPa}$，温度为 $300\,\text{K}$ 的周围环境中吸入空气。如果压气机的增压比为 10,试计算在定熵、多变($n=1.25$)及定温等三种理想的压缩过程中,压气机的出口温度以及每生产 1 kg 压缩空气的耗功量和放热量各为多少,并在 p-v 图及 T-s 图上将耗功量的面积表示出来。

9-6 用能量方程、熵方程及㶲方程的普遍表达式对习题 9-5 中的定温压缩过程进行分析可以分别得出怎样的结论,并说明㶲分析的意义。

9-7 假定习题 9-5 中活塞式压气机的余隙比为 0.05,试计算:

(1) 当增压比为 10 时,这三个理想压缩过程的容积效率;

(2) 当容积效率为 0.50 时,这三个理想压缩过程的增压比。

试将上述两种情况下的理论示功图分别表示出来。

9-8 工厂需要应用压力为 6 MPa 的压缩空气,假定大气压力为 0.1 MPa,温度为 20℃,试问应采用一级压缩还是二级压缩。若采用二级压缩中间冷却措施,则中间冷却器的最有利参数应为多少?假定压缩过程的多变指数 n 为 1.25,试计算在最佳中间冷却条件下,二级压缩的耗功量以及中间冷却器和二级气缸中的放热量,并在 T-s 图上把压缩过程表示出来。

9-9 某柴油机压缩过程开始时空气的压力为 90 kPa,温度为 325 K,压缩终了时空气的容积为原来的 $\frac{1}{15}$。若采用定值比热,并假定压缩过程是可逆绝热的,试计算:

(1) 压缩终了的温度及压力;

(2) 压缩过程中每千克空气热力学能的变化;

(3) 压缩每千克空气所需的功量。

9-10 有一台以高压氮气为动力源的小功率辅助发电装置,如图习题 9-10 所示,氮气罐内气体保持定温 20℃,罐中初始压力为 14 MPa,当压力降至 0.7 MPa 时,装置停止工作。该装置通过调压阀可保持涡轮机进口压力为 0.7 MPa,调压阀前后气体温度近似相等。假设气体在涡轮机中绝热流动,若要求涡轮机能在输出功率为 75 W 的条件下工作 1 h,试计算氮气罐所需的最小容积。

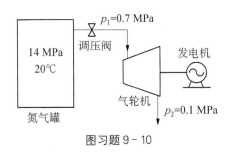

图习题 9-10

第 *10* 章　动 力 循 环

　　能够将燃料燃烧释放出来的热量中的一部分连续不断地转换成机械能的整套热工设备称为热能动力装置,简称动力装置。动力装置中的热功转换过程主要靠工质连续不断地周而复始地发生状态变化来实现。在影响动力装置性能的诸多因素中,工质的状态变化情况是起决定性作用的主要因素。热力学中研究动力装置的基本方法是暂且不考虑种种不可逆因素,而把各种热工设备中的实际工作过程近似地、合理地理想化成相应的可逆热力过程,并抓住工质状态变化这个决定性因素进行分析。经过简化之后,动力装置的实际工作循环就可看作是由一系列基本热力过程组成的正向可逆循环。这种正向可逆循环称为该动力装置的理想循环,简称动力循环。

　　显然,这种分析方法没有考虑许多实际存在的不可逆因素,其分析结论与动力装置的实际工作情况是有差别的。但是,这种分析方法及其结论仍有很大的指导意义和实用价值。

　　热力学分析的意义在于以下几个方面:

　　(1) 热力学分析方法的结论是在最理想的可逆条件下得出的。因此,它是该动力装置工作性能的最高标准,想要超过这个标准的任何企图都是徒劳的。同时,它可作为比较同类动力装置工作完善程度的客观标准,实际工作性能越接近它,则该装置的工作就越完善。实际工作性能与最高标准之间的差距反映了该装置可以进一步改进的前景。

　　(2) 热力学分析方法是抓住动力装置中最基本的特征进行分析。因此,可以找出影响动力装置工作性能的主要因素,明确进一步改进的方向。

　　(3) 在热力学分析结论的基础上,可以进一步分析各种实际因素的影响程度,确定相应的修正系数。或者根据经验数据对理想循环的分析结论加以修正,然后就可以应用到实际循环的分析计算中去。

　　分析动力循环的一般步骤如下:

　　(1) 把实际工作循环简化成理想循环,确定表征循环特征的循环特性参数,并表示在 p-v 图及 T-s 图上。

　　(2) 进行参数分析,确定理想循环中各典型点(各过程线的交点)的状态参数,可将它们表示为工质的初态参数和循环特性参数的函数。

　　(3) 进行能量分析,确定各个基本热力过程的能量关系,计算出相应的热量、功量及热力学能变化(或焓的变化)。

　　(4) 进行循环性能的分析,确定表征循环整体性能的各种指标,例如,循环吸热量、循环放热量、循环净热、循环净功、热效率等。分析影响循环性能的因素及改进措施。

　　按照动力装置所用工质性质的不同可以将动力循环分为气体动力循环及蒸气动力循环

两大类,下面分别进行介绍。

10.1　气体动力循环

　　动力装置中的工质如果在其工作条件下可以看作是理想气体,则该动力装置的理想循环称为气体动力循环。限于篇幅,本节仅对内燃机的理想循环做较详细的分析。因为气体动力循环的热力分析方法基本相同,所以对于其他的气体动力循环,这里仅作一般的介绍,分析从略。

10.1.1　内燃机的理想循环

1. 点燃式内燃机实际工作循环的理想化

　　内燃机的工作方式主要取决于燃烧过程的组织情况,而燃烧过程的组织又与燃料的性质密切相关。采用气体燃料或易挥发液体燃料的内燃机都是按点燃式来工作的。

　　图 10-1(a)是在稳定工况下测得的四冲程汽油机的实际示功图,表示气缸中气体压力随气缸容积变化而变化的关系。实际工作循环由下列过程组成。

　　0—1 是吸气过程。容易挥发的汽油在汽化器中就与空气形成一定配比的混合物。当进气门打开,活塞由上止点向下止点移动时,气缸内的压力下降吸入混合物。混合物在通过进气管道进入气缸的过程中再继续混合。因此,在吸气终了时汽油与空气可以混合得非常均匀。

　　1—2 是压缩过程。这时进排气门均已关闭,活塞向上止点移动时压缩可燃混合气体,使其温度及压力都升高,为燃烧创造了良好的条件。

　　2—3 是点火燃烧过程。当活塞接近上止点时,火花塞点火,准备良好的可燃混合气体一经点火就极快地燃烧起来,并在极短的时间内(活塞还来不及移动)燃烧完毕。速燃是点燃式内燃机的重要特征。由于气缸容积基本不变,燃气的温度及压力大幅度地提高。

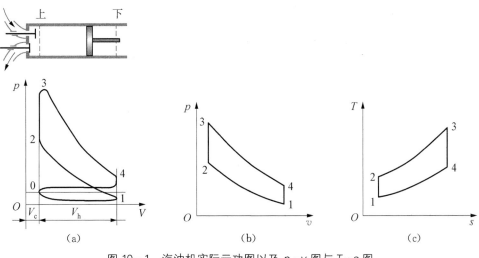

(a)　　　　　　　　(b)　　　　　　　　(c)

图 10-1　汽油机实际示功图以及 p-v 图与 T-s 图

3—4 是膨胀过程。高温高压的燃气推动活塞对外做功,使活塞向下止点移动。

4—0 是排气过程。当活塞接近下止点时,排气门打开,气缸内的压力突然下降。当活塞再由下止点向上止点移动时,就将气缸内的废气排出气缸,接着又开始一个新的工作循环。

实际工作循环是比较复杂的,主要表现在以下几个方面:

(1) 工质周期性更替,工作循环并不是封闭的;在吸气及排气过程中,气缸内工质的量是变化的。

(2) 在循环中,工质的状态及组成都是变化的:吸入的是汽油和空气的混合物燃烧后变成燃气,它是多种组元组成的混合气体;排出的是做功之后的废气。

(3) 点火燃烧是一个复杂的不可逆过程。

(4) 工质在压缩及膨胀时与缸壁之间发生复杂的温差传热过程。

(5) 其他如进排气阀开启的时间(配气相位)、点火时间(点火正时)、冷却状况、流动阻力、节流损失等实际因素均影响工作循环的性能。

在热力学中,可以根据实际工作情况,抓住事物的本质及基本特征,采用一系列的假定,对实际工作循环加以理想化,将它合理地、近似地简化成一个可逆的理想循环,然后再对其进行热力分析。

对于点燃式内燃机,可采用如下假定:

(1) 工质是理想气体,质量为 1 kg,循环是封闭的。实际上,在汽油机的工作循环中,工质的性质及量是变化的,循环也不是封闭的。但是采用上述假定还是合理的。因为无论是汽油蒸气与空气的混合物或是它们燃烧后的燃气,在热力性质上都可看作是理想气体。同时,假定工质质量为 1 kg,其分析结果应用于任意量的工质时,只需乘以质量 m 即可。另一方面,如果暂且不考虑进排气时管道及阀门的阻力,吸气过程及排气过程正好重合,泵气损失为零。这样,就可把实际工作循环看作是个封闭的循环。

(2) 假定工质的压缩过程及膨胀过程都是绝热的。实际上,为了使汽油机的各部件不至于过热,以保证其正常运转,都要采用冷却系统来进行冷却,所以实际的压缩及膨胀过程都不是绝热的,而且换热情况是比较复杂的。但是,将压缩过程及膨胀过程近似地看作是绝热的也是合理的。因为发动机的转速很高,一个压缩或膨胀过程所占的时间很短,在这样短的时间内,工质与外界交换的热量是很小的,因而可以认为是绝热的。

(3) 将点火燃烧过程看作是定容加热过程。实际上,燃烧过程是一个典型的不可逆过程。根据点燃式发动的速燃特征,可以认为汽油机的燃烧过程是在定容下完成的。同时,燃烧过程中燃料的化学能转变成了热能,可以认为是工质从外界吸收了这部分热量。这样,一个不可逆的点火燃烧过程就可用一个可逆的定容加热过程来代替了。

(4) 将排气过程看作是定容放热过程。实际上,当活塞接近下止点时,排气阀门迅速开启,气缸内工质的压力突然下降,可以认为工质的压力是在定容下突然下降到排气压力的。同时,在活塞从下止点向上止点移动的排气过程中,排走的废气总要带走一部分热能,可以认为是工质向外界放出了这部分热量。因此,整个排气过程可以看作是一个定容放热过程。

汽油机的实际工作循环过程经过上述的理想化之后,可看作是由下列四个基本热力过程所组成的理想循环:1—2 定熵压缩过程;2—3 定容加热过程;3—4 定熵膨胀过程;4—1 定容放热过程。汽油机的理想循环称为定容加热循环或奥托循环(Otto cycle)。图 10 - 1

(b)及(c)分别为定容加热循环的 p-v 图及 T-s 图。

表征定容加热循环特性的循环特性参数有压缩比和压力升高比：

(1) 压缩前的比容 v_1 与压缩后的比容 v_2 之比称为压缩比，可表示为

$$\varepsilon = \frac{v_1}{v_2} \tag{10-1}$$

它是表征内燃机工作容积大小的结构参数。因为汽油机中压缩的是汽油与空气的混合物，所以压缩比的提高受到一定的限制，一般在 4～11 的范围内。

(2) 定容加热后的压力 p_3 与加热前的压力 p_2 之比称为压力升高比，简称升压比，可表示为

$$\lambda = \frac{p_3}{p_2} \tag{10-2}$$

它是表示内燃机定容燃烧情况的特征参数。

2. 压燃式内燃机实际工作循环的理想化

柴油机都是采用压燃式的方式工作的。柴油机吸入气缸的是纯粹空气，因而压缩比可高达 12～20，压缩终了时空气的温度可在 500℃ 以上，大大超过了相应压力下柴油的自燃温度，所以当柴油喷入气缸后就会引起自燃。

由于柴油与空气是在气缸内部强制混合的，刚进入气缸的柴油需要和空气接触一段时间，才开始着火。燃料的这个着火准备阶段称为着火落后期或迟燃期。迟燃期的长短取决于柴油的种类及供油的方式。

1) 低速柴油机

大型固定式或低速柴油机一般采用黏性较大、挥发性较差的重柴油为燃料，其迟燃期较长。同时，由于采用压缩空气来喷油，喷油压力不高，喷油速度不快，柴油雾化不良，喷入的柴油不能速燃。相对来说，喷油燃烧将持续较长一段时间，在这段时间内气缸的容积也在增大，一边燃烧一边膨胀，故燃烧过程可看成是在定压下进行的。

图 10-2(a)是在稳定工况下测得的四冲程低速柴油机的实际示功图。这类柴油机的实际工作循环经理想化之后可看作是由下列四个基本热力过程组成：1—2 定熵压缩过程；2—3 定压加热过程；3—4 定熵膨胀过程；4—1 定容放热过程。低速柴油机理想循环称为定压加热循环或狄塞尔循环(Diesel cycle)。图 10-2(b)及(c)分别为定压加热循环的 p-v 图及 T-s 图。

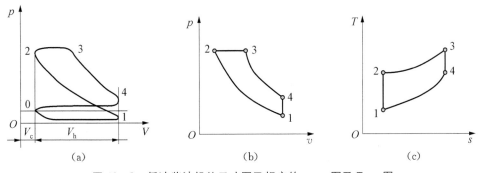

图 10-2　低速柴油机的示功图及相应的 p-v 图及 T-s 图

表征定压加热循环特性的循环特性参数有以下两个：

（1）压缩比 $\qquad\qquad\qquad \varepsilon = \dfrac{v_1}{v_2}$

（2）预胀比，即定压加热后的比容 v_3 与加热前的比容 v_2 的比值，可表示为

$$\rho = \frac{v_3}{v_2} \qquad\qquad\qquad (10-3)$$

它是表征内燃机定压燃烧情况的特征参数。

2）高速柴油机

采用轻柴油作为燃料的高速柴油机是用高压油泵来供油的。油泵的喷油压力可高达几百大气压，喷油速度很快，喷入气缸的柴油雾化得很好。有少量柴油在活塞到达上止点之前就喷入予燃室或涡流室，在高温空气中进行燃烧准备，因此，当活塞到达上止点时其燃烧很迅速，燃烧过程几乎在容积不变的情况下进行。随后持续喷入气缸的柴油可着火燃烧，但活塞同时也在移动。因此，后期的燃烧是在压力几乎不变的情况下进行的。正是由于燃烧分成定容及定压两部分来完成，所以这一过程为混合燃烧过程。图 10-3(a) 是在稳定工况下测得的四冲程高速柴油机的实际示功图，经理想化之后，可看作是由下列五个基本热力过程组成。

1—2 是定熵压缩过程，压缩比 $\varepsilon = \dfrac{v_1}{v_2}$；

2—3 是定容加热过程，升压比 $\lambda = \dfrac{p_3}{p_2}$；

3—4 是定压加热过程，预胀比 $\rho = \dfrac{v_4}{v_3} = \dfrac{T_4}{T_3}$；

4—5 是定熵膨胀过程；

5—1 是定容放热过程。

高速柴油机的喷油燃烧过程分为两个阶段，可以分别理想化成定容加热过程及定压加热过程。因此，整个燃烧过程的特征可用两个循环特性参数 λ 及 ρ 来描述。高速柴油机的理想循环称为混合加热循环（dual cycle）或萨巴太循环（Sabathe' cycle）。图 10-3(b) 和 (c) 分别为混合加热循环的 $p-v$ 图和 $T-s$ 图。

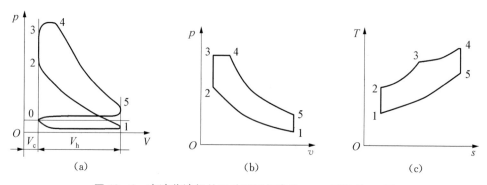

图 10-3　高速柴油机的示功图及相应的 $p-v$ 图和 $T-s$ 图

3. 内燃机理想循环的热力分析

如前所述,分析动力装置的第一步是把实际工作循环合理地、近似地简化成理想循环,找出表示循环特征的特性参数,并表示在 p-v 图及 T-s 图上。我们已经对三种内燃机进行了理想化,并得得出了相应的理想循环。对于理想循环,热力分析的方法都是相同的。下面我们以混合加热循环为例来说明理想循环热力分析的基本内容及方法。

1) 参数分析

假定已知初态参数 T_1、p_1 以及循环特征参数 ε、λ 及 ρ,试确定循环中各典型点上的状态参数,并表示为初态参数及循环特性参数的函数(见图 10-3)。

1—2 为定熵过程,有

$$T_2 = T_1 \varepsilon^{k-1}, \quad p_2 = p_1 \varepsilon^k$$

2—3 为定容加热过程,有

$$\frac{T_3}{T_2} = \frac{p_3}{p_2} = \lambda$$

$$p_3 = p_2 \lambda = p_1 \lambda \varepsilon^k, \quad T_3 = T_2 \lambda = T_1 \lambda \varepsilon^{k-1}$$

3—4 为定压加热过程,有

$$p_4 = p_3 = p_1 \lambda \varepsilon^k, \quad T_4 = T_3 \rho = T_1 \lambda \rho \varepsilon^{k-1}$$

4—5 为定熵过程,5—1 及 2—3 为定容过程,因此有

$$\frac{T_5}{T_4} = \left(\frac{v_4}{v_5}\right)^{k-1} = \left(\frac{v_4}{v_1}\right)^{k-1} = \left(\frac{v_4}{v_3} \frac{v_2}{v_1}\right)^{k-1} = \left(\frac{\rho}{\varepsilon}\right)^{k-1}$$

$$T_5 = T_4 \left(\frac{\rho}{\varepsilon}\right)^{k-1} = T_1 \varepsilon^{k-1} \lambda \rho \left(\frac{\rho}{\varepsilon}\right)^{k-1} = T_1 \lambda \rho^k$$

同理有

$$p_5 = p_4 \left(\frac{\rho}{\varepsilon}\right)^k = p_1 \lambda \rho^k$$

各点的 T 及 p 确定之后,状态就完全确定,其他的状态参数可根据相应的热力学函数求得。

参数分析不仅是进行能量分析的基础,而且求得的状态参数值,如最高压力及最高温度等,有重要的参考价值。

2) 能量分析(假定比热为常数)

对于闭口系统,热力学第一定律普遍表达式可简化成

$$\Delta u = q - w$$

对于定熵过程 1—2,有 $q_{12} = 0$,可得出

$$w_{12} = -\Delta u_{12} = c_v (T_1 - T_2)$$

对于定容加热过程 2—3,显然有 $w_{23} = 0$,可得出

$$\Delta u_{23} = q_{23} = c_v (T_3 - T_2) > 0$$

对于定压加热过程 3—4,可得出

$$\Delta u_{34} = c_v(T_4 - T_3), \quad q_{34} = c_p(T_4 - T_3)$$
$$w_{34} = p(v_4 - v_3) = R(T_4 - T_3) = q_{34} - \Delta u_{34}$$

对于定熵过程 4—5,有 $q_{45} = 0$,可得出

$$w_{45} = -\Delta u_{45} = c_v(T_4 - T_5)$$

对于定容放热过程 5—1,有 $w_{51} = 0$,可得出

$$\Delta u_{51} = q_{51} = c_v(T_1 - T_5) < 0$$

不难看出,各点的温度是必须先求出来的,在参数分析的基础上很容易进行能量分析。这样可以避免用积分公式来计算各个过程中的功量。

3) 理想循环的性能分析

通常,以 q_1 表示循环中系统与高温热库交换的热量,以 q_2 表示循环中系统与低温热库交换的热量,显然有

$$q_1 = q_{23} + q_{34} = c_v(T_3 - T_2) + c_p(T_4 - T_3) \tag{10-4}$$

$$q_2 = q_{51} = c_v(T_1 - T_5) \tag{10-5}$$

根据循环的性质,有

$$\oint \mathrm{d}u = 0 \quad q_0 = \oint \delta q = \oint \delta w = w_0$$

其中,q_0 及 w_0 分别表示循环的净热及循环的净功,有

$$w_0 = q_0 = q_1 + q_2 = q_{23} + q_{34} + q_{51} \tag{10-6}$$

循环热效率为

$$\eta_t = \frac{w_0}{q_1} \tag{10-7}$$

不难看出,在能量分析的基础上,很容易进行循环性能的分析。

值得指出,理想循环的热力计算按照参数分析—能量分析—性能分析的步骤来进行是比较好的,这样不仅简单,而且能获得各种有关的数据。但是,如果要分析影响 η_t、w_0、q_1 及 q_2 的因素,还应当把各点温度的表达式代到式(10-4)、(10-5)、(10-6)及(10-7)中去,进一步导出它们的计算公式。把参数分析的结果代入上述各式,可以得出

$$\begin{aligned} q_1 &= q_{23} + q_{34} = c_v(T_3 - T_2) + c_p(T_4 - T_3) \\ &= c_v T_1 \varepsilon^{k-1} [(\lambda - 1) + k\lambda(\rho - 1)] \end{aligned} \tag{10-8}$$

$$\begin{aligned} q_2 &= q_{51} = c_v(T_1 - T_5) \\ &= c_v T_1(1 - \lambda \rho^k) \end{aligned} \tag{10-9}$$

$$w_0 = q_0 = q_1 + q_2 = q_{23} + q_{34} + q_{51}$$

$$= c_v T_1 \{ \varepsilon^{k-1} [(\lambda - 1) + k\lambda (\rho - 1)] + (1 - \lambda \rho^k) \} \tag{10-10}$$

$$= \frac{p_1 v_1}{k-1} \{ \varepsilon^{k-1} [(\lambda - 1) + k\lambda (\rho - 1)] + (1 - \lambda \rho^k) \}$$

$$\eta_t = \frac{w_0}{q_1} = 1 - \frac{1}{\varepsilon^{k-1}} \left[\frac{\lambda \rho^k - 1}{(\lambda - 1) + k\lambda (\rho - 1)} \right] \tag{10-11}$$

式(10-8)~式(10-11)与式(10-4)~式(10-7)相对应。这类公式仅供分析用,不必死记。从式(10-10)及(10-11)可以看出,循环特性参数 ε、λ 及 ρ 对循环净功和循环热效率有显著的影响。提高压缩比 ε 可以提高 w_0 和 η_t,因此应当尽可能提高压缩比。提高升压比 λ、降低预胀比 ρ 都能提高 w_0 及 η_t,因此,在组织燃烧过程时,应尽可能增加定容燃烧部分的比例,减少定压部分的比例。另外,从式(10-10)及(10-11)还可以看出,在循环特性参数(ε、λ 及 ρ)一定的条件下,提高初态参数对热效率虽然并无影响,但可以提高循环净功。因此,可以采用"增压"的措施来提高柴油机的功率。

定容加热循环及定压加热循环可以采用如上所述的方法来分析。从热力学观点看,这两种理想循环都是混合加热循环的特例。

对于定容加热循环,$\rho = 1$,由式(10-10)及式(10-11),可以得出

$$w_0 = \frac{p_1 v_1}{k-1} (\lambda - 1)(\varepsilon^{k-1} - 1) \tag{10-12}$$

$$\eta_t = 1 - \frac{1}{\varepsilon^{k-1}} \tag{10-13}$$

对于定压加热循环,$\lambda = 1$,可以得出

$$w_0 = \frac{p_1 v_1}{k-1} [k\varepsilon^{k-1} (\rho - 1) - (\rho^k - 1)] \tag{10-14}$$

$$\eta_t = 1 - \frac{\rho^k - 1}{k\varepsilon^{k-1}(\rho - 1)} \tag{10-15}$$

例 10-1　活塞式内燃机混合加热循环的参数为 $p_1 = 0.1\,\text{MPa}$、$T_1 = 17℃$,压缩比 $\varepsilon = 16$,压力升高比 $\lambda = 1.4$,预胀比 $\rho = 1.7$。假定工质为空气且比热为定值,试计算循环各点的基本状态参数及循环的净功和热效率,并将该循环过程表示在 p-v 图及 T-s 图上。

解　先将混合加热循环表示在 p-v 图及 T-s 图上,如图 10-3 所示。

(1) 参数分析。

态 1:
$$p_1 = 0.1\,\text{MPa}, \quad T_1 = 17℃ = 290\,\text{K}$$

$$v_1 = \frac{RT_1}{p_1} = \frac{0.287\,1 \times 290}{100} = 0.833(\text{m}^3/\text{kg})$$

态 2:
$$T_2 = T_1 \varepsilon^{k-1} = 290(16)^{0.4} = 879.1(\text{K})$$

$$p_2 = p_1 \varepsilon^k = 100(16)^{1.4} = 4\,850(\text{kPa})$$

$$v_2 = \frac{v_1}{\varepsilon} = \frac{0.833}{16} = 0.052\,1(\text{m}^3/\text{kg})$$

态 3：
$$v_3 = v_2 = 0.052\ 1\ (\text{m}^3/\text{kg})$$
$$p_3 = p_2\lambda = 4\ 850 \times 1.4 = 6\ 790\ (\text{kPa})$$
$$T_3 = T_2\lambda = 879.1 \times 1.4 = 1\ 230.7\ (\text{K})$$

态 4：
$$p_4 = p_3 = 6\ 790\ \text{kPa}$$
$$v_4 = v_3\rho = 0.052\ 1 \times 1.7 = 0.088\ 57\ (\text{m}^3/\text{kg})$$
$$T_4 = T_3\rho = 1\ 230.7 \times 1.7 = 2\ 092.2\ (\text{K})$$

态 5：
$$v_5 = v_1 = 0.833\ \text{m}^3/\text{kg}$$
$$p_5 = p_4\left(\frac{\rho}{\varepsilon}\right)^k = 6\ 790\left(\frac{1.7}{16}\right)^{1.4} = 294\ (\text{kPa})$$
$$T_5 = \frac{p_5 v_5}{R} = \frac{294 \times 0.833}{0.287\ 1} = 853.4\ (\text{K})$$

（2）循环净功及热效率。

$$q_{23} = c_v(T_3 - T_2) = 0.716(1\ 230.7 - 879.1) = 251.75\ (\text{kJ/kg})$$
$$q_{34} = c_p(T_4 - T_3) = 1.004(2\ 092.2 - 1\ 230.7) = 864.95\ (\text{kJ/kg})$$
$$q_1 = q_{23} + q_{34} = 1\ 176.70\ (\text{kJ/kg})$$
$$q_2 = q_{51} = c_v(T_1 - T_5) = 0.716(290 - 853.4) = -403.39\ (\text{kg/kJ})$$
$$q_0 = q_1 + q_2 = 1\ 116.70 - 403.39 = 713.31\ (\text{kJ/kg})$$
$$w_0 = q_0 = 713.31\ (\text{kJ/kg})$$
$$\eta_t = \frac{w_0}{q_1} = \frac{713.31}{1\ 116.70} = 0.639$$

也可以直接用式（10-10）及式（10-11）来计算：

$$w_0 = c_v T_1\{\varepsilon^{k-1}[(\lambda-1) + k\lambda(\rho-1)] + (1-\lambda\rho^k)\}$$
$$= 0.716 \times 290\{16^{0.4}[(1.4-1) + 1.4 \times 1.4(1.7-1)] + (1-1.4 \times 1.7^{1.4})\}$$
$$= 712\ (\text{kJ/kg})$$

$$\eta_t = \frac{w_0}{q_1} = 1 - \frac{1}{\varepsilon^{k-1}}\left[\frac{\lambda\rho^k - 1}{(\lambda-1) + k\lambda(\rho-1)}\right]$$
$$= 1 - \frac{1}{16^{0.4}}\left[\frac{1.4 \times 1.7^{1.4} - 1}{(1.4-1) + 1.4 \times 1.4(1.7-1)}\right] = 0.638$$

提示　混合加热循环的循环净功及热效率计算公式主要用于分析各种参数对理想循环性能的影响，虽然也可以直接用它们来计算 w_0 及 η_t，但这种计算方法并不好，只能得出最后的计算结果，许多有用的数据都丢失了。采用解题所应用的方法，思路清楚，步骤明确，公式简单容易记忆，难点分散，数据齐全，而且不必去记长公式。

4. 比较理想循环性能的方法

1）平均温度及等效卡诺效率

如图 10-4 所示，有一个任意的可逆正循环 a—b—c—d—a。其中 a—b—c 为加热过程，加入的热量为 q_1，可用 T-s 图上过程线下的面积 $abcs_cs_aa$ 表示；c—d—a 为放热过程，放出的热量为 q_2，可用过程线下的面积 $cdas_as_cc$ 表示。

如果采用相同比熵变化范围的定温过程 A—B 替代原来的加热过程 a—b—c，且具有相同的加热量 q_1，则该定温过程的温度称为平均加热温度，用 $\overline{T}_1$ 表示。平均加热温度的定义表达式为

$$\overline{T}_1 = \frac{q_1}{s_c - s_a} = \frac{\text{面积 } abcs_cs_aa}{s_c - s_a} = \frac{\text{面积 } ABs_cs_aA}{s_c - s_a} \tag{10-16}$$

$$q_1 = \text{面积 } ABs_cs_aA = \overline{T}_1(s_c - s_a) \tag{10-17}$$

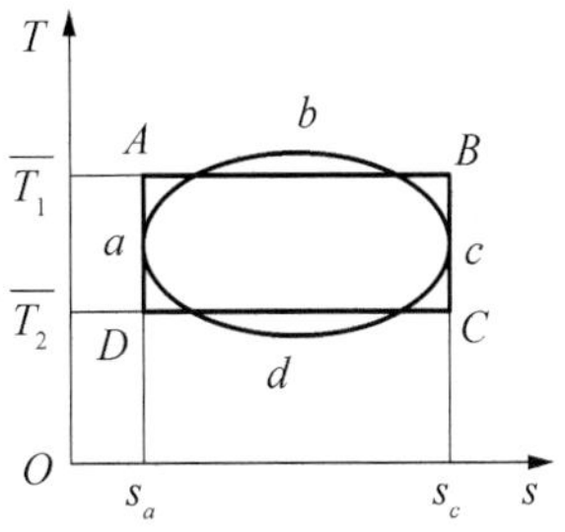

图 10-4 平均温度及等效卡诺效率

如果用相同比熵变化范围的定温过程 C—D 替代原来的放热过程 c—d—a，且具有相同的放热量 q_2，则该定温过程的温度称为平均放热温度，用 $\overline{T}_2$ 表示。平均放热温度的定义表达式为

$$\overline{T}_2 = \frac{q_2}{s_a - s_c} = \frac{\text{面积 } cdas_as_cc}{s_a - s_c} = \frac{\text{面积 } CDs_as_cC}{s_a - s_c} \tag{10-18}$$

$$q_2 = \text{面积 } CDs_as_cC = \overline{T}_2(s_a - s_c) \tag{10-19}$$

有了平均加热温度及平均放热温度的概念后，任意可逆循环 a—b—c—d—a 的热效率可表示为

$$\eta_t = \frac{w_0}{q_1} = 1 + \frac{q_2}{q_1} = 1 + \frac{\overline{T}_2(s_a - s_c)}{\overline{T}_1(s_c - s_a)} = 1 - \frac{\overline{T}_2}{\overline{T}_1} \tag{10-20}$$

式(10-20)是等效卡诺循环热效率的定义表达式，它说明任何一个正向循环都可以用一个工作在平均加热温度与平均放热温度之间的等效卡诺循环来替代，它们具有相同的热效率。等效卡诺循环的热效率是评价理想循环经济性能的重要指标。

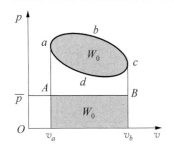

图 10-5 理想循环的平均压力

2) 理想循环的平均压力

如图 10-5 所示，有一个任意的可逆正循环 a—b—c—d—a，循环净功为 w_0，可以用 p-v 图上循环封闭曲线所包围的面积 $abcda$ 来表示。

如果有一个定压过程 A—B 与原先的循环具有相同的比容变化范围，而且 A—B 过程的功量恰好等于循环净功，则该压力称为循环平均压力，用 $\overline{p}$ 表示。循环平均压力的定义表达式为

$$\overline{p} = \frac{w_0}{v_c - v_a} = \frac{\text{面积 } abcda}{v_c - v_a} = \frac{\text{面积 } ABv_cv_aA}{v_c - v_a} \tag{10-21}$$

$$w_0 = \text{面积 } ABv_cv_aA = \overline{p}(v_c - v_a) = \overline{p}v_h \tag{10-22}$$

由式(10-21)可知，$v_h = (v_c - v_a)$ 是表征内燃机工作容积大小的结构参数，平均压力 $\overline{p}$ 表示单位气缸容积的循环净功，是内燃机动力性能的重要指标。$\overline{p}$ 越大，说明相同工作容积的内燃机可以获得较大的循环净功，或者获得相同的循环净功所需内燃机的尺寸可以小些。

$\bar{p}$ 越大,内燃机动力性能越好。

5. 内燃机理想循环性能的比较

前面已经根据循环净功 w_0 及热效率 η_t 的计算公式分析了初态参数及循环特性参数对循环性能的影响。现在利用平均温度及平均压力的概念,可以更直观地在 $p-v$ 图及 $T-s$ 图上分析比较这些参数对循环性能的影响。

1) 定容加热循环性能的比较

图 10-6 中 a—b—c—d—a 是定容加热循环;a'—b'—c—d—a' 表示在升压比 λ 不变的条件下,增大压缩比 ε 之后的定容加热循环;a—b''—c''—d—a 表示在压缩比 ε 不变的条件下,增大升压比 λ 之后的定容加热循环。

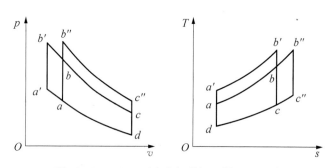

图 10-6　ε 及 λ 对定容加热循环性能的影响

在初态参数及升压比 λ 不变的条件下,从 $T-s$ 图可以看出,提高压缩比 ε,平均加热温度 $\bar{T}_1$ 明显提高,而平均放热温度 $\bar{T}_2$ 不变,因此循环热效率随 ε 增大而提高。从 $p-v$ 图可以看出,提高压缩比 ε,循环净功 w_0 明显增大,但工作容积也随 ε 增大而增大,因此,循环平均压力基本不变。所以,压缩比 ε 是影响汽油机经济性的决定因素。增大压缩比虽然会增大发动机的尺寸,但功率也随之增大了。

在初态参数及压缩比 ε 不变的条件下,从 $p-v$ 图可以看出,提高升压比 λ,即增加燃料量,可以使循环净功 w_0 明显提高,而工作容积不变(因 ε 不变),所以循环平均压力明显提高。从 $T-s$ 图可以看出提高升压比 λ,平均加热温度 $\bar{T}_1$ 及平均放热温度 $\bar{T}_2$ 同时提高,因此,升压比对循环热效率并无影响。可见,升压比 λ 是影响汽油机动力性能的决定因素。

2) 定压加热循环性能的比较

图 10-7 中 a—b—c—d—a 是定压加热循环;a'—b'—c—d—a' 表示预胀比 ρ 不变,增

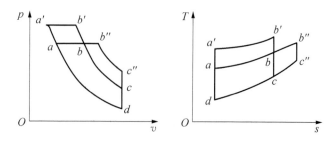

图 10-7　ε 及 ρ 对定压加热循环性能的影响

大压缩比 ε 之后的定压加热循环;$a—b''—c''—d—a$ 表示 ε 不变,增大 ρ 之后的定压加热循环。

在初态参数及预胀比 ρ 不变的条件下,提高压缩比 ε 可以提高循环热效率 η_t 和循环净功 w_0 及功率,同时,工作容积也随 ε 增大而增大,因此,循环平均压力 $\bar{p}$ 基本不变。在初态参数及压缩比 ε 不变的条件下,提高预胀比 ρ,即增加燃料量,可以明显地提高循环净功、功率及循环平均压力。可见,预胀比是影响定压加热循环动力性能的决定因素。从 $T - s$ 图可以看出,提高预胀比 ρ,平均加热温度 $\bar{T}_1$ 与平均放热温度 $\bar{T}_2$ 都可提高,但因定压线比定容线平坦,$\bar{T}_1$ 增大的幅度比 $\bar{T}_2$ 增大的幅度小,所以,循环热效率随预胀比 ρ 的增加而降低。

3) 混合加热循环性能的比较

图 10 - 8(a)表示在初态(e)及 λ 和 ρ 不变的条件下,提高压缩比 ε 对混合加热循环的影响。显然,当 ε 提高时,可以提高循环热效率 η_t、循环净功 w_0 及功率,但循环平均压力 $\bar{p}$ 基本不变。

图 10 - 8(b)表示,在初态(e)、压缩比 ε 及放热量 q_2 不变(平均放热温度 $\bar{T}_2$ 也不变)的条件下,提高 λ、降低 ρ(循环 $ab'c'da$)可以提高循环热效率 η_t 及循环净功 w_0;降低 λ 及提高 ρ(循环 $ab''c''de$),则循环热效率 η_t 及循环净功 w_0 都减小。图 10 - 8(c)表示,在初态(e)、压缩比 ε 及加热量 q_1 不变的条件下,也有相同的结论。可见,增大定容加热的比例,减小定压加热的比例,对提高混合加热循环的经济性及动力性都有好处。

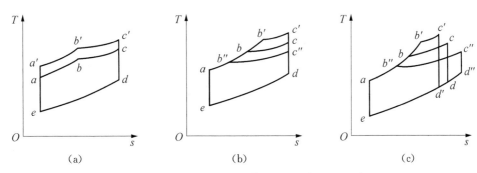

图 10 - 8　ε、λ 及 ρ 对混合加热循环性能的影响

例 10 - 2　试在相同的极限温度范围内及相同的极限比容范围内分别比较卡诺循环、奥托循环、狄塞尔循环以及萨巴太循环的循环净功及热效率的大小。

解　(1) 在相同的极限温度范围内的比较。

图 10 - 9 中,$a—b—c—d—a$ 是卡诺循环,$d—1—b—2—d$ 是奥托循环,$d—3—4—b—2—d$ 是萨巴太循环,$d—5—6—2—d$ 是狄塞尔循环。这些循环具有相同的最高温度 T_b 及相同的最低温度 T_d。

循环净功可以用循环的封闭面积来表示,从图 10 - 9(a)的 $p - v$ 图中可以看出:

$$w_{0卡诺} > w_{0狄塞尔} > w_{0萨巴太} > w_{0奥托}$$

从图 10 - 9(b)的 $T - s$ 图上可以看出,循环的平均加热温度的关系为

$$\bar{T}_{1卡诺} > \bar{T}_{1狄塞尔} > \bar{T}_{1萨巴太} > \bar{T}_{1奥托}$$

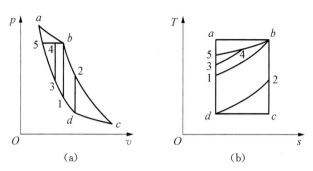

图 10 - 9 相同极限温度范围内的比较

循环的平均放热温度的关系为

$$\overline{T}_{2卡诺} < \overline{T}_{2狄塞尔} = \overline{T}_{2萨巴太} = \overline{T}_{2奥托}$$

因此,循环热效率的关系为

$$\eta_{t卡诺} = \left(1 - \frac{T_d}{T_b}\right) > \eta_{t狄塞尔} > \eta_{t萨巴太} > \eta_{t奥托}$$

在相同的极限温度范围内,卡诺循环的热效率最高,循环净功也最大,故卡诺循环也称为限温循环,表征在限温条件下循环性能的最高标准。

(2)在相同的极限比容范围内的比较。

图 10 - 10 中,1—2—3—4—1 是奥托循环,1—2—5—6—4—1 是萨巴太循环,1—2—7—4—1 是狄塞尔循环,2—a—4—b—2 是卡诺循环。这些循环具有相同的最大比容 v_1 及相同的最小比容 v_2。同理,从图中可以看出如下关系:

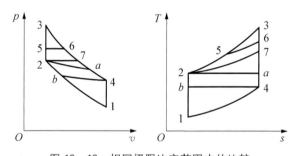

图 10 - 10 相同极限比容范围内的比较

$$w_{0卡诺} < w_{0狄塞尔} < w_{0萨巴太} < w_{0奥托}$$

$$\overline{T}_{1卡诺} < \overline{T}_{1狄塞尔} < \overline{T}_{1萨巴太} < \overline{T}_{1奥托}$$

$$\overline{T}_{2卡诺} > \overline{T}_{2狄塞尔} = \overline{T}_{2萨巴太} = \overline{T}_{2奥托}$$

$$\eta_{t卡诺} < \eta_{t狄塞尔} < \eta_{t萨巴太} < \eta_{t奥托}$$

在相同的极限比容范围内,奥托循环的热效率最高,循环净功也最大,故奥托循环也称为限容循环,表征在限容条件下循环性能的最高标准。

10.1.2　其他气体动力循环简介

1. 勃雷顿循环(Brayton cycle)

图 10-11(a)所示是最简单的开式燃气轮机装置,它由压气机、燃烧室和气轮机三部分所组成。工作时,空气被压气机压缩到一定压力后送入燃烧室;燃料喷入燃烧室后在压缩空气中定压燃烧;高温燃气在气轮机中膨胀并推动叶轮做功;废气经气轮机出口排向大气。在开式的燃气轮机装置中,压气机压缩的是空气,气轮机中膨胀做功的是燃气,排向大气的是废气。其工作循环不是封闭的,工质不断更替,工质的状态及组成是不断变化的。

图 10-11(b)所示是闭式的燃气轮机装置,其工作循环是封闭的,工质可以循环使用。工作时,工质(如氦气)被压气机压缩升压后送入加热器;采用外部加热的方法使工质达到所需的高温;高温工质在气轮机中膨胀做功;气轮机排出的工质经冷却器冷却后再进入压气机。根据燃气轮机装置循环工作的特征,不论开式的或是闭式的,经理想化之后,都可近似地、合理地看作是由下列四个基本热力过程所成的理想循环:

1—2 定熵压缩过程(在压气机中完成);

2—3 定压加热过程(在燃烧室或加热器中完成);

3—4 定熵膨胀过程(在气轮机中完成);

4—1 定压冷却过程(在大气中或冷却器中完成)。

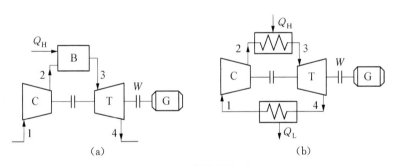

图 10-11　燃气轮机装置

(a)开式;(b)闭式。

燃气轮机装置的理想循环称为定压加热燃气轮机循环,或勃雷顿循环。图 10-12 是勃雷顿循环的 $p\text{-}v$ 图及 $T\text{-}s$ 图。

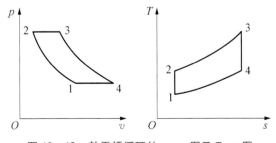

图 10-12　勃雷顿循环的 $p\text{-}v$ 图及 $T\text{-}s$ 图

勃雷顿循环的循环特性参数:

（1）增压比 π。

$$\pi = \frac{p_2}{p_1} \qquad (10-23)$$

增压比是表征压气机工作特征的参数，说明定熵压缩过程中压力升高的倍数。

（2）升温比 τ。

$$\tau = \frac{T_3}{T_1} \qquad (10-24)$$

升温比是循环中最高温度与最低温度（初态温度）的比值。其中初态温度基本不变，所以升温比是表征循环最高温度的循环特性参数。活塞式内燃机是在周期性稳定工况下工作的，仅在短期内出现高温，因此，可以允许相当高的循环最高温度（2 000～3 000 K）。燃气轮机装置是在连续的稳定工况下工作的，气轮机中的喷管及叶片必须在持续的高温下工作。因此，循环最高温度受耐高温材料的制约，是一个必须加以控制的重要参数。目前一般采用的循环最高温度为 1 000～1 300 K。若选用较好的耐热合金，并采取气膜冷却等措施，已能使循环最高温度达到 1 800 K，甚至更高。

在参数分析及能量分析的基础上，不难导出循环净功及热效率的计算公式：

循环净功的计算公式为

$$
\begin{aligned}
w_0 = q_0 &= c_p(T_3 - T_2 + T_1 - T_4) \\
&= c_p T_1 \left[\tau \left(1 - \frac{1}{\pi^{\frac{k-1}{k}}} \right) - (\pi^{\frac{k-1}{k}} - 1) \right]
\end{aligned}
\qquad (10-25)
$$

循环热效率的计算公式为

$$
\begin{aligned}
\eta_t = \frac{w_0}{q_1} = 1 + \frac{q_2}{q_1} &= 1 + \frac{c_p(T_1 - T_4)}{c_p(T_3 - T_2)} \\
&= 1 - \frac{T_1 \left(1 - \frac{T_4}{T_1} \right)}{T_2 \left(1 - \frac{T_3}{T_2} \right)} = 1 - \frac{T_1}{T_2} = 1 - \frac{1}{\pi^{\frac{k-1}{k}}}
\end{aligned}
\qquad (10-26)
$$

式（10-26）说明，在升温比 τ 及定熵指数 k 一定的条件下，随着增压比 π 的增大，循环热效率 η_t 总是提高的。但是，在选择增压比 π 时，应同时兼顾 η_t 及 w_0，不能单纯追求高热效率。

由式（10-25）可知，提高循环最高温度 T_3 总能使输出的循环净功 w_0 增加，是改善勃雷顿循环性能的决定因素。目前，制约 T_3 提高的主要因素是金属材料的耐热强度。所以，研制并采用能承受高温的耐热材料来提高 T_3 仍是改善燃气轮机装置工作性能的一个主要方向。

例 10-3 试证明在相同的极限压力范围内，勃雷顿循环的循环净功最大及循环热效率最高。

解 （1）勃雷顿循环与卡诺循环的比较。

图 10-13 中，1—2—3—4—1 是勃雷顿循环，2—b—4—d—2 是相同极限压力范围内的卡诺循环。比较两个循环封闭面积的大小以及平均吸（放）热温度的高低，显然有

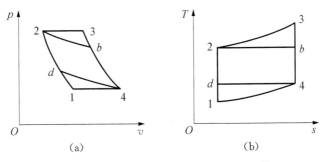

图 10 - 13　勃雷顿循环与卡诺循环的比较

$$w_{0勃雷顿} > w_{0卡诺}, \quad \eta_{t勃雷顿} > \eta_{t卡诺}$$

（2）勃雷顿循环与内燃机理想循环的比较。

在图 10 - 14 中，1—2—3—4—1 是勃雷顿循环，1—2—3—7—1 是狄塞尔循环，1—5—6—3—7—1 是萨巴太循环，1—8—3—7—1 是奥托循环，它们具有相同的极限压力范围。显然有

$$w_{0勃雷顿} > w_{0狄塞尔} > w_{0萨巴太} > w_{0奥托}$$

$$\eta_{t勃雷顿} > \eta_{t狄塞尔} > \eta_{t萨巴太} > \eta_{t奥托}$$

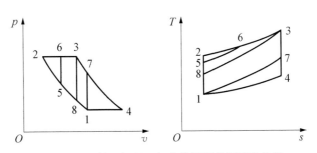

图 10 - 14　勃雷顿循环与内燃机理想循环的比较

勃雷顿循环又称为限压循环，表征在限压条件下循环性能的最高标准。

2. 理想回热循环

1）斯特林循环

早在 1816 年卡诺循环问世之前，斯特林（Robert Stirling）就提出了采用空气回热措施的活塞式热空气发动机，这种发动机称为斯特林发动机。

活塞式热气发动机的理想循环称为斯特林循环，在图 10 - 15 中，用 $a—b—c—d—a$ 来表示。它包括下列四个可逆过程：

$a—b$ 为定温压缩过程，并向低温热库放热；

$b—c$ 为定容吸热过程（从回热器中吸热）；

$c—d$ 为定温膨胀过程，从高温热库吸热；

$d—a$ 为定容放热过程（向回热器放热）。

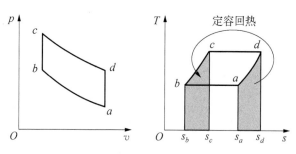

图 10 - 15　斯特林发动机的理想循环

在这个理想的定容回热循环中,定容放热过程 d—a 所放出的热量储存于回热器中,而在定容吸热过程 b—c 中,这些热量又全部被工质回收,即

$$q_{bc} = -q_{da} = 面积\ bcs_cs_bb = 面积\ ads_ds_aa$$

因此,在这两个定容过程中,工质与外界并未交换热量。

循环中工质从外热源吸收的热量 $q_1 = q_{cd}$;循环中工质向外界放出热量 $q_2 = q_{ab}$。 循环的净热为

$$q_0 = q_{ab} + q_{cd} = w_0$$

循环的热效率为

$$\eta_t = \frac{w_0}{q_1} = \frac{q_{ab} + q_{cd}}{q_{cd}} = 1 + \frac{q_{ab}}{q_{cd}}$$

$$= 1 + \frac{RT_a \ln\left(\dfrac{v_b}{v_a}\right)}{RT_c \ln\left(\dfrac{v_d}{v_c}\right)} = 1 - \frac{T_a}{T_c} \tag{10-27}$$

式(10-27)说明,在相同的温度范围内,理想的定容回热循环(斯特林循环)与卡诺循环具有相同的热效率。

斯特林循环的突出优点是热效率高、污染少,对加热方式的适应性强。但是,长期以来由于各种技术问题无法克服,阻碍了它的应用。近年来,科技的发展以及环境保护日益被人们所重视为斯特林循环的应用创造了有利的条件。

2)埃里克森循环

1883 年,埃里克森(Ericsson)提出了理想的定压回热循环,它是一种开式循环,用定压回热代替了斯特林循环中的定容回热。

埃里克森定压回热理想循环 a—b—c—d—a 如图 10 - 16 所示,由下列四个可逆过程

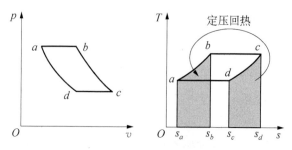

图 10 - 16　埃里克森定压回热理想循环

组成：

a—b 为定压吸热过程（从回热器中吸热）；

b—c 为定温膨胀过程，并从高温热库吸热；

c—d 为定压放热过程（向回热器中放热）；

d—a 为定温压缩过程，并向低温热库放热。

同理有
$$q_{ab} = -q_{cd} = \text{面积}\ abs_b s_a a = \text{面积}\ dcs_c s_d d$$

$$q_0 = q_1 + q_2 = q_{bc} + q_{da} = w_0$$

$$\eta_t = \frac{w_0}{q_1} = \frac{q_{bc} + q_{da}}{q_{bc}} = 1 + \frac{q_{da}}{q_{bc}}$$

$$= 1 + \frac{-RT_a \ln\left(\frac{p_d}{p_a}\right)}{-RT_c \ln\left(\frac{p_b}{p_c}\right)} = 1 - \frac{T_a}{T_c} \tag{10-28}$$

式(10-28)说明，在相同的温度范围内，理想的定压回热循环（埃里克森循环）与卡诺循环具有相同的热效率。理想回热循环（斯特林循环及埃里克森循环）通常称为概括性卡诺循环。

实践证明，采用回热措施可以提高循环热效率，这也是一种回收余热的重要途径。

10.2　蒸汽动力装置

10.2.1　朗肯循环

1. 简单蒸汽动力装置及其理想循环

图 10-17(a)是最简单的蒸汽动力装置的示意图，它由锅炉、汽轮机、冷凝器及水泵等四个基本的热力设备组成。现代大型热力发电厂的动力装置都是在这个基本动力装置的基础上发展起来的。

蒸汽动力装置是以水为工质。在锅炉中，水经历一个定压吸热过程，从压缩水变成过热蒸气。高温高压的过热蒸汽在汽轮机中绝热膨胀，推动叶轮输出轴功。从汽轮机出来的乏汽在冷凝器中定压凝结成饱和水，凝结过程中放出的汽化潜热被冷却水带走。通过水泵，将冷凝后的低压饱和水加压成高压的压缩水后再输入锅炉。这样，水在蒸气动力装置中就完成了一个封闭的工作循环。

简单蒸汽动力装置的实际工作循环经理想化后可看作是由下列四个基本的可逆过程组成的理想循环，即为朗肯循环。朗肯循环的 p-v 图及 T-s 图示于图 10-17(b)中。

4—1 过程为锅炉中定压产生水蒸气的过程；

1—2 过程为水蒸气在汽轮机中的定熵膨胀过程；

2—3 过程为乏汽在冷凝器中的定压凝结过程；

3—4 过程为水泵对水的定熵压缩过程。

表征朗肯循环特性的循环特性参数为从锅炉中输出的过热蒸汽状态 t_1、p_1 以及由冷凝器中的冷凝状态所确定的汽轮机的排气压力 p_2。

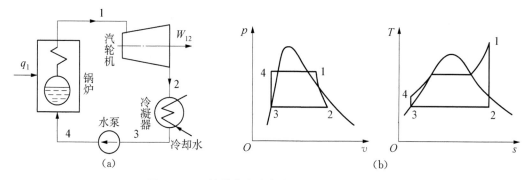

图 10 - 17 简单蒸汽动力装置及朗肯循环图示

2. 朗肯循环的热力分析

1) 参数分析

根据状态公理,知道两个独立的状态参数之后,水蒸气的状态就完全确定,其他的状态参数可利用水蒸气的热力性质表或 $h-s$ 图来查取。如果已知朗肯循环的特性参数 t_1、p_1 及 p_2,则根据组成循环的各个基本热力过程的特征,就可以确定循环过程中各典型点的状态,具体确定方法如下。

态 1:根据 t_1 及 p_1,可查得 h_1 及 s_1。

态 2:根据 p_2 及 $s_2 = s_1$,可查得 h_2 及 t_2。

态 3:根据 $p_3 = p_2$ 及 $x_3 = 0$,可确定 h_3 及 s_3。

态 4:根据 $p_4 = p_1$ 及 $s_4 = s_3$,可确定 h_4 及 t_4。

值得指出,由于水的比容比水蒸气的比容小得多,因此,在相同的压力变化范围内,水泵所消耗的轴功也比汽轮机输出的轴功小得多,仅占 2% 左右。所以在蒸汽动力装置的实际计算中,泵功可以忽略不计,即 $w_{34} = h_3 - h_4 \approx 0$,$h_4 \approx h_3$。这样,状态 4 的状态参数可表示为

$$p_4 = p_1, \quad s_4 = s_3, \quad h_4 \approx h'_3, \quad t_4 \approx t_3 = t_2$$

2) 能量分析

在参数分析的基础上根据热力学第一定律的普遍表达式,不难算出各个过程中的热量及功量,具体计算公式如下。

$$q_{41} = h_1 - h_4 = h_1 - h_3 = h_1 - h'_2$$
$$w_{12} = h_1 - h_2$$
$$q_{23} = h_3 - h_2 = h'_2 - h_2$$
$$w_{34} = h_3 - h_4 \approx 0 \quad (泵功不计)$$

3) 循环性能分析

循环中的吸热量 $\qquad q_1 = q_{41} = h_1 - h'_2$

循环中放出的热量 $\qquad q_2 = q_{23} = h'_2 - h_2$

循环的净热及净功 $\qquad q_0 = q_1 + q_2 = h_1 - h_2 = w_0$

循环的热效率
$$\eta_t = \frac{w_0}{q_1} = \frac{h_1 - h_2}{h_1 - h_2'}$$

输出 1 kW·h 功量所消耗的蒸汽量称为汽耗率,用 d 表示,则

$$d = \frac{3\,600}{w_0} = \frac{3\,600}{\eta_t q_1} = \frac{3\,600}{h_1 - h_2}(\mathrm{kg/(kW \cdot h)}) \qquad (10-29)$$

从式(10-29)可以看出,在 q_1 一定的条件下,热效率 η_t 越高,则汽耗率 d 越低,它们都是表征循环经济性的指标。从以上公式还可看出,当循环特性参数 t_1、p_1 及 p_2 确定之后,循环的各种性能参数都能确定并可计算出来。

3. 循环特性参数对朗肯循环热效率的影响

1)初温 t_1 的影响

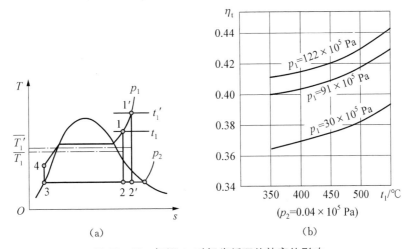

图 10-18 初温 t_1 对朗肯循环热效率的影响

图 10-18(a)中,1—2—3—4—1 代表初温为 t_1 的朗肯循环,1′—2′—3—4—1′代表在初压 p_1 及背压 p_2 不变的条件下,初温提高到 $t_{1'}$ 时的朗肯循环。显然,由于 $t_{1'} > t_1$,定压吸热过程中的平均吸热温度也随之提高,有 $\overline{T_{1'}} > \overline{T_1}$。同时,这两个循环的平均放热温度不变,都等于背压 p_2 下的饱和温度,即 $\overline{T_{2'}} = \overline{T_2} = T_{s(p_2)}$。这样,根据等效卡诺循环热效率的概念,可得出

$$\eta_t' = \left(1 - \frac{\overline{T_{2'}}}{\overline{T_{1'}}}\right) > \left(1 - \frac{\overline{T_{2'}}}{\overline{T_1}}\right)$$

上式表明,在 p_1 及 p_2 不变的条件下,提高初温 t_1 可以提高朗肯循环的热效率。朗肯循环热效率随初温而变化的关系曲线如图 10-18(b)所示。此外,提高蒸气初温 t_1 还可以提高汽轮机出口乏气的干度,即 $x_{2'} > x_2$,这对改善汽轮机的工况是很重要的。

2)初压 p_1 的影响

图 10-19(a)所示的两个朗肯循环分别表示在相同的 T_1 及 p_2 条件下,初压不同时的情况,利用平均加热温度、平均放热温度以及等效卡诺效率的概念不难看出,当 $p_{1'} > p_1$ 时有

如下关系：

$$\overline{T}_{1'} > \overline{T}_1, \quad \overline{T}_{2'} = \overline{T}_2 = T_{s(p_2)}, \quad \eta_t' > \eta_t$$

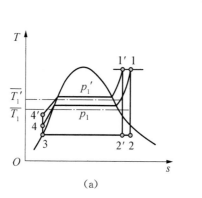 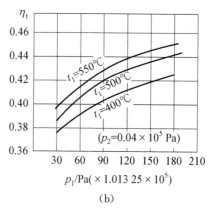

图 10-19　初压 p_1 对朗肯循环热效率的影响

可见，在 T_1 及 p_2 不变的条件下，提高初压 p_1，可以提高朗肯循环的热效率。从图 10-19(a)还可以看出，随着初压 p_1 的提高，汽轮机出口乏气的干度降低，即 $x_{2'} < x_2$。乏气中水分的增加不仅影响汽轮机的工作性能，而且由于水滴的冲击，汽轮机叶片的使用寿命降低。由提高初压而引起的干度下降问题是不能忽视的。图 10-19(b)中的一组曲线表示在相同的背压 p_2 及不同初温 t_1 条件下，朗肯循环的热效率 η_t 随初压升高而提高。同时也可看出，初温 t_1 越高，效率曲线的位置越高，说明在相同的初压下，η_t 随 t_1 升高而升高。

　　3）背压 p_2 的影响

　　从图 10-20 可以看出，在 t_1 及 p_1 不变的条件下，随着汽轮机背压的降低，即 $p_{2'} < p_2$，有
$$\overline{T}_{1'} = \overline{T}_1; \quad \overline{T}_{2'} < \overline{T}_2$$
$$\eta_t' > \eta_t, \quad w_0' > w_0, \quad x_{2'} < x_2$$

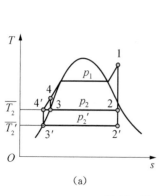 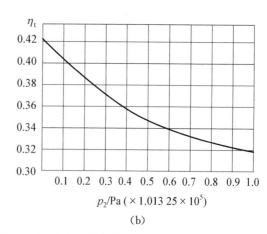

图 10-20　背压 p_2 对朗肯循环热效率的影响

可见,在 t_1 及 p_1 不变的条件下,降低背压 p_2 可以提高朗肯循环的热效率及循环净功。此外,汽轮机排气干度 x_2 随 p_2 的下降而降低,这对汽轮机是不利的。但背压 p_2 取决于冷凝器中所能维持的冷凝温度,背压 p_2 就是这个冷凝温度的饱和压力。降低冷凝器的温度就能降低背压。冷凝温度的降低受周围环境温度(或冷却水温度)的限制,通常冷凝温度在 $25\sim$ 32℃之间,所以背压 p_2 在 $0.003\sim0.005$ MPa 的范围内。

综上所述,提高初态参数 t_1、p_1 及降低背压 p_2 可以提高循环热效率,改善循环性能。现代蒸汽动力循环都朝着高参数、大容量的方向发展。

例 10 - 4   已知朗肯循环的循环特性参数为 $p_1 = 3.5$ MPa、$t_1 = 430℃$、$p_2 = 0.005$ MPa,试计算循环热效率。若其他条件不变,仅改变其中一个参数:(1)背压改为 0.003 MPa;(2)初温改为 500℃;(3)初压改为 5.0 MPa,试分别计算它们的循环热效率。

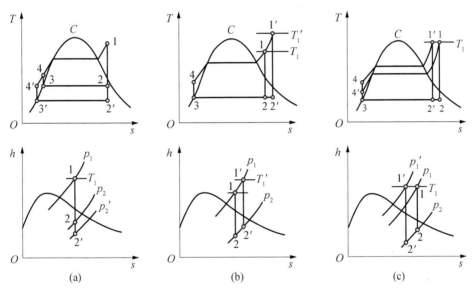

图 10 - 21   循环特性参数对循环性能的影响

解   图 10 - 21 中,1—2—3—4—1 代表参数改变之前的朗肯循环,$p_1 = 3.5$ MPa、$t_1 = 430℃$、$p_2 = 0.005$ MPa。 根据附表 12,可确定下列状态的有关参数:

$$h_1 = 3\ 298.0 + \frac{3\ 267.6 - 3\ 298.0}{5 - 3}(3.5 - 3) = 3\ 290.4(\text{kJ/kg})$$

$$s_1 = 7.018\ 7 + \frac{6.750\ 3 - 7.018\ 7}{5 - 3}(3.5 - 3) = 6.951\ 6[\text{kJ/(kg} \cdot \text{K)}]$$

根据 $p_2 = 0.005$ MPa,由附表 11 可用插入法确定:

$$s_2' = \frac{0.422\ 1 + 0.520\ 8}{2} = 0.471\ 45[\text{kJ/(kg} \cdot \text{K)}]$$

$$s_2'' = \frac{8.472\ 5 + 8.328\ 3}{2} = 8.400\ 4[\text{kJ/(kg} \cdot \text{K)}]$$

$$h_2' = \frac{121.30 + 151.47}{2} = 136.385(\text{kJ/kg})$$

$$h_2'' = \frac{2\,553.5 + 2\,566.5}{2} = 2\,560(\text{kJ/kg})$$

$s_2 = s_1 = 6.951\,6\ \text{kJ/kg}$，即 $s_2' < s_2 < s_2''$，态 2 在湿蒸汽区。不难算得

$$x_2 = \frac{s_2 - s_2'}{s_2'' - s_2'} = \frac{6.951\,6 - 0.471\,45}{8.400\,4 - 0.471\,45} = 0.82$$

$$h_2 = x_2 h_2'' + (1 - x_2)h_2'$$

$$= 0.82 \times 2\,560 + (1 - 0.82) \times 136.385 = 2\,123.75[\text{kJ/(kg} \cdot \text{K)}]$$

$$\eta_t = \frac{h_1 - h_2}{h_1 - h_2'} = \frac{3\,290.4 - 2\,123.75}{3\,290.4 - 136.385} = 0.37$$

(1) 如图 10-21(a)所示，当初态不变，背压降为 0.003 MPa 时，有

$$h_1 = 3\,290.4\ \text{kJ/kg};\quad s_1 = 6.951\,6\ \text{kJ/(kg} \cdot \text{K)} = s_{2'}$$

根据 $p_{2'} = 0.003\ \text{MPa}$，用同样的方法可确定：

$$s_{2'}' = \frac{0.261\,1 + 0.422\,1}{2} = 0.341\,6(\text{kJ/kg})$$

$$s_{2'}'' = \frac{8.722\,0 + 8.472\,5}{2} = 8.597\,3(\text{kJ/kg})$$

$$h_{2'}' = \frac{73.85 + 121.30}{2} = 97.44(\text{kJ/(kg} \cdot \text{K)})$$

$$h_{2'}'' = \frac{2\,532.7 + 2\,553.5}{2} = 2\,543.1(\text{kJ/(kg} \cdot \text{K)})$$

$$x_{2'} = \frac{s_2 - s_{2'}'}{s_{2'}'' - s_{2'}'} = \frac{6.951\,6 - 0.341\,6}{8.597\,3 - 0.341\,6} = 0.80 < 0.82 = x_2$$

$$h_{2'} = 0.80 \times 2\,543.1 + (1 - 0.80) \times 97.44 = 2\,055.44(\text{kJ/(kg} \cdot \text{K)})$$

$$\eta_t' = \frac{3\,290.4 - 2\,055.44}{3\,290.4 - 97.44} = 0.387 > 0.37 = \eta_t$$

结论：背压 $p_{2'}$ 下降，热效率 η_t' 增高，乏气干度 $x_{2'}$ 下降。

(2) 如图 10-21(b)所示，当 p_1 及 p_2 不变，初温升高到 500℃。

根据 $p_1 = 3.5\ \text{MPa}$，$t_{1'} = 500℃$，可查得

$$h_{1'} = 3\,454.9 + \frac{3\,432.2 - 3\,454.9}{5 - 3}(3.5 - 3) = 3\,449.23[\text{kJ/(kg} \cdot \text{K)}]$$

$$s_{1'} = 7.231\,4 + \frac{6.973\,5 - 7.231\,4}{5 - 3}(3.5 - 3) = 7.166\,9(\text{kJ/kg})$$

根据 $p_2 = 0.005\ \text{MPa}$ 及 $s_{2'} = s_{1'} = 7.166\,9 < s_{2'}'' = 8.400\,4$，可以求得

$$x_{2'} = \frac{s_{2'} - s_{2'}'}{s_{2'}'' - s_{2'}'} = \frac{7.166\,9 - 0.471\,45}{8.400\,4 - 0.471\,45} = 0.844 > 0.82 = x_2$$

$$h_{2'} = 0.844 \times 2\,560 + (1 - 0.844) \times 136.385 = 2\,182.90[\text{kJ/(kg} \cdot \text{K)}]$$

$$\eta_t' = \frac{3\,449.23 - 2\,182.90}{3\,449.23 - 136.385} = 0.382 > 0.37 = \eta_t$$

结论：初温 $t_{1'}$ 提高，热效率 η_t' 提高，乏气干度 x_2' 提高。

（3）如图 10-21(c)所示，当 t_1 及 p_2 不变，初压升高到 5.0 MPa 时。

根据 $t_{1'}=430℃$，$p_{1'}=5.0\,\text{MPa}$，可确定：

$$h_{1'}=3\,267.6\,\text{kJ/(kg}\cdot\text{K)}, \quad s_{1'}=6.750\,3\,\text{kJ/kg}=s_{2'}$$

根据 $p_2=0.005\,\text{MPa}$ 的饱和参数，可求得

$$x_{2'}=\frac{s_{2'}-s_2'}{s_2''-s_2'}=\frac{6.750\,3-0.471\,45}{8.400\,4-0.471\,45}=0.792<0.82=x_2$$

$$h_{2'}=0.792\times2\,560+(1-0.792)\times136.385=2\,055.65(\text{kJ/(kg}\cdot\text{K)})$$

$$\eta_t'=\frac{3\,267.6-2\,055.65}{3\,267.6-136.385}=0.387>0.37=\eta_t$$

结论：初压 $p_{1'}$ 升高，热效率 η_t' 提高，乏气干度 $x_{2'}$ 下降。

10.2.2　再热循环

如前所述，提高初态参数（t_1，p_1），降低背压 p_2 可以改善蒸汽动力装置的性能。初温的提高受金属材料耐热性能的限制，背压的降低受冷凝器中冷却水温度的制约。在 t_1 及 p_2 一定的条件下，提高初压 p_1 又会导致乏汽干度 x_2 的下降，影响汽轮机工作性能及使用寿命。为了解决由于初压提高而引起的干度下降的问题，通常采用蒸汽再热措施。

图 10-22 是再热循环示意图，它是在朗肯循环的基础上采用了两极膨胀、中间再热的措施而形成的。图中 5—6 过程是蒸汽在再热器中的再热过程。在高压汽轮机中，蒸汽膨胀到某一中间压力（p_5）再次进入锅炉中的再热器中受热，定压加热到再热温度（T_6）后，进入低压汽轮机中继续膨胀。从图 10-22(b)不难看出，在 t_1 及 p_2 一定的情况下，如果不采取再热措施则提高了初压（p_1）必定会降低乏气的干度（x_2），或者要满足足够的乏气干度（x_7）就必须降低初压（p_5）。如果采用再热措施，不仅可以提高初压（p_1），而且还能提高乏气的干度（x_7）。从图 10-22(b)还可以看出，再热后使平均加热温度提高了，而平均放热温度仍不变，因此，再热后循环热效率是提高的。一般大型的 1×10^5 kW 以上的机组，都采用再热循环，再热压力约为初压的 20%～25%，其热效率能提高 2%～3.5%。

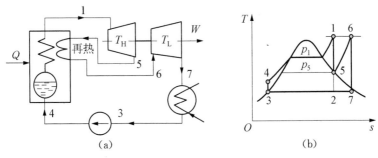

图 10-22　再热循环示意图

再热循环的循环特性参数除了初态参数 t_1、p_1 及背压 p_2 外，还有一个表征再热特征的特性参数，即再热状态 t_6、p_6。一般选取 $t_6=t_1$，因此，可用再热压力 $p_5=p_6$ 来表征再热特

性。再热压力的选取在很大程度上取决于预期要达到的乏气干度 x_7，它们之间是有联系的，其中只有一个是独立参数。如果已知上述的循环特性参数，则再热循环中各典型点的状态参数以及循环性能就可以完全确定了。

10.2.3　再热—回热循环

通过以上分析可知，提高 t_1 及 p_1、降低 p_2 可以提高朗肯循环的热效率。又知，t_1 受耐热材料的限制，p_2 受环境温度的制约，因而在提高 t_1 及降低 p_2 时都是有限的。在 t_1 及 p_2 一定的条件下，提高初压 p_1 又会引起乏气干度 x_2 的下降。虽然这个问题可以采用再热措施来解决，但由于再热循环的管路系统比较复杂，投资增大，运行维护也不方便，一般在 10 万千瓦以上的大容量机组中才采用再热措施，而且都用一次再热，所以，性能的改善也是有限的。

实际上，朗肯循环热效率不高的一个重要原因是给水温度较低，压缩水的定压预热阶段是在较低的范围内进行的。这不仅降低了水蒸气定压产生过程的平均吸热温度，使热效率下降，而且增加了锅炉内高温烟气与水之间温差传热的不可逆性损失。显然，如果对低温下压缩水的预热阶段加以改进，则定能取得明显的节能效果。采用回热措施来提高给水温度是提高循环热效率的一条重要途径。所谓回热是从汽轮机中抽出部分蒸汽来加热锅炉给水，使压缩水的低温预热阶段在锅炉外的回热器中进行，把水加热到预期的温度之后再送到锅炉中去。这样，锅炉中定压产生水蒸气过程的平均吸热温度就明显提高了，温差传热的不可逆性损失降低了，整个装置的工作性能得到改善。

为了分析的方便，假定有一个采用一次再热和两次回热的蒸汽动力装置，如图 10-23(a)所示，其中 Ⅰ 是混合式回热器，Ⅱ 是间壁式回热器。来自锅炉的 1 kg 过热蒸汽(态 1)在高压汽轮机中膨胀到 p_a 时，抽出其中质量为 α_1 的蒸汽输送到混合式回热器(Ⅰ)中去加热给水，其余的 $(1-\alpha_1)$ 蒸汽在继续膨胀到 p_b(态 b)时，被送到再热器中去再次加热，达到再热状态(态 c)的过热蒸汽在低压汽轮机中继续膨胀。在 p_d(态 d)压力下，又抽出质量为 α_2 的蒸汽并送到间壁式回热器(Ⅱ)中去加热凝结水，剩下的 $(1-\alpha_1-\alpha_2)$ 蒸汽则在汽轮机中一直膨胀到背压 p_2(态 2)。凝结水泵、泄水泵以及给水泵分别在不同的温度下将饱和水(态 3、态 e、态 6)压缩到所需压力下的压缩水(态 4、态 5、态 7)。经过两次回热器预热后的高温水由给水泵输入锅炉。在各个热工设备中水所经历的状态变化过程如图 10-23(b)所示。

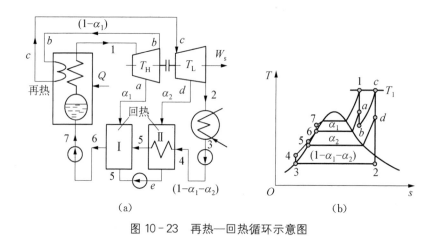

(a)　　　　　　　　　　(b)

图 10-23　再热—回热循环示意图

关于回热循环的热力计算,首先应根据想要达到的给水温度($t_7 \approx t_6$)确定抽气回热的次数、每次的抽气状态以及抽气量。当这些表征回热循环特征的特性参数确定之后,回热循环中各典型点的状态参数以及循环的性能就可以确定了。确定各典型点状态的方法步骤都是相同的,下面简要说明决定抽气状态的依据以及回热器的计算方法。

1. 决定抽气状态的依据

(1) 已知 t_1、p_1 及 p_2,假定蒸汽在汽轮机中定熵膨胀及泵功可忽略不计。

(2) 经验表明,最佳给水温度约为初态压力下饱和温度的 $0.65\sim0.75$ 倍,有

$$t_{给水} = (0.65 \sim 0.75)t_{s(p_1)} \tag{10-30}$$

(3) 回热器都按理想回热计算,即认为从回热器中出来的水,其水温都等于相应抽气压力下的饱和温度。

(4) 经验表明,采用多级回热时,按照温差均分及级间温升相等的原则来确定每一级回热器的出口水温是比较合理的。若以抽气压力由高到低的次序来排列,则第一级回热器的出水温度近似等于给水温度,任何两个相邻回热器出水温度之间的关系应满足如下的关系:

$$t_{后} = t_{前} - \frac{t_{给水} - t_{冷凝水}}{n} \tag{10-31}$$

式(10-31)中 $t_{前}$ 及 $t_{后}$ 分别表示相邻的高压级及低压级回热器的出水温度;n 代表回热次数;$t_{给水}$ 可由式(10-30)求得;$t_{冷凝水} = t_{s(p_2)}$。各级回热器的出水温度可用相同的方法依次求得,这样,由依据(3),各级回热器所需的抽气压力都可确定。

(5) 经验表明,蒸汽的再热压力约为初态压力的 $0.20\sim0.25$ 倍,有

$$p_{再热} = (0.2 \sim 0.25)p_1 \tag{10-32}$$

若选取再热温度为初态温度,$t_{再热} = t_1$,则由式(10-32)选定再热压力后,再热状态($t_{再热}$、$p_{再热}$)就完全确定。这样,汽轮机最终的出口蒸汽状态就随之而定。

2. 回热器的计算

若以 D（单位为 kg/h）表示汽轮机的总进气量;D_i 表示第 i 级回热器所需的抽气量,则抽气系数 α_i 可表示为

$$\alpha_i = \frac{D_i}{D} \quad \text{或} \quad D_i = \alpha_i D \tag{10-33}$$

由式(10-33)可知,抽气系数代表汽轮机每千克进气量所对应的抽气量。各级回热器的抽气系数可以通过对回热器的能量分析来求得。

混合式回热器如图 10-24(a)所示,抽出的蒸汽与被加热的给水在回热器中直接接触。

根据能量方程:$\Delta E = (\Delta E)_Q + (\Delta E)_W + (\Delta E)_M$

若以回热器整体为研究对象,则显然有

$$\Delta E = 0(稳定工况), \quad (\Delta E)_Q = 0(绝热), \quad (\Delta E)_W = 0(无功)$$

能量方程可简化成 $(\Delta E)_M = 0$,即有

$$\alpha_1 h_a + (1 - \alpha_1 - \alpha_2)h_5 = h_6$$

$$\alpha_1 = \frac{h_6 - h_5}{h_a - h_5} \tag{10-34}$$

间壁式回热器如图 10 - 24(b)所示,抽出的蒸汽通过壁面把热量传递给被加热的给水,在回热器中蒸汽与水是不接触的。同理,能量方程可简化成 $(\Delta E)_M = 0$,即有

$$\alpha_2 h_d + (1 - \alpha_1 - \alpha_2) h_4 = (1 - \alpha_1 - \alpha_2) h_5 + \alpha_2 h_e$$

$$\alpha_2 = \frac{(1 - \alpha_1)(h_5 - h_4)}{h_d - h_e + (h_5 - h_4)} \tag{10 - 35}$$

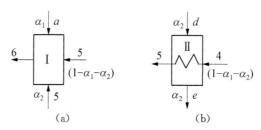

图 10 - 24　回热器的热力学模型图
(a)混合式;(b)间壁式。

3. 循环性能分析

从以上分析可以看出,按一定原则确定了循环各点的状态之后(见图 10 - 23),就可用能量方程来计算各回热器的抽气系数,在此基础上再进行循环性能分析就很容易了。

循环中从外界(高温热库)吸收的热量:

$$q_1 = (h_1 - h_7) + (1 - \alpha_1)(h_c - h_b)$$

循环中向外界(低温热库)放出的热量:

$$q_2 = (1 - \alpha_1 - \alpha_2)(h_3 - h_2) < 0$$

循环净热 $q_0 = q_1 + q_2$,循环净功 $w_0 = q_0$。 若泵功不计,则循环净功还可表示为

$$w_0 = (h_1 - h_a) + (1 - \alpha_1)(h_a - h_b) +$$
$$(1 - \alpha_1)(h_c - h_d) + (1 - \alpha_1 - \alpha_2)(h_d - h_2)$$

再热—回热循环的热效率为

$$\eta_t = \frac{w_0}{q_1}$$

从热力学观点来看,采用回热措施总是有利的,故现代大中型蒸汽动力装置无一例外地都采用回热循环。显然,采用回热措施必然要增加设备投资并使运行更加复杂,因此,在选择回热循环的回热级数及抽气系数时,必须经过全面的技术经济评估。

10.2.4　热电联产

如前所述,提高 t_1 及 p_1、降低 p_2 都是受客观条件制约的,即使采用了回热措施,蒸汽动力装置的热效率仍然是较低的。单纯生产电能的火力发电厂也称为冷凝式发电厂,其热效率约为24%～36%,比较现代化的火力发电厂可在40%以上。燃料发出的热量中有50%

以上是在冷凝器中被冷却水带走。如果把这部分热量加以利用,可以大大提高燃料的利用率。此外,在人们的日常生活以及工业生产的各种工艺过程中,往往需要大量的供热蒸汽。因此,如果蒸汽动力装置在生产电能的同时,把热功转换过程中必须放出的热量供给需要用热的场合,就可有效地利用冷凝过程中所放出的热量。这种既发电又供热的电厂通常称为热电厂,其热力循环称为热电合供循环或热电联产循环。

1. 背压式热电联产循环

背压式热电联产循环如图 10-25 所示。汽轮发电机组在输出电能的同时将汽轮机排出的蒸汽供应热用户。为了利用乏气中的热能,必须适当提高乏气的压力,乏气参数应根据大多数用户的需要来确定,一旦确定之后,汽轮机就在这个确定的背压下工作。通常将乏气压力超过 1 bar 的汽轮机称为背压式汽轮机。

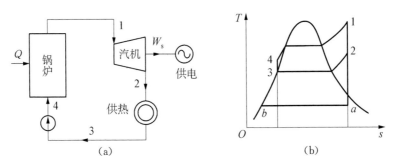

图 10-25　背压式热电联产循环

背压是背压式热电联产循环的重要循环特性参数。显然,当背压及初态参数确定之后,循环热效率即可确定,有

$$\eta_t = \frac{w_0}{q_1} = \frac{h_1 - h_2}{h_1 - h_2'} \tag{10-36}$$

式(10-36)说明,背压式热电联产的循环热效率与朗肯循环具有相同的形式,但因背压提高,其热效率必定低于朗肯循环。衡量热电联产循环的经济性,除了热效率之外,还可以用热量利用系数 K 来表示

$$K = \frac{(h_2 - h_2') + (h_1 - h_2)}{h_1 - h_2'} \tag{10-37}$$

式(10-37)中分子是被利用的热量及所做的功量之和,分母是循环中工质吸收的热量。理论上 K 可达到 1,实际上由于有散热、泄漏、摩擦以及热负荷和电负荷之间的不协调等各种损失,K 值总是小于 1 的,一般在 0.7 左右。

热量利用系数 K 不能反映电能与热能在能质上的差别,因此通常还用电热比 ω 来表达用能情况,有

$$\omega = \frac{w_0}{q_H} = \frac{w_0 q_1}{q_1 q_H} = \frac{\eta_t}{\dfrac{q_H}{q_1}} \tag{10-38}$$

显然,在相同 K 值的条件下,如果 ω 大,则说明 w_0 大。

2. 抽气式热电联产循环

实际上,对于背压式热电联产循环来说,当 t_1、p_1 及 p_2 一定时,η_t、K 及 ω 都是确定的,供电量与供热量的配比是固定的,不能单独调节,难以适应热用户、电用户的不同要求,这是背压式热电联产的特点,也是其严重缺点。为了克服背压式热电厂的上述缺点,可采用抽气量可单独调节的抽气式热电联产循环,如图 10-26 所示。通过调节总供气量,可以满足热用户及电用户的不同要求。上节讨论的抽气回热循环,各个回热器实际上都是热电厂本身的热用户,抽气式热电联产循环是在回热循环的基础上再增加一些厂外的热用户而已,所以,热力分析的方法是完全相同的。这种装置能充分利用热量,而且有利于保护环境,采用集中供热的热电厂是蒸汽动力装置发展的方向。

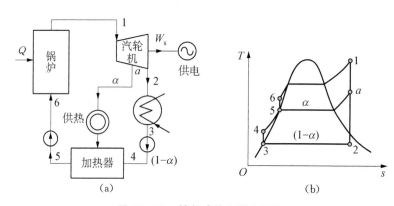

图 10-26 抽气式热电联产循环

思考题

1. 在分析动力循环时,许多实际存在的不可逆因素都暂且不考虑,这种分析方法是否脱离实际,其结论有何实用价值和指导意义。

2. 试以汽油机为例,说明热力学中分析动力循环的基本方法和一般步骤。

3. 何谓循环特性参数?试证明由 n 个热力过程组成的热力循环有 $(n+1)$ 个循环特性参数。

4. 对于下列几个著名的热力循环,如卡诺循环、奥托循环、朗肯循环、狄塞尔循环、萨巴太循环、勃雷登循环,你能在 $p-v$ 图及 $T-s$ 图上表示出来,并指出它们的循环特性参数的名称和定义吗?

5. 试在 $T-s$ 图上表示出任意循环的平均吸热温度及平均放热温度,并写出该循环的等效卡诺循环热效率的表达式。

6. 试在 $p-v$ 图上表示出一个动力循环的循环平均压力,并说明其物理意义。

7. 在初态及压缩比相同的条件下,试分析升压比的增加对定容加热循环性能(η_t、w_0)的影响,并表示在 $p-v$ 图及 $T-s$ 图上。

8. 在初态及升压比相同的条件下,试在 $p-v$ 图及 $T-s$ 图上表示出两个具有不同压缩比的定容加热循环,并比较它们的性能(η_t 及 w_0)。

9. 在压缩比及循环放热量相同的条件下,试分析提高 λ 降低 ρ,或者提高 ρ 降低 λ 对混合加热循环性能(η_t、w_0)的影响,并表示在 $p-v$ 图及 $T-s$ 图上。

10. 在升压比、预胀比及循环放热量相同的条件下,试在 $p-v$ 图及 $T-s$ 图上表示出两个具有不同压缩比的混合加热循环,并比较压缩比变化对混合加热循环性能(η_t、w_0)的影响。

11. 试在相同的极限温度范围内比较卡诺循环、奥托循环、狄塞尔循环以及萨巴太循环,依次排出它们的热效率和循环净功的大小,并表示在 $p-v$ 图及 $T-s$ 图上。

12. 试在相同的极限比容范围内,对题(11)中的循环加以比较,依次排出它们的热效率和循环净功的大小,并表示在 $p-v$ 图及 $T-s$ 图上。

13. 试用图证明在相同的极限压力范围内,勃雷登循环的循环净功最大、循环热效率最高;将其与卡诺循环以及内燃机的三种理想循环进行比较,并将比较情况表示在 $p-v$ 图及 $T-s$ 图上。

14. 材料的耐热强度是限制燃气轮机工作循环性能进一步提高的关键因素。为什么内燃机循环的最高温度可达 $2\,000 \sim 3\,000$ K,而燃气轮机循环所允许的最高温度只能在 $1\,000 \sim 1\,300$ K 的范围内呢?

15. 何谓燃气轮机装置理想循环的最佳增压比 π_{op}?它是怎样受循环最高温度 T_3 制约的,即最佳增压比 π_{op} 与升温比 τ 之间有何关系?

16. 什么是勃雷登循环的最佳热效率 η_{top}?它与循环特性参数 π 及 τ 之间有何关系?

17. 最简单的蒸汽动力装置由哪几个基本热力设备组成,试在 $T-s$ 图上画出朗肯循环,并指出各个基本热力过程分别在哪个设备中完成的。

18. 试在 $T-s$ 图上分析朗肯循环的特性参数(T_1、p_1 及 p_2)对循环性能的影响。

19. 什么是再热循环?什么是回热循环?采用再热及回热的主要作用是什么?

20. 什么是热电合供循环?画出采用背压式汽轮机和可调节的抽气式汽轮机的热电合供装置的示意图,并比较它们的优缺点。

习 题

10-1 试用热力学分析方法,将四冲程汽油机的实际工作循环近似地、合理地理想化成可逆的热力循环,并列出相应的假定条件。

10-2 已知初态参数 T_1、p_1,循环特性参数 ε、ρ,试证明定压加热理想循环的热效率及循环净功分别为

$$\eta_t = 1 - \frac{\rho^k - 1}{k(\rho-1)\varepsilon^{k-1}}, \quad w_0 = \frac{RT_1}{k-1}[k(\rho-1)\varepsilon^{k-1} - (\rho^k - 1)]$$

10-3 已知混合加热循环的初态参数 $T_1 = 340$ K,$p_1 = 0.085$ MPa,压缩比 $\varepsilon = 15$,循环最高压力为 7.5 MPa,最高温度为 $2\,200$ K。假定工质是比热为常数的空气,试确定循环各典型点上的温度,并计算循环的净功和热效率。

10-4 已知燃气轮机装置定压加热理想循环的初态参数 $T_1 = 300$ K,$p_1 = 0.1$ MPa,

循环中的最高温度 $T_3 = 950\,\mathrm{K}$,压缩机的增压比 $\pi = \dfrac{p_2}{p_1} = 5$,试计算循环中的加热量、放热量、循环净功及热效率。

10-5 在题 10-4 所给定的升温比 $\tau = \dfrac{T_3}{T_1}$ 的条件下,试计算该循环的最佳增压比 π_{op},获得最大循环净功时的热效率 $\eta_{\mathrm{t,op}}$、最大循环净功 $W_{\max}$ 以及 T_2 和 T_4。

10-6 如果在题 10-4 中给定的 T_3、T_1、p_1 及 π 均保持不变的条件下,现考虑了涡轮机及压气机中的不可逆损失,并已知涡轮机的绝热效率 $\eta_T = 0.86$,压气机的绝热效率 $\eta_C = 0.84$,试计算实际循环中各点的温度,循环中的实际加热量和放热量,循环的净功及热效率。

10-7 斯特林循环和艾利克松循环各由哪几个基本热力过程组成? 将它们表示在 T-s 图上,并证明它们与相同温度范围内的卡诺循环具有相同的热效率。

10-8 已知朗肯循环中进入汽轮机的参数 $p_1 = 50\ \mathrm{bar}$,$T_1 = 500\,^\circ\!\mathrm{C}$,乏汽压力 $p_2 = 0.05\ \mathrm{bar}$,试求该循环的平均吸热温度及热效率。如果将蒸气初压提高到 100 bar,而其他条件不变,试求循环热效率,并表示在 T-s 图上。

10-9 已知蒸汽动力装置的再热循环参数 $p_1 = 140\ \mathrm{bar}$,$T_1 = 550\,^\circ\!\mathrm{C}$,再热过程的蒸汽压力为 30 bar,再热温度等于初温 T_1,乏汽压力为 0.05 bar。试求该循环的热效率及乏汽干度。如果不采用再热措施,则朗肯循环的热效率及乏汽干度是多少,并将这两种循环表示在 T-s 图上。

10-10 已知具有一次再热和二次回热的蒸汽动力装置参数 $p_1 = 10\ \mathrm{MPa}$,$T_1 = 540\,^\circ\!\mathrm{C}$,冷凝压力 $p_2 = 5\ \mathrm{kPa}$。高压汽轮机的排气压力为 2 MPa,其中一部分蒸汽进入再热器被加热到 $500\,^\circ\!\mathrm{C}$,其余蒸汽进入第一级混合式回热器加热给水;再热后的蒸汽进入低压汽轮机,膨胀到 0.2 MPa 时,抽出一部分蒸汽进入第二级混合式回热器,其余蒸汽继续膨胀到终压 p_2。泵功忽略不计,如果这两个汽轮机的绝热效率均为 0.9,试求:

(1) 各级回热器的抽汽系数;

(2) 循环净功及热效率;

(3) 将再热回热循环表示在 T-s 图上。

10-11 热电联产装置中蒸汽的初态参数 $p_1 = 3.5\ \mathrm{MPa}$,$T_1 = 435\,^\circ\!\mathrm{C}$。

(1) 如果采用背压式汽轮机,背压为 350 kPa,求背压式热电联产循环的热效率 η_{t}、热量利用系数 K 及电热比 ω。

(2) 如果采用抽气式汽轮机,抽气量为进汽量的 $\dfrac{1}{5}$,抽气压力为 1 MPa,排汽压力为 6 kPa,试求循环热效率 η_{t}、热量利用系数 K 及电热比 ω。

第**11**章 制冷循环

11.1 概述

11.1.1 制冷与热泵的热力学原理

在生产及生活中,特别是在炎热的夏天,为了使指定的空间(如冰箱、冷库、车厢、病房及宾馆等)或物体保持一定的、低于环境温度的持续低温,就必须不断地把热量从低温空间或物体排向温度较高的周围环境。能实现这一功能的设备称为制冷装置。

在寒冷的冬天,要使指定的空间或物体保持一定的高于环境的温度,可以采用多种方法来实现。除了常见的暖气、电热炉等供热装置外,也可采用从周围环境中吸取热量的供热方法。能够完成把热量从低温环境转移到高温空间的任务,并使指定空间或物体达到并维持高于环境温度的设备称为热泵。

图 11-1 是制冷装置及热泵的工作原理示意图,其中 T_L 及 T_H 分别表示制冷装置及热泵所要维持的系统温度,T_0 则表示与它们相对应的周围环境温度,显然有 $T_L < T_0$,$T_H > T_0$。T_L 及 T_H 是制冷装置及热泵的目标函数,都是重要工作参数。

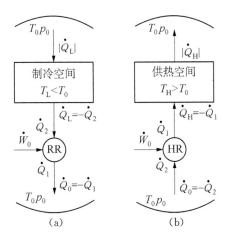

图 11-1 制冷及热泵的工作原理示意图
(a)制冷;(b)热泵。

根据热力学第二定律,热量总是自动地从高温物体传向低温物体。因此,当系统与周围环境之间存在温差时,就会自发地进行温差传热过程。又知,周围环境是一个能容量无限大的㶲库,相对于周围环境来说,任何系统的能容量都可看作是足够小的量。因此,如果不采用任何措施的话,不论系统的温度是高于或是低于环境温度,温差传热的结果总是使系统的温度趋于环境温度;不论传热过程中系统的能量是减小或是增大,温差传热的结果总是使系统初态时的㶲值都损失掉。换一句话说,使系统维持预期的温度,即使系统与周围环境之间存在一定的温差,则必须采取必要的措施并付出一定的代价。

从能量守恒的观点来看,要使系统维持持续的低温($T_L < T_0$)就必须不断地放热,及时地将温差传热过程中周围环境传给系统的热量再如数地排出去。这种排热任务就由制冷装置来完成,如图 11-1(a)所示。同理,要使系统维持比周围环境高的温度($T_H > T_0$)就必须不断地吸热,来如数地补偿温差传热过程中系统向环境放出的热量。这种供热任务就由热泵来完成,如图 11-1(b)所示。

从能质衰贬的观点来看,一个能质升高的过程,必定有一个能质下降的过程与其同时进行,而且,作为代价的能质下降过程必须足以补偿能质的升高,以满足总的能质必然下降的客观规律。制冷装置及热泵的任务都是要将热量从低温区转移到高温区,为了实现这样一个能质升高的过程,必须有一个能质下降的过程为代价。根据具体装置工作原理的不同,可以采用"功转换成热"或"热量从高温传向低温"等能质下降过程来作为补偿条件。

综上所述,从热力学原理来看,制冷装置与热泵的工作性质是完全相同的,都是以一种能质下降的过程作为代价,来完成将热量从低温区转移到高温区的任务。制冷装置与热泵的主要区别在于其使用的目的各不相同,制冷装置是要维持低于周围环境的温度,而热泵是要维持比周围环境高的温度。

详细讨论各种制冷循环装置和热泵的结构特点、技术要领及相应工质性质等问题是有关专业课程的任务。本章仅以蒸气压缩制冷循环、蒸气喷射制冷循环以及吸收式制冷装置为例,应用热力学的观点对这些装置进行热力分析,来说明制冷装置及热泵的工作原理及性能指标,为学习专业课程打下必要的基础。

在热力学原理上应着重理解以下三个关键问题:

(1) 热量总是自动地从高温物体传向低温物体,制冷循环装置及热泵正是利用这个客观规律来完成热量从低温区转移到高温区的任务的。在讨论制冷装置及热泵的工作原理时,应清醒地认识到这一点。

(2) 制冷工质与水蒸气在热力性质上是相似的,仅是相应的数值范围不同而已。因此,有关水蒸气的热力计算方法可以应用到制冷工质的计算中去。利用饱和压力与饱和温度一一对应的关系可以让制冷工质在低压下蒸发,使其饱和温度低于低温区的温度,而能从低温区吸收汽化潜热,再让制冷工质在高压下凝结,使其饱和温度高于高温区的温度,能把凝结潜热在较高的温度下放出去。这样就完成了把热量从低温区向高温区的转移。

(3) 把热量从低温区转移到高温区是必须付出代价的。在讨论制冷装置及热泵的工作原理时,要注意识别究竟是采用了哪一种能质下降的过程来作为补偿条件的。

11.1.2 制冷装置及热泵的主要性能指标

图 11-1 中,R 及 HP 分别表示制冷装置及热泵,它们都是按逆向循环来工作的。T_L 及 T_0 分别表示制冷空间的温度及相应的环境温度,且 $T_L < T_0$,它们是制冷循环的一对基本

参数；T_H 及 T_0 分别表示供热空间的温度及相应的环境温度，且 $T_H > T_0$，它们是热泵循环的一对基本参数。显然，这些基本参数都是设计和使用这些装置的主要依据，也是决定它们性能指标的重要因素。

值得指出，性能指标都是针对制冷装置 R 或热泵 HP 来定义的，注意它们的针对性就可避免常见的正负号错误。制冷装置及热泵的主要性能指标分别介绍如下。

1. 制冷量（率）及供热量（率）

图 11-1 中，$\dot{Q}_L$ 及 $\dot{Q}_H$ 分别表示制冷空间及供热空间在单位时间内与制冷装置及热泵所交换的热量，这是为了维持 T_L 及 T_H，并如数地补偿与环境之间的温差传热所必需的热量。

在分析热力循环时，不论正循环还是逆循环，都采用 q_1 及 q_2 分别表示每千克工质在循环中与高温热库及低温热库所交换的热量；如果循环中的质量流率为 $\dot{m}$，则单位时间内与高温热库及低温热库所交换的热量可分别用 $\dot{Q}_1$ 及 $\dot{Q}_2$ 来表示。显然，对于正循环（动力循环）有

$$\dot{Q}_1 = \dot{m}q_1 > 0, \quad \dot{Q}_2 = \dot{m}q_2 < 0$$

对于逆循环（制冷循环及热泵循环）有

$$\dot{Q}_1 = \dot{m}q_1 < 0, \quad \dot{Q}_2 = \dot{m}q_2 > 0$$

制冷装置的制冷能力是用制冷量（率）来表示的。单位时间内制冷装置从制冷空间吸收的热量称为制冷率，用 $\dot{Q}_2$ 表示。由图 11-1(a) 可以看出，对于制冷装置有

$$\dot{Q}_1 = -\dot{Q}_0 < 0, \quad \dot{Q}_0 > 0$$
$$\dot{Q}_2 = -\dot{Q}_L > 0, \quad \dot{Q}_L < 0 \tag{11-1}$$

热泵的供热能力可用供热量来表示，单位时间内热泵向供热空间所提供的热量称为供热率，用 $\dot{Q}_1$ 表示。由图 11-1(b) 可以看出，对于热泵有

$$\dot{Q}_1 = -\dot{Q}_H < 0, \quad \dot{Q}_H > 0$$
$$\dot{Q}_2 = -\dot{Q}_0 > 0, \quad \dot{Q}_0 < 0 \tag{11-2}$$

2. 耗功率或耗热率

将热量从低温区转移到高温区是必须付出代价的。如果以功量转换成热量的能质下降过程作为制冷装置及热泵的补偿条件，则它们所需的代价用耗功率表示。由图 11-1(a) 及 (b) 可以看出，耗功率 $\dot{W}_0$ 可以表示为

$$\dot{W}_0 = \dot{Q}_1 + \dot{Q}_2 < 0 \tag{11-3}$$

如果以热量从高温热库传向低温热库的能质下降过程作为制冷装置及热泵的补偿条件，则它们所需的代价就要用耗热率来表示。耗热率的计算将在具体实例中加以说明。

3. 制冷性能系数及热泵供热系数

循环的工作有效程度可以用"目的"与"代价"的比值作为评价指标。制冷装置的制冷量

（率）与耗功量（率）之比称为制冷性能系数，用 ε_R 表示，定义表达式为

$$\varepsilon_R = \frac{-q_2}{w_0} = \frac{-\dot{Q}_2}{\dot{W}_0} \tag{11-4}$$

同理，热泵的供热量（率）与耗功量（率）之比称为热泵供热系数，用 ε_{HP} 表示，其定义表达式为

$$\varepsilon_{HP} = \frac{q_1}{w_0} = \frac{\dot{Q}_1}{\dot{W}_0} \tag{11-5}$$

因为 ε_R 及 ε_{HP} 均取正值，所以式（11-4）中出现负号。

例 11-1 试以工作于两个恒温热库（T_H 及 T_L）之间逆向卡诺循环为例，说明制冷装置与热泵的主要性能指标及相互关系。

解 工作于 T_H 及 T_L 之间的逆向卡诺循环 $a—b—c—d—a$ 如图 11-2 所示。循环中从低温热库吸收的热量，即制冷量 Q_2 可表示为

$$Q_2 = Q_{ab} = T_L(S_b - S_a) > 0$$

循环中向高温热库放出的热量为 Q_1，有

$$Q_1 = Q_{cd} = T_H(S_d - S_c) < 0$$

循环的耗功量为

$$W_0 = Q_1 + Q_2 = (T_H - T_L)(S_d - S_c) < 0$$

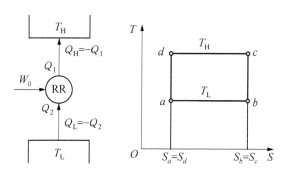

图 11-2　逆向卡诺循环示意图

若用于制冷目的，则其制冷性能系数 ε_R 为

$$\varepsilon_R = \frac{-Q_2}{W_0} = \frac{T_L(S_a - S_b)}{(T_H - T_L)(S_d - S_c)} = \frac{T_L}{T_H - T_L} \tag{11-6}$$

若用来供热，则热泵的供热性能系数为

$$\varepsilon_{HP} = \frac{Q_1}{W_0} = \frac{T_H}{T_H - T_L} \tag{11-7}$$

工作于两个恒温热库之间的一切热机,其最高性能指标之间的关系为

$$\varepsilon_{RHP} = 1 + \varepsilon_R = \frac{1}{\eta_t} \tag{11-8}$$

式中,ε_{RHP} 为可逆热泵的供热系数。

例 11-2   在 -20℃ 的冬天,为了维持室内温度为 20℃,必须采用采暖装置。若已知维持 20℃ 所需的供热率为 105 kJ/h,试计算下列供热方式所需消耗的功率:

(1) 可逆热泵循环供热;

(2) 电热器供热;

(3) 供热性能系数为 $0.4\varepsilon_{RHP}$ 的实际热泵供热。

解   可逆热泵循环的性能系数为

$$\varepsilon_{RHP} = \frac{T_H}{T_H - T_L} = \frac{293}{293 - 253} = 7.325$$

$$W_0 = \frac{Q_1}{\varepsilon_{RHP}} = \frac{-105}{3\,600 \times 7.325} = -3.79(kW)$$

这是在理想条件下必须付出的最小代价。

若采用电热器供暖,则有

$$W_{电热} = Q_1 = \frac{-105}{3\,600} = -27.8(kW)$$

这是适用最方便,但能耗最大的供热方式。

实际热泵的供热系数为 ε_{HP}

$$\varepsilon_{HP} = 0.4\varepsilon_{RHP} = 2.93$$

$$\varepsilon_{实际} = \frac{Q_1}{\varepsilon_{HP}} = \frac{-27.8}{2.93} = -9.49$$

式中的负号表示供热装置向室内输送热量。

11.2 制冷循环的热力分析

在生产及生活中,各种制冷装置及热泵技术已经获得日益广泛的应用。从热力学的观点来看,制冷装置与热泵都是逆向循环,它们的工作性质是完全一致的。对于不同工质及不同结构形式的装置,只要搞清它们的实际工作原理,进行热力分析都是比较容易的。因此,本节仅以几种制冷循环为例,说明热力分析的一般方法,可作为分析其他装置时的一种参考。

11.2.1 蒸汽压缩制冷循环

从图 11-3 可以看出,蒸汽压缩制冷装置是由蒸发器、压缩机、冷凝器及节流阀等四个基本设备组成,制冷工质(统称制冷剂)依次流经这些设备,连续不断地进行制冷循环。$T-s$

图表示了制冷剂在各个设备中所经历的过程以及由这些过程组成的理想循环。$T\text{-}s$ 图还附加了两条定温线，即 T_L 及 T_0，它们分别代表制冷空间及周围环境的温度，这是制冷装置的一对重要工作参数，也是确定其他参数的重要依据。

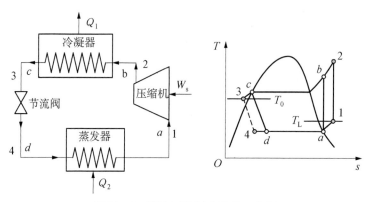

图 11-3　蒸汽压缩制冷装置示意图

　　蒸发器都置于低温空间中，以便在制冷剂蒸发时将热量从低温区吸出来。制冷剂的蒸发温度 T_4 是根据所要维持的制冷空间的温度 T_L 来确定的。热量总是自动地从高温物体传向低温物体，因此，必须满足 $T_4 < T_L$。只有这样，制冷剂才能从制冷空间中吸收汽化潜热而得以气化。蒸发温度 T_4 的高低可以用调节制冷剂压力的办法来加以控制，使其满足 $T_4 < T_L$ 的条件。应当在保证完成制冷任务的前提下，尽可能减少 T_4 与 T_L 之间的温差。$T\text{-}s$ 图的过程线 4—1 代表制冷剂在蒸发器中的定压吸热过程。为了确保在压缩机中实现干压缩（即不含液滴），同时也为了增大制冷量，蒸发器出口的状态至少是干饱和蒸汽（态 $1'$）或者是过热蒸汽，即制冷剂的出口状态应当在态 $1'$ 与态 1 之间，显然不能超过状态 $1(T_1 = T_L)$。

　　制冷剂在蒸发器中所吸收的热量必须在较高的温度下再放出去。因此，必须使用压缩机，以耗功量为代价来提高制冷剂的压力。从蒸发器中出来的蒸汽在压缩机中被绝热压缩成过热蒸汽，$T\text{-}s$ 图中的过程线 1—2 代表制冷剂在压缩机中的定熵压缩过程。压缩机的出口压力（增压比）是根据所需达到的凝结温度来确定的。

　　从压缩机出来的过热蒸汽在冷凝器中定压放热，把热量排到周围环境中去。显然，冷凝器中制冷剂的温度必须高于环境温度 T_0。为了充分发挥冷凝器的排热作用，同时也为了增大制冷量，通常采用过冷冷却，即冷凝器的出口处制冷剂的状态应当在态 $3'$ 与态 3 之间，显然不能低于态 $3(T_3 = T_0)$。

　　节流阀是用来降低并调节制冷工质压力的。节流阀的入口压力就是冷凝器的压力，改变节流阀的开度就可以控制蒸发器中所需的蒸发（饱和）温度。根据绝热节流的性质可知，节流前后熔值不变，有 $h_3 = h_4$；绝热节流是典型的不可逆过程，有 $S_3 < S_4$。知道了 h_3 及 T_4，节流阀的出口状态 4 就完全确定了。在 $T\text{-}s$ 图上可以用虚线 3—4 来表示节流阀中的不可逆绝热节流过程。

　　$T\text{-}s$ 图中的 1—2—3—4—1 代表采用过热蒸发及过冷冷却的蒸汽压缩制冷循环，而 a—b—c—d—a 则表示不采取上述措施的制冷循环。显然，$s_{41} > s_{da}$，说明过热蒸发及过冷冷却都能有效地提高制冷循环的制冷量。

对于蒸气压缩制冷循环 1—2—3—4—1,每千克制冷剂的制冷量 q_2 可表示为

$$q_2 = h_1 - h_4 > 0$$

每千克制冷剂的放热量 q_1 为

$$q_1 = h_3 - h_2 = h_4 - h_2 > 0$$

每千克制冷剂的循环耗功量 w_0 为

$$w_0 = h_1 - h_2 < 0$$

制冷循环的性能系数 ε_R 可表示为

$$\varepsilon_R = \frac{-q_2}{w_0} = \frac{h_4 - h_1}{h_1 - h_2}$$

制冷剂的热力性质与水蒸气是相似的,如果具备制冷剂的饱和蒸汽性质及过热蒸汽表,就可以采用对水蒸气同样的计算方法来确定制冷剂的状态并计算出过程中的功量、热量及循环的制冷性能系数。

值得指出,利用制冷剂的压焓图分析计算制冷循环是最方便的。因为在制冷循环中压力及比焓是最有影响的参数,用它们作为基准最能表达制冷循环的特征。上述两个制冷循环可分别用图 11 - 4 中的 1—2—3—4—1 及 a—b—c—d—a 来表示。蒸发及凝结都是定压过程,可以用水平直线来表示;节流前后焓值不变,绝热节流过程可用垂直的虚线来表示。从计算公式可以看出,各点的焓值确定之后,制冷循环的特性就完全确定了。而且,制冷量 q_2、放热量 q_1 及耗功量 w_0 都可用相应的水平距离来表示,非常直观。

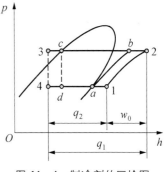

图 11 - 4 制冷剂的压焓图

还应指出,为了使压焓图上的图线更为清晰,图上的曲线都是按 $\ln p - h$ 的关系来绘制的;但为了使用上的方便,图上的数值仍用压力来表示,在附录中给出了制冷剂氨的压焓图(附图 3)可供查取。

例 11 - 3 某蒸汽压缩制冷装置用氨作制冷剂,制冷率为 105 kJ/h。若已知冷凝温度为 27℃,蒸发温度为 -5℃,试求:制冷剂的质量流率;压缩机功率及增压比;冷凝器放出的热量及循环的制冷系数。

解 按题意可知,冷凝器及蒸发器的出口状态均为饱和状态,并未采用过冷冷却及过热蒸发。因此,可用图 11 - 4 中的 a—b—c—d—a 来表示该制冷循环。

利用附录中氨的压焓图(附图 3),根据 $T_c = 300 \text{ K}$,$x_c = 0$,$T_a = 268 \text{ K}$,$x_a = 1$ 及各过程的特征,可以确定各点的状态,即

$$h_c = h_d = 450 \text{ kJ/kg}$$
$$p_d = p_a = 0.35 \text{ MPa}, \quad h_a = 1\,570 \text{ kJ/kg}$$
$$p_c = p_b = 1.1 \text{ MPa}, \quad h_b = 1\,770 \text{ kJ/kg}$$

每千克氨的制冷量为

$$q_2 = h_a - h_d = 1\,570 - 450 = 1\,120\,(\text{kJ/kg})$$

氨的质量流率为

$$\dot{m} = \frac{\dot{Q}_2}{q_2} = \frac{10^5}{3\,600 \times 1\,120} = 0.024\,8\,(\text{kg/s})$$

压气机的功率为

$$\begin{aligned}
\dot{W}_0 &= \dot{m}(h_a - h_b) \\
&= 0.024\,8(1\,570 - 1\,770) = -4.96\,(\text{kW})
\end{aligned}$$

冷凝器中放出的热量为

$$\begin{aligned}
\dot{Q}_1 &= \dot{m}(h_c - h_b) \\
&= 0.024\,8(450 - 1\,770) = -32.7\,(\text{kW})
\end{aligned}$$

制冷循环的性能系数为

$$\varepsilon_R = \frac{-\dot{Q}_2}{\dot{W}_0} = \frac{10^5}{3\,600 \times 4.96} = 5.6$$

11.2.2 蒸汽喷射制冷循环

为了完成将热量从冷藏库的低温物体向温度较高的周围环境中转移的任务，上述的蒸汽压缩制冷装置是以消耗机械功并转变成热量的能质下降过程为代价而实现的。蒸汽喷射制冷循环则是以高温热库向周围环境传热的能质下降过程为代价来实现制冷目的的。

蒸汽喷射制冷装置以及相应的理想循环如图 11-5 所示。它以水作为工质，整个装置由锅炉、喷射器、冷凝器、节流阀、蒸发器及水泵等设备组成。其中喷射器又可分成喷管、混合室及扩压管三部分。由锅炉出来的蒸汽(态 1 称为工作蒸汽)在喷射器的喷管中绝热膨胀，增速降压后达到态 2。这样，可在混合室中形成低压，将蒸发器出来的制冷蒸汽(态 3)不断地吸入混合室而且在两股蒸汽混合的过程中，制冷蒸汽获得动能。混合后的蒸汽(态 4)以一定的速度进入扩压管。蒸汽在扩压管中降速增压，动能转换成焓值的增加，当达到所需的

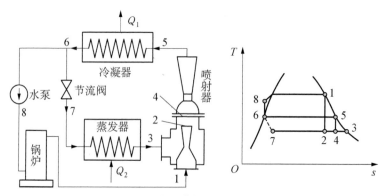

图 11-5　蒸汽喷射制冷循环示意图

冷凝压力(态 5)后进入冷凝器。蒸汽在冷凝器中定压放热凝结成饱和水(态 6)。从冷凝器出来的饱和水分成两路：一路经水泵升压(态 8)后被送入锅炉，并在锅炉中定压吸热而形成工作蒸汽(态 1)；另一路经节流阀绝热节流，降压(态 7)后进入蒸发器，并在其中吸收汽化潜热而形成制冷蒸汽(态 3)。然后，这两路蒸汽又在喷射器中混合，一个新的工作循环又重新开始。

上述装置的工作循环可分为两个循环来分析。一个是制冷蒸汽所经历的逆向制冷循环 6—7—3—4—5—6，它由下列五个过程组成：6—7 是节流阀中的不可逆绝热节流过程；7—3 是蒸发器中的定压气化过程；3—4 是在混合室中的放热增速过程；4—5 是混合蒸汽在扩压管中的减速增压过程；5—6 是混合蒸汽在冷凝器中的凝结放热过程。

另一个是工作蒸汽所经历的正向循环 6—8—1—2—4—5—6，它是实现制冷循环所必须付出的代价，是必要的补偿条件。其中 6—8 是在泵中的绝热增压过程；8—1 是在锅炉中定压吸热产生工作蒸汽的过程。这两个过程中输入的功量及热量最终都以热量的形式在冷凝器中放给周围环境。正循环中工作蒸汽能质下降的部分必须足以补偿制冷循环中制冷蒸汽能质的提高。由于水泵耗功量相对于锅炉吸热量来说是比较小的，因此，可以认为主要是以热量从高温热库(锅炉)传给低温环境来作为制冷的代价。喷射器是把这两种循环联系起来并具体完成上述补偿任务的关键设备。在喷管中工作蒸汽的热能转变成动能，在混合室中喷射器又把动能传给制冷蒸汽，并带动制冷蒸汽以一定的速度进入扩压管，进而完成使制冷工质增压的任务。可见，喷射器实际上替代了蒸汽压缩制冷装置中压缩机的作用。

对于稳定工况下运行的蒸汽喷射制冷循环，各典型点的状态都可测算出来，在此基础上进行热力计算是很容易的。

每千克制冷工质的制冷量为

$$q_2 = q_{73} = h_3 - h_7 > 0$$

在冷凝器中每千克工质所放出的热量为

$$q_1 = q_{56} = h_6 - h_5 < 0$$

锅炉产生每千克工作蒸汽所吸收的热量为

$$q = q_{81} = h_1 - h_8 > 0$$

根据热力学第一定律的普遍表达式：

$$\Delta E = (\Delta E)_Q + (\Delta E)_W + (\Delta E)_M$$

若以水作为研究对象，整个装置是一个闭口系统，有 $(\Delta E)_M = 0$；泵功忽略不计，有 $(\Delta E)_W = 0$；稳定工况下，有 $\Delta E = 0$。因此，能量方程可简化为

$$(\Delta E)_Q = \dot{m} q_{56} + \dot{m}_1 q_{73} + \dot{m}_2 q_{81} = 0 \tag{11-9}$$

式中，$\dot{m}$、$\dot{m}_1$ 及 $\dot{m}_2$ 分别表示总的质量流率以及制冷蒸汽和工作蒸汽的质量流率。
式(11-9)可写成

$$(h_5 - h_6) = \frac{\dot{m}_1}{\dot{m}}(h_3 - h_7) + \frac{\dot{m}_2}{\dot{m}}(h_1 - h_8) \tag{11-10}$$

如果已知制冷蒸汽的质量流率 $\dot{m}_1$，由式(11-10)就可确定工作蒸汽的质量流率 $\dot{m}_2$。

蒸汽喷射制冷循环工作的有效程度可用热量利用系数 ξ 来表示，即

$$\xi = \frac{\dot{Q}_2}{\dot{Q}} = \frac{\dot{m}_1(h_3 - h_7)}{\dot{m}_2(h_1 - h_8)} \tag{11-11}$$

在设计计算时，上述计算公式也是适用的，但必须根据热力学第二定律进行校验，即整个循环的总能质必须下降。工作蒸汽能质下降的绝对值应该足以补偿制冷蒸汽能质升高的绝对值。若以冷凝温度作为分析的环境温度，并忽略泵功，则工作蒸汽的质量流率 $\dot{m}_2$ 必须满足如下的条件：

$$\dot{m}_2 > \frac{\dot{m}_1(a_{f3} - a_{f6})}{a_{f1} - a_{f6}} \tag{11-12}$$

11.2.3　吸收式制冷循环

吸收式制冷装置是另一种以高温热库向周围环境传递一定的热量作为代价而实现制冷目的的装置。它与蒸气喷射制冷装置的主要区别在于：①采用的工质不同；②补偿的机理不同。吸收式制冷装置采用的工质并不是纯物质，而是混合溶液，如氨水溶液、水-溴化锂溶液等。应当选用容易相溶且沸点差较大的混合溶液作为工质，其中沸点高的物质作为吸收剂，而沸点较低容易挥发的物质作为制冷剂。在氨水溶液中，氨是制冷剂，水是吸收剂；在水-溴化锂溶液中水是制冷剂，溴化锂是吸收剂。采用不同混合溶液的吸收式制冷装置，它们的补偿机理是基本相同的，本节仅以氨水溶液吸收式制冷装置为例，说明它对制冷的补偿机理。

氨水溶液吸收式制冷装置的工作原理如图 11-6 所示。不难发现，氨水溶液吸收式制冷装置采用了由吸收器、溶液泵、换热器、蒸气发生器及调节阀所组成的溶液配置设备，它替代了前面两种制冷装置中的压缩机及喷射器。除此之外，其他组成部分基本上是相同的。溶液配置设备是吸收式制冷装置中具体完成补偿任务并使制冷剂增压的关键设备，其补偿机理可说明如下。

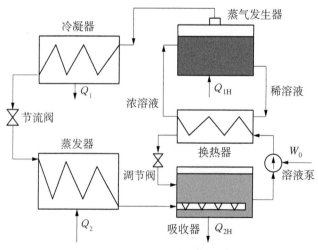

图 11-6　吸收式制冷装置示意图

由于氨水溶液并非纯物质,在一定的压力下,其饱和温度还与浓度有关,当浓度一定时才有确定的饱和温度,而且相平衡时,气相溶液与液相溶液的成分并不相同。因此,溶液配置的一个重要任务就是使蒸气发生器及吸收器中的氨水溶液在稳定工况下浓度保持不变,而且前者总是低于后者,且维持一定的浓度差。

在外部热源的加热(Q_H)下,蒸气发生器中的氨溶液蒸发,由于氨的沸点较低,不断蒸发出来的高浓度的氨蒸气在较高的压力下被送到冷凝器中。与此同时,通过溶液泵及调节阀的调节作用,不断补充浓溶液,排走稀溶液,使蒸气发生器中氨水溶液的浓度保持不变,并可向冷凝器连续提供高浓度的氨蒸气。

冷凝器、调节阀及蒸发器的工作情况与其他制冷装置一样,但工质是定成分的高浓度氨水混合物,由于氨水成分不变可当作纯物质处理。水对氨有很强的吸收能力,从蒸发器出来的高浓度氨蒸气在吸收器中被全部吸收。与此同时,依靠溶液泵及调节阀的调节作用不断排走浓溶液,补充稀溶液,使吸收器中的浓度保持不变。氨溶解时要放出溶解热以及从蒸气发生器来的高温稀溶液的流入都会使吸收器中温度提高,为了使吸收器中温度保持不变,必须及时地将这些热量排走,因此,必须采用冷却措施。为了减少稀溶液带入吸收器的热量,同时也为了提高进入蒸气发生器的浓溶液的温度,采用了溶液换热器。这样,可同时减小蒸气发生器的加热量及吸收器的放热量,有明显的节能效果。

若以 Q_1 及 Q_2 分别表示冷凝器中的放热量及蒸发器中的制冷量;Q_H 及 Q_L 分别表示蒸气发生器中的加热量及吸收器中冷却水带走的热量。如果忽略溶液泵的耗功量,则根据热力学第一定律可以得出

$$Q_H + Q_2 = -(Q_1 + Q_2) \tag{11-13}$$

吸收式制冷装置的热量利用系数可表示为

$$\xi = \frac{Q_2}{Q_H} \tag{11-14}$$

不难看出,吸收式制冷装置是以热量 Q_H 从高温热库传向周围环境为代价来实现热量 Q_2 从冷藏库传向周围环境的制冷目的的。

在完全可逆的理想条件下,如图 11-7 所示,热量从高温热库传向周围环境的能质下降正好补偿将热量从低温空间转移到周围环境的能质升高。在 $T_H > T_0 > T_L$ 的条件下有

$$W_0 = Q_H \eta_t = -W_0' = \frac{Q_2}{\varepsilon_R}$$

$$Q_H \left(1 - \frac{T_0}{T_H}\right) = \frac{Q_2(T_0 - T_L)}{T_L} \tag{11-15}$$

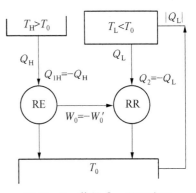

图 11-7 获得 ξ_{max} 的示意图

在完全可逆的理想条件下,可以获得最大的热量利用系数,用 ξ_{max} 表示,由式(11-15)可得出

$$\xi_{max} = \frac{Q_2}{Q_H} = \frac{T_H - T_0}{T_H} \cdot \frac{T_L}{T_0 - T_L} \tag{11-16}$$

例 11-4 在氨水溶液吸收式制冷装置中,将压力为 0.2 MPa、干度为 0.9 的湿饱和蒸汽的冷凝热作为蒸气发生器的外热源,如果保持冷藏库的温度为 -10℃,而周围环境温度为 30℃,试计算吸收式制冷装置的 $\xi_{\max}$。如果实际的热量利用系数为 $0.4\xi_{\max}$,而要达到的制冷能力为 2.8×10^5 kJ/h,求需提供湿饱和蒸汽的质量流率 $\dot{m}$ 是多少。

解 根据压力 $p = 0.2$ MPa,从饱和水蒸气表中查得饱和温度 $t_s = 120.23℃ = 120℃$,汽化潜热

$$\gamma = h'' - h' = 2\,202.2 \text{ kJ/kg}$$
$$T_H = T_s = 120℃ = 393 \text{ K}$$

每千克湿蒸汽的冷凝热为

$$q_x = x\gamma = 0.9 \times 2\,202.2 = 1\,981.98(\text{kJ/kg})$$

已知冷藏库及周围环境的温度分别为

$$T_L = -10℃ = 263 \text{ K}$$
$$T_0 = 30℃ = 303 \text{ K}$$

根据式(11-16)可求得 $\xi_{\max}$ 为

$$\xi_{\max} = \frac{T_H - T_0}{T_0 - T_L}\left(\frac{T_L}{T_H}\right) = \frac{(393 - 303)263}{(303 - 263)393} = 1.51$$

吸收式制冷装置的时机热量利用系数 ξ 为

$$\xi = 0.4\xi_{\max} = 0.4 \times 1.51 = 0.604$$

所需的供热能力 Q_H 可表示为

$$Q_H = \frac{Q_L}{\xi} = \frac{280\,000}{3\,600 \times 0.604} = 128.8(\text{kW})$$

需要提供的湿饱和蒸汽的质量流率 $\dot{m}$ 为

$$\dot{m} = \frac{Q_H}{q_x} = \frac{128.8}{1\,981.98} = 0.065(\text{kg/s})$$

 思考题

1. 何谓制冷装置?何谓热泵?试说明两者之间的区别及联系。

2. 热量总是自动地从高温物体传向低温物体。试举例说明在制冷循环及热泵装置中正是利用了这条规律才能实现将热量从低温区转移到高温区的目的的。

3. 当冷库温度及环境温度一定时,试证明逆向卡诺循环具有最大的制冷性能系数。

4. 冷凝器的过冷冷却及蒸发器的过热蒸发是什么意思?有什么好处?它们又受什么条件的限制?试利用 $T - s$ 图加以说明。

5. 蒸气压缩制冷、蒸气喷射制冷以及吸收式制冷分别采用了怎样的补偿条件?试说明

它们在补偿机理上各有什么特点。

6. 在吸收式制冷装置中，为什么要使蒸气发生器及吸收器中溶液的浓度维持不变？混合溶液的浓度是靠什么来调节的。

 习　题

11-1　设有一制冷装置按逆向卡诺循环工作。已知冷库温度为 $-5℃$，环境温度为 $20℃$，求制冷系数。若利用该装置做热泵，并从 $-5℃$ 的环境取热而向 $20℃$ 的室内供热，求热泵的供热系数。

11-2　有一台空气压缩制冷装置如图习题 $10-2$ 所示，已知冷库温度为 $-10℃$，冷却器中冷却水温度为 $20℃$，吸热及放热都在定压下进行，空气的最高压力为 $0.4\ \text{MPa}$，最低压力为 $0.1\ \text{MPa}$。若装置的制冷能力为 $150\ \text{kW}$，试计算制冷装置的耗功率及冷却器的放热率。

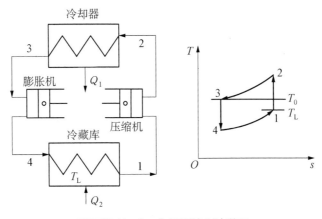

图习题 11-2　空气压缩制冷装置

11-3　有一台氨蒸气压缩制冷装置，冷库中的蒸发温度为 $-10℃$，冷凝器中的凝结温度为 $20℃$，试求单位质量工质的制冷量、制冷装置的耗功量、制冷性能系数以及冷却水带走的热量，并将该制冷循环表示在压焓图上。

11-4　冬季室外为 $-5℃$，室内保持 $20℃$，假定每度温差的散热量为 $0.5\ \text{kW}$。现采用一台以氨为工质的蒸气压缩热泵装置来供热，以维持 $20℃$ 的室温。若置于室外的蒸发器的蒸发温度为 $-13℃$；置于室内的冷凝器的凝结温度为 $27℃$，压气机的绝热效率为 0.8。试求：

（1）热泵的供热系数及消耗的功率；

（2）若采用电炉供热，则其消耗的功率是热泵消耗功率的多少倍？

11-5　有一台吸收式制冷装置，利用 $150℃$ 降至 $100℃$ 的循环热水向蒸气发生器提供热源，如果已知制冷温度 $T_L = -10℃$，环境介质温度 $T_0 = 20℃$，假定在完全可逆的理想条件下工作，试确定：

（1）制冷装置的最大热量利用系数 ξ_{max}；

（2）若制冷能力为 2×10^5 kJ/h，所需热水的最小质量流率；

（3）在 $T\text{-}s$ 图上将理想制冷循环及补偿条件表示出来。

11-6 在上题给定的条件下，如果吸收式制冷装置的实际热量利用系数 ξ 为 0.35，试计算实际所需的热水质量流率。

第12章 热力学微分方程及工质的通用热力性质

物质的热力性质是热力学的重要组成部分。根据热力学基本定律及基本定义导出的热力学微分方程是研究物质热力性质的理论基础。因此,本章的内容对工质热物性的实验研究及热力计算具有普遍的指导意义和实用价值。

本章讨论简单可压缩系统的热力学微分方程,这因为大多数热力学系统是由化学成分均匀不变的纯物质所组成的简单可压缩系统,其研究结果有直接的应用价值,而且对简单可压缩系统的研究具有代表性和典型性,其他的简单系统(如简单弹性系统、简单电系统等)只需将其准静态功的模式替代容积变化功即可得出该系统的热力学微分方程。不仅如此,本章对热力学微分方程的分析方法具有普遍意义,对简单可压缩系统的讨论也为研究复杂系统的热力学普遍关系式奠定了坚实的基础。

根据状态公理,两个独立的状态参数确定之后,简单系统的平衡状态就可确定,其他的状态参数都可根据一定的热力学函数计算出来。本节就是要讨论这些热力学函数的一般形式。热力学微分方程所建立的是状态参数之间的一般关系式,与过程的性质及途径无关,因此,在建立这些关系时,可以选用最简单的热力学模型(闭口、可逆)来推导,在推导过程中并不涉及工质的具体性质,因此,导得的热力学微分方程对于任何工质(不论可逆与否)都是普遍适用的。

12.1 特性函数

12.1.1 吉布斯方程组

根据热力学的第一定律及第二定律,对于任何纯物质,在闭口、可逆的条件下可以得出

$$\mathrm{d}u = T\mathrm{d}s - p\mathrm{d}v \tag{12-1}$$

根据焓的定义表达式 $h \equiv u + pv$,焓的全微分可以表达为

$$\mathrm{d}h = \mathrm{d}u + p\mathrm{d}v + v\mathrm{d}p \tag{12-2}$$
$$= T\mathrm{d}s + v\mathrm{d}p$$

根据亥姆霍茨函数(Helmholtz function)的定义表达式 $f \equiv u - Ts$,它的全微分方程可表达为

$$\mathrm{d}f = \mathrm{d}u - T\mathrm{d}s - s\mathrm{d}T \tag{12-3}$$
$$= -s\mathrm{d}T - p\mathrm{d}v$$

根据吉布斯函数(Gibbs function)的定义表达式 $g \equiv h - Ts$，它的全微分形式可表达为

$$dg = dh - Tds - sdT \qquad (12-4)$$
$$= -sdT + vdp$$

通常，式(12-1)及式(12-2)称为 Tds 方程；而式(12-3)及式(12-4)称为 sdT 方程，这四个方程统称为吉布斯方程组(Gibbs equations)。

吉布斯方程组虽然是在闭口、可逆的条件下导得的，但不论可逆与否都是适用的。在可逆的条件下，$\delta q = Tds$，$\delta w = pdv$，吉布斯方程组不仅代表参数之间的关系，而且还代表不同形式能量之间的转换关系。在不可逆的条件下，pdv 及 Tds 失去了能量的属性，吉布斯方程组就不能代表不同形式能量之间的转换关系，但作为状态参数之间的一般关系，仍然是成立的。

吉布斯方程组是直接根据热力学的基本定律及基本定义导得的，因此，具有高度的正确性和普遍性。吉布斯方程组建立了热力学中最常用的 8 个(p, v, T, s, u, h, f, g)状态参数之间的基本关系式，在此基础上，可以导出许多其他的普遍适用的热力学函数关系。

12.1.2 特性函数的性质

1. 特性函数的定义

如果由一个热学参数(T 或 s)和一个力学参数(p 或 v)作为独立变量的热力学函数确定之后，就能完全确定系统的平衡状态，则这个热力学函数称为特性函数。

特性函数能够完全确定其他的热力学函数，并能完整地表征系统的热力性质，因此，它必定同时包含系统的热学参数及力学参数。但是，并不是同时包含热学参数及力学参数的热力学函数都是特性函数。例如，状态方程 $p = p(T, v)$，它的确定并不能完全确定其他的热力学函数，因此它并不具备特性函数的性质，它就不是特性函数。

具有上述性质的特性函数共有四个，这些特性函数及其全微分可表达如下。

$$u = u(s, v), \quad du = \left(\frac{\partial u}{\partial s}\right)_v ds + \left(\frac{\partial u}{\partial v}\right)_s dv \qquad (12-5)$$

$$h = h(s, p), \quad dh = \left(\frac{\partial h}{\partial s}\right)_p ds + \left(\frac{\partial h}{\partial p}\right)_s dp \qquad (12-6)$$

$$f = f(T, v), \quad df = \left(\frac{\partial f}{\partial T}\right)_v dT + \left(\frac{\partial f}{\partial v}\right)_T dv \qquad (12-7)$$

$$g = g(T, p), \quad dg = \left(\frac{\partial g}{\partial T}\right)_p dT + \left(\frac{\partial g}{\partial p}\right)_T dp \qquad (12-8)$$

根据全微分的性质不难发现，这四个特性函数的全微分就是吉布斯方程组中相应的四个微分方程。还可看出，特性函数中的各个一阶偏导数恰好等于吉布斯方程组中相应的状态参数。根据这两组微分方程中参数的相对位置不难得出

$$T = \left(\frac{\partial u}{\partial s}\right)_v = \left(\frac{\partial h}{\partial s}\right)_p \qquad (12-9)$$

$$-p = \left(\frac{\partial u}{\partial v}\right)_s = \left(\frac{\partial f}{\partial v}\right)_T \tag{12-10}$$

$$-s = \left(\frac{\partial f}{\partial T}\right)_v = \left(\frac{\partial g}{\partial T}\right)_p \tag{12-11}$$

$$v = \left(\frac{\partial h}{\partial p}\right)_s = \left(\frac{\partial g}{\partial p}\right)_T \tag{12-12}$$

不难证明,知道了任何一个特性函数之后,其他的状态参数均可确定,系统的平衡状态也就完全确定了。现以亥姆霍茨函数为例来证明特性函数的性质。

假定已知亥姆霍茨函数 $f = f(T, v)$,根据式(12-7)及式(12-3),有

$$df = \left(\frac{\partial f}{\partial T}\right)_v dT + \left(\frac{\partial f}{\partial v}\right)_T dv = -s\, dT - p\, dv$$

根据偏导数的性质,一个二元函数的一阶偏导数仍然是该函数自变量的函数,因此,从上式可以得出

$$p = -\left(\frac{\partial f}{\partial v}\right)_T = p(T, v)$$

$$s = -\left(\frac{\partial f}{\partial T}\right)_v = s(T, v)$$

式中的偏导数都可根据已知函数 $f = f(T, v)$ 来求取。这说明函数 $p(T, v)$ 及 $s(T, v)$ 均可求得。再根据基本定义,就可求出下列热力学函数:

$$u = f + Ts = f(T, v) + Ts(T, v) = u(T, v)$$

$$h = u + pv = u(T, v) + p(T, v)v = h(T, v)$$

$$g = f + pv = f(T, v) + p(T, v)v = g(T, v)$$

可见,只要知道 $f(T, v)$ 即可求出它的偏导数,其他状态参数与自变量 (T, v) 之间的关系都可以求得。

其他三个特性函数与 $f(T, v)$ 一样,都具有上述特性,请读者加以验证。

2. 麦克斯韦关系

为了便于分析,可以将吉布斯方程组与特性函数的全微分写在同一个表达式中,即

$$du = T\, ds - p\, dv = \left(\frac{\partial u}{\partial s}\right)_v ds + \left(\frac{\partial u}{\partial v}\right)_s dv$$

$$dh = T\, ds + v\, dp = \left(\frac{\partial h}{\partial s}\right)_p ds + \left(\frac{\partial h}{\partial p}\right)_s dp$$

$$df = -s\, dT - p\, dv = \left(\frac{\partial f}{\partial T}\right)_v dT + \left(\frac{\partial f}{\partial v}\right)_T dv$$

$$dg = -s\, dT + v\, dp = \left(\frac{\partial g}{\partial T}\right)_p dT + \left(\frac{\partial g}{\partial p}\right)_T dp$$

从以上式子可以看出,吉布斯方程组中的状态参数(T,p,v,s)都是相应的特性函数的一阶偏导数。根据二元函数的二阶偏导数与求导次序无关的性质,不难得出

$$\left(\frac{\partial T}{\partial v}\right)_s = -\left(\frac{\partial p}{\partial s}\right)_v \tag{12-13}$$

$$\left(\frac{\partial T}{\partial p}\right)_s = \left(\frac{\partial v}{\partial s}\right)_p \tag{12-14}$$

$$\left(\frac{\partial s}{\partial v}\right)_T = \left(\frac{\partial p}{\partial T}\right)_v \tag{12-15}$$

$$-\left(\frac{\partial s}{\partial p}\right)_T = \left(\frac{\partial v}{\partial T}\right)_p \tag{12-16}$$

以上四式都是表示不可测参数(s)与可测参数(p,v,T)之间的转换关系,称为麦克斯韦关系(Maxwell relations)。

在推导各种热力学函数关系的过程中麦克斯韦关系起着重要的作用,是非常有用的工具。充分发挥麦克斯韦关系的作用关键在于如何牢记这些关系,在需要应用时能够马上写出来。

在四个参数中,T、s为热学参数,p、v为力学参数。不难发现,麦克斯韦关系中的 8 个偏导数都具有共同的特征:"分数线上下"以及"小括号里外"状态参数的属性都相反;对角参数的属性相同。掌握这个特征,就不难记住等号两边两个偏导数之间的麦克斯韦关系了。具体记忆方法是:①两个偏导数的对角关系为 T 与 s 相对,p 与 v 相对。对角参数的属性相同,以保持分数线上下相反的属性。②偏导数的下标要"里外对调",仍保证括号里外的参数有相反的属性。③由 p 及 s 组成的偏导数要加负号。对照一下麦克斯韦关系,就可记住这个记忆方法。

值得指出,麦克斯韦关系式中的负号仅表示等号两边的偏导数正负号相反,这只说明它们之间的一种相互关系。每个偏导数的正负号可以根据状态参数坐标图上过程线的相对位置来确定,如例 12-1 所示。

例 12-1 试在 p-v 图及 T-s 图上确定麦克斯韦关系[式(12-13)]中偏导数 $\left(\frac{\partial T}{\partial v}\right)_s$ 及 $\left(\frac{\partial p}{\partial s}\right)_v$ 的正负号。

解 在状态参数坐标图上判断一个偏导数正负号的基本方法如下:

(1) 通过同一个初态,画出偏导数中所包含的三个状态参数的基本热力过程线。

(2) 选取与偏导数下标同名的基本热力过程作为研究对象,将它的过程线(可以任选一个方向,不同方向的结论应相同)与另外两条过程线相比较。

(3) 应用热力过程性质的判据(参阅第 11 章),根据过程线之间的相对位置即可对该偏导数的正负号做出判断。从图 12-1(a)可以看出,与偏导数 $\left(\frac{\partial T}{\partial v}\right)_s$ 的下标所对应的定熵线 12_s 在初态的定温线之下$(dT<0)$,又在定容线之右$(dv>0)$,因此有 $\left(\frac{\partial T}{\partial v}\right)_s < 0$。显然,若

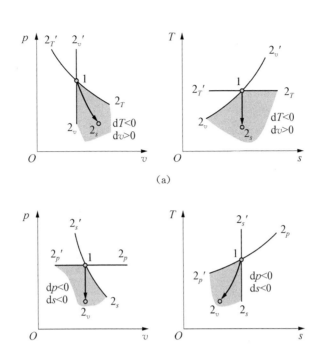

图 12 - 1　麦克斯韦关系式中偏导数正负号的确定

(a) $\left(\dfrac{\partial T}{\partial v}\right)_s < 0$；(b) $\left(\dfrac{\partial p}{\partial s}\right)_v > 0$。

讨论相反方向上的定熵过程会有 $\mathrm{d}T > 0$，$\mathrm{d}v < 0$，也可得出 $\left(\dfrac{\partial T}{\partial v}\right)_s < 0$ 的相同结论。

从图 12 - 1(b)可以看出，与偏导数 $\left(\dfrac{\partial p}{\partial s}\right)_v$ 的下标所对应的定容线 12_v 在初态的定压线之下 $(\mathrm{d}p < 0)$，又在定熵线之左$(\mathrm{d}s < 0)$，因此有 $\left(\dfrac{\partial p}{\partial s}\right)_v > 0$。显然，若讨论相反方向上的定容线，会有 $\mathrm{d}p > 0$，$\mathrm{d}s > 0$，也可得出相同的结论。

从本例可以看出，麦克斯韦关系 $\left(\dfrac{\partial T}{\partial v}\right)_s = -\left(\dfrac{\partial p}{\partial s}\right)_v$，其中 $\left(\dfrac{\partial T}{\partial v}\right)_s < 0$，而 $\left(\dfrac{\partial p}{\partial s}\right)_v > 0$，式中的负号仅代表两个偏导数正负号相反，并不说明偏导数本身的正负。

3. 有关特性函数的几点结论

(1) 四个特性函数的全微分就是吉布斯方程组。

(2) 特性函数的一阶偏导数分别代表状态参数 p、v、T 及 s。

(3) 特性函数的二阶偏导数满足麦克斯韦关系，它表示 p、v、T 与 s 之间的转换关系。

(4) 知道了四个特性函数中的任何一个，其他的热力学函数都可确定，系统的平衡状态也就完全确定。

(5) 这四个特性函数本身都包含着不可测的状态参数，因此不可能采用实验的方法直接得出这些特性函数。尽管如此，特性函数的理论意义以及它们在建立各种热力学函数关系的过程中所起的作用都是不可低估的。

12.2　热物性参数

实验测定是研究工质热物性的基本方法,也是建立热力学微分方程的实践基础。本节介绍纯物质的几个热物性参数的定义,这些热物性参数都可以通过实验测定,它们也是热力学函数的重要组成部分。

12.2.1　量热系数

热量是可以测定的,在量热学中引出了一系列与测定热量有关的量热系数。随着热力学的发展,这些量热系数逐渐地被热力学能、焓及熵的偏导数替代。现在除了定容比热及定压比热外,其他的量热系数在热力学中已经不起什么作用了。定容比热的定义为

$$c_v \equiv \frac{\delta q_v}{\mathrm{d}T} = \left(\frac{\partial u}{\partial T}\right)_v = c_v(T, v)$$

定压比热的定义为

$$c_p \equiv \frac{\delta q_p}{\mathrm{d}T} = \left(\frac{\partial h}{\partial T}\right)_p = c_p(T, p)$$

显然,$c_v(T, v)$ 及 $c_p(T, p)$ 都是可以测定的强度参数,它们的函数形式取决于工质的性质。

12.2.2　测温系数

温度是可以测定的,温度的测定与温度计中的测温物质有关。在测温学中引出了一系列的测温系数,这里仅介绍绝热膨胀系数 α_p 及压力的温度系数 α_v。

热膨胀系数是指在定压下比容随温度的变化率与该状态下比容的比值,可以表示为

$$\alpha_p = \frac{1}{v}\left(\frac{\partial v}{\partial T}\right)_p = \alpha_p(T, p) \tag{12-17}$$

热膨胀系数是个强度系数,单位为 K^{-1}。

压力的温度系数是指定容下压力随温度的变化率与该状态下压力的比值,可表示为

$$\alpha_v = \frac{1}{p}\left(\frac{\partial p}{\partial T}\right)_v = \alpha_v(T, v) \tag{12-18}$$

压力的温度系数是也是个强度系数,单位为 K^{-1}。

显然,$\alpha_p(T, p)$ 及 $\alpha_v(T, v)$ 都是可以测定的,它们的函数形式取决于工质的性质。经过标定之后,这种函数关系可用来测定温度。

12.2.3　弹性系数

弹性系数是表征纯物质在一定的热学条件下所呈现的力学性质,它也是一种热物性参数。

定温压缩系数是指在定温下比容随压力的变化率与该状态下比容的比值,用 β_T 表

示,则

$$\beta_T = -\frac{1}{v}\left(\frac{\partial v}{\partial p}\right)_T \tag{12-19}$$

对于任何物质,$\left(\frac{\partial v}{\partial p}\right)_T$ 恒为负值,为了使 β_T 恒为正值,故在定义表达式中出现负号。β_T 也是强度系数,单位为 Pa^{-1}。

定熵压缩系数是指在绝热条件下比容随压力的变化率与该状态下比容的比值,用 β_s 表示,则

$$\beta_s = -\frac{1}{v}\left(\frac{\partial v}{\partial p}\right)_s \tag{12-20}$$

β_s 与 β_T 除了热学条件不同外,其他的性质都相同。显然,β_s 与 β_T 都是可测的强度参数,它们的具体函数形式取决于工质的性质。它们的倒数称为相应的体积弹性模量,具有与压力相同的单位。

12.2.4　状态方程

基本状态参数 p、v 及 T(都是可测参数)之间的函数关系称为状态方程,状态方程的具体函数形式取决于工质的性质,所以状态方程也是一种热物性函数。

通常,状态方程可表示成以 (T,v) 或 (T,p) 为独立变量的显函数形式,相应的全微分方程为

$$p = p(T,v),\quad \mathrm{d}p = \left(\frac{\partial p}{\partial T}\right)_v \mathrm{d}T + \left(\frac{\partial p}{\partial v}\right)_T \mathrm{d}v \tag{12-21}$$

$$v = v(T,p),\quad \mathrm{d}v = \left(\frac{\partial v}{\partial T}\right)_p \mathrm{d}T + \left(\frac{\partial v}{\partial p}\right)_T \mathrm{d}p \tag{12-22}$$

不难发现,式中的四个偏导数都与相应的热物性参数有关,说明工质的热物性之间是有内在联系的。

确定工质的状态方程是一件非常重要又很困难的工作。直接利用 p-v-T 的实验数据有时是很难得出比较精确的状态方程的。一个比较精确的状态方程往往需要综合大量的有关热物性参数的实验数据才能建立起来。

例 12-2　试证明 $\dfrac{\alpha_p}{\alpha_v \beta_T} = p$。

解　根据 α_p、α_v 及 β_T 的定义表达式,可写出

$$\frac{\alpha_p}{\alpha_v \beta_T} = \frac{\dfrac{1}{v}\left(\dfrac{\partial v}{\partial T}\right)_p}{\dfrac{1}{p}\left(\dfrac{\partial p}{\partial T}\right)_v \left[-\dfrac{1}{v}\left(\dfrac{\partial v}{\partial p}\right)_T\right]} = \frac{-\dfrac{1}{v}\left(\dfrac{\partial v}{\partial p}\right)_T \left(\dfrac{\partial p}{\partial T}\right)_v}{-\dfrac{1}{pv}\left(\dfrac{\partial p}{\partial T}\right)_v \left(\dfrac{\partial v}{\partial p}\right)_T} = p$$

提示　证明过程中应用了偏导数的循环关系式,对于分子中的偏导数 $\left(\dfrac{\partial v}{\partial T}\right)_p$,有

$$\left(\frac{\partial v}{\partial T}\right)_p \left(\frac{\partial T}{\partial p}\right)_v \left(\frac{\partial p}{\partial v}\right)_T = -1 \tag{12-23}$$

或写成循环关系式的另一种形式,有

$$\left(\frac{\partial v}{\partial T}\right)_p = -\left(\frac{\partial v}{\partial p}\right)_T \left(\frac{\partial p}{\partial T}\right)_v \tag{12-24}$$

偏导数的循环关系式是推导过程中常用的基本公式,对于一个给定的偏导数,应当能够快速地写出任何一种形式的循环关系式。因此,记住如下的口诀是有帮助的。对于式(12-23)的口诀是里对外求偏导;写出式(12-24)中等号右边内容的口诀是加负号、里外对调、里对外求偏导。仔细分析一下这两个式子的结构,就能记住这些口诀。

12.3 热力学能、焓及熵的一般关系式

12.3.1 从特性函数得到的启示

1. 特性函数 $f(T, v)$ 及 $g(T, p)$ 的启示

亥姆霍茨函数的定义表达式为

$$f \equiv u - Ts$$

若以 (T, v) 作为独立变量,则有

$$f(T, v) = u(T, v) - Ts(T, v)$$

其中 $f(T, v)$ 是特性函数。上式说明,如果知道了热力学能函数 $u(T, v)$ 及熵函数 $s(T, v)$ 就可以确定特性函数 $f(T, v)$。根据特性函数的性质,一旦特性函数确定之后,其他的热力学函数都可确定,平衡状态就完全确定。因此,研究热力学微分方程的第一条途径是以 (T, v) 为独立变量,先确定热力学能函数 $u(T, v)$ 及熵函数 $s(T, v)$,然后再确定其他的热力学函数。

吉布斯函数的定义表达式为

$$g \equiv h - Ts$$

若以 (T, p) 作为独立变量,则有

$$g(T, p) = h(T, p) - Ts(T, p)$$

其中 $g(T, p)$ 是特性函数。同理可知,研究热力学微分方程的第二条途径是以 (T, p) 为独立变量,先确定焓函数 $h(T, p)$ 及熵函数 $s(T, p)$,然后再确定其他的热力学函数。

研究热力学函数关系时要防止单纯的数学观点,应当加强工程观点,把热力学的基本原理与工质热物性的实验研究紧密联系起来,并充分发挥数学工具的作用,只有这样才能把握住研究热力学函数关系的方向、目的及方法。

可见,现在的问题已经集中到如何来求得 $u(T, v)$ 及 $s(T, v)$ 或者 $h(T, p)$ 及 $s(T, p)$ 了,以下的讨论将分别沿着这两条途径展开。

2. Tds 方程的偏导数

特性函数的全微分就是吉布斯方程组,其中 $u(s,v)$ 及 $h(s,p)$ 的全微分为

$$\mathrm{d}u = T\mathrm{d}s - p\mathrm{d}v \tag{12-25}$$

$$\mathrm{d}h = T\mathrm{d}s + v\mathrm{d}p \tag{12-26}$$

以上两个方程称为 Tds 方程。

1) 以 (T,v) 为独立变量

以 (T,v) 为独立变量时,应当先确定 $u(T,v)$ 及 $s(T,v)$。在第一个 Tds 方程 (12 - 25)中包含着 $\mathrm{d}u$ 及 $\mathrm{d}s$,因此,应当先选用式(12 - 25)来求取相应的偏导数。

$$\mathrm{d}u = T\mathrm{d}s - p\mathrm{d}v$$

如果上式中的每一个状态参数都是以 (T,v) 为独立变量的函数,则可以简单地应用除法的概念来获得相应的偏导数。上式在 v 不变的条件下除以 $\mathrm{d}T$,可得出

$$\left(\frac{\partial u}{\partial T}\right)_v = T\left(\frac{\partial s}{\partial T}\right)_v = c_v \tag{12-27}$$

$$\left(\frac{\partial s}{\partial T}\right)_v = \frac{c_v}{T} \tag{12-28}$$

再在 T 不变的条件下除以 $\mathrm{d}v$,从式(12 - 25)可以得出

$$\left(\frac{\partial u}{\partial v}\right)_T = T\left(\frac{\partial s}{\partial v}\right)_T - p = T\left(\frac{\partial p}{\partial T}\right)_v - p \tag{12-29}$$

$$\left(\frac{\partial s}{\partial v}\right)_T = \left(\frac{\partial p}{\partial T}\right)_v \tag{12-30}$$

不难发现,在推导过程中已经应用了麦克斯韦关系及定容比热的定义表达式。以上四式建立了热力学能函数 $u(T,v)$ 及熵函数 $s(T,v)$ 的四个偏导数与可测参数之间的函数关系。

2) 以 (T,p) 为独立变量

以 (T,p) 为独立变量时,应当先确定 $h(T,p)$ 及 $s(T,p)$。在第二个 Tds 方程 (12 - 26)中包含着 $\mathrm{d}h$ 及 $\mathrm{d}s$,所以,选用式(12 - 26)来求取相应的偏导数。

$$\mathrm{d}h = T\mathrm{d}s + v\mathrm{d}p$$

同理可以得出

$$\left(\frac{\partial h}{\partial T}\right)_p = T\left(\frac{\partial s}{\partial T}\right)_p = c_p \tag{12-31}$$

$$\left(\frac{\partial s}{\partial T}\right)_p = \frac{c_p}{T} \tag{12-32}$$

$$\left(\frac{\partial h}{\partial p}\right)_T = T\left(\frac{\partial s}{\partial p}\right)_T + v = v - T\left(\frac{\partial v}{\partial T}\right)_p \tag{12-33}$$

$$\left(\frac{\partial s}{\partial p}\right)_T = -\left(\frac{\partial v}{\partial T}\right)_p \tag{12-34}$$

以上四式建立了焓函数 $h(T,p)$ 及熵函数 $s(T,p)$ 的四个偏导数与可测参数之间的函数关系。

12.3.2　$u(T,v)$ 及 $s(T,v)$ 的一般关系式

以 (T,v) 为独立变量时,热力学能函数 $u(T,v)$ 的全微分可以表达为

$$du = \left(\frac{\partial u}{\partial T}\right)_v dT + \left(\frac{\partial u}{\partial v}\right)_T dv$$

熵函数 $s(T,v)$ 的全微分可表达为

$$ds = \left(\frac{\partial s}{\partial T}\right)_v dT + \left(\frac{\partial s}{\partial v}\right)_T dv$$

将式(12-27)至式(12-30)中四个偏导数的表达式代入后,可以得出

$$du = c_v dT + \left[T\left(\frac{\partial p}{\partial T}\right)_v - p\right]_T dv \tag{12-35}$$

$$ds = c_v \frac{dT}{T} + \left(\frac{\partial p}{\partial T}\right)_v dv \tag{12-36}$$

式(12-35)及式(12-36)分别代表热力学能及熵与可测参数 (T,v) 之间的微分方程式,它们都是普遍适用的一般关系式。

应用式(12-35)及式(12-36)可以确定任意工质在任意状态时比热力学能及比熵的数值。但是,式(12-35)及式(12-36)的应用必须具备以下三个先决条件。

(1) 选定了基准状态,在基准状态下比热力学能及比熵有确定的数值。若以 (T_0,v_0) 代表选定的基准状态,则

$$u_0(T_0,v_0) = 定值, \quad s_0(T_0,v_0) = 定值$$

(2) 状态方程已经建立,并表达成显函数的形式,即

$$p = p(T,v)$$

(3) 在 v_0 条件下的定容比热与温度之间的函数关系已经确定,即

$$c_{v_0} = c_{v_0}(T)$$

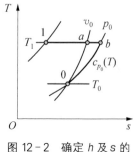

图 12-2　确定 h 及 s 的
先决条件

状态参数的变化仅与初终两态有关,而与过程的性质及途径无关。因此,可以选择一条可逆的途径来计算状态参数的变化。如图 12-2 所示,在具备了上述三个先决条件之后,就可以选择 0—a—1 的可逆途径来确定任意指定状态 (T_1,v_1) 的比热力学能及比熵的数值。

已知 (T_0,v_0),可在 T-s 图上确定基准态位置;0—a 是定容过程线,已知 $c_{v_0} = c_{v_0}(T)$ 及 T_1,可以确定中间态 a 的位置;a—1 是定温过程线,已知 $p = p(T,v)$ 及 v_1,可以确定指定状态 (T_1,v_1) 的位置。利用式(12-35)及式(12-36),按上述途径积

分可计算出指定状态(T_1, v_1)下的 u_1 及 s_1,即

$$u_1 = u_0 + \int_{T_0}^{T_1} c_{v_0} \mathrm{d}T + \int_{v_0}^{v_1} \left[T\left(\frac{\partial p}{\partial T}\right)_v - p \right]_T \mathrm{d}v \qquad (12-37)$$

$$s_1 = s_0 + \int_{T_0}^{T_1} c_{v_0} \frac{\mathrm{d}T}{T} + \int_{v_0}^{v_1} \left(\frac{\partial p}{\partial T}\right)_v \mathrm{d}v \qquad (12-38)$$

确定了 $u_1(T_1, v_1)$ 及 $s_1(T_1, v_1)$ 之后,其他的状态参数都可确定,根据基本定义有

$$h_1 = u_1(T_1, v_1) + p_1(T_1, v_1)v_1$$
$$f_1 = u_1(T_1, v_1) - T_1 s_1(T_1, v_1)$$
$$g_1 = h_1(T_1, v_1) - T_1 s_1(T_1, v_1)$$

如果知道周围环境的状态,A_{u1} 及 A_{h1} 都可计算出来。

12.3.3　$h(T, p)$ 及 $s(T, p)$ 的一般关系式

以(T, p)为独立变量时,焓函数 $h(T, p)$ 及熵函数 $s(T, p)$ 的全微分可以分别表达为

$$\mathrm{d}h = \left(\frac{\partial h}{\partial T}\right)_p \mathrm{d}T + \left(\frac{\partial h}{\partial p}\right)_T \mathrm{d}p$$

$$\mathrm{d}s = \left(\frac{\partial s}{\partial T}\right)_p \mathrm{d}T + \left(\frac{\partial s}{\partial p}\right)_T \mathrm{d}p$$

将式(12-31)至式(12-34)中四个偏导数的表达式代入上式可以得出

$$\mathrm{d}h = c_p \mathrm{d}T + \left[v - T\left(\frac{\partial v}{\partial T}\right)_p \right]_T \mathrm{d}p \qquad (12-39)$$

$$\mathrm{d}s = c_p \frac{\mathrm{d}T}{T} - \left(\frac{\partial v}{\partial T}\right)_p \mathrm{d}p \qquad (12-40)$$

式(12-39)及式(12-40)分别代表焓及熵与可测参数之间的微分关系式,它们都是普遍适用的一般关系式。

同理,应用式(12-39)及式(12-40)确定任意工质在任意状态下的比焓及比熵也必须具备以下三个先决条件。

(1) 选定基准态,基准状态下比焓及比熵都有定义。
若以(T_0, p_0)为基准态,则

$$h_0(T_0, p_0) = 定值, \quad s_0(T_0, p_0) = 定值$$

值得指出,热力学能基准及焓基准不是独立的,只能选中一个作为定义基准,另一个的基准值要通过定义表达式 $h_0 = u_0 + p_0 v_0$ 计算。

(2) 状态方程已经建立,并表达成显函数的形式,即

$$v = v(T, p)$$

(3) 在 p_0 条件下的定压比热与温度之间的函数关系已经确定,即已知

$$c_{p_0} = c_{p_0}(T)$$

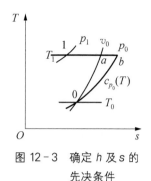

图 12-3 确定 h 及 s 的
先决条件

如图 12-3 所示,在具备了上述三个先决条件之后,任意状态 (T_1, p_1) 下的比焓及比熵的数值可以通过 0—b—1 的可逆途径来计算,即

$$h_1 = h_0 + \int_{T_0}^{T_1} c_{p_0} \, dT + \int_{p_0}^{p_1} \left[v - T \left(\frac{\partial v}{\partial T} \right)_p \right]_T dp \quad (12-41)$$

$$s_1 = s_0 + \int_{T_0}^{T_1} c_{p_0} \frac{dT}{T} + \int_{p_0}^{p_1} \left[\left(\frac{\partial v}{\partial T} \right)_p \right]_T dp \quad (12-42)$$

确定了 h_1 及 s_1 之后,其他的状态参数都可确定,即

$$u_1 = h_1 - p_1 v_1, \quad f_1 = u_1 - T_1 s_1, \quad g_1 = h_1 - T_1 s_1$$

12.4 有关比热的热力学关系式

12.4.1 定压比热的一般关系式

在热力学中,将定压下焓对温度的偏导数作为定压比热的定义,有

$$c_p = \left(\frac{\partial h}{\partial T} \right)_p = c_p(T, p) \quad (12-43)$$

式(12-43)说明定压比热是 (T, p) 的函数,它是一个强度参数。

以 (T, p) 为独立变量时,已经导得熵的一般关系式为

$$ds = c_p \left(\frac{dT}{T} \right) - \left(\frac{\partial v}{\partial T} \right)_p dp \quad (12-44)$$

根据全微分的性质,二阶偏导数与求导次序无关,由式(12-44)可以得出

$$\left[\frac{\partial \left(\frac{c_p}{T} \right)}{\partial p} \right]_T = - \left(\frac{\partial^2 v}{\partial T^2} \right)_p, \quad \left(\frac{\partial c_p}{\partial p} \right)_T = -T \left(\frac{\partial^2 v}{\partial T^2} \right)_p \quad (12-45)$$

式(12-45)是定压比热普遍关系式的微分形式,说明定压比热随压力变化的规律,与工质的状态方程有密切关系。对式(12-45)积分可以得出

$$c_p = c_{p_0} - T \int_{p_0}^{p} \left(\frac{\partial^2 v}{\partial T^2} \right)_p dp \quad (12-46)$$

式(12-46)建立了定压比热与可测参数之间的一般关系。式中 c_{p_0} 是基准态压力下的定压比热,它仅是温度的函数,具体的函数形式取决于工质的性质,可由实验测定。状态方程 $v = v(T, p)$ 的函数形式取决于工质的性质,也可由实验测定。它的二阶偏导数及定积分都可用数学工具求得。因此,c_p 的数值可以用式(12-46)计算。

式(12-46)的工程实用价值在于以下几个方面:

(1) 如果已经建立了比较精确的状态方程,就可以少做很多有关定压比热的实验(节约

人力物力)。因为只要在 p_0 不变的条件下测定定压比热与温度的关系 $c_{p_0}(T)$,就可以应用式(12-46)计算出其他压力下的定压比热值 c_p,不必再做不同压力下的定压比热实验。

(2) 如果已经积累了大量的比较精确的有关定压比热的实验数据,也可以用数学工具,利用式(12-46)来导出状态方程或判断现有状态方程的精确程度。

12.4.2　定容比热的一般关系式

同理,可以写出定容比热的热力学定义表达式

$$c_v = \left(\frac{\partial u}{\partial T}\right)_v = c_v(T, v) \tag{12-47}$$

定容比热是以 (T, v) 为独立变量的热力学函数,也是一个强度参数。

以 (T, v) 为独立变量时,熵的一般关系式为

$$ds = c_v\left(\frac{dT}{T}\right) + \left(\frac{\partial p}{\partial T}\right)_v dv \tag{12-48}$$

据全微分的性质,由式(12-48)可以得出

$$\left[\frac{\partial\left(\frac{c_v}{T}\right)}{\partial v}\right]_T = -\left(\frac{\partial^2 p}{\partial T^2}\right)_v, \quad \left(\frac{\partial c_v}{\partial v}\right)_T = T\left(\frac{\partial^2 p}{\partial T^2}\right)_v \tag{12-49}$$

对式(12-49)积分可以得出

$$c_v = c_{v_0} + T\int_{v_0}^{v}\left(\frac{\partial^2 p}{\partial T^2}\right)_v dv \tag{12-50}$$

式(12-49)及式(12-50)分别表示定容比热普遍关系式的微分形式及积分形式。虽然这两个式子的物理意义及功能与定压比热的一般关系是相似的,但是,定容比热的测定是比较困难的,相比之下,定压比热的测定比较容易,因此,通常采用测得的定压比热以及利用 c_p 与 c_v 之间的关系计算相应的定容比热。

12.4.3　比热差的一般关系式

由式(12-44)及式(12-48)可以得出

$$ds = c_p\left(\frac{dT}{T}\right) - \left(\frac{\partial v}{\partial T}\right)_p dp = c_v\left(\frac{dT}{T}\right) + \left(\frac{\partial p}{\partial T}\right)_v dv$$

由上式可以导得

$$dT = \frac{T\left(\frac{\partial v}{\partial T}\right)_p}{c_p - c_v}dp + \frac{T\left(\frac{\partial p}{\partial T}\right)_v}{c_p - c_v}dv \tag{12-51}$$

若以 (p, v) 为独立变量,状态方程 $T = T(p, v)$ 的全微分为

$$dT = \left(\frac{\partial T}{\partial p}\right)_v dp + \left(\frac{\partial T}{\partial v}\right)_p dv \tag{12-52}$$

比较式(12-51)及式(12-52),其中对应的系数必定相等,因此有

$$c_p - c_v = T\left(\frac{\partial p}{\partial T}\right)_v \left(\frac{\partial v}{\partial T}\right)_p \tag{12-53}$$

应用偏导数的循环关系:

$$\left(\frac{\partial v}{\partial T}\right)_p = -\left(\frac{\partial v}{\partial p}\right)_T \left(\frac{\partial p}{\partial T}\right)_v$$

式(12-53)可进一步写成

$$c_p - c_v = -T\left(\frac{\partial p}{\partial T}\right)_v^2 \left(\frac{\partial v}{\partial p}\right)_T \tag{12-54}$$

式(12-54)是比热差的一般关系式,利用这个关系式,可以根据已知的定压比热计算出相应的定容比热,这对减少实验工作量具有重要的意义。由式(12-54)可以得出以下结论:①对于气体,$\left(\frac{\partial v}{\partial p}\right)_T$ 恒为负值,所以 $c_p > c_v$;②对于液体及固体,压缩性很小,$\left(\frac{\partial v}{\partial p}\right)_T \approx 0$,因此有 $c_p \approx c_v$;③当 $T \to 0$ 时,$c_p \approx c_v$。

例 12-3 根据能量方程 $\delta q = \mathrm{d}h - v\mathrm{d}p$,试证明在可逆过程中热量的一般表达式为

$$\delta q = c_p \mathrm{d}T + \left[\left(\frac{\partial h}{\partial p}\right)_T - v\right]_T \mathrm{d}p \tag{12-55}$$

并进一步说明热量 δq 不是状态参数。

解 以 (T, p) 为独立变量时,焓的一般表达式为

$$\mathrm{d}h = \left(\frac{\partial h}{\partial T}\right)_p \mathrm{d}T + \left(\frac{\partial h}{\partial p}\right)_T \mathrm{d}p = c_p \mathrm{d}T + \left(\frac{\partial h}{\partial p}\right)_T \mathrm{d}p$$

把上式代入能量方程,可得出

$$\delta q = c_p \mathrm{d}T + \left[\left(\frac{\partial h}{\partial p}\right)_T - v\right]_T \mathrm{d}p$$

要判断热量是不是状态参数,只需验证上式 是否符合全微分的条件

$$\left(\frac{\partial c_p}{\partial p}\right)_T = \left(\frac{\partial \left(\frac{\partial h}{\partial T}\right)_p}{\partial p}\right)_T = \frac{\partial^2 h}{\partial p \, \partial T}$$

$$\left[\frac{\partial\left[\left(\frac{\partial h}{\partial p}\right)_T - v\right]}{\partial T}\right]_p = \frac{\partial^2 h}{\partial p \, \partial T} - \left(\frac{\partial v}{\partial T}\right)_p \neq \left(\frac{\partial c_p}{\partial p}\right)_T$$

式(12-55)中等号右边的二阶偏导数并不相等,因此 δq 不是全微分,热量不是状态参数。

例 12-4 试根据焓、热力学能及比热的一般关系式证明理想气体的比热、热力学能及焓都仅是温度的函数,并证明比热差等于气体常数。

解 理想气体状态方程可写成对于压力的显函数形式,有

$$p = \frac{RT}{v}, \quad \left(\frac{\partial p}{\partial T}\right)_v = \frac{R}{v}, \quad \left(\frac{\partial^2 p}{\partial T^2}\right)_v = 0$$

$$\left(\frac{\partial u}{\partial v}\right)_T = \left[T\left(\frac{\partial p}{\partial T}\right)_v - p\right] = 0$$

理想气体状态方程写成对于比容的显函数形式时,有

$$v = \frac{RT}{p}, \quad \left(\frac{\partial v}{\partial T}\right)_p = \frac{R}{p}, \quad \left(\frac{\partial^2 v}{\partial T^2}\right)_p = 0$$

$$\left(\frac{\partial h}{\partial p}\right)_T = \left[v - T\left(\frac{\partial v}{\partial T}\right)_p\right] = 0$$

将以上结论分别代入热力学能式(12-35)、焓式(12-39)及比热式(12-45)、(12-49)及(12-54)的一般表达式,可以得出

$$\mathrm{d}u = c_v \mathrm{d}T, \quad \mathrm{d}h = c_p \mathrm{d}T$$

$$\left(\frac{\partial c_v}{\partial v}\right)_T = 0, \quad \left(\frac{\partial c_p}{\partial p}\right)_T = 0, \quad c_p - c_v = R$$

这些公式证明了理想气体的比热、热力学能及焓都仅是温度的单值函数。

12.5　焦耳-汤姆孙系数

焦耳-汤姆孙系数(Joule Thomson coefficient)简称焦汤系数,它也是一个可以测定的热物性参数,在工质热物性的研究中起重要作用。焦汤系数是根据绝热节流原理建立的一种参数之间的一般关系式,因此,它与绝热节流过程有密切联系。

12.5.1　绝热节流过程的基本性质

流体流经通道中的阀门、孔板或多孔塞等障碍物时,由于局部阻力而使流体的压力降低,这种现象称为节流现象。通常,节流现象都发生在很短的一段管长内,所以热量交换及动能、位能的变化都可忽略不计,因此可以看作是绝热节流过程。

如图 12-4 所示,在多孔塞前后的适当距离内,分别选取 i 及 e 作为假想的进出口界面,并以 i-e 之间的一段管长作为研究对象。

对于稳定的绝热节流过程,热力学第一定律的能量方程可以简化成

$$(\Delta E)_M = E_{fi} - E_{fe} = 0, \quad h_i = h_e$$

热力学第二定律的熵方程可以简化成

$$s_{\mathrm{Pin}} = -(\Delta s)_M > 0, \quad s_e > s_i$$

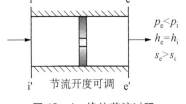

图 12-4　绝热节流过程

可见,在稳定绝热节流过程中,节流前后流体的压力下降、熵值增大、焓值不变,但这一过程不是定焓过程。稳定绝热节流过程是个不可逆过程,在节流元件附近的流体处于非平衡状态,状态参数都没有确定的数值,更无定焓可言。流体出口熵值的增大完全是由内部不可逆性损失的熵产引起的。稳定绝热节流过程的这些基本性质对任何工质都是适用的。

12.5.2　绝热节流的温度效应

节流前后流体的温度变化称为绝热节流的温度效应。绝热节流后流体的温度可以升高,可以降低,也可以保持不变,这取决于节流之前的状态、节流程度及流体的性质。在相同的入口状态及节流程度下,节流后的温度效应完全取决于流体的性质。因此,绝热节流的温度效应是流体物性的一种表现。

焦汤系数又称为绝热节流系数,它是表征绝热节流温度效应的热物性参数。若以 μ_{JT} 代表焦汤系数,则其定义表达式可写成

$$\mu_{JT} \equiv \left(\frac{\partial T}{\partial p}\right)_h \tag{12-56}$$

式(12-56)说明,焦汤系数是状态的单值函数,且是一个强度参数,在数值上等于定焓下温度对压力的偏导数。因为绝热节流过程中压力总是下降的,$\mathrm{d}p$ 恒为负值,所以焦汤系数的正负号有明显的物理意义,即当 $\mu_{JT} > 0$ 时,$\mathrm{d}T < 0$,为节流冷效应;当 $\mu_{JT} < 0$ 时,$\mathrm{d}T > 0$,为节流热效应;当 $\mu_{JT} = 0$ 时,$\mathrm{d}T = 0$,为节流零效应。

焦汤系数可以通过实验测定,图12-5(a)是测定绝热节流温度效应的实验装置示意图。节流前后的状态可以用温度计及压力表测定,节流程度可通过调节节流元件的开度大小控制。实验时,在保持入口焓值一定的情况下,改变节流程度或入口状态(比焓不变),待稳定后,再测出相应的出口参数,这样就可以得出一组从相同的初焓出发、代表不同绝热节流过程的出口参数。如果把这些出口参数表示在 T-p 图上,它们必定落在同一条定焓(h_1)线上。绝热节流前后的焓值不变,但绝热节流过程不是定焓过程,这条定焓线不是绝热节流的过程线。不难理解,这条定焓线是在相同初态焓值的条件下所有绝热节流过程终态的轨迹,它代表许多不同的绝热节流过程。

如果在不同的入口焓值条件下重复进行上述实验,可以得出一组不同焓值的定焓线,就能在 T-p 图上画出这个定焓线族。

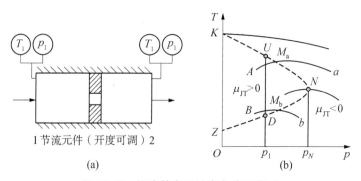

图 12-5　温度效应及转变曲线示意图

从图 12-5(b)可以看出,在一定的焓值范围内,在每一条定焓线上都有一个温度最高的点,用 M 表示。这个点满足该定焓线的极值条件,有

$$\mu_{JT} \equiv \left(\frac{\partial T}{\partial p}\right)_h = 0 \tag{12-57}$$

该点称为转变点,标志着 μ_{JT} 值将由负转变成正。如果把不同焓值定焓线上的转变点连起来,如图 12-5(b)中虚线所示,就形成了一条转变曲线,式(12-57)就是这条转变曲线的方程。转变曲线将 $T-p$ 图分成两个区域:在转变曲线与纵坐标所围的区域内,焦汤系数恒为正值,即 $\mu_{JT} > 0$, $dT < 0$,节流后温度降低,是绝热节流的制冷区;在该区域之外,焦汤系数恒为负值,即 $\mu_{JT} < 0$, $dT > 0$,绝热节流呈现热效应。

从图 12-5(b)还可看出,转变曲线上有一个压力最大的 N 点,这一点相应的压力称为最大转变压力,用 p_N 表示。当流体出口压力高于 p_N 时,其不可能与转变曲线有任何交点,因此,$p > p_N$ 是只能出现节流热效应的压力范围。低于 p_N 的定压线与转变曲线之间都有两个交点。如 $p_1 < p_N$,相应的两个交点为 U 及 D,它们的温度 T_U 及 T_D 分别称为对应压力 p_1 的上转变温度及下转变温度。显然,这是该压力下可能出现节流冷效应($\mu_{JT} > 0$, $dT < 0$)的温度范围,超过这个温度范围只能出现节流热效应($\mu_{JT} < 0$, $dT > 0$)。

12.5.3　焦耳-汤姆孙系数的一般关系式

根据绝热节流的性质,节流前后焓值不变,在初焓不变的情况下,所有节流过程的终态都落在同一条定焓线上。根据焓函数的普遍表达式,对于绝热节流过程,在 $dh = 0$ 的条件下,有

$$dh = c_p dT + \left[v - T\left(\frac{\partial v}{\partial T}\right)_p\right]_T dp$$

上式可以整理成

$$\mu_{JT} = \left(\frac{\partial T}{\partial p}\right)_h = \frac{\left[T\left(\frac{\partial v}{\partial T}\right)_p - v\right]}{c_p} \tag{12-58}$$

根据热膨胀系数的定义 $\alpha_p = \frac{1}{v}\left(\frac{\partial v}{\partial T}\right)_p$,式(12-58)还可写成

$$\mu_{JT} = \frac{v(T\alpha_p - 1)}{c_p} \tag{12-59}$$

式(12-58)及式(12-59)是焦汤系数的两种表达形式,建立了焦汤系数与其他可测参数之间的一般关系式。这样不仅可以共享在不同实验方式下所获得的数据资料,而且还能起到重要的互补及校验作用。

根据式(12-57),转变曲线上每个转变点的焦汤系数均等于零。将转变曲线方程式(12-57)代入式(12-58)就可得出转变曲线方程的一般表达式,即

$$T\left(\frac{\partial v}{\partial T}\right)_p - v = 0$$

利用偏导数的循环关系，$\left(\dfrac{\partial v}{\partial T}\right)_p = -\left(\dfrac{\partial v}{\partial p}\right)_T\left(\dfrac{\partial p}{\partial T}\right)_v$，上式可以写成

$$T\left(\frac{\partial p}{\partial T}\right)_v + v\left(\frac{\partial p}{\partial v}\right)_T = 0 \tag{12-60}$$

式(12-60)说明，转变曲线方程仅与可测参数(p，v，T)有关，转变曲线的形状取决于流体的性质，焦汤系数是流体的一种热物性参数。

12.6 克拉佩龙方程

克拉佩龙方程(Clapeylon equation)建立了相变过程中不可测参数变化量(ds 及 dh)与可测参数变化量(dp、dT 及 dv)之间的一般关系式，它是确定相变过程中不可测参数(s 与 h)的数值及制作相应的热力性质表所不可缺少的工具。在研究相变过程中工质的热物性时，克拉佩龙方程起了特别重要的作用。

12.6.1 克拉佩龙方程的导出

导出克拉佩龙方程的最简单方法是直接应用麦克斯韦关系中的下列关系式：

$$\left(\frac{\partial p}{\partial T}\right)_v = \left(\frac{\partial s}{\partial v}\right)_T \tag{12-61}$$

当两相共存时，饱和温度与饱和压力是一一对应的，相变过程既是定温过程又是定压过程，与比容无关。根据相变过程的性质，式(12-61)中的偏导数 $\left(\dfrac{\partial p}{\partial T}\right)_v$ 可以改写为全导数，即

$$\left(\frac{\partial p}{\partial T}\right)_v = \frac{\mathrm{d}p}{\mathrm{d}T} = \left(\frac{\partial s}{\partial v}\right)_T \tag{12-62}$$

应用特性函数一阶偏导数的关系，有

$$T = \left(\frac{\partial h}{\partial s}\right)_p \tag{12-63}$$

根据相变过程既是定压过程又是定温过程的性质，式(12-63)中的偏导数也可以改写成全导数，即

$$T = \frac{\mathrm{d}h}{\mathrm{d}s}, \quad \mathrm{d}s = \frac{\mathrm{d}h}{T} \tag{12-64}$$

实际上，式(12-64)也可由相变过程的热量计算公式导得，即

$$\delta q_T = T\mathrm{d}s = \delta q_p = \mathrm{d}h$$

由式(12-62)及式(12-64)可得出克拉佩龙方程的微分形式：

$$\frac{\mathrm{d}p}{\mathrm{d}T} = \left(\frac{\partial s}{\partial v}\right)_T = \frac{1}{T}\left(\frac{\partial h}{\partial v}\right)_T \tag{12-65}$$

式中 $\dfrac{\mathrm{d}p}{\mathrm{d}T}$ 代表相图(p - T 图)中两相曲线上任意一点的斜率,它仅是温度(或压力)的函数,

当温度一定时,$\dfrac{\mathrm{d}p}{\mathrm{d}T}$ 是个常数。因此,式(12 - 65)可以写成

$$\frac{\mathrm{d}p}{\mathrm{d}T} = \frac{\mathrm{d}s}{\mathrm{d}v} = \frac{1}{T}\frac{\mathrm{d}h}{\mathrm{d}v} \tag{12-66}$$

在液—气两相区的范围内对上式积分,可以得出

$$\frac{\mathrm{d}p}{\mathrm{d}T} = \frac{s'' - s'}{v'' - v'} = \frac{h'' - h'}{T(v'' - v')} \tag{12-67}$$

式(12 - 67)是克拉佩龙方程的积分形式。在一定的温度下,$\dfrac{\mathrm{d}p}{\mathrm{d}T}$ 及 $(v'' - v')$ 都是可以直接

测定的参数,因此,利用式(12 - 67)可以计算出 $(s'' - s')$ 及 $(h'' - h')$。 显然,根据两相区的
共性,克拉佩龙方程也同样适用于液—固及气—固两相区。

12.6.2　克拉佩龙方程的应用

在已经获得大量可测参数实验数据的基础上,应用克拉佩龙方程可以计算出两相区中
不可测参数熵及焓的数值,还可进一步计算出热力学能的数值,这样就可以根据这些数据来
制作工质的热力性质表或状态参数坐标图,以便在热力计算时查取。现以水为例说明克拉
佩龙方程的应用。

1. 应用克拉佩龙方程的先决条件

只有在大量比较精确的可测参数实验数据基础上,克拉佩龙方程才有用武之地。下列
实验研究成果就是必须具备的先决条件。

(1)饱和压力和饱和温度之间的一一对应关系已经确定,可以得出如图 12 - 6 所示的相

图。两相曲线上任意一点的斜率为 $\dfrac{\mathrm{d}p}{\mathrm{d}T}$,它仅是温度的函数。

(2)饱和状态下比容与温度的关系已经确定,即已知 $v'(T)$ 及 $v''(T)$,可以计算出相变
过程的容积变化量为 $(v'' - v')$,它也仅是温度的函数。这样可以得出如图 6 - 4 所示的液—
气两相区。

(3)气态下的状态方程 $v = v(T, p)$ 已经建立,它的偏导数都可求得。

(4)压力为 p^* 的定压比热与温度的关系已经确定,即已知 $c_{p^*} = c_{p'}(T)$。

(5)基准状态已经确定,且基准状态下的熵及焓都有定义,$s_0 =$ 定值,$h_0 =$ 定值。

2. 制作水蒸气热力性质表的步骤

根据已有的实验数据,确定不可测参数 (s, h, u) 的方法及步骤,可参阅图 6 - 4(c)。

1) 定义基准状态(态 0)

如前所述,水是以三相点温度下的饱和水为基准状态的,因此,在 $T_0 = 273.16\ \mathrm{K}$ 时,有

$$u_0' \equiv 0, \quad s_0' \equiv 0, \quad h_0' = u_0' + p_0 v_0' = 定值$$

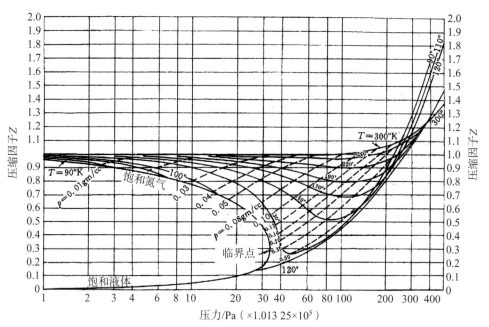

图 12-6　氮气的压缩因子示意图

2) 确定三相点温度下饱和蒸汽的状态(态 1)

根据克拉佩龙方程,对于液—气两相区,有

$$(s''_1 - s'_0) = (v''_1 - v'_0)\left(\frac{\mathrm{d}p}{\mathrm{d}T}\right)_{T_0}$$

$$(h''_1 - h'_0) = 273.15(v''_1 - v'_0)\left(\frac{\mathrm{d}p}{\mathrm{d}T}\right)_{T_0}$$

$$u''_1 = h''_1 - p_1 v''_1, \quad p_1 = p_0$$

由以上三式可以计算出 s''_1、h''_1 及 u''_1 的数值。

3) 在 T_0 不变的条件下,确定过热蒸汽(T_0,p^*)的状态(态 2)

利用状态方程确定比容

$$v_2 = v_2(T_0, p^*)$$

根据熵及焓的一般关系式,在定温(T_0)下有

$$s_2 = s_1 - \int_{p_1}^{p^*} \left(\frac{\partial v}{\partial T}\right)_p \mathrm{d}p$$

$$h_2 = h_1 + \int_{p_1}^{p^*} \left[v - T\left(\frac{\partial v}{\partial T}\right)_p\right]_T \mathrm{d}p$$

$$u_2 = h_2 - p_2 v_2, \quad (p_2 = p^*)$$

显然,在已经建立了状态方程 $v = v(T, p)$ 的条件下,利用以上三式就可以计算出 s_2、h_2 及 u_2 的数值。同理,对于定温线 T_0 上任何一点,例如状态 a,它的熵、焓及热力学能的数值都可用相同的方法计算出来。

4) 在 p^* 不变的条件下,确定任意指定温度 T_3 时的状态(态 3)

利用状态方程确定状态 3 的比容:

$$v_3 = v_3(T_3, p_3) = v_3(T_3, p^*)$$

利用熵及焓的一般关系式,在定压(p^*)下有

$$s_3 = s_2 + \int_{T_2}^{T_3} c_p^*(T) \frac{\mathrm{d}T}{T}$$

$$h_3 = h_2 + \int_{T_2}^{T_3} c_p^*(T)\mathrm{d}T$$

$$u_3 = h_3 - p^* v_3$$

显然,在已经建立了比热函数 $c_p^*(T)$ 的前提下,利用以上三式可以计算出定压线($p = p^*$)上任何一点的熵、焓及热力学能的数值。

5) 在 T_3 不变的条件下,确定干饱和蒸汽的状态(态 4)

$$T_4 = T_3, \quad p_4 = p_s(t_4)$$

利用饱和蒸汽与温度的函数关系 $v_4''(T_4)$,或者利用状态方程 $v_4(T_4, p_4)$ 可以确定比容 v_4''。

利用熵及焓的一般关系式,在定温(T_4)下有

$$s_4'' = s_4 = s_3 - \int_{p^*}^{p_4} \left(\frac{\partial v}{\partial T}\right)_p \mathrm{d}p$$

$$h_4'' = h_4 = h_3 + \int_{p^*}^{p_4} \left[v - \left(\frac{\partial v}{\partial T}\right)_p\right]_T \mathrm{d}p$$

$$u_4'' = u_4 = h_4 - p_4 v_4''$$

同理,可用同样的方法算出定温线(T_3)上任何一个过热蒸汽状态下的熵、焓、比容及热力学能。

6) 在定温下确定饱和水的状态(态 5)

根据已知的干饱和蒸汽状态(态 4)计算相同温度下饱和水的状态(态 5),与步骤 2 中由已知的饱和水状态应用克拉佩龙方程计算相同温度下干饱和蒸汽状态(态 1)的方法是相同的。采用相同的方法步骤,可以确定其他状态下的不可测参数,最后将大量的计算结果整理成水蒸气的热力性质表。

12.7　工质的通用热力性质

以上各节已经介绍了各种热物性参数的基本定义,并应用热力学的基本原理建立了不可测参数与可测参数之间的一般关系式。这些基本定义及一般关系式对任何工质都是普遍适用的。一般关系式的具体函数形式取决于工质的性质。要建立具体的、比较精确的函数形式还必须进一步采用理论分析与实验研究相结合的方法,对具体工质的热物性进行深入的研究。详细讨论工质的热物性超出了本书的范围。实际上,对于大多数工程技术人员来

说,掌握这些基本定义及一般关系式能够深入地理解各种热力性质之间的内在联系,并能正确使用现成的工质热力性质图表就足够了。

本节将在理想气体热力性质的基础上,从分析工质与理想气体之间的偏离程度着手研究工质的通用热力性质。虽然这是一种近似的计算方法,但对于缺乏现成实验资料的工质来说,这是一种既简便又实用的确定工质热力性质的方法,而且能满足一般工程计算的精确度要求。显然,对于已经有现成的热力性质图表的工质来说,就不必采用这种近似的计算方法。

12.7.1 对比态方程与通用压缩因子图

1. 对比态方程

1) 压缩因子

在相同的压力及温度下,实际气体的比容与理想气体的比容之比称为压缩因子,用 Z 表示,其定义表达式可写成

$$Z = \frac{v_{\text{实际}}}{v_{\text{理想}}} = \frac{pv}{RT} \tag{12-68}$$

引入压缩因子的概念后,实际气体的状态方程可表示为

$$pv = ZRT \tag{12-69}$$

压缩因子是从比容的角度描述实际气体与理想气体之间的偏离程度。当 $Z=1$ 时,该实际气体为理想气体;当 Z 值偏离 1 越远时,则说明在该状态下的气体与理想气体的偏离程度越大。

式(12-68)中,$v_{\text{实际}}$ 是可测参数,$v_{\text{理想}}$ 可用理想气体状态方程计算。因此,Z 是一个可测算的状态参数,其数值取决于工质的性质及所处的状态,对于确定的工质,它仅是状态的函数。图 12-6 是氮气的压缩因子示意图,它以 Z 和 p 为坐标,以 T 作为参变量,这样的图是在大量实验计算的基础上才能绘制出来的,这不是一件容易的事。对于其他工质,也可得出类似的压缩因子图。显然,每种工质都这样做是非常费钱费事的。能否只对少量有代表性的工质进行测试,并将其结果应用到其他工质中去呢? 这正是建立对比态方程所要解决的问题。

2) 对比态方程

每一种工质都有确定的临界参数(p_c、T_c、v_c),因此,临界压缩因子也是一个定值,有

$$Z_c = \frac{p_c v_c}{RT_c} = \text{定值} \tag{12-70}$$

临界压缩因子与工质的种类有关,附表 9 给出了一些工质的临界参数。不同工质的 Z_c 在 0.23~0.31 的范围内,这说明各种工质在临界状态时的热力性质偏离理想气体的程度都是比较大的,不能当作理想气体。

如果将式(12-68)除以式(12-70),可以得出

$$\frac{Z}{Z_c} = \frac{p_r v_r}{T_r} = f(T_r, p_r) \tag{12-71}$$

式中，P_r、v_r 及 T_r 统称为对比态参数，可分别表示为

$$p_r = \frac{p}{p_c}, \quad v_r = \frac{v}{v_c}, \quad T_r = \frac{T}{T_c}$$

式（12-71）是对比态方程的一种表达形式，它是相对于临界状态而言的对比态压缩因子表达式。满足对比态方程的各种工质必定满足对比态定律，即任意两个对比态参数确定之后，第三个对比态参数就完全确定。因此，对比态压缩因子仅是 T_r、p_r 的函数，当 T_r、p_r 一定时，v_r 及 $\frac{Z}{Z_c}$ 的值就完全确定。不论 Z_c 的数值是多少，只要 $\frac{Z}{Z_c}$ 的数值相同，就表示这些工质所处的状态与自身临界状态的偏离程度是相同的，具有相似的热力性质。但这些工质所处的状态并不是完全相似的热力学状态。例如，任何工质的 $\frac{Z_c}{Z_c}$ 都等于 1，这说明任何工质的临界状态都具有相似的热力学性质。譬如，在临界状态下气液两相的差别就消失了；任何工质的临界点都是代表工质发生相变的极限状态；定温线在临界点上既出现极点 $\left(\frac{\partial p}{\partial v}\right)_T = 0$，又出现拐点 $\left(\frac{\partial^2 p}{\partial v^2}\right)_T = 0$。虽然临界点具有上述这些相似的热力性质，但不同工质的 Z_c 并不相等，说明临界点与理想气体的偏离程度并不相同，并不处于完全相似的热力学状态。

由式（12-71）可以得出另外一种形式的对比态方程，即

$$Z = \frac{p_r v_r}{T_r} Z_c = f(T_r, P_r, Z_c) \tag{12-72}$$

式（12-72）是以 Z_c 作为第三参变数的三变量对比态方程，它将假想理想气体状态作为对比的对象，Z 的数值代表工质在该状态下的热力性质与理想气体的偏离程度。Z 值相等的所有工质都处在热力学相似的状态下。对于具有相同 Z_c 值的工质而言，Z 仅是 T_r、p_r 的函数。如果经大量实验得出了某一工质的压缩因子图，根据对比态原理就可以将这个图应用到与该工质具有相同 Z_c 值的所有工质中去，不必对这些工质做重复实验。可见，利用对比态方程（12-72）可以有效地减少实验工作量。不仅如此，式（12-72）直接以理想气体作为对比对象，与式（12-71）相比具有更高的工程实用价值。

2. 通用压缩因子图

根据对比态原理可知，对一种工质所得出的压缩因子图可以应用到 Z_c 值相同的所有工质中去。但要对不同 Z_c 的工质都做实验仍然是很费事的。

霍根（Hougen）在分析了常用工质的临界压缩因子后发现 Z_c 的变动范围并不大。如果根据 Z_c 值的大小把工质进一步分成几个组，则不仅使每组中 Z_c 的变动范围更小，而且各组中工质的热力性质更为接近。例如，对于氨、酯、醇等类工质，Z_c 在 0.24～0.26 范围内；对于大部分烃类工质，Z_c 在 0.26～0.28 范围内；对于氧气、氮气、一氧化碳、甲烷、乙烷等工质，Z_c 在 0.28～0.30 范围内。

可以分别从以上各组中选取 Z_c 比较适中的工质，如 $Z_c = 0.25$、$Z_c = 0.27$、$Z_c = 0.29$ 作为该组的标准工质。这几种有代表性的标准工质值得进行深入细致的实验研究，以便得出精确度比较高的压缩因子图，这些图就可应用到 Z_c 数值比较接近的所有工质中去。由于每

组中的 Z_c 比较接近,因而可以得到比较满意的计算精度。

值得指出,在应用压缩因子图时,应注意该图的临界压缩因子 Z_c 的数值。显然,使用非同组的压缩因子图会带来较大的误差。附图 4 的临界压缩因子 Z_c 为 0.27。

例 12-5 试计算丙烷(C_3H_8)在 150℃ 及 7 MPa 时的比容,并与应用理想气体状态方程算得的比容相比较。

解 对于丙烷,分别由附表 3 及附表 9 查得

$$R = 0.188\,55\ kJ/(kg \cdot K)$$

$$T_c = 370\ K; \quad p_c = 4.26\ MPa$$

对比参数为

$$T_r = \frac{T}{T_c} = \frac{423.15}{370} = 1.144; \quad p_r = \frac{p}{p_c} = \frac{7}{4.26} = 1.64$$

根据 T_r 及 p_r,由通用压缩因子图可查得

$$Z = 0.54$$

$$v = \frac{ZRT}{p} = \frac{0.54 \times 0.188\,55 \times 423.15}{7\,000} = 0.006\,16(m^3/kg)$$

若用理想气体状态方程来计算,则有

$$v_{理想} = \frac{RT}{p} = \frac{0.188\,55 \times 423.15}{7\,000} = 0.011\,4(m^3/kg)$$

可见,在该状态下将丙烷当作理想气体来计算其误差是比较大的。

3. 凯氏定则

研究定组成、定含量混合气体的基本方法是先根据组成气体的热力性质及各组分含量计算出混合气体的热力性质,然后再把混合气体当作单一气体来进行各种热力计算。

在第 4 章中,我们已经应用上述方法对理想气体混合物进行了热力分析及计算。本节中,我们还是采用这种方法并结合对比态原理对实际气体混合物进行分析计算。

应用对比态原理计算对比态参数,首先必须知道工质的临界参数。只有知道了实际气体混合物的临界参数,才能将它当作单一气体,并可应用对比态原理来进行热力计算。对于实际气体混合物,并无现成资料可查,它的临界参数必须按照一定的公式计算。

早在 1936 年,Kay 首先提出了比较简单的线性组合计算公式,可根据组成气体的临界参数及组成气体的各组分含量计算实际气体混合物的临界参数。凯氏提出的计算公式通常称为凯氏定则(Kay's rule),可表示为

$$(p_c)_{mix} = \sum y_i p_{c,i} \tag{12-73}$$

$$(T_c)_{mix} = \sum y_i T_{c,i} \tag{12-74}$$

式中,$(p_c)_{mix}$ 及 $(T_c)_{mix}$ 分别表示混合气体的折合临界压力及折合临界温度;y_i、$p_{c,i}$ 及 $T_{c,i}$ 分别表示混合气体中组成气体 i 的摩尔含量、临界压力及临界温度。

凯氏定则比较简单,又能满足一般工程计算的精确度要求,因此被广泛采用。除了凯氏

定则外,还有一些其他的组合方法,这里不一一介绍了。

例 12-6　乙烷(C_2H_8)与丙烷(C_3H_8)的混合物贮于如图 12-
7 所示的气缸中。活塞与重物的重量恰好能维持气缸内压力为
3.5 MPa,初态时活塞被挡块挡着,这时气缸容积为 0.6 m^3,混合物
的温度为 30℃,压力为 70 kPa,乙烷的摩尔含量为 0.20。有一乙
烷的输气管道,管内乙烷的温度为 30℃,压力为 7 MPa。管道通过
阀门可与气缸连通。现打开阀门并卸去挡块,乙烷就充入气缸。
当气缸内温度达到 65℃,乙烷的摩尔成分为 0.60 时,把阀门关闭。
周围环境温度为 30℃。试计算充入气缸的乙烷数量及终态时气缸
的容积。

图 12-7　实体混合物
的热力计算

解　不难看出,本例是一个复杂的不可逆过程。不可逆因素包
括经绝热节流的充气过程;纯物质与混合物的混合过程;活塞重块对
混合气体的非平衡压缩过程等。对实际气体热力过程的计算必须应用焓偏差及熵偏差的概
念,因此有关本例的过程性质,将在以后继续讨论。

从给定的条件可以看出,初终两态都是平衡状态,本例的任务是确定这两个平衡状态的
状态参数。初态时气缸内混合气体的压力很低($p_1 = 70$ kPa),可以看作是理想气体混合
物。根据理想气体状态方程,有

$$n_1 = \frac{p_1 V_1}{\bar{R} T_1} = \frac{70 \times 0.6}{8.314\,3 \times 303.15} = 0.016\,6 \text{(kmol)}$$

已知初态时混合气体的各组分含量为 $y_{A1} = 0.20$,$y_{B1} = 0.80$,可以求出初态时乙烷及
丙烷的摩尔数,即

$$n_{A1} = y_{A1} n_1 = 0.2 \times 0.016\,6 = 0.003\,3 \text{(kmol)}$$
$$n_{B1} = y_{B1} n_1 = 0.8 \times 0.016\,6 = 0.013\,3 \text{(kmol)}$$

在充气过程中丙烷的数量 n_B 是不变的,因此有

$$n_B = n_{B1} = n_{B2} = 0.013\,3 \text{ kmol}$$

已知终态时混合气体各组分含量为 $y_{A2} = 0.60$,$y_{B2} = 0.40$,可求出终态时总的摩尔数 n_2 及
乙烷的摩尔数 n_{A2},有

$$n_2 = \frac{n_{B2}}{y_{B2}} = \frac{0.013\,3}{0.40} = 0.033\,3 \text{(kmol)}$$
$$n_{A2} = n_2 - n_{B2} = 0.033\,3 - 0.013\,3 = 0.02 \text{(kmol)}$$

充气过程中流入气缸的乙烷为

$$n_i = n_2 - n_1 = 0.033\,3 - 0.016\,6 = 0.016\,7 \text{(kmol)}$$

从附表 9 可查得乙烷及丙烷的临界参数,即

$$T_{c,A} = 305.5 \text{ K}, \quad p_{c,A} = 4.88 \text{ MPa}$$
$$T_{c,B} = 370 \text{ K}, \quad p_{c,B} = 4.26 \text{ MPa}$$

根据凯氏定则,可以求出终态时实际气体混合物的折合临界参数,有

$$(T_c)_{mix2} = \sum y_i T_{ci} = 0.6 \times 305.5 + 0.4 \times 370 = 331.3(K)$$

$$(p_c)_{mix2} = \sum y_i p_{ci} = 0.6 \times 4.88 + 0.4 \times 4.26 = 4.632(MPa)$$

混合气体在终态时的对比态参数分别为

$$T_{r2} = \frac{T_2}{(T_c)_{mix2}} = \frac{338.15}{331.3} = 1.021$$

$$p_{r2} = \frac{p_2}{(p_c)_{mix2}} = \frac{3.5}{4.632} = 0.756$$

根据 T_{r2} 及 p_{r2},可在通用压缩因子图上查得

$$Z_2 = 0.70$$

终态时气缸的容积为

$$V_2 = \frac{Z_2 n_2 \bar{R} T_2}{p_2} = \frac{0.7 \times 0.033\ 3 \times 8.314\ 3 \times 338.15}{3\ 500} = 0.019(m)^3$$

12.7.2　焓偏差及熵偏差

1. 偏差函数及偏差

1) 焓的偏差函数及焓偏差

在定温下从零压变化到指定压力时,工质的比焓变化称为焓的偏差函数。零压可以理解为足够低的压力,在该压力下任何工质都可看作是理想气体。任意温度下焓的偏差函数可以表示为

$$(\Delta \bar{h}_{0 \to p})_T = (\bar{h}_p - \bar{h}_0)_T \tag{12-75}$$

焓的偏差函数表示压力变化对焓变的影响。

理想气体的焓仅是温度的函数,因此有

$$(\Delta \bar{h}_{0 \to p}^*)_T = (\bar{h}_p^* - \bar{h}_0^*)_T = 0 \tag{12-76}$$

带 ＊ 号的参数代表假想理想气体的参数。

假想理想气体的焓的偏差函数与相同温度下实际气体的焓的偏差函数之差称为焓偏差,用 $\bar{h}_r$ 表示。焓偏差的定义表达式为

$$\begin{aligned}
\bar{h}_r &= (\bar{h}_p^* - \bar{h}_0^*)_T - (\bar{h}_p - \bar{h}_0)_T \\
&= (\bar{h}_p^* - \bar{h}_p)_T \\
&= -(\bar{h}_p - \bar{h}_0)_T = -(\Delta \bar{h}_{0 \to p})_T
\end{aligned} \tag{12-77}$$

不难发现,在式(12-77)中已经应用了以下两个重要结论:①理想气体的焓仅是温度的函数;②当压力趋于零时,任何气体都具有理想气体的性质,即

$$(\bar{h}_p^* = \bar{h}_0^* = \bar{h}_0)_T$$

式(12-77)说明焓偏差等于焓的偏差函数的负值,或者焓偏差等于假想理想气体的焓值与相同状态下实际气体的焓值之差。

焓的偏差函数仅表示定温下压力变化对实际气体焓变的影响,而焓偏差则进一步说明实际气体的焓与假想理想气体的焓的偏离程度。可见,两者既有区别又密切相关。

2) 熵的偏差函数及熵偏差

同理,熵的偏差函数的定义表达式为

$$(\Delta \bar{s}_{0 \to p})_T = (\bar{s}_p - \bar{s}_0)_T \tag{12-78}$$

因为理想气体的熵不仅是温度的函数,还与压力有关,所以理想气体的熵的偏差函数并不等于零,即

$$(\Delta \bar{s}_{0 \to p}^*)_T = (\bar{s}_p^* - \bar{s}_0^*)_T \neq 0 \tag{12-79}$$

当压力足够低时,任何气体都具有理想气体的性质,因此,对于同种工质必定有

$$(\bar{s}_0)_T = (\bar{s}_0^*)_T \tag{12-80}$$

假想理想气体的熵的偏差函数与相同温度下实际气体的熵的偏差函数之差称为熵偏差,用 $\bar{s}_r$ 表示。熵偏差的定义表达式为

$$\begin{aligned} \bar{s}_r &= (\bar{s}_p^* - \bar{s}_0^*)_T - (\bar{s}_p - \bar{s}_0)_T \\ &= (\bar{s}_p^* - \bar{s}_p)_T \end{aligned} \tag{12-81}$$

式(12-81)中已经应用了式(12-80)的结论。熵偏差指出了在该状态下实际气体的熵值与假想理想气体的熵值的偏离程度,而熵的偏差函数仅说明定温下压力变化对该气体熵值变化的影响,并未做出与理想气体性质的对比。

2. 焓偏差及熵偏差的应用

有了偏差的概念,就可应用理想气体的计算方法来确定实际气体在指定状态下的焓值及熵值,并计算实际气体在任意两态之间的焓值变化及熵值变化。

1) 实际气体焓值及熵值的确定

若以 $\bar{h}_1$ 及 $\bar{s}_1$ 分别表示 1 kmol 实际气体在指定状态 $1(T_1, p_1)$ 时的焓值及熵值,根据偏差的概念可以写成

$$\begin{aligned} \bar{h}_1 &= \bar{h}_1^* + (\bar{h}_1 - \bar{h}_1^*) \\ &= \bar{h}_0^* + (\bar{h}_1^* - \bar{h}_0^*) + (\bar{h}_1 - \bar{h}_1^*) \\ &= \bar{h}_0^* + \bar{c}_{p_0}(T_1 - T_0) + (\bar{h}_1 - \bar{h}_1^*) \end{aligned} \tag{12-82}$$

$$\begin{aligned} \bar{s}_1 &= \bar{s}_1^* + (\bar{s}_1 - \bar{s}_1^*) \\ &= \bar{s}_0^* + (\bar{s}_1^* - \bar{s}_0^*) + (\bar{s}_1 - \bar{s}_1^*) \\ &= \bar{s}_0^* + \bar{c}_{p_0} \ln \frac{T_1}{T_0} - \bar{R} \ln \frac{p_1}{p_0} + (\bar{s}_1 - \bar{s}_1^*) \end{aligned} \tag{12-83}$$

式(12-82)及式(12-83)说明,实际气体的焓值(熵值)等于相同状态下假想理想气体

的焓值(熵值)加上焓偏差(熵偏差)的负值。偏差概念的引入把确定实际气体焓值(熵值)的问题变成了如何来确定假想理想气体焓值(熵值)的问题了。

要确定实际气体在指定状态(T_1, p_1)时的焓值$\bar{h}_1$及熵值$\bar{s}_1$,必须具备以下三个先决条件。

(1) 工质的基准状态已经选定,即

$$\bar{h}_0^*(0\,\mathrm{K}) = 0, \quad \bar{s}_0^*(0\,\mathrm{K}, 1\,\mathrm{atm}) = 0$$

(2) 在基准压力下的定压比热已经确定,即已知$\bar{c}_{p_0} = $定值,或者已知$\bar{c}_{p_0} = \bar{c}_{p_0}(T)$。

(3) 已经有现成的通用焓偏差图及熵偏差图,焓偏差及熵偏差的数值都可以查得,即$\bar{h}_{r1} = (\bar{h}_1^* - \bar{h}_1)$及$\bar{s}_{r1} = (\bar{s}_1^* - \bar{s}_1)$可求。

在具备了以上三个条件的基础上,可以先把工质当作假想的理想气体,从基准态出发,先求出假想理想气体在指定状态$1(T_1, p_1)$时的焓值$\bar{h}_1^*$及熵值$\bar{s}_1^*$,然后再加上相应的负的偏差,就可确定实际气体在指定状态时的焓值$\bar{h}_1$及熵值$\bar{s}_1$。

2) 实际气体焓值变化及熵值变化的计算

焓值变化及熵值变化都与基准无关,可采用更为简便的方法来计算实际气体的焓值变化及熵值变化。其公式为

$$\bar{h}_2 - \bar{h}_1 = (\bar{h}_2 - \bar{h}_2^*) + (\bar{h}_2^* - \bar{h}_1^*) + (\bar{h}_1^* - \bar{h}_1) \tag{12-84}$$

$$\bar{s}_2 - \bar{s}_1 = (\bar{s}_2 - \bar{s}_2^*) + (\bar{s}_2^* - \bar{s}_1^*) + (\bar{s}_1^* - \bar{s}_1) \tag{12-85}$$

从式(12-84)及式(12-85)可以看出,实际气体气体的焓值变化及熵值变化可以分解为三部分:$(\bar{h}_2 - \bar{h}_2^*)$及$(\bar{s}_2 - \bar{s}_2^*)$代表终态时焓偏差及熵偏差的负值;$(\bar{h}_2^* - \bar{h}_1^*)$及$(\bar{s}_2^* - \bar{s}_1^*)$代表假想理想气体的焓值变化及熵值变化;$(\bar{h}_1^* - \bar{h}_1)$及$(\bar{s}_1^* - \bar{s}_1)$代表初态时的焓偏差及熵偏差。其中焓偏差$\bar{h}_r$及熵偏差$\bar{s}_r$可从通用焓偏差图及通用熵偏差图中查得,因此,实际气体焓值变化及熵值变化的计算变成了理想气体焓值变化及熵值变化的计算问题了。

3. 通用焓偏差图及通用熵偏差图

根据对比态原理,对于临界压缩因子Z_c相同的所有气体,如果对比态参数(T_r, p_r)相同,则这些气体都处在热力学相似的状态,它们与假想理想气体的偏离程度都相同。显然,处在热力学相似状态下的各种气体,具有相同的压缩因子Z及相同的焓偏差$\bar{h}_r$和熵偏差$\bar{s}_r$,这说明Z与$\bar{h}_r$及$\bar{s}_r$之间必定存在着确定的函数关系。这些函数关系就是通用焓偏差图及通用熵偏差图的数学表达式。

1) 通用焓偏差图的数学表达式

根据焓的普遍关系式$\mathrm{d}h = c_p \mathrm{d}T + \left[v - T\left(\dfrac{\partial v}{\partial T}\right)_p\right]_T \mathrm{d}p$

在定温条件下有

$$\mathrm{d}h_T = \left[v - T\left(\frac{\partial v}{\partial T}\right)_p\right]_T \mathrm{d}p \tag{12-86}$$

根据压缩因子的定义表达式有

$$v = \frac{ZRT}{p} \quad \left(\frac{\partial v}{\partial T}\right)_p = \frac{ZR}{p} + \frac{RT}{p}\left(\frac{\partial Z}{\partial T}\right)_p$$

将上述式子代入式(12-86),有

$$
\begin{aligned}
\mathrm{d}h_T &= \left[\frac{ZRT}{p} - \frac{ZRT}{p} - \frac{RT^2}{p}\left(\frac{\partial Z}{\partial T}\right)_p\right]_T \mathrm{d}p \\
&= \left[-\frac{RT^2}{p}\left(\frac{\partial Z}{\partial T}\right)_p\right]_T \mathrm{d}p
\end{aligned}
\tag{12-87}
$$

根据对比态参数的定义,可得出

$$
T = T_c T_r, \quad \mathrm{d}T = T_c \mathrm{d}T_r, \quad \frac{\mathrm{d}T}{T} = \frac{\mathrm{d}T_r}{T_r}
$$

$$
p = p_c p_r, \quad \mathrm{d}p = p_c \mathrm{d}p_r, \quad \frac{\mathrm{d}p}{p} = \frac{\mathrm{d}p_r}{p_r} = \mathrm{d}\ln p = \mathrm{d}\ln p_r
$$

将对比态参数关系代入式(12-87),可得出

$$
\mathrm{d}h_T = -\left[RT_c T_r^2\left(\frac{\partial Z}{\partial T_r}\right)_{p_r}\right]_{T_r} \mathrm{d}\ln p_r
$$

为了消除具体工质热力性质(R 及 T_c)的影响,可将上式改写为

$$
\frac{\mathrm{d}\bar{h}_T}{T_c} = -\left[\bar{R}T_r^2\left(\frac{\partial Z}{\partial T_r}\right)_{p_r}\right]_{T_r} \mathrm{d}\ln p_r
\tag{12-88}
$$

因为理想气体的焓仅是温度的函数,所以焓偏差等于焓的偏差函数的负值。因此有

$$
\frac{\bar{h}_r}{T_c} = -\int_{p_r=0}^{p_r} \frac{\mathrm{d}\bar{h}_T}{T_c} = \int_0^{p_r}\left[\bar{R}T_r^2\left(\frac{\partial Z}{\partial T_r}\right)_{p_r}\right]_{T_r} \mathrm{d}\ln p_r
\tag{12-89}
$$

式(12-89)为有量纲的通用焓偏差图的数学表达式,其单位为 kJ/(kmol·K)。上式除以 $\bar{R}$ 可得出无量纲的通用焓偏差图的数学表达式,即

$$
\frac{\bar{h}_r}{\bar{R}T_c} = \int_0^{p_r}\left[T_r^2\left(\frac{\partial Z}{\partial T_r}\right)_{p_r}\right]_{T_r} \mathrm{d}\ln p_r
\tag{12-90}
$$

2) 通用熵偏差图的数学表达式

根据熵的普遍关系式 $\qquad \mathrm{d}s = \left(\frac{\partial s}{\partial T}\right)_p \mathrm{d}T + \left(\frac{\partial s}{\partial p}\right)_T \mathrm{d}p$

在定温的条件下有 $\qquad \mathrm{d}s_T = \left(\frac{\partial s}{\partial p}\right)_T \mathrm{d}p = -\left(\frac{\partial v}{\partial T}\right)_p \mathrm{d}p \tag{12-91}$

对于理想气体及非理想气体可分别得出

$$
\mathrm{d}\bar{s}_T^* = -\frac{\bar{R}\mathrm{d}p}{p}
$$

$$
\mathrm{d}\bar{s}_T = -\left[\frac{Z\bar{R}}{p} + \frac{\bar{R}T}{p}\left(\frac{\partial Z}{\partial T}\right)_p\right]_T \mathrm{d}p
$$

分别写出理想气体及非理想气体熵的偏差函数的表达式,有

$$(\Delta \bar{s}_{0 \to p}^{*})_T = \int_0^p -\frac{\bar{R}}{p} \mathrm{d}p$$

$$(\Delta \bar{s}_{0 \to p})_T = \int_0^p -\left[\frac{Z\bar{R}}{p} + \frac{\bar{R}T}{p}\left(\frac{\partial Z}{\partial T}\right)_p\right]_T \mathrm{d}p$$

根据熵偏差的定义有

$$\bar{s}_{\mathrm{r}} = (\Delta \bar{s}_{0 \to p}^{*})_T - (\Delta \bar{s}_{0 \to p})_T$$
$$= \int_0^p (Z-1)\bar{R}\mathrm{d}\ln p + \int_0^p \left[\bar{R}T\left(\frac{\partial Z}{\partial T}\right)_p\right]_T \mathrm{d}\ln p \tag{12-92}$$

利用对比态参数关系,由式(12-92)可得出通用熵偏差图的数学表达式为

$$\bar{s}_{\mathrm{r}} = \int_0^{p_{\mathrm{r}}} (Z-1)\bar{R}\mathrm{d}\ln p_{\mathrm{r}} + \int_0^{p_{\mathrm{r}}} \left[\bar{R}T_{\mathrm{r}}\left(\frac{\partial Z}{\partial T_{\mathrm{r}}}\right)_{p_{\mathrm{r}}}\right]_{T_{\mathrm{r}}} \mathrm{d}\ln p_{\mathrm{r}}$$
$$= \bar{R}\ln\left(\frac{f}{p}\right) + \frac{\bar{h}_{\mathrm{r}}}{T_{\mathrm{r}}T_{\mathrm{c}}} \tag{12-93}$$

式(12-93)为有量纲的通用熵偏差图的数学表达式,其单位为 kJ/(kmol·K)。上式除以 $\bar{R}$ 可得出无量纲的通用熵偏差图的数学表达式,即

$$\frac{\bar{s}_{\mathrm{r}}}{\bar{R}} = \int_0^{p_{\mathrm{r}}} (Z-1)\mathrm{d}\ln p_{\mathrm{r}} + \int_0^{p_{\mathrm{r}}} \left[T_{\mathrm{r}}\left(\frac{\partial Z}{\partial T_{\mathrm{r}}}\right)_{p_{\mathrm{r}}}\right]_{T_{\mathrm{r}}} \mathrm{d}\ln p_{\mathrm{r}}$$
$$= \ln\left(\frac{f}{p}\right) + \frac{\bar{h}_{\mathrm{r}}}{\bar{R}T_{\mathrm{r}}T_{\mathrm{c}}} \tag{12-94}$$

其中
$$\ln\left(\frac{f}{p}\right) = \ln\phi = \int_0^{p_{\mathrm{r}}} (Z-1)\mathrm{d}\ln p_{\mathrm{r}} \tag{12-95}$$

式(12-95)是通用逸度系数图的数学表达式。逸度系数 ϕ 表示逸度 f(假想理想气体的压力)与实际压力 p 的比值,可说明实际气体与理想气体的偏离程度。在多元系统中,逸度及逸度系数的概念起重要的作用。

从以上各式可以看出,通用熵偏差图与通用逸度系数图及通用焓偏差图之间有密切的联系,它们都与通用压缩因子图密切相关。

从以上各式还可以看出,等号右边仅是压缩因子及对比态参数的函数,与工质的具体性质无关。利用这些式子就可在压缩因子图的基础上绘制出通用焓偏差图、通用熵偏差图及通用逸度系数图。如果已知 T_{r} 及 p_{r},就可用这些通用热力性质图查出相应的偏差来。

值得指出,在应用通用热力性质图时,应注意该图的临界压缩因子 Z_{c} 的数值。显然,使用非同组的压缩因子图会带来较大的误差。本书附录中所给出的通用压缩因子图(附图4)的临界压缩因子 Z_{c} 为 0.27,对于大多数碳氢化合物,这个图都是适用的。附录中提供的通用焓偏差图(附图5)及通用熵偏差图(附图6)都是有量纲的,它们是建立在 Z_{c} 为 0.27 的通用压缩因子图的基础上。

还应指出,在使用通用焓(熵)偏差图时,一定要注意区分是有量纲还是无量纲,并对查得的数值按相应的公式来处理。在有量纲的通用焓偏差图上查得的数据代表 $\dfrac{\bar{h}_{\mathrm{r}}}{T_{\mathrm{c}}}$ [式(12-89)];在无量纲的通用焓偏差图上查得的数据则代表 $\dfrac{\bar{h}_{\mathrm{r}}}{RT_{\mathrm{c}}}$ [式(12-90)]。同理,在有量纲的通用熵偏差图上查得的数据就代表熵偏差 $\bar{s}_{\mathrm{r}}$ [式(12-93)];在无量纲的图上读出的数据则代表 $\dfrac{\bar{s}_{\mathrm{r}}}{R}$ [式(12-94)]。

例 12-7　根据例 12-6 所给的条件,并已知乙烷及丙烷的真实摩尔比热公式分别为

$$C_{p\mathrm{A}}=6.895+17.26\theta-0.640\,2\theta^2+0.007\,28\theta^3$$
$$C_{p\mathrm{B}}=-0.042+30.46\theta-1.571\theta^2+0.031\,71\theta^3$$

式中, $\theta=\dfrac{T}{100}$。　试进一步计算:充气过程中气缸与环境交换的热量 Q;充气过程中总的不可逆性损失 I_{tot}。

解　(1) 参数分析。

例 12-6 中给定的以及已经求得的参数,有

$$p_1=70\ \mathrm{kPa},\quad T_1=303.15\ \mathrm{K},\quad V_1=0.6,\quad n_1=0.016\,6\ \mathrm{kmol}$$
$$p_2=3\,500\ \mathrm{kPa},\quad T_2=338.15\ \mathrm{K},\quad V_2=0.019,\quad n_2=0.033\,3\ \mathrm{kmol}$$
$$p_i=7\,000\ \mathrm{kPa},\quad T_i=303.15\ \mathrm{K}=T_0,\quad n_i=0.016\,7\ \mathrm{kmol}$$
$$T_{c\mathrm{A}}=305.5\ \mathrm{K},\quad p_{c\mathrm{A}}=4.88\ \mathrm{MPa}$$
$$T_{c\mathrm{B}}=370\ \mathrm{K},\quad p_{c\mathrm{B}}=4.26\ \mathrm{MPa}$$
$$(T_{\mathrm{c}})_{\mathrm{mix}2}=331.3\ \mathrm{K},\quad (p_{\mathrm{c}})_{\mathrm{mix}2}=4.632\ \mathrm{MPa}$$

过程中的平均温度为

$$T=\frac{T_1+T_2}{2}=\frac{303.15+338.15}{2}=320.65(\mathrm{K})$$

将平均温度代入题中给出的比热公式,可以求出乙烷及丙烷的平均摩尔比热,它们分别为

$$\bar{C}_{p\mathrm{A}}=55.90\ \mathrm{kJ/(kmol\cdot K)},\quad \bar{C}_{p\mathrm{B}}=78.53\ \mathrm{kJ/(kmol\cdot K)}$$

混合气体的平均摩尔比热为

$$(\bar{C}_p)_{\mathrm{mix}}=\sum y_i\bar{C}_{pi}$$
$$=0.6\times55.90+0.4\times78.53=64.96[\mathrm{kJ/(kmol\cdot K)}]$$

(2) 能量分析。

焓偏差及熵偏差的计算过程如下:

初态的压力足够低,工质可以看作是理想气体混合气体物,因此有

$$\bar{h}_{\mathrm{r}1}=(\bar{h}_1^*-\bar{h}_1)=0,\quad \bar{s}_{\mathrm{r}1}=(\bar{s}_1^*-\bar{s}_1)=0$$

终态是实际气体混合物,已经求得态 2 时的对比态参数分别为

$$T_{r2} = 1.021, \quad p_{r2} = 0.756$$

利用附录中的通用焓偏差图(附图 5)及通用熵偏差图(附图 6),可以分别查得

$$\frac{\bar{h}_2^* - \bar{h}_2}{T_c} = 9, \quad (\bar{s}_2^* - \bar{s}_2) = 7.0$$

$$\bar{h}_{r2} = 9 \times (T_c)_{mix2} = 9 \times 331.3 = 2\,981.7 (kJ/kmol)$$

入口状态 i(纯乙烷)的对比态参数分别为

$$T_{ri} = \frac{T_i}{T_{cA}} = \frac{303.15}{305.5} = 0.992$$

$$p_{ri} = \frac{p_i}{p_{cA}} = \frac{7}{4.88} = 1.434$$

根据 T_{ri} 及 p_{ri},由通用热力性质图可查得

$$\frac{\bar{h}_i^* - \bar{h}_i}{T_c} = 35; \quad (\bar{s}_i^* - \bar{s}_i) = 29.5$$

$$\bar{h}_{ri} = \bar{h}_i^* - \bar{h}_i = 35 \times T_{cA} = 35 \times 305.5 = 10\,692.5 (kJ/kmol)$$

热力学第一定律的普遍表达式为

$$\Delta E = (\Delta E)_Q + (\Delta E)_W + (\Delta E)_M$$

按题中给定的条件,能量方程可简化成

$$U_2 - U_1 = Q - p_2(V_2 - V_1) + H_i$$

$$
\begin{aligned}
Q &= U_2 - U_1 + p_2(V_2 - V_1) - H_i \\
&= H_2 - p_2 V_2 - H_1 + p_1 V_1 + p(V_2 - V_1) - H_i \\
&= H_2 - H_1 - H_i + (p_1 - p_2)V_1 \quad\quad\quad\quad\quad (a) \\
&= n_2 \bar{h}_2 - n_1 \bar{h}_1 - n_i \bar{h}_i + (p_1 - p_2)V_1 \\
&= n_1(\bar{h}_2 - \bar{h}_1) + n_i(\bar{h}_2 - \bar{h}_i) + (p_1 - p_2)V_1 \quad (b)
\end{aligned}
$$

按照式(b)来解:

$(\bar{h}_2 - \bar{h}_1)$ 及 $(\bar{h}_2 - \bar{h}_i)$ 可用焓偏差的概念计算。

$$
\begin{aligned}
\bar{h}_2 - \bar{h}_1 &= (\bar{h}_2 - \bar{h}_2^*) + (\bar{h}_2^* - \bar{h}_1^*) + (\bar{h}_1^* - \bar{h}_1) \\
&= -2\,981.7 + c_p(T_2 - T_1) + 0 \\
&= -2\,981.7 + 64.96(338.15 - 303.15) \\
&= -2\,981.7 + 2\,273.6 = -708.1 (kJ/kmol)
\end{aligned}
$$

$$
\begin{aligned}
\bar{h}_2 - \bar{h}_i &= (\bar{h}_2 - \bar{h}_2^*) + (\bar{h}_2^* - \bar{h}_i^*) + (\bar{h}_i^* - \bar{h}_i) \\
&= -2\,981.7 + 2\,273.6 + 10\,692.5 = 9\,984.4 (kJ/kmol)
\end{aligned}
$$

代入能量方程可以得出

$$Q = 0.016\ 6(-708.1) + 0.016\ 7(9\ 984.4) + (70 - 3\ 500)0.6$$
$$= -11.754 + 166.74 - 2\ 058 = -1\ 903(\text{kJ})$$

按照式(a)来解：

假定在 $T_0 = T_1 = T_i = 30℃$ 时，$\bar{h}_{A0}^* = \bar{h}_{B0}^* \equiv 0$，则有

$$\bar{h}_i^* = \bar{h}_{A0}^* = 0 \quad \bar{h}_{10}^* = 0.2\bar{h}_{A0}^* + 0.8\bar{h}_{B0}^* = 0$$
$$\bar{h}_{20}^* = 0.6\bar{h}_{A0}^* + 0.4\bar{h}_{B0}^* = 0$$

因此有
$$\bar{h}_2 = \bar{h}_{20}^* + (\bar{h}_2^* - \bar{h}_{20}^*) + (\bar{h}_2 - \bar{h}_2^*)$$
$$= 0 + 64.96(65 - 30) + (-2\ 981.7) = -708.1(\text{kJ/kmol})$$
$$\bar{h}_1 = \bar{h}_{10}^* + (\bar{h}_1^* - \bar{h}_{10}^*) + (\bar{h}_1 - \bar{h}_1^*) = 0$$
$$\bar{h}_i = \bar{h}_{A0}^* + (\bar{h}_i^* - \bar{h}_{A0}^*) + (\bar{h}_i - \bar{h}_i^*) = 0 + 0 - 10\ 682.5 = -10\ 692.5(\text{kJ/kmol})$$
$$(p_1 - p_2)V_1 = (70 - 3\ 500) \times 0.6 = -2\ 058(\text{kJ})$$

代入能量方程可求出热量：

$$Q = 0.033\ 3(-708.1) - 0.016\ 6(0) - 0.016\ 7(-10\ 692.5) - 2\ 058$$
$$= -23.6 + 0 + 178.5 - 2\ 058 = -1\ 903(\text{kJ})$$

负号表示充气过程中气缸向环境放热。

（3）能质分析。

根据孤立系统的熵方程：

$$\Delta S^{\text{isol}} = \Delta S + \Delta S^{\text{TR}} + \Delta S^{\text{WR}} + \Delta S^{\text{MR}} + \Delta S^0 = S_{\text{Ptot}} \geqslant 0$$

按题意有 $\Delta S^{\text{TR}} = 0$（除了周围环境外，无其他热库）；$\Delta S^{\text{WR}} = 0$（功熵流及功库熵变恒为零值）；$\Delta S^{\text{MR}} = (\Delta S)_M = S_i^{\text{MR}} - S_e^{\text{MR}} = S_e - S_i = -S_i$；$\Delta S^0 = \dfrac{Q^0}{T_0} = -\dfrac{Q}{T_0}$。

因此有
$$S_{\text{Ptot}} = \Delta S + \Delta S^{\text{MR}} + \Delta S^0 = n_2 s_2 - n_1 s_1 - n_i s_i + \frac{Q^0}{T_0} \tag{1}$$
$$= n_1(\bar{s}_2 - \bar{s}_1) + n_i(\bar{s}_2 - \bar{s}_i) + \frac{Q^0}{T_0} \tag{2}$$

按照式(1)来解：

假定在 $T_0 = 30℃$、$p_0 = 70\ \text{kPa}$ 时，$\bar{s}_{A0}^* = \bar{s}_{B0}^* \equiv 0$，则

$$\bar{s}_{10}^* = -\bar{R}\sum y_{i1}\ln y_{i1} = -[8.314\ 3(0.2\ln 0.2 + 0.8\ln 0.8) = 4.16[\text{kJ/(kmol} \cdot \text{K)}]$$
$$\bar{s}_{20}^* = -\bar{R}\sum y_{i2}\ln y_{i2} = -[8.314\ 3(0.6\ln 0.6 + 0.4\ln 0.4) = 5.60[\text{kJ/(kmol} \cdot \text{K)}]$$
$$\bar{s}_1 = \bar{s}_{10}^* + (\bar{s}_1^* - \bar{s}_{10}^*) + (\bar{s}_1 - \bar{s}_1^*) = 4.16 + 0 + 0 = 4.16[\text{kJ/(kmol} \cdot \text{K)}]$$
$$n_1\bar{s}_1 = 0.016\ 6 \times 4.16 = 0.069(\text{kJ/K})$$
$$\bar{s}_i = \bar{s}_{A0}^* + (\bar{s}_i^* - \bar{s}_{A0}^*) + (\bar{s}_i - \bar{s}_i^*) = 0 - \bar{R}\ln\left(\frac{p_i}{p_0}\right) - \bar{s}_{ri}$$
$$= -8.314\ 3\ln\left(\frac{7\ 000}{70}\right) - 29.5 = -67.78[\text{kJ/(kmol} \cdot \text{K)}]$$
$$n_i\bar{s}_i = 0.016\ 7 \times (-67.78) = -1.13(\text{kJ/K})$$

$$\bar{s}_2 = \bar{s}_{20}^* + (\bar{s}_2^* - \bar{s}_{20}^*) + (\bar{s}_2 - \bar{s}_2^*)$$

$$= 5.60 + \bar{c}_{p\text{mix}} \ln\left(\frac{T_2}{T_0}\right) - \bar{R} \ln\left(\frac{p_2}{p_0}\right) - \bar{s}_{\text{ri}}$$

$$= 5.6 + 64.96 \ln\left(\frac{338}{303}\right) - 8.314\ 3\ln\left(\frac{3\ 500}{70}\right) - 7.0 = -26.82[\text{kJ}/(\text{kmol} \cdot \text{K})]$$

$$n_2\bar{s}_2 = 0.033\ 3 \times (-26.82) = -0.893(\text{kJ/K})$$

$$\frac{Q^0}{T_0} = \frac{1\ 903}{303} = 6.28(\text{kJ/K})$$

代入熵方程可求出熵产及㶲损：

$$S_{\text{Ptot}} = n_2\bar{s}_2 - n_1s_1 - n_is_i + \frac{Q^0}{T_0} = -0.893 - 0.069 - (-1.13) + 6.28 = 6.448(\text{kJ/K})$$

$$I_{\text{tot}} = T_0 S_{\text{Ptot}} = 303 \times 6.448 = 1\ 953.7(\text{kJ})$$

按照式(2)来解：

$$\bar{s}_2^* - \bar{s}_1^* = \bar{s}_{20}^* + (\bar{s}_2^* - \bar{s}_{20}^*) - \bar{s}_{10}^* - (\bar{s}_1^* - \bar{s}_{10}^*)$$

$$= 5.60 + \bar{C}_p \ln\left(\frac{T_2}{T_1}\right) - \bar{R}\ln\left(\frac{p_2}{p_1}\right) - 4.16$$

$$= 5.60 + 64.96\ln\left(\frac{338.15}{303.15}\right) - 8.314\ 3\ln\left(\frac{3\ 500}{70}\right) - 4.16$$

$$= -23.99[\text{kJ}/(\text{kmol} \cdot \text{K})]$$

$$\bar{s}_2^* - \bar{s}_i^* = \bar{s}_{20}^* + (\bar{s}_2^* - \bar{s}_{20}^*) - \bar{s}_{i0}^* - (\bar{s}_i^* - \bar{s}_{i0}^*)$$

$$= 5.60 + \bar{C}_p \ln\left(\frac{T_2}{T_i}\right) - \bar{R}\ln\left(\frac{p_2}{p_i}\right)$$

$$= 5.60 + 64.96\ln\left(\frac{338.15}{303.15}\right) - 8.314\ 3\ln\left(\frac{3\ 500}{7\ 000}\right) = 18.46[\text{kJ}/(\text{kmol} \cdot \text{K})]$$

$$(\bar{s}_2 - \bar{s}_1) = (\bar{s}_2 - \bar{s}_2^*) + (\bar{s}_2^* - \bar{s}_1^*) + (\bar{s}_1^* - \bar{s}_1)$$

$$= -7.0 - 23.99 + 0 = -30.99[\text{kJ}/(\text{kmol} \cdot \text{K})]$$

$$(\bar{s}_2 - \bar{s}_i) = (\bar{s}_2 - \bar{s}_2^*) + (\bar{s}_2^* - \bar{s}_i^*) + (\bar{s}_i^* - \bar{s}_i)$$

$$= -7.0 + 18.46 + 29.5 = 40.96[\text{kJ}/(\text{kmol} \cdot \text{K})]$$

$$\frac{Q^0}{T_0} = -\frac{Q}{T_0} = \frac{1\ 903}{303.15} = 6.277(\text{kJ/K})$$

$$S_{\text{Ptot}} = 0.016\ 6(-30.99) + 0.016\ 7(40.96) + 6.277 = 6.447(\text{kJ/K})$$

$$I_{\text{tot}} = T_0 S_{\text{Ptot}} = 303.15 \times 6.447 = 1\ 954.3(\text{kJ})$$

🧠 思考题

1. 什么是特性函数？试证明 $g(T, p)$ 是一个特性函数。
2. 特性函数的全微分、一阶偏导数及二阶偏导数各有什么特征。
3. 写出 α_p、α_v、β_T 及 β_s 的定义表达式，并说明它们的物理意义。

4. 研究热力学微分方程应按哪两条途径来展开？试以任一途径为例，说明建立热力学函数关系的基本思路。

5. 写出焦耳-汤姆孙系数的定义表达式，并说明焦汤系数正负号的物理意义。

6. 绝热节流过程并不是定焓过程，为什么绝热节流温度效应的实验数据都落在同一条定焓线上，你能加以解释吗？

7. 克拉佩龙方程建立了哪些状态参数之间的联系？它有何实用价值？

8. 何为对比态参数、对比状态及对比态定律？试判断下列论断是否正确：

(1) 与理想气体具有相同的偏离程度，则必定是处在相同的对比状态；

(2) 处在相同的对比状态，则必定与理想气体具有相同的偏离程度；

(3) 对于 Z_c 相同的各种物质，如果处在相同的对比状态，则必定与理想气体具有相同的偏离程度。

(4) 关于热力学相似状态、处在相同的对比状态、处在与理想气体偏离程度相同的状态等三种状态的含意是否完全相同？

9. 以焓的偏差函数及焓偏差为例，说明"偏差函数"与"偏差"之间的区别与联系。

10. 压缩因子、焓偏差、熵偏差及逸度系数都是描述工质偏离理想气体程度的状态函数。试分别写出它们的定义表达式，并说明查取这些状态函数的步骤。

 习　题

12-1　试根据吉布斯方程组导出下列麦克斯韦关系式，并从中找出规律性的结论：

$$\left(\frac{\partial T}{\partial v}\right)_s = -\left(\frac{\partial p}{\partial s}\right)_v, \quad \left(\frac{\partial T}{\partial p}\right)_s = \left(\frac{\partial v}{\partial s}\right)_p$$

$$\left(\frac{\partial s}{\partial v}\right)_T = \left(\frac{\partial p}{\partial T}\right)_v, \quad -\left(\frac{\partial s}{\partial p}\right)_T = \left(\frac{\partial v}{\partial T}\right)_p$$

12-2　试从两个 Tds 方程导出下列偏导数，并说明这些偏导数在建立热力学能、焓及熵的一般关系式时的重要作用。

$$\left(\frac{\partial u}{\partial T}\right)_v = c_v, \quad \left(\frac{\partial u}{\partial v}\right)_T = T\left(\frac{\partial p}{\partial T}\right)_v - p$$

$$\left(\frac{\partial s}{\partial T}\right)_v = \frac{c_v}{T}, \quad \left(\frac{\partial s}{\partial v}\right)_T = \left(\frac{\partial p}{\partial T}\right)_v$$

$$\left(\frac{\partial h}{\partial T}\right)_p = c_p, \quad \left(\frac{\partial h}{\partial p}\right)_T = v - T\left(\frac{\partial v}{\partial T}\right)_p$$

$$\left(\frac{\partial s}{\partial T}\right)_p = \frac{c_p}{T}, \quad \left(\frac{\partial s}{\partial p}\right)_T = -\left(\frac{\partial v}{\partial T}\right)_p$$

12-3　试证明比热差的一般表达式为

$$c_p - c_v = -T\left(\frac{\partial p}{\partial T}\right)_v^2\left(\frac{\partial v}{\partial p}\right)_T$$

并说明关系式的物理意义及实用价值。

12-4　试推导 $\left(\dfrac{\partial T}{\partial v}\right)_u$ 及 $\left(\dfrac{\partial h}{\partial s}\right)_v$ 的表达式,其中不能包含不可测参数 u、h 及 s。

12-5　试推导 $\left(\dfrac{\partial u}{\partial p}\right)_T$ 及 $\left(\dfrac{\partial u}{\partial T}\right)_p$ 的表达式,其中不能包含不可测参数 u、h 及 s。

12-6　根据热物性参数 c_p、c_v、α_p 及 β_T 的定义表达式,证明下列方程(任选其中一个):

$$\mathrm{d}u = c_v \mathrm{d}T + \left(\frac{T\alpha_p}{\beta_T - p}\right)_T \mathrm{d}v$$

$$\mathrm{d}h = c_p \mathrm{d}T + (v - Tv\alpha_p)_T \mathrm{d}p$$

$$\mathrm{d}s = \left(\frac{c_v \beta_T}{T\alpha_p}\right)\mathrm{d}p + \left(\frac{c_p}{Tv\alpha_p}\right)\mathrm{d}v$$

$$c_p = -T\left(\frac{\partial^2 g}{\partial T^2}\right)_p, \quad c_v = -T\left(\frac{\partial^2 f}{\partial T^2}\right)_v$$

12-7　20 MPa、$-70℃$ 的氮气经绝热节流后压力降至 2 MPa,试用通用热力性质表确定氮气的初态比容及终态温度。

12-8　6 MPa、150℃的乙烷(C_2H_6)在换热器中冷却到 50℃,进入换热器的容积流量为 0.1 m³/s,乙烷的平均定压比热为 1.766 2 kJ/(kg·K),试求乙烷的放热量、熵变及熵产。

12-9　摩尔成分为 50％甲烷(CH_4)和 50％氮(N_2)的混合气体在 $-50℃$、20 MPa 下进入绝热的喷管,流出时的状态假定为 $-85℃$、5.9 MPa。试求:混合气体的出口流速;校验该过程是否违背热力学第二定律。

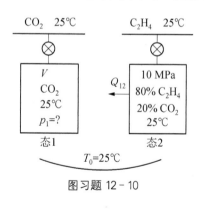

图习题 12-10

12-10　有时需要配制一定成分和压力的气体混合物。配置的方法是先将其中一种气体充入容器,达到一定压力 p_1 后,再充入第二种气体。如果 p_1 选得正确,则只需将第二种气体充到所需的压力,混合物的成分就能达到预定的要求。

现在需要在容积为 50 L 的刚性透热容器中配置压力为 10 MPa、摩尔成分为 80％乙烯(C_2H_4)和 20％ CO_2 的混合气体如图习题 12-10 所示。如果已经向容器中充了定量的 CO_2,其压力为 P_1;然后将容器接到压力为 10 MPa,温度为 25℃的乙烯总管上继续充气,直到压力达到 10 MPa。周围环境温度 25℃,试求:

(1) 要达到配置的要求,CO_2 的充气压力 P_1;

(2) 在充入 C_2H_4 的过程中所交换的热量;

(3) 在充入 C_2H_4 的过程中总的熵产和㶲损。

第13章 定组成变成分的多元系统

由两种以上不同的化学物质组成的系统称为多元系统。组成多元系统的化学物质称为组元或组成,其中独立的组成数称为组分数。各组成在系统中所占的百分比称为组元的成分。

多元系统可分为定组成定成分的多元系统、定组成变成分的多元系统以及变组成变成分的多元系统。对于定组成定成分的多元系统(如理想气体混合物及实际气体混合物)可以根据组成气体的热力性质及组成成分计算出混合物的热力性质,然后将该系统当作纯物质处理。如果组成多元系统的化学物质之间发生了化学反应,则系统的组成及成分都会发生变化。包含化学反应的变组成变成分的多元系统将在下一章中讨论。在多元复相系中的每一个多组元单相均匀系都称为溶液,有气相溶液、液相溶液及固相溶液。本章主要讨论定组成变成分的多元系统,即要讨论溶液的一些热力性质。

13.1 多元系统的吉布斯方程组

13.1.1 吉布斯方程组

1. 特性函数

有一个由 r 种不同的化学物质组成的均匀多元系统,n_1,n_2,$\cdots$,n_r 分别表示各组元的摩尔数。如果各组元的量保持不变,则该系统可当作纯物质来处理,热力学能可表示为

$$U = f(S, V)$$

如果各组元的量可以发生变化,每一种组元的量的变化都能引起热力学能的变化,因此有

$$U = f(S, V, n_1, n_2, \cdots, n_r)$$

热力学能的全微分可表示为

$$dU = \left(\frac{\partial U}{\partial S}\right)_{V, n_i} dS + \left(\frac{\partial U}{\partial V}\right)_{S, n_i} dV + \sum_{i=1}^{i=r} \left(\frac{\partial U}{\partial n_i}\right)_{S, V, n_j} dn_i$$

当各组元的量保持不变时,有

$$\left(\frac{\partial U}{\partial S}\right)_{V, n_i} = T, \quad \left(\frac{\partial U}{\partial V}\right)_{S, n_i} = -p$$

组元单位量的变化所引起热力学能的变化称为化学势,用 μ_i 表示:

$$\mu_i = \left(\frac{\partial U}{\partial n_i}\right)_{S, V, n_j \neq n_i}$$

热力学能的全微分可表示为

$$\mathrm{d}U = T\mathrm{d}S - p\mathrm{d}V + \sum_{i=1}^{j=r} \mu_i \mathrm{d}n_i \tag{13-1}$$

根据焓的定义表达式 $H \equiv U + pV$,焓的全微分可以表达为

$$\mathrm{d}H = T\mathrm{d}S + V\mathrm{d}p + \sum_{i=1}^{j=r} \mu_i \mathrm{d}n_i \tag{13-2}$$

根据亥姆霍茨函数的定义表达式 $F \equiv U - TS$,它的全微分方程可表达为

$$\mathrm{d}F = -S\mathrm{d}T - p\mathrm{d}V + \sum_{i=1}^{j=r} \mu_i \mathrm{d}n_i \tag{13-3}$$

根据吉布斯函数的定义表达式 $G \equiv H - TS$,它的全微分形式可表达为

$$\mathrm{d}G = -S\mathrm{d}T + V\mathrm{d}p + \sum_{i=1}^{j=r} \mu_i \mathrm{d}n_i \tag{13-4}$$

式(13-1)至(13-4)是多元系统的吉布斯方程组,相应的特性函数分别为

$$U = f(S, V, n_1, n_2, \cdots, n_r) \tag{13-5}$$

$$H = f(S, p, n_1, n_2, \cdots, n_r) \tag{13-6}$$

$$F = f(T, V, n_1, n_2, \cdots, n_r) \tag{13-7}$$

$$G = f(p, T, n_1, n_2, \cdots, n_r) \tag{13-8}$$

有关特性函数的性质可参阅 12-1 节。根据吉布斯方程组中 μ_i 的位置,化学势可表示为

$$\mu_i = \left(\frac{\partial U}{\partial n_i}\right)_{S, V, n_j \neq n_i} = \left(\frac{\partial H}{\partial n_i}\right)_{S, p, n_j \neq n_i} = \left(\frac{\partial F}{\partial n_i}\right)_{T, V, n_j \neq n_i} = \left(\frac{\partial G}{\partial n_i}\right)_{T, p, n_j \neq n_i} \tag{13-9}$$

2. 化学势及化学功

开口系统的特征是在边界上有质量交换。跨越边界的质量称为质量流。质量在跨越边界的过程中,质量流的状态及速度都符合均态均流的条件。质量交换必定伴随着能量交换,由于质量交换而引起的系统能量变化称为质量流的能流,用 $(\Delta E)_M$ 表示,有

$$(\Delta E)_M = \sum E_{fi} - \sum E_{fe}$$

其中,E_{fi} 及 E_{fe} 分别表示跨越进出口界面的质量流的能容量,是质量流所固有的能量属性。

值得指出,在定组成变成分的多元系统中,每一种组元的量的变化都是该组元的微粒在相界面上渗入及逸出的综合结果。在相界面上微粒来来往往的质量迁移运动与在边界上有质量交换的一般的开口系统是不同的。微粒迁移运动对系统能量变化的贡献是化学功的能流,而不是质量流的能流。

强度参数是势函数,是系统平衡条件及能量和物质逸出倾向的度量。例如,温度是表征系统热平衡性质的状态参数,温度越高则热运动强度越高,系统向外逸出热能的倾向就越大。又如,压力是表征系统力平衡性质的状态参数,压力越高表示系统向外输出功量的倾向越大。再如,密度是表征系统内物质分布的状态参数,密度越大其扩散物质的倾向就越大。可见,系统的热力性质主要取决于系统的强度参数。

化学势是表征系统相平衡及化学平衡性质的状态参数,是决定相变方向及化学反应方向的强度参数。组元物质在不同相之间的转移过程总是向着化学势小的方向迁移。

化学势的大小与系统所处的状态有关,但化学势的物理本质与多元系统所处的状态无关,因此可以在 T_0、p_0 的条件下揭示化学势的物理本质。根据热力学能烟的表达式

$$\mathrm{d}A = \mathrm{d}U + p_0\mathrm{d}V - T_0\mathrm{d}S$$

分别在 $(S, V)(S, p_0)(T_0, V)$ 及 (T_0, p_0) 不变的条件下,可以得出

$$\mu_i(T_0 p_0) = \left(\frac{\partial U}{\partial n_i}\right)_{S, V, n_j \neq n_i} = \left(\frac{\partial H}{\partial n_i}\right)_{S, p_0, n_j \neq n_i} \tag{13-10}$$

$$= \left(\frac{\partial F}{\partial n_i}\right)_{T_0, V, n_j \neq n_i} = \left(\frac{\partial G}{\partial n_i}\right)_{T_0, p_0, n_j \neq n_i} = \left(\frac{\partial A}{\partial n_i}\right)_{n_j \neq n_i}$$

式(13-10)说明不论在哪种条件下,化学势 μ_i 都可表示为组元 i 变化单位摩尔量所引起的热力学能烟的变化,$\mu_i \mathrm{d}n_i$ 则表示组元 i 变化 $\mathrm{d}n_i$ 摩尔量所引起的热力学能烟的变化,即为化学功 W_{ch} 的烟流。不难看出,有

$$(\Delta A)_W = -W_{ch} = \sum_{i=1}^{j=r} \mu_i \mathrm{d}n_i$$

$$W_{ch} = -\sum_{i=1}^{j=r} \mu_i \mathrm{d}n_i \tag{13-11}$$

式中,$\mu_i \mathrm{d}n_i$ 表示从化学势为 μ_i 的物系中逸出 $\mathrm{d}n_i$ 物质所需的化学功。当 $\mathrm{d}n_i > 0$ 时,外界对系统做功,$W_{ch} < 0$;当 $\mathrm{d}n_i < 0$ 时,系统对外界做功,$W_{ch} > 0$。在相界面上微粒的迁移运动是可逆的,化学功是有用功。同理有

$$W_{ch} = -\sum_{i=1}^{j=r} n_i \mathrm{d}\mu_i \tag{13-12}$$

式中,$n_i \mathrm{d}\mu_i$ 表示 n_i 摩尔物质从化学势低(高)迁移到化学势高(低)所需的化学功。当 $\mathrm{d}\mu_i > 0$ 时,外界对系统做功,$W_{ch} < 0$;当 $\mathrm{d}\mu_i < 0$ 时,系统对外界做功,$W_{ch} > 0$。

理解了化学势及化学功的物理本质,严格区分了边界上作用量的性质,在可逆的条件下,根据热力学基本定律不难导出式(13-1)及式(13-2)。吉布斯方程组虽然是在可逆的条件下导得的,但不论可逆与否,都是适用的。在可逆的条件下有

$$\delta Q = T\mathrm{d}S, \quad \delta W_v = p\mathrm{d}V, \quad \delta W_t = -V\mathrm{d}p,$$

$$W_{ch} = -\sum_{i=1}^{j=r} \mu_i \mathrm{d}n_i, \quad W_{ch} = -\sum_{i=1}^{j=r} n_i \mathrm{d}\mu_i$$

吉布斯方程组不仅代表参数之间的关系,而且还代表不同形式能量之间的转换关系。在不可逆的条件下,$p\mathrm{d}V$、$-V\mathrm{d}p$ 及 $T\mathrm{d}S$ 失去了能量的属性,吉布斯方程组就不能代表不同形式能量之间的转换关系,但作为状态参数之间的一般关系,仍然是成立的。

13.1.2　齐次函数及欧拉定理

1. 齐次函数

多元函数 $f(n_1, n_2, \cdots, n_r)$ 如果满足

$$f(\lambda n_1, \lambda n_2, \cdots, \lambda n_r) = \lambda^m f(n_1, n_2, \cdots, n_r) \tag{13-13}$$

则称函数 f 是自变量 n 的 m 次齐次函数。

状态参数可分为强度参数和容度参数(也称为广延参数)两大类,它们的定义已经在第 1 章中做了介绍,现在再简要地复习一下它们的性质。

一个处于平衡状态的系统记作 λB,若把它分成 λ 个完全相同的子系统,记作 B,则每个子系统也必定也处于平衡状态。若同名参数满足整个系统(λB)的值等于各子系统(B)的值,则该状态参数称为强度参数。例如,平衡状态下压力及温度处处相等,满足

$$p(\lambda B) = p(B), \quad T(\lambda B) = T(B) \tag{13-14}$$

式(13-14)说明,组合前后所有的强度参数都保持不变。

若同名参数满足整个系统(λB)的值等于各个子系统(B)的值的总和,则该状态参数称为容度参数。质量 m、体积(容积)V、热力学能(内能)U、焓 H 及熵 S 均满足上述条件,它们都是容度参数。若以热力学能为例,则

$$\begin{aligned} U(\lambda B) &= \lambda U(B) \\ \mathrm{d}U &= U(\lambda B) - U(B) = \lambda U(B) - U(B) = (\lambda - 1)U(B) \end{aligned} \tag{13-15}$$

组合前后所有的容度参数都增加了 $(\lambda - 1)$ 倍(增加到 λ 倍),即

$$(\lambda - 1) = \frac{\mathrm{d}U}{U(B)} = \frac{\mathrm{d}S}{S(B)} = \frac{\mathrm{d}H}{H(B)} = \frac{\mathrm{d}n_i}{n_i(B)} \tag{13-16}$$

单位质量的容度参数,即容度参数除以整个系统的质量称为比容度参数,它们都是强度参数。按传统表示方法,容度参数用大写字母,而比容度参数用小写字母,如比体积(比容)v、比热力学能(比内能)u、比焓 h 及比熵 s 等。再以比热力学能为例,有

$$u(\lambda B) = \frac{U(\lambda B)}{m(\lambda B)} = \frac{\lambda U(B)}{\lambda m(B)} = \frac{U(B)}{m(B)} = u(B) \tag{13-17}$$

式(13-17)说明,比热力学能满足强度参数的定义表达式(13-14),它是强度参数。

组合前后各组元的成分都保持不变,有

$$y_i(\lambda B) = \frac{n_i(\lambda B)}{n(\lambda B)} = \frac{\lambda n_i(B)}{\lambda n(B)} = \frac{n_i(B)}{n(B)} = y_i(B) \tag{13-18}$$

显然,所有的强度参数都是零次齐次函数($m = 0$),所有的容度参数都是一次齐次函数($m = 1$)。

2. 欧拉定理及其推论

1) 欧拉定理

若 $f(n_1, n_2, \cdots, n_r)$ 为 m 次齐次函数,则必满足

$$\sum_{i=1}^{r} \left(\frac{\partial f}{\partial n_i}\right)_{j \neq i} n_i = mf(n_1, n_2, n_3, \cdots, n_r) \tag{13-19}$$

证明: 对于 m 次齐次函数有

$$f(\lambda n_1, \lambda n_2, \lambda n_3, \cdots, \lambda n_r) = \lambda^m f(n_1, n_2, n_3, \cdots, n_r)$$

或者简写成
$$f(\lambda B) = \lambda^m f(B)$$

对上式微分,可得出

$$\sum_{i=1}^{r} \frac{\partial f(\lambda B)}{\partial \lambda n_i}(\lambda dn_i + n_i d\lambda) = m\lambda^{(m-1)} f(B) d\lambda + \lambda^m \sum_{i=1}^{r} \frac{\partial f(B)}{\partial n_i} dn_i$$

$$\sum_{i=1}^{r} \left[\lambda \frac{\partial f(\lambda B)}{\partial \lambda n_i} - \lambda^m \frac{\partial f(B)}{\partial n_i}\right] dn_i + \left[\sum_{i=1}^{r} \frac{\partial f(\lambda B)}{\partial \lambda n_i} n_i - m\lambda^{(m-1)} f(B)\right] d\lambda = 0$$

显然,中括号内的式子必然为零,有

$$\frac{\partial f(\lambda B)}{\partial \lambda n_i} = \lambda^{(m-1)} \frac{\partial f(B)}{\partial n_i}, \quad \sum_{i=1}^{r} \frac{\partial f(\lambda B)}{\partial \lambda n_i} n_i = m\lambda^{(m-1)} f(B)$$

$$\sum_{i=1}^{r} \lambda^{(m-1)} \frac{\partial f(B)}{\partial n_i} n_i = m\lambda^{(m-1)} f(B)$$

对于 m 次齐次函数有 $\sum\limits_{i=1}^{r} \frac{\partial f(B)}{\partial n_i} n_i = mf(B)$,欧拉定理即得证。

2) 欧拉定理的推论

若 $f(n_1, n_2, \cdots, n_r)$ 为 m 次齐次函数,则 $\left(\frac{\partial f(B)}{\partial n_k}\right)_{j \neq k}$ 必为 $(m-1)$ 次齐次函数。

即
$$\sum_{i=1}^{r} n_i \frac{\partial}{\partial n_i}\left(\frac{\partial f(B)}{\partial n_k}\right) = (m-1) \frac{\partial f(B)}{\partial n_k} \tag{13-20}$$

证明: 根据欧拉定理,对于 m 次齐次函数有

$$\sum_{i=1}^{r} \frac{\partial f(B)}{\partial n_i} n_i = mf(B)$$

上式对 n_k 求偏导,等号左边由 $i \neq k$ 及 $i = k$ 两部分组成

$$\frac{\partial}{\partial n_k}\left[\frac{\partial f(B)}{\partial n_i} n_i\right]_{i \neq k} = n_i \frac{\partial}{\partial n_i}\left(\frac{\partial f(B)}{\partial n_k}\right)$$

$$\frac{\partial}{\partial n_k}\left[\frac{\partial f(B)}{\partial n_k} n_k\right]_{i=k} = n_k\left(\frac{\partial^2 f(B)}{\partial n_k^2}\right) + \frac{\partial f(B)}{\partial n_k} \frac{\partial n_k}{\partial n_k}$$

$$\sum_{i=1}^{r} n_i \frac{\partial}{\partial n_i}\left(\frac{\partial f(B)}{\partial n_k}\right)_{j \neq k \neq i} + n_k \frac{\partial^2 f(B)}{\partial n_k^2} + \frac{\partial f(B)}{\partial n_k} \frac{\partial n_k}{\partial n_k} = m\left(\frac{\partial f(B)}{\partial n_k}\right)_{j \neq k}$$

$$\sum_{i=1}^{r} n_i \frac{\partial}{\partial n_i} \left(\frac{\partial f(\mathrm{B})}{\partial n_k} \right)_{j \neq i} = (m-1) \left(\frac{\partial f(\mathrm{B})}{\partial n_k} \right)_{j \neq k}$$

上式说明 $\left(\frac{\partial f(\mathrm{B})}{\partial n_k} \right)_{j \neq k}$ 是自变量 n 的 $(m-1)$ 次齐次函数,欧拉定理的推论即得证。

13.1.3　吉布斯-杜安方程

由 λ 个完全相同的多元系统 B 组合成一个新的多元系统 λB,组合前后所有的容度参数都增加了 $(\lambda-1)$ 倍,而所有的强度参数都保持不变。利用这些性质可把吉布斯方程组(13-1)~(13-4)改写成

$$(\lambda-1)U = T(\lambda-1)S - p(\lambda-1)V + \sum \mu_i(\lambda-1)n_i$$

$$U = TS - pV + \sum \mu_i n_i$$

$$H = TS + \sum \mu_i n_i \tag{13-21}$$

$$F = -pV + \sum \mu_i n_i$$

$$G = \sum \mu_i n_i$$

式(13-21)中的四个公式合成为一个式子(T,p 保持不变):

$$G_{T,p} = \sum \mu_i n_i = \sum \left(\frac{\partial G}{\partial n_i} \right)_{T,p,n_j} n_i = \sum \bar{G}_i n_i \tag{13-22}$$

$$\mu_i = \left(\frac{\partial G}{\partial n_i} \right)_{T,p,n_j} = \bar{G}_i \tag{13-23}$$

式(13-23)中的 $\bar{G}_i$ 称为分摩尔吉布斯函数,有关分摩尔参数的问题将在下节中讨论。

对式(13-22)微分,有

$$\mathrm{d}G_{T,p} = \sum \mu_i \mathrm{d}n_i + \sum n_i \mathrm{d}\mu_i \tag{13-24}$$

比较式(13-24)及式(13-4),可以得出

$$\sum n_i \mathrm{d}\mu_i = \sum n_i \mathrm{d}\bar{G}_i = 0 \tag{13-25}$$

式(13-25)就是吉布斯-杜安方程的表达式,说明多元系统中各组元的化学势是相互关联的,它们的变化受吉布斯-杜安方程的制约。

13.2　分摩尔参数及其通性

13.2.1　分摩尔参数的定义表达式

在等温等压的条件下,任何一个容度参数仅是各组元摩尔数的函数,且是一次齐次函数。根据欧拉定理,对于一次齐次函数有

$$U_{T,p} = U(n_1, n_2, \cdots, n_r) = \sum \left(\frac{\partial U}{\partial n_i}\right)_{T,p,n_j} n_i = \sum \overline{U}_i n_i$$

$$\overline{U}_i = \left(\frac{\partial U}{\partial n_i}\right)_{T,p,n_j} \quad (\text{分摩尔热力学能}) \tag{13-26}$$

$$H_{T,p} = H(n_1, n_2, \cdots, n_r) = \sum \left(\frac{\partial H}{\partial n_i}\right)_{T,p,n_j} n_i = \sum \overline{H}_i n_i$$

$$\overline{H}_i = \left(\frac{\partial H}{\partial n_i}\right)_{T,p,n_j} \quad (\text{分摩尔焓}) \tag{13-27}$$

$$F_{T,p} = F(n_1, n_2, \cdots, n_r) = \sum \left(\frac{\partial F}{\partial n_i}\right)_{T,p,n_j} n_i = \sum \overline{F}_i n_i$$

$$\overline{F}_i = \left(\frac{\partial F}{\partial n_i}\right)_{T,p,n_j} \quad (\text{分摩尔亥姆霍茨函数}) \tag{13-28}$$

$$G_{T,p} = G(n_1, n_2, \cdots, n_r) = \sum \left(\frac{\partial G}{\partial n_i}\right)_{T,p,n_j} n_i = \sum \overline{G}_i n_i$$

$$\overline{G}_i = \left(\frac{\partial G}{\partial n_i}\right)_{T,p,n_j} = \mu_i \quad (\text{分摩尔吉布斯函数}) \tag{13-29}$$

根据式 $(13-4)$ $dG = -SdT + Vdp + \sum_{i=1}^{j=r} \mu_i dn_i$，利用二阶偏导数与求导次序无关的性质可得出分摩尔容积 $\overline{V}_i$、分摩尔熵 $\overline{S}_i$ 及相应的麦克斯韦关系。

$$\left(\frac{\partial \mu_i}{\partial T}\right)_{p,n} = -\left(\frac{\partial S}{\partial n_i}\right)_{T,p,n_j} = -\overline{S}_i = \left(\frac{\partial \overline{G}_i}{\partial T}\right)_{p,n} \tag{13-30}$$

$$\left(\frac{\partial \mu_i}{\partial p}\right)_{T,n} = \left(\frac{\partial V}{\partial n_i}\right)_{T,p,n_j} = \overline{V}_i = \left(\frac{\partial \overline{G}_i}{\partial p}\right)_{T,n} \tag{13-31}$$

$$\left(\frac{\partial \overline{V}_i}{\partial T}\right)_{p,n} = \frac{\partial^2 \mu_i}{\partial T \partial p} = \frac{\partial^2 \mu_i}{\partial p \partial T} = -\left(\frac{\partial \overline{S}_i}{\partial p}\right)_{T,n} \tag{13-32}$$

从以上几个分摩尔参数的定义表达式可以看出，它们都是在 T、p、n_j 不变的条件下定义的。例如，$\overline{U}_i$ 代表组元 i 的分摩尔热力学能，是每摩尔组元 i 对多元系统热力学能 U 的贡献，而 $\overline{U}_i n_i$ 则是 n_i 摩尔组元 i 对多元系统热力学能 U 的贡献。分摩尔参数都用大写字母表示，用以区别纯物质 i 的摩尔性质，如

$$\overline{U}_i = \left(\frac{\partial U}{\partial n_i}\right)_{T,p,n_j} \quad \text{及} \quad \bar{u}_i = \frac{(U_i)_{T,p}}{n_i} \text{。}$$

它们是不同的概念，组元 i 与纯物质 i 所处的状态并不相同。

分摩尔吉布斯函数是化学势，$\overline{G}_i = \mu_i$，因此化学势具有分摩尔参数的通性。但是，其他的分摩尔参数并不是化学势。

13.2.2　分摩尔参数的变化满足吉布斯–杜安方程

在等温等压条件下，对任何一个容度参数的全微分，可得出

$$dU_{T,p} = \sum \left(\frac{\partial U}{\partial n_i} \right)_{T,p,n_j} dn_i = \sum \overline{U}_i dn_i \qquad (13-33)$$

$$dH_{T,p} = \sum \left(\frac{\partial H}{\partial n_i} \right)_{T,p,n_j} dn_i = \sum \overline{H}_i dn_i \qquad (13-34)$$

$$dF_{T,p} = \sum \left(\frac{\partial F}{\partial n_i} \right)_{T,p,n_j} dn_i = \sum \overline{F}_i dn_i \qquad (13-35)$$

$$dG_{T,p} = \sum \left(\frac{\partial G}{\partial n_i} \right)_{T,p,n_j} dn_i = \sum \overline{G}_i dn_i \qquad (13-36)$$

从以上几个表达式可以看出,任何一个容度参数的分摩尔参数都表示组元 i 每变化一摩尔对该容度参数变化的贡献,而 $\overline{U}_i dn_i$ 则是组元 i 变化了 dn_i 对该容度参数变化的贡献。

如果在 T、p、n_j 不变的条件下,任何一个容度参数的全微分可表示为

$$dU_{T,p,n_j} = \sum \overline{U}_i dn_i = \overline{U}_i dn_i \qquad (13-37)$$

$$dH_{T,p,n_j} = \sum \overline{H}_i dn_i = \overline{H}_i dn_i \qquad (13-38)$$

$$dF_{T,p,n_j} = \sum \overline{F}_i dn_i = \overline{F}_i dn_i \qquad (13-39)$$

$$dG_{T,p,n_j} = \sum \overline{G}_i dn_i = \overline{G}_i dn_i \qquad (13-40)$$

在 T、p、n_j 不变的条件下 $(dn_j = 0)$,容度参数的变化完全是由组元 i 的变化 (dn_i) 引起的。

对式(13-26)~式(13-29)全微分,并与式(13-33)~式(13-36)比较,可导得吉布斯-杜安方程。

$$dU_{T,p} = \sum \overline{U}_i dn_i + \sum n_i d\overline{U}_i = \sum \overline{U}_i dn_i, \quad \sum n_i d\overline{U}_i = 0 \qquad (13-41)$$

$$dH_{T,p} = \sum \overline{H}_i dn_i + \sum n_i d\overline{H}_i = \sum \overline{H}_i dn_i, \quad \sum n_i d\overline{H}_i = 0 \qquad (13-42)$$

$$dF_{T,p} = \sum \overline{F}_i dn_i + \sum n_i d\overline{F}_i = \sum \overline{F}_i dn_i, \quad \sum n_i d\overline{F}_i = 0 \qquad (13-43)$$

$$dG_{T,p} = \sum \overline{G}_i dn_i + \sum n_i d\overline{G}_i = \sum \overline{G}_i dn_i, \quad \sum n_i d\overline{G}_i = \sum n_i \mu_i = 0 \qquad (13-44)$$

分摩尔参数的变化满足吉布斯-杜安方程,说明多元系统中各组元的分摩尔参数是相互关联的,它们的变化受吉布斯-杜安方程的制约。

13.2.3　分摩尔参数是强度参数

在等温等压条件下,任何一个容度参数仅是各组元摩尔数的函数,且是一次齐次函数。它们的分摩尔参数是容度参数对各组元摩尔数的偏导数,都是强度参数。根据欧拉定理的推论,分摩尔参数都是零次齐次函数。对于零次齐次函数有

$$\sum n_i \frac{\partial \overline{U}_k}{\partial n_i} = \sum n_i \frac{\partial \overline{H}_k}{\partial n_i} = \sum n_i \frac{\partial \overline{F}_k}{\partial n_i} = \sum n_i \frac{\partial \overline{G}_k}{\partial n_i} = 0 \qquad (13-45)$$

利用二阶偏导数与求导次序无关的性质,还可得出

$$\sum n_i \frac{\partial \mu_k}{\partial n_i} = \sum n_i \frac{\partial \mu_i}{\partial n_k} = \sum n_k \frac{\partial \mu_i}{\partial n_k} = \sum n_k \frac{\partial \mu_k}{\partial n_i} = 0 \qquad (13-46)$$

13. 2. 4 分摩尔参数之间的关系

分摩尔参数之间的关系与纯物质中参数之间的关系具有完全相同的形式。例如

$$\mathrm{d}H_{T, p, n_j} = \mathrm{d}U_{T, p, n_j} + p\,\mathrm{d}V_{T, p, n_j}$$

利用式(4-31)～式(4-34)的性质,可写出

$$\overline{H}_i \mathrm{d}n_i = \overline{U}_i \mathrm{d}n_i + p\overline{V}_i \mathrm{d}n_i$$

同理有 $\overline{H}_i = \overline{U}_i + p\overline{V}_i$ (分摩尔参数关系), $H = U + pV$ (纯物质中参数关系)

$\overline{G}_i = \overline{H}_i - T\overline{S}_i$ (分摩尔参数关系), $G = H - TS$ (纯物质中参数关系)

$\overline{F}_i = \overline{U}_i - T\overline{S}_i$ (分摩尔参数关系), $F = U - TS$ (纯物质中参数关系)

根据式(4-28)～式(4-30)有

$$\overline{V}_i = \left(\frac{\partial \overline{G}_i}{\partial p}\right)_{T, n} \text{(分摩尔参数关系)}, \quad V = \left(\frac{\partial G}{\partial p}\right)_{T, n} \text{(纯物质中参数关系)}$$

$$-\overline{S}_i = \left(\frac{\partial \overline{G}_i}{\partial T}\right)_{p, n} \text{(分摩尔参数关系)}, \quad -S = \left(\frac{\partial G}{\partial T}\right)_{p, n} \text{(纯物质中参数关系)}$$

$$\left(\frac{\partial \overline{V}_i}{\partial T}\right)_{p, n} = -\left(\frac{\partial \overline{S}_i}{\partial p}\right)_{T, n} \text{(分摩尔参数关系)}, \quad \left(\frac{\partial V}{\partial T}\right)_{p, n} = -\left(\frac{\partial S}{\partial p}\right)_{T, n} \text{(纯物质中参数关系)}$$

13. 2. 5 分摩尔参数的截距表示法

假定有一个由 A 及 B 两种组元组成的多元系统,并已知在 T、p 一定的条件下系统的摩尔容积 $\overline{v}$ 随摩尔成分 $\overline{y}_A$ 而变化的曲线 DGI 与坐标轴相交于 D 及 I (见图13-1)。G 点表示摩尔成分为 $\overline{y}_A$ 时的摩尔容积 $\overline{v}$,过 G 点的切线与坐标轴相交于 E 及 J,不难证明它们的截距可表示组元的分摩尔容积:

$$\overline{MJ} = \overline{V}_A = \left(\frac{\partial V}{\partial n_A}\right)_{T, p, n_B}$$

$$\overline{FE} = \overline{V}_B = \left(\frac{\partial V}{\partial n_B}\right)_{T, p, n_A}$$

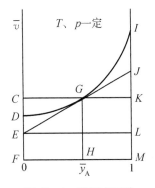

图 13-1 截距表示法

根据 $V = n\overline{v} = (n_A + n_B)\overline{v}$ 有

$$\overline{V}_A = \left(\frac{\partial V}{\partial n_A}\right)_{T, p, n_B} = \overline{v} + (n_A + n_B)\left(\frac{\partial \overline{v}}{\partial n_A}\right)_{T, p, n_B}$$

其中 $y_A = \dfrac{n_A}{n_A + n_B}$，有

$$\frac{dy_A}{dn_A} = \frac{n_A}{-(n_A + n_B)^2} + \frac{1}{n_A + n_B} = \frac{n_B}{(n_A + n_B)^2}$$

$$\frac{n_A + n_B}{dn_A} = \left(\frac{n_B}{n_A + n_B}\right)\frac{1}{dy_A} = \frac{1 - y_A}{dy_A}$$

$$\overline{V}_A = \bar{v} + (n_A + n_B)\left(\frac{\partial \bar{v}}{\partial n_A}\right)_{T, p, n_B} = \bar{v} + (1 - y_A)\left(\frac{\partial \bar{v}}{\partial y_A}\right)_{T, p, n_B} \tag{13-47}$$

$$= \overline{HG} + \overline{HM}\,\frac{\overline{KJ}}{\overline{GK}} = \overline{HG} + \overline{KJ} = \overline{MK} + \overline{KJ} = \overline{MJ}$$

$$\overline{V}_B = \bar{v} + (1 - y_B)\left(\frac{\partial \bar{v}}{\partial y_B}\right)_{T, p, n_A} = \bar{v} - y_A\left(\frac{\partial \bar{v}}{\partial y_A}\right)_{T, p, n_A} \tag{13-48}$$

$$= \overline{HG} - \overline{FH}\,\frac{\overline{EC}}{\overline{CG}} = \overline{HG} - \overline{EC} = \overline{FC} - \overline{EC} = \overline{FE}$$

其中，$y_A = 1 - y_B$，$dy_A = d(1 - y_B) = -dy_B$。

值得指出，截距法并不限于求分摩尔容积。如果知道了在 T、p 一定的条件下二元系统某一组元热力性质和摩尔成分的关系，就可以得出类似图 13-1 的曲线，并可在指定成分下画出曲线的切线，切线与纵坐标轴的截距就是该热力性质的分摩尔参数。例如，用截距法可以求出分摩尔焓的表达式：

$$\overline{H}_A = \bar{h} + (1 - y_A)\left(\frac{\partial \bar{h}}{\partial y_A}\right)_{T, p, n_B} = \bar{h} - y_B\left(\frac{\partial \bar{h}}{\partial y_B}\right)_{T, p, n_A}$$

$$\overline{H}_B = \bar{h} + (1 - y_B)\left(\frac{\partial \bar{h}}{\partial y_B}\right)_{T, p, n_A} = \bar{h} - y_A\left(\frac{\partial \bar{h}}{\partial y_A}\right)_{T, p, n_B}$$

13.2.6 混合过程中的参数变化

在 T、p 一定的条件下，由几种不同的纯物质混合成一个均匀的多元系统，混合前后的容积变化可表示为

$$\Delta V_{mix} = \sum n_i \overline{V}_i - \sum n_i \bar{v}_i = \sum n_i (\overline{V}_i - \bar{v}_i)$$

$$\Delta \overline{V}_{mix} = \sum y_i (\overline{V}_i - \bar{v}_i)$$

同理，混合前后的焓变化及熵变化可表示为

$$\Delta H_{mix} = \sum n_i (\overline{H}_i - \bar{h}_i) \quad 及 \quad \Delta \overline{H}_{mix} = \sum y_i (\overline{H}_i - \bar{h}_i)$$

$$\Delta S_{mix} = \sum n_i (\overline{S}_i - \bar{s}_i) \quad 及 \quad \Delta \overline{S}_{mix} = \sum y_i (\overline{S}_i - \bar{s}_i)$$

对于理想气体，有

$$\Delta \overline{V}_{mix} = \sum y_i (\overline{V}_i - \bar{v}_i) = 0$$

$$\Delta H_{\text{mix}} = \sum n_i(\overline{H}_i - \overline{h}_i) = 0$$

$$\Delta S_{\text{mix}} = \sum n_i(\overline{S}_i - \overline{s}_i) = \sum -n_i\overline{R}\ln\frac{p_i}{p}$$

$$\Delta\overline{S}_{\text{mix}} = -\overline{R}\sum y_i \ln y_i$$

理想气体必定是理想溶液,因此以上公式也适用于理想溶液。

13.3 逸度及活度

对于理想气体,吉布斯函数变化的计算公式具有最简单的形式。在定温条件下理想气体纯物质的吉布斯函数变化可表示为

$$\mathrm{d}\overline{g}_T = \overline{v}\,\mathrm{d}p = \overline{R}T\,\mathrm{d}\ln p \tag{13-49}$$

根据吉布斯等温等容混合定律(Gibbs rule),理想气体混合物中各组元的状态可以用该组元在混合气体的温度及容积下单独存在时所处的状态来表示。应用这条定律可以识别在平衡状态下混合气体中各种组成气体各自所处的实际状态。因此,在定温条件下理想气体混合物中各组元的化学势变化及分摩尔吉布斯函数变化可表示为

$$\mathrm{d}\mu_i = \mathrm{d}\overline{G}_i = \mathrm{d}\overline{g}_i(T, V) = \overline{R}T\,\mathrm{d}\ln p_i \tag{13-50}$$

引出逸度及逸度系数的概念是为了充分利用具有最简单形式的理想气体计算公式来计算非理想气体。在多元系统中,这些概念将起重要的作用。

逸度是假想的理想气体压力。在化学势及分摩尔吉布斯函数变化的计算中,若利用逸度替代理想气体计算公式中的压力,则该公式即可适用于非理想气体。

逸度系数 $\phi = \dfrac{f}{p}$ 表示逸度 f(假想理想气体的压力)与实际压力 p 的比值,可说明非理想气体与理想气体的偏离程度。

13.3.1 纯物质的逸度

对于理想气体有 $\qquad \mathrm{d}\overline{g}_T = \overline{v}\,\mathrm{d}p = \overline{R}T\,\mathrm{d}\ln p$

对于非理想气体有 $\qquad \mathrm{d}\overline{g}_T = \overline{v}\,\mathrm{d}p = Z\overline{R}T\,\mathrm{d}\ln p \tag{13-51}$

纯物质逸度的定义表达式为

$$\mathrm{d}\overline{g}_T = \overline{v}\,\mathrm{d}p = \overline{R}T\,\mathrm{d}\ln f$$

$$\lim_{p\to 0}\phi = \lim_{p\to 0}\frac{f}{p} = 1 \tag{13-52}$$

比较式(13-51)及式(13-52)有

$$Z\overline{R}T\,\mathrm{d}\ln p = \overline{R}T\,\mathrm{d}\ln f \quad \text{及} \quad Z\,\mathrm{d}\ln p = \mathrm{d}\ln f \tag{13-53}$$

根据对比态参数的定义表达式,有

$$p = p_c p_r \quad dp = p_c dp_r$$

$$d\ln p = \frac{dp}{p} = \frac{dp_r}{p_r} = d\ln p_r \tag{13-54}$$

利用关系式(13-53)及式(13-54),不难得出逸度系数的数学表达式:

$$Z d\ln p_r - d\ln p_r = d\ln f - d\ln p$$

$$\ln \frac{f}{p} = \int_0^{p_r} (Z-1) d\ln p_r \tag{13-55}$$

利用式(13-55)就可在压缩因子图的基础上绘制出通用逸度系数图。如果已知对比态参数 T_r 及 p_r,就可应用通用逸度系数图查出相应的逸度系数 ϕ 进而算出逸度 f。

13.3.2 多元系统中组元 i 的逸度 $\hat{f}_i$ 及逸度系数 $\hat{\phi}_i$

在化学势及分摩尔吉布斯函数变化的计算中,利用逸度来替代理想气体计算公式(13-45)中的压力,则该公式即可适用于非理想气体。组元 i 的逸度 $\hat{f}_i$ 的定义表达式为

$$d\mu_i = d\bar{G}_i = \bar{R}T d\ln \hat{f}_i$$

$$\lim_{p \to 0} \hat{\phi}_i = \lim_{p \to 0} \frac{\hat{f}_i}{a_i p} = 1 \tag{13-56}$$

式(13-56)中组元 i 的逸度 $\hat{f}_i$ 表示假想理想气体的分压力;组元 i 的逸度系数 $\hat{\phi}_i$ 表示组元 i 的逸度 $\hat{f}_i$ 与多元系统中组元 i 的实际压力 $a_i p$ 的比值,是度量组元 i 的实际状态与假想理想气体的偏离程度。

13.3.3 多元系统中组元 i 的活度 a_i 及活度系数 γ_i

式(13-56)中 a_i 是组元 i 的活度,表示组元 i 的逸度 $\hat{f}_i$ 与相同温度下任何一种标准态时纯质 i 的逸度之比,故活度也称为相对逸度,则

$$a_i = \frac{\hat{f}_i}{f_i} \tag{13-57}$$

活度系数 γ_i 表示实际溶液与理想溶液的偏离程度,它的定义表达式为

$$\gamma_i = \frac{\hat{f}_i}{\hat{f}_i^{id}} = \frac{\hat{f}_i}{y_i f_i} = \frac{a_i}{y_i}$$

$$\lim_{y_i \to 0} a_i = y_i \tag{13-58}$$

同样,引出活度及活度系数的概念也是为了利用具有简单形式的理想溶液计算公式来计算实际溶液。理想溶液计算公式中的摩尔成分 y_i 用活度 a_i 来替代后,该公式即可应用于实际溶液。活度 a_i 与摩尔成分 y_i 的关系如同逸度 f 与压力 p 的关系。活度就是假想理想溶液的摩尔成分,活度系数就是假想理想溶液的摩尔成分与实际溶液的摩尔成分之比。定义表达式中的第二部分也是不可少的,说明实际溶液无限稀时(当 $y_i \to 0$ 时)具有理想溶液

的性质,这时有 $a_i = y_i$。

在应用上述定义及公式时需注意以下几点:

(1) 本书中组元 i 的逸度系数 $\hat{\phi}_i$ 的定义表达式与大多数教材中的表达式并不相同,即

$$\hat{\phi}_i = \frac{\hat{f}_i}{y_i p} \quad 改成 \quad \hat{\phi}_i = \frac{\hat{f}_i}{a_i p}$$

把摩尔成分 y_i 改成了活度 a_i,这不仅保持了逸度系数 $\hat{\phi}_i$ 定义的唯一确定性,而且还拓宽了组元 i 逸度系数定义的适用范围。

(2) 定义表达式中的第二部分是不可少的,当压力足够低时($p \to 0$)满足理想气体的条件,有 $\hat{\phi}_i = 1$ 及 $\hat{f}_i = a_i p = y_i p = p_i$。

(3) 溶液是多组元的单相均匀系,溶液与假想理想气体的偏离程度与其中任一组元与假想理想气体的偏离程度是一致的。因此定义表达式中是 $p \to 0$ 而不是 $p_i \to 0$。

(4) 溶液中组元 i 的逸度系数 $\hat{\phi}_i$ 与相同 T、p 下纯质 i 的逸度系数 ϕ_i 是相等的,即

$$\hat{\phi}_i = \frac{\hat{f}_i}{a_i p} = \frac{f_i}{p} = \phi_i$$

但是,组元 i 的逸度与纯质 i 的逸度是不相等的,即 $\hat{f}_i \neq f_i$。

(5) 在定义液体(或固体)的逸度时,可用与液体(或固体)相平衡时的蒸气的逸度来表示;在定义液态(或固态)溶体中一个组元的逸度时,可用与液态(或固态)溶体相平衡时该组元的气相逸度来表示。

13.4　理想气体、理想溶液及实际溶液

13.4.1　理想溶液及标准态

1. 拉乌尔定律

在一定的温度下,稀溶液中溶剂的蒸气压 p_1 等于同温度下纯溶剂的饱和蒸气压 p_{s1} 与其摩尔成分 y_1 的乘积,即

$$p_1 = y_1 p_{s1} \tag{13-59}$$

上式是拉乌尔定律(Raoult law)的表达式。当溶剂中有溶质存在时,溶剂分子的浓度将降低,使由液相逸向气相的溶剂分子数目减小。结果在较小的蒸气压下液体就能与蒸气达成平衡。所以溶液中溶剂的蒸气压总是小于纯溶剂的饱和蒸气压,且溶液中溶质浓度愈大,溶剂的蒸气压就下降得愈多。拉乌尔定律可表述为蒸气压与摩尔成分成正比。

如果在所有的浓度范围内,溶液中各组元都满足拉乌尔定律,则该溶液称为理想溶液,如图 13-2(a)所示。在理想溶液中,异类分子间的相互作用与同类分子间的相互作用是相同的。实际上,完全符合拉乌尔定律的理想溶液是极少的,因为不同组元分子间的相互作用是很难完全相同的。当异类分子间的相互作用大于同类分子间的相互作用时,必将阻碍液相分子的逸出,不同浓度下的分压力都低于该浓度下理想溶液的分压力,如图 13-2(b)所

示。当异类分子间的相互作用小于同类分子间的相互作用时,必将有利于液相分子的逸出,不同浓度下的分压力都高于该浓度下理想溶液的分压力,如图13-2(c)所示。本教材分别用 y_i^L 及 y_i^V 来表示液相溶液及气相溶液中各组元摩尔成分。

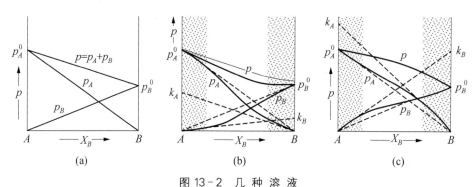

图 13-2 几种溶液
(a)理想溶液;(b)负偏离理想溶液;(c)正偏离理想溶液。

如果将拉乌尔定律表达式中的压力用逸度来替代,则理想溶液的定义表达式为

$$\hat{f}_i = y_i f_i = \hat{f}_i^{id} \tag{13-60}$$

式(3-60)说明溶液中组元 i 的逸度 $\hat{f}_i$ 与其摩尔成分成 y_i 正比,f_i 为在溶液的温度和压力下并以溶液相同相单独存在时纯质 i 的逸度。如果在所有的浓度范围内,溶液中各组元都满足拉乌尔定律,则该溶液称为理想溶液。如果溶液中有一种或多种组元不满足上式则称为实际溶液。

2. 路易斯-兰德尔定律及其相应的标准态

在足够稀的溶液中,当组元 i 的摩尔成分趋近 $1(y_i \to 1)$ 时,该组元称为溶剂;当组元 i 的摩尔成分趋近于零 $(y_i \to 0)$ 时,则该组元就称为溶质。稀溶液中的溶剂满足路易斯-兰德尔定律(Lewis-Randall law),稀溶液中的溶质满足亨利定律,它们都符合拉乌尔定律的条件,都是理想溶液。

路易斯-兰德尔定律的表达式如下所示:

$$\hat{f}_i = y_i f_i^* = \hat{f}_i^{id} \tag{13-61}$$

$$当 y_i \to 1 时,\hat{f}_i = f_i^*; \quad 当 y_i \to 0 时,\hat{f}_i = 0$$

式中,$\hat{f}_i$ 为溶液中组元 i 的逸度;f_i^* 为该组元在溶液的温度和压力下并以溶液相同相单独存在时的逸度,称为标准态逸度。当 y_i 趋近 1 时,围绕溶剂分子周围的是同类分子,因而 f_i^* 的值完全取决于溶剂的性质,是溶剂的真实状态,而与溶质及成分都无关。

3. 亨利定律及其相应的标准态

在足够稀的溶液中,当组元 i 的摩尔成分趋近于零 $(y_i \to 0)$ 时,有 $\hat{f}_i \to 0$,因此有

$$\frac{\partial \hat{f}_i}{\partial y_i} = \frac{\hat{f}_i}{y_i} = k \quad 或 \quad \hat{f}_i = k y_i \tag{13-62}$$

$$当 y_i \to 1 时,\hat{f}_i = k; \quad 当 y_i \to 0 时,\hat{f}_i = 0$$

上式是亨利定律(Henry law)的表达式,式中 k 是亨利常数。当 $y_i \to 0$ 时,围绕溶质分子周围的都是异类分子,因而亨利常数 k 不仅与溶质的性质有关,而且还与溶剂的性质及溶液中的其他组成有关,但亨利常数 k 与成分无关。

亨利常数 k 为该溶质在溶液的温度和压力下单独存在时纯质的逸度,也是一种标准态逸度。但 k 是一个虚假的状态,这是与路易斯-伦道尔定律的标准态逸度 f_i^* 的不同之处。

显然,除了在足够稀的浓度范围内满足理想溶液外,其他的浓度范围都偏离理想溶液。当异类分子间的相互作用大于同类分子间的相互作用时为负偏离($f_A^* > k$);当异类分子间的相互作用小于同类分子间的相互作用时为正偏离($f_A^* < k$)。

例 13-1　试参照图 13-3 说明理想气体混合物必定是理想溶液,但满足理想溶液条件不一定是理想气体。

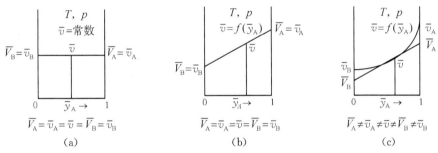

图 13-3　理想气体、理想溶液及实际溶液
(a)理想气体;(b)理想溶液;(c)实际溶液。

解　对于理想气体有

$$\phi_i = \frac{\hat{f}_i}{a_i p} = \frac{\hat{f}_i}{\gamma_i y_i p} = \frac{f_i}{p} = 1$$

因为理想气体有 $f_i = p$ 及 $\hat{f}_i = y_i p$,所以必定有 $\gamma_i = 1$,满足理想溶液的条件。

对于理想溶液有

$$\hat{f}_i = \hat{f}_i^{id} = y_i f_i \quad \text{及} \quad \gamma_i = \frac{\hat{f}_i}{\hat{f}_i^{id}} = \frac{\hat{f}_i}{y_i f_i} = 1$$

但是

$$\phi_i = \frac{\hat{f}_i}{a_i p} = \frac{\hat{f}_i}{\gamma_i y_i p} = \frac{f_i}{p} \neq 1$$

$$\hat{f}_i = \gamma_i y_i f_i = y_i f_i \neq y_i p$$

并不满足理想气体的条件。

4. 气相溶液及其相应的标准态

对于气相溶液,一般都采用假想理想气体标准态,即将 1 atm 下任何温度 T 时的状态定义为假想理想气体标准态,该状态下的溶液为理想溶液,并满足

$$\hat{f}_i^0 = y_i f_i^0 = \hat{f}_i^{id} \tag{13-63}$$

$$当 \ y_i \rightarrow 1 \ 时, \hat{f}_i^0 = f_i^0 = p_0 = 1 \ atm$$

式中，f_i^0 是在 $p_0 = 1 \ atm$ 及溶液温度为 T 时纯质 i 的逸度，称为标准态逸度或标准逸度。

13.4.2 不同标准态下活度及活度系数的表达式

组元 i 的活度 a_i 是表示该组元的逸度 $\hat{f}_i$ 与相同温度下任何一种标准态时纯质 i 的逸度之比，故活度也称为相对逸度。活度系数 γ_i 表示实际溶液与理想溶液的偏离程度。根据不同的标准态，它们的定义表达式分别为

$$a_i^* = \frac{\hat{f}_i}{f_i^*}, \ \gamma_i^* = \frac{\hat{f}_i}{\hat{f}_i^{id}} = \frac{\hat{f}_i}{y_i f_i^*} = \frac{a_i^*}{y_i} \quad （采用与路易斯-兰德尔定律相应的标准态）$$

$$a_i^\# = \frac{\hat{f}_i}{k}, \ \gamma_i^\# = \frac{\hat{f}_i}{\hat{f}_i^{id}} = \frac{\hat{f}_i}{y_i k} = \frac{a_i^\#}{y_i} \quad （采用与亨利定律相应的标准态）$$

$$a_i^0 = \frac{\hat{f}_i}{f_i^0}, \ \gamma_i^0 = \frac{\hat{f}_i}{\hat{f}_i^{id}} = \frac{\hat{f}_i}{y_i f_i^0} = \frac{a_i^0}{y_i} \quad （采用假想理想气体标准态）$$

13.4.3 不同标准态下化学势的表达式

化学势的计算实质上就是分摩尔吉布斯函数的计算问题。如前所述，状态参数是点函数，它们的变化仅与初终两态有关，而与过程无关。吉布斯函数中包含焓及熵，它们的绝对值是无法计算的，但它们的变化可用热力学的方法来计算。在规定了基准态并定义了基准态时的函数值之后，其他任何状态的吉布斯函数值都可计算出来。标准态的选择是任意的，但必须满足标准态下纯质的逸度及化学势有确定的定义并可计算出它们的数值。采用以上三种标准态的前提就是，根据规定的基准态，这些标准态的分摩尔吉布斯函数值都可计算出来。"基准态"与"标准态"是两个不同的概念。根据不同的标准态，组元 i 化学势的计算公式分别为

$$\mu_i = \mu_i^* + \bar{R}T \ln \frac{\hat{f}_i}{f_i^*} = \mu_i^* + \bar{R}T \ln a_i^* \quad （采用与路易斯-兰德尔定律相应的标准态）$$

$$\mu_i = \mu_i^\# + \bar{R}T \ln \frac{\hat{f}_i}{k} = \mu_i^\# + \bar{R}T \ln a_i^\# \quad （采用与亨利定律相应的标准态）$$

$$\mu_i = \mu_i^0 + \bar{R}T \ln \frac{\hat{f}_i}{f_i^0} = \mu_i^0 + \bar{R}T \ln a_i^0 \quad （采用假想理想气体标准态）$$

相对于规定的基准态，以上三种标准态下的化学势（$\mu_i^*, \mu_i^\#, \mu_i^0$）都可计算出来。利用两态之间分摩尔吉布斯函数变化的计算公式，可建立标准态之间的关系式：

$$\mu_i^* = \mu_i^0 + \bar{R}T \ln \frac{f_i^*}{f_i^0} = \mu_i^0 + \bar{R}T \ln f_i^* \quad (f_i^0 = p_0 = 1 \ atm)$$

$$\mu_i^\# = \mu_i^0 + \bar{R}T \ln \frac{f_i^\#}{f_i^0} = \mu_i^0 + \bar{R}T \ln f_i^\# \quad (f_i^0 = p_0 = 1 \ atm, \ f_i^\# = k)$$

不难理解，相对于规定的基准态，指定状态下组元 i 的化学势就有确定的值，与标准态的选

择无关：

$$\mu_i = \mu_i^* + \bar{R}T\ln\frac{\hat{f}_i}{f_i^*} = \mu_i^0 + \bar{R}T\ln\frac{f_i^*}{f_i^0} + \bar{R}T\ln\frac{\hat{f}_i}{f_i^*} = \mu_i^0 + \bar{R}T\ln\frac{\hat{f}_i}{f_i^0}$$

$$\mu_i = \mu_i^\# + \bar{R}T\ln\frac{\hat{f}_i}{f_i^\#} = \mu_i^0 + \bar{R}T\ln\frac{f_i^\#}{f_i^0} + \bar{R}T\ln\frac{\hat{f}_i}{f_i^\#} = \mu_i^0 + \bar{R}T\ln\frac{\hat{f}_i}{f_i^0}$$

有关焓、熵及吉布斯函数基准态的规定将在下一章中讨论。

13.4.4　组元逸度 $\hat{f}_i$ 与成分及其他参数之间的关系

1. 在定温、定成分的条件下，$\hat{f}_i$ 随压力的变化

对于纯质 i 有
$$(\mathrm{d}\bar{g}_i)_T = \bar{v}_i\,\mathrm{d}p = \bar{R}T\,\mathrm{d}\ln f_i \tag{13-64}$$

对于溶液中组元 i 有
$$(\mathrm{d}\bar{G}_i)_{T,n} = \bar{V}_i\,\mathrm{d}p = \bar{R}T\,\mathrm{d}\ln\hat{f}_i \tag{13-65}$$

式(13-65)—式(13-64)有
$$\bar{R}T\,\mathrm{d}\ln\frac{\hat{f}_i}{f_i} = (\bar{V}_i - \bar{v}_i)\mathrm{d}p \tag{13-66}$$

对式(13-66)从标准态压力 $(p_0 = 1\,\mathrm{atm})$ 积分到指定压力 p，相应的从标准态逸度比 $\dfrac{\hat{f}_i^0}{f_i^0} = \dfrac{y_i f_i^0}{f_i^0} = y_i$ 积分到指定态逸度比 $\dfrac{\hat{f}_i}{f_i}$，有

$$\int_{\frac{\hat{f}_i^0}{f_i^0}}^{\frac{\hat{f}_i}{f_i}} \bar{R}T\,\mathrm{d}\ln\frac{\hat{f}_i}{f_i} = \int_{p_0}^{p} (\bar{V}_i - \bar{v}_i)\mathrm{d}p$$

$$\bar{R}T\ln\frac{\hat{f}_i}{y_i f_i} = \bar{R}T\ln\gamma_i = \int_{p_0}^{p} (\bar{V}_i - \bar{v}_i)\mathrm{d}p \tag{13-67}$$

2. 在定压、定成分的条件下，$\hat{f}_i$ 随温度的变化

对于纯质 i 有
$$(\bar{g}_i - \bar{g}_i^0)_T = \bar{R}T\ln\frac{f_i}{f_i^0} \tag{13-68}$$

其中，
$$\phi_i = \frac{f_i}{p}, \quad \phi_i^0 = \frac{f_i^0}{p_0} = 1, \quad f_i^0 = p_0 = 1\,\mathrm{atm}$$

在定压下，式(13-68)对 T 求导可得出

$$\left(\frac{\partial\bar{g}_i}{\partial T}\right)_p - \left(\frac{\partial\bar{g}_i^0}{\partial T}\right)_{p_0} = \bar{R}\ln\frac{f_i}{f_i^0} + \bar{R}T\left[\left(\frac{\partial\ln f_i}{\partial T}\right)_p - \left(\frac{\partial\ln f_i^0}{\partial T}\right)_{p_0}\right]$$

其中，$\left(\dfrac{\partial\ln f_i^0}{\partial T}\right)_{p_0} = 0$，$\left(\dfrac{\partial\bar{g}_i}{\partial T}\right)_p = -\bar{s}_i$，$\left(\dfrac{\partial\bar{g}_i^0}{\partial T}\right)_{p_0} = -\bar{s}_i^0$，因此有

$$-\bar{s}_i + \bar{s}_i^0 = \frac{\bar{g}_i}{T} - \frac{\bar{g}_i^0}{T} + \bar{R}T\left(\frac{\partial\ln f_i}{\partial T}\right)_p$$

$$(T\bar{s}_i^0 + \bar{g}_i^0) - (T\bar{s}_i + \bar{g}_i) = \bar{R}T^2 \left(\frac{\partial \ln f_i}{\partial T}\right)_p$$

$$\bar{h}_i^0 - \bar{h}_i = \bar{R}T^2 \left(\frac{\partial \ln f_i}{\partial T}\right)_p \quad \text{或写成} \quad \left(\frac{\partial \ln f_i}{\partial T}\right)_p = \frac{\bar{h}_i^0 - \bar{h}_i}{\bar{R}T^2} \tag{13-69}$$

对于溶液中组元 i 有
$$(\bar{G}_i - \bar{G}_i^0)_T = \bar{R}T \ln \frac{\hat{f}_i}{\hat{f}_i^0} \tag{13-70}$$

由于分摩尔参数之间的关系式与纯质的参数关系具有相同的形式,同理可得出

$$\bar{H}_i^0 - \bar{H}_i = \bar{R}T^2 \left(\frac{\partial \ln \hat{f}_i}{\partial T}\right)_{p,n} \quad \text{或写成} \quad \left(\frac{\partial \ln \hat{f}_i}{\partial T}\right)_{p,n} = \frac{\bar{H}_i^0 - \bar{H}_i}{\bar{R}T^2} \tag{13-71}$$

式(13-71)-式(13-69)有

$$\left(\frac{\partial \ln \left(\frac{\hat{f}_i}{f_i}\right)}{\partial T}\right)_{p,n} = \frac{\bar{h}_i - \bar{H}_i}{\bar{R}T^2} \quad \text{或写成} \quad \bar{H}_i = \bar{h}_i - \bar{R}T^2 \left(\frac{\partial \ln \gamma_i}{\partial T}\right)_{p,n} \tag{13-72}$$

3. 组元 i 的逸度 $\hat{f}_i$ 与熵变之间的关系

根据定义 $\bar{g}_i = \bar{h}_i - T\bar{s}_i$,$\bar{G}_i = \bar{H}_i - T\bar{S}_i$ 以及式(13-68)和式(13-70)的结果可得出

$$(\bar{S}_i - \bar{s}_i)_{T,p} = \left(\frac{\bar{H}_i - \bar{G}_i}{T}\right) - \left(\frac{\bar{h}_i - \bar{g}_i}{T}\right) = \left(\frac{\bar{H}_i - \bar{h}_i}{T}\right) - \left(\frac{\bar{G}_i - \bar{g}_i}{T}\right)$$

$$\tag{13-73}$$

$$= -\bar{R}T \left[\frac{\partial \ln \left(\frac{\hat{f}_i}{f_i}\right)}{\partial T}\right]_{p,n} - \bar{R} \ln \frac{\hat{f}_i}{y_i f_i} - \bar{R} \ln y_i$$

值得指出,溶液中组元 i 的逸度系数 $\hat{\phi}_i$ 与相同 T、p 下纯质 i 的逸度系数 ϕ_i 是相等的,因为它们的对比态参数 (T_r, p_r) 是相同的。本书中组元 i 的逸度系数 $\hat{\phi}_i$ 的定义表达式与大多数教材中的表达式并不相同,如果仍旧采用常见的定义表达式 $\hat{\phi}_i = \dfrac{\hat{f}_i}{y_i p}$,则必然有

$$\hat{\phi}_i = \frac{\hat{f}_i}{y_i p} = \frac{f_i}{p} = \phi_i, \quad \text{即有} \quad \hat{f}_i = y_i f_i$$

旧的定义表达式导致溶液必定是理想溶液这一不切实际的结论。从式(13-67)、式(13-72)及式(13-73)可以看出,如果仍旧采用常见的定义表达式,这些式子就变得没有意义了。组元 i 的逸度系数 $\hat{\phi}_i$ 的定义表达式应当改成 $\hat{\phi}_i = \dfrac{\hat{f}_i}{a_i p}$。

4. 在定压、定温的条件下,成分变化对组元逸度 $\hat{f}_i$ 的影响

根据吉布斯-杜安(Gibbs-Duhem)方程:

$$\sum n_i \mathrm{d}\mu_i = 0$$

以二元系统为例,有

$$n_1 \mathrm{d}\mu_1 + n_2 \mathrm{d}\mu_2 = 0$$

$$n_1 \bar{R} T \mathrm{d}\ln \hat{f}_1 + n_2 \bar{R} T \mathrm{d}\ln \hat{f}_2 = 0 \quad \text{或写成} \quad y_1 \mathrm{d}\ln \hat{f}_1 + y_2 \mathrm{d}\ln \hat{f}_2 = 0 \quad (13-74)$$

在 T、p 一定的条件下,式(13-74)对 y_2 求导:

$$y_1 \left(\frac{\partial \ln \hat{f}_1}{\partial y_2} \right)_{T,p} + \mathrm{d}\ln \hat{f}_1 \frac{\partial y_1}{\partial y_2} + y_2 \left(\frac{\partial \ln \hat{f}_2}{\partial y_2} \right)_{T,p} + \mathrm{d}\ln \hat{f}_2 \frac{\partial y_2}{\partial y_2} = 0$$

$$y_1 \left(\frac{\partial \ln \hat{f}_1}{\partial y_2} \right)_{T,p} + y_2 \left(\frac{\partial \ln \hat{f}_2}{\partial y_2} \right)_{T,p} = 0$$

因为 $\mathrm{d}y_2 = \mathrm{d}(1 - y_1) = -\mathrm{d}y_1$,有

$$-\left(\frac{\partial \ln \hat{f}_1}{\partial \ln y_1} \right)_{T,p} + \left(\frac{\partial \ln \hat{f}_2}{\partial \ln y_2} \right)_{T,p} = 0 \quad \text{或写成} \quad \left(\frac{\partial \ln \hat{f}_1}{\partial \ln y_1} \right)_{T,p} = \left(\frac{\partial \ln \hat{f}_2}{\partial \ln y_2} \right)_{T,p} = \text{常数}$$

根据活度的定义 $\hat{f}_i = a_i f_i$,有

$$\ln \hat{f}_i = \ln a_i + \ln f_i$$

$$\partial \ln \hat{f}_i = \partial \ln a_i + \partial \ln f_i = \partial \ln a_i$$

在定压、定温的条件下,有 $\mathrm{d}\ln f_i = 0$,因此有

$$\left(\frac{\partial \ln \hat{f}_1}{\partial \ln y_1} \right)_{T,p} = \left(\frac{\partial \ln a_1}{\partial \ln y_1} \right)_{T,p} = \left(\frac{\partial \ln \gamma_1}{\partial \ln y_1} \right)_{T,p} + \left(\frac{\partial \ln y_1}{\partial \ln y_1} \right)_{T,p} = \left(\frac{\partial \ln \gamma_1}{\partial \ln y_1} \right)_{T,p} + 1 = \text{常数}$$

$$\left(\frac{\partial \ln \hat{f}_1}{\partial \ln y_1} \right)_{T,p} = \left(\frac{\partial \ln \hat{f}_2}{\partial \ln y_2} \right)_{T,p} = \text{常数} \quad (13-75)$$

$$\left(\frac{\partial \ln a_1}{\partial \ln y_1} \right)_{T,p} = \left(\frac{\partial \ln a_2}{\partial \ln y_2} \right)_{T,p} = \text{常数} \quad (13-76)$$

$$\left(\frac{\partial \ln \gamma_1}{\partial \ln y_1} \right)_{T,p} = \left(\frac{\partial \ln \gamma_2}{\partial \ln y_2} \right)_{T,p} = \text{常数} \quad (13-77)$$

以上各式是吉布斯-杜安方程的另一种表达方式。表示在定压、定温的条件下 $\hat{f}_i$、a_i、γ_i 与成分变化之间的制约关系,说明四个强度参数中只有三个可以独立地变化。

在系统总压力足够低时,可用蒸气分压力替代公式中的组元逸度 $\hat{f}_i$,有

$$\left(\frac{\partial \ln p_1}{\partial \ln y_1} \right)_{T,p} = \left(\frac{\partial \ln p_2}{\partial \ln y_2} \right)_{T,p} = \text{常数} \quad (13-78)$$

上式为杜安-马居尔(Duhem-Margules)关系式。

13.5　相平衡

13.5.1　二元复相系的平衡

1. 氧与氮的气液两相平衡图

现以氧与氮的气液两相平衡图为例来说明多元复相系相平衡的一般特点。图 13-4 表

示在压力为 0.1 MPa 的等压条件下，氧与氮气液两相的平衡成分随温度变化的情况。下面讨论摩尔成分为 21% 氧气及 79% 氮气的二元系统，在 0.1 MPa 的等压条件下缓慢加热，经历 A—B—C—D—E 的相变过程，如图 13-4 所示。

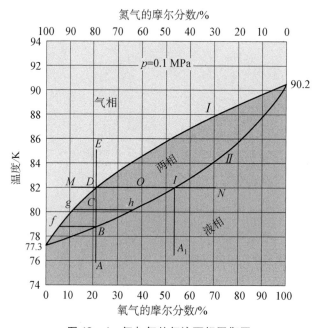

图 13-4 氧与氮的气液两相平衡图

在 A—B 过程中的每一个中间态都是成分确定的液相溶液，纯液相空气可当作纯物质。B 点刚开始出现气相溶液，它的成分如 f 点所示。

B—D 是二元复相系的相变过程。在 B—D 过程中的每一个中间态都是气液两相共存的复相系统，但气相与液相的成分都不相同，不能当作纯物质。在压力为 0.1 MPa 的等压条件下，二元复相系的平衡温度可以是不同的。在相变的温度范围内(T_B 至 T_D)，气相与液相的成分都随温度而变化，气相溶液的成分沿着 f—g—D 的途径而变化；液相溶液的成分沿着 B—h—I 的途径而变化。对于确定的平衡温度(例如 T_C)，气相与液相的成分都是确定的(如 g 点及 h 点所示)，但都不相同，都不能当作纯物质。

在 D—E 过程中的每一个中间态都是成分确定的气相溶液，纯气相空气可当作纯物质。在 D 点最后一滴液相溶液即将变成气相溶液，它的成分如 I 点所示。

对不同成分的氧氮液相溶液，在 0.1 MPa 的等压条件下重复进行上述加热过程可以观察到类似的相变过程。由此可以得出下列曲线。

(1) 曲线 I (露点线)，即在 0.1 MPa 的等压条件下冷却时，气相溶液的露点(出现第一滴液相溶液时的平衡温度)随成分而变化的曲线。气相溶液中沸点高的组元(如氧)成分越高则露点也越高。露点线表示等压下气相溶液的平衡成分随温度而变化的曲线。

(2) 曲线 II (泡点线)，即在 0.1 MPa 的等压条件下加热时，液相溶液的泡点(刚开始出现气相溶液时的平衡温度)随成分而变化的曲线。液相溶液中沸点高的组元(如氧)成分越高则泡点也越高。泡点线表示等压下液相溶液的平衡成分随温度而变化的曲线。

从图 13 - 4 可以看出，在 0.1 MPa 的等压条件下，不同组元成分的溶液（气相溶液或液相溶液）达到两相区的平衡温度是不同的。但是，在 0.1 MPa 的等压条件下，纯氧与纯氮的饱和温度都是唯一确定的，它们分别为 90.2 K 及 77.3 K。这是多元系相平衡与纯质相平衡的重要区别。

对于二元系统，当温度及压力一定时，其状态还取决于组元成分。在 0.1 MPa 及 82 K 的等压等温条件下，经历一个 M—D—O—I—N 的相变过程，如图 13 - 4 所示，氧的摩尔成分由 10% 变化到 70%。

在 M—D 过程中的每一个中间态都是不同成分但成分确定的气相溶液，都可当作纯物质。在 D 点出现第一滴液相溶液，其成分如 I 点所示。

在 D—O—I 过程中的每一个中间态都是气液两相共存的复相系统，但气相与液相的成分各不相同，不能当作纯物质。每一个中间态气液两相的成分都是相同的，气相成分如 D 点所示，液相成分如 I 点所示。各个中间态之间的区别在于气液两相的数量发生了变化，随着氧的摩尔成分的增加，气相溶液的数量 n^V 减少而液相溶液的数量 n^L 增加，它们的数量与 O 点的位置有关并满足杠杆定律，即

$$n^V \cdot \overline{DO} = n^L \cdot \overline{OI}$$

在 I—N 过程中的每一个中间态都是不同成分但成分确定的液相溶液，都可当作纯物质。在 I 点最后一滴气相溶液即将变成液相溶液，它们的成分如 D 点及 I 点所示。

2. 二元复相系的平衡条件

1）单元复相系的平衡条件

相变过程是个等温等压过程，相变的方向、条件及限度可以用吉布斯函数作为判据。对于闭口系统中的等温等压过程，热力学第一定律的普遍表达式可以简化成

$$Q_p = \Delta U + p\Delta V = \Delta H \tag{13 - 79}$$

热力学第二定律的熵方程可写成

$$S_{Pin} = \Delta S - (\Delta S)_Q \geqslant 0 \tag{13 - 80}$$

因为 $(\Delta S)_W = 0$ 以及 $(\Delta S)_M = 0$，将式（13 - 79）代入式（13 - 80），可以得出

$$S_{Pin} = \Delta S - \frac{Q_p}{T} = \Delta S - \frac{\Delta H}{T} \geqslant 0 \tag{13 - 81}$$

再将式（13 - 81）进一步写成如下的形式：

$$\Delta H - T\Delta S = (\Delta G)_{T, p} \leqslant 0 \quad 或 \quad dG_{T, p} \leqslant 0 \tag{13 - 82}$$

式（13 - 82）是直接从熵方程导出的，可以作为识别相变过程进行方向、条件及限度的判据，说明在等温等压条件下的相变过程只能朝着吉布斯函数总值下降的方向进行，即朝着消除化学势差的方向进行。当 $dG_{T, p} = 0$ 时，即化学势差消失后，宏观的相变过程就结束，这时总的吉布斯函数值为最小。

值得指出，对于多元复相系的相变过程，吉布斯函数的判据是普遍适用的。

根据式（13 - 82），一个单元复相系在等温等压条件下从饱和液体变化到饱和蒸气，有

$$G_{\rm g}=G_{\rm f}, \quad \bar{g}_{\rm g}=\bar{g}_{\rm f}, \quad g_{\rm g}=g_{\rm f}$$

从饱和液体变化到干度为 x 的湿蒸气,有

$$\bar{g}_x=x\bar{g}_{\rm g}+(1-x)\bar{g}_{\rm f}=\bar{g}_{\rm f}+x(\bar{g}_{\rm g}-\bar{g}_{\rm f})=\bar{g}_{\rm f}=\bar{g}_{\rm g}$$

根据逸度的定义,有

$$\bar{g}_{\rm g}-\bar{g}_{\rm f}=\bar{R}T\ln\frac{f_{\rm g}}{f_{\rm f}}=0$$

$$\bar{g}_x-\bar{g}_{\rm f}=\bar{R}T\ln\frac{f_x}{f_{\rm f}}=0$$

因此有
$$f_{\rm g}=f_{\rm f}=f_x \tag{13-83}$$

式(13-83)指出,在纯物质的气液两相区内,相同温度下的逸度处处相等。在通用逸度系数图中,气液两相区消失,变成一条直线。

纯物质的饱和蒸气可以当作假想的理想气体,$f_{\rm g}=(p_{\rm sat})_T$,因此有

$$f_{\rm f}=f_x=f_{\rm g}=(p_{\rm sat})_T$$

液体的逸度 $f^{\rm L}$ 可以用相同温度下饱和液体的逸度 $f_{\rm f}$ 来表示,有

$$(f^{\rm L}=f_{\rm f}=f_x=f_{\rm g}=p_{\rm sat})_T \tag{13-84}$$

例 13-2 试确定 25℃时饱和水及饱和蒸汽的吉布斯函数值及它们的逸度。

解 根据 25℃($T=298.15$ K)及附表 10 的数据,用插入法可计算出

$$h_{\rm f}=104.89 \text{ kJ/kg}, \quad h_{\rm g}=2\,547.2 \text{ kJ/kg},$$
$$s_{\rm f}=0.367\,4 \text{ kJ/(kg·K)}, \quad s_{\rm g}=8.558 \text{ kJ/(kg·K)},$$
$$p_{\rm sat}=0.003\,169 \text{ MPa}$$

可以分别计算出饱和水及饱和蒸汽的吉布斯函数值:

$$g_{\rm f}=h_{\rm f}-Ts_{\rm f}=104.89-298.15\times0.367\,4=-4.650\,3(\text{kJ/kg})$$
$$g_{\rm g}=h_{\rm g}-Ts_{\rm g}=2\,547.2-298.15\times8.558=-4.367\,7(\text{kJ/kg})$$

即可得出
$$\bar{g}_x=\bar{g}_{\rm f}+x(\bar{g}_{\rm g}-\bar{g}_{\rm f})=\bar{g}_{\rm f}=\bar{g}_{\rm g}=-4.4 \text{ kJ/kg}$$
$$f_{\rm f}=f_x=f_{\rm g}=(p_{\rm sat})_T=0.003\,169 \text{ MPa}$$

例 13-3 试确定 80℃时饱和水及饱和蒸汽的吉布斯函数值及它们的逸度。

解 根据 80℃($T=353.15$ K)由附表 10 可查得

$$h_{\rm f}=334.93 \text{ kJ/kg}, \quad h_{\rm g}=2\,643.06 \text{ kJ/kg},$$
$$s_{\rm f}=1.075\,3 \text{ kJ/(kg·K)}, \quad s_{\rm g}=7.611\,2 \text{ kJ/(kg·K)},$$
$$p_{\rm sat}=0.047\,376 \text{ MPa}$$

可以分别计算出饱和水及饱和蒸汽的吉布斯函数值:

$$g_{\rm f}=h_{\rm f}-Ts_{\rm f}=334.93-353.15\times1.075\,3=-44.812\,2(\text{kJ/kg})$$

$$g_g = h_g - Ts_g = 2\,643.06 - 353.15 \times 7.611\,2 = -44.835\,2\,(\text{kJ/kg})$$

即可得出

$$\bar{g}_x = \bar{g}_f + x(\bar{g}_g - \bar{g}_f) = \bar{g}_f = \bar{g}_g = -44.8\,\text{kJ/kg}$$

$$f_f = f_x = f_g = (p_{\text{sat}})_T = 0.047\,376\,\text{MPa}$$

不难理解,任何其他温度下的饱和状态都具有这个性质,请读者试算之。

2) 用化学势表示的平衡条件

现仍以气液(V 及 L)两相二元(A 及 B)系统的相变过程为例来得出用化学势表示的平衡条件。根据吉布斯函数的判据,有

$$\mathrm{d}G_{T,p} = \sum \mu_i \mathrm{d}n_i = \mu_A^V \mathrm{d}n_A^V + \mu_B^V \mathrm{d}n_B^V + \mu_A^L \mathrm{d}n_A^L + \mu_B^L \mathrm{d}n_B^L \leqslant 0$$

根据质量守恒定律,有

$$\mathrm{d}n_A^V = -\mathrm{d}n_A^L, \quad \mathrm{d}n_B^V = -\mathrm{d}n_B^L$$

因此有

$$\mathrm{d}G_{T,p} = \mathrm{d}n_A^V(\mu_A^V - \mu_A^L) + \mathrm{d}n_B^V(\mu_B^V - \mu_B^L) \leqslant 0$$

在等温等压条件下的相变过程必然满足上式,因此必定有

$$\mathrm{d}n_A^V(\mu_A^V - \mu_A^L) \leqslant 0 \quad \text{及} \quad \mathrm{d}n_B^V(\mu_B^V - \mu_B^L) \leqslant 0 \tag{13-85}$$

在相变过程中多元复相系中的每一种组元都必定满足式(13-85)的关系,即

$$\text{若 } \mathrm{d}n_A^V > 0, \text{则必定有 } \mu_A^V < \mu_A^L; \quad \text{若 } \mathrm{d}n_B^V > 0, \text{则必定有 } \mu_B^V < \mu_B^L$$

说明相变过程(相与相之间的质量迁移)总是朝着化学势小的方向进行,当化学势差消除时就达到了相平衡。多元复相系的平衡条件为

$$\mu_A^V = \mu_A^L, \quad \mu_B^V = \mu_B^L \tag{13-86}$$

式(13-86)指出,多元复相系相平衡时各相中相同组元的化学势各自相等。

3) 用逸度表示的平衡条件

根据化学势的计算公式,有

$$\mu_A^V - \mu_A^L = \bar{R}T\ln\frac{\hat{f}_A^V}{\hat{f}_A^L} = 0 \quad \text{以及} \quad \mu_B^V - \mu_B^L = \bar{R}T\ln\frac{\hat{f}_B^V}{\hat{f}_B^L} = 0$$

即

$$\hat{f}_A^V = \hat{f}_A^L, \quad \hat{f}_B^V = \hat{f}_B^L \tag{13-87}$$

式(13-87)指出,多元复相系相平衡时各相中相同组元的逸度各自相等。

当气相溶液是理想溶液时,有

$$\hat{f}_A^V = y_A^V f_A^V = y_A^V p, \quad \hat{f}_B^V = y_B^V f_B^V = y_B^V p \tag{13-88}$$

式中,$\hat{f}_A^V$ 及 $\hat{f}_B^V$ 为气相溶液中各组元的逸度;f_A^V 及 f_B^V 为各组元在溶液的温度和压力下单独存在时的逸度,称为标准态逸度。标准态下的气相纯物质可以当作假想的理想气体,其逸度等于溶液的压力,有

$$f_A^V = p = f_B^V$$

当液相溶液是理想溶液时,有

$$\hat{f}_A^L = y_A^L f_A^L = y_A^L (p_{sat})_A, \quad \hat{f}_B^L = y_B^L f_B^L = y_B^L (p_{sat})_B \tag{13-89}$$

式中,$\hat{f}_A^L$ 及 $\hat{f}_B^L$ 为液相溶液中各组元的逸度;f_A^L 及 f_B^L 为各组元在溶液的温度和压力下单独存在时的逸度,称为标准态逸度。标准态下液态纯物质的逸度等于相同温度下饱和液体的逸度(与溶液的压力 p 无关),也就是等于该温度下的饱和压力。因此有

$$[f_A^L = f_{fA} = f_{xA} = f_{gA} = (p_{sat})_A]_T$$
$$[f_B^L = f_{fB} = f_{xB} = f_{gB} = (p_{sat})_B]_T$$

显然有

$$[(p_{sat})_A \neq (p_{sat})_B]_T \neq p$$

3. 平衡成分的确定

现仍以气液(V 及 L)两相二元(A 及 B)系统的相变过程为例来确定二元复相系的平衡成分。

例 13-4 已知当 $T = 80\ K$ 时,纯氧 A 及纯氮 B 的饱和压力分别为

$$(p_{sat})_{O_2} = 0.030\ 06\ MPa, \quad (p_{sat})_{N_2} = 0.137\ 0\ MPa$$

试求空气(21% O_2 及 79% N_2)在 80 K、0.1 MPa 时的平衡成分。

解 二元两相系的平衡成分可以用下列四个方程来确定:

$$y_A^V + y_B^V = 1, \quad y_A^L + y_B^L = 1$$
$$y_A^V p = y_A^L (p_{sat})_A, \quad y_B^V p = y_B^L (p_{sat})_B$$

将已知条件代入后,有

$$0.030\ 06 y_A^L = 0.1 y_A^V, \quad 0.137\ 0 y_B^L = 0.1 y_B^V$$
$$y_A^V + y_B^V = 0.300\ 6 y_A^L + 1.37 y_B^L = 0.300\ 6(1 - y_B^L) + 1.37 y_B^L = 1$$

由上式可求得

$$y_B^L = 0.654, \quad y_A^L = 0.346$$
$$y_B^V = 1.37 y_B^L = 1.37 \times 0.654 = 0.896$$
$$y_A^V = 1 - 0.896 = 0.104$$

如图 13-4 所示,计算结果与图示数据是一致的。

13.5.2 吉布斯相律

在第 6 章中已经介绍了吉布斯相律,它可用如下的公式来表示:

$$F = C - P + 2$$

式中,F 表示确定相平衡的独立变量数,即相平衡时,确定每个独立相平衡状态的独立变量数;C 代表多元系统中组元的数目;P 代表多元系统中独立相的数目。

现根据多元复相系的相平衡条件来导出吉布斯相律的表达式。

设有一个由 C 种组元 P 个相共存的多元复相系统,对于其中任意一个相,如 I 相,可写出它的吉布斯函数

$$G^{\mathrm{I}}=G(T,\ p,\ n_1^{\mathrm{I}},\ n_2^{\mathrm{I}},\ \cdots,\ n_C^{\mathrm{I}})$$

根据状态公理,要确定这个相状态的独立变量数为$(C+2)$,即上式中每个自变量的变化都能引起G^{I}的变化。多元复相系总共有P个相,因此总的独立变量数为

$$P(C+2)\qquad\qquad(13-90)$$

多元复相系相平衡时的联系条件如下:

(1) 根据质量守恒定律可建立P个联系条件,有

$$n^{\mathrm{I}}=n_1^{\mathrm{I}}+n_2^{\mathrm{I}}+n_3^{\mathrm{I}}+\cdots+n_C^{\mathrm{I}}$$
$$n^{\mathrm{II}}=n_1^{\mathrm{II}}+n_2^{\mathrm{II}}+n_3^{\mathrm{II}}+\cdots+n_C^{\mathrm{II}}$$
$$\cdots\cdots$$
$$n^{P}=n_1^{P}+n_2^{P}+n_3^{P}+\cdots+n_C^{P}$$

，共有P个联系方程

(2) 热平衡可建立$(P-1)$个联系条件,其方程为

$$T^{\mathrm{I}}=T^{\mathrm{II}}=T^{\mathrm{III}}=\cdots=T^{P},\ 包含(P-1)\ 个联系方程$$

(3) 力平衡可建立$(P-1)$个联系条件,其方程为

$$p^{\mathrm{I}}=p^{\mathrm{II}}=p^{\mathrm{III}}=\cdots=p^{P},\ 包含(P-1)\ 个联系方程$$

(4) 相平衡可建立$C(P-1)$个联系条件,其方程为

$$\mu_1^{\mathrm{I}}=\mu_1^{\mathrm{II}}=\mu_1^{\mathrm{III}}=\cdots=\mu_1^{P}$$
$$\mu_2^{\mathrm{I}}=\mu_2^{\mathrm{II}}=\mu_2^{\mathrm{III}}=\cdots=\mu_2^{P}$$
$$\cdots\cdots$$
$$\mu_C^{\mathrm{I}}=\mu_C^{\mathrm{II}}=\mu_C^{\mathrm{III}}=\cdots=\mu_C^{P}$$

，包含$C(P-1)$个联系方程

总的联系条件的数目为

$$P+2(P-1)+C(P-1)=3P-2+CP-C\qquad\qquad(13-91)$$

由式(13-90)和式(13-91)可得出多元复相系的总的自由度数F,即

$$F=P(C+2)-(3P-2+CP-C)=C-P+2$$

 思考题

1. 相变时在相界面上微粒的迁移运动与开口系统边界上的质量交换过程有什么不同? 化学功的能流与质量流的能流在性质上有何区别?

2. 试写出化学势的定义表达式,并说明它的物理意义。

3. 试从分摩尔参数的定义表达式说明它们与化学势的区别及联系。

4. 分摩尔参数是强度参数还是容度参数? 请用欧拉定理加以说明。

5. 组元i的分摩尔参数与纯物质i的摩尔性质有何区别? 分摩尔参数之间的关系与纯物质中参数之间的关系有何区别? 试举例说明之。

6. 引出逸度、逸度系数以及活度、活度系数的概念有何意义？试分别写出它们的定义表达式。

7. 本书中组元 i 的逸度系数 $\hat{\phi}_i$ 的定义表达式与大多数教材中的表达式并不相同，试说明将 $\hat{\phi}_i = \dfrac{\hat{f}_i}{y_i p}$ 改成 $\hat{\phi}_i = \dfrac{\hat{f}_i}{a_i p}$ 的重要意义。

8. 证明：
$$\overline{V}_i = \left(\frac{\partial \overline{G}_i}{\partial p}\right)_{T,n}, \quad -\overline{S}_i = \left(\frac{\partial \overline{G}_i}{\partial T}\right)_{p,n}$$

$$\left(\frac{\partial H}{\partial n_i}\right)_{S,p,n_j \neq n_i} = \left(\frac{\partial U}{\partial n_i}\right)_{S,V,n_j \neq n_i} = \overline{H}_i - T\overline{S}_i$$

9. "基准态"与"标准态"是两个不同的概念，试说明"基准态"与三种"标准态"是指什么状态？

10. 试写出不同标准态下的活度、活度系数及化学势的表达式。

11. 相对于规定的基准态，指定状态下组元 i 的化学势就有确定的值，与标准态的选择无关。试说明这是为什么。

12. 试以二元复相系为例，说明多元系的相平衡与纯质的相平衡有什么重要区别。

13. 试说明对于下列几种系统，在研究方法上有什么不同之处。

（1）纯物质；

（2）定组成定成分的理想气体混合物；

（3）定组成定成分的实际气体混合物；

（4）湿空气（定组成变成分的理想气体混合物）；

（5）定组成变成分的多元复相系；

（6）变组成变成分的多元系统。

14. 为什么 $\mathrm{d}G_{T,p} \leqslant 0$ 可以作为识别相变过程进行的方向、条件及限度的判据？

15. 试确定 25℃时饱和水及饱和蒸汽的吉布斯函数值及它们的逸度。

第14章 化学反应过程的热力分析

前面各章中所讨论的都是没有化学反应的热力过程。过程中物质的分子结构不发生变化，化学能在过程中也是不变的，因此在热力学能及焓中都不涉及化学能的问题。在化学反应过程中，工质内部的分子结构及化学成分都发生了变化。核外电子重新分布，正负离子重新组合，旧的化合物消失了，新的化合物产生了。化学反应之前的物质称为反应物，化学反应之后的物质称为生成物。在这种新旧交替的化学反应过程中，结合成各种化合物的化学能也随之发生变化。因此，系统的热力学能变化应当包括由于物质分子结构发生变化而引起的化学能的变化。同理，对于跨越边界的化学物质，在参与化学反应之后，化学能也要发生变化。所以焓的变化也应当把发生了变化的化学能包括进去。

发生化学反应过程的热力系统一定是一个变组成变成分的多元系统。由不同元素组成的化学物质将不可避免地出现在同一个化学反应方程中。无论是能量计算还是能质分析，如果对于不同化学物质的能量及能质没有一个统一的基准，则这种分析计算都是毫无意义的。因此，必须加强基准的观念，理解并掌握焓基准、熵基准及吉布斯函数的基准，这是学好本章的关键。

化学反应过程必须遵循质量守恒定律、热力学第一定律及热力学第二定律，前面所讨论的能量方程、熵方程及㶲方程对化学反应过程都是同样适用的。外界分析法的这些普遍表达式在分析化学反应过程时更能显示出它的优越性。

本章仅讨论与"热能的产生"有关的燃烧问题，说明质量守恒定律及热力学基本原理在燃烧过程中的具体应用。这些基本原则及计算方法对其他的化学反应过程都是同样适用的。

14.1 质量守恒定律在化学反应过程中的应用

正确地写出化学反应方程是分析化学反应过程的第一步，也是至关重要的一步。如果把化学反应方程写错了，则在此基础上的所有计算都是毫无意义的。

化学反应方程实质上就是质量守恒定律在化学反应过程中的一种具体表达式。根据质量守恒定律，化学反应过程中参加反应的所有物质的原子数及质量都保持守恒，反应前后它们的数量相等。

本节以燃料在空气中的燃烧过程为例，说明在各种假设条件下建立化学反应方程的基本方法。

14.1.1　当量方程

燃烧所需的氧气是来自空气。化学反应计算中采用的标准空气的摩尔成分为

$$y_{O_2} = 0.21; \quad y_{N_2} = 0.79$$

如果燃烧需要 1 kmol O_2，则所需的空气量以及其中所含的氮气量分别是多少？

空气中的氮氧比为

$$\frac{y_{N_2}}{y_{O_2}} = \frac{0.79}{0.21} = 3.76$$

则所需氮气量为 3.76 kmol

空气与氧气量之比为 $\quad \dfrac{y_{air}}{y_{O_2}} = \dfrac{3.76 + 1}{1} = 4.76$

则所需空气量为 4.76 kmol

以上几个数字，都是应当牢记的基本数据。

燃料一般是碳氢化合物 $C_n H_m$，燃料的燃烧过程就是其中的碳及氢分别与氧发生化学反应并生成氧化物的过程。所谓完全燃烧是指燃料中的碳全部氧化成二氧化碳（CO_2），而氢则完全与氧结合生成水（H_2O）。燃料完全燃烧时所需的最少氧气量称为理论氧气量，相应的最少空气量则称为理论空气量。在理论空气量下完全燃烧的化学反应方程称为该燃料的当量方程。

对于任何一种燃料，其当量方程都是唯一确定的。根据已知燃料写出它的当量方程是必须具备的一种基本能力。

假定燃料的分子式为 $C_n H_m$，根据当量方程的定义，不难写出

$$C_n H_m + \left(n + \frac{m}{4}\right)(O_2 + 3.76 N_2) \longrightarrow n CO_2 + \frac{m}{2} H_2O + 3.76\left(n + \frac{m}{4}\right) N_2$$

$$(14-1)$$

在写出当量方程（14-1）时，已经应用了质量守恒定律、完全燃烧的含义、氮氧比、空燃比、理论空气量等概念。如果能够领悟到这一点，就不难写出其他燃料的当量方程了。

14.1.2　化学反应方程

足够的空气量是燃料燃烧的必要条件。如果实际空气量低于理论空气量，如只有 80% 理论空气量（或称 20% 不足空气量），由于缺氧，燃料不可能完全燃烧，燃烧产物中必定有多余燃料，甚至因燃烧不良，生成物中还可能出现多余的氧气。为了尽可能燃烧完全，实际空气量总是大于理论空气量，如使用 150% 理论空气量（或称 50% 过量空气量）。即使采用了过量空气量，实际燃烧过程也不一定是完全的。因为决定燃烧是否完全并非仅是空气量的问题，此外太多的空气量还会降低燃烧温度，带来一些其他的不利影响。

由于种种原因，实际燃烧过程往往是不完全的。决定化学反应方程的实际因素将在后面几节中深入讨论。下面将举例说明在一定的假设条件下，如何根据质量守恒定律建立化学反应方程。事先提出建立化学反应方程时的一些共性的问题对理解这些例题是有好处

的。这些共性问题包括以下几个方面。

(1) 大部分燃料总是能完全燃烧的,它们必定满足当量方程。所以,化学反应方程都是在当量方程的基础上建立起来的。

(2) 部分燃料燃烧不完全,会产生一氧化碳(CO)及多余的氧气。

(3) 氢和氧比较容易结合,所以燃料中所含的氢全部与氧结合生成 H_2O。

(4) 一般情况下,氮气不参加反应。

例 14-1　试写出甲烷在 150% 理论空气量下完全燃烧时的化学反应方程式及相应的空燃比。

解　先写出甲烷的当量方程,即

$$CH_4 + 2(O_2 + 3.76N_2) \longrightarrow CO_2 + 2H_2O + 7.52N_2$$

在当量方程的基础上,再写出 CH_4 在 150% 理论空气量下完全燃烧的反应方程:

$$CH_4 + 1.5 \times 2(O_2 + 3.76N_2) \longrightarrow CO_2 + 2H_2O + O_2 + 11.28N_2$$

上式表明,完全燃烧时燃料被充分利用,其中碳(C)全部生成 CO_2,氢(H)完全生成 H_2O;空气量为当量方程的 1.5 倍,过量空气产生了多余的氧气(O_2);氮气不参加反应。

燃烧时空气量与燃料量的比值称为空燃比,用 AF 表示。若以摩尔计量,称为摩尔空燃比 AFM;若以质量计量,称为质量空燃比 AFm。本例的摩尔空燃比为

$$AFM = \frac{3 \text{ kmol } O_2 + 11.28 \text{ kmol } N_2}{1 \text{ kmol } CH_4} = 14.28$$

质量空燃比为

$$AFm = \frac{14.28 \times 28.97}{12 + 4 \times 1} = 25.86$$

例 14-2　假设甲烷在 80% 理论空气量下完全燃烧,试写出其化学反应方程。

解　在甲烷的当量方程(见上例)基础上,可写出

$$CH_4 + 0.80 \times 2(O_2 + 3.76N_2) \longrightarrow 0.8(CO_2 + 2H_2O) + 0.2CH_4 + 6.016N_2 \quad \text{(a)}$$

上式说明,空气量仅为当量方程的 0.8 倍,由于空气量不足,最多只有 80% 的甲烷是完全燃烧的。空气量中的氧气被全部利用,生成物中无多余的氧气;空气量中的氮气不参加反应,全部出现在生成物中;在生成物中还有未经燃烧的 20% 的甲烷。如果将式(a)写成

$$0.8[CH_4 + 2(O_2 + 3.76)N_2 \longrightarrow 0.8[CO_2 + 2H_2O + 7.52N_2] \quad \text{(b)}$$

式(b)说明,完全燃烧的那部分燃料是必定符合当量方程的。

本例的化学反应方程,最后应写成如下的形式:

$$CH_4 + 1.6O_2 + 6.016N_2 \longrightarrow 0.8CO_2 + 1.6H_2O + 0.2CH_4 + 6.016N_2$$

例 14-3　假设甲烷在 10% 过量空气量下不完全燃烧,有 5% 的碳生成 CO,试写出化学反应方程式以及燃烧产物中各个组成气体的摩尔成分。如果在 0.1 MPa 下定压燃烧,试确定燃烧产物的露点温度。

解　在甲烷当量方程的基础上,按题意可进一步写出

$$CH_4 + 1.1 \times 2(O_2 + 3.76N_2) \longrightarrow 0.95CO_2 + 0.05CO + 2H_2O + xO_2 + 8.272N_2$$

式中的 x 可根据质量守恒定律求得,对于氧原子有

$$4.4 = 0.95 \times 2 + 0.05 + 2 + 2x$$
$$x = 0.225$$

不难看出,多余氧气 $0.225\ O_2$ 是由两部分组成:过量空气中的多余氧气为 $0.2O_2$;由于不完全燃烧生成 CO 的多余氧气为 $\left(\dfrac{0.05}{2}\right)O_2$。

生成物中总的摩尔数为 n,有

$$n = 0.95 + 0.05 + 2 + 0.225 + 8.272 = 11.497$$

各个组成气体的摩尔成分为

$$y_{CO_2} = \frac{0.95}{11.497} = 0.082\ 6, \quad y_{CO} = \frac{0.05}{11.497} = 0.004\ 3$$

$$y_{O_2} = \frac{0.225}{11.497} = 0.019\ 6, \quad y_{N_2} = \frac{8.272}{11.497} = 0.719\ 5$$

$$y_{H_2O} = \frac{2}{11.497} = \frac{p_{H_2O}}{p} = 0.174\ 0$$

水蒸气的分压力为

$$p_{H_2O} = y_{H_2O}p = 0.174 \times 100 = 17.4(\text{kPa})$$

由水蒸气表可查出与 p_{H_2O} 相对应的饱和温度,该温度即为露点,有 $t_d = 57℃$。

例 14-4 假定已经用奥萨特(Orsat)气体分析仪测出燃烧产物的干容积成分为

$$y_{CO_2} = 8\%, \quad y_{CO} = 0.9\%, \quad y_{O_2} = 8.8\%, \quad y_{N_2} = 82.3\%$$

试写出该燃烧过程的化学反应方程,并确定所用燃料的质量成分以及所用的实际空气量。

解 假定燃料的分子式为 C_nH_m,根据已经测得的燃烧产物的干容积成分,可写出如下的燃烧方程:

$$C_nH_m + aO_2 + bN_2 \longrightarrow 8CO_2 + 0.9CO + cH_2O + 8.8O_2 + 82.3N_2$$

根据质量守恒定律,对每个原子写出质量平衡方程,可以得出如下关系。

对于 N:$b = 82.3 = 3.76a$

$$a = \frac{82.3}{3.76} = 21.9$$

对于 O:$21.9 \times 2 = 8 \times 2 + 0.9 + c + 8.8 \times 2$

$$c = 9.3$$

对于 C:$n = 8 + 0.9 = 8.9$

对于 H:$m = 2c = 2 \times 9.3 = 18.6$

将计算结果代入燃烧方程,可得

$$C_{8.9}H_{18.6} + 21.9O_2 + 82.3N_2 \longrightarrow 8CO_2 + 0.9CO + 9.3H_2O + 8.8O_2 + 82.3N_2$$

燃料 $C_{8.9}H_{18.6}$ 的质量成分为

$$x_C = \frac{8.9 \times 12}{8.9 \times 12 + 18.6 \times 1} = 85.2\%$$

$$x_H = \frac{18.6 \times 1}{8.9 \times 12 + 18.6 \times 1} = 14.8\%$$

该燃料的当量方程为

$$C_{8.9}H_{18.6} + 13.5(O_2 + 3.76)N_2 \longrightarrow 8.9CO_2 + 9.3H_2O + 50.8N_2$$

该燃烧过程的实际空气量为

$$y_{air} = \frac{21.9 + 82.3}{13.5 \times 4.76} = \frac{104.2}{64.26} = 1.62 = 162\% \text{ 理论空气量}$$

14.2　热力学第一定律在化学反应过程中的应用

热力学第一定律的普遍表达式以及根据具体条件进行简化的分析方法对于有化学反应的热力学系统同样是适用的。在化学反应过程中应用热力学第一定律时,应当特别注意以下两个关键问题。

(1) 化学反应过程是"旧质消失、新质产生"的过程,结合成各种化合物的化学能在过程中发生了变化。因此,在热力学能变化及焓变化中应当把发生变化的化学能包括进去。

(2) 在化学反应过程中,不同的化合物将不可避免地出现在同一个化学反应方程中。因此,在能量的分析计算中,必须采用统一的基准。对于化学反应过程,焓基准是有统一定义的。热力学能与焓有密切联系,规定了焓的统一基准之后,热力学能的基准就随之而定了。

如果能够清醒地认识到以上两个关键问题,化学反应过程中的能量分析及计算就不困难了。

14.2.1　生成焓及显焓变化

1. 生成焓及焓基准

在化学标准态(1 atm, 25℃)下,从稳定元素生成 1 kmol 化合物的过程中所交换的热量称为该化合物的生成焓。化合过程中放热,生成焓为负;吸热则生成焓为正。下面通过 CO_2 的生成反应说明生成焓定义的物理意义及重要作用。

如图 14-1 所示,反应物(R)为 1 kmol C 和 1 kmol O_2,各自在化学标准状态(1 atm, 25℃)下进入反应器;生成物(P)为 1 kmol CO_2,在化学标准状态下离开反应器;反应过程中交换的热量可以精确地测定,$Q_p^0 = -393\,522$ kJ。 CO_2 的生成反应可表达为

$$C + O_2 \longrightarrow CO_2 \tag{14-2}$$

根据热力学第一定律的普遍表达式：

$$\Delta E = (\Delta E)_Q + (\Delta E)_W + (\Delta E)_M$$

按给定条件可以得出：

$$\Delta E = 0 \quad (\text{SSSF 过程})$$
$$(\Delta E)_W = 0 \quad (\text{无功量交换})$$
$$\Delta E_k = \Delta E_p = 0 \quad (\text{动位能变化可忽略不计})$$

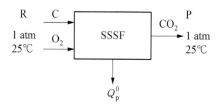

图 14-1　生成焓定义的示意图

因此，普遍表达式可以简化成如下的形式：

$$Q_p^0 = -(\Delta E)_M = E_{fe} - E_{fi} = H_P^0 - H_R^0 \tag{14-3}$$

式中，H_P^0 及 H_R^0 分别代表生成物（P）及反应物（R）在化学标准状态下的总焓。根据 CO_2 的生成焓反应方程（14-2），式（14-3）可进一步写成

$$
\begin{aligned}
Q_p^0 &= H_P^0 - H_R^0 = \sum n_e \bar{h}_e^0 - \sum n_i \bar{h}_i^0 \\
&= (\bar{h}_{298}^0)_{CO_2} - (\bar{h}_{298}^0)_C - (\bar{h}_{298}^0)_{O_2} \\
&= -393\,522 \, (\text{kJ/kmol})
\end{aligned}
\tag{14-4}
$$

式中的 $(\bar{h}_{298}^0)_{CO_2}$、$(\bar{h}_{298}^0)_C$ 及 $(\bar{h}_{298}^0)_{O_2}$ 分别表示在化学标准状态（1 atm，25℃）下 CO_2、C 及 O_2 的千摩尔焓值，单位均为 kJ/kmol。

从式（14-4）可以看出，能量方程包含了不同物质的焓值。如果不考虑不同物质在化学能上的差别，也不采用统一的焓基准，仍然从不同物质各自的热力性质表（附表8）中查取数据，并将它们代入式（14-4）进行计算，则其结果必然与精确测定的数值不一致，即

计算值　$Q_p^0 = (9\,364)_{CO_2} - (0)_C - (8\,682)_{O_2} = 682 \, (\text{kJ/kmol})$

实测值　$Q_p^0 = -393\,522 \, (\text{kJ/kmol})$

由此可见，能量方程对于化学反应过程是同样适用的，但能量方程中的焓值必须包括物质的化学能，并对各种物质都要采用统一的焓基准，否则，所有的计算都是毫无意义的。

在化学标准状态（1 atm，25℃）下，所有稳定的化学元素或稳定的单质分子，其焓值都统一地定义为零。这就是化学反应过程中对焓基准的定义。

因为各种化合物都是由确定的单质元素生成；在化学反应过程中，任何元素的数量是守恒的；同种元素出现在各种不同的化合物中时，其焓基准是相同的。所以有了上述焓基准之

后,各种物质的焓值就都统一到相同的焓基准上来了,这为计算不同化合物的焓值提供了共同的数值基础。

规定了统一的焓基准之后,式(14-4)可以写成

$$Q_p^0 = (\bar{h}_f^0)_{CO_2} - (\bar{h}_f^0)_C - (\bar{h}_f^0)_{O_2} \tag{14-5}$$
$$= (\bar{h}_f^0)_{CO_2} = -393\,522\,(kJ/kmol)$$

式(14-5)是 CO_2 生成焓 $(\bar{h}_f^0)_{CO_2}$ 的定义表达式,其中稳定元素 C 及单质分子 O_2 在化学标准状态下的焓值都统一规定为零,即有 $(\bar{h}_f^0)_C = 0$,$(\bar{h}_f^0)_{O_2} = 0$。下标"f"是 formation 的第一个字母,用来表示统一基准之后元素及化合物的生成焓。

化学反应过程中系统与外界交换的热量统称为反应热。能够表征物质的属性而且是在特定条件下进行的化学反应的反应热称为热效应。显然,生成焓就是一种热效应,它是在化学标准状态下(等温等压),从稳定元素合成 1 kmol 化合物的特定反应过程中所交换的热量。生成焓的数值是用精确测定的热量来定义的,所以它是生成反应过程的一个过程量。由于生成反应是在特定条件下进行的,这些条件排除了其他形式的能量转变成热量的可能性,因此,测得的热量完全是由于生成反应过程中化学能变化所引起的,可以代表化学能。对于定量(1 kmol)确定的化合物,其生成焓是唯一确定的常数。

采用统一的焓基准之后,可以进一步用生成焓的数值作为该化合物在化学标准状态下焓值的定义值,如 $(\bar{h}_f^0)_{CO_2} \equiv -393\,522$ kJ/kmol。这样,生成焓就可看作是一个状态参数,代表该化合物所具有的化学能。既然生成焓是在化学标准状态下的一个状态参数,它就与怎样达到或怎样离开该状态的过程无关。所以生成焓的概念可以脱离生成反应独立地应用。

一些常用物质的生成焓数值可以从附表 14 中查取。对于不同的物质,生成焓的数值是不同的,这说明它们的化学能并不相同。但是,不同物质生成焓的数值都是建立在相同焓基准的基础上,所以在化学反应过程中,各种物质的焓值计算都可将各自的生成焓当作统一的焓基准。

2. 显焓变化及焓值计算

对于化学反应过程,如果理解了生成焓的概念,明确了焓的统一标准,计算各种物质在任何指定状态下的焓值就不会有什么困难了。现仍以 CO_2 为例说明计算任意状态(T, p)下 CO_2 焓值的方法。

若以 $(\bar{h}_{T,p})_{CO_2}$ 表示 1 kmol CO_2 在指定状态(T, p)时的焓值,则有

$$(\bar{h}_{T,p})_{CO_2} = (\bar{h}_f^0)_{CO_2} + (\bar{h}_{T,p} - \bar{h}_{298}^0)_{CO_2} \tag{14-6}$$

式(14-6)说明,化合物在指定状态时的焓值等于生成焓加上显焓变化。这是一个普遍适用的焓值计算公式,应用于不同的物质时,只需将该物质替代 CO_2 即可。

在公式(14-6)中,生成焓所起的作用是:①将化学反应过程中各种物质的焓值计算都统一到相同的焓基准上来;②生成焓代表该物质化学能的大小,写上这一项,就将物质的化学能包括到焓值中来了。

在公式(14-6)中,$(\bar{h}_{T,p} - \bar{h}_{298}^0)$ 代表显焓变化,它表示 1 kmol 物质从化学标准状态到

指定状态的焓值变化。显焓变化取决于初终两态,初态是化学标准状态,所以显焓变化完全取决于终态。显焓变化的计算与以前的焓值变化的计算完全相同。显焓变化与基准无关,与过程的性质及途径也无关,因此,不受化学反应的影响。

如果化学反应过程中,反应物及生成物都可当作理想气体,则显焓变化与压力无关,可以表示为

$$\bar{h}_{T,p} - \bar{h}^0_{298} = \bar{h}_T - \bar{h}^0_{298} = \Delta\bar{h}_T \tag{14-7}$$

式中,$\bar{h}_T$ 及 h_{298} 都可从不同物质各自的热力性质表(附表8)查得,有些热力性质表直接给出显焓变化 $\Delta\bar{h}_T$ 的数值,使用起来更为方便。显然,对于确定的物质,$\bar{h}_T$、$\bar{h}_{298}$ 及 $\Delta\bar{h}_T$ 都仅是温度的函数。

如果化学反应过程中,该物质不能当作理想气体,则可应用焓偏差的概念来计算显焓变化,即

$$\bar{h}_{T,p} - \bar{h}^0_{298} = (\bar{h}_{T,p} - \bar{h}^*_{T,p}) + (\bar{h}^*_{T,p} - \bar{h}^*_{298}) + (\bar{h}^*_{298} - \bar{h}^0_{298})$$

14.2.2　反应焓及反应热力学能

1. 反应焓

1)标准反应焓

定量燃料(1 kmol 或 1 kg)在空气(或纯氧)中完全燃烧,如果反应物及生成物都处在化学标准状态(1 atm,25℃)下,则该化学反应过程中的焓值变化称为该燃料的标准反应焓。$(\bar{h}^0_{RP})_{燃料}$ 及 $(h^0_{RP})_{燃料}$ 分别表示 1 kmol 及 1 kg 燃料的标准反应焓。现以 1 kmol 甲烷在空气中完全燃烧为例说明标准反应焓的物理意义。

首先写出甲烷的当量方程:

$$CH_4(g) + 2O_2 + 7.52N_2 \longrightarrow CO_2 + 2H_2O(l) + 7.52N_2 \tag{14-8}$$

如图 14-2 所示,反应物(R)及生成物(P)中各个组元物质在化学标准状态下进入或离开反应器,并且各组元的量符合当量方程。燃料和水的集态可分别用 g(气态)、l(液态)及 s(固态)来表示。

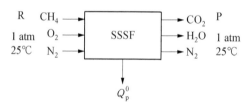

图 14-2　标准反应焓定义的示意图

现在对稳定工况下工作的反应器进行能量分析,热力学第一定律的普遍关系式为

$$\Delta E = (\Delta E)_Q + (\Delta E)_W + (\Delta E)_M$$

其中,$\Delta E = 0$(SSSF 过程),排除了系统能量变化对反应热的影响;$(\Delta E)_W = 0$,$\Delta E_k = \Delta E_p =$

0,排除了机械能转变成热能的可能性;$T_R = T_P = 25℃$,不仅排除了显焓变化对反应热的影响,而且使反应焓的定义与燃烧时的过量空气量无关。

因此,热力学第一定律的普遍表达式可以简化成如下形式:

$$Q_P^0 = -(\Delta E)_M = H_P^0 - H_R^0 = (\bar{h}_{RP}^0)_{CH_4(g)} \tag{14-9}$$

式中,H_P^0 及 H_R^0 分别代表生成物(P)及反应物(R)的总焓;Q_P^0 表示该化学反应的反应热;$(\bar{h}_{RP}^0)_{CH_4(g)}$ 表示 1 kmol 燃料(CH_4)的标准反应焓;上角标"0"表示化学标准状态下的压力。

根据当量方程(14-8),甲烷的标准反应焓可表示为

$$
\begin{aligned}
(\bar{h}_{RP}^0)_{CH_4(g)} = Q_P^0 &= \sum n_e (\bar{h}_f^0)_e - \sum n_i (\bar{h}_f^0)_i \\
&= (\bar{h}_f^0)_{CO_2} + 2(\bar{h}_f^0)_{H_2O(l)} - (\bar{h}_f^0)_{CH_4(g)} \\
&= -393\,522 + 2(-285\,830) - (-74\,873) \\
&= -890\,309 (kJ/kmol)
\end{aligned}
\tag{14-10}
$$

$$(h_{RP}^0)_{CH_4(g)} = \frac{(\bar{h}_{RP}^0)_{CH_4(g)}}{M_{CH_4}} = \frac{-890\,309}{16.043} = -55\,495 (kJ/kg) \tag{14-11}$$

从式(14-10)及式(14-11)可以看出,燃料的标准反应焓仅是反应物质生成焓的函数。各种物质的生成焓及甲烷的摩尔质量都可从附表 14 中查得,计算结果 $(h_{RP}^0)_{CH_4(g)} = -55\,495$ kJ/kg,可与附表 15 中的数据核对。

燃料的标准反应焓又称为燃烧焓,它是说明燃料发热特性的一种热效应,在数值上就等于该燃料在化学标准状态下完全燃烧时的反应热。由于特定的燃烧条件,排除了其他形式能量转变成热量的可能性。因此,反应热完全是由于燃料在完全燃烧的过程中所释放的化学能转换而来的,是表征燃料发热特性的一种热效应。因为它仅是反应前后两个状态的函数,与过程的性质及途径无关,因此,标准反应焓的概念及其数值可以独立地应用,不局限于测定或导出此数值的反应过程。

通常,燃料的发热特性用热值 HV(heating value)来表示。根据燃烧产物中水的集态不同,热值可分为高热值(H_2O 呈液态)及低热值(H_2O 呈气态),分别用 HHV 及 LHV 来表示。因为热值都取正值,所以定压热值就等于负的标准反应焓。对于甲烷有

$$HHV = 890\,309 \text{ kJ/kmol} = 55\,495 \text{ kJ/kg}$$

在 25℃时水呈液态,HHV 中包括了水凝结时所放出的汽化潜热。

例 14-5　已经精确地测定可燃物质碳 C(s) 及一氧化碳 CO(g) 的标准燃烧焓分别为

$$(\bar{h}_{RP}^0)_{C(s)} = -393\,522 (kJ/kmol)$$

$$(\bar{h}_{RP}^0)_{CO(g)} = -282\,995 (kJ/kmol)$$

试确定碳在纯氧中不完全燃烧时的热效应。

解　碳在纯氧中不完全燃烧的反应方程为

$$C(s) + 0.5O_2 \longrightarrow CO(g) \tag{a}$$

实际上,独立地实现上述反应是很困难的,$(\bar{h}_f^0)_{CO(g)}$ 的数值不可能通过上述反应来测定。因为总有一部分碳会完全燃烧,燃烧产物中将不可避免地同时出现 CO 及 CO_2。

碳及一氧化碳在纯氧中完全燃烧的反应方程分别为

$$C(s) + O_2 \longrightarrow CO_2(g) \tag{b}$$

$$CO(g) + 0.5O_2 \longrightarrow CO_2(g) \tag{c}$$

根据热力学第一定律,并已知它们的标准燃烧焓,因此有

$$(\bar{h}_{RP}^0)_{C(s)} = Q_{p1}^0 = -393\,522 (kJ/kmol)$$
$$= H_P^0 - H_R^0 = (\bar{h}_f^0)_{CO_2} = -393\,522 (kJ/kmol) \tag{d}$$

从式(d)可以看出,$(\bar{h}_{RP}^0)_{C(s)} = (\bar{h}_f^0)_{CO_2}$,碳的标准反应焓等于二氧化碳的生成焓,这是同一件事情的两个方面。显然,碳的化学能大于 CO_2 的化学能,有

$$(\bar{h}_f^0)_C = 0 > -393\,522 = (\bar{h}_f^0)_{CO_2}$$

碳在燃烧过程中释放了它的热值,生成了化学能较低的 CO_2。同理,对式(c)可写出

$$(\bar{h}_{RP}^0)_{CO(g)} = Q_{p2}^0 = -282\,995 (kJ/kmol)$$
$$= (\bar{h}_f^0)_{CO_2} - (\bar{h}_f^0)_{CO} = -282\,995 (kJ/kmol)$$

由上式可求出一氧化碳生成焓 $(\bar{h}_f^0)_{CO(g)}$ 的数值,即

$$(\bar{h}_f^0)_{CO(g)} = (\bar{h}_f^0)_{CO_2(g)} + 282\,995$$
$$= -393\,522 + 282\,995 = -110\,527 (kJ/kmol) \tag{e}$$

同理,对式(a)可写出

$$\bar{h}_{RP}^0 = Q_p^0 = H_P^0 - H_R^0$$
$$= (\bar{h}_f^0)_{CO(g)} - (\bar{h}_f^0)_{C(s)} - 0.5(\bar{h}_f^0)_{O_2} \tag{f}$$
$$= (\bar{h}_f^0)_{CO(g)} = -110\,527 (kJ/kmol)$$

式(f)说明,碳在纯氧中不完全燃烧的热效应在数值上就等于一氧化碳的生成焓。

提示 (1)生成焓是状态参数;标准反应焓是表征燃料发热特征的热效应,仅与反应前后的状态有关,它们都与过程的性质及途径无关。利用点函数的这种性质,可以根据已经测定的热效应计算难以测定的热效应。

(2)早在热力学形成之前就有盖斯定律,可表述为化学反应过程的热效应仅与初终两态有关,而与经历的途径无关。盖斯定律在热化学的发展过程中曾起重要作用。现在有了更为普遍的热力学第一定律,它不仅包容了盖斯定律的内涵,而且更能说明问题的实质。

例 14-6 燃料的标准反应焓仅是反应物质生成焓的函数。已知丙烷 C_3H_8 在 25℃ 时的汽化潜热 $\gamma_{C_3H_8} = 370$ kJ/kg,试利用附表 14 中有关物质生成焓的数据,确定气态丙烷 $C_3H_8(g)$ 及液态丙烷 $C_3H_8(l)$ 的高热值 HHV 及低热值 LHV,并将计算结果与附表 15 中的有关数据进行核对。

解　燃料的集态及燃烧产物中水的集态都对燃料的热值有影响。根据水的不同集态，可将其分为高热值 HHV（水为液态）及低热值 LHV（水为气态）（水在凝结时要放出汽化潜热使热值增大）。根据燃料的不同集态，有

$$HV(\text{气态燃料}) > HV(\text{液态燃料})$$

这是因为液态燃料汽化时要吸收汽化潜热，使热值减小。

丙烷完全燃烧的当量方程为

$$C_3H_8 + 5O_2 + 5 \times 3.76N_2 \longrightarrow 3CO_2 + 4H_2O + 18.8N_2 \tag{a}$$

对于图 14-3 所示的系统，热力学第一定律普遍表达式可简化成

$$\bar{h}_{RP}^0 = Q_p^0 = H_P^0 - H_R^0 = (\bar{h}_{RP}^0)_{C_3H_8} = -HV \tag{b}$$

不论物质集态情况如何，式(b)是普遍适用的。

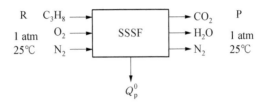

图 14-3　集态对燃烧热值的影响

先计算气态丙烷的高热值，有

$$\begin{aligned}
(\bar{h}_{RP}^0)_{C_3H_8(g)} &= 3(\bar{h}_f^0)_{CO_2} + 4(\bar{h}_f^0)_{H_2O(l)} - (\bar{h}_f^0)_{C_3H_8(g)} \\
&= 3(-393\,522) + 4(-285\,830) - (-103\,900) \\
&= -1\,080\,566 - 1\,143\,320 + 103\,900 \\
&= -2\,219\,986(\text{kJ/kmol})
\end{aligned}$$

$$(h_{RP}^0)_{C_3H_8(g)} = \frac{(\bar{h}_{RP}^0)_{C_3H_8(g)}}{M_{C_3H_8}} = \frac{-2\,219\,986}{44\,098} = -50\,342(\text{kJ/kg})$$

$$HHV_{C_3H_8(g)} = -(h_{RP}^0)_{C_3H_8(g)} = 50\,342(\text{kJ/kg})$$

液态丙烷的高热值为

$$HHV_{C_3H_8(l)} = HHV_{C_3H_8(g)} - \gamma_{C_3H_8} = 50\,342 - 370 = 49\,972(\text{kJ/kg})$$

用相同的方法，先计算气态丙烷的低热值，有

$$\begin{aligned}
(\bar{h}_{RP}^0)_{C_3H_8(g)} &= 3(\bar{h}_f^0)_{CO_2} + 4(\bar{h}_f^0)_{H_2O(g)} - (\bar{h}_f^0)_{C_3H_8(g)} \\
&= 3(-393\,522) + 4(-241\,826) - (-103\,900) \\
&= -20\,433\,970(\text{kJ/kmol})
\end{aligned}$$

$$(h_{RP}^0)_{C_3H_8(g)} = \frac{-20\,433\,970}{44.094} = -46\,355(\text{kJ/kg})$$

$$LHV_{C_3H_8(g)} = -(h_{RP}^0)_{C_3H_8(g)} = 46\,355(\text{kJ/kg})$$

液态丙烷的低热值为

$$LHV_{C_3H_8(l)} = LHV_{C_3H_8(g)} - \gamma_{C_3H_8} = 46\ 355 - 370 = 45\ 985(kJ/kg)$$

计算结果与附表 15 的数据是非常接近的。

　　2) 任意温度时的反应焓

　　定量燃料在定压下完全燃烧,如果反应物及生成物具有相同的温度 T,则该化学反应过程中的焓值变化称为该燃料在温度 T 时的反应焓,用 $(\bar{h}_{RP}^0)_T$ 或 $(h_{RP}^0)_T$ 来表示。

　　现仍以甲烷在空气中完全燃烧为例说明温度对反应焓的影响以及反应焓与标准反应焓之间的区别和联系。

　　首先写出甲烷的当量方程:

$$CH_4(g) + 2O_2 + 7.52N_2 \longrightarrow CO_2 + 2H_2O(l) + 7.52N_2$$

如图 14-4 所示,反应物(R)及生成物(P)中各个组元物质在 1 atm、温度为 T 的条件下进入或离开反应器,并且各组元的量符合当量方程。

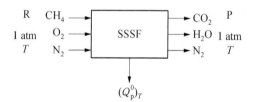

图 14-4　任意温度下的反应焓

　　对于如图 14-4 所示的系统,热力学第一定律的普遍表达式可以简化成

$$
\begin{aligned}
(Q_p^0)_T &= H_P^0 - H_R^0 = \sum n_e \bar{h}_e - \sum n_i \bar{h}_i \\
&= \sum n_e [\bar{h}_f^0 + (\bar{h}_T^0 - \bar{h}_{298}^0)]_e - \sum n_i [\bar{h}_f^0 + (\bar{h}_T^0 - \bar{h}_{298}^0)]_i \\
&= \sum n_e (\bar{h}_f^0)_e - \sum n_i (\bar{h}_f^0)_i + \sum n_e (\bar{h}_T^0 - \bar{h}_{298}^0) - \sum n_i (\bar{h}_T^0 - \bar{h}_{298}^0) \\
&= \bar{h}_{RP}^0 + \sum n_e (\Delta \bar{h}_T)_e - \sum n_i (\Delta \bar{h}_T)_i
\end{aligned}
$$

$$(14-12)$$

　　式(14-12)是任意温度 T 时反应焓的定义表达式,说明任意温度下的反应焓等于标准反应焓加上生成物(P)与反应物(R)显焓变化之差。式(14-12)也是基尔霍夫定律的表达式。显然,热力学第一定律完全包容了盖斯定律及基尔霍夫定律,在实际分析计算时,直接应用普遍适用的热力学第一定律更为方便。

　　在式(14-12)中,标准反应焓仅与燃料的种类有关,可从附表 15 中查得。对于甲烷,有

$$HHV = -(\bar{h}_{RP}^0)_{CH_4(g)} = 55\ 496\ kJ/kg = 890\ 309\ kJ/kmol$$

　　对于确定的物质,显焓变化仅是温度的函数。显焓变化与基准无关,因此,任意温度的焓值可以从反应物质各自的热力性质表中查取,假定 $T = 800\ K$,则甲烷燃烧反应方程中的生成物(P)与反应物(R)的显焓变化之差可按当量方程的数量关系计算如下:

$$\sum n_{\mathrm{e}}(\bar{h}_{800}-\bar{h}_{298})_{\mathrm{e}} - \sum n_{\mathrm{i}}(\bar{h}_{800}-\bar{h}_{298})_{\mathrm{i}}$$

$$= (\bar{h}_{800}-\bar{h}_{298})_{\mathrm{CO_2}} + 2(\bar{h}_{800}-\bar{h}_{298})_{\mathrm{H_2O}}$$

$$- (\bar{h}_{800}-\bar{h}_{298})_{\mathrm{CH_4}} - (\bar{h}_{800}-\bar{h}_{298})_{\mathrm{O_2}}$$

$$= (32\,179 - 9\,364)_{\mathrm{CO_2}} + 2(27\,896 - 9\,904)_{\mathrm{H_2O}} -$$

$$16.04 \times 2.227(800-298) - 2(24\,533 - 8\,682)_{\mathrm{O_2}}$$

$$= 22\,815 + 35\,984 - 17\,931 - 31\,682$$

$$= 9\,186(\mathrm{kJ/kmol})$$

将以上数据代入式(14 - 12)就可算出甲烷在 800 K 时的反应焓,即

$$(\bar{h}_{\mathrm{RP}}^{0})_{800} = (\bar{h}_{\mathrm{RP}}^{0})_{\mathrm{CH_4}} + \sum n_{\mathrm{e}}(\Delta\bar{h}_{T})_{\mathrm{e}} - \sum n_{\mathrm{i}}(\Delta\bar{h}_{T})_{\mathrm{i}}$$

$$= -890\,309 + 9\,186 = -881\,123(\mathrm{kJ/kmol})$$

计算结果说明在 800 K 时,甲烷的高热值降低了,有

$$HHV_{800} = 881\,123 < 890\,309 = HHV_{298}$$

如果将式(14 - 12)换一种写法,可能有助于对基尔霍夫定律物理意义的认识。

$$\begin{aligned}(\bar{h}_{\mathrm{RP}})_{T} = (Q_{\mathrm{p}})_{T} &= (H_{\mathrm{P}} - H_{\mathrm{R}})_{T} \\ &= (H_{\mathrm{P}} - H_{\mathrm{P}}^{0}) + (H_{\mathrm{P}}^{0} - H_{\mathrm{R}}^{0}) + (H_{\mathrm{R}}^{0} - H_{\mathrm{R}}) \\ &= \bar{h}_{\mathrm{RP}}^{0} + (H_{\mathrm{P}} - H_{\mathrm{P}}^{0}) - (H_{\mathrm{R}} - H_{\mathrm{R}}^{0})\end{aligned} \qquad (14-13)$$

式中,$\bar{h}_{\mathrm{RP}}^{0}$ 是 1 kmol 燃料的标准反应焓,对于确定的燃料,它是一个常数;$(H_{\mathrm{P}} - H_{\mathrm{P}}^{0})$ 及 $(H_{\mathrm{R}} - H_{\mathrm{R}}^{0})$ 分别代表生成物(P)及反应物(R)在温度 T 时的显焓变化,对于确定的燃料,它们仅是温度的函数。图 14 - 5 及式(14 - 13)说明温度对燃料热值的影响,如果生成物(P)的显焓变化大于反应物的显焓变化,则有一部分反应热要用于补偿这一差值,使热值下降;反之,则热值增大。由于生成物(P)与反应物(R)具有相同的温度,这就排除了温差以及完全燃烧时过量空气量对热值的影响。因此,上述显焓变化之差对热值的影响完全取决于燃料的种类及反应温度,其能够说明燃料的性质及温度对燃料发热特性的影响。

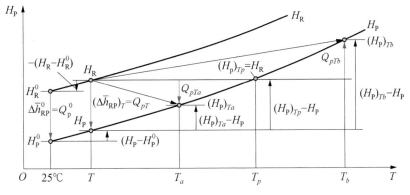

图 14 - 5　温度对燃料反应焓的影响

2. 反应热力学能

定量燃料在定容下完全燃烧，如果反应物及生成物具有相同的温度 T，则该化学反应过程中的热力学能变化称为该燃料在温度 T 时反应热力学能，用 $(\bar{u}_{RP})_T$ 或 $(u_{RP})_T$ 来表示。如果温度为 25℃，则此时的热力学能变化称为标准反应热力学能，用 $\bar{u}_{RP}^0$ 或 u_{RP}^0 来表示。标准反应热力学能的负值称为定容热值，有 $HV = -u_{RP}^0$。

热力学能与焓有密切的联系，$h = u + pv$，反应热力学能与反应焓之间也是密切相关的。如果反应物质可以当作理想气体，则反应热力学能与反应焓之间的关系可表示为

$$
\begin{aligned}
(\bar{h}_{RP})_T - (\bar{u}_{RP})_T &= (H_P - H_R)_T - (U_P - U_R)_T \\
&= (H_P - U_P)_T - (H_P - U_R)_T \\
&= \sum n_e (\bar{h}_T - \bar{u}_T)_e - \sum n_i (\bar{h}_T - \bar{u}_T)_i \qquad (14-14) \\
&= \sum n_e (p\bar{v})_e - \sum n_i (p\bar{v})_i \\
&= \bar{R}T \left(\sum n_e - \sum n_i \right)
\end{aligned}
$$

在化学反应过程中，能量计算的基准统一采用焓基准。由于热力学能与焓之间的内在联系，各种物质的热力学能也就有了共同的统一基准，而且，这个统一基准把物质的化学能也包括在内了。因为各种物质化学性质表上给出的资料都是焓的数值，所以能量方程中的热力学能变化往往先要转换成焓变化的关系，然后再进行计算。

14.3　热力学第二定律在化学反应过程中的应用

存在势差是发生自发过程的根本原因和必要条件，自发过程总是朝着消除势差的方向进行，当势差消除时自发过程就终止。

在一定的补偿条件下，自发过程的反向过程也是可以实现的。但是，这些非自发过程（指能质升高的过程）不可能单独地进行；一种能质升高的非自发过程必定有一个能质下降的自发过程作为补偿；在一定的补偿条件下，非自发过程进行的程度，不能超过一定的最大理论限度，这个限度就是使总的能质保持不变。

热力学第二定律的实质就是能质衰变原理，它是表征一切宏观过程所必须遵守的有关过程进行方向、条件及限度的客观规律。热力学第二定律的普遍表达式是进行能质分析及计算的有力工具。

上述基本原则以及熵方程和㶲方程对化学反应过程都是同样适用的。但是，热力学第二定律应用于化学反应过程时应结合化学反应过程的特征，在熵方程的基础上进一步引出化学势及平衡常数的概念，并把它们作为化学反应过程的方向、条件及限度的判据。

本节应抓着以下两个关键问题：①正确理解熵及吉布斯函数的统一基准，并掌握它们的计算方法；②正确理解化学势及平衡常数的概念，了解它们在化学反应过程中所起的重要作用。

14.3.1　基准问题

1. 熵基准

1) 绝对熵

热力学第三定律是解释低温下物质极限性质的客观规律,指出客观上存在着熵值为零的状态。焓(或热力学能)为零时的基准态是人为规定的;熵为零值的基准态是客观存在的。因此,根据熵的绝对零值算出的任何状态下的熵值称为绝对熵。绝对熵的零值问题实际上也是相对于物质内部粒子的一定结构层次而言的。在讨论化学反应问题的范围内,可以根据以下两个论断来确定绝对熵的基准态:如果绝对零度时元素的熵值为零,则它们的化合物在绝对零度时的熵值亦为零;纯物质完全晶体在绝对零度时,熵值与压力无关。

因此,在 $p=1\,\text{atm}$、$T=0\,\text{K}$ 时,任何元素及化合物的熵值均为零。根据这个熵基准,任何状态下的熵值都称为绝对熵。通常,热力性质表给出了在 $1\,\text{atm}$ 下、任意温度 T 时 $1\,\text{kmol}$ 工质的绝对熵,用 $\bar{s}_T^0$ 来表示。化学标准状态下绝对熵的值用 $\bar{s}_{298}^0$ 来表示。

如果化学反应物质可以当作理想气体,则任意状态 $(T,\,p)$ 下的熵值可表示为

$$\bar{s}(T,\,p)=\bar{s}_T^0+(\bar{s}_{T,\,p}-\bar{s}_T^0)=\bar{s}_T^0-\bar{R}\ln\left(\frac{p}{p_0}\right) \tag{14-15}$$

其中

$$\bar{s}_T^0=\bar{s}_{298}^0+(\bar{s}_T^0-\bar{s}_{298}^0)=\bar{s}_{298}^0+\bar{c}_p\ln\left(\frac{T}{298}\right) \tag{14-16}$$

式中的 $\bar{s}_{298}^0$ 及 $\bar{s}_T^0$ 的数值都可从有关物质的热力性质表上查得。

如果化学反应物质不能当作理想气体,则任意状态下的熵值可利用熵偏差的概念来计算,即

$$\begin{aligned}
\bar{s}(T,\,p)&=\bar{s}_{298}^0+(\bar{s}_{T,\,p}^*-\bar{s}_{298}^0)+(\bar{s}_{T,\,p}-\bar{s}_{T,\,p}^*)\\
&=\bar{s}_{298}^0+\left[\bar{c}_p\ln\left(\frac{T}{298}\right)-\bar{R}\ln\left(\frac{p}{p_0}\right)\right]+(\bar{s}_{T,\,p}-\bar{s}_{T,\,p}^*)
\end{aligned} \tag{14-17}$$

式(14-15)、式(14-16)及式(14-17)将各种物质的熵值都统一到共同的绝对熵的基准上来了。

值得指出,在计算反应物(R)及生成物(P)的总熵时,必须正确地识别其中每一种反应物质的实际状态,并根据熵是容度参数的性质将它们的值加起来。

在图 14-6 中,(a)及(b)都代表同一种化学反应过程,但对于第一种情况(a),反应物及生成物中的组成气体各自处在相同的状态 $(T,\,p)$ 下;而对于第二种情况(b),反应物及生成物都处在相同的混合状态 $(T,\,p)$ 下。(注意:图 14-6 是非常重要的热力学模型)

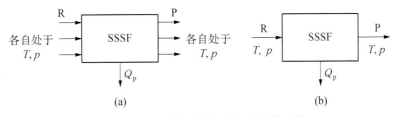

图 14-6　混合物中各组成气体的绝对熵

对于第一种情况，仍可按公式(12-8)来计算。反应物及生成物的计算方法是相同的，现以生成物(P)为例，则其总熵可表达为

$$(S_P)_1 = \sum n_e \left[\bar{s}_T^0 - \bar{R} \ln\left(\frac{p}{p_0}\right) \right]_e$$

式中，$(S_P)_1$ 表示在第一种情况下生成物的总熵。对于第二种情况，生成物的总熵 $(S_P)_2$ 可表达为

$$(S_P)_2 = \sum n_e \left[\bar{s}_T^0 - \bar{R} \ln\left(\frac{yp}{p_0}\right) \right]_e$$

$$= \sum n_e \left[\bar{s}_T^0 - \bar{R} \ln\left(\frac{p}{p_0}\right) \right]_e - \bar{R} \sum n_e \ln y_e$$

显然有

$$(S_P)_2 - (S_P)_1 = -\bar{R} \sum n_e \ln y_e \tag{14-18}$$

不难发现，式(14-18)就是理想气体在等温等压条件下混合时的熵变计算公式。

2) 生成熵

在化学标准状态(1 atm, 25℃)下，所有稳定化学元素或稳定单质分子的熵值都统一地规定为零。采用这种基准的熵值称为生成熵，用 $\bar{s}_f^0$ 来表示。

现以 CO_2 的生成反应(见图14-1)为例说明生成熵与绝对熵之间的关系。化合物的生成反应是在化学标准状态下进行的，CO_2 的生成反应方程为

$$C + O_2 \longrightarrow CO_2$$

反应前后的熵值变化为

$$\Delta S_{RP}^0 = S_P^0 - S_R^0 = \sum n_e (\bar{s}_{298}^0)_e - \sum n_i (\bar{s}_{298}^0)_i \tag{14-19}$$

$$= (\bar{s}_{298}^0)_{CO_2} - (\bar{s}_{298}^0)_C - (\bar{s}_{298}^0)_{O_2}$$

反应前后的熵值变化与基准无关，可以先采用熵的绝对基准将热力性质表上的数据代入式(14-19)，把反应前后的熵值变化计算出来，即

$$\Delta S_{RP}^0 = 213.685 - 5.740 - 205.033 = 2.912 \text{ kJ/(kmol} \cdot \text{K)}$$

如果采用生成熵的统一基准，式(14-19)应写成如下的形式：

$$\Delta S_{RP}^0 = S_P^0 - S_R^0 = (\bar{s}_f^0)_{CO_2} - (\bar{s}_f^0)_C - (\bar{s}_f^0)_{O_2} \tag{14-20}$$

$$= (\bar{s}_f^0)_{CO_2} - 0 - 0 = 213.685 \text{ kJ/(kmol} \cdot \text{K)}$$

从式(14-19)及式(14-20)可以看出，若采用生成熵的基准，在化学标准状态下 CO_2 的熵值为 2.912 kJ/(kmol·K)；若采用熵的绝对基准，在化学标准状态下 CO_2 的熵值为 213.685 kJ/(kmol·K)。这说明在任何状态下工质的熵值与熵基准的选取有关。

从式(14-19)及式(14-20)还可以看出，生成熵与绝对熵之间有着密切的联系，不是相互独立的。有

$$(\bar{s}_{298}^0)_{CO_2} - (\bar{s}_f^0)_{CO_2} = (\bar{s}_{298}^0)_C + (\bar{s}_{298}^0)_{O_2} = \sum n_i (\bar{s}_{298}^0)_{元素} \tag{14-21}$$

式(14-21)说明,对于任何一种化合物,绝对熵与生成熵之间的差值为一常数,即等于生成该化合物的所有元素的绝对熵总和。对于不同的化合物,常数的数值是不同的。实际上,采用生成熵就是把所有稳定元素及稳定单质分子熵的统一基准从绝对基准状态(1 atm, 0 K)移到化学标准状态(1 atm, 25℃)。

值得指出,各种热力性质表上所给出的熵值都是绝对熵,在熵的热力计算中也都采用绝对熵。实际计算时并不采用生成熵,但是,提出生成熵的概念对于理解吉布斯函数的两种基准是有帮助的。

2. 吉布斯函数的基准

吉布斯函数是一个重要的状态参数,在多元系统的热力分析中起着特别重要的作用。例如,化学势及平衡常数的计算,化学标准状态下可逆功及有用功的计算,扩散㶲、反应㶲及化学㶲的计算等都与吉布斯函数有关。又如,对于化学反应过程及多元复相系的相变过程,可以采用吉布斯函数作为过程进行的方向、条件及限度的判据,它在某些方面的作用可以替代熵的作用。

不论在什么场合下应用吉布斯函数都必须掌握吉布斯函数的计算问题。如果理解了吉布斯函数的基准,掌握吉布斯函数的计算就不困难了。

1) 吉布斯函数的绝对基准

吉布斯函数的定义表达式为

$$\bar{g} = \bar{h} - T\bar{s}, \quad G = H - TS$$

显然,吉布斯函数值与焓值及熵值有关,因此,吉布斯函数的基准是双重基准,取决于焓基准及熵基准。

吉布斯函数的绝对基准是建立在统一的焓基准及熵绝对基准的基础上的。任意指定状态(T, p)下,吉布斯函数可以表示为

$$\begin{aligned}
\bar{g}_{T,p} &= \bar{h}_f^0 + (\bar{h}_T - \bar{h}_{298}) - T\left[\bar{s}_T^0 - \bar{R}\ln\left(\frac{p}{p_0}\right)\right] \\
&= \bar{g}_T^0 + \bar{R}\ln\left(\frac{p}{p_0}\right)
\end{aligned} \tag{14-22}$$

式中,$\bar{g}_T^0$表示标准大气压力下任意温度时的吉布斯函数,也就是假想理想气体标准状态(1 atm, T)下的吉布斯函数,故又称为标准吉布斯函数。化学标准状态下(1 atm, 298 K)的吉布斯函数用$\bar{g}_{298}^0$表示。它们的计算公式分别为

$$\bar{g}_T^0 = \bar{h}_f^0 + (\bar{h}_T - \bar{h}_{298}) - T\bar{s}_T^0$$

$$\bar{g}_{298}^0 = \bar{h}_f^0 - T_0\bar{s}_{298}^0$$

式中,$\bar{h}_f^0$、$\bar{h}_{298}$、$\bar{h}_T$及$\bar{s}_T^0$都可从有关物质的热力性质表上查得,因此,化学标准状态以及任意温度下的标准吉布斯函数,$\bar{g}_{298}^0$及$\bar{g}_T^0$都是容易算得的,可以当作可查取的已知数对待。所以只要给定T及p,就可利用式(14-22)计算出该状态相对于绝对基准的吉布斯函数值。

2) 生成吉布斯函数

在化学标准状态(1 atm, 25℃)下,所有稳定的化学元素或稳定单质分子的吉布斯函数

值都统一地规定为零。以此为基准的吉布斯函数值称为生成吉布斯函数，用 $\bar{g}_f^0$ 表示。

现以 CO_2 的生成反应(见图 14-1)为例说明生成吉布斯函数 $\bar{g}_f^0$ 与绝对基准下的吉布斯函数 $\bar{g}_{298}^0$ 之间的关系。

$$C + O_2 \longrightarrow CO_2$$

根据 CO_2 的生成反应方程，反应前后的吉布斯函数变化可以表示为

$$
\begin{aligned}
\Delta G_{RP}^0 = G_P^0 - G_R^0 &= \sum n_e (\bar{g}_{298}^0)_e - \sum n_i (\bar{g}_{298}^0)_i \\
&= (\bar{g}_{298}^0)_{CO_2} - (\bar{g}_{298}^0)_C - (\bar{g}_{298}^0)_{O_2} \\
&= (\bar{h}_f^0 - T_0 \bar{s}_{298}^0)_{CO_2} - (\bar{h}_f^0 - T_0 \bar{s}_{298}^0)_C - (\bar{h}_f^0 - T_0 \bar{s}_{298}^0)_{O_2} \\
&= (-393\,522 - 298.15 \times 213.685) + 298.15(5.740 + 205.033) \\
&= -457\,232.2 + 62\,842 \\
&= -394\,390 (\text{kJ/kmol})
\end{aligned}
$$

(14-23)

吉布斯函数是状态参数，状态参数的变化与基准无关。式(14-23)是采用绝对基准的计算结果，如果采用生成吉布斯函数的基准，反应前后吉布斯函数的变化值应当是相同的，即

$$
\begin{aligned}
\Delta G_{RP}^0 &= (\bar{g}_f^0)_{CO_2} - (\bar{g}_f^0)_C - (\bar{g}_f^0)_{O_2} \\
&= (\bar{g}_f^0)_{CO_2} - 0 - 0 = -394\,390 (\text{kJ/kmol})
\end{aligned}
$$

(14-24)

式(14-24)说明，采用生成吉布斯函数的基准时，化学标准状态下 CO_2 的吉布斯函数值是用生成反应过程中的吉布斯函数变化来定义的，即

$$(\bar{g}_f^0)_{CO_2} \equiv -394\,390 (\text{kJ/kmol})$$

从(14-23)式可以看出，采用绝对基准时，化学标准状态下 CO_2 的吉布斯函数值为

$$(\bar{g}_{298}^0)_{CO_2} = (\bar{h}_f^0 - T_0 \bar{s}_{298}^0)_{CO_2} = -457\,232.2 (\text{kJ/kmol})$$

可见，任何状态下的吉布斯函数值，与采用的吉布斯函数基准有关。

比较式(14-23)及式(14-24)，可以得出

$$(\bar{g}_f^0)_{CO_2} - (\bar{g}_{298}^0)_{CO_2} = T_0 \left[(\bar{s}_{298}^0)_C + (\bar{s}_{298}^0)_{O_2} \right] = T_0 \sum n_i (\bar{s}_{298}^0)_i \qquad (14-25)$$

式(14-25)说明了这两种吉布斯函数基准之间的关系。显然，这种差别是由于采用了不同的熵基准引起的。在生成吉布斯函数 $\bar{g}_f^0$ 中，隐含着生成熵 $\bar{s}_f^0$ 的概念，即

$$\bar{g}_f^0 = \bar{h}_f^0 - T_0 \bar{s}_f^0$$

3) 任意状态下吉布斯函数的计算

(1) 采用绝对基准。

指定状态(T, p)时的吉布斯函数可表示为

$$
\begin{aligned}
\bar{g}_{T,p} &= \bar{g}_T^0 + (\bar{g}_{T,p} - \bar{g}_T^0) \\
&= \bar{h}_f^0 + (\bar{h}_T - \bar{h}_{298}) - T\bar{s}_T^0 + \bar{R}T\ln\left(\frac{p}{p_0}\right)
\end{aligned}
$$

(14-26)

其中
$$\bar{g}_T^0 = \bar{h}_f^0 + (\bar{h}_T - \bar{h}_{298}) - T\bar{s}_T^0$$

$$(\bar{g}_{T,p} - \bar{g}_T^0) = \int_{p_0}^{p} d\bar{g}_T = \int_{p_0}^{p} \bar{v} dp$$

$$= \int_{p_0}^{p} \bar{R}T\left(\frac{dp}{p}\right) = \bar{R}T\ln\left(\frac{p}{p_0}\right)$$

或者,从化学标准状态时的 $\bar{g}_{298}^0$ 算起,则

$$\bar{g}_{T,p} = \bar{g}_{298}^0 + (\bar{g}_T^0 - g_{298}^0) + (\bar{g}_{T,p} - \bar{g}_T^0) \tag{14-27}$$

其中
$$\bar{g}_{298}^0 = \bar{h}_f^0 - T_0 \bar{s}_{298}^0$$

$$(\bar{g}_T^0 - \bar{g}_{298}^0) = [\bar{h}_f^0 + (\bar{h}_T - \bar{h}_{298}) - T\bar{s}_T^0] - [\bar{h}_f^0 - T_0 \bar{s}_{298}^0]$$

$$= (\bar{h}_T - \bar{h}_{298}) - T\bar{s}_T^0 + T_0 \bar{s}_{298}^0$$

比较式(14-26)及式(14-27),可以看出,从 $\bar{g}_T^0$ 或从 $\bar{g}_{298}^0$ 算起,吉布斯函数的结果是相同的。

(2) 采用生成吉布斯函数的基准。

指定状态(T, p)时的吉布斯函数可表示为

$$(\bar{g}_{T,p})_f = \bar{g}_f^0 + (\bar{g}_T^0 - \bar{g}_{298}^0) + (\bar{g}_{T,p} - \bar{g}_T^0) \tag{14-28}$$

$$= \bar{g}_f^0 + (\bar{h}_T - \bar{h}_{298}) - T\bar{s}_T^0 + T_0 \bar{s}_{298}^0 + \bar{R}T\ln\left(\frac{p}{p_0}\right)$$

比较式(14-27)及式(14-28),可以得出

$$(\bar{g}_{T,p})_f - \bar{g}_{T,p} = \bar{g}_f^0 - \bar{g}_{298}^0 \tag{14-29}$$

$$= T_0(\bar{s}_{298}^0 - \bar{s}_f^0) = T_0 \sum n_i(\bar{s}_{298}^0)_i$$

式(14-29)将化学标准状态下两种基准之间的关系推广到任意状态。在任意状态下,采用两种基准算得的吉布斯函数值总是差一个相同的常数。不同的化合物,该常数的数值不同。

从吉布斯函数计算公式的结构可以看出,其中第一项($\bar{g}_T^0$ 或 $\bar{g}_{298}^0$,$\bar{g}_f^0$)的作用是确定基准,并把化学能包括进来,这一项决定了所求吉布斯函数的基准性质;后面几项都是从基准状态到指定状态的吉布斯函数的变化,它与基准无关。

值得指出,在有关吉布斯函数的计算中,上述两种基准都被普遍采用,甚至被同一个计算式同时采用,如式(14-28)。因此,必须注意加以区别。通常,由于容易查到任意温度下的绝对熵(生成熵无处可查),因此,计算吉布斯函数变化时,一般都采用绝对基准。在热力性质表中(如附表14)可以查得各种物质生成吉布斯函数 $\bar{g}_f^0$ 的数值,所以在计算指定状态的吉布斯函数时,两种基准都可采用,但在同一个问题中,各种反应物质的基准必须统一。化学反应过程的许多热效应都是在化学标准状态下定义的。在计算化学标准状态下的化学反应过程时,采用生成吉布斯函数基准更为方便。可见,不论在什么情况下,都必须具备识别基准的能力。

例 14-7　假定生成物中 CO_2 的状态为 $p = 2 \text{ atm}$,$T = 1\,000 \text{ K}$,试确定在该状态下 CO_2 的状态参数 $\bar{h}_{T,p}$、$\bar{s}_{T,p}$、$\bar{g}_{T,p}$ 及 $(\bar{g}_{T,p})_f$ 的数值。证明

$$[(\bar{g}_{T,p})_f - \bar{g}_{T,P}]_{CO_2} = (\bar{g}_f^0 - \bar{g}_{298}^0)_{CO_2} = 常数$$

并求出此常数的数值。

解 先采用吉布斯函数的绝对基准来计算：

$$\bar{h}_{T,p} = \bar{h}_f^0 + (\bar{h}_T - \bar{h}_{298})$$

$$= -393\,522 + (42\,769 - 9\,364)$$

$$= -393\,522 + 33\,405 = -360\,117(kJ/kmol)$$

$$\bar{s}_{T,p} = \bar{s}_T^0 + (\bar{s}_{T,p} - \bar{s}_T^0) = \bar{s}_T^0 - \bar{R}\ln\left(\frac{p}{p_0}\right)$$

$$= 269.215 - 8.314\,3\ln 2$$

$$= 269.215 - 5.763 = 263.452(kJ/kmol)$$

$$\bar{g}_{T,p} = \bar{h}_{T,p} - T\bar{s}_{T,p}$$

$$= -360\,117 - 263\,452 = -623\,569(kJ/kmol)$$

或者

$$\bar{g}_{T,p} = \bar{g}_{298}^0 + (\bar{g}_T^0 - \bar{g}_{298}^0) + (\bar{g}_{T,p} - \bar{g}_T^0)$$

其中

$$\bar{g}_{298}^0 = \bar{h}_f^0 - T_0\bar{s}_{298}^0$$

$$= -393\,522 - 298.15 \times 213.685$$

$$= -393\,522 - 63\,710.2 = -457\,232.2(kJ/kmol)$$

$$(\bar{g}_T^0 - \bar{g}_{298}^0) = (\bar{h}_T - \bar{h}_{298}) - T\bar{s}_T^0 + T_0\bar{s}_{298}^0$$

$$= 33\,405 - 269\,215 + 63\,710.2 = -172\,099.8(kJ/kmol)$$

$$(\bar{g}_{T,p} - \bar{g}_T^0) = \bar{R}T\ln\left(\frac{p}{p_0}\right)$$

$$= 8.314\,3 \times 1\,000 \times \ln 2 = 5\,673(kJ/kmol)$$

$$\bar{g}_{T,p} = \bar{g}_{298}^0 + (\bar{g}_T^0 - \bar{g}_{298}^0) + (\bar{g}_{T,p} - \bar{g}_T^0)$$

$$= -457\,232.2 + (-172\,099.8) + 5\,673$$

$$= -623\,569(kJ/kmol)$$

采用生成吉布斯函数基准来计算时，可先从附表 14 中查得

$$(\bar{g}_f^0)_{CO_2} = -394\,390(kJ/kmol)$$

$$(\bar{g}_{T,p})_f = \bar{g}_f^0 + (\bar{g}_T^0 - \bar{g}_{298}^0) + (\bar{g}_{T,p} - \bar{g}_T^0)$$

$$= -394\,390 - 172\,099.8 + 5\,763 = -560\,726.8(kJ/kmol)$$

因此有

$$(\bar{g}_{T,p})_f - \bar{g}_{T,p} = -560\,726.8 - (-623\,569) = 62\,842.2(kJ/kmol)$$

$$\bar{g}_f^0 - \bar{g}_{298}^0 = -394\,390 - (-457\,232.2) = 62\,842.2(kJ/kmol)$$

14.3.2 化学反应过程的方向、条件及限度

1. 反应度及离解度

假定一种化学反应的当量方程为

$$a\text{A} + b\text{B} \longrightarrow d\text{D} + e\text{E}$$

其中,大写字母表示反应物质,小写字母表示相应物质的当量系数。当量方程实际上就是质量守恒定律的一种表达式,对于反应完全的化学物质来说,其当量系数是完全确定的,当量方程代表它们之间必须遵守的一种数量关系。

实际上,一般的化学反应并不能完全进行,其反应程度取决于反应物质的性质以及化学反应的条件。例如,初态时系统中只有反应物 A 及 B,在一定的条件下这两种物质发生化学反应,产生了新的化学物质 D 及 E。新产生的化学反应物在一定的条件下也可以发生反向的化学反应。因此,总的反应过程实际上是在正反两个方向的反应过程同时发生的条件下,不断地朝着化学势势差减小的方向进行的。这样的反应过程一直进行到势差消失时才结束,这时正反两个方向"势均力敌",达到了动态的化学平衡状态。对于不完全的化学反应,在终态的生成物中必定存在一部分未反应的反应物质。达到化学平衡时,生成物的组成成分称为平衡成分。在一定的条件下,化学反应进行的方向及限度、化学平衡的建立及平衡成分的确定都必须遵循热力学第二定律。

化学反应的完全程度可以用反应度来度量。反应度是指已经反应的摩尔数与该反应物在当量方程中的总摩尔数的比值。在一定条件下,生成物中有些物质会发生离解反应,已经离解的摩尔数与该生成物在当量方程中的总摩尔数的比值称为该生成物质的离解度。如果用 ε 表示反应度,用 α 表示离解度,则显然有

$$\varepsilon = 1 - \alpha$$

如果在一定的条件下,上述反应过程的反应度为 ε,则该化学反应方程可写成

$$\varepsilon(a\mathrm{A} + b\mathrm{B}) \longrightarrow \varepsilon(d\mathrm{D} + e\mathrm{E})$$

或者写成

$$(1-\alpha)(a\mathrm{A} + b\mathrm{B}) \longrightarrow (1-\alpha)(d\mathrm{D} + e\mathrm{E})$$
$$a\mathrm{A} + b\mathrm{B} \longrightarrow (1-\alpha)(d\mathrm{D} + e\mathrm{E}) + \alpha(a\mathrm{A} + b\mathrm{B})$$

从上式可以确定终态时反应物质 A、B、D 及 E 的摩尔成分。

例 14-8　假定一氧化碳 $\mathrm{CO(g)}$ 在纯氧中燃烧,在一定的温度条件下,生成物 CO_2 发生离解反应,如果离解度 $\alpha = 0.1$,试确定在该温度下的平衡成分。

解　先写出当量方程

$$\mathrm{CO} + 0.5\mathrm{O_2} \longrightarrow \mathrm{CO_2}$$

当 $\alpha = 0.1$ 时,有

$$\mathrm{CO} + 0.5\mathrm{O_2} \longrightarrow (1-\alpha)\mathrm{CO_2} + \alpha\mathrm{CO} + 0.5\alpha\mathrm{O_2}$$
$$\mathrm{CO} + 0.5\mathrm{O_2} \longrightarrow 0.9\mathrm{CO_2} + 0.1\mathrm{CO} + 0.05\mathrm{O_2}$$

平衡成分为

$$y_{\mathrm{CO_2}} = \frac{0.9}{1.05} = 85.7\%, \quad y_{\mathrm{CO}} = \frac{0.1}{1.05} = 9.5\%, \quad y_{\mathrm{O_2}} = \frac{0.05}{1.05} = 4.8\%$$

2. 化学反应方向及限度的判据

1）化学势与吉布斯函数

反应物质之间存在化学势差是发生化学反应的根本原因及必要条件。化学反应过程总是朝着消除化学势差的方向进行，直到势差消失达到化学平衡时，宏观的化学反应才结束。

在不同的条件下，化学势的表现形式是不同的，但它们的物理本质是相同的。在多元系统中，研究相变过程及化学反应过程的方向、条件及限度时，化学势的概念起着重要的作用。化学势的定义表达式可以分别用四个特性函数的偏导数来表示，它们都是等价的。若以 μ_i 表示多元系统中组元 i 的化学势，则

$$\mu_i = \left(\frac{\partial U}{\partial n_i}\right)_{s,\,v,\,n_j} = \left(\frac{\partial H}{\partial n_i}\right)_{s,\,p,\,n_j} = \left(\frac{\partial F}{\partial n_i}\right)_{T,\,v,\,n_j} = \left(\frac{\partial G}{\partial n_i}\right)_{T,\,p,\,n_j} \equiv \overline{G}_i \quad (14-30)$$

式(14-30)中的每个式子，都可代表在其下标参数不变的条件下组元 i 的化学势，其中最常用的是

$$\mu_i = \left(\frac{\partial G}{\partial n_i}\right)_{T,\,p,\,n_j} = \overline{G}_i$$

式中，$\overline{G}_i$ 表示多元系统中组元 i 的分摩尔吉布斯函数，计算 $\overline{G}_i$ 时，要注意识别组元 i 在混合物中的实际状态。混合物中组元 i 的分摩尔参数都用大写字母来表示，单独存在时的摩尔参数用小写字母来表示。

化学势的大小与系统所处的状态有关，但化学势的物理本质与多元系统所处的状态无关，因此可以在化学标准状态(1 atm，25℃)的条件下来揭示化学势的物理本质。化学反应过程中系统的㶲值变化可表示为

$$dA = dU + p_0 dV - T_0 dS$$

如果周围环境状态就是化学标准状态，即

$$p_0 = 1\,\text{atm}, \quad T_0 = 298.15\,\text{K}$$

则在各偏导数下标参数不变的条件下，dA 可以分别表示为

$$dA = (dU)_{s,\,v,\,n_j} = (dH)_{s,\,p_0,\,n_j} = (dF)_{T_0,\,v,\,n_j} = (dG)_{T_0,\,p_0,\,n_j}$$

因此，当混合物处在化学标准状态下时，组元 i 的化学势 μ_{i0} 可以表达为

$$\mu_{i0} = \left(\frac{\partial U}{\partial n_i}\right)_{s,\,v,\,n_j} = \left(\frac{\partial H}{\partial n_i}\right)_{s,\,p_0,\,n_j} = \left(\frac{\partial F}{\partial n_i}\right)_{T_0,\,v,\,n_j} = \left(\frac{\partial G}{\partial n_i}\right)_{T_0,\,p_0,\,n_j} = \frac{dA}{dn_i} \quad (14-31)$$

式(14-31)说明，不论在什么样的下标条件下，在化学标准状态下组元 i 的化学势 μ_{i0} 总是代表每摩尔物质 i 所具有的㶲值，或者代表迁移每摩尔物质 i 所需的最大有用功（化学功）。可见，化学势是一个强度参数，可以表示在该状态下组元 i 能质的高低。

化学势的物理本质与所处的状态无关，在化学标准状态下揭示的化学势的性质具有普遍意义。在任何确定的状态(T，p 及成分一定)下，组元 i 的化学势可以表示成

$$\mu_i = \left(\frac{\partial G}{\partial n_i}\right)_{T,\,p,\,n_j} = \frac{\mathrm{d}G}{\mathrm{d}n_i} = \bar{G}_i = \bar{g}_i(T,\,p_i)$$

$$= \bar{g}_T^0 + \bar{R}T\ln\left(\frac{p_i}{p_0}\right)\Big]_i \tag{14-32}$$

$$= \left[\mu_T^0 + \bar{R}T\ln\left(\frac{p}{p_0}\right) + \bar{R}T\ln y_i\right]_i$$

式(14-32)是任意状态下组元 i 的化学势 μ_i 的计算公式。从式(14-32)可以看出：

(1) $\mu_i = \bar{G}_i$，即化学势等于分摩尔吉布斯函数，它们都是强度参数。

(2) 根据吉布斯等温等容混合定律，在确定的状态下(T，V，p 及成分一定)，组元 i 在混合物中的真实状态就是纯质 i 在(T，V)下单独存在时的状态(T，p_i)，即 $\bar{G}_i = \bar{g}_i(T,\,p_i)$。这样，化学势的计算实际上就是 $\bar{g}_i(T,\,p_i)$ 的计算问题了。

(3) $\mu_T^0 = \bar{g}_T^0$，这表示假想理想气体标准状态(1 atm，T)下的化学势 μ_T^0 等于相同温度下的标准吉布斯函数 $\bar{g}_T^0$。

值得指出，化学势与吉布斯函数是两个密切相关的不同概念。化学势是强度参数，而吉布斯函数是个容度参数，具有可加性。混合气体的总吉布斯函数(G_P 及 G_R)等于各个组成气体的吉布斯函数的总和。因此，G_P 及 G_R 可以分别表示如下：

$$G_P = \sum n_e \bar{G}_e = \sum n_e \mu_e = \sum n_e \bar{g}_e$$

$$= \sum n_e \left[\bar{g}_T^0 + \bar{R}T\ln\left(\frac{p}{p_0}\right) + \bar{R}T\ln y_e\right]_e$$

$$= \sum n_e \left[\mu_T^0 + \bar{R}T\ln\left(\frac{p}{p_0}\right) + \bar{R}T\ln y_e\right]_e$$

$$G_R = \sum n_i \bar{G}_i = \sum n_i \mu_i = \sum n_i \bar{g}_i$$

$$= \sum n_i \left[\bar{g}_T^0 + \bar{R}T\ln\left(\frac{p}{p_0}\right) + \bar{R}T\ln y_i\right]_i$$

$$= \sum n_i \left[\mu_T^0 + \bar{R}T\ln\left(\frac{p}{p_0}\right) + \bar{R}T\ln y_i\right]_i$$

混合气体可以当作单一气体来处理时，对于每摩尔混合气体，有

$$\bar{G}_P = \sum y_e \mu_e = \sum y_e \left[\mu_T^0 + \bar{R}T\ln\left(\frac{p}{p_0}\right) + \bar{R}T\ln y_e\right]_e \tag{14-33}$$

$$\bar{G}_R = \sum y_i \mu_i = \sum y_i \left[\mu_T^0 + \bar{R}T\ln\left(\frac{p}{p_0}\right) + \bar{R}T\ln y_i\right]_i \tag{14-34}$$

式(14-33)及式(14-34)是混合气体折合化学势的表达式，它等于各组成气体的化学势按摩尔成分加权后的总和。折合化学势可以看作是对化学反应起推动作用的强度参数。

2) 化学反应等温方程式

(1) 等温等压条件下的化学反应。

对于如图 14-6(a)所示的热力学模型图，热力学第一定律的普遍表达式可以简化成

$$Q_P = -(\Delta E)_M = H_P - H_R \tag{14-35}$$

热力学第二定律的熵方程为

$$\Delta S = (\Delta S)_Q + (\Delta S)_W + (\Delta S)_M + S_{Pin}$$

其中 $\Delta S = 0$(SSSF 过程)，$(\Delta S)_W = 0$，因此有

$$S_{Pin} = -(\Delta S)_Q - (\Delta S)_M = -\frac{Q_p}{T} + S_P - S_R \geqslant 0 \qquad (14-36)$$

式(14-36)是该化学反应必须遵守的热力学第二定律的表达式。式中 S_P 及 S_R 分别表示生成物(P)及反应物(R)的总熵，计算总熵时要注意到混合物中每一种反应物质所处的实际状态。

将式(14-35)代入式(14-36)，可以得出

$$S_P - S_R \geqslant \frac{Q_p}{T} = \frac{H_P - H_R}{T} \qquad (14-37)$$

从式(14-37)可以看出：对于吸热反应，有 $Q_p > 0$，$S_P > S_R$；对于放热反应(如燃烧过程)，有 $Q_p < 0$，$S_P < S_R$。可见，单纯从 S_P 与 S_R 的大小并不能明确地判断反应过程进行的方向及限度。如果将式(14-37)进一步写成如下的形式：

$$(H_P - H_R) - T(S_P - S_R) \leqslant 0 \qquad (14-38)$$

根据吉布斯函数的定义表达式，$G = H - TS$，式(14-38)可以写成

$$(G_P - G_R)_T = (\Delta G_{RP})_T \leqslant 0 \qquad (14-39)$$

式中，G_P 及 G_R 分别表示生成物(P)及反应物(R)的总吉布斯函数，计算总吉布斯函数时也要注意识别每一种组元的实际状态。

式(14-39)是直接从熵方程导出的，可以作为识别化学反应过程进行的方向及限度的依据。其说明在等温等压条件下的化学反应过程只能朝着吉布斯函数总值下降的方向进行，即朝着消除化学势差的方向进行；当 $G_P = G_R$ 时，即化学势差消失后，化学反应过程就结束，这时总的吉布斯函数值为最小。

(2) 等温等容条件下的化学反应。

对于如图 14-6(b)所示的热力学模型，热力学第一定律的普遍表达式可以写成

$$Q_V = U_P - U_R \qquad (14-40)$$

热力学第二定律的熵方程可以简化成

$$S_{Pin} = S_P - S_R - \frac{Q_V}{T} \geqslant 0 \qquad (14-41)$$

由式(14-40)及式(14-41)可以得出

$$S_P - S_R \geqslant \frac{Q_V}{T} = \frac{U_P - U_R}{T} \qquad (14-42)$$

根据亥姆霍茨函数的定义，$F = U - TS$，可将式(14-42)改写成

$$(U_P - U_R) - T(S_P - S_R) \leqslant 0$$

$$(F_P - F_R)_T = (\Delta F_{RP})_T \leqslant 0 \qquad (14-43)$$

式(14-43)可以作为判断化学反应过程进行方向及限度的依据。其说明在等温等容条件下的化学反应过程只能朝着亥姆霍茨函数总值下降的方向进行;当 $F_P = F_R$,即亥姆霍茨函数总值为最小值时,化学势差消失,化学反应过程就结束。

(3) 化学反应等温方程式。

根据基本定义,有

$$G = H - TS; \quad F = U - TS$$

如果化学物质都可当作理想气体(如燃烧反应),则在等温条件下有

$$G - F = H - U = pV = n\bar{R}T$$

在等温条件下,有

$$(\mathrm{d}G - \mathrm{d}F)_T = n\bar{R}\mathrm{d}T = 0 \qquad (14-44)$$

将式(14-39)、式(14-43)代入式(14-44)可以得出

$$(\Delta G_{RP})_T = (\Delta F_{RP})_T \leqslant 0 \qquad (14-45)$$

$$(\mathrm{d}G_{RP})_T = (\mathrm{d}F_{RP})_T \leqslant 0 \qquad (14-46)$$

$$(\mathrm{d}\bar{G}_{RP})_T = (\mathrm{d}\bar{F}_{RP})_T \leqslant 0 \qquad (14-47)$$

以上三式是任何温度条件下的化学反应过程,都必须遵循的热力学第二定律的表达式,统称为化学反应等温方程式。前两个式子分别表示有限过程及微元过程,式(14-47)是对每摩尔反应物质而言的,说明:存在化学势差是发生化学反应的必要条件;化学反应总是朝着化学势差减小的方向进行;当化学势差消除时,即总化学势达到最小值,化学反应过程就结束了。

14.3.3　平衡常数及其应用

在研究化学反应过程的平衡条件,判断平衡条件改变时化学反应向什么方向进行,分析化学平衡时的特征及性质以及计算化学平衡时反应物质的平衡成分时,化学反应平衡常数的概念起着特别重要的作用。

1. 平衡常数

如前所述,在不同的条件下,化学势的表达形式并不相同,但它们的物理本质是相同的,如式(14-30)所示,因此,任何条件下的化学势都是等价的。因为化学势等于分摩尔吉布斯函数,即 $\mu_i = \bar{G}_i$,采用等温等压的条件计算化学势比较方便。而且由于等温等压的条件比较普遍,许多化学反应过程是直接在等温等压的条件下进行的。另外,任何一种化学反应过程,在其进程中的任一瞬间总有确定的温度及压力,因此这一瞬间也可看作是等温等压的,这也是决定该瞬间化学反应方向的条件。可以证明,如果在等温等压条件下不能进行的化学反应过程,则在任何其他条件下也是无法进行的。

基于上述原因,下面通过等温等压条件下的化学反应过程来建立平衡常数的概念,显

然,其结论是有普遍意义的。

假定在等温等压条件下进行一种确定的化学反应过程,其当量方程为

$$aA + bB \longrightarrow dD + eE \tag{14-48}$$

根据化学反应等温方程式,对于式(14-48),其等温下的反应吉布斯函数可以表达成

$$
\begin{aligned}
(\Delta G_{RP})_T &= \sum n_e \bar{G}_e - \sum n_i \bar{G}_i \\
&= d \left[\bar{g}_T^0 + \bar{R}T \ln\left(\frac{p_D}{p_0}\right) \right]_D + e \left[\bar{g}_T^0 + \bar{R}T \ln\left(\frac{p_E}{p_0}\right) \right]_E \\
&\quad - a \left[\bar{g}_T^0 + \bar{R}T \ln\left(\frac{p_A}{p_0}\right) \right]_A - b \left[\bar{g}_T^0 + \bar{R}T \ln\left(\frac{p_B}{p_0}\right) \right]_B \\
&= \left[d(\bar{g}_T^0)_D + e(\bar{g}_T^0)_E - a(\bar{g}_T^0) - b(\bar{g}_T^0)_B \right] + \bar{R}T \ln \frac{p_D^d p_E^e}{p_A^a p_B^b} \leqslant 0
\end{aligned}
$$
$$\tag{14-49}$$

在式(14-49)中,所有压力的单位都采用 atm。其中:

$$
\begin{aligned}
(\Delta G_{RP}^0)_T &= (G_P^0 - G_R^0)_T \\
&= d(\bar{g}_T^0)_D + e(\bar{g}_T^0)_E - a(\bar{g}_T^0)_A - b(\bar{g}_T^0)_B
\end{aligned}
\tag{14-50}
$$

将式(14-50)代入式(14-49),可以得出

$$(\Delta G_{RP})_T = (\Delta G_{RP}^0)_T + \bar{R}T \ln \frac{p_D^d p_E^e}{p_A^a p_B^b} \leqslant 0 \tag{14-51}$$

式中,$(\Delta G_{RP})_T$ 是在温度为 T 的定温条件下的反应吉布斯函数;$(\Delta G_{RP}^0)_T$ 代表假想理想气体标准状态(1 atm, T)下的标准反应吉布斯函数,对于确定的化学反应,它仅是温度的函数。

式(14-51)指出,任何化学反应过程,或者在化学反应进程中的每一个瞬间,各种反应物质分压力之间的变化关系(决定着化学反应方向)必须满足化学反应等温方程式,否则,就是违背热力学第二定律,是不可能发生的。

如果在某一温度下达到了化学平衡,则式(14-51)应采取等号,可以得出

$$\ln \frac{p_D^d p_E^e}{p_A^a p_B^b} = \frac{-(\Delta G_{RP}^0)_T}{\bar{R}T} \tag{14-52}$$

仔细分析一下等号右边的式子就可以发现:当化学反应的种类一定时,它仅是温度的函数;当温度一定时,它仅是化学反应种类的函数;在温度一定的条件下,对于确定种类的化学反应,它是一个确定的常数。从式(14-52)可以看出,在温度一定的条件下, 如果已经达到化学平衡,则各反应物质分压力之间的关系就完全确定,必定满足式(14-52)。同时也可以看出,如果各反应物质分压力之间的关系并不满足化学平衡条件式(14-52),则表示尚未达到化学平衡,化学反应必须继续进行。这时,分压力之间的变化(即化学反应继续进行的方向)必定朝着达到等号右边这个常数的方向进行。如果必须增大分子才能达到这个常数,则表示要继续进行正向的反应;如果必须增大分母才能达到这个常数,则说明化学反应必

须继续向反向进行。可见,这个常数可以作为判断一定种类的化学反应在一定的温度条件下向什么方向进行,以及判断该反应是否已经达到化学平衡的一种依据。因此,可以利用式(14-52)等号右边这个式子的性质来定义化学反应平衡常数。若以 K_P 表示平衡常数,则

$$K_P \equiv e^{\left[-\frac{(\Delta G_{RP}^0)_T}{\bar{R}T}\right]} \tag{14-53}$$

通常将式(14-53)表示成对数形式,即

$$\ln K_P \equiv \frac{-(\Delta G_{RP}^0)_T}{\bar{R}T} \tag{14-54}$$

引入平衡常数的概念之后,化学反应定温方程可以表达为

$$(\Delta G_{RP})_T = \bar{R}T\left[\ln\frac{p_D^d p_E^e}{p_A^a p_B^b} - \ln K_P\right] \leqslant 0 \tag{14-55}$$

任意温度下的化学反应平衡条件可以表达为

$$K_P = \frac{p_D^d p_E^e}{p_A^a p_B^b} = \frac{y_D^d y_E^e}{y_A^a y_B^b} p^{(d+e)-(a+b)} = \frac{n_D^d n_E^e}{n_A^a n_B^b}\left(\frac{p}{n}\right)^{(d+e)-(a+b)} \tag{14-56}$$

或写成

$$K_P = K_y p^{(d+e)-(a+b)} = K_n\left(\frac{p}{n}\right)^{(d+e)-(a+b)}$$

值得指出,也有将平衡条件的表达式(14-56)作为平衡常数的定义表达式的,这样,只有在化学平衡时它们才是一个常数。用式(14-53)作为定义表达式则不论分压力的关系怎样,平衡常数 K_P 总是一个有确定数值的、独立于实际反应情况的、客观的判据。

附表 15 给出了不同温度下一些基本化学反应的平衡常数自然对数($\ln K_P$)的数值,可供计算中查用。

2. 化学反应定压方程式

化学反应定压方程式又称范托夫(van't Hoff)方程式,是表征平衡常数随温度而变化的关系式。根据吉布斯函数及其全微分的表达式:

$$G = H - TS, \quad dG = Vdp - SdT$$

在定压条件下,有

$$(dG)_p = -SdT = -\left[\frac{H-G}{T}\right]dT \tag{14-57}$$

$$\left(\frac{TdG - GdT}{T^2}\right)_p = -\frac{H}{T^2}dT \tag{14-58}$$

$$d\left(\frac{G}{T}\right)_p = -\left(\frac{H}{T^2}\right)dT \tag{14-59}$$

式(14-59)适用于任意压力,对于 $p_0 = 1$ atm,有

$$d\left(\frac{G_R^0}{T}\right)_p = -\frac{H_R^0}{T^2}dT, \quad d\left(\frac{G_P^0}{T}\right)_p = -\frac{H_P^0}{T^2}dT$$

$$d\ln K_P = \frac{-(\Delta G_{RP}^0)}{\bar{R}T} = \frac{\Delta H_{RP}^0}{\bar{R}T^2}dT \qquad (14-60)$$

$$\ln\frac{K_{P2}}{K_{P1}} = \frac{\Delta H_{RP}^0}{\bar{R}}\int_{T_1}^{T_2}\left(\frac{1}{T^2}\right)dT = -\frac{\Delta H_{RP}^0}{\bar{R}}\left(\frac{1}{T_2} - \frac{1}{T_1}\right) \qquad (14-61)$$

以上两式分别代表化学反应定压方程式的微分形式及积分形式。式(14-61)已经忽略了温度对反应焓的影响。因为不同温度下的反应焓相差不大,所以积分时 ΔH_{RP}^0 可看作是常数。

3. 平衡常数的应用实例

  例14-9 试根据附表15中有关化学反应的数据,确定水煤气反应在温度为 2 000 K 时平衡常数 K_P 的数值。水煤气的反应方程为

$$CO + H_2O \longrightarrow CO_2 + H_2$$

解 附表15中只给出了一些基本反应的平衡常数,因此,对于没有列出的化学反应的平衡常数必须通过计算求得。可以直接利用平衡常数的定义表达式(14-52)来计算,也可以利用附表15中给出的有关反应的数据,根据平衡条件,将它们组合成所求的化学反应,并利用这种平衡条件的组合关系来求平衡常数。

    对于水煤气反应,根据平衡条件,可把平衡常数表示为

$$K_P = \frac{p_{CO_2}^1 p_{H_2}^1}{p_{CO}^1 p_{H_2O}^1}$$

与此相关的反应方程以及它们的平衡条件分别为

$$CO + 0.5O_2 \Longrightarrow CO_2, \quad K_{P1} = \frac{p_{CO_2}^1}{p_{CO}^1 p_{O_2}^{\frac{1}{2}}} \qquad (a)$$

$$H_2O \longrightarrow H_2 + 0.5O_2, \quad K_{P2} = \frac{p_{H_2}^1 p_{O_2}^{\frac{1}{2}}}{p_{H_2O}^1} \qquad (b)$$

    从以上三种化学反应的平衡条件表达式不难看出,水煤气反应的平衡常数可以利用这两种相关反应的平衡常数组合而成,即

$$K_P = K_{P1}K_{P2}$$
$$\ln K_P = \ln K_{P1} + \ln K_{P2}$$

    为了求取 K_{P1} 及 K_{P2},可到附表15中去查取有关的化学反应。与($H_2O \longrightarrow H_2 + 0.5O_2$)相近似的化学反应是

$$2H_2O \longrightarrow 2H_2 + O_2$$

$$K_{P3} = \frac{p_{H_2}^2 p_{O_2}^1}{p_{H_2O}^2} = \left(\frac{p_{H_2} p_{O_2}^{\frac{1}{2}}}{p_{H_2O}}\right)^2 = (K_{P2})^2 \tag{c}$$

当 $T = 2\,000$ K 时,查得 $\ln K_{P3} = -16.299$,因此有

$$\ln K_{P3} = -16.299 = 2\ln K_{P2}$$

$$\ln K_{P2} = -\frac{16.299}{2} = -8.419$$

从附表 15 中还可查得与 $(CO + 0.5O_2 \longrightarrow CO_2)$ 相近似的反应,即

$$2CO_2 \longrightarrow 2CO + O_2$$

$$K_{P4} = \frac{p_{CO}^2 p_{O_2}^1}{p_{CO_2}^2} = \left(\frac{p_{CO} p_{O_2}^{\frac{1}{2}}}{p_{CO_2}}\right)^2 = (K_{P5})^2 \tag{d}$$

当 $T = 2\,000$ K 时,查得

$$\ln K_{P4} = -13.266 = 2\ln K_{P5}$$

$$\ln K_{P5} = -\frac{13.266}{2} = -6.633$$

从式(d)可以看出,与 K_{P5} 相对应的化学反应方程为

$$CO_2 \longrightarrow CO + 0.5O_2$$

它与化学反应方程(a)的方向正好相反,因此有

$$K_{P5} = \frac{p_{CO} p_{O_2}^{\frac{1}{2}}}{p_{CO_2}} = \frac{1}{K_{P1}} \tag{e}$$

$$\ln K_{P1} = -\ln K_{P5} = 6.633$$

将 $\ln K_{P1}$ 及 $\ln K_{P2}$ 的数值代入水煤气反应,最后可得出

$$\ln K_P = \ln K_{P1} + \ln K_{P2}$$
$$= 6.633 - 8.419 = -1.516$$

　　提示　应用化学反应平衡常数表(附表 15)的能力不仅体现在直接查取表上的数据从而对表中列出的化学反应进行计算,更重要的是能够利用表中已知的化学反应平衡常数,根据平衡条件的表达式来求取表中没有列出的化学反应的平衡常数。

　　例 14-10　利用平衡常数的定义表达式,计算温度为 2 000 K 时水煤气反应的平衡常数。

$$CO + H_2O \longrightarrow CO_2 + H_2$$

　　解　先计算在 $T = 2\,000$ K 时的标准反应吉布斯函数 $(\Delta G_{RP}^0)_T$

$$(\Delta G_{RP}^0)_T = (G_P^0 - G_R^0)_T$$
$$= (\bar{g}_T^0)_{CO_2} + (\bar{g}_T^0)_{H_2} - (\bar{g}_T^0)_{CO} - (\bar{g}_T^0)_{H_2O(g)}$$
$$\bar{g}_T^0 = \bar{h}_f^0 + (\bar{h}_T - \bar{h}_{298}) - T\bar{s}_T^0$$

可以从有关物质的热力性质表上查得所需的数据,有

$$(\bar{g}_T^0)_{CO_2} = -393\,522 + (100\,804 - 9\,364) - 2\,000 \times 309.21 = -920\,502\,(kJ/kmol)$$

$$(\bar{g}_T^0)_{H_2} = 0 + (61\,400 - 8\,468) - 2\,000 \times 188.297 = -323\,622\,(kJ/kmol)$$

$$(\bar{g}_T^0)_{CO} = -110\,527 + (65\,408 - 8\,669) - 2\,000 \times 258.6 = -570\,988\,(kJ/kmol)$$

$$(\bar{g}_T^0)_{H_2O(g)} = -241\,826 + (82\,593 - 9\,904) - 2\,000 \times 264.571 = -698\,279\,(kJ/kmol)$$

$$(\Delta G_{RP}^0)_T = -920\,502 - 323\,622 + 570\,988 + 698\,279 = 25\,103\,(kJ/kmol)$$

根据平衡常数的定义表达式,有

$$\ln K_P = \frac{-(\Delta G_{RP}^0)}{\bar{R}T} = \frac{-25\,103}{8.314\,3 \times 2\,000} = -1.510$$

可见,利用平衡常数的定义表达式的计算结果,与利用附表 15 的数据及平衡条件的计算结果是很接近的。

提示 计算一定温度下化学反应的平衡常数是必须具备的一种能力。对于例 14 - 9 及 14 - 10 所介绍的两种计算方法,请读者按照解题步骤总结一下解题思路,并逐个地核对一下所查的数据。亲自去查一下有关表格也是掌握这些计算方法所必不可缺的重要一环。

例 14 - 11 一氧化碳在纯氧中燃烧,其当量方程为 $CO + 0.5O_2 \longrightarrow CO_2$。如果温度条件分别为 $1\,000\,K$、$2\,000\,K$ 及 $3\,000\,K$。

(1) 试确定上述温度条件下的平衡常数,并与附表 15 的数据做比较;

(2) 根据附表 15 的数据,确定在 $2\,000\,K$ 及 $3\,000\,K$ 时 CO_2 的离解度及平衡成分。

解 (1) 平衡常数的计算。

按题意将 CO_2、CO 及 O_2 的有关数据查出来,并将它们整理成表 14 - 1,便于查阅。

表 14 - 1 CO_2、CO 及 O_2 的相关参数

	$\bar{h}_f^0$ /(kJ/ kmol)	$\bar{h}_{1000}$ /(kJ/ kmol)	$\bar{h}_{2000}$ /(kJ/ kmol)	$\bar{h}_{3000}$ /(kJ/ kmol)	$\bar{h}_{298}$ /(kJ/ kmol)	$\bar{s}_{1000}$ /[kJ/ (kmol·K)]	$\bar{s}_{2000}$ /[kJ/ (kmol·K)]	$\bar{s}_{3000}$ /[kJ/ (kmol·K)]
CO_2	-393 522	42 769	100 804	162 220	9 564	269.215	309.201	334.084
O_2	0	31 389	67 881	106 780	8 682	243.471	268.655	284.399
CO	-110 527	30 355	65 408	102 210	8 669	234.421	258.600	273.508

$$\ln K_P = \frac{-(\Delta \bar{G}_{RP}^0)}{\bar{R}T}$$

$$(\Delta G_{RP}^0)_T = (\bar{g}_T^0)_{CO_2} - (\bar{g}_T^0)_{CO} - 0.5(\bar{g}_T^0)_{O_2}$$

$$\bar{g}_T^0 = \bar{h}_f^0 + (\bar{h}_T - \bar{h}_{298}) - T\bar{s}_T^0$$

根据以上公式,利用查得的数据不难计算出有关数值,现将计算结果整理成表 14 - 2:

表 14 - 2　CO_2、CO 及 O_2 在不同温度下的相关参数

T/K	$(\bar{g}_T^0)_{CO_2}$ /[kJ · $(kmol · K)^{-1}$]	$(\bar{g}_T^0)_{CO}$ /[kJ · $(kmol · K)^{-1}$]	$(\bar{g}_T^0)_{O_2}$ /[kJ · $(kmol · K)^{-1}$]	$(\Delta G_{RP}^0)_T$ /[kJ · $(kmol · K)^{-1}$]	$(\ln K_P)_T$	$(K_P)_T$
1 000	−629 332	−323 262	−220 764	−195 688	23. 536	1.655×10^{10}
2 000	−920 502	−570 988	−478 111	−110 485.5	6. 643	767. 39
3 000	−1 242 912	−837 510	−755 099	−27 852.5	1. 117	3. 055

利用不同化学反应的平衡条件之间的关系,可以根据附表 15 的数据求出平衡常数。

表 14 - 3　根据附表 15 推导的不同温度下的平衡常数

	$2CO_2 \longrightarrow 2CO + O_2$	$CO_2 \longrightarrow CO + 0.5O_2$	$CO + 0.5O_2 \longrightarrow CO_2$
$\mathrm{Ln}\,K_{P,\,1\,000\,K}$	−41.051	−23.53	23.53
$\mathrm{Ln}\,K_{P,\,2\,000\,K}$	−13.266	−6.633	6.633
$\mathrm{Ln}\,K_{P,\,3\,000\,K}$	−2.217	−1.110	1.110

由表 14 - 3 可得:

$$K_{P,\,1\,000\,K} = 1.656 \times 10^{10},\ K_{P,\,2\,000\,K} = 759.76,\ K_{P,\,3\,000\,K} = 3.304$$

比较上述两表中平衡常数的数据不难看出,直接按平衡常数定义的计算结果与利用附表 15 的数据根据平衡条件推算的结果是很接近的。

(2) 平衡成分的计算。

假定离解度为 α,则反应方程可写成

$$CO + 0.5O_2 \longrightarrow (1-\alpha)CO_2 + \alpha CO + 0.5\alpha O_2$$

生成物的总摩尔数为

$$n = (1-\alpha) + \alpha + 0.5\alpha = \frac{2+\alpha}{2}$$

各组元的摩尔成分分别为

$$y_{CO_2} = \frac{2(1-\alpha)}{2+\alpha} = \frac{p_{CO_2}}{p_O}$$

$$y_{CO} = \frac{2\alpha}{2+\alpha} = \frac{p_{CO}}{p_O}$$

$$y_{O_2} = \frac{\alpha}{2+\alpha} = \frac{p_{O_2}}{p_O}$$

根据平衡条件,平衡常数的表达式可写成

$$K_P = \frac{p_{CO_2}}{p_{CO}p_{O_2}^{\frac{1}{2}}} = \frac{1-\alpha}{\alpha\left[\dfrac{\alpha}{2+\alpha}\right]^{\frac{1}{2}}}$$

当 $T = 2\,000\,K$ 时,已求得 $K_P = 759.76$,代入上式可以解出 α,即

$$\alpha_{2\,000} = 0.014\,8, \quad \varepsilon_{2\,000} = 0.985\,2$$

相应的反应方程及平衡成分为

$$CO + 0.5O_2 \longrightarrow 0.985\,2CO_2 + 0.014\,8CO + 0.007\,4O_2$$

$$y_{CO_2} = 0.978, \quad y_{CO} = 0.015, \quad y_{O_2} = 0.007$$

当 $T = 3\,000\,K$ 时,$K_P = 3.034$,代入平衡条件表达式有

$$\alpha_{3\,000} = 0.436\,8, \quad \varepsilon_{3\,000} = 0.563\,2$$

$$CO + 0.5O_2 \longrightarrow 0.563\,2CO_2 + 0.436\,8CO + 0.268\,4O_2$$

$$y_{CO_2} = 0.462, \quad y_{CO} = 0.359, \quad y_{O_2} = 0.179$$

提示 （1）化学反应过程中必定会出现多种反应物质,重复计算量较大,因此,采用表格形式可以表达得更清楚些。

（2）直接应用平衡常数定义表达式的计算结果与利用附表15的数据根据平衡条件推算的结果是比较接近的。

（3）对于 $CO + 0.5O_2 \longrightarrow CO_2$,在 $2\,000\,K$ 时 $\alpha = 0.014\,8$,基本上是完全燃烧的;在 $3\,000\,K$ 时,$\alpha = 0.436\,8$,CO_2 的离解度较大。可见,高于 $2\,000\,K$,开始有 CO_2 的离解反应;随温度升高,离解度越大。

14.4 扩散㶲、反应㶲及化学㶲

有关能质的基本概念及㶲方程对于任何工质都是普遍适用的。对于纯物质或定组成定成分的混合物,它们的浓度及化学能在状态变化过程中都是不变的。因此,不必考虑化学势及化学能对能质分析的影响。实际上,前面各章中的㶲分析都属于这一类仅与物理㶲有关的问题。对于物质的组成及成分都发生变化的化学反应过程,化学势及化学能的变化起着主导作用。因此,在对化学反应过程进行㶲分析时,必须考虑化学能的可用性,并将化学㶲也包括进来。本节仅介绍扩散㶲、反应㶲及化学㶲的基本概念和它们的表达式,这样,就可对㶲的概念有一个比较全面的认识。

14.4.1 物理㶲及化学㶲

1. 周围环境

周围环境可以是一种具体的真实的环境,也可以是一种假想的理想环境。但是,不论是真实的或是假想的,在进行热力分析时,必须对周围环境给出明确的定义(即有一个统一的人为约定)。确定周围环境的定义并不是一件容易的事,详细讨论周围环境的组成及成分超

出了本书的范围。但是,应当指出,周围环境是热力学中的一个重要的基本概念,特别是在能质分析中,它起着特别重要的作用。

各种热力系统都浸沉在一个共同的周围环境中,周围环境是外界中的一个重要组成部分,而且是任何热力系统所共有的。周围环境本身又可看作是一个由包含着热力过程中可能出现的所有物质所组成的、容量无限大的多元系统。不论周围环境发生怎样的变化,这些变化量相对于周围环境的容量来说都是微不足道的。因此,周围环境中的强度参数(T_0,p_0 及 μ_i^*)都保持不变,其中 μ_i^* 表示环境中组元 i 的化学势。

从能质的观点来看,周围环境是一个㶲库,它可作为计算各种形态能量㶲值的标准基准库。不能脱离周围环境来定义㶲,也不能脱离周围环境来进行能质分析。

2. 寂态及约束寂态

当系统与周围环境达到热力学平衡时,系统的状态称为寂态;当系统与周围环境达到热平衡及力平衡时,系统的状态称为约束寂态。

从寂态及约束寂态的定义可以看出:

(1) 寂态及约束寂态都与周围环境状态有密切的关系,但是它们是代表系统的状态,而不是周围环境的状态。

(2) 系统在寂态时,它与周围环境之间达到了热力学平衡,包括热平衡、力平衡及化学平衡,这时,所有的势差都消失,系统中的能量完全丧失了做有用功的能力,因此,寂态的㶲值恒为零。

(3) 系统在约束寂态时,它与周围环境仅达到热、力平衡,即系统的温度及压力分别等于 T_0 及 p_0,但尚未达到化学平衡,系统中各组元的化学势与周围环境中同名组元的化学势并不相等,即 $\mu_{i0} \neq \mu_i^*$。 这说明在约束寂态时,系统中的能量尚有做功的本领,一旦解除约束,则在化学势差的作用下还可以做出有用功。

(4) 在周围环境有了明确定义的前提下,任何系统的寂态都是唯一确定的,但是随系统组成及成分的不同,约束寂态可以是不相同的。

3. 物理㶲及化学㶲

在一定的环境条件下,一定形态的能量中可以转换成有用功的最大理论限度称为该种形态能量中的㶲,而不能转换成有用功的部分则称为㶲。

关于㶲及㶲的上述定义对于任何形态的能量都是普遍适用的。只有针对一定形态的能量,才有相应的能质可言。这里所指的物理㶲及化学㶲都是针对热力学能㶲及焓㶲而言的,是对热力学能㶲及焓㶲的一种分类及计算方法。

热力学能㶲及焓㶲都是在排除了任何其他形式能量干扰的前提下,用从指定状态完全可逆地变化到寂态的理想过程中,所能做出的最大有用功来度量的。从热力学能㶲及焓㶲的计算公式可以看出,在一定的环境条件下,它们都是指定状态的单值函数,与变化到寂态的可逆途径无关。

如前所述,热力学能是系统内部各种形式能量的总和。如果在所研究的热力过程中,某些形式的能量不发生变化,那么在对热力学能的热力计算中可以不考虑这些形式的能量。对于焓也可以同样处理。这种处理能量问题的原则及方法对能质分析也是同样适用的。

如果工质的浓度及化学能在状态变化过程中都不发生变化,就不必考虑化学势及化学能的影响。实际上,对于这类工质,系统从指定状态只能变化到约束寂态,在组成及成分不变的约束条件下,不会再继续进行使化学势趋向平衡的变化过程。因为状态变化过程中并不涉及化学能及其㶲值的变化问题,所以热力学能㶲和焓㶲以及它们的变化都属于物理㶲的范畴。

在多元系统的相变过程及化学反应过程中,工质的组成及成分都会发生变化。在这类过程中,化学势及化学能的变化起主导作用。这时,就必须考虑化学能及其㶲值变化的影响,在热力学能㶲及焓㶲中就应当把化学㶲包括进去。因为在一定的环境条件下,热力学能㶲及焓㶲都仅是状态的单值函数,与变化到寂态的可逆途径无关。所以,在计算指定状态的热力学能㶲及焓㶲时,可以分解为物理㶲及化学㶲两个部分。从指定状态完全可逆地变化到约束寂态时所能做出的最大有用功称为物理㶲;从约束寂态完全可逆地变化到寂态时所能做出的最大有用功称为化学㶲。尽管实际相变过程及化学反应过程并非在约束寂态时才开始进行的,但根据热力学能㶲及焓㶲具有状态参数的性质,上述分类方法仍然是合理的。这样划分不仅给热力学能㶲及焓㶲的计算带来很大方便,而且使物理㶲及化学㶲也有了确定的含义。在无化学反应时,只要计算物理㶲就可以了;在有化学反应时,再将化学㶲包括进来。

化学㶲还可以进一步分为扩散㶲及反应㶲。扩散㶲是指在约束寂态时,由于系统各组元的浓度与周围环境中同名组元的浓度不同,在化学势差的作用下,通过可逆的扩散过程使系统各组元的浓度都达到环境浓度所能做出的最大有用功。尽管扩散过程是个物理过程,但这是从约束寂态变化到寂态的扩散过程,故将其归于化学㶲的范畴。反应㶲是指在 T_0、p_0 条件下进行的化学反应过程中所能做出的最大有用功。扩散㶲及反应㶲的总和称为化学㶲。

14.4.2 扩散㶲及反应㶲

1. 扩散㶲

扩散㶲的物理意义可以用图 14-7 来加以说明。假定有一个由 r 种不同组元组成的多元系统处在有确定定义的周围环境(T_0, p_0, μ_i^*)中。初态为约束寂态,用 0 表示;终态为寂态,用 * 表示。约束寂态时的状态参数可以表示为

$$T_0, p_0, p_{i_0}, y_{i_0}, \mu_{i_0}, \bar{V}_{i0}, \bar{U}_{i0}, \bar{H}_{i0}, \bar{S}_{i0}, \bar{A}_{i0}, \bar{G}_{i0}$$

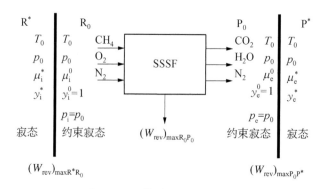

图 14-7 扩散㶲的物理意义

在寂态时的状态参数可以表示为

$$T_0, p_0, p_i^*, y_i^*, \mu_i^*, \overline{V}_i^*, \overline{U}_i^*, \overline{H}_i^*, \overline{S}_i^*, \overline{A}_i^*, \overline{G}_i^*$$

下标 i 代表多元系统中第 i 种组元的状态参数,组元 i 处于混合状态时的单位摩尔量都用大写字母来表示。如果组元物质单独存在,则纯物质 i 的单位摩尔量仍用小写字母来表示。显然,纯物质 i 在约束寂态时的状态参数为

$$T_0, p_0 = p_i, y_i^0 = 1, \mu_i^0, \overline{v}_i^0, \overline{u}_i^0, \overline{h}_i^0, \overline{s}_i^0, \overline{a}_i^0, \overline{g}_i^0$$

扩散㶲的表达式可以根据可逆功原理来导得,即在排除任何其他可能做功的因素的前提下,用单纯由于扩散而做出的最大有用功来表示扩散㶲。限于篇幅,本书不推导。

实际上,根据㶲的基本概念以及㶲与有用功之间的关系就可以得出扩散㶲的表达式,而且与可逆功原理论证的结论完全相同。

在一定的环境条件下,最大有用功仅是初终两态的函数,而与过程的性质及途径无关,最大有用功在数值上就等于初终两态㶲值之差,即

$$(W_u)_{max12} = -\Delta A_{12} = A_1 - A_2$$

对于如图 14-7 所示的多元系统来说,初态为约束寂态,系统与周围环境已经达到热力平衡。如果解除约束,在完全可逆的条件下,系统经历一个单纯的扩散过程,最终变化到寂态。这样,最大有用功可以表达为

$$\begin{aligned}(W_u)_{max00^*} &= A_0 - A^* = \sum n_{i0}(\overline{A}_{i0} - \overline{A}_i^*)\\ &= \sum n_{i0}[(\overline{U}_{i0} - \overline{U}_i^*) + p_0(\overline{V}_{i0} - \overline{V}_i^*) - T_0(\overline{S}_{i0} - \overline{S}_i^*)]\\ &= \sum n_{i0}[(\overline{H}_{i0} - \overline{H}_i^*) - T_0(\overline{S}_{i0} - \overline{S}_i^*)]\\ &= \sum n_{i0}(\overline{G}_{i0} - \overline{G}_i^*) = \sum n_{i0}(\mu_{i0} - \mu_i^*)\\ &= \sum n_{i0}\overline{R}T_0\frac{p_{i0}}{p_i^*} = \sum n_{i0}\overline{R}T_0\frac{y_{i0}}{y_i^*}\end{aligned} \tag{14-62}$$

从式(14-62)可以看出,当周围环境状态为化学标准状态时,热力学能的㶲函数等于焓的㶲函数,它们都等于吉布斯函数。根据扩散㶲的定义及寂态时㶲值为零,可以将式(14-62)写成如下的形式:

$$A_D \equiv (W_u)_{max00^*} = A_0 - A^* = \sum n_{i0}(\overline{A}_{i0} - \overline{A}_i^*) = A_0 \tag{14-63}$$
$$= \sum n_{i0}(\mu_{i0} - \mu_i^*)$$

$$\overline{a}_D = \frac{A_D}{n} = \sum y_{i0}(\mu_{i0} - \mu_i^*) \tag{14-64}$$

式(14-62)~式(14-64)都可作为扩散的表达式,说明在无化学反应的条件下,约束寂态时的值就等于扩散㶲,是约束寂态与周围环境之间存在化学势差而具有的最大做功能力。

式(14-62)包含着许多重要的基本概念,如寂态与约束寂态的概念、最大有用功及㶲的

关系式、焓及吉布斯函数的基本定义、化学势与分摩尔吉布斯函数的概念及计算公式、吉布斯函数与㶲函数的区别及联系、扩散的定义等。因此,对于式(14-62),不仅要能正确地应用它来计算扩散㶲,更重要的是要正确地理解式中所用到的各种基本概念,提高应用这些概念的能力。

例 14-12 根据日本国家标准(JIS)的规定(龟山—吉田体系),以化学标准状态下 (1 atm, 25℃)的饱和湿空气($\phi_0 = 1$)作为周围环境中的基准空气,其组成及成分如表14-4所示。

表 14-4 基准空气的组成及成分

气体种类	N_2	O_2	H_2O	CO_2	Ar
摩尔成分 y_i^*	0.756 0	0.203 4	0.031 2	0.000 3	0.009 1

(1) 试问表中 H_2O 的成分是如何确定的?

(2) 表中气体在化学标准状态下单独存在时的㶲值各为多少?

(3) 标准空气($y_{O_2} = 0.21$,$y_{N_2} = 0.79$)在化学标准状态下的扩散㶲是多少?

解 (1) 水在化学标准状态下的饱和压力可根据温度从水蒸气表中查得,有

$$p_s = 3.168\ 7\ \text{kPa}$$

根据 $\phi_0 = 1$ 可以求出基准空气中水的分压力,即

$$p_{H_2O} = \phi_0 p_s = 3.168\ 7\ \text{kPa}$$

总压力为 1 atm,因此,周围环境的基准空气中水的摩尔成分为

$$y_{H_2O} = \frac{p_{H_2O}}{p_0} = \frac{3.168\ 7}{101.325} = 0.031\ 2$$

(2) 如果表中所列的气体在化学标准状态下单独存在,则其状态参数可表示为 T_0,p_0,$y_i^0 = 1$。 而在基准空气中它们的状态为 T_0,p_0,y_i^*(数据见表14-4)。根据扩散㶲的计算公式,可算出各组成气体在化学标准状态下单独存在时的㶲值,即

$$N_2 \quad \bar{a}_i^0 = \bar{a}_{Di} = \mu_i^0 - \mu_i^*$$
$$= \bar{R}T_0 \ln \frac{y_i^0}{y_i^*} = -\bar{R}T_0 \ln y_i^*$$
$$= -8.314\ 3 \times 298.15 \ln 0.756\ 0 = 693.35\ (\text{kJ/kmol})$$

$$O_2 \quad \bar{a}_i^0 = -8.314\ 3 \times 298.15 \ln 0.203\ 4 = 3\ 947.91\ (\text{kJ/kmol})$$

$$H_2O \quad \bar{a}_i^0 = -8.314\ 3 \times 298.15 \ln 0.031\ 2 = 8\ 595.12\ (\text{kJ/kmol})$$

$$CO_2 \quad \bar{a}_i^0 = -8.314\ 3 \times 298.15 \ln 0.000\ 3 = 20\ 108.16\ (\text{kJ/kmol})$$

$$Ar \quad \bar{a}_i^0 = -8.314\ 3 \times 298.15 \ln 0.009\ 1 = 11\ 649.63\ (\text{kJ/kmol})$$

(3) 计算燃烧问题时所采用的标准空气,其成分为 $y_{O_2} = 0.21$,$y_{N_2} = 0.79$。 在化学标

准状态下每千摩尔标准空气的㶲值为

$$\bar{a}_D = \sum y_{i0}(\mu_{i0} - \mu_i^*)$$

$$= \bar{R}T_0 \sum y_{i0} \ln \frac{y_{i0}}{y_i^*}$$

$$= 8.3143 \times 298.15\left(0.21\ln\frac{0.21}{0.2034} + 0.79\ln\frac{0.79}{0.756}\right)$$

$$= 2478.9(0.0067 + 0.0348) = 102.8(kJ/kmol)$$

2. 反应㶲

定量(1 kmol)燃料在可逆的理想条件下完全燃烧,如果反应物(R_0)及生成物(P_0)中的各组成气体均单独处在化学标准状态下,则该反应过程中可能做出的最大有用功称为该种燃料的反应㶲,用 a_R 来表示。图 14-7 是建立反应㶲表达式的热力学模型,论证时采用了下列假定条件。

(1) 周围环境处于化学标准状态下,环境中的基准物及其成分都有明确的定义。

(2) 定量的确定种类的燃料(如 1 kmol C_nH_m)初态为化学标准状态。

(3) 反应过程在完全可逆的条件下进行。这个假定条件不仅排除了种种不可逆因素对做功能力的影响,而且可建立有用功的最大理论限度。

(4) 各种反应物质单独地处于化学标准状态。这个假定条件不仅排除了物理㶲及扩散㶲的影响,而且排除了该燃烧反应之外的任何其他化学反应的影响。

(5) 稳态稳流(SSSF)的假定。这排除了系统本身的能量变化对做功能力的影响。

(6) 除周围环境外无其他热库。这就排除了热量交换对做功能力的影响。

在上述假定条件下所导得的有用功完全是由于化学反应过程中化学能的变化所引起的,而且可以代表该反应过程中化学能转变成有用功的最大理论限度,故称为该燃料的反应㶲,可以表示为

$$\bar{a}_R \equiv (w_u)_{\max R_0 P_0} \tag{14-65}$$

反应㶲的表达式可以根据㶲方程导得,有

$$\Delta A = (\Delta A)_Q = (\Delta A)_W + (\Delta A)_M - I_{in}$$

根据图 14-7 的热力学模型及假定条件,有

$$\Delta A = 0 \quad (\text{SSSF 过程})$$

$$(\Delta A)_Q = \int \delta Q\left(1 - \frac{T_0}{T_0}\right) = 0 \quad (\text{无其他热库})$$

$$(\Delta A)_W = -[W - p_0\Delta V] = -(w_u)_{\max R_0 P_0} = -\bar{a}_R$$

$$I_{in} = 0 \quad (\text{完全可逆})$$

$$(\Delta A)_M = \bar{A}_{fR}^0 - \bar{A}_{fP}^0 = \bar{A}_{hR}^0 - \bar{A}_{hP}^0 = \bar{A}_{uR}^0 - \bar{A}_{uP}^0 = \bar{G}_R^0 - \bar{G}_P^0 \tag{14-66}$$

在以上各式中,除了要明确采用各式的前提下及其作用外,还应当理解各式中所应用到的概念,如反应㶲的定义,质量流的㶲流及质量流能容量的㶲值,在(T_0, p_0)的条件下热力学能的㶲函数恰好等于焓的㶲函数,它们都等于吉布斯函数[式(14-66)],㶲之差等于㶲函

数之差,但㶲不等于㶲函数,标准反应吉布斯函数 $\Delta\bar{G}_{RP}^0$ 的概念。将以上各式代入㶲方程,最后可以简化成

$$\bar{a}_R \equiv -\Delta\bar{G}_{RP}^0 = A_R^0 - A_P^0 \tag{14-67}$$

式(14-67)是反应㶲的一般关系式,它是非常实用的重要公式,主要用途包括以下几方面。

(1) 直接根据式(14-67)计算反应㶲 $\bar{a}_R$。

$$\bar{a}_R \equiv -\Delta\bar{G}_{RP}^0 = G_R^0 - G_P^0$$
$$= \sum n_i (\bar{g}_f^0)_i - \sum n_e (\bar{g}_f^0)_e \tag{14-68}$$

式(14-68)说明,燃料的反应㶲仅是各种反应物质生成吉布斯函数的函数,反应物质的 $\bar{g}_f^0$ 可以查得,因此,反应㶲是不难计算的。

(2) 利用式(14-67)可导出化学㶲 $\bar{a}_{ch}$ 的表达式。

$$\bar{a}_R = A_R^0 - A_P^0 = \bar{a}_{ch} + \sum n_i (\bar{a}_D)_i - \sum n_e (\bar{a}_D)_e$$

上式可以写成

$$\bar{a}_{ch} = \bar{a}_R + \sum n_e (\bar{a}_D)_e - \sum n_i (\bar{a}_D)_i$$
$$= -\Delta\bar{G}_{RP}^0 + \sum n_e (\mu_e^0 - \mu_e^*) - \sum n_i (\mu_i^0 - \mu_i^*) \tag{14-69}$$

式(14-69)就是燃料化学㶲的表达式,代表在一定的环境条件下,燃料中的化学能可以转换成有用功的最大理论限度。$\bar{a}_{ch}$ 在数值上等于燃料的反应㶲 $\bar{a}_R$ 与反应物质(除了燃料)扩散㶲的代数和。但对生成物(P^0)及反应物(R^0)的扩散㶲应当有不同的处理。燃料燃烧之后生成物中各组元气体($y_e^0 = 1$)所具有的做功能力应当算作燃料本身的剩余能力,因此必须加入;反应物中的各组成气体($y_i^0 = 1$)可看成是为了燃烧的需要而从环境基准物中提炼出来的,必须付出代价才能将 y_i^* 变成 $y_i^0 = 1$,因此要从燃料反应㶲中扣除这部分扩散㶲。

例 14-13 试根据反应㶲及化学㶲的定义,计算碳在纯氧中完全燃烧时的反应㶲及化学㶲,并与碳的热值做比较。

解 根据碳在纯氧中完全燃烧的反应方程

$$C + O_2 \longrightarrow CO_2 \quad (1\ \text{atm},\ 25℃)$$

可以先求出标准反应吉布斯函数 $\Delta\bar{G}_{RP}^0$,有

$$\Delta\bar{G}_{RP}^0 = (\bar{g}_f^0)_{CO_2} - (\bar{g}_f^0)_C - (\bar{g}_f^0)_{O_2}$$
$$= -394\ 389 - 0 - 0 = -394\ 389 (\text{kJ/kmol})$$

根据反应㶲 $\bar{a}_R$ 的定义表达式,即式(14-67),有

$$\bar{a}_R = -\Delta\bar{G}_{RP}^0 = -(\bar{g}_f^0)_{CO_2} = 394\ 389\ \text{kJ/(kmolC)} \tag{a}$$

式(a)说明,碳的反应㶲 $\bar{a}_R$ 在数值上等于碳的标准反应吉布斯函数,也等于 CO_2 的生成吉布斯函数。根据化学㶲 $\bar{a}_{ch}$ 的定义表达式,即式(14-69),有

$$\bar{a}_{ch} = \bar{a}_R + \sum n_e (\bar{a}_D)_e - \sum n_i (\bar{a}_D)_i$$

$$= \bar{a}_R + (\bar{a}_D)_{CO_2} - (\bar{a}_D)_{O_2} \qquad (b)$$

$$= 394\ 389 + 20\ 108 - 3\ 948$$

$$= 410\ 549 [kJ/(kmolC)]$$

上式已经利用了例 14-13 的计算结果,即

$$(\bar{a}_D)_{CO_2} = 20\ 108; \quad (\bar{a}_D)_{O_2} = 3\ 948$$

碳的热值 $(HV)_C$ 在数值上等于碳的标准反应焓,也等于 CO_2 的生成焓,即

$$(HV)_C = -(\bar{h}_{RP}^0)_C = -(\bar{h}_f^0)_{CO_2} = 393\ 522[kJ/(kmolC)] \qquad (c)$$

提示　(1) 热值 $(HV)_C = 393\ 522\ kJ/kmol$,它表征碳的发热特性,说明碳所具有的化学能。它的数值是建立在统一焓基准的基础上的。

(2) 反应㶲 $\bar{a}_R = 394\ 389\ kJ/kmol$ 及化学㶲 $\bar{a}_{ch} = 410\ 549\ kJ/kmol$,它们都是表征碳完全燃烧时化学能转换成有用功的最大理论限度。前者以约束寂态为基准,后者以寂态为基准,但都是建立在统一的周围环境条件的基础上的。

(3) 对于化学反应过程的热力计算,必须对基准有清醒的认识,只有针对各自的基准才能理解这些具体数值的含义。

例 14-14　根据日本国家标准(JIS)关于环境基准空气的组成及成分的规定,试计算甲烷在空气中完全燃烧的标准反应㶲、甲烷的化学㶲以及燃烧产物的扩散㶲。

解　先写出甲烷的当量方程:

$$CH_4(g) + 2O_2 + 7.52N_2 \longrightarrow CO_2 + 2H_2O(l) + 7.52N_2 \quad (1\ atm, 25℃)$$

根据反应㶲 $\bar{a}_R$ 的定义表达式,有

$$(\bar{a}_R)_{CH_4} = -\Delta G_{RP}^0 = G_R^0 - G_P^0 = (\bar{g}_f^0)_{CH_4(g)} - (\bar{g}_f^0)_{CO_2} - (\bar{g}_f^0)_{H_2O(l)}$$

$$= -50\ 768 - (-394\ 389) - 2(-237\ 141) = 817\ 903(kJ/kmol)$$

根据㶲方程及最大有用功的概念,反应㶲 $\bar{a}_R$ 的表达式还可写成

$$(\bar{a}_R)_{CH_4(g)} = (W_u)_{maxR_0P_0} = A_{fR}^0 - A_{fP}^0 = (\bar{a}_{ch})_{CH_4(g)} + \sum A_{Di} - \sum A_{De}$$

即可写成

$$(\bar{a}_{ch})_{CH_4(g)} = (\bar{a}_R)_{CH_4(g)} + \sum A_{De} - \sum A_{Di}$$

$$= (\bar{a}_R)_{CH_4(g)} + (\bar{a}_D)_{CO_2} + 2(\bar{a}_D)_{H_2O(l)} - 2(\bar{a}_D)_{O_2}$$

$$= 817\ 903 + 20\ 108.2 + 2 \times 8\ 595.1 - 2 \times 3\ 947.9$$

$$= 817\ 903 + 29\ 402.8 = 847\ 305.8(kJ/kmol)$$

其中燃烧产物的扩散㶲为

$$A_{DP} = A_{fP}^0 = \sum A_{De}$$

$$= 20\ 108.2 + 2 \times 8\ 595.1 + 7.52 \times 693.35$$

$$= 42\ 512.4(kJ/kmol)$$

思考题

1. 有化学反应的热力过程与一般的热力过程相比有何根本的区别？分析计算化学反应过程的关键是什么？

2. 在有化学反应的热力过程中，对于热力学能及焓的定义有何新意？

3. 许多化学反应过程都是在定温定压或定温定容的条件下进行的，既然两个独立变量已经确定，为何状态还能发生变化？能否断定状态公理不适用于化学反应过程，为什么？

4. 反应热与反应热效应有何区别和联系？试举几个反应热效应的例子。

5. 试说明反应焓与反应热力学能、标准反应焓与标准反应热力学能、定压热值与定容热值等概念有何区别和联系。

6. 说明下列定温反应中的 Q_p 与 Q_v 哪个大：

$$CO(g) + 0.5O_2(g) \longrightarrow CO_2(g)$$

$$C_6H_6 + 7.5O_2(g) \longrightarrow 6CO_2(g) + 3H_2O(g)$$

7. 试写出在指定状态 (T, p) 下任一化学物质焓的表达式，并说明焓基准、生成焓及显焓变化等概念在进行化学反应能量计算时的重要作用。

8. 绝对熵和生成熵有何区别和联系？试写出在指定状态 (T, p) 下任一化学物质绝对熵的表达式。

9. 你能区分吉布斯函数的绝对基准和生成吉布斯函数的标准基准吗？下列各式是分别以这两种基准来表示的吉布斯函数值，请改正其中有错的地方。

$$\bar{g}_f^0 = \bar{h}_f^0 - T\bar{s}_{298}^0$$

$$\bar{g}_T^0 = \bar{h}_f^0 + (\bar{h}_T - \bar{h}_{298}) - T\bar{s}_T^0$$

$$(\bar{g}_{T, p})_f = \bar{g}_T^0 + (\bar{g}_{T, p} - \bar{g}_T^0)$$

$$\bar{g}_{T, p} = \bar{g}_{298}^0 + (\bar{g}_T^0 - \bar{g}_f^0) + \bar{R}T\ln\left(\frac{p}{p_0}\right)$$

$$\bar{g}_f^0 - \bar{g}_{298}^0 = (\bar{g}_T^0)_f - \bar{g}_T^0 = (\bar{g}_{T, p})_f - \bar{g}_{T, p}$$

10. 化学反应过程进行的方向、条件及限度的判据是什么？熵判据与吉布斯函数、化学势、化学反应平衡常数等判据有何本质上的区别？

11. 平衡常数的定义表达式与化学平衡条件的表达式有何区别和联系？试比较式(14-52)及式(14-56)，并加以说明。

12. 约束寂态与寂态有何区别？化学㶲与反应㶲有何区别和联系？

习 题

14-1 丙烷(C_3H_8)在120％理论空气量中完全燃烧，试求燃烧产物中各组元的摩尔成分及摩尔空燃比。

14-2 某种燃料在0.1 MPa的空气中定压燃烧，已经测定燃烧产物的干容积成分为

$$y_{CO_2} = 0.125, \quad y_{CO} = 0.005, \quad y_{O_2} = 0.03, \quad y_{N_2} = 0.84$$

试求该燃烧过程的质量空燃比及燃烧产物的露点温度。

14-3　标准反应焓仅是反应物质生成焓的函数,试根据有关物质生成焓的数据计算气体燃料辛烷 $C_8H_{18}(g)$ 的标准定压热值及标准反应热力学能。

14-4　功率为 300 kW 的发动机采用液态辛烷 $C_8H_{18}(l)$ 为燃料。进入燃烧室的燃料温度为 298 K,15% 过量空气的温度为 320 K,燃烧产物在 760 K 的温度下离开燃烧室。如果已知发动机的热效率为 30%,试求完全燃烧时发动机的散热率及耗油率。

14-5　丙烷 $C_3H_8(g)$ 与 30% 过量空气的混合物在 0.1 MPa、298 K 的条件下进入燃烧室,生成物在 0.1 MPa、900 K 的条件下离开燃烧室。如果已知 94% 的碳(C)生成 CO_2,其余的 C 生成 CO,试求每千摩燃料的反应热。如果周围环境温度为 298 K,求该燃烧过程的总熵产及㶲损。

14-6　水煤气的反应方程为

$$CO + H_2O \longrightarrow CO_2 + H_2$$

试根据平衡常数的定义表达式,计算温度为 1 000 K 时水煤气反应的平衡常数(参考例 13-11)。

14-7　试根据附表 15 中有关化学反应平衡常数的数据计算温度为 1 000 K 时水煤气反应的平衡常数(参考例 13-9)。

14-8　1 mol CO 和 0.5 mol O_2 在定温定压下进行化学反应。如果温度维持 2 600 K 并保持某一确定的压力 p,试建立达到化学平衡时,CO 的摩尔数与压力之间的函数关系。如果压力分别为 1 atm 及 10 atm,试写出最终的化学平衡成分及化学反应方程。

14-9　一个喷气式发动机准备用 1.4 MPa 的甲烷饱和液体 $CH_4(l)$ 作燃料,并采用 300% 理论空气量燃烧,空气的状态为 0.1 MPa、298 K。如果要求在绝热条件下燃烧,且燃烧产物的状态为 0.1 MPa、1 000 K,试求燃烧产物的出口速度是多少。

提示　因无现成资料,1.4 MPa 甲烷饱和液体 $CH_4(l)$ 的焓值应采用焓偏差来计算,它的比热可视为常数。

附　录

一、附表

单位名称	单位符号	换算关系
帕	Pa	1 atm＝101 325 Pa
标准大气压	atm	—
巴	bar	1 bar＝1×10⁵ Pa
工程大气压	at	1 at＝98 066.5 Pa
约定毫米汞柱	mmHg	1 mmHg＝133.3 224 Pa
约定毫米水柱	mmH_2O	1 mmH_2O＝9.806 65 Pa

附表 2　能量单位换算表

单位名称	单位符号	换算关系
千焦	kJ	—
千瓦·时	kW·h	1 kW·h＝3 600 kJ
大卡	kcal	1 $kcal_{IT}$＝4.186 8 kJ
马力·时	hp·h	1 hp·h＝2.647 796×10³ kJ
公斤力·米	kgf·m	1 kgf·m＝9.806 65×10⁻³ kJ
英制热单位	Btu	1 Btu＝1.055 056×10³ kJ

附表 3　常用气体的热力性质表

气体	摩尔质量 $M/$ (kg/kmol)	气体常数 $R/$ [kJ/(kg·K)]	标准态密度 $\rho_0/$ (kg/Nm³)	定压比热 $c_{p_0}/$ [kJ/(kg·K)]	定容比热 $c_{v_0}/$ [(kJ/(kg·K)]	比热比 k
He	4.003	2.077	0.179	5.234	3.153	1.667
Ar	39.940	0.208 1	1.784	0.524	0.316	1.667
H_2	2.016	4.124 4	0.090	14.320	10.220	1.404
O_2	32.000	0.259 8	1.492	0.917	0.657	1.395

（续表）

气体	摩尔质量 $M/$ (kg/kmol)	气体常数 $R/$ [kJ/(kg・K)]	标准态密度 $\rho_0/$ (kg/Nm³)	定压比热 $c_{p_0}/$ [kJ/(kg・K)]	定容比热 $c_{v_0}/$ [(kJ/(kg・K)]	比热比 k
N_2	28.016	0.296 8	1.025	1.038	0.741	1.400
空气	28.970	0.287 1	1.293	1.004	0.716	1.400
CO	28.011	0.296 8	1.250	1.042	0.745	1.399
CO_2	44.010	0.188 9	1.977	0.850	0.661	1.285
H_2O	18.016	0.461 5	0.804	1.863	1.402	1.329
CH_4	16.040	0.518 3	0.717	2.227	1.687	1.32
C_2H_4	28.054	0.296 4	1.260	1.721	1.427	1.208
C_3H_8	44.097	0.188 55	—	1.679 4	1.490 9	1.126

附表4　理想气体状态下的定压摩尔热容与温度的关系式

$$\bar{c}_{p_0} = a_0 + a_1 T + a_2 T^2 + a_3 T^3 \ [\text{kJ}/(\text{kmol}\cdot\text{K})]$$

气体	a_0	$a_1 \times 10^3$	$a_2 \times 10^6$	$a_3 \times 10^9$	温度范围/K	最大误差/%
H_2	29.21	-1.916	-4.004	$-0.870\ 5$	273～1 800	1.01
O_2	25.48	15.20	-5.062	1.312	273～1 800	1.19
N_2	28.90	-1.570	8.081	-28.73	273～1 800	0.59
CO	28.16	1.675	5.372	-2.222	273～1 800	0.89
CO_2	22.26	59.811	-35.01	7.470	273～1 800	0.647
空气	28.15	1.967	4.801	-1.966	273～1 800	0.72
H_2O	32.24	19.24	10.56	-3.595	273～1 500	0.52
CH_4	19.89	50.24	12.69	-11.01	273～1 500	1.33
C_2H_4	4.026	155.0	-81.56	16.98	298～1 500	0.30
C_2H_6	5.414	178.1	-69.38	8.712	298～1 500	0.70
C_3H_6	3.746	234.0	-115.1	29.31	298～1 500	0.44
C_3H_8	-4.220	306.3	-158.6	32.15	298～1 500	0.28

附表5　理想气体状态下气体的平均定压比热 $c_p|_0^t$　　　　单位：kJ/(kg・K)

温度/℃	定压比热						
	O_2	N_2	CO	CO_2	H_2O	SO_2	空气
0	0.915	1.039	1.040	0.815	1.859	0.607	1.004
100	0.923	1.040	1.042	0.866	1.873	0.636	1.006

（续表）

温度/℃	定压比热						
	O_2	N_2	CO	CO_2	H_2O	SO_2	空气
200	0.935	1.043	1.046	0.910	1.894	0.662	1.012
300	0.950	1.049	1.054	0.949	1.919	0.687	1.019
400	0.965	1.057	1.063	0.983	1.948	0.708	1.028
500	0.979	1.056	1.075	1.013	1.978	0.724	1.039
600	0.993	1.076	1.086	1.040	2.009	0.737	1.050
700	1.005	1.087	1.098	1.064	2.042	0.754	1.061
800	1.016	1.097	1.109	1.085	2.075	0.762	1.071
900	1.026	1.108	1.120	1.104	2.110	0.775	1.081
1 000	1.035	1.118	1.130	1.122	2.144	0.783	1.091
1 100	1.043	1.127	1.140	1.138	2.177	0.791	1.100
1 200	1.051	1.136	1.149	1.153	2.211	0.795	1.108
1 300	1.058	1.145	1.158	1.166	2.243	—	1.117
1 400	1.065	1.153	1.166	1.178	2.274	—	1.124
1 500	1.071	1.160	1.173	1.189	2.305	—	1.131
1 600	1.077	1.167	1.180	1.200	2.335	—	1.138
1 700	1.083	1.174	1.187	1.209	2.363	—	1.144
1 800	1.089	1.180	1.192	1.218	2.391	—	1.150
1 900	1.094	1.186	1.198	1.226	2.417	—	1.156
2 000	1.099	1.191	1.203	1.233	2.442	—	1.161
2 100	1.104	1.197	1.208	1.241	2.466	—	1.166
2 200	1.109	1.201	1.213	1.247	2.489	—	1.171
2 300	1.114	1.206	1.218	1.253	2.512	—	1.176
2 400	1.118	1.210	1.222	1.259	2.533	—	1.180
2 500	1.123	1.214	1.226	1.264	2.554	—	1.184
2 600	1.127	—	—	—	2.574	—	—
2 700	1.131	—	—	—	2.594	—	—
2 800	—	—	—	—	2.612	—	—
2 900	—	—	—	—	2.630	—	—
3 000	—	—	—	—	—	—	—

附表6　理想气体状态下气体的平均定容比热 $c_v\big|_0^t$　　　单位：kJ/(kg·K)

温度/℃	定容比热						
	O_2	N_2	CO	CO_2	H_2O	SO_2	空气
0	0.655	0.742	0.743	0.626	1.398	0.477	0.716
100	0.663	0.744	0.745	0.677	1.411	0.507	0.719
200	0.675	0.747	0.749	0.721	1.432	0.532	0.724
300	0.690	0.752	0.757	0.760	1.457	0.557	0.732
400	0.705	0.760	0.767	0.794	1.486	0.578	0.741
500	0.719	0.769	0.777	0.824	1.516	0.595	0.752
600	0.733	0.779	0.789	0.851	1.547	0.607	0.762
700	0.745	0.790	0.801	0.875	1.581	0.624	0.773
800	0.756	0.801	0.812	0.896	1.614	0.632	0.784
900	0.766	0.811	0.823	0.916	1.648	0.645	0.794
1 000	0.775	0.821	0.834	0.933	1.682	0.653	0.804
1 100	0.783	0.830	0.843	0.950	1.716	0.662	0.813
1 200	0.791	0.839	0.857	0.964	1.749	0.666	0.821
1 300	0.798	0.848	0.861	0.977	1.781	—	0.829
1 400	0.805	0.856	0.869	0.989	1.813	—	0.837
1 500	0.811	0.863	0.876	1.001	1.843	—	0.844
1 600	0.817	0.870	0.883	1.011	1.873	—	0.851
1 700	0.823	0.877	0.889	1.020	1.902	—	0.857
1 800	0.829	0.883	0.896	1.029	1.929	—	0.863
1 900	0.834	0.889	0.901	1.037	1.955	—	0.869
2 000	0.839	0.894	0.906	1.045	1.980	—	0.874
2 100	0.844	0.900	0.911	1.052	2.005	—	0.879
2 200	0.849	0.905	0.916	1.058	2.028	—	0.884
2 300	0.854	0.909	0.921	1.064	2.050	—	0.889
2 400	0.858	0.914	0.925	1.070	2.072	—	0.893
2 500	0.863	0.918	0.929	1.075	2.093	—	0.897
2 600	0.868	—	—	—	2.113	—	—
2 700	0.872	—	—	—	2.132	—	—
2 800	—	—	—	—	2.151	—	—
2 900	—	—	—	—	2.168	—	—
3 000	—	—	—	—	—	—	—

附表 7　空气的热力性质表

T/K	$h/(kJ/kg)$	p_r	$u/(kJ/kg)$	v_r	$s^0/$ $[kJ/(kg \cdot K)]$
200	199.97	0.336 3	142.56	1 707	1.295 59
250	250.05	0.732 9	178.28	979	1.519 17
273.15	273.16	0.999 9	194.85	783.9	1.608 1
300	300.19	1.386 0	214.07	621.2	1.702 03
350	350.49	2.379 0	250.02	422.2	1.857 08
400	400.98	3.806	286.16	301.6	1.991 94
450	451.80	5.775	322.62	223.6	2.111 61
500	503.02	8.411	359.49	170.6	2.219 52
550	554.74	11.86	396.86	133.1	2.318 09
600	607.02	16.28	434.78	105.8	2.409 02
650	659.84	21.86	473.25	85.34	2.493 64
700	713.27	28.80	512.33	67.76	2.572 77
750	767.29	37.35	551.99	57.63	2.647 37
800	821.95	47.75	592.30	48.08	2.717 87
840	866.08	57.60	624.95	41.85	2.771 70
900	932.93	75.29	674.58	34.31	2.848 56
940	977.92	89.28	708.08	30.22	2.897 48
1 000	1 046.04	114.0	758.94	25.17	2.967 70
1 040	1 091.85	133.3	793.36	22.39	3.012 60
1 100	1 161.07	167.1	845.33	18.896	3.077 32
1 140	1 207.57	193.1	880.35	16.946	3.118 83
1 200	1 277.79	238.0	933.33	14.470	3.178 88
1 240	1 324.93	272.3	968.95	13.069	3.217 51
1 300	1 395.97	330.9	1 022.82	11.275	3.273 45
1 340	1 443.60	375.3	1 058.94	10.247	3.309 59
1 400	1 515.42	450.5	1 113.52	8.919	3.362 00
1 440	1 563.51	506.9	1 150.13	8.153	3.395 86
1 500	1 635.97	601.9	1 205.41	7.152	3.445 16
1 540	1 684.51	672.8	1 242.43	6.569	3.477 12
1 600	1 757.57	791.2	1 298.30	5.804	3.523 64

（续表）

T/K	$h/(kJ/kg)$	p_r	$u/(kJ/kg)$	v_r	$s^0/$ [kJ/(kg·K)]
1 640	1 806.46	878.9	1 335.72	5.355	3.553 81
1 700	1 880.1	1 025	1 392.7	4.761	3.597 9
1 750	1 941.6	1 161	1 439.8	4.328	3.633 6
1 800	2 003.3	1 310	1 487.2	3.944	3.668 4
1 850	2 065.3	1 475	1 534.9	3.601	3.702 3
1 900	2 127.4	1 655	1 582.6	3.295	3.735 4
1 950	2 189.7	1 852	1 630.6	3.022	3.767 7
2 000	2 252.1	2 068	1 678.7	2.776	3.799 4

附表8　常用气体的热力性质表

附表 8-1　氧气(O_2)的热力性质表

T/K	$\bar{h}/$ (kJ/kmol)	$\bar{u}/$ (kJ/kmol)	$\bar{s}^0/$[kJ/ (kmol·K)]	T/K	$\bar{h}/$ (kJ/kmol)	$\bar{u}/$ (kJ/kmol)	$\bar{s}^0/$[kJ/ (kmol·K)]
0	0	0	0	1 440	47 102	35 129	256.475
260	7 566	5 405	201.027	1 480	48 561	36 256	257.474
270	7 858	5 613	202.128	1 520	50 024	37 387	258.450
280	8 150	5 822	203.191	1 560	51 490	38 520	259.402
290	8 443	6 032	204.218	1 600	52 961	39 658	260.333
298	8 682	6 203	205.033	1 640	54 434	40 799	261.242
300	8 736	6 242	205.213	1 680	55 912	41 944	262.132
320	9 325	6 664	207.112	1 720	57 394	43 093	263.005
360	10 511	7 518	210.604	1 760	58 880	44 247	263.861
400	11 711	8 384	213.765	1 800	60 371	45 405	264.701
440	12 923	9 264	216.656	1 840	61 866	46 568	265.521
480	14 151	10 160	219.326	1 880	63 365	47 734	266.326
520	15 395	11 071	221.812	1 920	64 868	48 904	267.115
560	16 654	11 998	224.146	1 960	66 374	50 078	267.891
600	17 929	12 940	226.346	2 000	67 881	51 253	268.655
640	19 219	13 898	228.429	2 050	69 772	52 727	269.588
680	20 524	14 871	230.405	2 100	71 668	54 208	270.504
720	21 845	15 859	233.291	2 150	73 573	55 697	271.399

（续表）

T/K	$\bar{h}/$ (kJ/kmol)	$\bar{u}/$ (kJ/kmol)	$\bar{s}^0/$[kJ/ (kmol·K)]	T/K	$\bar{h}/$ (kJ/kmol)	$\bar{u}/$ (kJ/kmol)	$\bar{s}^0/$[kJ/ (kmol·K)]
760	23 178	16 859	234.091	2 200	75 484	57 192	272.278
800	24 523	17 872	235.810	2 250	77 397	58 690	273.136
840	25 877	18 893	237.462	2 300	79 316	60 193	273.981
880	27 242	19 925	239.051	2 350	81 243	61 704	274.809
920	28 616	20 967	240.580	2 400	83 174	63 219	275.625
960	29 999	22 017	242.052	2 450	85 112	64 742	276.424
1 000	31 389	23 075	243.471	2 500	87 057	66 271	277.207
1 040	32 789	24 142	244.844	2 550	89 004	67 802	277.979
1 080	34 194	25 214	246.171	2 600	90 956	69 339	278.738
1 120	35 606	26 294	247.454	2 650	92 916	70 883	279.485
1 160	37 023	27 379	248.698	2 700	94 881	72 433	280.219
1 200	38 477	28 469	249.906	2 750	96 852	73 987	280.942
1 240	39 877	29 568	251.079	2 800	98 826	75 546	281.654
1 280	41 312	30 670	252.219	2 850	100 808	77 112	282.357
1 320	42 753	31 778	253.325	2 900	102 793	78 682	283.048
1 360	44 198	32 891	254.404	2 950	104 785	80 258	283.728
1 400	45 648	34 008	255.454	3 000	106 780	81 837	284.399

附表 8-2　氮气（N_2）的热力性质表

T/K	$\bar{h}/$ (kJ/kmol)	$\bar{u}/$ (kJ/kmol)	$\bar{s}^0/$[kJ/ (kmol·K)]	T/K	$\bar{h}/$ (kJ/kmol)	$\bar{u}/$ (kJ/kmol)	$\bar{s}^0/$[kJ/ (kmol·K)]
0	0	0	0	1 440	44 988	33 014	240.350
260	7 558	5 396	187.514	1 480	46 377	34 071	241.301
270	7 849	5 604	188.614	1 520	47 771	35 133	242.228
280	8 141	5 813	189.673	1 560	49 168	36 197	243.137
290	8 432	6 021	190.695	1 600	50 571	37 268	244.028
298	8 669	6 190	191.502	1 640	51 980	38 344	244.896
300	8 723	6 229	191.682	1 680	53 393	39 424	245.747
320	9 306	6 645	193.562	1 720	54 807	40 507	246.580
360	10 471	7 478	196.995	1 760	56 227	41 591	247.396
400	11 640	8 314	200.071	1 800	57 651	42 685	248.195

T/K	$\bar{h}/$ (kJ/kmol)	$\bar{u}/$ (kJ/kmol)	$\bar{s}^0/[$kJ/ (kmol·K)$]$	T/K	$\bar{h}/$ (kJ/kmol)	$\bar{u}/$ (kJ/kmol)	$\bar{s}^0/[$kJ/ (kmol·K)$]$
440	12 811	9 153	202.863	1 840	59 075	43 777	248.979
480	13 988	9 997	205.424	1 880	60 504	44 873	249.748
520	15 172	10 848	207.792	1 920	61 936	45 973	250.502
560	16 363	11 707	209.999	1 960	63 381	47 075	251.242
600	17 563	12 574	212.066	2 000	64 810	48 181	251.969
640	18 772	13 450	214.018	2 050	66 612	49 567	252.858
680	19 991	14 337	215.866	2 100	68 417	50 957	253.726
720	21 220	15 234	217.624	2 150	70 226	52 351	254.578
760	22 460	16 141	219.301	2 200	72 040	53 749	255.412
800	23 714	17 061	220.907	2 250	73 856	55 149	256.227
840	24 974	17 990	222.447	2 300	75 676	56 553	257.027
880	26 248	18 931	223.927	2 350	77 496	57 958	257.810
920	27 532	19 883	225.353	2 400	79 320	59 366	258.580
960	28 826	20 844	226.728	2 450	81 149	60 779	259.332
1 000	30 129	21 815	228.057	2 500	82 981	62 195	260.073
1 040	31 442	22 798	229.344	2 550	84 814	63 163	260.799
1 080	32 762	23 782	230.591	2 600	86 650	65 033	261.512
1 120	34 092	24 780	231.799	2 650	88 488	66 455	262.213
1 160	35 430	25 786	232.973	2 700	90 328	67 880	262.902
1 200	36 777	26 799	234.115	2 750	92 171	69 306	263.577
1 240	38 129	27 819	235.223	2 800	91 014	70 734	264.241
1 280	39 488	28 845	236.302	2 850	95 859	72 163	264.895
1 320	40 853	29 878	237.353	2 900	97 705	73 593	265.538
1 360	42 227	30 919	238.376	2 950	99 556	75 028	266.170
1 400	43 605	31 964	239.375	3 000	101 407	76 464	266.793

附表 8-3　氢气（H_2）的热力性质表

T/K	$\bar{h}/$ (kJ/kmol)	$\bar{u}/$ (kJ/kmol)	$\bar{s}^0/[$kJ/ (kmol·K)$]$	T/K	$\bar{h}/$ (kJ/kmol)	$\bar{u}/$ (kJ/kmol)	$\bar{s}^0/[$kJ/ (kmol·K)$]$
0	0	0	0	1 440	42 808	30 835	177.410
260	7 370	5 209	126.636	1 480	44 091	31 786	178.291

（续表）

T/K	$\bar{h}/$ (kJ/kmol)	$\bar{u}/$ (kJ/kmol)	$\bar{s}^0/[\text{kJ}/ (\text{kmol} \cdot \text{K})]$	T/K	$\bar{h}/$ (kJ/kmol)	$\bar{u}/$ (kJ/kmol)	$\bar{s}^0/[\text{kJ}/ (\text{kmol} \cdot \text{K})]$
270	7 657	5 412	127.719	1 520	45 384	32 746	179.153
280	7 945	5 617	128.765	1 560	46 683	33 713	179.995
290	8 233	5 822	129.775	1 600	47 990	34 687	180.820
298	8 468	5 989	130.574	1 640	49 303	35 668	181.632
300	8 522	6 027	130.754	1 680	50 622	36 654	182.428
320	9 100	6 440	132.621	1 720	51 947	37 648	183.208
360	10 262	7 268	136.039	1 760	53 279	38 645	183.973
400	11 426	8 100	139.106	1 800	54 618	39 652	184.724
440	12 594	8 936	141.888	1 840	55 962	40 663	185.463
480	13 764	9 773	144.432	1 880	57 311	41 680	186.190
520	14 935	10 611	146.775	1 920	58 668	42 705	186.904
560	16 107	11 451	148.945	1 960	60 031	43 735	187.607
600	17 280	12 291	150.968	2 000	61 400	44 771	188.297
640	18 453	13 133	152.863	2 050	63 119	46 074	189.148
680	19 630	13 976	154.645	2 100	64 847	47 386	189.979
720	20 807	14 821	156.328	2 150	66 584	48 708	190.796
760	21 988	15 669	157.923	2 200	68 328	50 037	191.598
800	23 171	16 520	159.440	2 250	70 080	51 373	192.385
840	24 359	17 375	160.891	2 300	71 839	52 716	193.159
880	25 551	18 235	162.277	2 350	73 608	54 069	193.921
920	26 747	19 098	163.607	2 400	75 383	55 429	194.669
960	27 948	19 966	164.884	2 450	77 168	56 798	195.403
1 000	29 154	20 839	166.114	2 500	78 960	58 175	196.125
1 040	30 364	21 717	167.300	2 550	80 755	59 554	196.837
1 080	31 580	22 601	168.449	2 600	82 558	60 941	197.539
1 120	32 802	23 490	169.560	2 650	84 368	62 335	198.229
1 160	34 028	24 384	170.636	2 700	86 186	63 737	198.907
1 200	35 262	25 284	171.682	2 750	88 008	65 144	199.575
1 240	36 502	26 192	172.698	2 800	89 838	66 558	200.234
1 280	37 749	27 106	173.687	2 850	91 671	67 976	200.885

(续表)

T/K	$\bar{h}/$ (kJ/kmol)	$\bar{u}/$ (kJ/kmol)	$\bar{s}^0/[\text{kJ}/$ (kmol·K)]	T/K	$\bar{h}/$ (kJ/kmol)	$\bar{u}/$ (kJ/kmol)	$\bar{s}^0/[\text{kJ}/$ (kmol·K)]
1 320	39 002	28 027	174. 652	2 900	93 512	69 401	201. 527
1 360	40 263	28 955	175. 593	2 950	95 358	70 831	202. 157
1 400	41 530	29 889	176. 510	3 000	97 211	72 268	202. 778

附表 8-4　二氧化碳(CO_2)的热力性质表

T/K	$\bar{h}/$ (kJ/kmol)	$\bar{u}/$ (kJ/kmol)	$\bar{s}^0/[\text{kJ}/$ (kmol·K)]	T/K	$\bar{h}/$ (kJ/kmol)	$\bar{u}/$ (kJ/kmol)	$\bar{s}^0/[\text{kJ}/$ (kmol·K)]
0	0	0	0	1 440	67 586	55 614	289. 743
260	7 979	5 817	208. 717	1 480	69 911	57 606	291. 333
270	8 335	6 091	210. 062	1 520	72 246	59 609	292. 888
280	8 697	6 369	211. 376	1 560	74 590	61 620	294. 411
290	9 063	6 651	212. 660	1 600	76 944	63 741	295. 901
298	9 364	6 885	213. 685	1 640	79 303	65 668	297. 356
300	9 431	6 939	213. 915	1 680	81 670	67 702	298. 781
320	10 186	7 526	216. 351	1 720	84 043	69 742	300. 177
360	11 748	8 752	220. 948	1 760	86 420	71 787	301. 543
400	13 372	10 046	225. 225	1 800	88 806	73 840	302. 884
440	15 054	11 393	229. 230	1 840	91 196	75 897	304. 198
480	16 791	12 800	233. 004	1 880	93 593	77 962	305. 487
520	18 576	14 253	236. 575	1 920	95 995	80 031	306. 751
560	20 407	15 751	239. 962	1 960	98 401	82 105	307. 992
600	22 280	17 291	243. 199	2 000	100 804	84 185	309. 210
640	24 190	18 869	245. 282	2 050	103 835	86 791	310. 701
680	26 138	20 484	249. 233	2 100	106 864	89 404	312. 160
720	28 121	22 134	252. 065	2 150	109 898	92 023	313. 589
760	30 135	23 817	254. 787	2 200	112 939	94 648	314. 988
800	32 179	25 527	257. 408	2 250	115 984	97 277	316. 356
840	34 251	27 267	259. 934	2 300	119 035	99 912	317. 695
880	36 347	29 031	262. 371	2 350	122 091	102 552	319. 011
920	38 467	30 818	264. 728	2 400	125 152	105 197	320. 302
960	40 607	32 625	267. 007	2 450	128 219	107 849	321. 566

T/K	$\bar{h}/$ (kJ/kmol)	$\bar{u}/$ (kJ/kmol)	$\bar{s}^0/[$kJ/ (kmol·K)$]$	T/K	$\bar{h}/$ (kJ/kmol)	$\bar{u}/$ (kJ/kmol)	$\bar{s}^0/[$kJ/ (kmol·K)$]$
1 000	42 769	34 455	269.215	2 500	131 290	110 504	322.808
1 040	44 953	36 306	271.354	2 550	134 368	113 166	324.026
1 080	47 153	38 174	273.430	2 600	137 449	115 832	325.222
1 120	49 369	40 057	275.444	2 650	140 533	118 500	326.396
1 160	51 602	41 957	277.403	2 700	143 620	121 172	327.549
1 200	53 848	43 871	279.307	2 750	146 713	123 849	328.684
1 240	56 108	45 799	281.158	2 800	149 808	126 528	329.800
1 280	58 381	47 739	282.962	2 850	152 908	129 212	330.896
1 320	60 666	49 691	284.722	2 900	156 009	131 898	331.975
1 360	62 963	51 656	286.439	2 950	159 117	134 589	333.037
1 400	65 271	53 631	288.106	3 000	162 226	137 283	334.084

附表 8-5 一氧化碳(CO)的热力性质表

T/K	$\bar{h}/$ (kJ/kmol)	$\bar{u}/$ (kJ/kmol)	$\bar{s}^0/[$kJ/ (kmol·K)$]$	T/K	$\bar{h}/$ (kJ/kmol)	$\bar{u}/$ (kJ/kmol)	$\bar{s}^0/[$kJ/ (kmol·K)$]$
0	0	0	0	1 440	45 408	33 434	246.876
260	7 558	5 396	193.554	1 480	46 813	34 508	247.839
270	7 849	5 604	194.654	1 520	48 222	35 584	248.778
280	8 140	5 812	195.713	1 560	49 635	36 665	249.695
290	8 432	6 020	196.735	1 600	51 053	37 750	250.592
298	8 669	6 190	197.543	1 640	52 472	38 837	251.470
300	8 723	6 229	197.723	1 680	53 895	39 927	252.329
320	9 306	6 645	199.603	1 720	55 323	41 023	253.169
360	10 473	7 480	203.040	1 760	56 756	42 123	253.991
400	11 644	8 319	206.125	1 800	58 191	43 225	254.797
440	12 821	9 163	208.929	1 840	59 629	44 331	255.587
480	14 005	10 014	211.504	1 880	61 072	45 441	256.361
520	15 197	10 874	213.890	1 920	62 516	46 552	257.122
560	16 399	11 743	216.115	1 960	63 961	47 665	257.868
600	17 611	12 622	218.204	2 000	65 408	48 780	258.600
640	18 833	13 512	220.178	2 050	67 224	50 179	259.494

（续表）

T/K	$\bar{h}/$ (kJ/kmol)	$\bar{u}/$ (kJ/kmol)	$\bar{s}^0/$[kJ/ (kmol·K)]	T/K	$\bar{h}/$ (kJ/kmol)	$\bar{u}/$ (kJ/kmol)	$\bar{s}^0/$[kJ/ (kmol·K)]
680	20 068	14 414	222.052	2 100	69 044	51 584	260.370
720	21 315	15 328	223.833	2 150	70 864	51 988	261.226
760	22 573	16 255	225.533	2 200	72 688	54 396	262.065
800	23 844	17 193	227.162	2 250	74 516	55 809	262.887
840	25 124	18 140	228.724	2 300	76 345	57 222	263.692
880	26 415	19 099	230.227	2 350	78 178	58 640	264.480
920	27 719	20 070	231.674	2 400	80 015	60 060	265.253
960	29 033	21 051	233.072	2 450	81 852	61 482	266.012
1 000	30 355	22 041	234.421	2 500	83 692	62 906	266.755
1 040	31 688	23 041	235.728	2 550	85 537	64 335	267.485
1 080	33 029	24 049	236.992	2 600	87 383	65 766	268.202
1 120	34 377	25 065	238.217	2 650	89 230	67 197	268.905
1 160	35 733	26 088	239.407	2 700	91 077	68 628	269.596
1 200	37 095	27 118	240.663	2 750	92 930	70 066	270.285
1 240	38 466	28 426	241.686	2 800	94 784	71 504	270.943
1 280	39 844	29 201	242.780	2 850	96 639	72 945	271.602
1 320	41 226	30 251	243.844	2 900	98 495	74 383	272.249
1 360	42 613	31 306	244.880	2 950	100 352	75 825	272.884
1 400	44 007	32 367	245.889	3 000	102 210	77 267	273.508

附表 8-6　水蒸气（理想气体状态）的热力性质表

T/K	$\bar{h}/$ (kJ/kmol)	$\bar{u}/$ (kJ/kmol)	$\bar{s}^0/$[kJ/ (kmol·K)]	T/K	$\bar{h}/$ (kJ/kmol)	$\bar{u}/$ (kJ/kmol)	$\bar{s}^0/$[kJ/ (kmol·K)]
0	0	0	0	1 440	55 198	43 226	248.543
260	8 627	6 466	184.139	1 480	57 062	44 756	249.820
270	8 961	6 716	185.399	1 520	58 942	46 304	251.074
280	9 296	6 968	186.616	1 560	60 838	47 868	252.305
290	9 631	7 219	187.791	1 600	62 748	49 445	253.513
298	9 904	7 425	188.720	1 640	64 675	51 039	254.703
300	9 966	7 472	188.928	1 680	66 614	52 646	255.873
320	10 639	7 978	191.098	1 720	68 567	54 267	257.022

（续表）

T/K	$\bar{h}/$ (kJ/kmol)	$\bar{u}/$ (kJ/kmol)	$\bar{s}^0/[\mathrm{kJ}/$ (kmol·K)]	T/K	$\bar{h}/$ (kJ/kmol)	$\bar{u}/$ (kJ/kmol)	$\bar{s}^0/[\mathrm{kJ}/$ (kmol·K)]
360	11 992	8 998	195.081	1 760	70 535	55 902	258.151
400	13 356	10 030	198.673	1 800	72 513	57 547	259.262
440	14 734	11 075	201.955	1 840	74 506	59 207	260.357
480	16 126	12 135	204.982	1 880	76 511	60 881	261.436
520	17 534	13 211	207.799	1 920	78 527	62 564	262.497
560	18 959	14 303	210.440	1 960	80 555	64 259	263.542
600	20 402	15 413	212.920	2 000	82 593	65 965	264.571
640	21 862	16 541	215.285	2 050	85 156	68 111	265.833
680	23 342	17 688	217.527	2 100	87 735	70 275	267.081
720	24 840	18 854	219.668	2 150	90 330	72 454	268.301
760	26 358	20 039	221.720	2 200	92 940	74 649	269.500
800	27 896	21 245	223.693	2 250	95 562	76 855	270.679
840	29 454	22 470	225.592	2 300	98 199	79 075	271.839
880	31 032	23 715	227.426	2 350	100 846	81 308	272.978
920	32 629	24 980	229.202	2 400	103 508	83 553	274.098
960	34 247	26 265	230.924	2 450	106 183	85 811	275.201
1 000	35 882	27 568	232.597	2 500	108 868	88 082	276.286
1 040	37 542	28 895	234.223	2 550	111 565	90 364	277.354
1 080	39 223	30 243	235.806	2 600	114 273	92 656	278.407
1 120	40 923	31 611	237.352	2 650	116 991	94 958	279.441
1 160	42 642	32 997	238.859	2 700	119 717	97 269	280.462
1 200	44 380	34 403	240.333	2 750	122 453	99 588	281.464
1 240	46 137	35 827	241.173	2 800	125 198	101 917	282.453
1 280	47 912	37 270	243.183	2 850	127 952	104 256	283.429
1 320	49 707	38 732	244.564	2 900	130 717	106 205	284.390
1 360	51 521	40 213	245.915	2 950	133 486	108 959	285.338
1 400	53 351	41 711	247.241	3 000	136 264	111 321	286.273

附表 9　几种物质的临界参数

物质	分子式	摩尔质量 $M/(kg/kmol)$	T/K	p_c/MPa	$v_c/(m^3/kmol)$	Z_c
氨气	NH_3	17.031	405.5	11.35	0.072 5	0.243
氩气	Ar	39.948	150.8	4.87	0.074 9	0.291
二氧化碳	CO_2	44.01	304.1	7.38	0.093 9	0.275
一氧化碳	CO	28.01	132.9	3.50	0.093 2	0.294
氯气	Cl_2	70.906	416.9	7.98	0.123 8	0.276
氦气	He	4.003	5.19	0.227	0.057 4	0.303
氢气	H_2	2.016	33.2	1.30	0.065 1	0.304
氪气	Kr	83.80	209.4	5.50	0.091 2	0.291
一氧化氮	NO	30.006	180	6.48	0.057 7	0.251
氮气	N_2	28.013	126.2	3.39	0.089 8	0.291
一氧化二氮	N_2O	44.013	309.6	7.24	0.097 4	0.272
氧气	O_2	31.999	154.6	5.04	0.073 4	0.288
二氧化硫	SO_2	64.063	430.8	7.88	0.122 2	0.269
水	H_2O	18.015	647.3	22.12	0.057 1	0.230
乙炔	C_2H_2	26.038	308.3	6.14	0.112 7	0.274
苯	C_6H_6	78.114	562.2	4.89	0.259 0	0.274
甲烷	CH_4	16.043	190.4	4.60	0.099 2	0.290
乙烷	C_2H_6	30.070	305.4	4.88	0.148 3	0.285
丙烷	C_3H_8	44.097	370.0	4.26	0.199 8	0.281
乙烯	C_2H_4	28.054	282.4	5.04	0.130 4	0.270
丙烯	C_3H_6	42.081	365.0	4.62	0.181 0	0.275

附表 10　饱和水和饱和蒸汽的热力性质(按温度排列)

$t/℃$	p/MPa	v'	v''	h'	h''	r	s'	s''
		$/(m^3/kg)$		$/(kJ/kg)$			$/[kJ/(kg \cdot K)]$	
0.00	0.000 611 2	0.001 000 22	206.154	−0.05	2 500.51	2 500.6	−0.000 2	9.154 4
0.01	0.000 611 7	0.001 000 21	206.012	0.00	2 500.53	2 500.5	0.000 0	9.154 1
10	0.001 227 9	0.001 000 34	106.341	42.00	2 518.90	2 476.9	0.151 0	8.898 8
20	0.002 338 5	0.001 001 85	57.786	83.86	2 537.20	2 453.3	0.296 3	8.665 2
30	0.004 245 1	0.001 004 42	32.899	125.68	2 555.35	2 429.7	0.436 6	8.451 4

（续表）

$t/℃$	p/MPa	v'	v''	h'	h''	r	s'	s''
		/(m³/kg)		/(kJ/kg)			/[kJ/(kg·K)]	
40	0.007 381 1	0.001 007 89	19.529	167.50	2 573.36	2 405.9	0.572 3	8.255 1
50	0.012 344 6	0.001 012 16	12.037	209.33	2 591.19	2 381.9	0.703 8	8.074 5
60	0.019 933	0.001 017 13	7.674 0	251.15	2 608.79	2 357.6	0.831 2	7.908 0
70	0.031 178	0.001 022 76	5.044 3	293.01	2 626.10	2 333.1	0.955 0	7.754 0
80	0.047 376	0.001 029 03	3.408 6	334.93	2 643.06	2 308.1	1.075 3	7.611 2
90	0.070 121	0.001 035 93	2.361 6	376.94	2 659.63	2 282.7	1.192 6	7.478 3
100	0.101 325	0.001 043 44	1.673 6	419.06	2 675.71	2 256.6	1.306 9	7.354 5
120	0.198 483	0.001 060 31	0.892 2	503.76	2 706.18	2 202.4	1.527 7	7.129 7
140	0.361 190	0.001 079 72	0.509 0	589.21	2 733.81	2 144.6	1.739 3	6.930 2
160	0.617 66	0.001 101 93	0.307 09	675.62	2 757.92	2 082.3	1.942 9	6.750 2
180	1.001 93	0.001 127 32	0.194 03	763.22	2 777.74	2 014.5	2.139 6	6.585 2
200	1.553 66	0.001 156 41	0.127 32	852.34	2 792.47	1 940.1	2.330 7	6.431 2
210	1.906 17	0.001 172 58	0.104 38	897.62	2 797.65	1 900.0	2.424 5	6.357 1
220	2.317 83	0.001 190 00	0.086 157	943.46	2 801.20	1 857.7	2.517 5	6.284 6
230	2.795 05	0.001 208 82	0.071 533	989.95	2 803.00	1 813.0	2.609 6	6.213 0
240	3.344 59	0.001 229 22	0.059 743	1 037.2	2 802.88	1 765.7	2.701 3	6.142 2
250	3.973 51	0.001 251 45	0.050 112	1 085.3	2 800.66	1 715.4	2.792 6	6.071 6
260	4.689 23	0.001 275 79	0.042 195	1 134.3	2 796.14	1 661.8	2.883 7	6.000 7
270	5.499 56	0.001 302 62	0.035 637	1 184.5	2 789.05	1 604.5	2.975 1	5.929 2
280	6.412 73	0.001 332 42	0.030 165	1 236.0	2 779.08	1 543.1	3.066 8	5.856 4
290	7.437 46	0.001 365 82	0.025 565	1 289.1	2 765.81	1 476.7	3.159 4	5.781 7
300	8.583 08	0.001 403 69	0.021 669	1 344.0	2 748.71	1 404.7	3.253 3	5.704 2
310	9.859 7	0.001 447 28	0.018 343	1 401.2	2 727.01	1 325.9	3.349 0	5.622 6
320	11.278	0.001 498 44	0.015 479	1 461.2	2 699.72	1 238.5	3.447 5	5.535 6
330	12.851	0.001 560 08	0.012 987	1 524.9	2 665.30	1 140.4	3.550 0	5.440 8
340	14.593	0.001 637 28	0.010 790	1 593.7	2 621.32	1 027.6	3.658 6	5.334 5
350	16.521	0.001 740 08	0.008 812	1 670.3	2 563.39	893.0	3.777 3	5.210 4
360	18.657	0.001 894 23	0.006 958	1 761.1	2 481.68	720.6	3.915 5	5.053 6
370	21.033	0.002 214 80	0.004 982	1 891.7	2 338.79	447.1	4.112 5	4.807 6
373.99	22.064	0.003 106 00	0.003 106	2 085.9	2 085.87	0.0	4.409 2	4.409 2

附表 11　饱和水和饱和蒸汽的热力性质(按压力排列)

p/MPa	$t/℃$	v'	v''	h'	h''	r	s'	s''
		/(m³/kg)			/(kJ/kg)		/[kJ/(kg·K)]	
0.002	17.540	0.001 001 4	67.008	73.58	2 532.71	2 459.1	0.261 1	8.722 0
0.004	28.953 3	0.001 004 1	34.796	121.30	2 553.45	2 432.2	0.422 1	8.472 5
0.006	36.166 3	0.001 006 5	23.738	151.47	2 566.48	2 415.0	0.520 8	8.328 3
0.008	41.507 5	0.001 008 5	18.102	173.81	2 576.06	2 402.3	0.592 4	8.226 6
0.010	45.798 8	0.001 010 3	14.673	191.76	2 583.72	2 392.0	0.649 0	8.148 1
0.020	60.065 0	0.001 017 2	7.649 7	251.43	2 608.90	2 357.5	0.832 0	7.906 8
0.040	75.872 0	0.001 026 4	3.993 9	317.61	2 636.10	2 318.5	1.026 0	7.668 8
0.060	85.949 6	0.001 033 1	2.732 4	359.91	2 652.97	2 293.1	1.145 4	7.531 0
0.080	93.510 7	0.001 038 5	2.087 6	391.71	2 665.33	2 273.6	1.233 0	7.433 9
0.100	99.634	0.001 043 2	1.694 3	417.52	2 675.14	2 257.6	1.302 8	7.358 9
0.20	120.240	0.001 060 5	0.885 85	504.78	2 706.53	2 201.7	1.530 3	7.127 2
0.40	143.642	0.001 083 5	0.462 46	604.87	2 738.49	2 133.6	1.776 9	6.896 1
0.60	158.863	0.001 100 6	0.315 63	670.67	2 756.66	2 086.0	1.931 5	6.760 0
0.80	170.444	0.001 114 8	0.240 37	721.20	2 768.86	2 047.7	2.046 4	6.662 5
1.00	179.916	0.001 127 2	0.194 38	762.84	2 777.67	2 014.8	2.138 8	6.585 9
1.20	187.955	0.001 138 5	0.163 28	798.64	2 784.29	1 985.7	2.216 6	6.522 5
1.40	195.078	0.001 148 9	0.140 79	830.24	2 789.37	1 959.1	2.284 1	6.468 3
1.60	201.410	0.001 158 6	0.123 75	858.69	2 793.29	1 934.6	2.344 0	6.420 6
1.80	207.151	0.001 167 9	0.110 37	884.67	2 796.33	1 911.7	2.397 9	6.378 1
2.00	212.417	0.001 176 7	0.099 588	908.64	2 798.66	1 890.0	2.447 1	6.339 5
2.20	217.289	0.001 185 1	0.090 700	930.97	2 800.41	1 869.4	2.492 4	6.304 1
2.40	221.829	0.001 193 3	0.083 244	951.91	2 801.67	1 849.8	2.534 4	6.271 4
2.60	226.085	0.001 201 3	0.076 898	971.67	2 802.51	1 830.8	2.573 6	6.240 9
2.80	230.096	0.001 209 0	0.071 427	990.41	2 803.01	1 812.6	2.610 5	6.212 3
3.00	233.893	0.001 216 6	0.066 662	1 008.2	2 803.19	1 794.9	2.645 4	6.185 4
3.50	242.597	0.001 234 8	0.057 054	1 049.6	2 802.51	1 752.9	2.725 0	6.123 8
4.00	250.394	0.001 252 4	0.049 771	1 087.2	2 800.51	1 752.9	2.796 2	6.068 8
5.0	263.980	0.001 286 2	0.039 439	1 154.2	2 793.64	1 639.5	2.920 1	5.972 4
6.0	275.625	0.001 319 0	0.032 440	1 213.3	2 783.82	1 570.5	3.026 6	5.888 5
7.0	285.869	0.001 351 5	0.027 371	1 266.9	2 771.72	1 504.8	3.121 0	5.812 9

（续表）

p/MPa	t/℃	v'	v''	h'	h''	r	s'	s''
		/(m³/kg)		/(kJ/kg)			/[kJ/(kg·K)]	
8.0	295.048	0.001 384 3	0.023 520	1 316.5	2 757.70	1 441.2	3.206 6	5.743 0
9.0	303.385	0.001 417 7	0.020 485	1 363.1	2 741.92	1 378.9	3.285 4	5.677 1
10.0	311.037	0.001 452 2	0.018 026	1 407.2	2 724.46	1 317.2	3.359 1	5.613 9
20.000	365.789	0.002 037 9	0.005 870	1 827.2	2 413.05	585.9	4.015 3	4.932 2
22.054	373.99	0.003 106	0.003 106	2 085.9	2 085.87	0.0	4.409 2	4.409 2

附表 12　未饱和水和过热蒸汽的热力性质

t/℃	0.002 MPa　t_s=17.540℃			0.004 MPa　t_s=28.953℃			0.006 MPa　t_s=36.166℃		
	v/(m³/kg)	h/(kJ/kg)	s/[kJ/(kg·K)]	v/(m³/kg)	h/(kJ/kg)	s/[kJ/(kg·K)]	v/(m³/kg)	h/(kJ/kg)	s/[kJ/(kg·K)]
0	0.001 000 2	−0.05	−0.000 2	0.001 000 2	−0.05	−0.000 2	0.001 000 2	−0.05	−0.000 2
10	0.001 000 3	42.0	0.151 0	0.001 000 3	42.0	0.151 0	0.001 000 3	42.0	0.151 0
20	67.578	2 537.3	8.737 8	0.001 001 8	83.87	0.296 3	0.001 001 8	83.87	0.296 3
30	69.896	2 556.1	8.800 8	34.918	2 555.4	8.479 0	0.001 004 4	125.68	0.436 6
40	72.212	2 574.9	8.861 7	36.080	2 574.3	8.540 3	24.036	2 573.8	8.351 7
50	74.526	2 593.7	8.920 7	37.241	2 593.2	8.599 6	24.812	2 592.7	8.411 3
60	76.839	2 612.5	8.978 0	38.400	2 612.0	8.657 1	25.587	2 611.6	8.469 0
80	81.462	2 650.1	9.087 8	40.716	2 649.8	8.767 2	27.133	2 649.5	8.579 4
100	86.083	2 687.9	9.191 8	43.029	2 687.7	8.871 4	28.678	2 687.4	8.683 8
120	90.703	2 725.8	9.290 9	45.341	2 725.6	8.970 6	30.220	2 725.4	8.783 1
140	95.321	2 763.9	9.385 4	47.652	2 763.8	9.065 2	31.762	2 763.6	8.877 8
160	99.939	2 802.2	9.475 9	49.962	2 802.1	9.155 7	33.303	2 801.9	8.968 4
180	104.556	2 840.7	9.562 7	52.272	2 840.6	9.242 6	34.843	2 840.5	9.055 3
200	109.173	2 879.4	9.646 3	54.581	2 879.3	9.326 2	36.384	2 879.2	9.138 9
240	118.406	2 957.4	9.804 6	59.199	2 957.3	9.484 6	39.463	2 957.3	9.297 4
280	127.638	3 036.4	9.952 8	63.816	3 036.3	9.632 8	42.541	3 036.3	9.445 6
320	136.870	3 116.3	10.092 2	68.432	3 116.2	9.772 3	45.619	3 116.2	9.585 1
360	146.102	3 197.1	10.224 1	73.048	3 197.1	9.904 1	48.697	3 197.0	9.717 0
380	150.717	3 237.9	10.287 5	75.356	3 237.8	9.967 5	50.236	3 237.8	9.780 4
400	155.333	3 278.9	10.349 3	77.66	3 278.8	10.029 4	51.775	3 278.8	9.842 2

（续表）

$t/℃$	0.020 MPa $t_s=60.065℃$			0.040 MPa $t_s=75.872℃$			0.060 MPa $t_s=85.950℃$		
	$v/$ (m^3/kg)	$h/$ (kJ/kg)	$s/[kJ/ (kg·K)]$	$v/$ (m^3/kg)	$h/$ (kJ/kg)	$s/[kJ/ (kg·K)]$	$v/$ (m^3/kg)	$h/$ (kJ/kg)	$s/[kJ/ (kg·K)]$
20	0.001 001 8	83.88	0.296 3	0.001 001 8	83.90	0.296 3	0.001 001 8	83.92	0.296 3
40	0.001 007 9	167.52	0.572 3	0.001 007 9	167.52	0.572 3	0.001 007 9	167.55	0.572 3
60	0.001 017 1	251.15	0.831 2	0.001 017 1	251.15	0.831 2	0.001 017 1	251.19	0.831 2
80	8.118 1	2 647.8	8.018 9	4.043 1	2 644.2	7.691 9	0.001 029 0	334.94	1.075 3
100	8.585 5	2 685.8	8.124 6	4.279 9	2 683.8	7.799 6	2.844 6	2 680.9	7.607 3
120	9.051 4	2 724.1	8.244 8	4.515 1	2 722.2	7.901 1	3.003 0	2 720.3	7.710 1
140	9.516 3	2 762.5	8.320 1	4.749 2	2 761.0	7.997 3	3.160 2	2 759.4	7.807 2
160	9.980 4	2 801.0	8.411 1	4.982 6	2 799.7	8.088 9	3.316 7	2 798.4	7.899 5
180	10.443 9	2 839.7	8.498 4	5.215 4	2 838.6	8.176 6	3.472 6	2 837.5	7.987 7
200	10.907 1	2 878.5	8.582 2	5.447 9	2 877.6	8.260 8	3.628 1	2 876.7	8.072 2
240	11.832 6	2 956.8	8.741 0	5.911 9	2 956.1	8.420 0	3.938 3	2 955.4	8.231 9
280	12.757 5	3 035.9	8.889 4	6.375 2	3 035.3	8.568 8	4.247 7	3 034.8	8.380 9
300	13.219 7	3 075.8	8.960 2	6.606 6	3 075.3	8.639 7	4.402 3	3 074.8	8.451 9
320	13.681 8	3 115.9	9.029 0	6.838 0	3 115.4	8.708 6	4.556 7	3 115.0	8.520 9
340	14.143 8	3 156.3	9.095 9	7.069 3	3 155.8	8.775 5	4.711 1	3 155.4	8.587 9
360	14.605 8	3 196.8	9.161 0	7.300 5	3 196.4	8.840 7	4.865 4	3 196.0	8.653 1
380	15.067 8	3 237.6	9.224 4	7.531 7	3 237.2	8.904 2	5.019 7	3 278.0	8.716 6
400	15.529 6	3 278.6	9.286 3	7.762 8	3 278.3	8.966 1	5.173 9	3 278.0	8.778 6

$t/℃$	0.080 MPa $t_s=93.511℃$			0.100 MPa $t_s=99.634℃$			0.200 MPa $t_s=120.24℃$		
	$v/$ (m^3/kg)	$h/$ (kJ/kg)	$s/[kJ/ (kg·K)]$	$v/$ (m^3/kg)	$h/$ (kJ/kg)	$s/[kJ/ (kg·K)]$	$v/$ (m^3/kg)	$h/$ (kJ/kg)	$s/[kJ/ (kg·K)]$
20	0.001 001 8	83.94	0.296 3	0.001 001 8	83.96	0.296 3	0.001 001 8	84.05	0.296 3
40	0.001 007 9	167.57	0.572 3	0.001 007 8	167.59	0.572 3	0.001 007 8	167.67	0.572 2
60	0.001 017 1	251.21	0.831 2	0.001 017 1	251.22	0.831 2	0.001 017 0	251.31	0.831 1
80	0.001 029 0	334.95	1.075 3	0.001 029 0	334.97	1.075 3	0.001 029 0	335.05	1.075 2
100	2.126 8	2 678.4	7.469 3	1.696 1	2 675.9	7.360 9	0.001 043 4	419.14	1.306 8
120	2.246 8	2 718.3	7.573 4	1.793 1	2 716.3	7.466 5	0.001 060 3	503.76	1.527 7
140	2.365 6	2 757.8	7.671 4	1.888 9	2 756.2	7.565 4	0.935 11	2 748.0	7.230 0
160	2.483 7	2 797.1	7.764 4	1.983 8	2 795.8	7.659 0	0.984 07	2 789.0	7.327 1
180	2.601 1	2 836.4	7.853 0	2.078 3	2 835.3	7.748 2	1.032 41	2 829.6	7.418 7

（续表）

$t/℃$	0.080 MPa $t_s=93.511℃$			0.100 MPa $t_s=99.634℃$			0.200 MPa $t_s=120.24℃$		
	$v/$ (m^3/kg)	$h/$ (kJ/kg)	$s/[kJ/$ $(kg \cdot K)]$	$v/$ (m^3/kg)	$h/$ (kJ/kg)	$s/[kJ/$ $(kg \cdot K)]$	$v/$ (m^3/kg)	$h/$ (kJ/kg)	$s/[kJ/$ $(kg \cdot K)]$
200	2.718 2	2 875.7	7.937 9	2.172 3	2 874.8	7.833 4	1.080 30	2 870.0	7.505 8
220	2.835 0	2 915.1	8.019 5	2.265 9	2 914.3	7.915 2	1.127 87	2 910.2	7.589 0
240	2.951 5	2 954.6	8.098 1	2.359 4	2 953.9	7.994 0	1.175 20	2 950.3	7.668 8
280	3.184 0	3 034.2	8.247 3	2.545 8	3 033.6	8.143 6	1.269 31	3 030.8	7.819 9
320	3.416 1	3 114.5	8.387 5	2.731 7	3 114.1	8.284 0	1.362 94	3 000.8	7.961 2
340	3.532 0	3 155.0	8.454 6	2.824 5	3 154.6	8.351 1	1.409 62	3 152.5	8.028 8
360	3.647 8	3 195.7	8.519 9	2.917 3	3 195.3	8.416 5	1.456 24	3 193.4	8.094 4
380	3.763 6	3 236.5	8.583 5	3.010 0	3 236.2	8.480 1	1.502 81	3 234.5	8.158 3
400	3.879 4	3 277.6	8.645 5	3.102 7	3 277.3	8.542 2	1.549 32	3 275.8	8.220 5

$t/℃$	0.50 MPa $t_s=151.867℃$			1.00 MPa $t_s=179.916℃$			2.00 MPa $t_s=212.417℃$		
	$v/$ (m^3/kg)	$h/$ (kJ/kg)	$s/[kJ/$ $(kg \cdot K)]$	$v/$ (m^3/kg)	$h/$ (kJ/kg)	$s/[kJ/$ $(kg \cdot K)]$	$v/$ (m^3/kg)	$h/$ (kJ/kg)	$s/[kJ/$ $(kg \cdot K)]$
20	0.001 001 6	84.33	0.296 2	0.001 001 4	84.80	0.296 1	0.001 000 9	85.74	0.295 9
40	0.001 007 7	167.94	0.572 1	0.001 007 4	168.38	0.571 9	0.001 007 0	169.27	0.571 5
60	0.001 016 9	251.56	0.831 0	0.001 016 7	251.98	0.830 7	0.001 016 2	252.82	0.830 2
80	0.001 028 8	335.29	1.075 0	0.001 028 6	335.69	1.074 7	0.001 028 1	336.48	1.074 0
100	0.001 043 2	419.36	1.306 6	0.001 043 0	419.74	1.306 2	0.001 042 5	420.49	1.305 4
120	0.001 060 1	503.97	1.527 5	0.001 059 9	504.33	1.527 0	0.001 059 3	505.03	1.526 1
140	0.001 079 6	589.30	1.739 2	0.001 079 3	589.62	1.738 6	0.001 078 7	590.27	1.737 6
160	0.383 58	2 767.2	6.864 7	0.001 101 7	675.84	1.942 4	0.001 100 9	676.43	1.941 2
180	0.404 50	2 811.7	6.965 1	0.194 33	2 777.9	6.586 4	0.001 126 5	763.72	2.138 2
200	0.424 87	2 854.9	7.058 5	0.205 90	2 827.3	6.693 1	0.001 156 0	852.52	2.330 0
220	0.444 85	2 897.3	7.146 2	0.216 86	2 874.2	6.790 3	0.102 116	2 820.8	6.384 7
240	0.464 55	2 939.2	7.229 5	0.227 45	2 919.6	6.880 4	0.108 415	2 875.6	6.493 6
280	0.503 36	3 022.2	7.385 3	0.247 93	3 007.3	7.045 1	0.119 985	2 975.4	6.681 1
300	0.522 55	3 063.6	7.458 8	0.257 93	3 050.4	7.121 6	0.125 449	3 022.6	6.764 8
320	0.541 64	3 104.9	7.529 7	0.267 81	3 093.2	7.195 0	0.130 773	3 068.6	6.843 7
340	0.560 64	3 146.3	7.598 3	0.277 60	3 135.7	7.265 6	0.135 989	3 113.8	6.918 8
360	0.579 58	3 187.8	7.664 9	0.287 32	3 178.2	7.333 7	0.141 120	3 158.5	6.990 5
380	0.598 46	3 229.4	7.729 5	0.296 98	3 220.7	7.399 7	0.146 183	3 202.8	7.059 4
400	0.617 29	3 271.1	7.792 4	0.306 58	3 263.1	7.463 8	0.151 190	3 246.8	7.125 8

（续表）

t/℃	3.00 MPa t_s=233.893℃			4.00 MPa t_s=250.394℃			5.00 MPa t_s=263.980℃		
	$v/$ (m³/kg)	$h/$ (kJ/kg)	$s/$[kJ/ (kg・K)]	$v/$ (m³/kg)	$h/$ (kJ/kg)	$s/$[kJ/ (kg・K)]	$v/$ (m³/kg)	$h/$ (kJ/kg)	$s/$[kJ/ (kg・K)]
120	0.001 058 7	505.73	1.525 2	0.001 058 2	506.44	1.524 3	0.001 057 6	507.14	1.523 4
140	0.001 078 1	590.92	1.736 6	0.001 077 4	591.58	1.735 5	0.001 076 8	592.23	1.734 5
160	0.001 100 2	677.01	1.940 0	0.001 099 5	677.60	1.938 9	0.001 098 2	678.19	1.937 7
180	0.001 125 6	764.23	2.136 9	0.001 124 8	764.74	2.135 5	0.001 124 0	765.25	2.134 2
200	0.001 154 9	852.93	2.328 4	0.001 153 9	853.34	2.326 8	0.001 152 9	853.75	2.325 3
220	0.001 189 1	943.65	2.516 2	0.001 187 9	943.93	2.514 4	0.001 186 7	944.21	2.512 5
240	0.068 184	2 823.4	6.225 0	0.001 228 2	1 037.2	2.699 8	0.001 226 6	1 037.3	2.697 6
260	0.072 828	2 884.4	6.341 7	0.051 731	2 835.4	6.134 7	0.001 275 1	1 134.3	2.882 9
280	0.077 101	2 940.1	6.444 3	0.055 443	2 900.7	6 255.0	0.042 228	2 855.8	6.086 4
300	0.081 126	2 992.4	6.537 1	0.058 821	2 959.5	6.359 5	0.045 301	2 923.3	6.206 4
320	0.084 976	3 042.3	6.622 8	0.061 978	3 014.3	6.453 4	0.048 088	2 984.0	6.310 6
340	0.088 697	3 090.7	6.703 0	0.064 980	3 066.3	6.539 7	0.050 685	3 040.4	6.404 0
360	0.092 320	3 137.9	6.778 8	0.067 867	3 116.3	6.620 0	0.053 149	3 093.7	6.489 7
380	0.095 867	3 184.3	6.850 9	0.070 668	3 165.0	6.695 8	0.055 514	3 145.0	6.569 4
400	0.099 352	3 230.1	6.919 9	0.073 401	3 212.7	6.767 7	0.057 804	3 194.9	6.644 6
420	0.102 787	3 275.4	6.986 4	0.076 079	3 259.7	6.836 5	0.060 033	3 243.6	6.715 9
440	0.106 180	3 320.5	7.050 5	0.078 713	3 306.2	6.902 6	0.062 216	3 291.5	6.784 0
460	0.109 540	3 365.4	7.112 5	0.081 310	3 352.2	6.966 3	0.064 358	3 338.8	6.849 4
480	0.112 870	3 410.1	7.172 8	0.083 877	3 398.0	7.027 9	0.066 469	3 385.6	6.912 5
500	0.116 174	3 454.9	7.231 4	0.086 417	3 443.6	7.087 7	0.068 552	3 432.2	6.973 5
520	0.119 458	3 499.6	7.288 5	0.088 935	3 489.2	7.145 8	0.070 612	3 478.6	7.032 8
540	0.122 723	3 544.4	7.344 4	0.091 433	3 534.7	7.202 5	0.072 651	3 524.9	7.090 4
560	0.125 971	3 589.4	7.399 0	0.093 915	3 580.3	7.257 9	0.074 674	3 571.1	7.146 6
580	0.129 205	3 634.6	7.452 5	0.096 382	3 626.0	7.312 2	0.076 681	3 617.4	7.201 5
600	0.132 427	3 679.9	7.505 1	0.098 836	3 671.9	7.365 3	0.078 675	3 663.9	7.255 3

t/℃	0.080 MPa t_s=93.511℃			0.100 MPa t_s=99.634℃			0.200 MPa t_s=120.24℃		
	$v/$ (m³/kg)	$h/$ (kJ/kg)	$s/$[kJ/ (kg・K)]	$v/$ (m³/kg)	$h/$ (kJ/kg)	$s/$[kJ/ (kg・K)]	$v/$ (m³/kg)	$h/$ (kJ/kg)	$s/$[kJ/ (kg・K)]
220	0.001 180 7	945.71	2.503 6	0.001 175 0	947.33	2.494 9	0.001 169 5	949.07	2.486 5
240	0.001 219 0	1 038.0	2.687 0	0.001 211 8	1 038.8	2.676 7	0.001 205 1	1 039.8	2.667 0

（续表）

$t/℃$	0.080 MPa $t_s=93.511℃$			0.100 MPa $t_s=99.634℃$			0.200 MPa $t_s=120.24℃$		
	$v/$ (m^3/kg)	$h/$ (kJ/kg)	$s/[kJ/$ $(kg \cdot K)]$	$v/$ (m^3/kg)	$h/$ (kJ/kg)	$s/[kJ/$ $(kg \cdot K)]$	$v/$ (m^3/kg)	$h/$ (kJ/kg)	$s/[kJ/$ $(kg \cdot K)]$
260	0.001 265 0	1 133.6	2.869 8	0.001 255 6	1 133.3	2.857 4	0.001 246 9	1 133.4	2.845 7
280	0.001 322 2	1 234.2	3.054 9	0.001 309 2	1 232.1	3.039 3	0.001 297 4	1 230.7	3.024 9
300	0.001 397 5	1 342.3	3.246 9	0.001 377 7	1 337.3	3.226 0	0.001 360 5	1 333.4	3.207 2
320	0.019 248	2 780.5	5.709 2	0.001 472 5	1 453.0	3.424 3	0.001 444 2	1 444.4	3.397 7
340	0.021 463	2 880.0	5.874 3	0.001 630 7	1 591.5	3.653 9	0.001 568 5	1 570.6	3.606 8
360	0.023 299	2 960.9	6.004 1	0.012 571	2 768.1	5.562 8	0.001 824 8	1 739.6	3.877 7
380	0.024 920	3 031.5	6.114 0	0.014 275	2 883.6	5.742 4	0.008 255 7	2 658.5	5.313 0
400	0.026 402	3 095.8	6.210 9	0.015 652	2 974.6	5.879 8	0.009 945 8	2 816.5	5.552 0
420	0.027 787	3 155.8	6.298 8	0.016 851	3 052.9	5.994 4	0.011 189 6	2 928.3	5.715 4
440	0.029 100	3 212.9	6.379 9	0.017 937	3 123.3	6.094 6	0.012 229 6	3 019.6	5.845 3
460	0.030 357	3 267.7	6.455 7	0.018 944	3 188.5	6.184 9	0.013 149 0	3 099.4	5.955 7
480	0.031 571	3 320.9	6.527 3	0.019 893	3 250.1	6.267 7	0.013 987 6	3 171.9	6.053 2
500	0.032 750	3 372.8	6.595 4	0.020 797	3 309.0	6.344 9	0.014 768 1	3 239.3	6.141 5
520	0.339 00	3 423.8	6.660 5	0.021 665	3 365.8	6.417 5	0.015 504 6	3 303.0	6.222 9
540	0.035 027	3 474.1	6.723 2	0.022 504	3 421.1	6.486 3	0.016 206 7	3 364.0	6.298 9
560	0.036 133	3 523.9	6.783 7	0.023 317	3 475.2	6.552 0	0.016 881 1	3 422.9	6.370 5
580	0.037 222	3 573.3	6.842 3	0.024 109	3 528.3	6.615 0	0.017 532 8	3 490.3	6.438 5
600	0.038 297	3 622.5	6.899 2	0.024 882	3 580.7	6.675 7	0.018 165 5	3 536.3	6.503 5
620	0.039 360	3 671.5	6.954 8	0.025 640	3 632.4	6.734 3	0.018 782 1	3 591.4	6.565 8
640	0.040 413	3 720.5	7.009 0	0.026 385	3 683.8	6.791 2	0.019 384 8	3 645.7	6.625 9
660	0.041 457	3 769.5	7.062 1	0.027 118	3 734.8	6.846 4	0.019 975 5	3 699.5	6.684 0
680	0.042 493	3 818.6	7.114 1	0.027 842	3 785.6	6.900 3	0.020 555 4	3 752.4	6.740 3
700	0.043 522	3 867.7	7.165 2	0.028 558	3 836.2	6.952 9	0.021 125 9	3 805.1	6.795 1

附表 13　物质的生成焓、生成吉布斯函数及化学标准状态下的绝对熵

物质	分子式	$M/$ $(kg/kmol)$	集态	$\bar{h}_f^0/$ $(kJ/kmol)$	$\bar{g}_f^0/$ $(kJ/kmol)$	$\bar{s}^0/[(kJ/$ $(kmol \cdot K)]$
水	H_2O	18.015	气	$-2\,418\,326$	$-228\,582$	188.834
水	H_2O	18.015	液	$-285\,830$	$-237\,141$	68.950
过氧化氢	H_2O_2	34.015	气	$-136\,106$	$-105\,445$	232.991

（续表）

物质	分子式	$M/$ (kg/kmol)	集态	$\bar{h}_f^0/$ (kJ/kmol)	$\bar{g}_f^0/$ (kJ/kmol)	$\bar{s}^0/[$(kJ/ (kmol·K)$]$
臭氧	O_3	47.998	气	142 674	163 184	238.932
碳（石墨）	C	12.011	固	0	0	5.740
一氧化碳	CO	28.011	气	−110 527	−137 163	197.653
二氧化碳	CO_2	44.010	气	−393 522	−394 389	213.795
甲烷	CH_4	16.043	气	−74 873	−50 768	186.251
乙炔	C_2H_2	26.038	气	226 731	209 200	200.958
乙烯	C_2H_4	28.054	气	52 467	68 421	219.330
乙烷	C_2H_6	30.070	气	−84 740	−32 885	229.597
丙烯	C_3H_6	42.081	气	20 430	62 825	267.066
丙烷	C_3H_8	44.094	气	−103 900	−23 393	269.917
丁烷	C_4H_{10}	58.124	气	−126 200	−15 970	306.647
戊烷	C_5H_{12}	72.151	气	−146 500	−8 208	348.945
苯	C_6H_6	78.114	气	82 980	129 765	269.562
己烷	C_6H_{14}	86.178	气	−167 300	28	387.979
庚烷	C_7H_{16}	100.205	气	−187 900	8 227	427.805
正辛烷	C_8H_{18}	114.232	气	−280 600	16 660	466.514
正辛烷	C_8H_{18}	114.232	液	−250 105	6 741	360.575
甲醇	CH_3OH	32.042	气	−201 300	−162 551	239.709
乙醇	C_2H_5OH	46.069	气	−235 000	−168 319	282.444
氨气	NH_3	17.031	气	−45 720	−16 128	192.572
T-T 柴油	$C_{14.4}H_{24.9}$	198.06	液	−174 000	178 919	525.90
硫	S	32.06	固	0	0	32.056
二氧化硫	SO_2	64.059	气	−296 842	−300 125	248.212
三氧化硫	SO_3	80.058	气	−395 765	−371 016	256.769
一氧化二氮	N_2O	44.013	气	82 050	104 179	219.957
硝基甲烷	CH_3NO_2	61.04	液	−113 100	−14 439	171.80

附表 14　常用碳氢化合物的标准定压热值

碳氢化合物	分子式	高热值 HHV/(kJ/kg)		低热值/(kJ/kg)	
		液态燃料	气态燃料	液态燃料	气态燃料
甲烷	CH_4	—	55 496	—	50 010
乙烷	C_2H_6	—	51 875	—	47 484
丙烷	C_3H_8	49 973	50 343	45 982	46 352
正丁烷	C_4H_{10}	49 130	49 500	45 344	45 714
正戊烷	C_5H_{12}	48 643	49 011	44 983	45 351
正己烷	C_6H_{14}	48 308	48 676	44 733	45 101
正庚烷	C_7H_{16}	48 071	48 436	44 557	44 922
正辛烷	C_8H_{18}	47 893	48 256	44 425	44 788
正癸烷	$C_{10}H_{22}$	47 641	48 000	44 239	44 598
正十二烷	$C_{12}H_{26}$	47 470	47 828	44 109	44 467
正十六烷	$C_{16}H_{34}$	47 300	47 658	44 000	44 358
乙烯	C_2H_4	—	50 296	—	47 158
丙烯	C_3H_6	—	48 917	—	45 780
丁烯	C_4H_8	—	48 453	—	45 316
戊烯	C_5H_{10}	—	48 134	—	44 996
己烯	C_6H_{12}	—	47 937	—	44 800
庚烯	C_7H_{14}	—	47 800	—	44 662
辛烯	C_8H_{16}	—	47 693	—	44 556
壬烯	C_9H_{18}	—	47 612	—	44 475
癸烯	$C_{10}H_{20}$	—	47 547	—	44 410
苯	C_6H_6	41 831	42 226	40 141	40 576
甲基苯	C_7H_8	42 437	42 847	40 527	40 937
乙基苯	C_8H_{10}	42 997	43 395	40 927	41 322
丙基苯	C_9H_{12}	43 416	43 800	41 219	41 603
丁基苯	$C_{10}H_{14}$	43 748	44 123	41 453	41 828
汽油	C_7H_{17}	48 201	48 582	44 506	44 886
T-T 柴油	$C_{14.4}H_{24.9}$	45 700	46 074	42 934	43 308
甲醇	CH_3OH	22 675	23 840	19 910	21 093
乙醇	C_2H_5OH	29 676	30 596	26 811	27 731
硝基甲烷	CH_3NO_2	11 618	12 247	10 537	11 165
酚(石碳酸)	C_6H_5OH	32 520	33 176	31 117	31 774

附表 15　平衡常数的对数 $\ln K_P$

$$a\text{A}+b\text{B} \longleftrightarrow e\text{E}+d\text{D} \qquad K_P = \frac{p_\text{D}^d p_\text{E}^e}{p_\text{A}^a p_\text{B}^b} = \frac{y_\text{D}^d y_\text{E}^e}{y_\text{A}^a y_\text{B}^b} p^{(d+e-a-b)} = \frac{n_\text{D}^d n_\text{E}^e}{n_\text{A}^a n_\text{B}^b} \left(\frac{p}{n}\right)^{(d+e=a-b)} \qquad p_0 = 0.1\,\text{MPa}$$

温度/K	$H_2 \leftrightarrow 2H$	$O_2 \leftrightarrow 2O$	$N_2 \leftrightarrow 2N$	$2H_2O \leftrightarrow 2H_2+O_2$	$2H_2O \leftrightarrow H_2+2OH$	$2CO_2 \leftrightarrow 2CO+O_2$	$N_2+O_2 \leftrightarrow 2NO$
298	−164.003	−186.963	−367.528	−184.402	−212.075	−207.529	−69.868
500	−92.830	−105.623	−213.405	−105.385	−120.331	−115.234	−40.449
1 000	−39.810	−45.146	−99.146	−46.321	−51.951	−47.052	−18.709
1 200	−30.878	−35.003	−80.025	−36.363	−40.467	−36.736	−15.082
1 400	−24.467	−27.741	−66.345	−29.222	−32.244	−27.679	−12.491
1 600	−19.638	−22.282	−56.069	−23.849	−26.067	−21.656	−10.547
1 800	−15.868	−18.028	−48.066	−19.658	−21.258	−16.987	−9.036
2 000	−12.841	−14.619	−41.655	−16.299	−17.406	−13.266	−7.825
2 200	−10.356	−11.826	−36.404	13.546	−14.253	−10.232	−6.836
2 400	−8.280	−9.495	−32.032	−11.249	−11.625	−7.715	−6.012
2 600	−6.519	−7.520	−28.313	−9.303	−9.402	−5.594	−5.316
2 800	−5.005	−5.826	−25.129	−7.633	−7.496	−3.781	−4.720
3 000	−3.690	−4.356	−22.367	−6.184	−5.845	−2.217	−4.205
3 200	−2.538	−3.069	−19.947	−4.916	−4.401	−0.853	−3.775
3 400	−1.519	−1.932	−17.810	−3.795	−3.128	0.346	−3.359
3 600	−0.611	−0.922	−15.909	−2.799	−1.996	1.408	−3.008
3 800	0.201	−0.017	−14.205	−1.906	−0.984	2.355	−2.694
4 000	0.934	0.798	−12.671	−1.101	−0.074	3.204	−2.413
4 500	2.483	2.520	−9.423	0.602	1.847	4.985	−1.824
5 000	3.724	3.898	−6.816	1.972	3.383	6.397	−1.358
5 500	4.739	5.027	−4.672	3.098	4.639	7.542	−0.980
6 000	5.587	5.969	−2.876	4.040	5.684	8.488	−0.671

二、附图

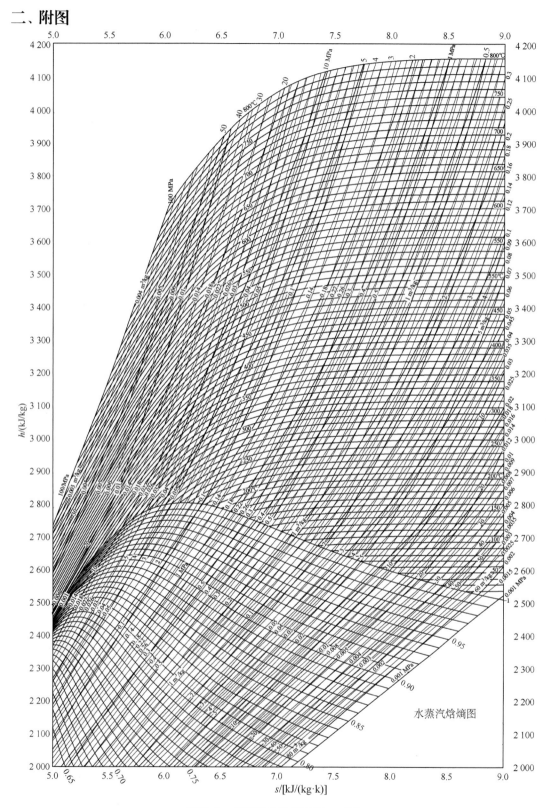

附图 1　水蒸气的焓熵图（h-s 图）

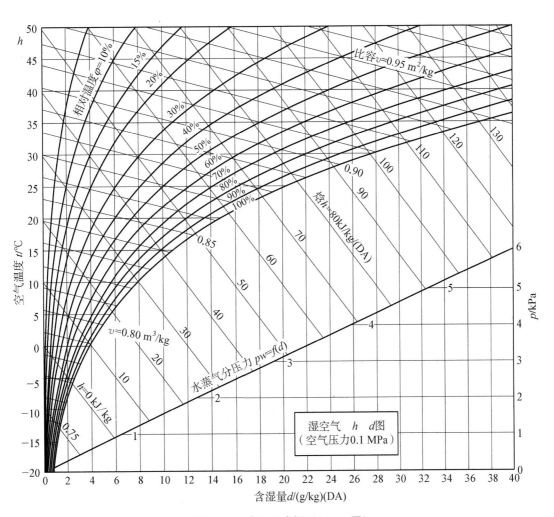

附图 2　湿空气的含湿图（$h\text{-}d$ 图）

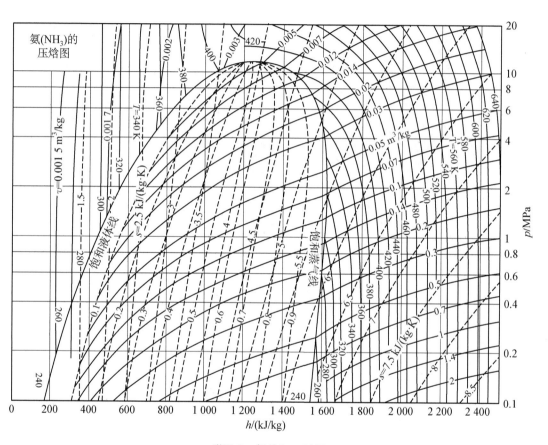

附图3　氨的$(p-h)$图

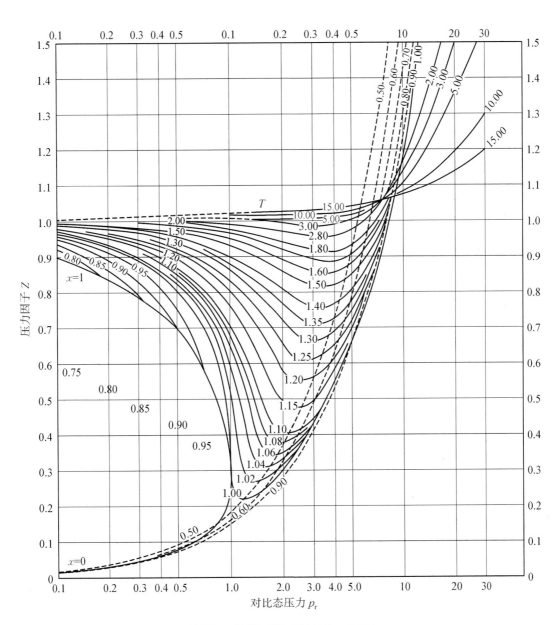

附图 4　通用压缩因子图($Z_c = 0.27$)

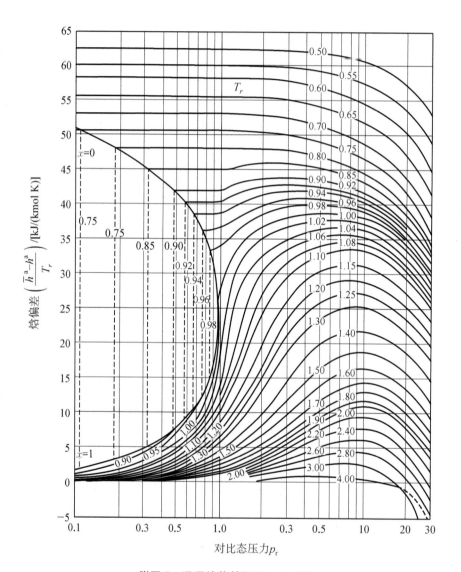

附图 5　通用焓偏差图($Z_c = 0.27$)

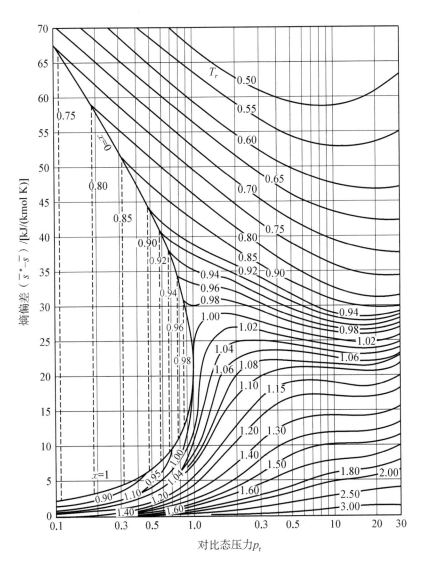

附图 6 通用熵偏差图($Z_c = 0.27$)

参 考 文 献

[1] Cheng K C. Historical development of the theory of heat and thermodynamics: review and some observations [J]. Heat Transfer Engineering, 1992, 13(3): 19 – 37.

[2] Rossini F D. Fundamental Measures and Constants for Science and Technology [M]. Boca Raton: CRC Press, 1974.

[3] Planck M. Treatise on Thermodynamics [M]. 3rd ed. New York: Dover Publications Inc., 1926.

[4] Wylen G V, Sonntag R, Borgnakke C. Fundamentals of Classical Thermodynamics [M]. 4th ed. Hoboken: Wiley & Sons Inc., 1994.

[5] Black W Z, Hartley J G. Thermodynamics [M]. 2nd ed. New York: Harper Collins Publishers, 1991.

[6] Wark K. Thermodynamics [M]. 3rd ed. New York: McGraw-Hill Inc., 1977.

[7] Joel R. Basic Engineering Thermodynamics [M]. 3rd ed. London: Longman Group Limited, 1974.

[8] Holman J P. Thermodynamics [M]. 3rd ed. New York: McGraw Hill Inc., 1980.

[9] Faires V M, Simmany C M. Thermodynamics [M]. 6th ed. London: Macmillan Publishing Co. Inc., 1978.

[10] Jones J B, Hawkins G A. Engineering Thermodynamics [M]. 2nd ed. Hoboken: John Wiley & Sons Inc., 1986.

[11] Beattie J A and Oppenhein I. Principles of Thermodynamics [M]. Amsterdam: Elsevier Scientific Publishing Company, 1979.

[12] Reynolds W C, Perkins H C. Engineering Thermodynamics [M]. 2nd ed. New York: McGraw Hill. Inc., 1977.

[13] Kestin J. A Course in Thermodynamics [M]. 3rd ed. Bristol: Hemisphere Publishing Corporation, 1979.

[14] Zemansky M W. Heat and Thermodynamics [M]. 5th ed. New York: McGraw Hill Book Company, 1957.

[15] Huang F F. Engineering Thermodynamics: Fundamentals and Applications [M]. London: Macmillan Publishing Co. Inc., 1976.

[16] Haywood R W. Equilibrium Thermodynamics [M]. Hoboken: John Wiley & Sons Inc., 1980.

[17] Haywood R W. Analysis of Engineering Cycles [M]. 2nd ed. Oxford: Pergamon Press Ltd., 1975.

[18] Cravalho E G, Smith J L. Engineering Thermodynamics [M]. Marshfield: Pitman Publishing Inc., 1981.

[19] 王竹溪. 热力学[M]. 北京：北京大学出版社，2014.

[20] 蔡祖恢. 工程热力学[M]. 第一版. 北京：高等教育出版社，1994.

[21] 华自强，张忠进，高青，等. 工程热力学[M]. 第三版. 北京：高等教育出版社，2000.

[22] 严家骅，王永青. 工程热力学[M]. 第二版. 北京：中国电力出版社，2014.

[23] 郑令仪，孙祖国，赵静霞. 工程热力学[M]. 第二版. 天津：兵器工业出版社，1993.

[24] 曾丹苓，敖 越，朱克雄，等. 工程热力学[M]. 北京：高等教育出版社，1985.

[25] 刘桂玉，刘咸定，钱立伦，等. 工程热力学[M]. 北京：高等教育出版社，1989.

[26] 刘桂玉，刘志刚，阴建民，等. 工程热力学[M]. 北京：高等教育出版社，1998.

[27] 施明恒，李鹤立. 工程热力学[M]. 南京：东南大学出版社，1995.

[28] 陈贵堂，王永珍. 工程热力学[M]. 第二版. 北京：北京理工大学出版，2008.

[29] 苏长荪，谭连城，刘桂玉. 高等工程热力学[M]. 第一版. 北京：高等教育出版社，1987.

[30] Randall L. Thermodynamics [M]. 2nd ed. New York：McGraw Hill Book Company，1961.

[31] Devereux O F. Topics in Matallurgical Thermodynamics [M]. Hoboken：John Wiley & Sons Inc.，1983.

[32] Denbigh K. The principles of Chemical Equilibrium [M]. 3rd ed. Cambridge：Cambridge University Press，1971.

[33] 朱明善. 能量系数的㶲分析[M]. 北京：清华大学出版社，1988.